国防科工委“十五”规划教材.电气工程

电气测试原理与方法

主　编　张晓斌
副主编　吴小华　郑先成　高朝晖
　　　　董延军　雷　涛

西北工业大学出版社

北京航空航天大学出版社　北京理工大学出版社
哈尔滨工业大学出版社　哈尔滨工程大学出版社

内容简介

本书全面、系统地论述了电气测量技术的基本理论，测量原理、方法及其在测试系统中的应用，力求反映近年来在该领域中的新器件、新技术和发展趋势。全书主要内容包括：测量误差和数据处理的基础知识；测试方法与测试系统，包括电磁参数的测试方法，常用传感器与主要非电参数的测试原理，并简要介绍了测试系统的组成；自动测试系统，包括测试系统总线技术与测试软件技术，并对自动测试系统设计基本原则作了简要分析。

本书的内容系统全面，主要侧重于原理和应用，可作为高等院校电类、非电类专业测试技术课程的教材，也可供从事测试技术和自动化工作的工程技术人员学习和参考。

图书在版编目(CIP)数据

电气测试原理与方法/张晓斌主编. 一西安：西北工业大学出版社，2007.4(2019.3 重印)
国防科工委“十五”规划教材. 电气工程
ISBN 978-7-5612-2197-6

Ⅰ.电… Ⅱ.张… Ⅲ.电气测量—高等学校—教材 Ⅳ.TM93

中国版本图书馆 CIP 数据核字(2007)第 036836 号

电气测试原理与方法

张晓斌 主编
责任编辑 王莉莎
责任校对 曹锦
西北工业大学出版社出版发行
西安市友谊西路 127 号(710072)
市场部电话：029-88493844 88491757
http://www.nwpup.com
陕西向阳印务有限公司印制 各地书店经销
开本：787×960 1/16
印张：25.625 字数：554 千字
2007 年 4 月第 1 版 2019 年 3 月第 3 次印刷
ISBN 978-7-5612-2197-6 定价：68.00 元

总　序

国防科技工业是国家战略性产业，是国防现代化的重要工业和技术基础，也是国民经济发展和科学技术现代化的重要推动力量。半个多世纪以来，在党中央、国务院的正确领导和亲切关怀下，国防科技工业广大干部职工在知识的传承、科技的攀登与时代的洗礼中，取得了举世瞩目的辉煌成就；研制、生产了大量武器装备，满足了我军由单一陆军，发展成为包括空军、海军、第二炮兵和其他技术兵种在内的合成军队的需要，特别是在尖端技术方面，成功地掌握了原子弹、氢弹、洲际导弹、人造卫星和核潜艇技术，使我军拥有了一批克敌制胜的高技术武器装备，使我国成为世界上少数几个独立掌握核技术和外层空间技术的国家之一。国防科技工业沿着独立自主、自力更生的发展道路，建立了专业门类基本齐全，科研、试验、生产手段基本配套的国防科技工业体系，奠定了进行国防现代化建设最重要的物质基础；掌握了大量新技术、新工艺，研制了许多新设备、新材料，以"两弹一星"、"神舟"号载人航天为代表的国防尖端技术，大大提高了国家的科技水平和竞争力，使中国在世界高科技领域占有了一席之地。党的十一届三中全会以来，伴随着改革开放的伟大实践，国防科技工业适时地实行战略转移，大量军工技术转向民用，为发展国民经济做出了重要贡献。

国防科技工业是知识密集型产业，国防科技工业发展中的一切问题归根到底都是人才问题。50多年来，国防科技工业培养和造就了一支以"两弹一星"元勋为代表的优秀的科技人才队伍，他们具有强烈的爱国主义思想和艰苦奋斗、无私奉献的精神，勇挑重担，敢于攻关，为攀登国防科技高峰进行了创造性劳动，成为推动我国科技进步的重要力量。面向新世纪的机遇与挑战，高等院校在培养国防科技人才，产生和传播国防科技新知识、新思想，攻克国防基础科研和高技术研究难题当中，具有不可替代的作用。国防科工委高度重视，积极探索，锐意改革，大力推进国防科技教育特别是高等教育事业的发展。

高等院校国防特色专业教材及专著是国防科技人才培养当中重要的知识载体和教学工具，但受种种客观因素的影响，现有的教材与专著整体上已落后于当今国防科技的发展水平，不适应国防现代化的形势要求，对国防科技高层次人才的培养造成了相当不利的影响。为尽快改变这种状况，建立起质量上乘、品种齐全、特点突出、适应当代国防科技发展的国防特色专业教材体系，国防科工委全额资助编写、出版200种国防特色专业重点教材和专著。为保证教材及专著的质量，在广泛动员全国相关专业领域的专家学者竞投编著工作的基础上，以陈懋章、王泽山、陈一坚院士为代表的100多位专家、学者，对经各单位精选的近550种教材和专著进行了严格的评审，评选出近200种教材和学术专著，覆盖航空宇航科学与技术、控制科学与工程、仪器科学与工程、信息与通信技术、电子科学与技术、力学、材料科学与工程、机械工程、电气工程、兵器科学与技术、船舶与海洋工程、动力机械及工程热物理、光学工程、化学工程与技术、核科学与技术等学科领域。一批长期从事国防特色学科教学和科研工作的两院院士、资深专家和一线教师成为编著者，他们分别来自清华大学、北京航空航天大学、北京理工大学、华北工学院、沈阳航空工业学院、哈尔滨工业大学、哈尔滨工程大学、上海交通大学、南京航空航天大学、南京理工大学、苏州大学、华东船舶工业学院、东华理工学院、电子科技大学、西南交通大学、西北工业大学、西安交通大学等，具有较为广泛的代表性。在全面振兴国防科技工业的伟大事业中，国防特色专业重点教材和专著的出版，将为国防科技创新人才的培养起到积极的促进作用。

党的十六大提出，进入21世纪，我国进入了全面建设小康社会、加快推进社会主义现代化的新的发展阶段。全面建设小康社会的宏伟目标，对国防科技工业发展提出了新的更高的要求。推动经济与社会发展，提升国防实力，需要造就宏大的人才队伍，而教育是奠基的柱石。全面振兴国防科技工业必须始终把发展作为第一要务，落实科教兴国和人才强国战略，推动国防科技工业走新型工业化道路，加快国防科技工业科技创新步伐。国防科技工业为有志青年展示才华，实现志向，提供了缤纷的舞台，希望广大青年学子刻苦学习科学文化知识，树立正确的世界观、人生观、价值观，努力担当起振兴国防科技工业、振兴中华的历史重任，创造出无愧于祖国和人民的业绩。祖国的未来无限美好，国防科技工业的明天将再创辉煌。

张华祝

前　言

本书是国防科工委“十五”重点建设教材，根据1991年版（西北工业大学出版社）《电气测试技术》在实际教学中的使用情况和经验积累，由西北工业大学组织修订编写。

1991年由西北工业大学出版社出版的教材《电气测试技术》已在国内使用了10多年，得到了广大教师、学生和工程技术人员的充分肯定，也对原版教材提出了不少宝贵意见。与此同时，随着计算机技术的发展，近年来，测试技术也有了长足的发展，无论是测试仪器还是测试方法都有了很大的进步。因此重新编写教材是十分必要的。

本教材仍然保持第一版覆盖面较广，内容较为系统全面，主要侧重于原理和应用，尽量避免一些对介绍原理无关的数学推导等特点，保持了内容的科学性、严密性与完整性。增加了测量系统和计算机的接口、虚拟仪器、动态信号的分析和处理等内容，并在不削弱传统传感器基本内容的前提下，增加了目前在工程实际中常用的霍尔电压、电流传感器，以及智能传感器和机器人传感器等反映近代传感技术的新内容，介绍了自动测试系统与虚拟仪器技术的发展、系统组成与基本设计原则，并根据10多年来的教学使用情况，对原教材内容作了不少修改和增删。

全书分为三篇共九章：第一篇（第一～三章）为测量误差与数据处理。系统地介绍测量误差和数据处理的基础知识，着重于常用公式的物理意义和具体应用，保持了内容的科学性、严密性与完整性。第二篇（第四～八章）为测试方法与测试系统。因涉及面很宽，所以精选内容并将重点放在测试的基础原理与方法上，归纳为电磁参数的测试方法并介绍常用传感器与主要非电参数的测试原理，简要介绍了测试系统的组成。第三篇（第九章）为自动测试系统。阐述了自动测试系统技术的发展，介绍了测试系统总线技术与测试软件技术，并对自动测试系统设计基本原则作了简要分析。

本教材第一、二章由董延军、张晓斌编写，第三、六、八、九章由郑先成、雷涛编写，第四章由高朝晖编写，第五、七章由吴小华编写。全书由西北工业大学张晓斌教授任主编。

本教材可作为高等学校电气工程专业本科生及相关的电类专业本科生或研究生的教材和参考书，可供从事检测技术和自动化工作的工程技术人员自学与参考；适当删选内容，也可作为大专及各类成人高等教育的教材或者教学参考书。

在本教材的编写过程中，参阅了许多教材，得到了有关院校、研究单位的支持和帮助，还得到原版主编西北工业大学李颂伦教授的大力支持，中国航空综合技术研究所王守芳研究员、空军工程大学严东超教授和西北工业大学郭玉琦教授对全书作了仔细的审阅，提出了极为宝贵的意见，西北工业大学出版社雷军助理和教务处教材科郭金香老师也付出了很多心血，在此一并表示衷心的感谢。

本教材作者虽长期从事电气测试技术的教学和科研工作，但全书涉及学科众多，由于作者知识、经验和水平所限，书中一定存在疏漏和不足之处，希望广大读者批评指正。

编　者

2006年11月

目　　录

第二篇 测试方法与测试系统

绪　论

一、测量的意义

测量是人类认识和改造客观世界必不可少的重要手段之一。发明元素周期表的科学家门捷列夫曾说过:“有测量才有科学。”

人们借助专门的设备,通过实验方法对客观事物取得数量信息的过程称为测量。

在科学技术的发展过程中,人们根据对客观事物所做的大量观察和测量,形成定性和定量的认识,总结出客观世界的规律;通过观察和测量进一步检验这些规律是否符合客观实际;在利用这些客观规律改造客观世界的过程中,又通过观察和测量来检验实际效果。例如,英国物理学家瑞利(Rayleigh)在测定氮的密度时,发现用从大气中分离的氮与用化学方法制取的氮所得的结果不同,经过进一步的实验和测量,证实是由于从大气中分离的氮还含有惰性气体的缘故,这导致后来发现了惰性气体。

在现代化建设中,测量是监督保证工作质量,决定工程成败的主要手段;测量是产品制造过程中对产品质量进行检测及在产品运行过程中进行在线检测的主要手段。在我国实现社会主义四个现代化的伟大事业中,科学技术的现代化是关键,在其中测量技术的发展具有十分重要的地位。今天,测量技术的水平,已被公认为是一个国家科学和现代化水平的重要标志之一。

二、测量、计量与测试

计量是以确定量值为目的的一组操作。一般认为,以国家法定计量单位为计量单位进行的测量属于计量的范畴。但计量工作有更广范的内容,它包括:计量单位的确定及其基准、标准的建立、复制、保存和量值传递;研究测量方法及测量不确定度的估算;研究测量器具的特性和观测者进行测量的能力。计量工作的任务是保证量值的一致、准确和测量器具的正确使用。

对于测试,虽有不同的理解,但一般认为测试所包括的范围要宽一些,含有以下一些与测量稍有区别的含义:

(1) 测试是指某些尚未建立起正式计量标准而具有试验研究性质的测量。

(2) 测试是指定性的测量。例如,判断电路中的某一晶闸管的导通或截止,判断数字电路系统中某一节点处于高电平还是低电平状态,都可以用电压测量来判断,但这种测量和一般的电压测量有区别,故称为测试,以表示这种区别。

(3) 测试包括测量和试验。可以说,测试是试验和测量的全过程,既包括定量的也包括定性的测量和试验。

三、电气测试的内容和特点

电气测试泛指一切利用电气技术进行的测试及对电气系统与设备(电机、电器等)所进行的测试。电气测试通常包括以下几个方面:

(1) 电参数的测量。如测量电压、电流、电量和电功率等。

(2) 磁参数的测量。如测量磁感应强度、磁场强度、磁通、磁矩、磁导率、磁滞和涡流损耗等。

(3) 电路元件参数的测量。如电阻、电感、电容、功率电子器件与介质损耗角等。

(4) 信号与电源质量测试。如波形、频率、相位、噪声干扰等。

(5) 有关电气系统与设备常用非电参数的测试。如转速、转矩、压力、温度、噪声、振动等。

通常电气测试以低频、直流、大功率电磁量的测试为主而与电子测试相区别,但其区分并不严格,而且有时也互有交叉与重叠。

电气测试有以下几个特点:

(1) 电气测试所包括的范围很广,因而电气测试所采取的测试方法与手段是各式各样的,涉及的学科门类较多,需要综合运用各有关学科知识。随着科学技术向纵深发展,各学科之间的渗透性越来越强。

(2) 电气测试具有较高的准确度、灵敏度和连续性,便于记录和进行数据处理。

(3) 电气测试便于实现离开被测对象一定距离之外的远距离测试。电气测试便于将非电量经过相应的变换器变换为电量进行测试。现在,长度、热学、力学、光学、电离辐射等各类机械环境和大气环境测量领域已越来越多地依靠电气测量手段。

(4) 电气测试便于实现测试过程的自动化与测试设备的“智能化”。电气测试设备便于组成遥控遥测设备,能在恶劣环境条件下工作;电气测试设备便于与计算机接口,组成计算机测试系统。这种电气测试系统在测试中可以实现程控、遥控、自动调准、自动校准、自动诊断,对测试结果可以自动记录,自动完成测试数据的运算、分析和处理,适合用于国民经济的各个领域。

20 世纪 90 年代以来,随着计算机技术与仪器仪表技术深层次结合的发展,从最初的将通用仪器与微处理器相结合产生了智能仪器,到继而出现了虚拟仪器技术。在虚拟仪器系统中,软件是核心,所有仪器的功能都能通过软件根据系统的需要来定义;硬件是虚拟仪器工作的基础,主要功能是完成对被测信号的采集、传输和结果的显示、输出等。虚拟仪器还具有计算机系统的所有优点,如强大的数据处理能力,友好的用户界面以及与其他设备多种形式的互连功能等。

通常把以计算机为核心,在程控指令或程序的指挥下,能自动完成测试任务而组合起来的测量仪器和其他设备的有机整体称为自动测试系统,简称 ATS(Automatic Test System)。自动测试系统是现代检测技术、传感技术、计算机技术、控制技术、数字信号处理技术等多学科融合发展的成果。

四、课程学习要求

电气测试技术的范围很宽，而且其内容随着科学技术的发展在不断地更新与发展。所以本课程不对电气测试方法一一加以讨论，而着重使读者掌握电气测试中最基本的理论、知识与方法，为设计、组织和进行电气系统与元件实验、误差分析、数据处理、解决工程实际问题打下必要的基础。

课程重点是基本测量原理、基本测量方法、误差分析和数据处理、传感器基本原理、虚拟仪器及自动测试系统的构成与应用。

本课程是一门理论性和实践性都很强的课程，因此，在理论上和实践上都应充分重视。

第一篇

测量误差与数据处理

第一章　测量的一般知识

1.1　有关测量的一些基本概念

一、量和量值

量是现象，物体和物质的可以定性区别和定量确定的一种属性。

由一个数和合适的计量单位表示的量称为量值。例如，电线长 5.3 m，电动机质量 20 kg 等都是由数值(如 5.3,20) 和计量单位(如 m,kg) 两部分组成的量值。

二、测量过程

测量过程一般包括三个阶段：

(1) 准备阶段。明确被测量的性质及测量所要达到的目的，然后选定适当的测量方法及选择相应的测量仪器。

(2) 测量阶段。建立测量仪器所必需的测量条件，谨慎进行操作，认真记录测量数据。

(3) 数据处理阶段。根据记录的数据，考虑测量条件的实际情况，进行数据处理，以求得测量结果和测量误差。

三、测量手段

(1) 量具：体现计量单位的器具。量具中的一小部分可直接参与比较，如尺子、量杯等。多数量具要用专门设备才能发挥比较的功能，如利用标准电阻测量电阻时，需要借助于电桥。

(2) 仪器：泛指一切参与测量工作的设备。包括各种直读仪器、非直读仪器、量具、测试信号源、电源设备以及各种辅助设备，如电压表、频率表、示波器等。

(3) 测量装置：由几台测量仪器及有关设备所组成的整体，用以完成某种测量任务。

(4) 测量系统：由若干不同用途的测量仪器及有关辅助设备所组成，用以多种参量的综合测试。

四、测量结果的表示

测量结果可以表示为数字、曲线或图形，但不论其表现形式如何，均应包含数值、单位及误差，即应在表示出量值的同时注明测量误差数值或范围。

1.2　测量方法及其分类

测量的具体方法是由被测量的参数类别、量值的大小，所要求的测量准确度、测量速度的快慢，进行测量所需的条件以及其他一系列因素决定的。每个物理量都可以用技术特性和操作方法特性具有不同特点的多种方法进行测量。随着科学技术的发展，新的测量方法还会不断出现。

为了探讨测量方法的特征，正确地选择测量方法，需要对测量方法分类。测量方法的分类形式很多，例如，根据被测量的特点(在测量期间其值可以认为是恒定的量还是随时间变化的量)而分为静态测量和动态测量；根据测量条件分为等精度测量和非等精度测量；按测量器具的敏感元件是否与被测物体接触而分为接触测量和非接触测量等。但对于研究测试技术来说，更有意义的是按被测量值的获得方法所做的分类，即直接测量法、间接测量法及在此两类方法的基础上形成的组合测量法。

一、直接测量法

直接测量法是不对与被测量有函数关系的其他量进行测量而能直接获得被测量值的一种测量方法。可以用预先按已知标准量定度好的直读式测量仪器或比较式仪器对被测量进行测量，从而得到被测量值。例如，用电压表测电压，用电桥测电阻等。有时，为了进行相应的修正，需要作补充测量来确定影响量的值，这仍然是直接测量。

直接测量法又可分为直接比较测量法、替代测量法、微差测量法、零位测量法和符合测量法等。

(1) 直接比较测量法：将被测量直接与已知其值的同类量相比较的测量方法。例如，用一刻度尺测量长度等。

(2) 替代测量法：将选定的且已知其值的量替代被测的量，使得在指示装置上有相同的效应，从而确定被测量值。

(3) 微差测量法：将被测量与同它的量值只有微小差别的同类已知量相比较并测出这两

个量值间的差值的测量方法。

由于这种方法的特征是测量被测量与已知量之间的差值，因此采用准确度比较低的仪器来测差值时，也能得到高准确度的结果。但是只有在已知量准确度高，且其值接近被测量值的条件下，才可能实现这种方法。

(4) 零位测量法：通过调整一个或几个与被测量有已知平衡关系的量，用平衡的方法确定出被测量的值。

零位测量法的一般形式是将被测量与其值为已知的量相比较，而使所选择的已知量和被测量之间的差值为零。差值的指示用零位指示器（指零表）指示。

零位测量法的最大优点是可以用一个固定已知量，通过调整另一个已知可调量而确定不同大小的被测量，零位测量法的典型例子是用电桥测电阻。

(5) 符合测量法：是由对某些标记或信号的观察来测定被测量值与作比较用的同类已知量值间微小差值的一种微差测量法。例如，用游标卡尺测量物体的尺寸等。

实现符合测量法的原理有游标原理、拍频原理、干涉原理和闪频原理等。

二、间接测量法

间接测量法是通过对与被测量有函数关系的其他量的测量而得到被测量值的测量方法。例如，已知电阻阻值测出其两端的电压来确定流过该电阻的电流值。

一般地说，间接测量需要测量的量较多，测量和计算工作量较大，引起的误差因素也较多，但如果对测量误差进行分析，并选择和确定具体的优化测量方法以及在比较理想的条件下进行测量，测量结果的准确度不一定低，有的甚至有较高的准确度。

三、组合测量法

组合测量法是当各未知量能以某些可测量的组合形式表示（或改变测量条件来获得这种不同的组合）时，根据直接测量和间接测量所得的数据，通过解一组联立方程而求出各未知量的数值。例如，当测量标准电阻的温度系数 α 和 β 以及 20 ℃ 的电阻值 R_{20} 时，可先测出不同温度下该标准电阻的阻值 R_{t1}，R_{t2}，R_{t3}，再通过求解下述联立方程组来求 α，β，R_{20}。

$$R_{t1}=R_{20}+\alpha(t_1-20)+\beta(t_1-20)^2$$

$$R_{t2}=R_{20}+\alpha(t_2-20)+\beta(t_2-20)^2$$

$$R_{t3}=R_{20}+\alpha(t_3-20)+\beta(t_3-20)^2$$

组合测量法实质上仍然是一种间接测量法。组合测量法有两个明显的优点：在准确度要求相同的情况下，组合测量需要进行的测量次数较少；系统误差出现的规律变为随机性质，因而可使测量结果的准确度有所提高。

1.3　单位与单位制

一、单位

用来标志量或数的大小的指标统称为单位。标志可测量大小的单位称为计量单位或测量单位。

计量单位或测量单位是有明确定义和名称的。例如，m(米)，kg(千克)，s(秒) 等都是计量单位。米、千克和秒是它们的名称，并且米、千克和秒都有它们各自的明确定义。

二、单位制

单位制是为给定量制建立的一组单位。单位制是由一组选定的基本单位和由定义方程式与比例因数确定的导出单位组成的一个完整的单位体制。

基本单位是可以任意选定的，由于基本单位选择的不同，因此组成的单位制也就不同。例如，有市制、英制、米制和国际单位制等。近数十年来世界各国为了贸易和科学技术交流的需要，趋于采用国际单位制。

米制是1795年正式创立的单位制，1875年被20个国家确认为国际上通用的单位制。但是在米制中还存在不少问题，因而在米制中又派生出许多不同的单位制。例如，以厘米、克、秒作为基本单位的CGS(厘米、克、秒) 制；以米、千克、秒、安培为基本单位的MKSA(米、千克、秒、安培) 制；以米、吨、秒为基本单位的MTS(米、吨、秒) 制和以米、千克力、秒为基本单位的MKGFS(米、千克力、秒) 制，等等。

多种单位制的并存不仅对国际贸易有阻碍作用，而且不利于各国之间的科学文化交流，因此统一单位制已成为各国的共同要求。在1956年，国际计量委员会(CIPM) 将经过21个国家同意的计量单位制草案命名为国际单位制，以国际通用符号SI来表示。1960年第11届国际计量大会(CGPM) 正式通过了SI。随后一些国际组织，如国际法制计量组织(OIML)、国际标准化组织(ISO) 和国际电工委员会(IEC) 等也采用了国际单位制。

三、国际单位制(SI)

国际单位制由7个基本单位(见表1.1)，2个辅助单位(见表1.2) 和194个具有专门名称的导出单位(见表1.3) 组成。所有单位都各有一个主单位利用十进(或千进) 倍数、分数的20个词头(见表1.4) 组成十进(或千进) 倍数单位、分数单位。

国际单位制具有严格的统一性、突出的简明性与广泛的实用性，因而可以使科研、生产、文教、贸易和人民生活各个方面应用的单位统一，消除多种单位制并存的弊病，省掉许多不同单位制单位之间的换算系数，简化运算过程，减少产生差错的环节和减小换算的误差。

表 1.1　国际单位制的基本单位

量的名称	单位名称	单位符号
长度	米	m
质量	千克(公斤)	kg
时间	秒	s
电流	安[培]	A
热力学温度	开[尔文]	K
物质的量	摩[尔]	mol
发光强度	坎[德拉]	cd

表 1.2　国际单位制的辅助单位

量的名称	单位名称	单位符号
平面角	弧度	rad
立体角	球面度	sr

表 1.3　国际单位制中具有专门名称的导出单位

量的名称	单位名称	单位符号	其他表示式例
频率	赫[兹]	Hz	s^{-1}
力;重力	牛[顿]	N	$kg \cdot m/s^2$
压力,压强;应力	帕[斯卡]	Pa	N/m^2
能量;功;热	焦[耳]	J	$N \cdot m$
功率;辐射通量	瓦[特]	W	J/s
电荷量	库[仑]	C	$A \cdot s$
电位;电压;电动势	伏[特]	V	W/A
电容	法[拉]	F	C/V
电阻	欧[姆]	Ω	V/A
电导	西[门子]	S	A/V
磁通量	韦[伯]	Wb	$V \cdot s$
磁通量密度,磁感应强度	特[斯拉]	T	Wb/m^2
电感	亨[利]	H	Wb/A
摄氏温度	摄氏度	℃	
光通量	流[明]	lm	$cd \cdot sr$
光照度	勒[克斯]	lx	lm/m^2
放射性活度	贝可[勒尔]	Bq	s^{-1}
吸收剂量	戈[瑞]	Gy	J/kg
剂量当量	希[沃特]	Sv	J/kg

表 1.4　国际单位制的词头

所表示的因数	词头名词	词头符号
10^{24}	尧[它]	Y
10^{21}	泽[它]	Z
10^{18}	艾[可萨]	E
10^{15}	拍[它]	P
10^{12}	太[拉]	T
10^{9}	吉[咖]	G
10^{6}	兆	M
10^{3}	千	k
10^{2}	百	h
10^{1}	十	da
10^{-1}	分	d
10^{-2}	厘	c
10^{-3}	毫	m
10^{-6}	微	μ
10^{-9}	纳[诺]	n
10^{-12}	皮[可]	p
10^{-15}	飞[母托]	f
10^{-18}	阿[托]	a
10^{-21}	仄[普托]	z
10^{-24}	幺[科托]	y

国际单位制中的基本单位是通过计量标准来定义、实现、保持或复现的。实现基本单位的初期基准是利用宏观自然现象和有关实物来建立的，它们被称为实物基准，例如国际米原器、国际千克原器、平太阳时等。实物基准比较简便直观，所以在一段历史时期内得到广泛应用(国际千克原器至今仍在使用)。但是，由于实物基准受到材料纯度、加工准确度，使用磨损、环境变化等限制，它们难以达到并保持很高的准确度。随着科学技术的进步，特别是量子力学的发展，实现基本单位的基准相继利用宏观量子效应来建立，它们被称为自然基准。自然基准的不确定度较小，并且可以在不同国家中以同样的准确度来建立。

目前，国际计量大会(CGPM)所确定国际单位制中的7个基本单位定义如下：

(1) 长度单位 —— 米(m)

米是光在真空中于1/299 792 458 s时间间隔内所经过的距离(1983年第17届国际计量大

会通过）。

(2) 质量单位 —— 千克(kg)

千克是质量单位，等于国际千克原器的质量(1901 年第 3 届国际计量大会规定)。

这是迄今为止在国际单位制基本单位中唯一保留的实物基准。

(3) 时间单位 —— 秒(s)

秒是铯-133(Cs^{133})原子基态的两个超精细能级之间跃迁所对应的辐射的 9 192 631 770 个周期的持续时间(1967 年第 13 届国际计量大会决定)。

(4) 电流强度单位 —— 安[培](A)

安[培]是一恒定电流，若保持在处于真空中相距 1 m 的两无限长而圆截面可以忽略的平行直导线内，则此两导线之间产生的力在每米长度上等于 2×10^{-7} N(1948 年第 9 届国际计量大会确定)。

(5) 热力学温度单位 —— 开[尔文](K)

开[尔文]是水的三相点热力学温度的 1/273.16(1967 年第 13 届国际计量大会通过)。

(6) 物质的量的单位 —— 摩[尔](mol)

摩[尔]是一系统的物质的量，该系统中所包含的基本单元数与 0.012 kg 碳-12(C^{12})的原子数目相等(1971 年第 14 届国际计量大会决定增加的基本单位)。

在使用摩[尔]时，应指明基本单元是原子、分子、离子、电子及其他粒子，或是这些粒子的特定组合。

(7) 发光强度单位 —— 坎[德拉](cd)

坎[德拉]是发出频率为 540×10^{12} Hz 单色辐射的光源在给定方向上的发光强度，而且在此方向上的辐射强度为 1/683W/sr(1979 年第 16 届国际计量大会规定)。

四、我国的法定计量单位

法定计量单位是由国家以法令形式规定允许使用的计量单位。

国际单位制是在米制基础上发展起来的，被称为米制的现代化形式。1959 年 6 月 25 日我国国务院发布《关于统一计量制度的命令》，明确确定米制为我国的基本计量制度，在全国范围内推广米制，改革市制，限制英制和废除旧杂制。1977 年 5 月 27 日国务院颁发《中华人民共和国计量管理条例(试行)》明确规定要逐步采用国际单位制(SI)。1984 年 2 月 27 日国务院发布《关于在我国统一实行法定计量单位的命令》决定在采用先进的 SI 基础上进一步统一我国的计量单位。1986 年 7 月 1 日起施行的中华人民共和国计量法规定，我国的法定计量单位以国际单位制的单位为基础，并根据我国的实际情况，适当增加了一些其他单位。我国法定计量单位包括：

(1) 国际单位制的基本单位(见表 1.1)；

(2) 国际单位制的辅助单位(见表 1.2)；

(3) 国际单位制中具有专门名称的导出单位(见表1.3)；

(4) 国家选定的非国际单位制单位(见表1.5)；

表1.5　国家选定的非国际单位制的单位

量的名称	单位名称	单位符号	换算关系和说明
时间	分 [小]时 天(日)	min h d	1min = 60s 1h = 60min = 3 600s 1d = 24h = 86 400s
平面角	[角]秒 [角]分 度	(″) (′) (°)	1″ = (π/648 000)rad(π为圆周率) 1′ = 60″ = (π/10 800)rad 1° = 60′ = (π/180)rad
旋转速度	转每分	r/min	1r/min = $(1/60)s^{-1}$
长度	海里	n　mile	1n mile = 1 852m (只用于航行)
速度	节	kn	1kn = 1n mile/h = (1 852/3 600)m/s (只用于航行)
质量	吨 原子质量单位	t u	1t = 10^3kg 1u ≈ $1.660\ 565\ 5\times10^{-27}$kg
体积	升	L,(l)	1L = $1dm^3 = 10^{-3}m^3$
能	电子伏	eV	1eV ≈ $1.602\ 189\ 2\times10^{-19}$J
级差	分贝	dB	
线密度	特[克斯]	tex	1tex = 1g/km

注：① 周、月、年(年的符号为a)为一般常用时间单位。②[ ]内的字，是在不致混淆的情况下，可以省略的字。③()内的字为前者的同意语。④ 角度单位度、分、秒的符号不处于数字后时，用括弧。⑤ 升的符号中，小写字母l为备用符号。⑥r为"转"的符号。⑦ 人们生活和贸易中，质量习惯称为重量。⑧ 公里为千米的俗称，符号为km。⑨$10^4$称为万，10^8称为亿，10^{12}称为万亿，这类数词的使用不受词头名称的影响，但不应与词头混淆。

(5) 由以上单位构成的组合形式单位；

(6) 由词头和以上单位所构成的十进倍数和分数单位(词头见表1.4)。

1.4　电气测量的单位制

一、主要单位

电气测量的主要单位及其定义如下：

(1) 安[培](A)。国家单位制的基本单位之一。

(2) 伏[特](V)。流过1 A恒定电流的导线内，如两点之间所消耗的功率为1 W时，这两点之间的电位差为 1 V。

$$1\ \mathrm{V} = 1\ \mathrm{W/A}$$

(3) 欧[姆](Ω)。导体两点之间的电阻，当在这两点间加上 1 V 恒定电位差时，在导体内产生 1 A 电流，而导体内不存在任何电动势。

$$1\ \Omega = 1\ \mathrm{V/A}$$

(4) 库[仑](C)。1 A 电流在 1 s 时间间隔内运送的电量。

$$1\ \mathrm{C} = 1\ \mathrm{A \cdot s}$$

(5) 法[拉](F)。电容器的电容量，当电容器充 1 C 电量时，它的两极板之间出现 1 V 的电位差。

$$1\ \mathrm{F} = 1\ \mathrm{C/V}$$

(6) 亨[利](H)。一闭合回路的电感，当流过该电路的电流以 1 A/s 的速率均匀变化时，在回路中产生 1 V 的电动势。

$$1\ \mathrm{H} = 1\ \mathrm{V \cdot s/A}$$

(7) 韦[伯](Wb)。只有一匝的环形线圈中的磁通量，它在 1 s 时间间隔内均匀地降到零时，环路内所感应产生的电动势为 1 V。

$$1\ \mathrm{Wb} = 1\ \mathrm{V \cdot s}$$

(8) 特[斯拉](T)。在 1 m^2 面积内垂直均匀通过 1 Wb 磁通量的磁通密度等于 1 特[斯拉]。

$$1\ \mathrm{T} = 1\ \mathrm{Wb/m^2}$$

(9) 赫[兹](Hz)。单位时间即 1 s 内周期性过程重复的次数。

二、有关电、磁单位

有关电、磁单位见表 1.6。

表 1.6　电、磁量有关单位

量的名称	单位名称	单位符号
电流	安[培]	A
电荷[量]	库[仑]	C
电荷[体]密度	库[仑]每立方米	C/m^3
电荷面密度	库[仑]每平方米	C/m^2
电场强度	伏[特]每米	V/m
电位，(电势)，电位差 (电势差)，电压，电动势	伏[特]	V
电通[量]密度，电位移	库[仑]每平方米	C/m^2
电通[量]，电位移通量	库[仑]	C
电容	法[拉]	F

续 表

量的名称	单位名称	单位符号
介电常数,(电容率)	法[拉]每米	F/m
电极化强度	库[仑]每平方米	C/m^2
电偶极矩	库[仑]米	C·m
电流密度	安[培]每平方米	A/m^2
电流线密度	安[培]每米	A/m
[直流]电阻	欧[姆]	Ω
[直流]电导	西[门]子	S
电阻率	欧[姆]米	Ω·m
电导率	西[门子]每米	S/m
阻抗,(复数阻抗) 阻抗模,(阻抗) 电抗[交流]电阻	欧[姆]	Ω
导纳,(复数导纳) 导纳模,(导纳) 电纳[交流]电导	西[门子]	S
自感、互感	亨[利]	H
功率	瓦[特]	W
电能[量]	焦[耳]	J
磁场强度	安[培]每米	A/m
磁位差,(磁势差)	安[培]	A
磁通[量]密度,磁感应强度	特[斯拉]	T
磁通[量]	韦[伯]	Wb
磁矢位,[磁矢势]	韦[伯]每米	Wb/m
磁导率	亨[利]每米	H/m
[面]磁矩	安[培]平方米	$A \cdot m^2$
磁化强度	安[培]每米	A/m
磁极化强度	特[斯拉]	T
磁阻	每亨[利]	H^{-1}
磁导	亨[利]	H

1.5 计量基准、计量标准及量值的传递

一、计量基准

计量基准是用来定义、实现、保持或复现的单个或成组已知量值的实物量具、测量仪器或测量系统，其作用是通过比较把该单位或量值传递到其他测量器具。

国际计量基准是经国际协议承认的计量标准器，在国际上用它作为对涉及的量的其他计量标准器进行定值的根据。国家计量基准是经国家承认的计量标准器，在国内用它作为对涉及的量的其他计量标准器进行定值的根据。

计量基准器是用当代最先进的科学技术及工艺水平，以最高的精确度和稳定性建立起来的。国际计量基准器由设在巴黎的国际计量局(BIPM) 保存。我国的国家计量基准器由中国计量科学院与中国测试技术研究院保存。

国家计量基准一般分为国家基准、副基准和工作基准三种。

(1) 国家基准又称为主基准，是统一全国计量单位值的最高依据。

(2) 副基准又称为次级基准，其量值根据国家基准来确定。副基准的建立是为了避免主基准因经常使用而降低精度或损坏。副基准按用途不同可分为：① 基准副器，用于保存及将量值传递到工作基准；② 比较基准，用于对副基准进行比对；③ 作证基准，用以检验国家基准器保存状况，并在国家基准一旦损坏或失效时代替国家基准。

(3) 工作基准用以直接向下属标准量具或仪器进行量值传递。

二、计量标准

计量标准是将计量基准量值传递到工作计量器具的一类计量器具。计量标准根据需要按不同准确度分成若干等级。在很多情况下，各等级的计量标准不仅准确度不同，而且原理结构也是不同的。

一般说来，工作计量器具的准确度比计量标准低，但高精度工作计量器具的准确度比低等级的计量标准高，不能认为准确度高的计量器具一定是计量标准。

三、量值的传递

在生产、科研、日常工作与生活中，使用着大量不同准确度、不同类型的计量器具，对同一物理量来说，保证各类计量器具所体现的量值互相统一是十分重要的。量值传递是使量值准确一致的主要保证。

将国家计量基准所复现的计量单位量值，通过检定或其他传递方式（例如，用实物标准逐级传递，传递标准全面考核，发放标准物质，发播信号等）传递给下一等级的计量标准，并依次逐级传递到工作计量器具，以保证被计量的对象的量值准确一致，称为量值传递。

计量基准由国家决定，计量标准由法定机关经过检定来确定。在国家计量单位中，量值传递的次序为：

国际基准 → 国家基准 → { 比较基准；作证基准；基准副器 → 工作基准 → 一等基准 → 二等基准 }

国际基准 → 标准量具 → 工作量具（级）

检定是量值传递的主要措施。计量法规定检定必须执行计量检定规程，检定规程规定了计量器具的计量特性、检定项目、检定条件、检定方法、检定周期及检定结果处理等技术规定。

各种类别、等级的基准、标准及计量器具和仪器，必须按规定的检定周期送上级计量部门进行检定并取得合格证书。使用没有检定合格证书或证书已超过有效期的计量器具或仪器是不合法的。

四、比对

在规定条件下，对相同准确度等级的同类计量基准、计量标准或计量器具的量值进行相互比较，称为比对。比对往往是在缺少更高准确度计量标准的情况下，使计量结果趋向一致的一种手段。

例如，1980—1981 年我国参加 10 pF 电容的国际比对，差值为 -4.92×10^{-6} pF，达到国际先进水平。

思考题与习题

1.1　计量、测量与测试的联系与区别。

1.2　直接测量法、间接测量法与组合测量法各有什么特点？

1.3　我国法定计量单位包括哪些？

1.4　量值传递的意义及其实现方法。

参考文献

[1]　李颂伦．电气测试技术．西安：西北工业大学出版社，1991．

[2]　佚名．国际通用计量学基本名词．于渤，等译．北京：中国计量出版社，1986．

[3]　ASTM. Standard Pratice for Dealing With Observations. American Nation Standars E, 1980(178):80.

[4] 于轮元.电气测量技术.西安:西安交通大学出版社,1988.

[5] 蒋焕文,孙续.电子测量.2版.北京:中国计量出版社,1988.

[6] 鲁绍曾.现代计量学概论.北京:中国计量出版社,1987.

[7] 郑家祥,陆玉新.电子测量原理.北京:国防工业出版社,1980.

[8] 何开茂,崔广英,沈平子,等.中国电压、电阻单位改值工作手册.北京:国家技术监督局计量司,1990.

[9] 肖明耀.误差理论与应用.北京:中国计量出版社,1985.

[10] 黄福芸,等.计量知识手册.北京:林业出版社,1988.

第二章　测量误差的基本概念

2.1　测量误差及其来源

一、测量误差的几个名词术语

1. 真值

在一定的时间、空间条件下，被测量的大小是一个客观存在的确定数值，即真值。真值是客观存在的，但是不可测量的。随着科学技术的不断发展，人们对客观事物认识的不断提高，测量结果的数值会不断接近真值。在实际的计算和测量工作中，经常使用“约定真值”和“相对真值”。约定真值是按照国际公认的单位定义，利用科学技术发展的最高水平所复现的单位基准。约定真值常常是以法律形式规定或指定的。就给定目的而言，约定真值的误差是可以忽略的，如国际计量局保存的国际千克原器。相对真值也叫实际值，是在满足规定准确度时用来代替真值使用的值。

2. 标称值

标称值是计量或测量器具上标注的量值。如标准砝码上标出的 1 kg，标准电池上标出的 1.018 6 V。由于制造上不完备、测量不准确及环境条件的变化，标称值并不一定等于它的实际值，因此，在给出量具标称值的同时，通常应给出它的误差范围和准确度等级。

3. 示值

示值是由测量仪器(设备)给出或提供的量值，也称测量值。

4. 准确度

准确度是测量结果中系统误差和随机误差的综合，表示测量结果和真值的一致程度。准确度涉及真值，由于真值的“不可知性”，因而它只是一个定性概念，而不能用于定量表达。定量表达应该用“测量不确定度”。这里应注意，过去经常讲的两个术语“测量精密度”和“测量正确度”在《国际通用计量学基本术语》(1993 年第二版)中未再列出，故以后最好不用。

5. 重复性

重复性是指在相同条件下，对同一被测量进行多次连续测量所得结果之间的一致性。所谓相同条件就是重复条件，它包括：

(1) 相同测量程序；

(2) 相同测量条件；

(3) 相同观测人员；

(4) 相同测量设备；

(5) 相同地点。

6. 误差公理

人们进行测量的目的是确定被测量的量值，并力求准确，但是，由于对客观规律认识的局限性和科学水平的限制，以及被测量的数值形式常常不能以有限位数表示，因此测量结果与真值不可能完全一致，这种差别就是测量误差。随着科学水平的提高和人们的经验、技巧及专业知识的丰富，可以使测量误差愈来愈小，但是不可能使误差降为零。下述误差公理已为实践所证实，并被一切从事科学实验的人们所公认："一切测量都具有误差，误差自始至终存在于所有科学试验的过程之中"，这就是误差公理。

人们研究测量误差的目的就是寻找产生误差的原因，认识误差的规律、性质，进而找出减小误差的途径与方法，以求获得尽可能接近真值的测量结果。

二、研究误差的意义

不同性质的测量，允许测量误差的大小是不同的，但随着科学技术的发展，对减小测量误差的要求越来越高。在某些情况下误差超过一定限度的测量结果不仅没有意义而且还会给工作造成影响甚至危害。例如，牛顿曾在计算中使用了误差较大的地球半径值，以致测得的月球加速度值与理论计算值相差达 10%，致使其引力理论的发表推迟了 20 年；射程为几千千米的洲际导弹，若航向误差为 0.03°，会使导弹偏离目标 5 ～ 8 km；制造炸药的甲苯，在生产中如果所测温度有 1 ℃ 的误差，就有可能造成严重事故。

研究误差理论的目的，就是要根据误差规律改进测量条件和方法，尽量减小误差，以正确认识和改造客观世界；确保科学研究与生产实践的质量；正确与经济地组织实验及促进理论的发展。

三、测量误差的主要来源

1. 装置误差

(1) 标准器误差。虽然标准器是提供标准量值的测量器具，但它们本身的标称值也有误差。例如，现作为基准器用的 1 Ω 标准电阻仍有 $\pm 0.5\times 10^{-6}$ Ω 范围的基本误差。

(2) 仪器、仪表误差。直接或间接将被测量和测量单位进行比较的各种仪器、仪表，其传输、转换及显示(指示) 等环节都会引起误差。常用电测量指示仪表、电子测量仪器的示值都有一定的误差。

(3) 装备、附件误差。为测量创造必要条件或为使测量方便地进行而使用的装备、附件所引起的误差。例如电源波形失真程度、三相电源的不对称程度、连接导线、转换开关、活动触点的使用等都会引起误差。

(4) 安置误差。测试设备和电路的安装、布置或调整不完善，达不到理想条件而产生的误差。

2. 方法误差

由测量方法不完善，所依据的理论不严密等所引起的误差，称为方法误差。例如，经验公式及公式中各系数确定的近似性；需要瞬时取样测量而实际取样间隔不为零；测量结果中未计及的一些测量过程中实际起作用的因素（如绝缘漏电、珀耳帖效应等）等所引起的误差。

3. 人身误差

由观测者生理、心理上的特点和固有习惯所引起的误差，称为人身误差。例如，生理上的最小分辨力；记录某一信号时滞后或导前的趋向；对准标志读数时习惯地偏向某一方向等所造成的误差。

提高操作技巧和改进测量方法有可能削弱甚至消除人身误差。

4. 环境误差

环境误差是在测量时的环境因素与要求的标准状态不一致及其在空间上的梯度与随时间变化而引起的误差。如温度、湿度、气压、震动、加速度、电磁场、风效应、阳光照射、透明度及空气含尘量等所引起的误差。

仪器、仪表按规定的正常工作条件使用所产生的示值误差是基本误差。当使用条件超出规定正常工作条件而增加的误差是附加误差。

飞行器上所用的仪器、仪表，在一次测量过程中环境条件也可能有较大变化，需要特别注意其附加误差的情况。

2.2　测量误差的表示方法

测量误差一般有绝对误差与相对误差两种表示方法。

一、绝对误差

绝对误差（绝对真误差）是被测量的给出值与真值之差，可以表示为

$$\Delta x = x - A_0 \tag{2.1}$$

式中　Δx —— 绝对误差；

x —— 被测量的给出值；

A_0 —— 被测量的真值。

被测量的给出值有较广的范围，包括被测量的实测值，仪器的示值，量具或元件的标称值、预置值，计算的近似值等。

被测量的真值是在一定的时间、空间条件下唯一的客观存在，但却是一个理想的概念，难以通过测量获得。在实际测量中一般可按以下几种情况确定：

(1) 理论真值。例如，平面三角形三内角之和恒为 180°；正弦交流电路中理想电容和电感上电压与电流的相位差为 90°。此外，还有理论设计值和理论表达值等。

(2) 计量学约定真值。凡满足国际计量大会决定的单位测量条件复现的量值都是计量学约定真值。

(3) 以实际值代替真值。按规定要求，达到误差可以忽略不计就可以认为该值接近于真值，称之为实际值（或约定 / 相对真值），可用以代替真值。

高等级计量标准器或仪器的误差与所用测量仪器的误差相比不大于 1/5（或 1/3 ～ 1/20）时可认为前者是后者的实际值。

用已修正过的多次测量的算术平均值可作为实际值。

与绝对误差大小相等、符号相反的量称为修正值 C，即

$$C = A_0 - x \tag{2.2}$$

由式(2.2) 可见，当测量得到给出值后，加上修正值即可消除误差的影响而得到实际值。

在某些较准确的仪器中，常以表格、曲线或公式的形式给出修正值。有些自动测量仪器还将修正值存储在仪器中，测量时对测量结果自动进行修正。

修正值一般在进行仪器校准时给出。图 2.1 为某一电流表的校正曲线（此曲线是由连接校验值与修正值相对应的各点而作出，为一折线）。图中 C 为修正值，A 为读数。

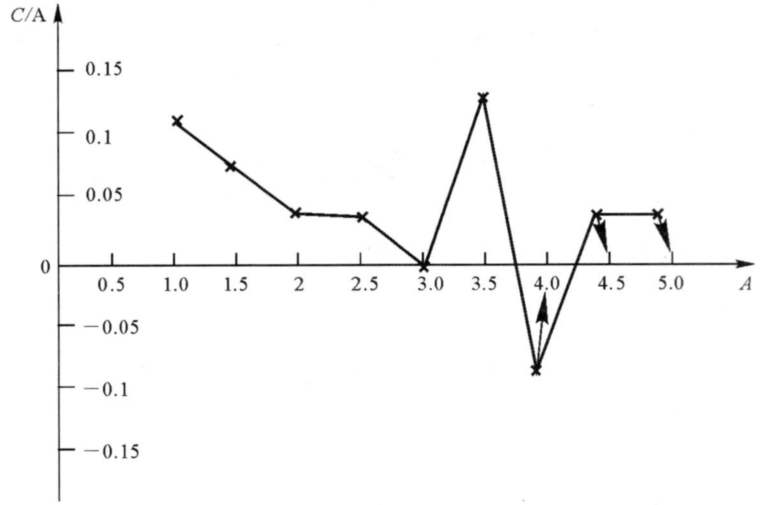

图 2.1　电流表的校正曲线实例

二、相对误差

绝对误差的表示方法，一般不便于描述测量结果的准确程度。例如，测量两个电压的结果：

一个是200 V,绝对误差为2 V;另一个是10 V,绝对误差为0.5 V。仅从绝对误差来看,无法比较这两个测量结果的准确程度。前者绝对误差大,但只占给出值的1%;后者绝对误差小,但占给出值的5%,因此提出了相对误差的概念。相对误差的形式很多,常用的有以下几种:

1. 相对真误差 γ_A

相对真误差为绝对误差 Δx 与真值 A_0 的比值,通常用百分数来表示:

$$\gamma_A = \frac{\Delta x}{A_0} \times 100\% \tag{2.3}$$

当用实际值代替式(2.3)中的真值时,所表达的关系称为实际相对误差。

2. 示值相对误差(标值相对误差)γ_x

示值相对误差是绝对误差 Δx 与给出值 x 的比值,即

$$\gamma_x = \frac{\Delta x}{x} \times 100\% \tag{2.4}$$

因为给出值中也有误差,所以这种表示方法不很严格,而是在误差较小时的一种近似计算,不适用于误差较大时的情况。

3. 引用误差(满度相对误差)γ_n

引用误差是一种简化、实用的相对误差表示方法,用来表示仪器、仪表的准确程度,常在多挡和连续刻度的仪器、仪表中应用。

一般仪器、仪表是用来测量某一规定范围的被测量,而不是只测量某一固定大小的被测量。当测量不同大小的被测量时,相对真误差就会随着改变,因而用相对真误差或示值相对误差不便于衡量仪器、仪表的准确程度。

将式(2.4)中的分母 x(给出值)换为仪器、仪表的量程 x_m 后,所表达的即为引用误差

$$\gamma_n = \frac{\Delta x}{x_m} \times 100\% \tag{2.5}$$

在仪器、仪表的量程范围内,各示值的绝对误差会有差别。确定仪器、仪表准确度等级时,取该仪器、仪表量程内出现的最大绝对误差 $\Delta x_{\max}$ 与仪器、仪表量程 x_m 的比值,称为最大引用误差)$\gamma_{n,\max}$,即

$$\gamma_{n,\max} = \frac{\Delta x_{\max}}{x_m} \times 100\% \tag{2.6}$$

国家标准GB776—76《电测量指示仪表通用技术条件》规定,电测仪表按准确度分为:0.1,0.2,0.5,1.0,1.5,2.5,5.0等7级。它们的基本误差以最大引用误差计,分别不超过:±0.1%,±0.2%,±0.5%,±1.0%,±1.5%,±2.5%,±5.0%。

例2.1　检定一个满度值为5 A的1.5级电流表,若在2.0 A刻度处的绝对误差最大,$\Delta x_{\mathrm{m}} = +0.1$ A,问此电流表准确度是否合格?

解　按式(2.6)求此电流表的最大引用误差

$$\gamma_{n,\max}=\frac{0.1}{5.0}\times 100\%=2.0\%$$

因为 2.0% > 1.5%，即该表的基本误差超出 1.5 级表的允许值，所以该表的准确度不合格。但该表最大引用误差小于 2.5 级表的允许值，若其他性能合格，可降作 2.5 级表使用。

需要强调指出，仪器、仪表的等级 k，所表明的是其最大引用误差在 $\pm k\%$ 范围以内，不能误认为在量程内各示值的示值相对误差均在 $\pm k\%$ 以内。例如，量程为 x_m 的 k 级仪器、仪表，当示值为 x_1 时，绝对误差为

$$\Delta x_1 \leqslant x_m k\% \tag{2.7}$$

示值相对误差为

$$r_{x_1} \leqslant \frac{x_m k\%}{x_1}\times 100\% \tag{2.8}$$

由式(2.8)可见，示值 x_1 愈小，可能的示值相对误差愈大。

为了减小测量中的示值误差，当选择仪器、仪表量程时，应使被测量的数值接近满度值。一般使这类仪器、仪表工作在不小于满度值 2/3 以上的区域，如图 2.2 所示。

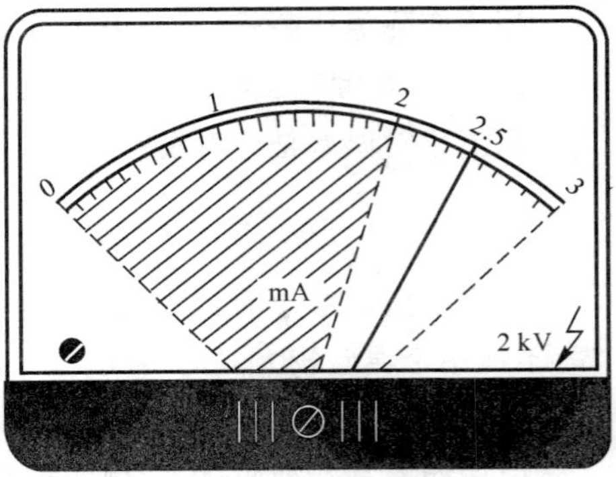

图 2.2　电测仪表最佳工作区域

例 2.2　测量一个约 80 V 的电压，现有两块电压表：一块量程 300 V，0.5 级；另一块量程 100 V，1.0 级。问选用哪一块为好？

解　若使用 300 V，0.5 级表，按式(2.8)求出其示值相对误差为

$$\gamma_x \leqslant \frac{300\times 0.5\%}{80}\times 100\% \approx 1.88\%$$

若使用 100 V，1.0 级表，其示值相对误差为

$$\gamma_x \leqslant \frac{100\times 1.0\%}{80}\times 100\% \approx 1.25\%$$

可见由于仪表量程的原因，选用 1.0 级表测量的准确度可能比选用 0.5 级表为高，故选用 100 V，1.0 级表为好。

此例说明，选用仪表时不应只看仪表的准确度等级，而应根据被测量的大小综合考虑仪表的等级与量程。此外，还应注意其他因素引入的误差。例如，测量电压时要注意电压表输入电阻大小不同而引入的误差不同(对于三用表的不同量程表现更为明显)。用三用表测量电阻时，由于其刻度是非线性的，应尽可能使指针指到表盘中间位置附近。

4. 分贝误差(相对误差的对数表示)γ_{dB}

对于电压、电流类电量用分贝(dB)表示的相对误差为

$$\gamma_{dB} = 20\lg\left(1 + \frac{\Delta x}{A_0}\right) \tag{2.9}$$

对于功率等参量,用分贝(dB)表示的相对误差为

$$\gamma_{dB} = 10\lg\left(1 + \frac{\Delta x}{A_0}\right) \tag{2.10}$$

分贝误差主要用于电子仪器、声学计量中。当 $\Delta x \ll A_0$ 时,可简化为下面的简单关系。

对于电压、电流等电量:

$$\gamma_{dB} \approx 8.69\gamma_A \tag{2.11}$$

$$\gamma_A \approx 0.115\gamma_{dB} \tag{2.12}$$

对于功率等参量:

$$\gamma_{dB} \approx 4.34\gamma_A \tag{2.13}$$

$$\gamma_A \approx 0.230\gamma_{dB} \tag{2.14}$$

三、数字式仪器误差的表示

数字式仪器的误差常用以下三种方式表示:

$$\Delta x = \pm \alpha\% x \pm n \text{ 字} \tag{2.15}$$

$$\Delta x = \pm \alpha\% x \pm \beta\% x_m \tag{2.16}$$

$$\Delta x = \pm \alpha\% x \pm \beta\% x_m \pm n \text{ 字} \tag{2.17}$$

式中 Δx —— 绝对误差;

α —— 误差的相对项系数;

x —— 给出值;

β —— 误差的固定项系数;

n —— 显示数字最低位字变化数;

x_m —— 满度值。

在误差中,一部分是与被测量值的大小有关的项(如标准电源电压的误差、输入放大器的误差、衰减器的误差、刻度系数误差、非线性误差等);另一部分是与被测量值大小无关的项(如量化误差、零点漂移、噪声干扰等)。

式(2.17)也有写成:读数的 $\pm\alpha\%\pm$ 满度的 $\beta\%\pm n$ 个字(或某值)。例如,英国 Solartron 的 LM1490 型数字电压表的误差公式为

$$\Delta U = \pm 0.002\% \text{ 读数} \pm 0.001\% \text{ 满度} \pm 1\ \mu V$$

数字式仪器的准确度有时称为 $\pm\alpha\%$,但实际误差比 $\pm\alpha\%$ 大。现在,数字式仪器的等级是按基本误差系数 $(\alpha+\beta)$ 的大小(即 $x = x_m$ 时的基本误差相对值)来划分,并且适当考虑其他有关性能。例如,直流数字式电压表的准确度等级按基本误差系数大小($\pm 0.000\ 5\% \sim \pm 1.0\%$),并规定相应基本量程的输入电阻和零电流的大小而划分为 11 个等级(0.000 5 ~ 1.0 级)。

四、测量的不确定度

测量的不确定度是表征被测量的真值在某个量值范围的一个评定，即表示测量结果附近的一个范围，而被测量的真值以一定的概率落于其中。

测量误差是在测量过程中产生的，前已述及，被测量准确的真值难以通过测量获得，所以误差也是难以准确得知的。但是，可以由各种依据用统计方法、估算方法估计出误差的上、下界，通常就称之为不确定度。

因为不确定度是用估计方法得出，所以要同时以置信概率表明其可以信赖的程度。

2.3 测量误差的性质和分类

根据测量误差的性质及其特点，一般将其分为三类：系统误差、随机误差与粗大误差。

一、系统误差

系统误差是那些在相同测量条件下多次测量同一被测量时，误差的绝对值与符号保持恒定，或在条件改变时按某种确定规律变化的误差。

系统误差可以归结为某一个或某几个因素的函数，这种函数一般可以用解析公式、曲线或数表来表达。

系统误差按其表现特征可分为以下几种。

1. 恒定系统误差(恒值系统误差)

它是指误差数值不随某些测量条件变化的系统误差。例如，砝码标准量值的误差及某些仪器的调整偏差都会使测量结果引入恒定的系统误差。

2. 变值系统误差

(1) 累进性系统误差。它是指误差的数值随某些测量系统变化而逐渐增加或逐渐减小。例如，标准电阻在使用中，阻值随温度的升高而逐渐增大引起测量结果变化所产生的误差。

(2) 周期性系统误差。它是指误差的数值随某些测量条件周期性变化。例如，由于电源滤波不好，造成仪器示值随电压周期变化的误差。

(3) 按复杂规律变化的系统误差。它是指误差变化规律很复杂，但其规律经多次测量具有重复性，因而可用曲线、表格或经验公式表示。例如，酸性 H 型饱和标准电池的电动势因环境温度变化产生复杂的变化引起测量误差的复杂变化。这种标准电池的“电动势-温度”公式为

$$E_t = E_{20} - [39.94(t-20) + 0.929(t-20)^2 - 0.009\,0(t-20)^3 + 0.000\,06(t-20)^4] \times 10^{-6}$$

系统误差具有一定的规律性，可根据系统误差产生的原因采取一定的措施消除或减弱。

二、随机误差

随机误差是在实际相同的测量条件下多次测量同一被测量时，误差的绝对值与符号以不可预定方式变化的误差。

随机误差产生的原因是：测量条件从宏观上或平均来看虽然相同，但不可避免会有一些互不相关的较小因素影响测量结果发生误差（如热扰动、噪声干扰、电磁场的微变、空气扰动、大地微震等），只要测量仪器的分辨力足够高就可发现随机误差现象。

单次测量的随机误差虽然没有规律，不可预定也不能控制，也不能从测量方法上采取措施予以消除，但是从足够多次测量的总体上看，随机误差服从统计规律。

三、粗大误差

粗大误差（粗差）是在一定的测量条件下明显地歪曲测量结果的误差。这主要是由读错、记错、算错、测量方法错误、测量仪器有缺陷等原因造成的。

含有粗大误差的测量值称之为坏值或异常值。正确的测量结果不应包含粗大误差，所有的坏值均应剔除。在作误差分析时要考虑的误差只有系统误差与随机误差两类。

四、误差的相互转化

上述三种误差之间是辩证统一的关系，它们的性质在一定条件下可以互相转化。例如，随着人们对误差来源及其变化规律认识的加深，往往有可能把以往认识不到、掌握不住而归为随机误差的某项误差予以澄清，从而明确为系统误差，并给予技术上的处理。反之，当对其认识不足时，或者虽有所认识而其规律过分复杂时，也常会把这样的一些系统误差当做随机误差而由数据统计分析处理。

又如，同一等级电测仪表中的一块，其引用误差在规定范围内数值的大小与符号是随机的，但若选定作为标准表校验一批比其等级低的电测仪表，则其误差就会造成被校验的这批电测仪表产生系统误差。

再如，一块电压表的误差会使得在测量某电源电压时产生系统误差，但若用多块不同的电压表测量此电源电压时，则各电压表误差的随机性使各测量值具有随机性，所以可采用此方法对各测量值进行平均的办法削弱测量误差。

五、测量的正确度、精密度与准确度

测量的正确度、精密度、准确度是描述测量结果与被测量真值之间符合状况的三个术语，但是，这三个术语长期以来在国内、外一些书籍与参考资料中的叫法都十分混乱。我国国家计量局颁布，并于 1983 年 1 月 1 日起实施的“中华人民共和国计量检定规程，常用计量名词术语及定义 JJG—1001—82”对这三个术语的用法作出了规定。为了便于统一和便于电子计算机检索应使用其中的主名词。

(1) 正确度(Correctness):表示测量结果中系统误差大小的程度,指在规定的测量条件下,测量中所有系统误差的综合。过去曾使用过的其他名称为准确度、精度、正确性、不正确性。

(2) 精密度(Precision):表示测量结果中随机误差大小的程度,指在一定的测量条件下进行多次测量时所得各测量结果之间的符合程度。过去曾使用过的其他名称为不精密性。

(3) 准确度(Accuracy):是测量结果中所有系统误差与随机误差的综合,表示测量结果与真值的一致程度。过去曾使用过的其他名称为精确度、精度、准确性、不准确性。

在某一具体测量中,可能会出现正确度与精密度一致或不一致的四种状况:正确度高而精密度低;正确度低而精密度高;正确度与精密度都低;正确度与精密度都高。前三种状况准确度都低,只有第四种准确度高。可以用射击为例形象地表示这四种状况,如图 2.3 所示。

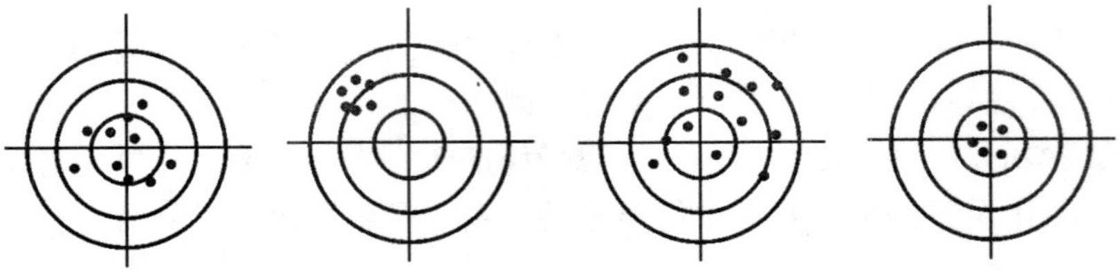

图 2.3　以射击比喻测量准确度

图中以靶心比作真值,靶上的弹着点比作测量结果,图 2.3(a) 所示弹着点分散,但就总体而言却大致都围绕靶心,正确而欠精密;图 2.3(b) 所示弹着点密集但都偏在一边,精密而欠正确;图 2.3(c) 所示弹着点既分散而又偏离靶心,既不精密也不正确;图 2.3(d) 所示弹着点密集而又接近靶心,精密而又正确,表示准确度高。

目前这三个术语使用混乱的状况仍然存在,读者在遇到这些名词时应注意其实际意义。测量精密度和测量正确度在《国际通用计量学基本术语》(1993 年第二版) 中未列出。

2.4　有效数字及运算规则

通过测量取得的数据常需要进行整理、分析、计算才能得到测量结果。为了合理表达测量结果,必须正确地运用数字表达量值及合理地处理运算中的数字。

一、有效数字

由于测量仪器的分辨能力有限,测量误差不可避免,以及在运算过程中应用无理数(e,π、$\sqrt{2}$ 等) 时不可能取无穷位,因此通常得到的测量数据与测量结果都是近似数。为了使数据的表示确切与统一，一般规定截取得到的近似数绝对误差的绝对值不得超过其末位单位数字的一半，并称此近似数从第一个不是零的数字起到最末一位数字止的所有数字为有效数字。表 2.1 表示了几个数据的有效数字情况。

表 2.1　几个数据的有效数字

近似数	绝对误差绝对值	有效数
0.014	0.000 5	2 位(1,4)
328	0.5	3 位(3,2,8)
10.02	0.005	4 位(1,0,0,2)
37.100	0.000 5	5 位(3,7,1,0,0)

应注意数字右边的零不能随意增减，因为这与测量的准确程度有关。不能将 37.100 任意改写成 37.100 0，也不能任意改写成 37.10，因为不符合有效数字位数与误差大小相适应的原则，37.100 0 的绝对误差绝对值小于 0.000 05；37.10 的绝对误差绝对值小于(0.005)。

对有些数字位数较多但有效数字位数较少的数据，需要采用有效数字乘上 10 的乘幂的形式表示。例如，数据 43 200，若误差绝对值在 50 以内(即误差不超过百位的一半)，则有效数字应为三位(4,3,2)。在这种情况下，个位和十位数上的零不是有效数字，但为了表示该数据的位数又不能随意去掉，应采用 432×10^2，4.32×10^3 或 4.32×10^4 等形式表示。

一般为了清楚无误地表示测量数字的有效位数，常采用的表达形式为

$$k\times10^m \tag{2.18}$$

式中　k —— 从 1 起至小于 10 的任意数字；

　　m —— 具有任意符号的任意整数。

在这种表示形式中，k 的位数为有效位数。所以，上述数据 43 200，一般用 4.32×10^4 表示为宜。

二、数字修约规则

当由于计算或其他原因需要减少数据的数字位时，应按数字修约规则修约。数字修约规则规定，以所要保留数字的末位单位为单位，衡量拟舍去数字的数值情况：

(1) 拟舍去数字的数值大于 0.5 单位者，所要保留数字的末位加 1；

(2) 拟舍去数字的数值小于 0.5 单位者，所要保留数字的末位不变；

(3) 拟舍去数字的数值恰好等于 0.5 单位者，则使所要保留数字的末位凑成偶数(即当所要保留数字末位为偶数时末位不变，若为奇数时则加 1)。

例 2.3　将下列 7 个数据修约为 4 位有效数字：5.142 69，6.378 501，2.717 29，7.691 499，4.510 500，3.216 50，8.343 5。

解　用箭头标示修约后的结果，如下所示：

$$5.142\,69 \rightarrow 5.143$$
$$6.378\,501 \rightarrow 6.379$$
$$2.717\,29 \rightarrow 2.717$$
$$7.691\,499 \rightarrow 7.691$$
$$4.510\,500 \rightarrow 4.510$$
$$3.215\,50 \rightarrow 3.216$$
$$8.343\,5 \rightarrow 8.344$$

需要注意的是，进行修约时只能进行一次性修约，不能逐次进行修约。例如，将 2.545 46 修约为 2 位有效数字时，错误的做法为

$$2.545\,46 \rightarrow 2.545\,5 \rightarrow 2.546 \rightarrow 2.55 \rightarrow 2.6$$

正确的做法为

$$2.545\,46 \rightarrow 2.5$$

此外，附加说明一点，数字修约规则是根据宏观上舍和入的概率均等，在修约的次数足够多时，舍入误差可互相抵消而规定的。按修约规则，以所要保留的数字末位单位为单位，舍去部分会引起舍入误差的数值在开区间(0,1)范围内，在此范围内以 0.5 为中心，两侧各对应点宏观上出现的概率相等而所引起的舍入误差大小相等、符号相反。例如：0.01 与 0.99 出现的概率相等而引起的舍入误差分别是 −0.01 与 +0.01；0.234 与 0.766 出现的概率相等而引起的舍入误差分别是 −0.234 与 +0.234。所以从宏观看，在舍入次数足够多时所引起的误差可以互相抵消。剩下的问题是，舍去部分恰好为 5 时应该如何处理。只入不舍或只舍不入都不能抵消所引起的舍入误差。宏观看，拟保留之有效数字的末位为奇或偶的概率是相同的，规定一种情况舍，另一种情况入，则当舍入次数是足够多时舍入误差也会抵消。规定拟保留之有效数字末位为奇数时加 1 可使有效数字的尾数为偶数的机会增大，而偶数在作被除数时，被除尽机会可多一些，有利于减少计算上的误差。

三、有效安全数字

在实际应用中，测量数据只取有效数字而把其余数字处理掉的方法也可能把一些可供参考的信息处理掉了。特别是测量结果被当做中间结果还要进行大量运算时，舍入误差可能迅速积累。所以，除有效数字外可向右多取 1 ～ 2 位数作为安全数字，这样所表示的数据称为有效安全数字。

对测量数据处理的具体做法是：先由误差（一般用 1 ～ 2 位有效数字表示）确定有效数字最低位位置；再从有效数字最低位向右多取 1 ～ 2 位安全数字；最后按数字修约规则处理掉其余的数字。

例 2.4 测量某电压所得原始数据为 1.835 49 ± 0.014 V，试确定有效安全数字。

解 由误差确定有效数字最低位位置，即

$$1.835\ 49$$
$$0.014$$

可见有效数字最低位为分位(数字 8 处);有效数字为 2 位(1,8)。

向右多取 2 位安全数字,即取十分位与百分位(数字 3,5)。按修约规则处理掉其余的数字,得到有效安全数为 1.835。

四、有效数字运算规则

1. 加减运算

当参与加减运算的数不超过 10 个时:

(1) 以小数点后位数最少的数为基准数,将其余各数修约到比基准数多保留 1 位小数;

(2) 进行加减运算;

(3) 对结果进行修约,使小数点后的位数与基准数相同;

(4) 仅两数加(或减)时,可修约到小数点后位数相同。

例 2.5　$13.65 + 0.008\ 23 + 1.633 = ?$

解　(1)13.65 小数点后位数最少(2 位),取作基准数,并按基准数修约其余两数:

$$0.008\ 23 \rightarrow 0.008\text{(比基准数多保留 1 位小数)}$$
$$1.633 \rightarrow 1.633\text{(比基准数多保留 1 位小数)}$$

(2) 运算:

$$13.65 + 0.008 + 1.633 = 15.291$$

(3) 按基准数小数点后位数修约计算结果:

$$15.291 \rightarrow 15.29$$

例 2.6　$15.436 - 10.2 = ?$

解　(1) 将两数修约到小数点后位数相同:

$$15.436 \rightarrow 15.4,\quad 10.2 \rightarrow 10.2$$

(2) 运算:

$$15.4 - 10.2 = 5.2$$

(3) 修约计算结果:

$$5.2 \rightarrow 5.2$$

由此例可看出,进行减法运算时,计算结果有效数字位数可能减少(在本例中是由于减数在分位以下有误差)。尤其是两数相近时带来的误差更大,在测量、计算中要尽量避免。可采用改变测量方法,对计算公式进行变换等方法避免。例如,$1 - \cos\theta$,当 θ 较小时应避免直接相减,可采取以下两种方法变换:

$$1 - \cos\theta = 2\sin\left(\frac{\theta}{2}\right)$$

$$1-\cos\theta=1-\left(1-\frac{\theta^2}{2}+\frac{\theta^4}{4!}-\cdots\right)=\frac{\theta^2}{2}-\frac{\theta^4}{4!}+\cdots$$

2. 乘除运算

(1) 以有效数位数最少的数为基准数，将其他各数修约到比基准数多1位有效数(与小数点位置无关)；

(2) 进行乘除运算；

(3) 对计算结果进行修约，使有效数位数与基准数相同；

(4) 基准数第1位有效数字为"8"或"9"时计算结果有效位可比基准数多取1位。

例2.7 0.012 1 × 25.64 × 1.057 82 = ?

解 (1) 基准数0.012 1为3位有效数，修约其他两数：

25.64 → 25.64(比基准数多1位有效数)

1.057 82 → 1.058(比基准数多1位有效数)

(2) 进行乘除运算：

$$0.012\,1\times 25.64\times 1.058=0.328\,2$$

(3) 将计算结果按基准数有效位数修约：

0.328 2 → 0.328

例2.8 0.9 × 1.2 × 36.1 = ?

解 (1) 基准数0.9为1位有效数，修约其他两数：

1.2 → 1.2

36.1 → 36

(2) 运算：

$$0.9\times 1.2\times 36=38.88$$

(3) 修约计算结果：

一般情况下　　38.88 → 4 × 10(基准数1位有效数)

因为0.9第1位有效数为"9"，所以结果可多取1位有效数，故可修约为39。

由于计算机的广泛使用，为数据运算提供了方便条件，因此，当进行加减、乘除运算时也可先不作修约，运算后再按规则修约计算结果。

此外，对于常数 π，e，$\sqrt{2}$ 及其他无误差的数值，其有效位可认为是无限的，在计算中需要几位就取几位。

3. 乘方与开方

乘方与开方所得结果的有效数字位数与原来有效数字位数相同或多保留1位有效数。

4. 对数运算

所取对数应与真数有效数字位数相同。例如，取 lg32.8 = 1.52。查表时应按相同位数查取。

5. 三角函数

所用函数值的位数通常随角度误差的减少而增多。对应关系如表 2.2 所示。

表 2.2　三角函数值位数与角度误差对应关系

角度误差	10″	1″	0.1″	0.01″
函数值位数	5	6	7	8

6. 多步运算

中间步骤的计算结果应保留的位数比一步运算（只须进行一种加、减、乘或除、开方或乘方的运算）规定保留的位数多 1 位。

2.5　随机误差的处理

一、随机误差的特性与概率分布

1. 随机误差的特性

大量实验信息表明，随机误差具有以下特性：

(1) 有界性。在多次测量中，随机误差的绝对值实际上不会超过一定的界限。

(2) 对称性。绝对值相等的正、负误差出现的概率相同。

(3) 抵偿性。在相同测量条件下对同一被测量进行多次测量，随机误差的算术平均值随着测量次数的无限增加而趋于零，即随机误差在多次测量中有互相抵消的特性。

抵偿性是随机误差最本质的统计特性。对于具有抵偿性的误差，原则上都可按随机误差处理。由于随机误差具有抵偿性，因此可通过多次测量取平均值的办法来削弱随机误差对测量结果的影响。

此外，很多测量数据的随机误差具有单峰性，即绝对值小的随机误差比绝对值大的随机误差出现的概率大。

2. 统计直方图

设对某被测量在相同测量条件下进行多次独立测量（即等精密度多次测量），得到一系列测量值 $x_1, x_2, \cdots, x_n$。若测量中的系统误差已被消除，则各测量值中仅有随机误差 $\delta_1, \delta_2, \cdots \delta_n$，将这些随机误差按它们的数值大小和符号进行整理，并将误差范围等分为适当数量(m) 的区间，每一区间间隔为 $\Delta\delta$，误差落入每一区间的数目为 $n_i(i=1,2,\cdots,k)$，则在某一区间内误差出现的频率 $f_i = n_i/n$。

以误差值 δ 为横坐标，以概率密度（区间单位长度的频率）$y=\dfrac{\delta}{\Delta\delta}$ 为纵坐标作图，得到的就是统计直方图，如图 2.4 所示。

由纵、横坐标所代表参数意义及图形的做法可见，图 2.4 中每一小块矩形面积代表误差落

入该区间的频率 $f_i(f_i = y_i\Delta\delta)$。当测量次数 $n \to \infty$，并取 $\Delta\delta \to d\delta$ 时，直方图的上边缘就形成一条光滑连续的曲线，称为随机误差概率密度分布曲线，可表达为随机误差 δ 的函数 $y = \varphi(\delta)$，而随机误差落在 $d\delta$ 区间的概率为 $\varphi(\delta)d\delta$。

对于上述测量数据 $x_1, x_2, \cdots, x_n$，由于按所设条件只有随机误差，因此也可以用同样的方法作出类似的直方图，并得到测量数据的概率密度分布曲线 $\varphi(\delta)$。其形状与随机误差概率密度分布曲线完全相似，仅横坐标相差一个被测量的真值(A_0)，如图 2.5 所示。

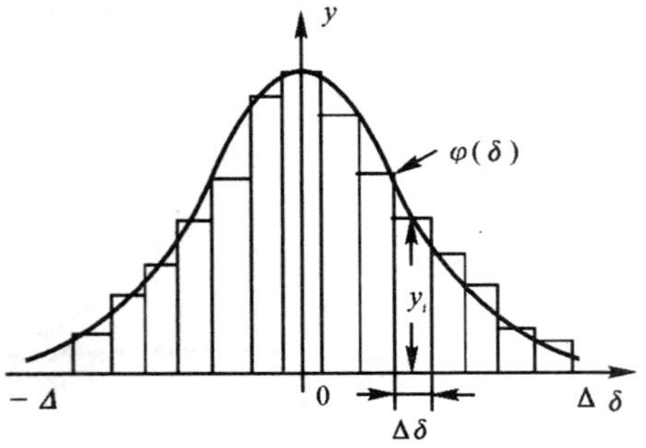

图 2.4　统计直方图

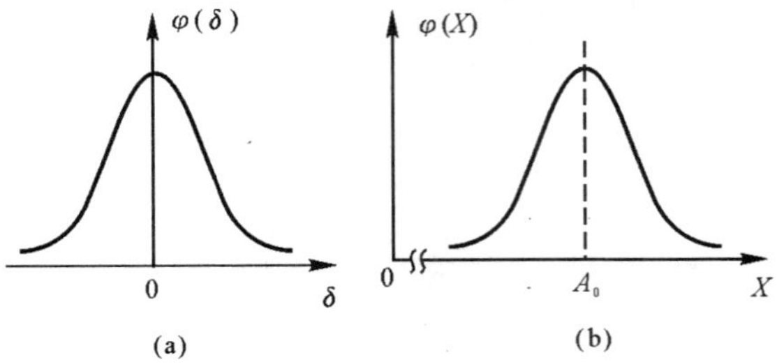

图 2.5　随机误差与测量数据的概率分布曲线

因此，讨论随机误差和测量数据的分布时只须讨论其中的一种，而对另一种只须把横坐标移动一个位置即可，不再一一赘述。

3. 随机误差的概率分布

随机误差的概率分布有多种类型，多数随机误差的概率分布服从正态分布。正态分布是古典误差理论的基础，且至今仍广泛应用，但也有不少随机误差服从各种非正态分布。

(1) 正态分布(Gauss 分布)。由概率论的中心极限定理可知：如随机变量可表示为大量独立的随机变量之和，而每一个随机变量对于总和只起微小作用，则此随机变量服从正态分布。

在多数情况下，随机误差是多种因素造成的许多小误差的总和，因而测量中随机误差的分布及在随机误差影响下测量数据的分布多数接近于正态分布。

按正态分布的随机误差，其概率密度函数 $\varphi(\delta)$ 为

$$\varphi(\delta) = \frac{1}{\sigma(\delta)\sqrt{2\pi}} e^{-\delta^2/2\sigma^2(\delta)} \tag{2.19}$$

式中　δ —— 随机误差；

$\sigma(\delta)$ —— 随机误差分布的标准偏差；

$\sigma^2(\delta)$ —— 随机误差分布的方差。

$\sigma(\delta)$ 与 $\sigma^2(\delta)$ 的意义将在统计特征中讨论。

式(2.19)称为正态分布随机误差方程，简记为 $N(0,\sigma)$，表示 δ 的数学期望为 0 及曲线具体形状与 $\sigma(\delta)$ 有关。图 2.6 表示对应不同 $\sigma(\delta)$ 值的正态分布曲线。

如果用极限误差 Δ 限定曲线的范围，得到的是截尾正态分布，其概率密度函数为

$$\varphi(\delta)=\frac{c}{\sigma(\delta)\sqrt{2\pi}}e^{-\delta^2/2\sigma^2(\delta)} \tag{2.20}$$

式中
$$\frac{1}{c}=\frac{1}{\sigma(\delta)\sqrt{2\pi}}\int_{-\Delta}^{\Delta}e^{-\delta^2/2\sigma^2(\delta)}d\delta$$

截尾正态分布曲线如图 2.7 所示，这种分布不仅表现出随机误差普遍具有的三种特性（有界性、对称性、抵偿性），而且还具有多数随机误差所具有的单峰性。

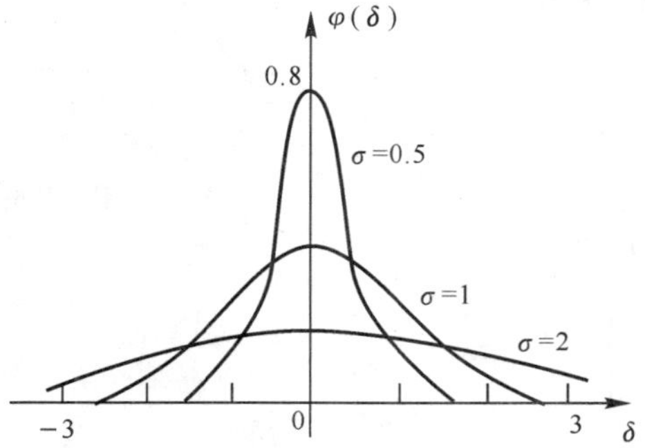

图 2.6　三个不同标准偏差值的正态分布曲线

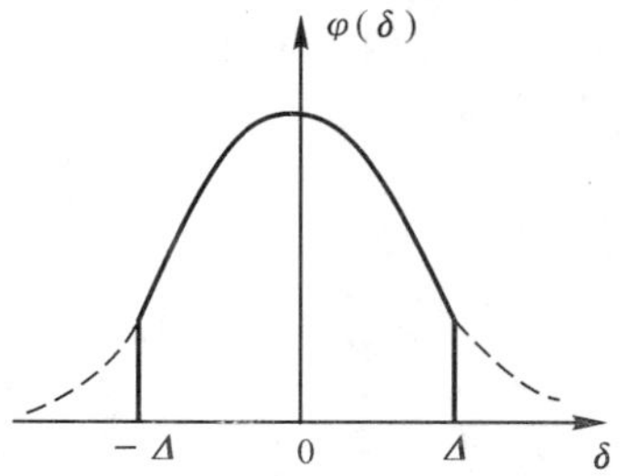

图 2.7　截尾正态分布曲线

截尾正态分布可由正态分布转化而来。例如，误差本为正态分布的大批产品（仪器、元件、器件等）经产品检验后剔除了超过允许公差 ±Δ 的产品后，分布变成截尾正态分布。截尾正态分布是正态分布的简单变形，所以本书与正态分布一并讨沦。

(2) 均匀分布。均匀分布的随机误差也是常遇到的一种随机误差分布。其特点是误差均匀地分布在某一区域，在此区域内误差出现的概率密度处处相同，而在该区域以外误差出现的概率为零。式(2.21)表示误差分布区域为$[-a,a]$的均匀分布概率密度函数，简记为$U[-a, a]$。

$$\varphi(\delta)=\begin{cases}\dfrac{1}{2a}, & -a\leqslant\delta\leqslant a\\ 0, & |\delta|>a\end{cases} \tag{2.21}$$

其分布曲线如图 2.8 所示

服从均匀分布的随机误差主要有：因仪器最小分辨力限制引起的误差；数字显示仪器因量化误差使显示结果产生末位 1 个数字的误差；测量仪器传动件的间隙、摩擦力等造成一定的灵敏阈引起的误差；数据处理中的舍入误差等。此外，当只能知道误差出现的大致范围而对误差的分布并不了解时，也常把误差出现在这个范围内的分布按均匀分布来处理。

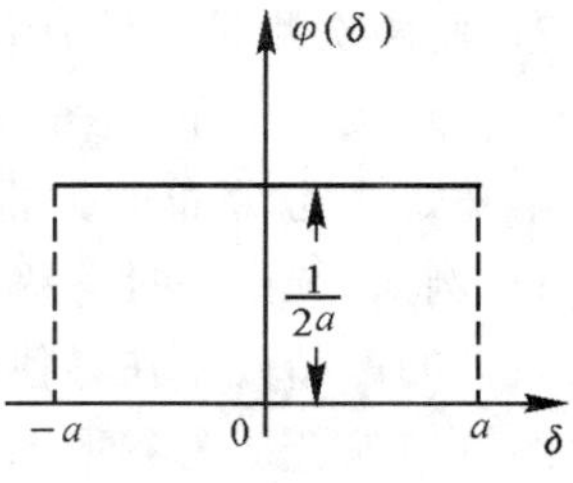

图 2.8　均匀分布曲线

(3) 反正弦分布。反正弦分布常出现在角度、正弦振动等测量误

差中。当被测量或误差与某一个量 θ 成正弦关系，而 θ 本身是均匀分布时，则出现反正弦分布。例如，圆分度盘几何中心与旋转中心有一偏心量 e，则由分度盘指示角度时的误差为 $\delta = e\sin\theta$，只要 θ 是在 $0^\circ \sim 360^\circ$ 中均匀分布的随机变量，则 $\delta = e\sin\theta$ 表示的就是反正弦分布，简记为 $A_s[-m, m]$。其分布密度函数及分布曲线分别如式(2.22)及图 2.9 所示。

$$\varphi(\delta) = \begin{cases} \dfrac{1}{\pi} \dfrac{1}{\sqrt{m^2 - \delta^2}}, & -m \leqslant \delta \leqslant m \\ 0, & |\delta| > m \end{cases} \tag{2.22}$$

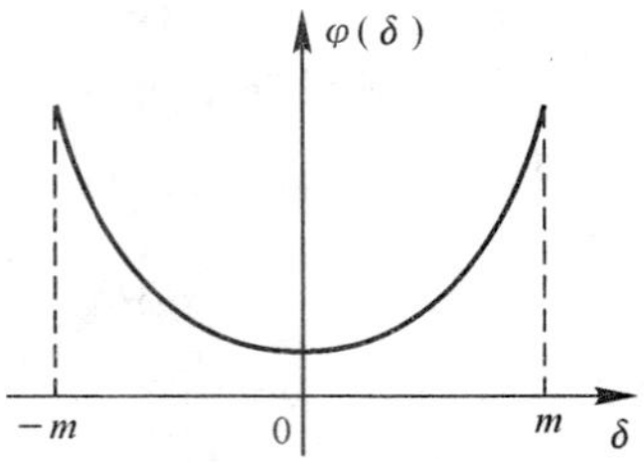

图 2.9　反正弦分布曲线

(4) 其他非正态分布。除均匀分布、反正弦分布外，在实际测量中还可能遇到其他非正态分布的随机误差，例如，梯形分布与三角形分布 —— 两个分布区域不同的均匀分布合成后是梯形分布，如图 2.10 所示。

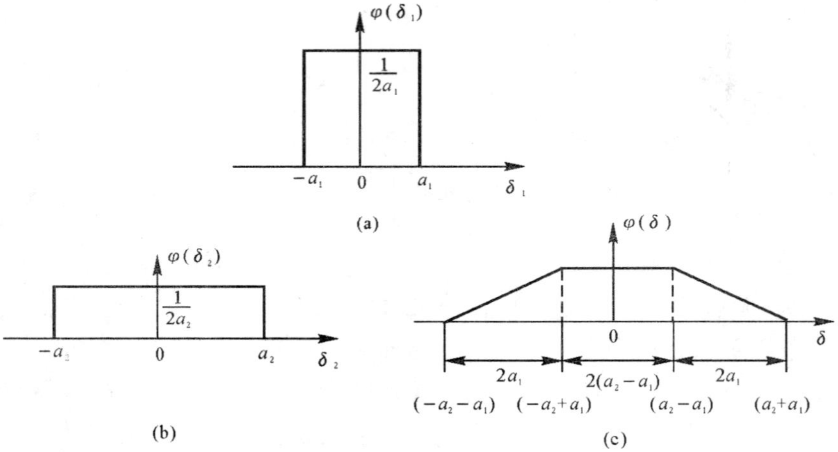

图 2.10　梯形分布曲线

当两个均匀分布的分布区域相同($a_1 = a_2 = a$)时，其和的分布则由梯形分布变为三角形分布，如图 2.11 所示。

在各种用比较法的测量中，如测量结果由误差服从均匀分布的两次测量获得，当两次测量条件相同时误差将是三角分布，而两次测量条件有差异时误差将为梯形分布。

双峰形分布 —— 概率密度分布大体上是 M 形。对于误差本来是正态分布的大批产品进行分档挑选后，常出现这种分布。例如，选出一批一级产品(其误差分布较紧靠零值附近)后，余下的产品误差在零值附近的概率就很小，所以误差在零附近的分布就会成为谷形凹陷。在多环节的仪器中，一些环节导致误差常偏正，而另一些环节导致误差常偏负，也可能使总误差

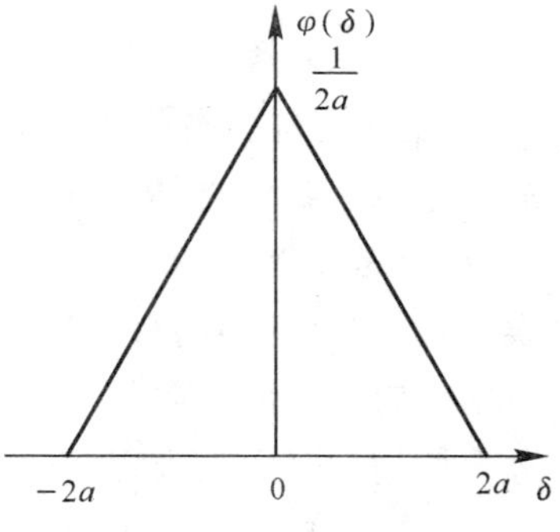

图 2.11　三角形分布曲线

出现双峰分布。

还有一些其他分布的随机误差，如二项分布、泊松分布等，读者可参看有关资料，在此不再赘述。

此外，在测量实践中也会遇到如何判断测量误差或测量值的分布问题，这要由分布检验来解决。其原理是由理论的研究或过去同类测量的经验假定误差或测量值为某一分布，再按检验方法进行检验，判断拒绝或不拒绝该分布。例如：适用于测量次数不多时进行正态性检验的夏皮罗-威尔克(Shapiro-Wilk)法；适用于测量次数较多($n>50$)时进行正态性检验的达哥斯特(D'Agostino)法及可检验是否服从某一分布(不限于正态分布)的皮尔逊(Pearson)法。

关于这方面的内容读者可参看文献[3,4,5,6]。

二、随机误差的统计特征

一般测量数据的处理，常用测量数据(或随机误差)的数学期望、方差(或标准偏差)对随机误差的影响作出评定。

1. 测量数据的数学期望

对一个被测量在相同测量条件下进行多次独立测量(即等精密度测量)，若已消除了系统误差，则所得到的测量值是一个随机变量，以 X 表示之，其数学期望 $M(X)$ 可分为以下几种情况描述。

当测量值为离散值时，其数学期望 $M(X)$ 为

$$M(X)=\sum_{i=1}^{m}x_i p_i=\sum_{i=1}^{m}x_i\frac{n_i}{n}\quad(n\to\infty)\tag{2.23}$$

式中　x_i —— 被测量可能的取值($i=1\sim m$)；

p_i —— 被测量出现 x_i 值的概率($i=1\sim m$)；

n —— 总测量次数；

n_i —— 取值 x_i 的次数。

当 $n\to\infty$ 时，出现 x_i 的频率 $\frac{n_i}{n}$ 即为概率 p_i。

若对每次测量结果单独统计，即不考虑被测量的具体取值是否相同，而认为 n 次测量得到 n 个值，则

$$M(X)=\frac{1}{n}\sum_{i=1}^{n}x_i\quad(n\to\infty)\tag{2.24}$$

可见测量值的数学期望就是当测量次数 $n\to\infty$ 时各测量结果的算术平均值。

当被测量取值为连续时，其数学期望 $M(X)$ 为

$$M(X)=\int_{-\infty}^{+\infty}x\varphi(x)\mathrm{d}x\tag{2.25}$$

式(2.25)中，$\varphi(x)$ 为概率密度函数，表示测量值落在区间$(x,x+\Delta x)$内的概率 $P(x<X<x+\Delta x)$。

$$\varphi(x)=\lim_{\Delta x\to 0}\frac{P(x<X<x+\Delta x)}{\Delta x} \tag{2.26}$$

因为随机误差具有抵偿性,所以,当测量次数 $n\to\infty$ 时,测量值的数学期望 $M(X)$ 即为真值。

数学期望有以下重要性质:

(1) 常数 C 的数学期望 $M(C)=C$;

(2) 随机变量乘以常数 C,则有

$$M(CX)=CM(X)$$

(3) 随机数据 $x_1,x_2,\cdots,x_n$ 之和的数学期望为

$$M(x_1+x_2+\cdots+x_n)=M(x_1)+M(x_2)+\cdots+M(x_n)$$

2. 方差和标准偏差

测量数据的数学期望表示测量值的平均情况,而测量数据的离散程度常用方差来表示,方差的符号为 $\sigma^2(X)$ 或 $D(X)$。

当测量值为离散值时,方差为

$$\sigma^2(X)=\sum_{i=1}^{m}[x_i-M(X)]^2p_i=\sum_{i=1}^{m}[x_i-M(X)]^2\frac{n_i}{n}\quad(n\to\infty) \tag{2.27}$$

式(2.27)中 x_i,p_i,n,n_i 的意义见式(2.23)的说明。

对应式(2.24),在每次测量结果单独统计情况下的方差为

$$\sigma^2(X)=\frac{1}{n}\sum_{i=1}^{n}[x_i-M(X)]^2\quad(n\to\infty) \tag{2.28}$$

当被测量为连续值时,与式(2.25)相对应的方差为

$$\sigma^2(X)=\int_{-\infty}^{+\infty}[x-M(X)]^2\varphi(x)\mathrm{d}x \tag{2.29}$$

测量值的离散是因随机误差的影响所造成,而由于随机误差的抵偿性会使正、负误差互相抵消,因此不能直接采用误差值进行平均而取其平方平均。另外,平方后再平均的方法能使个别较大的误差经过平方后在结果中占的比例更大,即方差对较大的误差反应灵敏。

方差有以下重要性质:

(1) 常数 C 的方差为

$$\delta^2(C)=0$$

(2) 随机误差 δ 乘以常数 C 的方差为

$$\delta^2(C\delta)=C^2\delta^2(\delta)$$

(3) 随机误差 $\delta_1,\delta_2,\cdots,\delta_n$ 相互独立时,其和的方差为

$$\sigma^2(\delta_1+\delta_2+\cdots\delta_n)=\sigma^2(\delta_1)+\sigma^2(\delta_2)+\cdots+\sigma^2(\delta_n)$$

实际上更常使用标准偏差(均方差)。按照定义,标准偏差为方差的正平方根(算术平方根),以 $\sigma(X)$ 表示。

三、用有限次测量数据值估计测量值的数学期望与方差

理论上，计算数学期望和方差需要在相同的测量条件下取得无穷多个测量数据，但是在实际情况下只能进行有限次测量。所以只能根据有限个测量数据估计，得到的是数学期望估计值 $\hat{x}$ 与方差估计值 $\hat{\sigma}^2(X)$。下面讨论估计的方法及估计的一致性与无偏性。

1. 算术平均值原理

对某被测量进行 n 次独立的、无系统误差的等精密度测量，得到 n 个测量数据 $x_1, x_2, \cdots, x_n$，则被测量最可能的估计值为全部测量数据的算术平均值。这称之为算术平均值原理。

$$\bar{x} = \frac{1}{n}(x_1 + x_2 + \cdots + x_n) = \frac{1}{n}\sum_{i=1}^{n} x_i \tag{2.30}$$

算术平均值原理的成立是根据估计的一致性与无偏性判断的。

(1) 估计的一致性。比较式(2.24)与式(2.30)可见，$\bar{x}$ 在 $n \to \infty$ 时确实等于被估计的数值 $M(X)$，所以符合一致性原则。

(2) 估计的无偏性。估计的无偏性由算术平均值 $\bar{x}$ 的数学期望 $M(\bar{x})$ 是否等于被估计的数值 $M(X)$ 来判断。

我们所讨论的情况，测量数据 $x_1, x_2, \cdots, x_n$ 是相互独立且与被测量 x 有相同的概率分布的简单随机样本，具有 n 个随机变量的性质，所以

$$M(x_1) = M(x_2) = \cdots = M(x_n) = M(X) \tag{2.31}$$

$$\sigma^2(x_1) = \sigma^2(x_2) = \cdots = \sigma^2(x_n) = \sigma^2(X) \tag{2.32}$$

由式(2.31)及前述数学期望的性质，可得到算术平均值的数学期望 $M(\bar{x})$，即

$$M(\bar{x}) = M\left(\frac{1}{n}\sum_{i=1}^{n} x_i\right) = \frac{1}{n}M\left(\sum_{i=1}^{n} x_i\right) = \frac{1}{n}\sum_{i=1}^{n} M(x_i) = \frac{1}{n}nM(X)$$

故

$$M(\bar{x}) = M(X) \tag{2.33}$$

其意义可理解为：若测得 m 组数据(每组 n 个)，可分别得到 m 个算术平均值 $\bar{x}_1, \bar{x}_2, \cdots, \bar{x}_m$。当 $m \to \infty$ 时

$$\frac{1}{m}(\bar{x}_1 + \bar{x}_2 + \cdots + \bar{x}_m) = M(X)$$

由此可见，算术平均值 $\bar{x}$ 的数学期望等于被估计的数值 $M(X)$，所以符合无偏性原则。

(3) 算术平均值 $\bar{x}$ 的方差 $\sigma^2(\bar{x})$。由式(2.32)及前述的方差的性质可得

$$\sigma^2(\bar{x}) = \sigma^2\left(\frac{1}{n}\sum_{i=1}^{n} x_i\right) = \frac{1}{n^2}\sigma^2\left(\sum_{i=1}^{n} x_i\right) = \frac{1}{n^2}\sum_{i=1}^{n}\sigma^2(x_i) = \frac{1}{n^2}n\sigma^2(X)$$

故

$$\sigma^2(\bar{x}) = \frac{1}{n}\sigma^2(X) \tag{2.34}$$

则

$$\sigma(\bar{x}) = \frac{1}{\sqrt{n}}\sigma(X) \tag{2.35}$$

比较式(2.34)与式(2.28)可见，n 次测量值之算术平均值 $\bar{x}$ 的方差仅为单次测量方差(总体方差)的 $\frac{1}{n}$(或标准偏差仅为 $\frac{1}{\sqrt{n}}$)，这说明算术平均值的离散程度减小。

按算术平均值原理处理等精密度重复测量数据可使随机误差对最后结果的影响减小到最低限度。这表明以算术平均值作为被测量的估计值具有最优性。

以上分析不涉及测量数据的总体分布，所以可应用于讨论各种分布的随机误差。

应该指出，算术平均值仍为随机变量，不可能完全排除随机误差的影响，靠增加测量次数 n 来提高测量结果的精密度其意义是有限的，因为：① 算术平均值的标准偏差 $\sigma(\bar{x})$ 与测量次数 n 的平方根成反比，当 $n > 10$ 以后再进一步增大 n 时，$\sigma(\bar{x})$ 的变化不大，效果不明显，$\sigma(\bar{x})/\sigma(X)$ 即 $\frac{1}{\sqrt{n}}$ 与 n 的关系如图 2.12 所示。② 测量次数 n 过大，不仅要耗费较大的人力、物力，而且等精密度测量条件也不易保持。③ 在实际测量中，测量结果的准确度与测量方法和原理、测量仪器的精密度、实验环境和实验人员素质等因素有关。

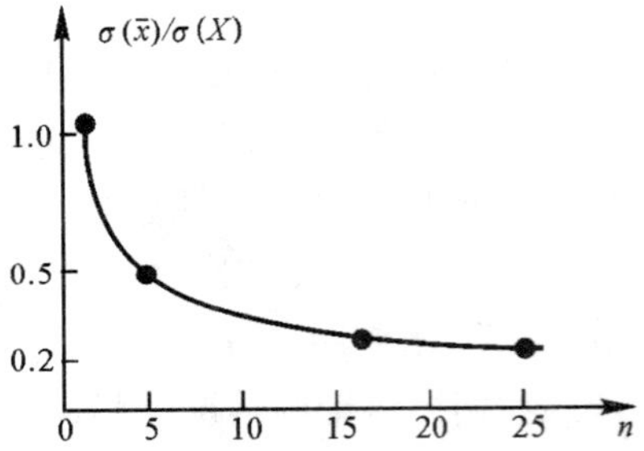

图 2.12　$\sigma(\bar{x})/\sigma(X)$ 与 n 的关系

2. 用有限次测量数据估计测量值的方差 —— 贝塞尔(Bessel)公式

对有限次测量数据方差的估计值 $\hat{\sigma}^2(X)$ 及标准偏差的估计值 $\hat{\sigma}(X)$ 可由贝塞尔公式得出。

$$\hat{\sigma}^2(X) = \frac{1}{n-1}\sum_{i=1}^{n} v_i^2 \tag{2.36}$$

$$\hat{\sigma}(X) = \sqrt{\frac{1}{n-1}\sum_{i=1}^{n} v_i^2} \tag{2.37}$$

式(2.37)中，v_i 为残差(或称为剩余误差)，系第 i 次测量值与算术平均值之差，即

$$v_i = x_i - \bar{x} \tag{2.38}$$

贝塞尔公式可证明如下：

对应式(2.28)，n 为有限值时的方差估计值 $\hat{\sigma}^2(X)$ 为

$$\hat{\sigma}^2(X) = \frac{1}{n}\sum_{i=1}^{n}[x_i - M(X)]^2 \tag{2.39}$$

为便于表达，以 δ_i 表示第 i 次测量数据的随机误差，即

$$\delta_i = [x_i - M(X)] \tag{2.40}$$

由式(2.40)求方差估计值须先得到数学期望$M(X)$，但对有限次测量未知真值的情况下，只能得到n次测量的平均值$\bar{x}$及残差v_i，为此作以下变换。由式(2.38)和式(2.40)得

$$\delta_i - v_i = [x_i - M(X)] - (x_i - \bar{x}) = \bar{x} - M(X)$$

按式(2.40)求n次测量数据随机误差之和可得

$$\sum_{i=1}^{n} \delta_i = \sum_{i=1}^{n} x_i - nM(X) = n[\bar{x} - M(X)]$$

故

$$\delta_i - v_i = \frac{1}{n}\sum_{i=1}^{n} \delta_i$$

即

$$nv_i = n\delta_i - \sum_{i=1}^{n} \delta_i$$

所以

$$nv_i = -\delta_1 - \delta_2 - \cdots + (n-1)\delta_i - \cdots - \delta_n$$

将上式等号两边平方得

$$n^2 v_i^2 = \delta_1^2 + \delta_2^2 + \cdots + (n-1)^2\delta_i^2 + \cdots + \delta_n^2 + 2\delta_1\delta_2 + 2\delta_1\delta_3 + \cdots - 2(n-1)\delta_1\delta_i + \cdots + 2\delta_1\delta_n + 2\delta_2\delta_3 + \cdots$$

当独立测量次数n足够多时，因为随机误差的对称性，总的看来，在非平方项中约有一半是正值，一半是负值，正、负项抵消的结果使非平方项总和近似为零。所以

$$n^2 v_i^2 \approx \delta_1^2 + \delta_2^2 + \cdots + (n-1)^2\delta_i^2 + \cdots + \delta_n^2 = \sum_{i=1}^{n} \delta_i^2 - \delta_i^2 + (n-1)^2\delta_i^2$$

再将上式等号两边对i由$1 \sim n$取和，得

$$n^2 \sum_{i=1}^{n} v_i^2 = n\sum_{i=1}^{n} \delta_i^2 - \sum_{i=1}^{n} \delta_i^2 + (n-1)^2 \sum_{i=1}^{n} \delta_i^2 = n(n-1)\sum_{i=1}^{n} \delta_i^2$$

故

$$\sum_{i=1}^{n} \delta_i^2 = \frac{n}{n-1}\sum_{i=1}^{n} v_i^2 \tag{2.41}$$

由式(2.41)、式(2.40)及式(2.39)可得

$$\hat{\sigma}^2(X) = \frac{1}{n}\sum_{i=1}^{n} \delta_i^2 = \frac{1}{n-1}\sum_{i=1}^{n} v_i^2$$

及

$$\hat{\sigma}(X) = \sqrt{\frac{1}{n-1}\sum_{i=1}^{n} v_i^2}$$

即为贝塞尔公式。

式中$(n-1)$称为自由度，其意义是：虽然有n个残差v_i，但由于$\sum v_i=0$，其作用只等效于$(n-1)$个独立的量，所以，从n个v_i值求方差估计值$\hat{\sigma}^2(X)$时除以$(n-1)$。

附带提出，式(2.36)是无偏估计。可以证明方差估计值的数学期望等于方差，即

$$M[\hat{\sigma}^2(X)]=\sigma^2(X)$$

但是，式(2.37)不是无偏估计，而是一个近似式，有一定的偏差。$\hat{\sigma}(X)$相对$\sigma(X)$偏差与测量数据的分布情况有关，但当测量次数n较大时影响可忽略。

在生产、科研等各个领域较广泛地应用贝塞尔公式估计方差。目前，一些功能较强的计算器都带有计算算术平均值$\bar{x}$及标准偏差估计值$\hat{\sigma}(X)$的程序，在输入测量数据后只须分别按动标有$\bar{x}$和$\hat{\sigma}$（或s，σ_{n-1}）的按键，不需使用者作其他任何计算即可直接显示出结果。

例 2.9 甲、乙二人分别用不同的方法对同一电感进行多次测量，结果（均无系统误差及粗差）如下：

甲	x_{ai}/mH：	1.28，	1.31，	1.27，	1.26，	1.19，	1.25
乙	x_{bi}/mH：	1.19，	1.23，	1.22，	1.24，	1.25，	1.20

请根据测量数据对他们的测量结果进行粗略评价。

解 按式(2.30)分别计算两组算术平均值得

$$\bar{x}_a=1.26\ \text{mH}$$

$$\bar{x}_b=1.22\ \text{mH}$$

按式(2.38)和式(2.36)分别计算两组测量数据的方差估计值（总体方差估计值）得

$$\hat{\sigma}_a^2(X)=1.6\times10^{-3}$$

$$\hat{\sigma}_b^2(X)=0.54\times10^{-3}$$

计算两组测量数据算术平均值的方差估计值时，式(2.34)中的$\sigma^2(X)$可以用$\hat{\sigma}^2(X)$代替，得到的结果是

$$\hat{\sigma}_a^2(\bar{x}_a)=\frac{1}{6}\times1.6\times10^{-3}=0.27\times10^{-3}$$

$$\hat{\sigma}_b^2(\bar{x}_b)=\frac{1}{6}\times0.54\times10^{-3}=0.09\times10^{-3}$$

可见两人测量次数虽相同，但算术平均值方差估计值相差较大，表明乙所进行的测量精密度高。

3. 算术平均值和方差的实用计算方法与实时处理

为了减少计算的差错与误差或便于发挥测量系统、测量数据处理系统中微型电子计算机的效能，减小需占用的内存单元，在实际计算算术平均值和方差时常根据需要对计算公式作一些变化。现介绍以下几种，以广开思路。

(1) 算术平均值的简便计算法。当测量数据有效数字较多、数据量较大时，按式(2.30)计

算算术平均值较繁，易出差错，可采用以下简化算法。

任选一接近测量数据 x_i 的数值 x_0，令 x_i 与 x_0 之差为 Δx_i，即

$$\Delta x_1 = x_1 - x_0$$
$$\Delta x_2 = x_2 - x_0$$
$$\cdots\cdots$$
$$\Delta x_n = x_n - x_0$$

则
$$\sum_{i=1}^{n} \Delta x_i = \sum_{i=1}^{n} x_i - n x_0$$

上式等号两边同除以 n 得

$$\frac{1}{n}\sum_{i=1}^{n} \Delta x_i = \frac{1}{n}\sum_{i=1}^{n} x_i - x_0 = \bar{x} - x_0$$

故

$$\bar{x} = x_0 + \frac{1}{n}\sum_{i=1}^{n} \Delta x_i \tag{2.42}$$

当 x_0 选择合适时，Δx_i 的有效数字较少，可简化计算。

例 2.10　用简便方法计算下列测量数据的算术平均值：17.345，17.348，17.344，17.346，17.346，17.347。

解　将 x_i，x_0，Δx_i 列表，如表 2.3 所示。

表 2.3　计算数据表

x_i	x_0	$\Delta x_i / \times 10^{-3}$
17.345	17.345	0
17.348		+3
17.344		−1
17.346		+1
17.346		+1
17.347		+2

$$\sum_{i=1}^{6} \Delta x_i = 6 \times 10^{-3}$$

按式(2.42)得

$$\bar{x} = 17.345 + \frac{1}{6} \times 6 \times 10^{-3} = 17.346$$

(2) 贝塞尔公式的实用计算法。用贝塞尔公式(2.36)计算方差估计值时，须先求出算术平均值，算术平均值的计算可能因除不尽而产生舍入误差。按式(2.38)所计算的残差 v_i($v_i = x_i - \bar{x}$)有形成误差积累的可能，所以，实用的方差估计值 $\hat{\sigma}^2(X)$ 的计算方法常将式(2.36)变

形如下：

$$\hat{\sigma}^2(X)=\frac{1}{n-1}\Big[\sum_{i=1}^{n}x_i^2-\frac{1}{n}\Big(\sum_{i=1}^{n}x_i\Big)^2\Big] \tag{2.43}$$

式(2.43)可证明如下：

由
$$\sum_{i=1}^{n}v_i^2=\sum_{i=1}^{n}(x_i-\bar{x})^2=\sum_{i=1}^{n}x_i^2-2\bar{x}\sum_{i=1}^{n}x_i+n\bar{x}^2=$$
$$\sum_{i=1}^{n}x_i^2-2n\bar{x}\frac{1}{n}\sum_{i=1}^{n}x_i+n\bar{x}^2=$$
$$\sum_{i=1}^{n}x_i^2-n\bar{x}^2=\sum_{i-1}^{n}x_i^2-\frac{1}{n}\Big(\sum_{i=1}^{n}x_i\Big)^2$$

将结果代入式(2.36)即可得到式(2.43)。

式(2.43)的算法可以方便地得到新结果，也便于剔除个别项重算，且在用计算机计算时所占存储单元少，只须准备两个单元存储累加和，不需要准备 n 个单元分别存放数据与残差。

(3) 算术平均值与方差的实时处理。为了在每个测量数据输入计算机后能立即得到已输入各数据的算术平均值与方差估计值，以便于某些情况下的判断、控制与调整，可采用下述递推算法。

$$\bar{x}_n=\bar{x}_{n-1}+\frac{1}{n}(x_n-\bar{x}_{n-1}) \tag{2.44}$$

$$\hat{\sigma}^2(X)_n=\frac{n-2}{n-1}\hat{\sigma}^2(X)_{n-1}+\frac{1}{n}(x_n-\bar{x}_{n-1})^2 \tag{2.45}$$

式中 $\bar{x}_n$ ——n 个测量数据的算术平均值；

$\bar{x}_{n-1}$—— 前 $n-1$ 个测量数据的算术平均值；

$\hat{\sigma}^2(X)_n$ ——n 个测量数据的方差估计值；

$\hat{\sigma}^2(X)_{n-1}$—— 前 $n-1$ 个测量数据的方差估计值。

式(2.44)可证明如下：

$$\bar{x}_n=\frac{1}{n}(x_1+x_2+\cdots+x_{n-1}+x_n)=\frac{n-1}{n}\bar{x}_{n-1}+\frac{1}{n}x_n=\bar{x}_{n-1}+\frac{1}{n}(x_n-\bar{x}_{n-1})$$

式(2.45)可证明如下：

因为

$$\hat{\sigma}^2(X)_{n-1}=\frac{1}{n-2}\sum_{i=1}^{n-1}(x_i-\bar{x}_{n-1})^2$$

残差之和为零
$$\sum_{i=1}^{n-1}(x_i-\bar{x}_{n-1})=0$$

及式(2.44)之关系，所以

$$\hat{\sigma}^2(X)_n = \frac{1}{n-1}\sum_{i=1}^{n}(x_i - \bar{x}_n)^2 = \frac{1}{n-1}\left\{\sum_{i=1}^{n-1}(x_i - \bar{x}_n)^2 + (x_n - \bar{x}_n)^2\right\} =$$

$$\frac{1}{n-1}\left\{\sum_{i=1}^{n-1}\left[x_i - \bar{x}_{n-1} - \frac{1}{n}(x_n - \bar{x}_{n-1})\right]^2 + \left[x_n - \bar{x}_{n-1} - \frac{1}{n}(x_n - \bar{x}_{n-1})\right]^2\right\} =$$

$$\frac{1}{n-1}\left\{\sum_{i=1}^{n-1}\left[(x_i - \bar{x}_{n-1})^2 - \frac{2}{n}(x_i - \bar{x}_{n-1})(x_n - \bar{x}_{n-1}) + \frac{1}{n^2}(x_n - \bar{x}_{n-1})^2\right] + \frac{(n-1)^2}{n^2}(x_n - \bar{x}_{n-1})^2\right\} =$$

$$\frac{1}{n-1}\left\{\sum_{i=1}^{n-1}(x_i + \bar{x}_{n-1})^2 - 0 + \frac{n(n-1)}{n^2}(x_n - \bar{x}_{n-1})^2\right\} =$$

$$\frac{n-2}{n-1}\hat{\sigma}^2(X)_{n-1} + \frac{1}{n}(x_n - \bar{x}_{n-1})^2$$

4．加权平均值

当对某一被测量进行多次测量时，由于测量条件（方法、仪器及人员素质等）不同，使各次测量数据具有不同的精密度，这就是不等精密度测量。不等精密度测量所得各测量数据的可信程度不同，在最后计算测量结果时所占比重应有差别。为权衡轻重，区别对待，引入权的概念，用作测量结果精密度的数字表征。

在某些精密测量中，对同一量常在相同（或相近）测量条件下作多组（每组多次）测量，分别得出各组测量数据的算术平均值与方差。如各组测量次数不等，在计算最后测量结果时，各组算术平均值与方差所占比重也应有差别，也采用权的不同来对待。

在无系统误差的测量数据处理中，通常定义权与方差成反比。

一般用 σ_0^2 表示权 $p=1$ 之测试数据的方差。如某测试数据 x_i 的方差为 σ_i^2，则 x_i 的权 p_i 为

$$p_i = \frac{\sigma_0^2}{\sigma_i^2} \tag{2.46}$$

可见

$$\sigma_0^2 = p_i\sigma_i^2 = p_1\sigma_1^2 = p_2\sigma_2^2 = \cdots = p_n\sigma_n^2 \tag{2.47}$$

因为权 p 是从相对意义上表示各测量数据的精密度程度，所以不论如何选取 σ_0^2，均不改变它们之间权的比值。例如：

$$\sigma_a^2 = 2,\quad \sigma_b^2 = 4,\quad \sigma_c^2 = 6$$

取

$$\sigma_0^2 = 1$$

则

$$p_a = \frac{1}{2},\quad p_b = \frac{1}{4},\quad p_c = \frac{1}{6}$$

$$p_a : p_b : p_c = 6:3:2$$

若取

$$\sigma_0^2 = 4$$

则
$$p_a = 2,\quad p_b = 1,\quad p_c = \frac{2}{3}$$

$$p_a : p_b : p_c = 2 : 1 : \frac{2}{3} = 6 : 3 : 2$$

可见其比值不变。

设测量数据 $x_1, x_2, \cdots, x_n$ 的权分别为 $p_1, p_2, \cdots, p_n$，则加权平均值 $\hat{x}$ 为

$$\hat{x} = \frac{p_1 x_1 + p_2 x_2 + \cdots + p_n x_n}{p_1 + p_2 + \cdots + p_n} = \frac{\sum_{i=1}^{n} p_i x_i}{\sum_{i=1}^{n} p_i} \tag{2.48}$$

加权平均值亦称为广义算术平均值。

加权平均值的方差估计值 $\hat{\sigma}^2(\hat{x})$，根据前述方差的性质及式(2.46)和式(2.47)，具有如下关系：

$$\hat{\sigma}^2(\hat{x}) = \hat{\sigma}^2\left(\frac{\sum_{i=1}^{n} p_i x_i}{\sum_{i=1}^{n} p_i}\right) = \frac{\sum_{i=1}^{n} p_i^2 \hat{\sigma}^2(x_i)}{\left(\sum_{i=1}^{n} p_i\right)^2} = \frac{\sum_{i=1}^{n} p_i \sigma_0^2}{\left(\sum_{i=1}^{n} p_i\right)^2} = \frac{\sigma_0^2}{\sum_{i=1}^{n} p_i} \tag{2.49}$$

例 2.11 对某电阻分三组进行测量，得到三组测量数据的算术平均值及方差估计值：$\bar{x}_a = 1.418\ \Omega$，$\hat{\sigma}_a^2 = 2\times 10^{-6}$；$\bar{x}_b = 1.413\ \Omega$，$\hat{\sigma}_b^2 = 4\times 10^{-6}$；$\bar{x}_c = 1.415\ \Omega$，$\hat{\sigma}_c^2 = 5\times 10^{-6}$。试求最后结果及其方差。

解 确定各组算术平均值的权 p_a, p_b, p_c。取 $\hat{\sigma}_0^2 = 20\times 10^{-6}$，由式(2.46)可得

$$p_a = \frac{\sigma_0^2}{\hat{\sigma}_a^2} = \frac{20\times 10^{-6}}{2\times 10^{-6}} = 10$$

$$p_b = \frac{\sigma_0^2}{\hat{\sigma}_b^2} = \frac{20\times 10^{-6}}{4\times 10^{-6}} = 5$$

$$p_c = \frac{\sigma_0^2}{\hat{\sigma}_c^2} = \frac{20\times 10^{-6}}{5\times 10^{-6}} = 4$$

按式(2.48)计算加权平均值

$$\hat{x} = \frac{10\times 1.418 + 5\times 1.413 + 4\times 1.415}{10+5+4} = 1.416\ \Omega$$

按式(2.49)计算加权平均值的方差估计值

$$\hat{\sigma}^2(\hat{x}) = \frac{\sigma_0^2}{\sum_{i=1}^{3} p_i} = \frac{20 \times 10^{-6}}{10+5+4} = 1.05 \times 10^{-6}$$

例 2.12　按等精密度测量条件(仪器、方法及人员等均相同)，对某被测量分三组进行测量，三组算术平均值的测量次数分别为 $\bar{x}_a$，3 次；$\bar{x}_b$，5 次；$\bar{x}_c$，7 次。试确定各算术平均值的权：p_a，p_b，p_c。

解　设在此等精密度测量条件下的方差为 σ^2，则由式(2.34)可得三个算术平均值的方差，分别为

$$\sigma^2(\bar{x}_a) = \frac{1}{3}\sigma^2$$

$$\sigma^2(\bar{x}_b) = \frac{1}{5}\sigma^2$$

$$\sigma^2(\bar{x}_c) = \frac{1}{7}\sigma^2$$

相应的权应满足条件：

$$p_a : p_b : p_c = \frac{1}{\sigma^2(\bar{x}_a)} : \frac{1}{\sigma^2(\bar{x}_b)} : \frac{1}{\sigma^2(\bar{x}_c)} = \frac{3}{\sigma^2} : \frac{5}{\sigma^2} : \frac{7}{\sigma^2} = 3 : 5 : 7$$

所得结果为权的相对关系，故可取

$$p_a = 3, \quad p_b = 5, \quad p_c = 7$$

四、测量结果的置信度与表示方法

1. 置信度的概念

在实际测量中，常希望知道以下两点：

(1) 测得的数据 x_i 处在数学期望(真值)附近某一范围内的概率有多大。此范围常取标准偏差 $\sigma(X)$ 的若干倍 $K\sigma(X)$，用区间$[M(X) - K\sigma(X), M(X) + K\sigma(X)]$表示。

(2) 估计测量数据 x_i 附近某一范围会含有被测量真值(数学期望)的概率。此范围也常用区间$[x_i - K\sigma(X), x_i + K\sigma(X)]$表示。

以上两个问题都是求落在确定区间的概率，称此确定区间为置信区间，称这种意义的概率为置信概率。置信区间与置信概率是置信度的表征。

对于同一个被测量，上述两个问题若取同样的置信区间则其置信概率是相等的。图 2.13 可以清楚地表明这种关系。

图 2.13 中曲线为测量数据的概率密度分布曲线(图中是以正态分布为例画的曲线)，x_1，x_2，x_3 为 3 个测量数据。x_1 和 x_2 在 $M(X) \pm K\sigma(X)$ 区间，而 x_3 不在此区间。相应有：在$[x_1 - K\sigma(X), x_1 + K\sigma(X)]$及$[x_2 - K\sigma(X), x_2 + K\sigma(X)]$两个区间包含了 $M(X)$；而$[x_3 - K\sigma(X), x_3 + K\sigma(X)]$区间不包含 $M(X)$。这表示测量值 x_i 若出现在$[M(X) - K\sigma(X), M(X) +$

$K\sigma(X)]$ 区间以内，则 x_i 附近相应区间 $[x_i - K\sigma(X), x_i + K\sigma(X)]$ 必定包括 $M(X)$。

当确定置信度时，先决条件是知道测量数据（或随机误差）的概率密度分布，然后根据给定或设定的置信区间计算置信概率，或根据给定（或设定）的置信概率计算置信区间。当测量数据的概率密度分布不相同时，得出的结果是不相同的。

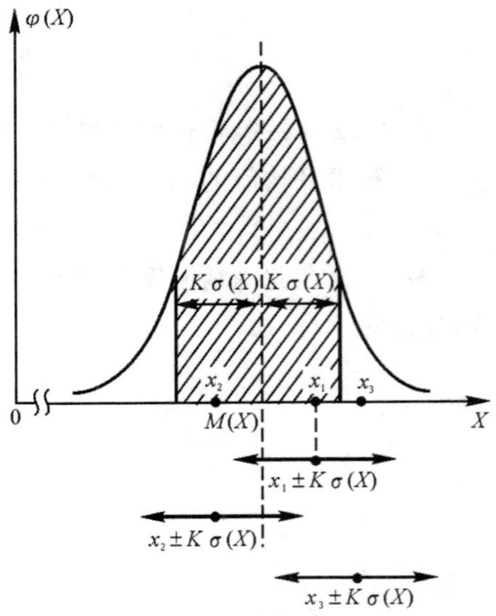

图 2.13　两种置信区间

2. 正态分布之测量数据的置信度

(1) 标准正态分布。当测量数据 x 为正态分布时，其概率密度分布函数 $\varphi(X)$ 可按式(2.19)形式列出，即

$$\varphi(X) = \frac{1}{\sigma(X)\sqrt{2\pi}} e^{-\frac{[X-M(X)]^2}{2\sigma^2(X)}} \qquad (2.50)$$

一般考虑测量数据在数学期望 $M(X)$ 两侧对称区间 $[M(X) - K\sigma(X), M(X) + K\sigma(X)]$ 出现的置信概率 $P[M(X) - K\sigma(X) < X < M(X) + K\sigma(X)]$，其值即为图 2.13 中斜线区域的面积。

$$P[M(X) - K\sigma(X) < X < M(X) + K\sigma(X)] = \int_{M(X)-K\sigma(X)}^{M(X)+K\sigma(X)} \frac{1}{\sigma(X)\sqrt{2\pi}} e^{-\frac{[X-M(X)]^2}{2\sigma^2(X)}} dX \qquad (2.51)$$

为简明计，将积分变量代换为 Z，以

$$Z = \frac{X - M(X)}{\sigma(X)} \quad \text{（若以误差表达，则为} \frac{\delta}{\sigma(\delta)}\text{）} \qquad (2.52)$$

则

$$dZ = \frac{dX}{\sigma(X)}$$

积分限的确定：

当 $X = M(X) - K\sigma(X)$ 时，$Z = -K$；当 $X = M(X) + K\sigma(X)$ 时，$Z = K$。作以上变换后，式(2.51)转换为

$$P[-K < Z < K] = \int_{-K}^{K} \frac{1}{\sqrt{2\pi}} e^{-\frac{1}{2}Z^2} dZ = \frac{2}{\sqrt{2\pi}}\int_0^K e^{-\frac{1}{2}Z^2} dZ = 2\varphi(Z) \qquad (2.53)$$

式(2.53)中，$\varphi(Z)$ 为概率积分，称为拉普拉斯(Laplace)函数。$\varphi(Z)$ 的计算比较繁杂，前人已制好了实用的数据表（见附表Ⅰ），可根据系数 K（即确定了置信区间）方便地查出相应的置信概率（表中之值为 $2\varphi(Z)$，有的资料可能给出 $\varphi(Z)$，用时注意）。

附表Ⅰ也可用于由给定的置信概率查系数 K 以确定置信区间，但是，当由几个常用置信概率值查找系数 K 时，使用表 2.4 更方便。

表 2.4　常用置信概率值与所对应的系数 K

$P[\mid Z\mid < K]$	0.50	0.70	0.80	0.90	0.95	0.99	0.995	0.999
K	0.674 5	1.036	1.285	1.645	1.960	2.576	2.807	3.291

例 2.13　服从正态分布的随机误差，出现在三个范围 $\pm\sigma(\delta)$，$\pm 2\sigma(\delta)$，$\pm 3\sigma(\delta)$ 内的置信概率各是多少？

解　随机误差的数学期望 $M(\delta)=0$，所以给出的三个范围所对应的区间为 $[-\sigma(\delta),+\sigma(\delta)]$，$[-2\sigma(\delta),+2\sigma(\delta)]$，$[-3\sigma(\delta),+3\sigma(\delta)]$，即系数 K 分别为 1,2,3。

由附表 Ⅰ 可查出相应的置信概率分别为

$$P[\mid\delta\mid<\sigma(\delta)]=P[\mid Z\mid<1]=68.3\%$$

$$P[\mid\delta\mid<2\sigma(\delta)]=P[\mid Z\mid<2]=95.5\%$$

$$P[\mid\delta\mid<3\sigma(\delta)]=P[\mid Z\mid<3]=99.7\%$$

由例 2.13 可见，服从正态分布的随机误差 δ 分布在 $\pm 3\sigma(\delta)$ 范围以内的概率高达99.7%，因此可以认为服从正态分布无系统误差的实际测量数据，基本上分布在数学期望 $M(X)$（即真值）附近 $\pm 3\sigma(X)$ 范围内。

例 2.14　当测量某一电阻时，已知所进行的测量无系统误差，测量值服从正态分布，且该电阻的真值 $R_0=20\ \Omega$，标准偏差 $\sigma(R)=0.2\ \Omega$。试按 99.5% 的可能性估计测量值出现的范围。

解　按题意即为由置信概率 99.5% 求置信区间，即由 $P[\mid R-R_0\mid<K\sigma(R)]=99.5\%$ 求 K 值。

由表 2.4 常用置信概率值与所对应系数 K 可查得 $K=2.807$，故置信区间为

$$[R_0-K\sigma(R),R_0+K\sigma(R)]=[20-2.807\times 0.2,20+2.807\times 0.2]=[19.44,20.56]$$

即有 99.5% 的可能测量值出现在 19.44 ~ 20.56 Ω 范围内。

(2) 有限次测量情况下的置信度。以上讨论是按已知被测量的数学期望 $M(X)$（或真值 A_0）及标准偏差 $\sigma(X)$ 的情况下作出的分析，但一般量测次数是有限次，只能得到样本的算术平均值 $\bar{x}$ 与标准偏差估计值 $\hat{\sigma}(X)$ 或样本算术平均值的标准偏差估计值 $\hat{\sigma}(\bar{x})=\hat{\sigma}(X)/\sqrt{n}$，所以无法按式(2.51) 进行计算。为此，仿照式(2.52)，设

$$t=\frac{\bar{x}-M(X)}{\hat{\sigma}(\bar{x})}=\sqrt{n}\,\frac{\bar{x}-M(X)}{\hat{\sigma}(X)} \tag{2.54}$$

在概率论中已证明：t 服从于学生氏分布（W. S. Gosset 以 Student 署名提出的分布），又称为 t 分布。t 分布的概率密度函数为

$$\varphi(t)=\frac{\Gamma\left(\frac{n}{2}\right)}{\sqrt{(n-1)\pi}\,\Gamma\left(\frac{n-1}{2}\right)}\left(1+\frac{t^2}{n-1}\right)^{-\frac{n}{2}} \tag{2.55}$$

式中 $$\Gamma(x)=\int_0^{\infty}t^{x-1}e^{-t}dt$$

称为伽马函数；$n-1$ 称为自由度（n 为测量次数）。

t 分布曲线如图 2.14 所示，是关于 $t=0$ 对称的并类似标准正态分布的图形。其特点是分布与标准偏差估计值无关，但与自由度 $(n-1)$ 有关，即与测量次数有关。当 n 较大 $(n>30)$ 时，t 分布与正态分布的差异就很小了；当 $n\to\infty$ 时，t 分布与正态分布完全相同。

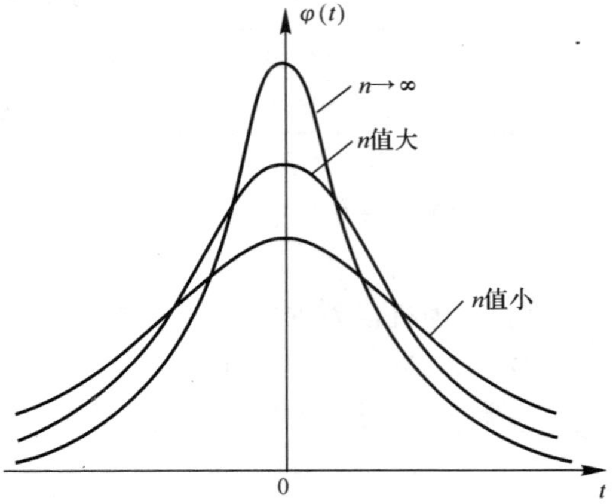

图 2.14 t 分布曲线

知道了 t 分布的概率密度 $\varphi(t)$ 后，就可以用积分法求得 t 在某一区间内的置信概率，即在某一置信区间的置信概率。例如，$M(x)$ 处于 $\bar{x}$ 附近对称区间 $[\bar{x}-K_t\hat{\sigma}(\bar{x}),\bar{x}+K_t\hat{\sigma}(\bar{x})]$ 的置信概率

$$P[\bar{x}-K_t\hat{\sigma}(\bar{x})<M(\bar{x})<\bar{x}+K_t\hat{\sigma}(\bar{x})]=\int_{-K_t}^{K_t}\varphi(t)dt \tag{2.56}$$

t 分布的积分也有现成的表格可查，附表 Ⅱ 为 t 分布在对称区间的积分数值表。使用此表时需要注意的是，当测量次数 n 不同时，对应的值不同。

因为在不知道数学期望与标准偏差的确切数值的情况下才使用 t 分布，所以用 t 分布讨论的问题通常是：数学期望 $M(X)$ 处于随机变动的置信区间 $[\bar{x}-K_t\hat{\sigma}(\bar{x}),\bar{x}+K_t\hat{\sigma}(\bar{x})]$（即算术平均值 $\bar{x}$ 附近给定区间）以内的置信概率问题。

例 2.15 对某电源电压进行 8 次独立等精密度、无系统误差的测量，所得数据（单位为 V）为：12.38，12.40，12.50，12.48，12.43，12.46，12.42，试按置信概率 99.5% 估计电压真值在何区间。

解 (1) 求测量数据的算术平均值。

$$\bar{U}=\frac{1}{8}\sum_{i=1}^{8}U_i=12.44\ \text{V}$$

(2) 求标准偏差估计值。由贝塞尔公式，式(2.39) 计算出

$$\hat{\sigma}(U)=0.04\ \text{V}$$

(3) 求算术平均值的标准偏差估计。

$$\hat{\sigma}(\bar{U})=\frac{\sigma(U)}{\sqrt{n}}=\frac{0.04}{\sqrt{8}}=0.014\ \text{V}$$

(4) 由给定的置信概率 $P[|t|<K_t]=0.995$ 及测量次数 $n=8$（用自由度 $n-1=7$）查附表 Ⅱ 得

$$K_t=4.0293$$

(5) 估计真值所处区间 $[\bar{U}-K_t\hat{\sigma}(\bar{U}),\bar{U}+K_t\hat{\sigma}(\bar{U})]$，以 $\bar{U}=12.44$，$K_t=4.0293$，$\hat{\sigma}(\bar{U})=0.014$

代入,得[12.38,12.50]。

故真值 U_0 以 0.995 的置信概率估计会处在 12.38 ～ 12.50 V 范围以内。

3. 非正态分布之测量数据的置信度

对只含非正态分布随机误差的测量数据,同样可按以上所述方法讨论其置信度,即由被测量的数学期望、标准偏差、测量数据(或测量误差)的概率密度分布,按给定(或设定)的置信区间计算置信概率或按给定(或设定)的置信概率计算置信区间。

以三角分布为例,随机误差与测量数据的概率密度分布如图 2.15(a) 和(b) 所示(设极限误差范围为 $\pm e$)。

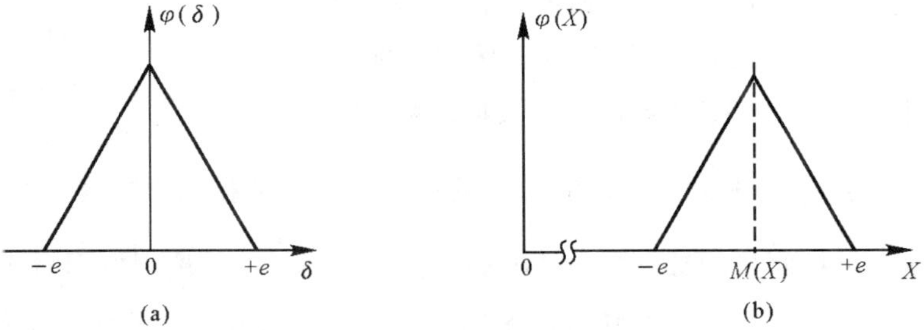

图 2.15　三角分布的概率密度

(a) 随机误差的三角分布；(b) 测量数据的三角分布

以随机误差 δ 来讨论,概率密度分布函数 $\varphi(\delta)$ 为

$$\varphi(\delta)=\begin{cases}\dfrac{e+\delta}{e^2}, & -e<\delta<0\\ \dfrac{e-\delta}{e^2}, & 0<\delta<e\\ 0, & 其他\end{cases} \tag{2.57}$$

数学期望

$$M(\delta)=\int_{-\infty}^{+\infty}\delta\varphi(\delta)\mathrm{d}\delta=\delta\varphi(\delta)\mathrm{d}\delta=0$$

方差

$$\sigma^2(\delta)=\int_{-\infty}^{+\infty}[\delta-M(\delta)]^2\varphi(\delta)\mathrm{d}\delta=\int_{-e}^{+e}\delta^2\varphi(\delta)\mathrm{d}\delta=\frac{e^2}{6}$$

标准偏差

$$\sigma(\delta)=\frac{e}{\sqrt{6}}$$

置信区间与置信概率关系可根据图 2.16 所示几何关系求出。

由图 2.16 可见,置信区间可表示为

$$[M(\delta)-K\sigma(\delta),M(\delta)+K\sigma(\delta)]$$

即 $$[-K\sigma(\delta), K\sigma(\delta)]$$

或 $$[M(\delta)-K_{\Delta}e, M(\delta)+K_{\Delta}e]$$

即 $$[-K_{\Delta}e, K_{\Delta}e]$$

由图中几何关系可导出

$$P[|\delta|<K\sigma(\delta)]=1-\left(1-\frac{K}{\sqrt{6}}\right)^2 \quad (K\leqslant\sqrt{6})$$

$$P[|\delta|<K_{\Delta}e]=1-(1-K_{\Delta})^2 \quad (K_{\Delta}\leqslant 1)$$

式中 K 和 K_{Δ} 均为正值。

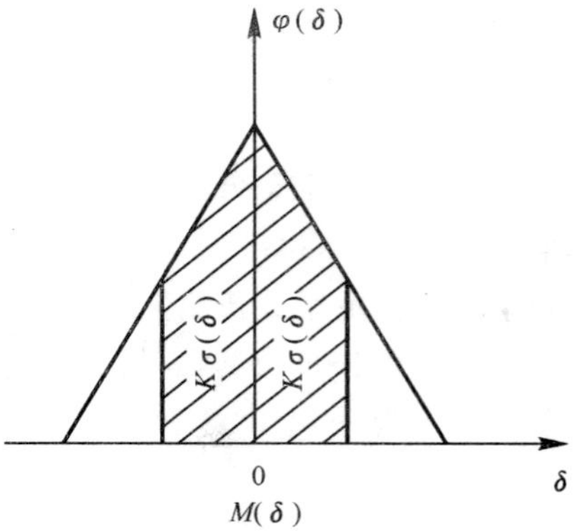

图 2.16　三角分布的置信度

采取同样的方法，可得到测量数据的置信度表达式，即测量值处于数学期望附近某一区间(置信区间)的置信概率，其结果与随机误差的置信度表达式类似。测量数据的数学期望$M(X)=\frac{1}{2}(b+a)$(对应图 2.16 的情况)。测量数据的方差等关系式，只要将以上各式的坐标移动一个被测量的数学期望 $M(X)$ 值即可得到(在讨论直方图时已提及此点)。

下面是几种简单的非正态分布随机误差的置信度关系表达式(各种分布之随机误差的极限定为 $\pm e$)。

(1) 三角分布。三角分布的方差、标准偏差和置信概率分别表示如下：

方差 $$\sigma^2(\delta)=\frac{e^2}{6}$$

标准偏差 $$\sigma(\delta)=\frac{e}{\sqrt{6}}$$

置信概率 $$P[|\delta|\leqslant K\sigma(\delta)]=1-\left(1-\frac{K}{\sqrt{6}}\right)^2 \quad (K\leqslant\sqrt{6})$$

$$P[|\delta|\leqslant K_{\Delta}e]=1-(1-K_{\Delta})^2 \quad (K_{\Delta}\leqslant 1)$$

(2) 均匀分布。均匀分布的方差、标准偏差和置信概率分别表示如下：

方差 $$\sigma^2(\delta)=\frac{e^2}{3}$$

标准偏差 $$\sigma(\delta)=\frac{e}{\sqrt{3}}$$

置信概率 $$P[|\delta|\leqslant K\sigma(\delta)]=\frac{K}{\sqrt{3}} \quad (K\leqslant\sqrt{3})$$

$$P[|\delta|\leqslant K_{\Delta}e]=K_{\Delta} \quad (K_{\Delta}\leqslant 1)$$

(3) 反正弦分布。反正弦分布的方差、标准偏差和置信概率分别表示如下：

方差
$$\sigma^2(\delta)=\frac{e^2}{2}$$

标准偏差
$$\sigma(\delta)=\frac{e}{\sqrt{2}}$$

置信概率
$$P[|\delta|\leqslant K\sigma(\delta)]=\frac{2}{\pi}\arcsin\frac{K}{\sqrt{2}}\quad(K\leqslant\sqrt{2})$$

$$P[|\delta|\leqslant K_{\Delta}e]=\frac{2}{\pi}\arcsin K_{\Delta}\quad(K_{\Delta}\leqslant 1)$$

复杂分布随机误差的置信度问题请参阅文献[6]及其他参考资料。

2.6　粗大误差的处理

进行测量时，由于随机误差的影响，测量数据有一定的分散性，但有时会出现某一个或某几个测量数据的残差特别大，究竟是随机起伏的正常现象还是测量中出现的粗差?对这种可疑数据要认真分析，正确处理。如果处理不当将严重歪曲测量结果及测量的精密度或丢失极为重要的信息而得到虚假的结果。

遇有可疑数据时，首先应对测量条件进行分析，判断该次测量是否有差错及有无可能受某种较大偶然因素的影响(如供电电源电压突然跳动，瞬间强电磁场的干扰等)，找出物理或技术原因，决定对可疑数据的取舍；其次，也可增补等精密度测量数据，观察有无抵偿或削弱该数据影响的可能。在确实难以从物理、技术原因作出判断时，可考虑由统计学的方法处理可疑数据。

以下简要介绍几种常用的按统计规律判断可疑数据是不是粗差的方法。

一、拉依达(Райта)准则

该准则以正态分布情况下置信概率为 99.73% 时的置信区间是 $\pm 3\sigma$ 为出发点，认为随机误差绝对值超过 3σ 的概率很小而为不可能事件，故可视为粗差而剔除之。所以又称其为 3σ 原则。

实际应用时，以测量数据 x_i 的残差绝对值 $|v_i|$ 是否超过标准偏差估计值 $\hat{\sigma}(X)$ 的 3 倍为判据，若

$$|v_i|>3\hat{\sigma}(X)\tag{2.58}$$

则认为该测量数据 x_i 含有粗差而应剔除。并在剔除该测量值后，重新计算算术平均值 $\bar{x}$、标准偏差估计值 $\hat{\sigma}(X)$ 及所保留各测量数据的残差，再判断是否还有需要剔除的测量值，直至将含有粗差的测量数据全部剔除。

该准则虽然比较简单、方便，但当测量次数较小时可靠性差。特别是当测量次数 $n \leqslant 10$ 时，该准则即失效，不能判别任何粗差。因为，不论 v_i 如何，总有

$$v_i^2 < \sum_{i=1}^{n} v_i^2$$

故

$$|v_i| < \sqrt{\sum_{i=1}^{n} v_i^2}$$

所以

$$|v_i| < \sqrt{n-1}\sqrt{\frac{1}{n-1}\sum_{i=1}^{n} v_i^2}$$

即

$$|v_i| < \sqrt{n-1}\hat{\sigma}(X) \tag{2.59}$$

可见，当 $n \leqslant 10$ 时，$|V_i|$ 总是小于 $3\hat{\sigma}(X)$ 的。

二、肖维涅(Chauvenet)准则

肖维涅准则建立的原理是：设在 n 次等精密度测量中，出现随机误差绝对值 $|\delta_i|$ 大于 a 的次数为 m 次，当 n 足够大时可用频率 $\frac{m}{n}$ 表示概率 $P\{|\delta_i| > a\}$，即

$$P\{|\delta_i| > a\} = \frac{m}{n}$$

如果 $|\delta_i|$ 大于 a 为不可能发生的事件(即 δ_i 不是统计规律范围内的随机误差而是粗差)，应有 $\frac{m}{n} \to 0$，则必须

$$m \leqslant \frac{1}{2}$$

此时

$$P\{|\delta_i| > a\} \leqslant \frac{\frac{1}{2}}{n} = \frac{1}{2n}$$

则

$$P\{|\delta_i| > a\} \geqslant 1 - \frac{1}{2n} = \frac{2n-1}{2n}$$

表示按置信概率 $\frac{2n-1}{2n}$ 为随机误差分布的范围在 $\pm a$ 以内。以 $\frac{2n-1}{2n}$ 为置信概率，由附表 Ⅰ 可得到置信区间的系数 K。表示在 n 次测量情况下，随机误差分布在 $\pm K\sigma(x)$ 范围内(参看 2.5 节)，而超出 $K\sigma(X)$ 范围为不可能事件，应作为粗差处理。

在实用中，$\sigma(X)$ 只能以 $\hat{\sigma}(X)$ 代替，所以有一定的近似性。

由 n 计算出概率$\dfrac{2n-1}{2n}$而得出置信区间系数 K，所以 n 与 K 有一定的对应关系，n 与 K 数值对应关系的数表称为肖维涅准则数表，如表 2.5 所示。

此准则虽然对拉依达准则做了一些改善，但其出发点不严格，有近似性，且对不同测量次数所用概率不同，不便于在同一置信水平下讨论问题。

表 2.5　肖维涅准则数表

n	K	n	K	n	K
3	1.38	13	2.07	23	2.30
4	1.53	14	2.10	24	2.31
5	1.65	15	2.13	25	2.33
6	1.73	16	2.15	30	2.39
7	1.80	17	2.17	40	2.49
8	1.86	18	2.20	50	2.58
9	1.92	19	2.22	75	2.71
10	1.96	20	2.24	100	2.81
11	2.00	21	2.26	200	3.02
12	2.03	22	2.28	500	3.20

三、格拉布斯(Grubbs)准则

格拉布斯准则是由数理统计方法推导出的比较严谨的结果，且具有明确的概率意义，被认为是较好的准则。其方法如下：

将对被测量进行等精密度测量所得的测量数据 $x_1, x_2, \cdots, x_n$ 按大小顺序排列成顺序统计量 $x_{(1)} \leqslant x_{(2)} \leqslant \cdots \leqslant x_{(n)}$。

计算测量数据的算术平均值 $\bar{x}$，残差 v_i 及标准偏差估计值 $\hat{\sigma}(X)$。

对于服从正态分布的测量数据，分别计算

$$g_{(n)} = \frac{x_{(n)} - \bar{x}}{\hat{\sigma}(X)} \tag{2.60}$$

$$g_{(1)} = \frac{\bar{x} - x_{(1)}}{\hat{\sigma}(X)} \tag{2.61}$$

格拉布斯导出了 $g_{(1)}$ 和 $g_{(n)}$ 的分布及数表，见表 2.6(其证明见参考文献[2])。

取定显著性水平 α_0（α_0 为按此准则判断粗差的概率），按测量次数 n 及 α（$\alpha=\frac{1}{2}\alpha_0$），由表2.6查出相应的临界值 $g(n,\alpha)$。

若 $g_{(n)}>g_{(1)}$，且 $g_{(n)}>g(n,\alpha)$，则 $g_{(n)}$ 所对应的 $x_{(n)}$ 含有粗差，应剔除。

若 $g_{(1)}>g_{(n)}$，且 $g_{(1)}>g(n,\alpha)$，则 $g_{(1)}$ 所对应的 $x_{(1)}$ 含有粗差，应剔除。

剔除含有粗差的某一测量值后，对所保留的数据重新计算算术平均值和标准偏差估计值，重新按上述步骤校验，直至无可疑数据。

表 2.6　$g(n,\alpha)$ 数据表

n \ α	0.05	0.025	0.01	0.005	n \ α	0.05	0.025	0.01	0.005
3	1.153	1.155	1.155	1.155	26	2.681	2.841	3.029	3.157
4	1.463	1.481	1.492	1.496	27	2.698	2.859	3.049	3.178
5	1.672	1.715	1.749	1.764	28	2.714	2.876	3.068	3.199
6	1.822	1.887	1.944	1.978	29	2.730	2.893	3.085	3.218
7	1.988	2.020	2.097	2.139	30	2.745	2.908	3.103	2.236
8	2.032	2.126	2.221	2.274	31	2.759	2.924	3.119	3.253
9	2.110	2.215	2.323	2.387	32	2.773	2.938	3.135	3.270
10	2.176	2.290	2.410	2.482	33	2.786	2.952	3.150	3.286
11	2.234	2.355	2.485	2.564	34	2.799	2.965	3.164	3.301
12	2.285	2.412	2.550	2.636	35	2.811	2.970	3.178	3.316
13	2.331	2.462	2.607	2.699	36	2.823	2.991	3.191	3.330
14	2.371	2.507	2.659	2.755	37	2.835	3.003	3.204	3.343
15	2.409	2.549	2.705	2.806	38	2.846	3.014	3.216	3.353
16	2.443	2.585	2.747	2.852	39	2.857	3.025	3.228	3.369
17	2.475	2.620	2.785	2.894	40	2.866	3.036	3.240	3.381
18	2.504	2.651	2.821	2.932	41	2.877	3.046	3.251	3.393
19	2.532	2.681	2.854	2.968	42	2.887	3.057	3.261	3.404
20	2.557	2.709	2.884	3.001	43	2.896	3.067	3.271	3.415
21	2.580	2.733	2.912	3.031	44	2.905	3.075	3.282	3.425
22	2.603	2.758	2.939	3.060	45	2.914	3.085	3.292	3.435
23	2.624	2.781	2.963	3.087	46	2.923	3.094	3.302	3.445
24	2.644	2.802	2.987	3.112	47	2.931	3.103	3.310	3.455
25	2.663	2.822	3.009	3.135	48	2.940	3.111	3.319	3.464

续表

n \ α	0.05	0.025	0.01	0.005	n \ α	0.05	0.025	0.01	0.005
49	2.948	3.120	3.329	3.474	80	3.130	3.305	3.521	3.673
50	2.956	3.128	3.336	3.483	85	3.151	3.327	3.543	3.695
51	2.964	3.136	3.345	3.491	90	3.171	3.347	3.563	3.716
52	2.971	3.143	3.353	3.500	95	3.189	3.365	3.582	3.736
53	2.978	3.151	3.361	3.507	100	3.207	3.383	3.600	3.754
54	2.988	3.158	3.368	3.516	105	3.224	3.400	3.617	3.771
55	2.992	3.166	3.376	3.524	110	3.239	3.415	3.632	3.787
56	3.000	3.172	3.383	3.531	115	3.254	3.430	3.647	3.802
57	3.006	3.180	3.391	3.539	120	3.267	3.444	3.662	3.817
58	3.013	3.186	3.397	3.546	125	3.281	3.457	3.675	3.831
59	3.019	3.193	3.405	3.553	130	3.294	3.470	3.688	3.843
60	3.025	3.199	3.411	3.560	135	3.306	3.482	3.700	3.856
65	3.055	3.230	3.442	3.592	140	3.318	3.493	3.712	3.867
70	3.082	3.257	3.471	3.622	145	3.328	3.505	3.720	3.879
75	3.107	3.282	3.496	3.648					

当应用格拉布斯准则时，如根据以往经验或其他理由已知需判断的可异值在某一侧（最大值或最小值），则查表时所用的 α 采用所取定的显著性水平 α_0（即 $\alpha = \alpha_0$），并且只根据所需要判断的对象确定用 $g_{(1)}$ 还是用 $g_{(n)}$ 与 $g(n,\alpha)$ 进行比较判断有无粗差，而不须比较 $g_{(n)}$ 与 $g_{(1)}$ 的大小。

例 2.16　对某电源电压进行5次等精密度测量，所得测量数据（单位为 V）为 5.37，5.33，5.14，6.46，5.24。如已知测量数据符合正态分布且最小值无异常，试判断最大值是否含有粗差。

解　(1) 将测量数据按大小顺序排列成顺序统计量：5.14，5.24，5.33，5.37，6.46。

(2) 计算有关值：

$$\bar{x} = \frac{1}{5}\sum_{i=1}^{5} x_i = 5.51$$

$$\hat{\sigma}(X) = 0.54$$

$$g_{(n)} = \frac{6.46 - 5.51}{0.54} = 1.76$$

(3) 取显著性水平 $\alpha_0 = 0.05$，由 $n = 5$，$\alpha = \alpha_0 = 0.05$ 查表 2.6 得

$$g(n,\alpha)=g(5,0.05)=1.67$$

(4) 检验最大值有无粗差。由于

$$g_{(n)}>g(n,\alpha)\quad(1.76>1.67)$$

表明测量数据 6.46 含有粗差,应剔除。

对保留的 4 个测量数据重新按以上步骤检验:$\bar{x}=5.27$,$\sigma(X)=0.10$,$g_{(n)}=1.00$。

由 $n=4$,$\alpha=\alpha_0=0.05$,查表 2.6 得

$$g(n,\alpha)=g(4,0.05)=1.463$$

$$g_{(n)}<g(n,\alpha)$$

故所保留的测量数据已不含粗差。

例 2.17 对某电阻进行 15 次等精密度测量,测量数据符合正态分布,数据(单位为 Ω)如下:

10.65, 10.58, 10.62, 10.63, 10.78, 10.67, 10.62,
10.68, 10.63, 10.64, 10.60, 10.64, 10.61, 10.63, 10.65

试判断有无粗差。

解 (1) 按测量值大小顺序排列:

10.58, 10.60, 10.61, 10.62, 10.62, 10.63, 10.63,
10.63, 10.64, 10.64, 10.65, 10.65, 10.67, 10.68, 10.78

(2) 计算有关值:

$$\bar{x}=\frac{1}{15}\sum_{i=1}^{15}x_i=10.64\ \Omega$$

$$\sigma(X)=4.6\times10^{-2}\ \Omega$$

$$g_{(15)}=\frac{10.78-10.64}{4.6\times10^{-2}}=3.04$$

$$g_{(1)}=\frac{10.64-10.58}{4.6\times10^{-2}}=1.30$$

(3) 取显著性水平 $\alpha_0=0.01$,由 $n=15$,$\alpha=\frac{1}{2}\alpha_0=0.005$,查表 2.6 得

$$g(n,\alpha)=g(15,0.005)=2.806$$

(4) 检验。

因为 $g_{(15)}>g_{(1)}$ 且 $g_{(15)}>g(n,\alpha)$,所以,判断测量值 10.78 含有粗差,应予剔除。

对保留的 14 个值重新按以上步骤检验:

$$\bar{x}=10.63\ \Omega$$

$$\hat{\sigma}(X)=2.6\times10^{-2}\ \Omega$$

$$g_{(14)}=\frac{10.68-10.63}{2.6\times10^{-2}}=1.92$$

$$g_{(1)} = \frac{10.63 - 10.58}{2.6 \times 10^{-2}} = 1.92$$

取显著性水平 $\alpha_0 = 0.01$，由 $n = 14, \alpha = \frac{1}{2}\alpha_0 = 0.005$，查表 2.6 得

$$g(n,\alpha) = g(14, 0.005) = 2.76$$

$g_{(14)}$ 与 $g_{(1)}$ 相等，但均小于 $g(n,\alpha)$，故所保留的 14 个数据已不含粗差。

2.7　系统误差的处理

系统误差有确定的客观规律，要在掌握其来源的基础上采取有关技术措施消除或削弱。对于系统误差的处理只能根据具体情况采取不同的措施，因而需要测量者充分发挥其学识、经验和技巧水平进行处理。

由实践经验，处理系统误差要从以下几方面着手：

(1) 尽可能预计产生系统误差的来源，并在实施测量前采取措施消除或削弱其影响。如采取恒温、稳压等措施，使有关因素的影响减小到可接受的程度。

(2) 采用一些行之有效的测量方法，以消除或减小系统误差。

(3) 进行数据处理时，检验系统误差是否仍存在。

(4) 估计出残存的系统误差值或范围，确定其对测量结果的影响。

一、对产生系统误差来源的消除或削弱

在开始测量前尽量发现并消除系统误差来源或防止测量受这些来源的影响，是消除或减弱系统误差的最好方法。主要考虑以下一些方面。

测量原理与方法要尽力做到正确、严格，不产生方法误差或使所产生的方法误差小于允许范围。例如，用伏安法测量电阻 R_x 有两种连接方法，如图 2.17(a) 和(b) 所示。

图 2.17　伏安法测电阻原理

(a) 电流表外接法；(b) 电流表内接法

如电压表与电流表的内阻分别为 R_V 与 R_A，可导出：图 2.17(a) 线路的系统误差为 $-R_x/\left(1+\frac{R_V}{R_x}\right)$；图 2.17(b) 线路的系统误差为 $+R_A$。当 $R_x < R_V$ 时，用图 2.17(a) 接法；当

$R_x > R_A$ 时，用图 2.17(b) 接法，这是减小系统误差的正确选择。

测量中所使用的仪器应按规定期限进行定期检定和校准并注意仪器的正确使用条件和方法，对仪器的放置位置、工作状态、所用电源情况、接地、附件和导线的使用及连接都应符合规定并正确合理。

注意环境对测量的影响，如温度、振动、电磁干扰等，可采取一些辅助措施减少环境条件变化所产生的有害影响，如散热、减振、屏蔽等。必要时采用恒温、恒湿、恒压箱及屏蔽室等。

提高测量人员的素质与责任心，并注意改进设备与工作条件，以避免或减小人身误差。

二、消除或减弱系统误差的几种典型测量方法

1. 零示法

零示法是一种广泛应用的测量方法，主要用于消除因指示仪表不准而造成的误差。测量时被测物理量与标准已知量进行比较，使两者的效应互相抵消。当总效应刚好为零时，达到平衡。指示器的作用是判断平衡，只要求有足够的灵敏度，测量的准确度主要取决于标准已知量。

图 2.18 表示用零示法测量电压的电路，图中 E 为标准电池，$R = R_1 + R_2$ 为标准分压器。当调节分压器的分压比使检流计指向零时，A 和 B 两点为等位点，所以 $U_x = U = ER_2/R$。在测量过程中，只须判断检流计中有无电流而不须读数，只要标准电池与标准分压器准确，检流计灵敏度高，测量就会准确。一般电气测量中常用电桥测电阻也是零示法的一种典型运用。

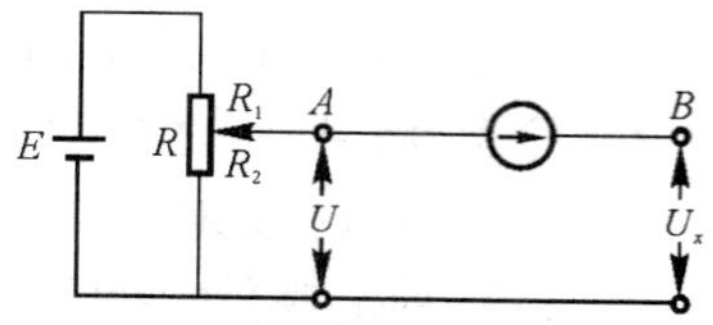

图 2.18　用零示法测电压原理图

2. 替代法（置换法）

替代法是在测量条件不变的情况下，用一个已知标准量去代替被测量，并调整标准量使仪器的示值不变。这样，被测量就等于标准量的大小。由于使测量仪器的状态和示值在替换前后保持不变，因此仪器误差和其他造成系统误差的因素对测量结果基本上没有影响。

图 2.19 表示用替代法测未知电阻 R_x 的原理图。测量时首先接入被测电阻 R_x，调节电桥臂使电桥平衡，然后用一个可变标准电阻 R_0 代替被测电阻，调整 R_0 使电桥保持原来的状态，则 R_x 与 R_0 的电阻值相等。只要电桥中检流计的灵敏度足够高，测量误差就主要取决于标准电阻 R_0 的准确度，而与电桥各臂电阻 R_1, R_2, R_3 的阻值及检流计的准确度无关。

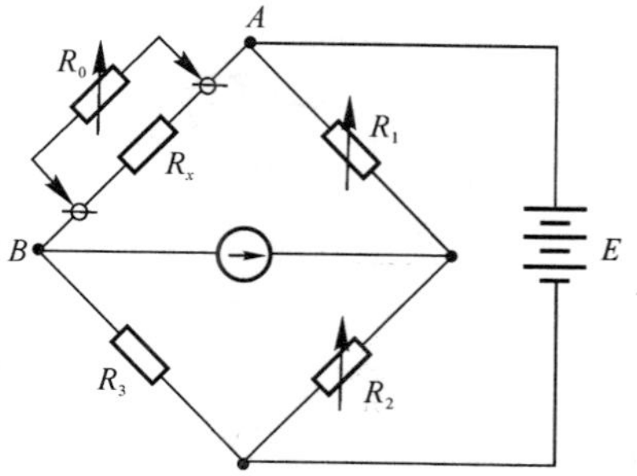

图 2.19　用替代法测电阻原理图

3. 补偿法

补偿法是替代法的一种特殊运用形式，在两次测量中，第一次令标准器的量值 N 与被测量 x 相加，在 $N+x$ 的作用下，测量仪器给出一个示值；然后去掉被测量 x，改变标准器的量值为 N'，使仪器在 N' 的作用下给出与第一次同样的示值，则

$$x = N' - N$$

可见补偿法与替代法相似，测量值由标准器决定而与仪器的误差无关。此外若标准器含有恒定的系统误差，也会由于相减而被消除，标准器的其他系统误差也可抵消一部分。图 2.20(a) 和(b) 表示用电桥与可变标准电阻 R_N 以补偿法测量未知电阻 R_x 的原理。

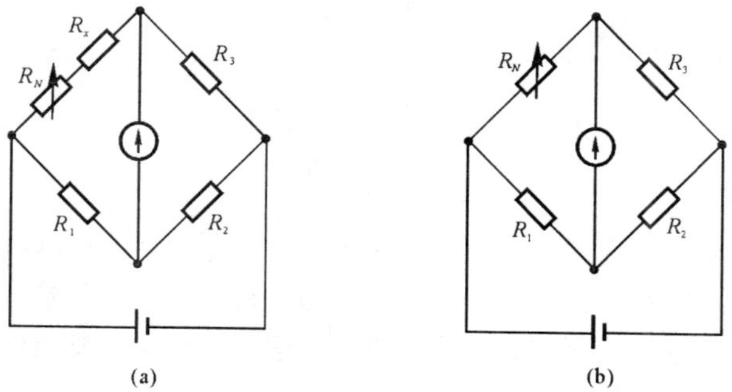

图 2.20　用补偿法测电阻原理

(a) 第一次测量；(b) 去掉被测量后

4. 交换法(对照法)

交换法是改变测量条件消除恒定系统误差的一类方法，在实际测量中经常应用。当估计由于某些因素可能使测量结果产生单一方向的系统误差时，可以进行两次测量，利用交换被测量在测量系统中的位置或测量方向等办法，使两次测量中误差源对被测量的作用相反。对照两次测量值可以检查出系统误差的存在。对两次测量值取平均或其他处理办法可消除或削弱系统误差的影响。

例如，以等臂天平称重，估计可能因臂长不完全相等($l_1 \neq l_2$) 产生系统误差，而采用交换法。第一次测量，在左边称盘中放置被测物 Q，右边放砝码 P，使天平平衡，如图 2.21(a) 所示；第二次测量，将被测物 Q 与砝码互换位置，由于天平臂长误差，天平不会平衡，改变砝码质量为 P' 后，使天平平衡，如图 2.21(b) 所示。

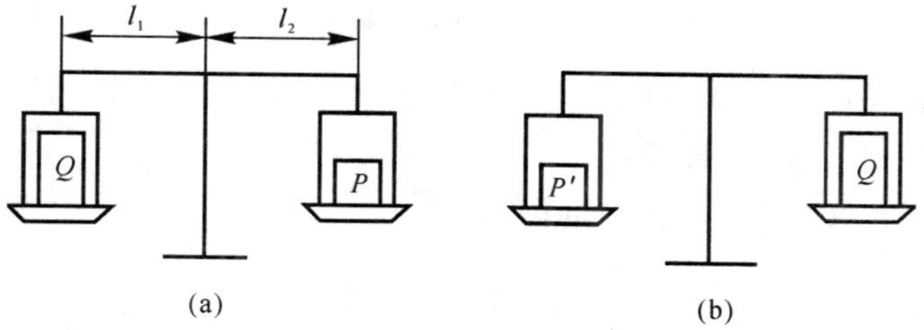

图 2.21　用交换法消除天平的不对称

第一次测量　$$Q = \frac{l_2}{l_1}P$$

第二次测量
$$Q=\frac{l_1}{l_2}P'$$

所以
$$Q=\sqrt{PP'}$$

当 $l_1\approx l_2$ 时，P 与 P' 相差不大，差值 $\Delta P(\Delta P=|P'-P|)$ 与 P 相比较很小(即$\frac{\Delta P}{P}\ll 1$)。

将 $Q=\sqrt{PP'}$ 展开并化简得
$$Q\approx\frac{1}{2}(P+P')$$

5. *微差法(虚零法)*

在零示法中，要求标准量与被测量对指示仪表的作用完全相同，以使指示仪表示零。但在实际测量中，标准量不可能都是连续可调的，难以都是用零示法。微差法只要求标准量与被测量相近。而用指示仪表测量标准量与被测量的差值。这样，指示仪表的误差对测量的影响会大大减弱。

设被测量为 x，标准量为 B(与 x 相近)；标准量与被测量的微差为 b(由指示仪表表示出)则
$$x=B+b$$

相对误差
$$\frac{\Delta x}{x}=\frac{\Delta B}{x}+\frac{\Delta b}{x}=\frac{\Delta B}{B+b}+\frac{b}{x}\frac{\Delta b}{b}$$

因为 x 与 B 的微差 b 远小于 B，所以 $B+b\approx B$，故
$$\frac{\Delta x}{x}\approx\frac{\Delta B}{B}+\frac{b}{x}\frac{\Delta b}{b}\tag{2.62}$$

式(2.62)表示被测量 x 的相对误差由两部分组成：第一部分$\frac{\Delta B}{B}$为标准量的相对误差，它一般是很小的；第二部分是指示仪表相对误差$\frac{\Delta b}{b}$的$\frac{b}{x}$倍，因为 $b\ll x$，所以指示仪表误差的影响被大大削弱。由此也可看出，微差法是以灵敏度换取准确度。

例如，为了测量稳压电源输出电压 U_x 的微小变化，采用图 2.22 所示电路。图中 U 为标准电压(不可调，与 U_x 相近)；(mV)为毫伏表，可测出 U 和 U_x 之间的微差 U_d。

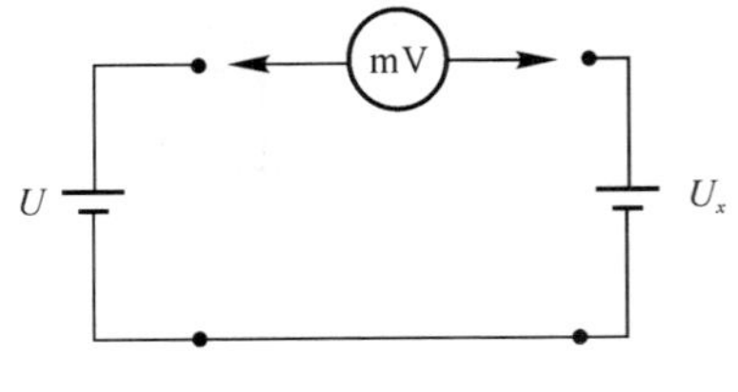

图 2.22　用微差法测稳压电源电压

若标准电压相对误差$\frac{\Delta U}{U}\leqslant\pm 0.05\%$，毫伏表相对误差$\frac{\Delta U_d}{U_d}\leqslant\pm 5\%$，$U$ 和 U_x 间的微差 U_d 与 U_x 的比值约为 1%，即

$$\frac{U_d}{U_x} \approx 1\%$$

则由式（2.62）可计算出测量误差

$$\frac{\Delta U_x}{U_x} = \frac{\Delta U}{U} + \frac{U_d}{U_x}\frac{\Delta U_d}{U_d} \approx \pm 0.05\% \pm 1\% \times 5\% \approx \pm 0.05\% \pm 0.05\% \leqslant 0.1\%$$

可见，测量中虽使用了一个低等级的毫伏表（如量程为 U_d，则为 5 级表），但由于采用微差法，使测量结果相对误差仅为 0.1%。

采用微差法不仅可以不用可调的标准器，而且有可能在指示器上直接标度，使成为高准确度的直读仪器。

三、测量数据中是否存在系统误差的检验

在一系列等精密度测量数据中，如果含有恒定系统误差，只有通过与上级标准器相比较才能发现该误差。对恒定系统误差的修正，可以先对每个测量数据分别修正后再综合，也可在系统综合后进行一次总的修正。

变值系统误差的判别往往比较困难。可行的办法是：先进行理论分析，找出误差与某个测量条件间的函数关系，然后以实验验证，或通过观察测量数据的方法判断有无系统误差。

为找出规律，在测量中可固定其他条件，仅使某一测量条件（如温度、时间等）有规律地变化，记录测量值，并求出它们的平均值 $\bar{x}$ 及各次测量的残差 v_i，观察残差的变化规律就可以了解系统误差随测量条件变化的规律。

图 2.23(a) 和(b) 分别表示含有累进性系统误差及含有周期性变值系统误差时的残差随某一测量条件变化的情况。

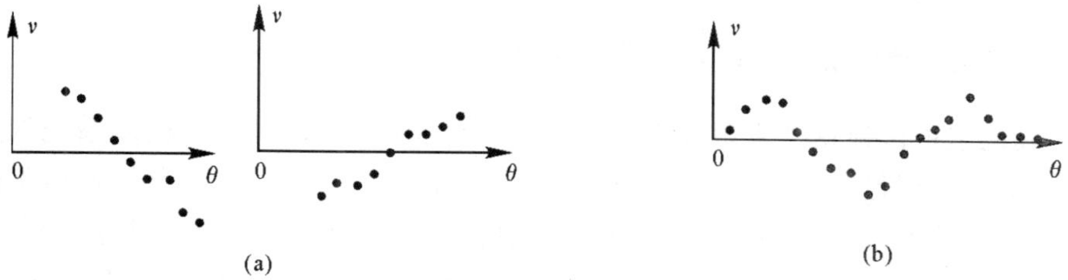

图 2.23　含有系统误差测量数据之残差变化情况

(a) 含累进性系统误差；(b) 含周期性变化系统误差

当系统误差较小或随机误差较大时，残差表现出的规律不明显，也就难以判断。在这种情况下，常借助统计学的方法来判断测量数据是否含有系统误差。判别的方法虽有多种，但基本上都是以判别测量数据是否离开正态分布为基础的。最常用的判别方法有以下两种。

1. 阿卑-赫梅特（Abbe-Helmert）判据

阿卑-赫梅特判据特别适用于周期性系统误差的检验，但也可用来判别累进性系统误差。

该判据是由正态分布之测量数据的残差依次两两相乘所得乘积之和与方差的关系导出的(详见参考文献[6])。

使用阿卑-赫梅特判据时,应将对被测量 n 次等精密度测量所得数据按某种顺序(如按时间先后顺序等)排列,按顺序将残差两两相乘,然后将各乘积相加取和的绝对值与测量数据的方差(实际用方差估计值)的 $\sqrt{n-1}$ 倍相比较,如式(2.63)所示。

$$\left|\sum_{i=1}^{n-1} v_i v_{i+1}\right| > \sqrt{n-1}\sigma^2(X) \tag{2.63}$$

当判明其符合式(2.63)时,则表明测量数据中存在变值系统误差。

2. 马利科夫(М. Ф. Маликов)判据

马利科夫判据常用于判别累进性系统误差(证明见参考文献[6]。应用该判据时,先将 n 次等精密度测量所得数据按某种顺序(如按测量时间先后顺序等)排列,然后依次把 n 个残差分成两部分,求其差值 M。

当 n 为偶数时

$$M = \sum_{i=1}^{\frac{n}{2}} v_i - \sum_{i=\frac{n}{2}+1}^{n} v_i \tag{2.64}$$

当 n 为奇数时

$$M = \sum_{i=1}^{\frac{n+1}{2}} v_i - \sum_{i=\frac{n+3}{2}}^{n} v_i \tag{2.65}$$

如果测量数列中不存在累进性系统误差,则 $M \approx 0$;如果 M 显著地异于零(通常 M 的绝对值不小于最大残差的绝对值),则说明存在累进性系统误差。

四、系统误差消除的准则与误差范围的估计

有些系统误差可以根据其来源预先采取技术措施予以消除,但也有很多系统误差不可能被完全消除。由于规律过分复杂或需要采取的技术措施经济代价太高以及技术措施过分复杂等原因,无法完全消除系统误差而只能使其减弱到一定程度。例如,在零示法中,示零仪表的灵敏度有限,标准量具本身的误差及其他杂散影响,因而不可避免仍残留系统误差,这种残余的影响小到什么程度才能忽略不计?

按照微小误差原则,当微小误差产生的影响和所有误差的总影响相比,前者的影响微不足道时才可以认为是微小误差而略去不计。

设残余系统误差为 ε,若其值不超过总误差 Δx 有效数字中最后 1 位数单位的 1/2,即可舍去 ε。

在实际工作中一般要求:若略去某项误差后影响小于不略去结果的 1/10,即可视该系统误差为微小误差。

当不能使系统误差成为微小误差时，应尽力找出系统误差的大体范围（上限 ε_a，下限 ε_b），然后分解为恒定和变化的两个部分：$\frac{\varepsilon_a+\varepsilon_b}{2}$ 与 $\frac{\varepsilon_a-\varepsilon_b}{2}$，恒定部分通常可进行修正，而变化部分则用来与随机误差的变化范围合成，共同决定测量数据的可信程度。

2.8　测量误差的合成与分配

在实际测量中，误差常来源于许多方面，例如，由多个电阻串联而成的总电阻，其误差与每个电阻的误差有关：电阻上的功率 P，若通过直接测量电压 U 与 I，而由 $P=UI$ 计算出，其误差与 U 和 I 的测量误差有关，测量结果的总误差是测量各环节误差因素共同作用的结果。由此看出，测量误差通常总是与若干分项有关。

当某项测量误差与若干分项有关时，不论其产生的原因均称为总误差，而将与其有关的各分项叫做分项误差。

在测量中，经常要讨论总误差与分项误差的关系，研究如何解决如下三个问题，这也是本节所要讨论的主要问题。

(1) 误差的合成问题。研究如何根据各分项误差确定总误差。

(2) 误差的分配问题。研究在总误差已限定的情况下如何确定各分项误差的数值。

(3) 最佳测量方案的选择问题。研究如何分配各分项误差的数值以保证总误差最小。

一、测量误差的合成

1. 误差传递公式

测量误差的传递关系可直接用于已知确定性误差的传递计算，并且是建立不确定度合成原则的基础。

(1) 按定义计算测量结果的误差。设某量 y 由 m 个分项 $x_1,x_2,\cdots,x_m$ 合成，即

$$y=f(x_1,x_2,\cdots,x_m) \tag{2.66}$$

若各分项的实际值（真值）分别为 $x_{10},x_{20},\cdots,x_{m0}$，各分项测量误差分别为

$$\Delta x_1=x_1-x_{10}$$

$$\Delta x_2=x_2-x_{20}$$

$$\cdots\cdots$$

$$\Delta x_m=x_m-x_{m0}$$

若 y 的实际值（真值）为 y_0，误差 $\Delta y=y-y_0$，则由式(2.66)可得

$$\begin{aligned}\Delta y=y-y_0=f(x_1,x_2,\cdots,x_m)-f(x_{10},x_{20},\cdots,x_{m0})=\\ f(x_{10}+\Delta x_1,x_{20}+\Delta x_2,\cdots,x_{m0}+\Delta x_m)-f(x_{10},x_{20},\cdots,x_{m0})\end{aligned} \tag{2.67}$$

式(2.67)是直接按定义计算误差传递的方法，适于单独分析某项误差因素对测量结果的

影响，特别是对不能化为简单线性关系的问题更有意义。但这种方法没有给出简明的传递关系，实用上较繁琐，若用于分析多因素的影响，缺点更为突出，因而有一定的局限性。

例 2.18 设矩形长为 x，宽为 y，矩形面积 $S = xy$，通过测量测得长、宽值分别为 x' 和 y'，测量误差分别为 Δx 和 Δy，如图 2.24 所示。求因测量误差引起的面积的误差 ΔS。

解 由测量值得到的矩形面积 $S' = x'y'$，按式(2.67) 得

$$\Delta S = S' - S = x'y' - xy = (x + \Delta x)(y + \Delta y) - xy = x\Delta y + y\Delta x + \Delta x\Delta y$$

即 ΔS 为 3 项之和，分别对应于图中画有阴影线的 3 块小面积。

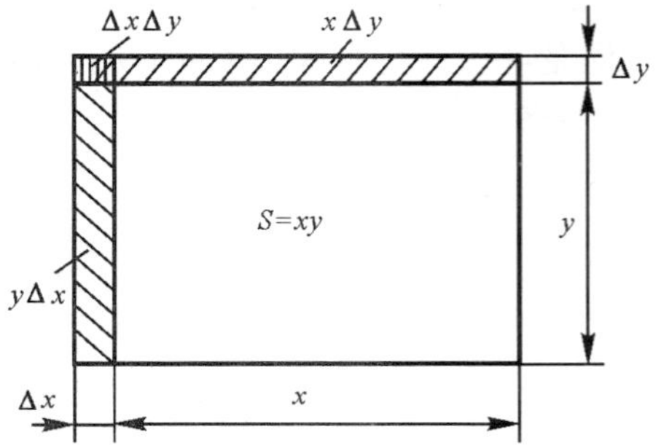

图 2.24 例 2.18 图

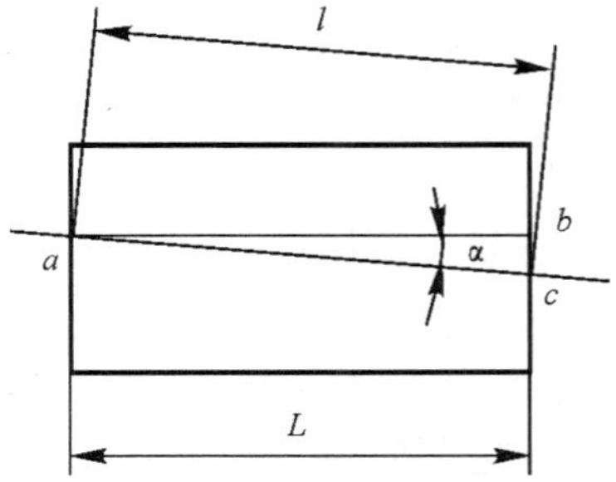

图 2.25 例 2.19 图

例 2.19 测量工件平行端面间的距离 L，若在测量时安置歪斜 α 角，使实测线 $\overline{ac}$ 与应测线 $\overline{ab}$ 不一致，如图 2.25 所示。分析由此引起的测量误差。

解 按图 2.25 所示几何关系可得被测量的实际值 L 与被测量的给出值有以下关系：

$$L = l\cos\alpha$$

由式(2.67) 得

$$\Delta l = l - L = l - l\cos\alpha = l(1 - \cos\alpha)$$

$(1 - \cos\alpha)$ 按级数展开，略去三次以上的高阶项可得

$$\Delta l = \frac{1}{2}l\alpha^2$$

此例不能用线性化的误差公式计算。

(2) 绝对误差传递公式——误差传递函数计算的线性化。设某量 y 由 m 个分项 $x_1, x_2, \cdots, x_m$ 合成，其函数关系为

$$y = f(x_1, x_2, \cdots, x_m)$$

若 $x_1, x_2, \cdots, x_m$ 之间彼此独立无关且只含确定性误差分别为 $\Delta x_1, \Delta x_2, \cdots, \Delta x_m$ 它们的实际值(真值) 分别为 $x_{10}, x_{20}, \cdots, x_{m0}$。由式(2.67) 得函数 y 的误差为

$$\Delta y = f(x_1, x_2, \cdots, x_m) - f(x_{10}, x_{20}, \cdots, x_{m0})$$

若在 $y_0 = f(x_{10}, x_{20}, \cdots, x_{m0})$ 附近各阶偏导数存在，可把 y 按泰勒级数展开并略去展开式

中二次以上的高次项，以得到简明的误差关系式：

$$y=f(x_1,x_2,\cdots,x_m)=f(x_{10},x_{20},\cdots,x_{m0})+\left(\frac{\partial f}{\partial x_1}\right)_0(x_1-x_{10})+$$

$$\left(\frac{\partial f}{\partial x_2}\right)_0(x_2-x_{20})+\cdots+\left(\frac{\partial f}{\partial x_m}\right)_0(x_1-x_{m0})=$$

$$f(x_{10},x_{20},\cdots,x_{m0})+\left(\frac{\partial f}{\partial x_1}\right)_0\Delta x_1+\left(\frac{\partial f}{\partial x_2}\right)_0\Delta x_2+\cdots+\left(\frac{\partial f}{\partial x_m}\right)_0\Delta x_m$$

将展开式代入 Δy 式中，得

$$\Delta y=\left(\frac{\partial f}{\partial x_1}\right)_0\Delta x_1+\left(\frac{\partial f}{\partial x_2}\right)_0\Delta x_2+\cdots+\left(\frac{\partial f}{\partial x_m}\right)_0\Delta x_m$$

或写成简单的形式：

$$\Delta y=\frac{\partial f}{\partial x_1}\Delta x_1+\frac{\partial f}{\partial x_2}\Delta x_2+\cdots+\frac{\partial f}{\partial x_m}\Delta x_m=\sum_{i=1}^{m}\frac{\partial f}{\partial x_i}\Delta x_i \tag{2.68}$$

式中偏导数可用实际值（真值）x_{i0} 代入求得，也可用测得值 x_i 代入求得。因 x_i 与 x_{i0} 差别甚小，相应的偏导数值十分接近。

式(2.68)表明，总误差 Δy 是各分项误差 Δx_i 的加权代数和（权为$\frac{\partial f}{\partial x_i}$），是线性化了的简单的误差传递关系。

因为在作线性化处理时忽略了二次以上的高次项，所以严格说来，这是一个近似的关系式，只有当 y 是 x_i 的线性函数时，式(2.68)才是准确的。有时高次项不能忽略（如例 2.19 的情况），则不能使用该式。

但就一般情况而言，测量误差 Δx_i 相对来看是很小的，被略去的高次项也可忽略不计，式(2.68)在实用上已具有足够的精度，所以应用广泛。

例 2.20　电阻 R 由 R_1，$3R_2$，$2R_3$ 串联而成，若已知 R_1，R_2，R_3 的测量误差分别是 ΔR_1，ΔR_2，ΔR_3，求 R 的误差。

解　由所给条件　　$R=R_1+3R_2+2R_3$

即

$$R=f(R_1,R_2,R_3)$$

按式(2.68)可得

$$\Delta R=\frac{\partial f}{\partial R_1}\Delta R_1+\frac{\partial f}{\partial R_2}\Delta R_2+\frac{\partial f}{\partial R_3}\Delta R_3=\Delta R_1+3\Delta R_2+2\Delta R_3$$

例 2.21　用间接法测量电阻消耗的功率，设电压U、电流I和电阻R的相对测量误差分别为 $\Delta U/U$，$\Delta I/I$，$\Delta R/R$，试求用以下三种方案所求出功率 P 的相对误差：①$P=UI$；②$P=U^2/R$；③$P=I^2R$。

解　方案一：由式(2.68)得

绝对误差

$$\Delta P = \frac{\partial P}{\partial I}\Delta I + \frac{\partial P}{\partial U}\Delta U = U\Delta I + I\Delta U$$

相对误差

$$\gamma_P = \frac{\Delta P}{P} = \frac{U\Delta I}{UI} + \frac{I\Delta U}{UI} = \frac{\Delta I}{I} + \frac{\Delta U}{U}$$

方案二：$P = U^2/R$ 由式(2.68)得

绝对误差

$$\Delta P = \frac{\partial P}{\partial U}\Delta U + \frac{\partial P}{\partial R}\Delta R = \frac{2U\Delta U}{R} - \frac{U^2\Delta R}{R^2}$$

相对误差

$$\gamma = \frac{\Delta P}{P} = \frac{2U\Delta U/R}{U^2/R} - \frac{U^2\Delta R/R^2}{U^2/R} = 2\frac{\Delta U}{U} - \frac{\Delta R}{R}$$

方案三：$P = I^2 R$ 由式(2.68)得

绝对误差

$$\Delta P = \frac{\partial P}{\partial I}\Delta I + \frac{\partial P}{\partial R}\Delta R = 2IR\Delta I + I^2\Delta R$$

相对误差

$$\gamma_P = \frac{\Delta P}{P} = \frac{2IR\Delta I}{I^2 R} + \frac{I^2\Delta R}{I^2 R} = 2\frac{\Delta I}{I} + \frac{\Delta R}{R}$$

(3) 相对误差传递公式。有时，用公式(2.68)由各分项的相对误差求总误差的相对误差不方便，而采用相对误差传递公式。

$$\gamma_y = \frac{\Delta y}{y} = \sum_{i=1}^{m}\frac{\partial f}{\partial x_i}\frac{\Delta x_i}{y} = \frac{1}{f}\sum_{i=1}^{m}\frac{\partial f}{\partial x_i}\Delta x_i \tag{2.69}$$

式(2.69)也可表示为

$$\gamma_y = \sum_{i=1}^{m}\frac{\partial f}{\partial x_i}\left(\frac{x_i}{y}\right)\frac{\Delta x_i}{x_i} = \sum_{i=1}^{m}\frac{\partial f}{\partial x_i}\left(\frac{x_i}{y}\right)\gamma_i \tag{2.70}$$

或

$$\gamma_y = \sum_{i=1}^{m}\frac{\partial \ln f}{\partial x_i}\Delta x_i \quad \left(\text{由于}\frac{\mathrm{d}f/\mathrm{d}x_i}{f} = \frac{\mathrm{d}\ln f}{\mathrm{d}x_i}\right) \tag{2.71}$$

例 2.22 用相对误差公式重新计算例 2.21。

解 方案一：$P = UI$ 由式(2.71)得

$$\gamma_P = \frac{\partial(\ln U + \ln I)}{\partial U}\Delta U + \frac{\partial(\ln U + \ln I)}{\partial I}\Delta I = \frac{\Delta U}{U} + \frac{\Delta I}{I}$$

方案二：$P = U^2/R$ 由式(2.71)得

$$\gamma_P = \frac{\partial(2\ln U - \ln R)}{\partial U}\Delta U + \frac{\partial(2\ln U - \ln R)}{\partial R}\Delta R = \frac{2\Delta U}{U} - \frac{\Delta R}{R}$$

方案三：$P = I^2 R$ 由式(2.71)得

$$\gamma_P = \frac{\partial(2\ln I + \ln R)}{\partial I}\Delta I + \frac{\partial(2\ln I + \ln R)}{\partial R}\Delta R = \frac{2\Delta I}{I} + \frac{\Delta R}{R}$$

例 2.23　求电阻 R_1 和 R_2 并联后的总误差。

解　由题意得 $R = \dfrac{R_1 R_2}{R_1 + R_2}$，由式(2.68)得

绝对误差

$$\Delta R = \frac{\partial R}{\partial R_1}\Delta R_1 + \frac{\partial R}{\partial R_2}\Delta R_2$$

因为

$$\begin{cases} \dfrac{\partial R}{\partial R_1} = \dfrac{\partial}{\partial R_1}\left(\dfrac{R_1 R_2}{R_1 + R_2}\right) = \left(\dfrac{R_2}{R_1 + R_2}\right)^2 \\ \dfrac{\partial R}{\partial R_2} = \dfrac{\partial}{\partial R_2}\left(\dfrac{R_1 R_2}{R_1 + R_2}\right) = \left(\dfrac{R_1}{R_1 + R_2}\right)^2 \end{cases}$$

所以

$$\Delta R = \left(\frac{R_2}{R_1 + R_2}\right)^2 \Delta R_1 + \left(\frac{R_1}{R_1 + R_2}\right)^2 \Delta R_2$$

将上式等号两边除以 $R\left(= \dfrac{R_1 R_2}{R_1 + R_2}\right)$ 得相对误差

$$\gamma_R = \frac{\Delta R}{R} = \frac{R_2}{R_1 + R_2}\frac{\Delta R_1}{R_1} + \frac{R_1}{R_1 + R_2}\frac{\Delta R_2}{R_2} = \frac{R_2}{R_1 + R_2}\gamma_{R_1} + \frac{R_1}{R_1 + R_2}\gamma_{R_2}$$

相对误差亦可由式(2.71)求得

$$\gamma_R = \frac{\partial[\ln R_1 + \ln R_2 - \ln(R_1 + R_2)]}{\partial R_1}\Delta R_1 + \frac{\partial[\ln R_1 + \ln R_2 - \ln(R_1 + R_2)]}{\partial R_2}\Delta R_2 =$$

$$\frac{R_2}{R_1 + R_2}\frac{\Delta R_1}{R_1} + \frac{R_1}{R_1 + R_2}\frac{\Delta R_2}{R_2} = \frac{R_2}{R_1 + R_2}\gamma_{R_1} + \frac{R_1}{R_1 + R_2}\gamma_{R_2}$$

由相对误差关系可看出，若 $\gamma_{R_1} = \gamma_{R_2}$，则

$$\gamma_{R_1} = \gamma_{R_1} = \gamma_{R_2}$$

表示相对误差相同的电阻并联后，总相对误差与单个电阻的相对误差相同。

由绝对误差传递公式或相对误差传递公式均可计算出总合的绝对误差与相对误差。实际计算时可根据具体情况选择。一般情况下，函数关系为和、差时，直接求偏微分计算较方便；对积、商、乘方、开方等关系，取对数后变为和、差式计算较方便。

2. 系统误差的合成

对于确定性系统误差，可直接用绝对误差传递公式或相对误差传递公式求得总误差。

对于各分项系统误差不能确定的情况，将在不确定度的合成中讨论。

3. 随机误差的合成

随机误差的合成不是以某一次测量各分项随机误差的合成来考虑，而是以各分项方差 $\sigma^2(x_i)$ 或标准偏差 $\sigma(x_i)$ 求总合方差 $\sigma^2(y)$ 或总合标准偏差 $\sigma(y)$。

设各分项的系统误差为零，并设总合与各分项间是线性关系（或非线性关系产生的影响可以忽略不计），则由各分项的随机误差可求得总合的误差

$$\delta_y = \sum_{i=1}^{m} \frac{\partial f}{\partial x_i}\delta_i$$

将上式等号两边平方得

$$\delta_y^2 = \sum_{j=1}^{m}\left(\frac{\partial f}{\partial x_j}\right)^2 \delta_j^2 + \sum_{\substack{j,k=1 \\ (j\neq k)}}^{m}\left(\frac{\partial f}{\partial x_j}\frac{\partial f}{\partial x_k} - \delta_j\delta_k\right)$$

若进行了 n 次测量，对上式由 $1 \sim n$ 求和得

$$\sum_{i=1}^{n}\delta_{y_i}^2 = \sum_{i=1}^{n}\sum_{j=1}^{m}\left(\frac{\partial f}{\partial x_j}\right)^2 \delta_{ji}^2 + \sum_{i=1}^{n}\sum_{\substack{j,k=1 \\ (j\neq k)}}^{m}\left(\frac{\partial f}{\partial x_i}\frac{\partial f}{\partial x_k} - \delta_{ji}\delta_{ki}\right)$$

如 $x_1, x_2, \cdots, x_m$ 为相互独立的量，则 δ_{ji} 与 δ_{ki} 也是互不相关的，δ_{ji} 与 δ_{ki} 的大小和符号都是随机变化的，故 δ_{ji} 与 δ_{ki} 的积也是随机变化的。当测量次数 n 足够多时，各乘积互相抵消的结果，使上式等号右边第二项趋近于零。由此，再以 n 除其等号两边得

$$\frac{1}{n}\sum_{i=1}^{n}\delta_{y_i}^2 = \sum_{j=1}^{m}\left(\frac{\partial f}{\partial x_j}\right)^2\left(\frac{1}{n}\sum_{i=1}^{n}\delta_{ji}^2\right)$$

即

$$\sigma^2(y) = \sum_{j=1}^{m}\left(\frac{\partial f}{\partial x_j}\right)^2 \sigma^2(x_j) \tag{2.72}$$

式(2.72)表示由 m 项相互独立的分项随机误差求总合的关系，对非独立的分项是不适用的，因为式(2.72)的导出，假定了互相独立的条件。因此，一般应尽量先将函数关系化成独立量的函数关系再应用此式。

例 2.24 设 $y = x_1 + x_2$，而 $x_1 = 3x_2$，若已知各分项仅含随机误差，其标准偏差分别为 $\sigma(x_1)$ 和 $\sigma(x_2)$，求 $\sigma(y)$。

解 此题所给出的 2 个分项 x_1 和 x_2 是相关的，若在计算时不考虑相关或最后再考虑，将导致错误的结果。

(1) 错误的方法。直接用式(2.72)得

$$\sigma^2(y) = \sigma^2(x_1) + \sigma^2(x_2)$$

由 $x_1 = 3x_2$ 可得

$$\sigma^2(x_1) = 9\sigma^2(x_2)$$

则

$$\sigma^2(y) = 9\sigma^2(x_2) + \sigma^2(x_2) = 10\sigma^2(x_2)$$

(2) 正确的方法。先考虑相关

$$y = x_1 + x_2 = 3x_2 + x_2 = 4x_2$$

由式(2.72)得

$$\sigma^2(y) = (4)^2\sigma^2(x_2) = 16\sigma^2(x_2)$$

显然两种计算方法所得结果不同。

4. 不确定度的合成

关于不确定度的概念已在2.6节中提及,这里进一步加以说明与讨论。对随机误差来说,它总是在一个范围内随机变化的,其最大幅度称为不确定度,通常用标准偏差的若干倍表示。对于系统误差,有确定性的系统误差,即已掌握了它的大小和方向,但也有只知道大体范围的非确定性系统误差,其可能变化的最大幅度也称为不确定度。一般随机误差的不确定度是由统计规律估计出的,系统误差的不确定度由其他方法估计出,所以曾广泛使用系统不确定度与随机不确定度这两个名词。但是,随着科学技术的发展对两种误差规律的深入认识及对它们之间辩证关系的理解,发现以上所说的两种不确定度都有可能用上述估计方法估计其数值,其间并无对应关系。为此,1981年国际计量委员会提出建议:“测量结果的不确定度一般包含好几个分量,这些分量可以按估计其数值所用的方法归并成两类:A——(对一系列重复的测定)用统计方法算出的分量;B—— 用其他方法计算出的分量。”并提出:将不确定度区分为A类和B类,以及按过去的方法将不确定度区分为“随机的”和“系统的”不确定度,这两者之间并不一定存在一种简单的对应关系。“系统不确定度”这一词可能引起误解,故应避免使用。国际计量委员会的建议对一般工程应用来说是合适的。但是“系统不确定度”这一名词对误差理论的讨论与研究部门来说仍有必要,所以我国国家计量局的常用名词术语定义中,除有A和B两类不确定度外,仍保留了系统不确定度与随机不确定度的划分。本教材为叙述的方便也将同样处理。

由系统误差和随机误差构成的测量总误差也会在一定范围内变化,其变化的最大幅度称为总误差的不确定度。不确定度是对应一定的置信概率来说的,即误差最大变化范围有多大可能性不超过不确定度所规定的范围。

由分项不确定度求总合不确定度的问题,国内外意见纷纭,有很多争论,此处仅讨论一些基本的常用方法。

(1) 系统不确定度的合成。系统不确定度的合成方法很多,现主要介绍三种常用系统不确定度的合成方法。为便于表达,以Φ表示系统误差不确定度。

1) 绝对值合成法。绝对值合成法从最不利的情况考虑,认为各分项误差同时取正值或同时取负值,所以

$$\frac{\Phi_y}{y} = \pm \sum_{i=1}^{m} \left| \frac{\partial f}{\partial x_i} \frac{\Phi_i}{y} \right|$$

这种方法计算简便,但估计偏大,偏于保守。当分项m较多时,偏离实际情况较远。例如,

当 $m=8$ 时，每一个分项取正号的概率为 1/2，8 个互相独立的分项均取正号的概率只有 $\left(\frac{1}{2}\right)^8=\frac{1}{256}$（同时取负号的概率也如此），再考虑到不确定度都取最大值则其概率更小。所以这种方法一般只用于分项不确定度较少的情况。

2）均方根合成法（方和根法）。

$$\Phi_y=\sqrt{\sum_{j=1}^{m}\left(\frac{\partial f}{\partial x_j}\right)^2\Phi_j^2} \tag{2.73}$$

这种方法（当分项 m 较少时，对误差估计偏低）一般用于要求不太严格的场合。

3）广义均方根合成法。仿照处理随机误差的方法来处理系统误差。知道分项系统误差分布形状和不确定度 Φ_j，可仿照随机误差中标准偏差 $\sigma(x_j)$ 与置信区间的关系，对系统误差定义一个类似于标准偏差的表征项 $u(x_j)$，即

$$u(x_j)=\frac{\Phi_j}{K_j} \tag{2.74}$$

与处理随机误差情况类似，K_j 的取值由误差的分布情况与取定的置信概率确定。几种常见对称分布的 K_j 取值列于表 2.7。

需要提出的是，表征项 $u(x_j)$ 虽与标准偏差 $\sigma(x)$ 是类似的量，但不能通过多次测量取平均值使其变化。其他方面可以按处理 $\sigma(x)$ 的方法来处理 $u(x_j)$。因此

$$u(y)=\sqrt{\sum_{j=1}^{m}\left(\frac{\partial f}{\partial x_j}\right)^2u^2(x_j)} \tag{2.75}$$

$$\Phi_y=\pm K_yu(y)=\pm K_y\sqrt{\sum_{j=1}^{m}\left(\frac{\partial f}{\partial x_j}\right)^2\left(\frac{\Phi_j}{K_j}\right)^2} \tag{2.76}$$

式(2.76)的应用，涉及分项与总合的分布规律，分项与总合的置信概率问题，因而存在实用上的困难。

假设在式(2.76)中，$K_y=K_1=K_2=\cdots=K_m$ 可以得到

$$\Phi_y=\pm\sqrt{\sum_{j=1}^{m}\left(\frac{\partial f}{\partial x_j}\right)^2\Phi_j^2}$$

即为式(2.73)所表达的均方根合成法。

为克服均方根合成法不足，采取下述办法：① 对不能确切掌握分布形状的分项误差按均匀分布处理，取 $K_i=\sqrt{3}\approx1.73$；② 总合分布介于均匀分布与正态分布之间，取 $K_y=\sqrt{3}\sim3$，根据分项数目的多少，K_y 在 $\sqrt{3}\sim3$ 范围内取值大些或小一些，即

$$\Phi_y=\pm(\sqrt{3}\sim3)\sqrt{\sum_{j=1}^{m}\left(\frac{\partial f}{\partial x_j}\right)^2\left(\frac{\Phi_j}{K_j}\right)^2} \tag{2.77}$$

表 2.7　几种常见的对称分布的 K_i 值

分布类型	分布形状	$u^2(\Delta x)$	K_i
正态分布	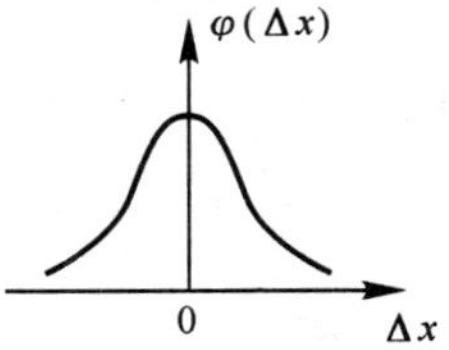	$u^2(\Delta x)$	2 ～ 3
矩形分布	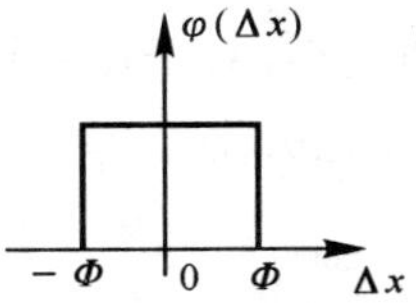	$\frac{\Phi^2}{3}$	$\sqrt{3}$
三角形分布	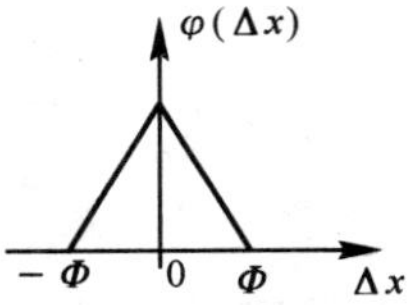	$\frac{\Phi^2}{6}$	$\sqrt{6}$
双三角形分布	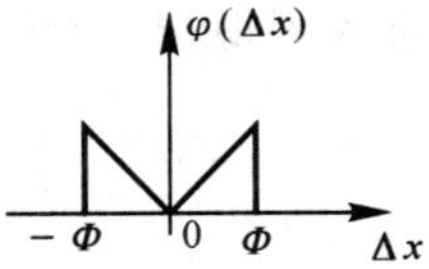	$\frac{\Phi^2}{2}$	$\sqrt{2}$
离散型分布	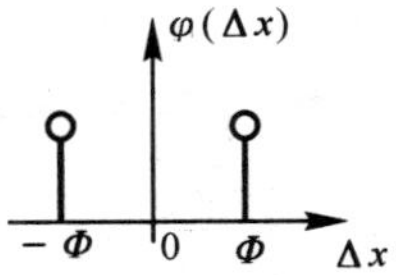	Φ^2	1
反正弦分布	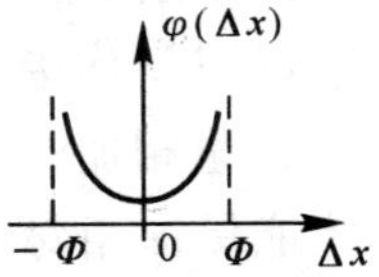	$\frac{\Phi^2}{2}$	$\sqrt{2}$

(2) 同时含有系统误差与随机误差时不确定度的合成。先将分项系统误差中的确定部分和非确定部分分开，确定性系统误差按前述方法总合；再将非确定性系统误差与随机误差共同估计总合不确定度。

$$\Phi_y = \sum_{k=1}^{q} \frac{\partial f}{\partial x_k}\varepsilon_k \pm K_y \sqrt{\sum_{j=1}^{m}\left(\frac{\partial f}{\partial x_j}\right)^2\left(\frac{\Phi_j}{K_j}\right)^2 + \sum_{i=1}^{m}\left(\frac{\partial f}{\partial x_i}\right)^2 \sigma^2(x_i)} \tag{2.78}$$

式中　x_k —— 含确定性系统误差的分项；

x_j —— 含非确定性系统误差的分项；

x_i —— 含随机误差的分项；

ε_k —— 确定性系统误差；

Φ_j —— 非确定性系统误差的不确定度；

$\sigma(x_i)$ —— 随机误差的标准偏差。

二、测量误差的分配

当总误差给定后，如何确定各分项误差的大小，对于制定测量方案、仪器设计等都具有重要意义。但由总误差求各分项误差时，原则上有无穷多个解，一般只能在某些假设前提下进行典型分析。常用的有以下三种方法。

1. 等准确度分配法

分配给各项的误差彼此相同，即

$$\varepsilon_1 = \varepsilon_2 = \cdots = \varepsilon_m$$

或

$$\sigma(x_1) = \sigma(x_2) = \cdots = \sigma(x_m)$$

由确定性系统误差的合成与随机误差的合成可得到分配给各分项的误差为

$$\varepsilon_j \leqslant \frac{\varepsilon_y}{\sum_{j=1}^{m} \frac{\partial f}{\partial x_j}} \qquad (j = 1,2,3,\cdots,m) \tag{2.79}$$

或

$$\sigma(x_j) = \frac{\sigma(y)}{\sqrt{\sum_{j=1}^{m}\left(\frac{\partial f}{\partial x_j}\right)^2}} \qquad (j = 1,2,3,\cdots,m) \tag{2.80}$$

等准确度分配法常用于各分项性质相同、大小相近的情况。

例 2.25 图 2.26 所示变压器副边电压 U_1, U_2, U_3 均接近 500 V。若用量程为 1 500 V 的交流电压表以分次测量相加的方法测量副边总电压，应选用哪个级别的电压表才能保证相对误差 $\frac{\Delta U}{U} \leqslant \pm 2\%$？

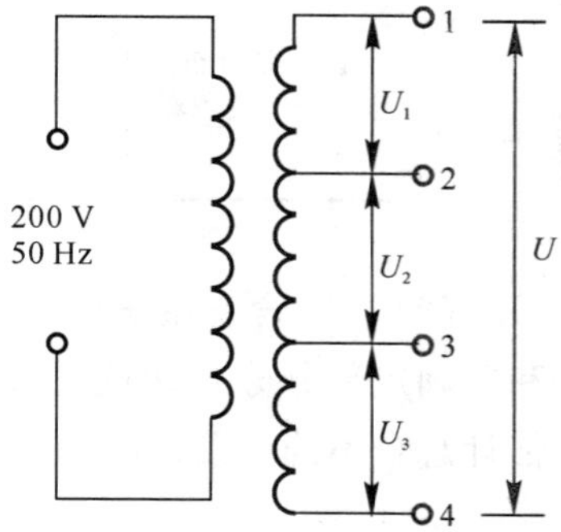

图 2.26 例 2.25 图

解 测量允许的最大总误差为

$$\Delta U = U(\pm 2\%) \approx 1\,500 \times (\pm 2\%) = \pm 30 \text{ V}$$

可以认为测量误差主要是由于电压表的误差，而且 3 次测量的电压值基本相同，可按等准确度分配原则分配误差：

$$\Delta U_1 = \Delta U_2 = \Delta U_3 = \frac{\Delta U}{3} = \frac{\pm 30}{3} = \pm 10 \text{ V}$$

最大引用误差为 $\gamma_{n,m}$、量程为 U_m 的电压表，测量时可能产生的最大绝对误差：

$$\Delta U_{\max} = \gamma_{n,m} U_m$$

按要求 $\Delta U_{\max}$ 应小于所分配的误差，即

$$\gamma_{n,m} U_{\max} \leqslant \Delta U_1 \qquad (\Delta U_1 = \Delta U_2 = \Delta U_3)$$

故

$$\gamma_{n,m} \leqslant \frac{\Delta U_1}{U_{\max}} = \frac{10}{500} = 2\%$$

所以选用 1.5 级电压表(500V) 才能满足测量要求。

2. 等作用分配法

等作用分配法，分配给各分项的误差值虽不一定相等，但使它们各自对测量结果影响度相同。即

$$\frac{\partial f}{\partial x_1}\varepsilon_1 = \frac{\partial f}{\partial x_2}\varepsilon_2 = \cdots = \frac{\partial f}{\partial x_m}\varepsilon_m$$

或

$$\left(\frac{\partial f}{\partial x_1}\right)^2 \sigma^2(x_1) = \left(\frac{\partial f}{\partial x_2}\right)^2 \sigma^2(x_2) = \cdots = \left(\frac{\partial f}{\partial x_m}\right)^2 \sigma^2(x_m)$$

由误差的合成关系可得

$$\varepsilon_j = \frac{\varepsilon_y}{m\dfrac{\partial f}{\partial x_j}} \tag{2.81}$$

或

$$\sigma(x_j) = \frac{\sigma(y)}{\sqrt{m}\left|\dfrac{\partial f}{\partial x_j}\right|} \tag{2.82}$$

例 2.26　根据欧姆定律间接测电流，已测得电压 $U = 12$ V，电阻 $R = 300\ \Omega$，若要求电流 I 的测量误差 $\Delta I \leqslant 500\ \mu\text{A}$，决定 U 及 R 的测量误差应限制在什么范围之内？

解　按题意，函数关系式

$$I = f(U,R) = \frac{U}{R}$$

$$\frac{\partial f}{\partial U} = \frac{1}{R}, \quad \frac{\partial f}{\partial R} = \frac{-U}{R^2}$$

方案一：按等作用分配法。

(1) 由式(2.81) 得

$$\Delta U \leqslant \frac{\Delta I}{2 \times \dfrac{1}{R}} = \frac{500 \times 10^{-6}}{2 \times \dfrac{1}{300}} = 0.075\ \text{V}$$

$$\Delta R \leqslant \frac{\Delta I}{2\times\frac{-U}{R^2}} = \frac{500\times10^{-6}}{2\times\frac{-12}{(300)^2}} = -1.88\ \Omega$$

(2) 以相对误差表示：

$$\frac{\Delta I}{I} = \frac{\Delta U}{U} - \frac{\Delta R}{R}$$

$$\frac{\Delta I}{I} = \frac{500\times10^{-6}}{12/300} \approx 1.2\%$$

$$\frac{\Delta U}{U} = \frac{0.075}{12} \approx 0.6\%$$

$$\frac{\Delta R}{R} = \frac{-1.88}{300} \approx -0.6\%$$

方案二：按等准确度分配法。

(1) 由式(2.79)得

$$\Delta U = \frac{\Delta I}{\frac{1}{R} - \frac{U}{R^2}} = \frac{R^2}{R-U}\Delta I = \frac{(300)^2}{300-12}\times500\times10^{-6} = 0.144\ \text{V}$$

$$\Delta R = 0.144\ \Omega$$

(2) 相对误差

$$\frac{\Delta U}{U} = \frac{0.144}{12} \approx 1.2\%$$

$$\frac{\Delta R}{R} = \frac{0.144}{300} \approx 0.048\%$$

3. 突出主要误差项(优势项)进行分配法

当各分项误差中第 k 项误差特别大，其他项误差对总误差的影响可忽略时，则可以不考虑其他分项的误差分配。即

$$\frac{\partial f}{\partial x_k}\varepsilon_k \gg \sum_{j\neq k}\frac{\partial f}{\partial x_j}\varepsilon_j$$

或

$$\left(\frac{\partial f}{\partial x_k}\right)^2\sigma^2(x_k) \gg \sum_{j\neq k}\left(\frac{\partial f}{\partial x_j}\right)^2\sigma^2(x_j)$$

时，主要考虑第 k 项的影响，保证

$$|\varepsilon_k| < \left|\frac{\varepsilon_y}{\frac{\partial f}{\partial x_k}}\right| \tag{2.83}$$

或

$$\sigma(x_k) < \frac{\sigma(y)}{\left|\frac{\partial f}{\partial x_k}\right|} \tag{2.84}$$

这一项误差特别大的原因，可能由于：① $\frac{\partial f}{\partial x_k}$ 与其他分项的系数 $\frac{\partial f}{\partial x_j}$ 相近，但 ε_k 或 $\sigma(x_k)$ 特别大；② ε_k 或 $\sigma(x_k)$ 与其他各项 ε_j 或 $\sigma(x_j)$ 差不多，但系数 $\frac{\partial f}{\partial x_k}$ 特别大；③ 系数 $\frac{\partial f}{\partial x_k}$ 及 ε_k 或 $\sigma(x_k)$ 二者都特别大。

ε_k 和 $\sigma(x_k)$ 的实际数值要根据实际经验和对具体问题的分析估算，次要因素可根据实际情况酌情分配。

三、最佳测量方案的选择

对实际测量来说，最佳测量方案是在一定条件下测量准确度最高、误差最小的方案。即

$$\varepsilon_y = \sum_{j=1}^{m} \frac{\partial f}{\partial x_j} \varepsilon_j = \min \tag{2.85}$$

或

$$\sigma^2(y) = \sum_{j=1}^{m} \left(\frac{\partial f}{\partial x_j}\right)^2 \sigma^2(x_j) = \min \tag{2.86}$$

虽然从式(2.85)和(2.86)可看出，只要各分项的误差最小，即可使总误差达到最小，但分项误差由一定的客观条件所决定。所以选择最佳方案的方法一般只能按现有条件，根据各分项误差可能达到的最小数值，然后比较各种可能的方案，选择合成误差最小的作为最佳方案。

没有普遍适用的方案选择方法，一般从选择不同的函数形式及在一定的函数形式下选择测量点。函数形式的选择可以用例 2.27 说明。

例 2.27 如例 2.21 所述三种测量功率的方案，若测 I,U 和 R 及可能达到的准确度为 $\frac{\Delta I}{I} = \pm 2.5\%$；$\frac{\Delta U}{U} = \pm 2.0\%$；$\frac{\Delta R}{R} = \pm 1.0\%$。问采用哪一种方案最好。

解 由例 2.21 和例 2.22 已求得三种方案的表达式，所以将本题所给的误差代入即可得到总的相对误差值。

方案一：$P = UI$，相对误差为

$$\frac{\Delta P}{P} = \frac{\Delta I}{I} + \frac{\Delta U}{U} = \pm 4.5\%$$

方案二：$P = \frac{U^2}{R}$，相对误差为

$$\frac{\Delta P}{P} = 2\frac{\Delta U}{U} - \frac{\Delta R}{R} = \pm 5.0\%$$

方案三：$P = I^2R$，相对误差为

$$\frac{\Delta P}{P} = 2\frac{\Delta I}{I} + \frac{\Delta R}{R} = \pm 6.0\%$$

故按所给条件看，采用方案一误差最小，即为最佳方案。

关于测量点的选择，主要是仪器、仪表的工作区域。例如，一般电测仪表工作在满度附近测量的相对误差小。在选定了函数形式以后，合理选择测量点，即适当选择 x_i 之值，仍能使总的测量误差减到最低限，这相当于解联立方程组

$$\begin{cases}\dfrac{\partial}{\partial x_1}\left(\dfrac{\varepsilon_y}{y}\right)=0\\ \dfrac{\partial}{\partial x_2}\left(\dfrac{\varepsilon_y}{y}\right)=0\\ \cdots\cdots\\ \dfrac{\partial}{\partial x_m}\left(\dfrac{\varepsilon_y}{y}\right)=0\end{cases}\quad 或 \quad \begin{cases}\dfrac{\partial}{\partial x_1}\left(\dfrac{\sigma(y)}{y}\right)=0\\ \dfrac{\partial}{\partial x_2}\left(\dfrac{\sigma(y)}{y}\right)=0\\ \cdots\cdots\\ \dfrac{\partial}{\partial x_m}\left(\dfrac{\sigma(y)}{y}\right)=0\end{cases}$$

例如，用万用表测电阻的电路，如图 2.27 所示。

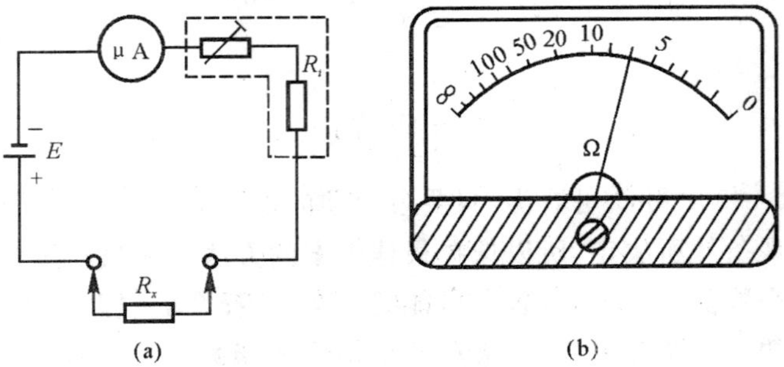

图 2.27　万用表测电阻电路

$$R_x=\frac{E}{I}-R_i$$

式中　R_i—— 常量。

故

$$\Delta R=\frac{-E}{I^2}\Delta I$$

相对误差为

$$\frac{\Delta R_x}{R_x}=\frac{\dfrac{-E}{I^2}}{\dfrac{E}{I}-R_i}\Delta I=\frac{E}{I^2R_i-IE}\Delta I$$

使

$$\frac{\partial}{\partial I}\left(\frac{\Delta R_x}{R_x}\right)=0$$

即

$$\frac{\partial}{\partial I}\frac{E}{I^2R_i - IE}\Delta I = 0$$

$$-E\frac{2IR_i - E}{(I^2R_i - IE)^2} = 0$$

所以

$$2IR_i - E = 0$$

则

$$I = \frac{E}{2R_i}$$

又因为 $R_x = 0$ 时，$I_m = \frac{E}{R_i}$，所以测量误差最小的条件是 $I = \frac{I_m}{2}$。

表示使用万用表的欧姆挡时，应合理选择量程，使指针尽可能偏转至中心位置附近。

一般情况下，分项误差数目愈少，合成误差也愈小，所以在间接测量时，应选测量值数目最少和函数关系最简单的。

当选择最佳测量方案时，除注意上述情况外，还要考虑客观条件的限制，力争根据现有条件制定测量方案，并且要兼顾经济、简便等因素。

2.9　测量数据的图形处理

通常，一次测试过程获得多个数据，对应于一组自变量会有一组或多组因变量数据。表示测试最终结果的方法通常是列表、作图形处理，以及求出变量之间的函数关系。

将测试数据列表是每项测试工作几乎都要首先完成的。数据表格既是测试结果的重要依据，也是作图形曲线的前期工作。一张完整的表格应包括序号、名称、项目、说明及数据来源等各项内容。它要求有效数字位数一致，排列整齐划一，以便人们从测量数据进行一些初步的分析比较，找出某些基本特征。

图形曲线可以更加形象地表达测试结果的一些规律，更重要的是找出曲线上的一些特殊点，如极值、转折点及多条曲线的交点等。这些点常是人们所期望了解的很有价值的结果（又是表格中易丢失的）。

找到各变量之间的函数关系可以使人们更深刻地探索测试对象规律及其意义。本节重点就是要解决如何从多个数据作出图形曲线，并得出它们的函数表达式。

一、作图法

根据一组测试数据描绘出一条近似曲线的作图过程，称为曲线的拟合。

对数据点的基本要求：

(1) 数据点要足够多。测量数据太少，作出的图形也就不太可靠。

(2) 数据要事先按照表的要求整理好。

(3) 要注意各数据点的选择。数据点在沿整个曲线的长度上应该是基本上均匀分布，而不一定要求沿横坐标(或纵坐标)均匀分布，其目的是在曲线变化剧烈的地方不失真地显示出结果。

曲线的拟合是近似的。不同的人根据同一组数据拟合的曲线不可能完全重合，而出现人为的误差。为了减小随机误差的影响，提高作图精度，往往在曲线拟合前采用分组平均法整理数据。

图 2.28(a) 为三点平均法作图。三点平均法就是三个相邻点为一组取其几何重心为平均值。每组点数也可以不等，特别是曲线斜率变化比较大的曲线更是如此。在较主要的区段，每组包含的点数可少些，不太重要的区段可以多些。

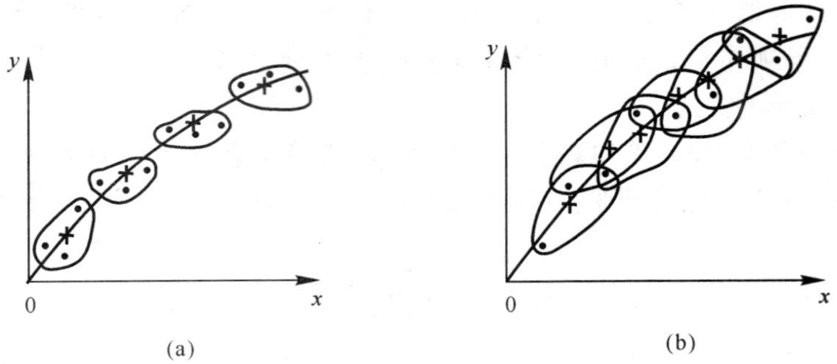

图 2.28　多点平均法作图

在数据点较多的情况下，上述分组平均法可以得到较理想的曲线。但是，如果数据不多，经两点或三点分组后，就等于数据点减少为原来的 1/2 或 1/3。点数太少，作出的曲线会出现更大的误差，甚至无法作图了。图 2.28(b) 是交叉分组平均法作图。所谓交叉分组平均法就是第 i 组中的最后一个或两个点要参与第 $i+1$ 组的平均，依次类推。这样，基本上不减少数据的点数，作图效果能令人满意。

二、函数关系的确定

一条曲线的函数表达式或者称经验公式的确定并非易事。因为一条曲线可能只是某一数字表达式所代表的一部分，很可能同时与几种表达式所描绘的曲线相似。所以，首先要利用已掌握的专业知识判断函数表达式的可能性，然后再予以证实。在证实的基础上确定函数中的一些常数和系数，得到一个确定的函数式。例如，表 2.8 为一组二极管伏安特性实验数据，据此作图，得到图 2.29 所示曲线。从图形外观上看，预测其经验公式可表示为

$$i = au^2 + b \tag{2.87}$$

或

$$i = a e^{bu} \tag{2.88}$$

表 2.8　某二极管伏安特性实验数据表

u/V	0	0.1	0.2	0.3	0.4	0.5
i/μA	100	222	496	1 100	2 455	5 456
x	0	0.01	0.04	0.09	0.16	0.25
a'	2	2.346 4	2.695 5	3.041 4	3.389 6	3.737 0
b'	0	0.043 4	0.086 8	0.130 4	0.173 6	0.217 1

将式(2.87)和(2.88)分别进行变量置换，变成直线方程。

对式(2.87)作变量置换，令

$$y = i, \quad x = u^2$$

得到

$$y = ax + b \tag{2.89}$$

对式(2.88)作变量置换，令

$$z = \lg i, \quad a' = \lg a, \quad b' = u \lg e$$

得到

$$z = \lg a + bu \lg e \tag{2.90}$$

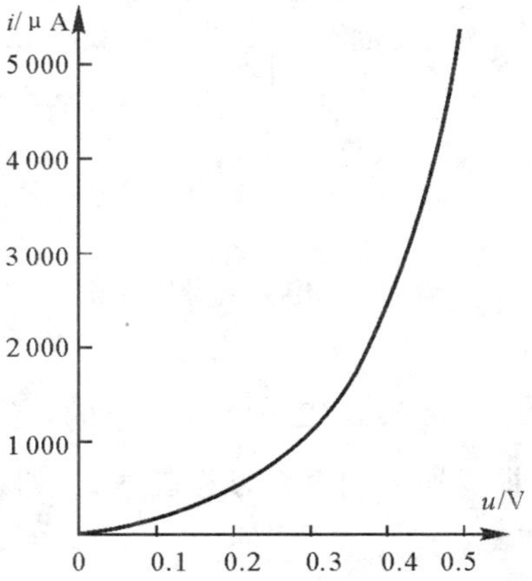

图 2.29　二级管伏安特性实验曲线

根据表 2.8 变量置换后的数据重新作图，如图 2.30(a)所示。可以看出，式(2.89)所表达的不是一条直线(见图 2.30(a))，说明预测表达式(2.87)是错误的，应予以放弃。而式(2.90)所表达的是一条直线(见图 2.30(b))，说明预测表达式(2.88)是正确的。接下去就可以根据图 2.30(b)求出直线方程(2.90)的常数 a'(截距)和 b'(斜率)，然后再反算出 a 与 b 从而得出经验公式

$$i = 100e^{8.01u} \tag{2.91}$$

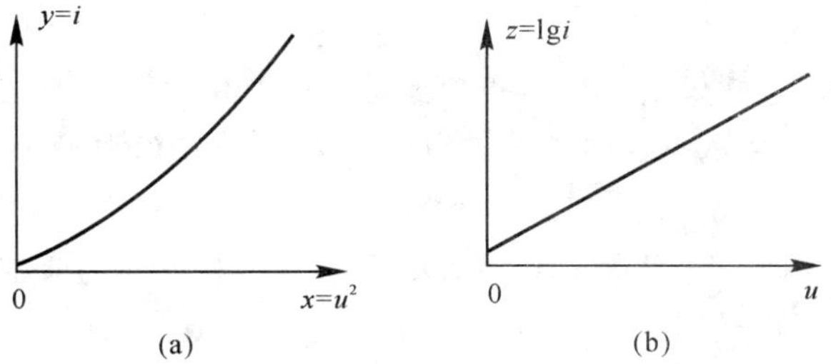

图 2.30　表 2.8 变换后的曲线

三、直线的修匀

当绘制直线时，利用比较简便的残差图可以对作图中的系统误差有相当程度的修匀。图 2.31 是根据一组数据(x_i, y_i)作出的一条直线，其表达式为

$$y_{(1)} = a_1 x + b_1 \tag{2.92}$$

这样，可以求出相应于每一个 x_i 的残差 v_i

$$v_i = y_i - y_{(1)i} = y_i - (a_1 x_i + b_1) \tag{2.93}$$

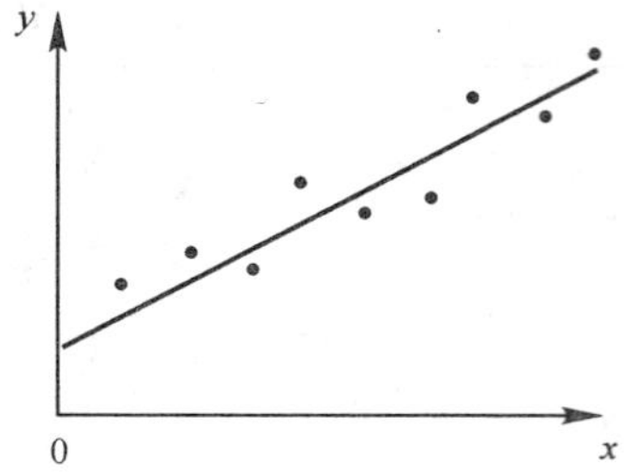

图 2.31　实验数据拟合直线

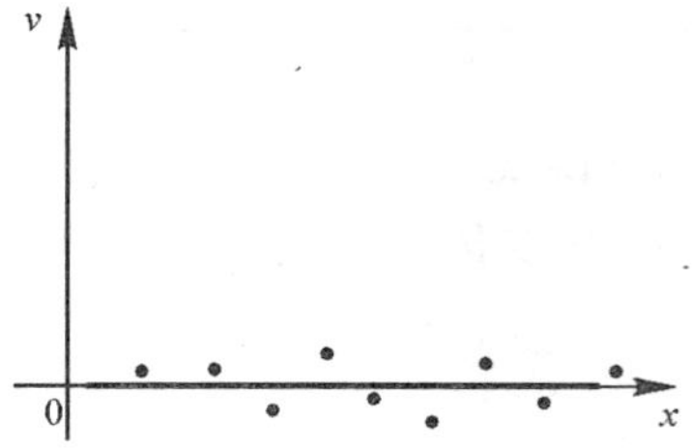

图 2.32　残差图

然后，作出残差图(如图 2.32 所示)，并求出尽可能反映残差平均效应的直线，即

$$v = cx + d \tag{2.94}$$

如果式(2.94)所确定的直线非常接近 x 轴，并且 $\sum v_i^2$ 很接近零，则直线 $y_{(1)} = a_1 x + b_1$，即为所求的直线方程表达式。如果 $v = cx + d$ 偏离 x 轴较远，则所求函数表达式应为

$$y = y_{(1)} + v$$

即

$$y = (a_1 + c)x + (b_1 + d) \tag{2.95}$$

四、最小二乘法与回归分析的应用

在微型计算机技术被普遍推广应用的今天，最小二乘法与回归分析已经成为自动绘制试验曲线的主要方法。

当使用最小二乘法时，假设自变量的各个值是可以严格控制的值，误差小，甚至无误差；最佳拟合多项式能使所测各点数据与多项式的剩余误差的平方和为最小。这样的假设是符合一般测试结果的。

设测得函数 $y = f(x)$ 的一组数据(x_i, y_i) $(i = 0, 1, 2, \cdots, n)$。通常函数关系式 $y = f(x)$ 都可以用幂级数的前 m 项 $\varphi(x) = a_0 + a_1 x + a_2 x^2 + \cdots + a_m x^m$ $(m < n)$ 去逼近。现在的任务就是要确定 $\varphi(x)$ 中的各项系数 a_j $(j = 0, 1, 2, \cdots, m)$。

设对应于测试数据(x_i, y_i)，y_i 的残差为 v_i，即

$$v_i = y_i - \varphi(x_i) = y_i - \sum_{j=0}^{m} a_j x_i^j \tag{2.96}$$

v_i 的平方和为

$$Q = \sum_{i=0}^{n} v_i^2 = \sum_{i=0}^{n} \left(y_i - \sum_{j=0}^{m} a_j x_i^j\right)^2 \tag{2.97}$$

式中　Q—— 待求系数 a_j 的函数。

根据最小二乘法，a_j 要满足

$$\frac{\partial Q}{\partial a_j} = 0 \tag{2.98}$$

由此得到了正规方程组：

$$\begin{cases} \left(\sum_{i=0}^{n} x_i^0\right)a_0 + \left(\sum_{i=0}^{n} x_i^1\right)a_1 + \cdots + \left(\sum_{i=0}^{n} x_i^m\right)a_m = \sum_{i=0}^{n}(y_i x_i^0) \\ \left(\sum_{i=0}^{n} x_i^1\right)a_0 + \left(\sum_{i=0}^{n} x_i^2\right)a_1 + \cdots + \left(\sum_{i=0}^{n} x_i^{m+1}\right)a_m = \sum_{i=0}^{n}(y_i x_i^1) \\ \cdots\cdots \\ \left(\sum_{i=0}^{n} x_i^m\right)a_0 + \left(\sum_{i=0}^{n} x_i^{m+1}\right)a_1 + \cdots + \left(\sum_{i=0}^{n} x_i^{2m}\right)a_m = \sum_{i=0}^{n}(y_i x_i^m) \end{cases} \tag{2.99}$$

求解方程组(2.99)可采用高斯-约当消元法等，目前有多种程序可供参考。

在选择多项式 $\varphi(x)$ 时应注意，并不是阶次越高越好。相反，采用阶次越高，就有可能使拟合曲线通过所有数据点。失去了拟合曲线的意义。一般来说，大多数曲线都可以用二次或三次多项式表示。

有些曲线从理论上讲是由两段或三段组成的。如图 2.33 所示表示的异步电动机空载特性 —— 空载损耗（机械损耗与铁耗）与电压平方 —— 的关系，其数字表达式为

$$y = f(x) = \begin{cases} a_0 + a_1 x \quad (x \leqslant x_0) & (2.100) \\ b_0 + b_1 x + b_2 x^2 + b_3 x^3 \quad (x > x_0) & (2.101) \end{cases}$$

在这种情况下，对曲线的拟合显然应该分段进行，而在连接点（两段的接合部）必须满足平滑过渡的约束条件，不能产生突变。约束条件包括：

(1) 在 $x = x_0$ 处，对应式(2.100)和式(2.101)的 y_0 值应该相等，即

$$a_0 + a_1 x_0 = b_0 + b_1 x_0 + b_2 x_0^2 + b_3 x_0^3$$

(2) 在 $x = x_0$ 处，两段曲线的斜率应该相等，即

$$a_1 = b_1 + 2b_2 x_0 + 3b_3 x_0^2$$

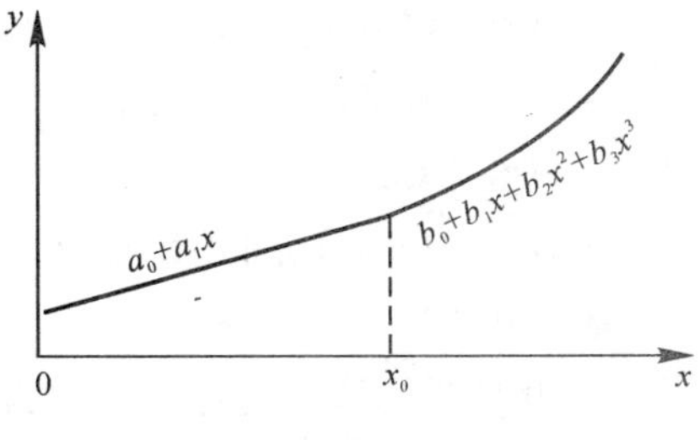

图 2.33　异步电动机的空载特性

(3) 在 $x=x_0$ 处，两段曲线的斜率变化率$\frac{d^2y}{dx^2}$相等，即

$$0=2b_2+6b_3x_0$$

结合此约束条件，根据最小二乘法原理就可以求出两段曲线方程中的系数。

上述对测量数据的图形处理方法是求变量静态关系的方法，对纳入稳态波形的一些参数，如纹波、波形畸变、调制等参数，要求绘出测量数据的实际波动情况，不能拟合。

思考题与习题

2.1 为什么测量结果都带有误差？研究测量误差有何意义？

2.2 确定测量数据有效数字与有效安全数字的意义及方法。

2.3 一块 0.1 级的电流表量程为 1 A，经检定最大绝对误差为 0.8 mA，问该表准确度是否合格？

2.4 被测电压实际值为 10 V 左右，现有量程为 100 V，0.5 级；15 V，2.5 级的电压表一块，问选用哪一块为好？

2.5 某一台 $4\frac{1}{2}$ 位数字电压表，其误差公式为

$$\Delta u=\pm 0.01\%\ \text{读数} \pm 0.02\%\ \text{满度} \pm 1\ \text{个字}$$

若用该表 2 V 量程，测得某电压为 0.5 V，求可能的示值相对误差。

2.6 将下列数字修约为 4 位有效数字

6.378 508　　6.378 500　　6.375 500

3.805 493　　1.327 465

2.7 改正下列数据的写法：

4.23 MΩ ± 3.2 kΩ；　　560 321 ± 316 Ω；

315.450 0 ± 0.345 V；　　630 036 ± 535 A

2.8 正确写出下面的结果：

(1) $26.25+0.1294+0.026=?$

(2) $4.25\times 10^{12}+5\times 10^{11}=?$

(3) $5.238\pi=?$

(4) $6.967\times 10.6\div 2=?$

(5) $1.24^2=?$

2.9 圆柱体密度计算公式为 $D=m/0.25\pi d^2h$。已测得：$m=520.8$ g，$d=3.02$ cm，$h=8.36$ cm，试计算 D。

2.10 用图 2.34(a) 和(b) 所示两种电路测电阻 R_x。若电压表内阻为 R_V，电流表内阻为 R_A，求测量值 $R_x(=U/I)$ 受电表内阻影响所产生的绝对误差和相对误差，并对两种测量电路

作出评价。

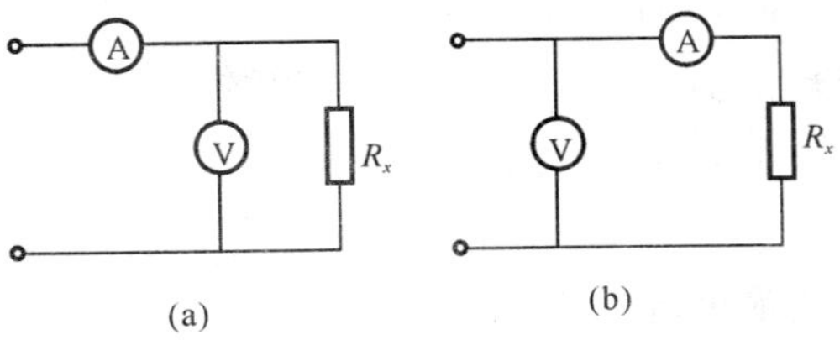

图　2.34

2.11　用 1.0 级，3 V 量程的直流电压表测得图 2.35 所示 a 点及 b 点对地电压分别为 $U_a=2.54$ V，$U_b=2.38$ V。如根据对 U_a 和 U_b 的测量结果来求 R_2 上的电压，其误差为多大?由此可得出什么结论?

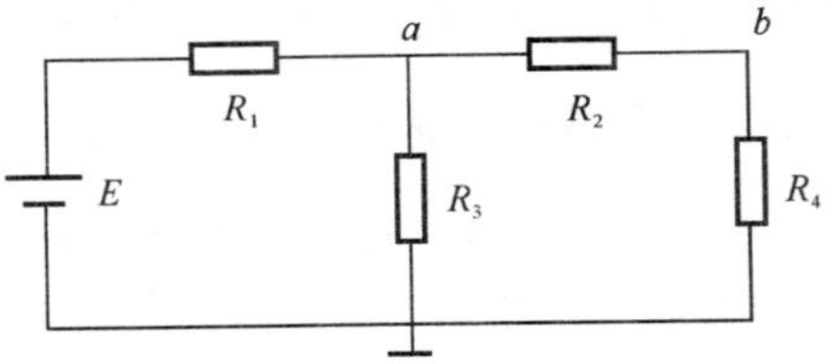

图　2.35

2.12　正态分布的随机误差与均匀分布的随机误差，在特性上有何异同?

2.13　以实例说明测量的系统误差与随机误差。

2.14　设测量误差 δ 服从正态分布，其标准偏差 $\sigma=0.025$，若使 $P(|\delta|>\Delta)=0.1$，求 Δ 值。

2.15　设测量误差 δ 服从均匀分布

$$\varphi(\delta)=\begin{cases}\dfrac{1}{0.006} & -0.003\leqslant\delta\leqslant0.003\\ 0 & \text{当 }\delta<-0.003,\delta\geqslant0.003\end{cases}$$

求 δ 的标准偏差 σ。

2.16　对某电源电压 U 进行 10 次等精密度测量，所得数据(单位为 V) 为 10.12，10.03，9.99，10.04，9.98，9.96，10.07，10.12，9.97，10.02。求 $\hat{M}(U)$ 及 $\hat{\sigma}(U)$。

2.17　已知对某电阻的测量值中仅有随机误差且属于正态分布，电阻的真值 $R_0=10\ \Omega$，测量值的标准偏差 $\sigma(R)=0.2\ \Omega$，求测量 R 出现在 $9.5\sim10.5\ \Omega$ 之间的置信概率。

2.18　测量某电压，测量数据 U_i 属正态分布，已知其数学期望 $M(U)=50$ V，标准偏差 $\sigma(U)=0.2$ V，若要求置信概率为 90%，求置信区间。

2.19　设有均匀分布的测量数据，置信区间表达式为$[M(x)-c\sigma(x),M(x)+$

$c\sigma(x)$]，试求：

(1) 当置信概率为 100% 时，c 为何值？

(2) 若 $c=\sqrt{2}$，置信概率是多少？

2.20　在确定的条件下，对某一热电偶所产生的电压进行等精密度测量，所得三组数据为：第一组测量 5 次，平均值为 1.90 V；第二组测量 4 次，平均值为 1.95 V；第三组测量 6 次，平均值为 1.86 V。求测量结果的最可信赖值。

2.21　用两种方法测量电压：第一种方法测得 $U_1=10.3$ V，测量的标准偏差 $\sigma(U_1)=0.2$ V；第二种方法测得 $U_2=10.1$ V，测量的标准偏差 $\sigma(U_2)=0.1$ V。求该电压的估计值及标准偏差。

2.22　对某电感进行 10 次等精密度测量，所得数据(单位为 mH) 为 2.56，2.52，2.59，2.53，2.57，2.55，2.56，2.54，2.68，2.55。试判断其中有无粗大误差。

2.23　用一个准确度为 ±0.1% 的 12 V 稳压电源作标准，以微差法测量一个 10 V 的电源若要求测量误差 $\frac{\Delta U}{U}\leqslant\pm0.5\%$，应选用哪种准确度等级的电表？

2.24　用电桥测电阻 R_x，电路图如图 2.36 所示：若电桥中 R_3 为标准可调电阻，利用交换 R_x 与 R_3 位置的方法进行 2 次测量。试证明 R_x 的测量值与 R_1 及 R_2 的误差 ΔR_1 和 ΔR_2 无关。

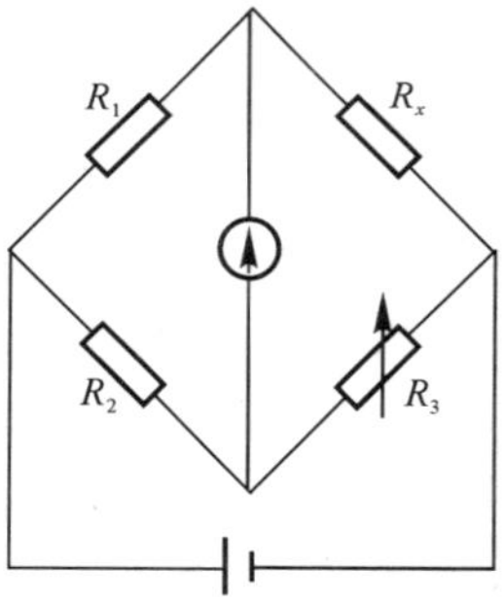

图　2.36

2.25　对某中频电源的频率进行 10 次等精密度测量，数据(单位为 Hz) 依次为 401.05，401.90，401.90，401.70，401.60，401.50，401.40，401.30，401.35，401.30。试判断有无变值系统误差。

2.26　电阻 $R_1=10.0\pm0.1\ \Omega$，$R_2=150\pm0.1\%\ \Omega$，试计算由 R_1 和 R_2 串联及并联后总电阻的误差。

2.27　间接测量某电阻的发热量 Q，关系式为

$$Q=0.24I^2Rt$$

若已知：$\frac{\Delta I}{I}=\pm2\%$，$\frac{\Delta R}{R}=\pm1\%$，$\frac{\Delta t}{t}=\pm0.5\%$。求 Q 的测量误差。

2.28　用电桥测电阻 R_x，关系式为 $R_x=R_1R_2/R_3$。若已知：$R_1=615\pm1\%\ \Omega$，$R_2=500\pm0.5\%\ \Omega$，$R_3=100\pm0.5\%\ \Omega$，试计算 R_x 的绝多误差和相对误差。

2.29　对某电阻进行 10 次等精密度测量，所得数值(单位为 Ω) 为 9.92，9.94，9.95，9.93，9.91，9.93，9.93，9.94，9.92，9.95。若测量的系统误差为 ±1%，并为均匀分布，测量的随机误差为正态分布。试对测量数据进行处理，最后得出电阻的测量值和测量值所包含的不确定度。

2.30　已知某一热敏电容的温度与电容值的实测数据，如表 2.9 所示。

表　2.9

T/℃	50	60	70	80	90	100	109	119
C/pF	842	725	657	561	491	433	352	333

试用曲线拟合法求数字表达式，以及当 $T=85$ ℃ 时的电容值。

2.31　利用残差图作出表 2.10 所示直线。

表　2.10

x	0	1	2	3	4	5	6	7	8	9
y	2.00	1.08	1.78	1.68	1.59	1.52	1.40	1.33	1.19	1.12

参考文献

[1]　李颂伦.电气测试技术.西安:西北工业大学出版社,1991.
[2]　刘智敏.误差分布论.北京:原子能出版社,1988.
[3]　张世箕,刘智敏.测量实践的数据处理.北京:科学出版社,1977.
[4]　何国伟.误差分析方法.北京:国防工业出版社,1978.
[5]　白新贵.数据分析与实验优化设计.北京:清华大学出版社,1986.
[6]　张世箕.测量误差及数据处理.北京:科学出版社,1979.
[7]　于轮元.电气测量技术.西安:西安交通大学出版社,1988.
[8]　蒋焕文,孙续.电子测量.2版.北京:中国计量出版社,1988.
[9]　肖明耀.误差理论与应用.北京:中国计量出版社,1985.
[10]　郑家祥,傅崇伦.电子测量原理.北京:国防工业出版社,1980.
[11]　梁晋文.误差理论与数据处理.北京:中国计量出版社,1989.
[12]　周秀银.误差理论与实践数据处理.北京:北京航空航天大学出版社,1986.
[13]　丁振良.误差理论与数据处理.哈尔滨:哈尔滨工业大学出版社,1987.
[14]　吴正毅,韩云台.测试技术.北京:机械工业出版社,1987.
[15]　刘惠彬,刘玉钢.测试技术.北京:北京航空航天大学出版社,1989.

第三章 测试信号的分析

3.1 信号的分类与定义

信号是信息的载体，它是人们认识自然界各种物理过程变化规律的重要依据。信号有电形式和非电形式，由于电信号测试技术的飞速发展，人们在生产实践和科学研究中往往用传感器把各种物理过程的物理信号转换成电信号，然后进行测量、分析、加工和处理。因此测试技术的重要任务之一就是正确获取和描述被测信号。

信号的描述通常以时间为自变量，表示为随时间变化的函数。可以按照对信号的取值是连续的，还是离散的，把信号分为连续信号和离散信号。连续时间信号，是指时间和幅值都是连续的，即在任何瞬间都可以找到信号的幅值，这种信号为模拟信号。离散时间信号，是指时间和幅值都是离散的，称为数字信号。

在实际的物理系统中，信号还可以分为确定性信号和随机信号，这是根据信号能否用明确的数学函数关系描述进行分类的。如果一个信号可以用明确的数学函数来描述，则该信号称为确定性信号，或称规律信号。典型的确定性信号如正弦信号、连续脉冲信号、指数函数信号等。对规律信号进行重复测量，可以得到相同的测试结果。但是，也存在许多物理现象无法用事先确定的函数来描述，信号表现的不确定性称为随机性，把这类信号称为随机信号。例如，温度变化引起的电子器件的热噪声信号，电动机转速的微量波动，干扰引起的电源电压波动等。随机信号由随机过程所产生，要用数理统计和概率论的方法进行测量处理。

任何信号的特征都可以用一组数据来描述，这种能描述信号特征的数据被称之为信号的数据特征。通常，对作为时间函数的动态信号来说，要完整地描述其特征至少要从幅值域、时(间)域、频(率)域、时延域四个域进行分析。信号类型不同时，在各个域中的数据特征也不一样。例如，确定性信号的数据特征有：

(1) 时间域　峰值、有效值、绝对平均值、波形因数、波峰(顶)因数、……；

(2) 幅值域　概率密度函数等；

(3) 频率域　频谱(幅值谱、相位谱)等；

(4) 时延域　自相关函数、互相关函数等。

随机信号的数据统计特征：

(1) 时间域　均值、均方值、均方根值、方差、标准差等；

(2) 幅值域　概率密度函数；

(3) 频率域　频谱密度函数、自功率谱密度函数、互功率谱密度函数等；

(4) 时延域　自相关函数、互相关函数等。

从上面可以看出，信号分析内容十分广泛，主要由谱分析、滤波技术、相关分析、统计分析等基本内容组成。它们既是进行信号分析处理的工具，也是实现各种测量功能的理论基础，虚拟仪器的实现将充分说明这一点。

工程测量中被观测的信号是时间的函数，按其性质不同分类如下：

- 信号
  - 确定性信号与非确定性信号
    - 确定性信号
      - 周期信号
        - 简谐周期信号
        - 复杂周期信号
      - 非周期信号
        - 准周期信号
        - 瞬变冲激信号
    - 非确定性信号(随机信号)
      - 非平稳随机信号
      - 平稳随机信号
        - 各态历经信号
        - 非各态历经信号
  - 连续信号与离散信号
    - 连续信号
    - 离散信号

一、确定性信号与非确定性(随机)信号

1. 确定性信号

确定性信号的时间函数 $x(t)$ 能用明确的数学关系式表示，任一瞬时信号都有一个完全确定的数值。在相同条件下，对这种信号重复多次测量，在一定误差范围内能够得到相同的结果。反之就是随机信号，或称非确定性信号。确定性信号又可进一步分为周期性信号和非周期信号两种。

(1) 周期信号。它是按一定的时间 T(称为周期) 自行重复变化的信号，满足下列关系式

$$x(t)=x(t+T)=x(t+2T)=\cdots=x(t+nT) \tag{3.1}$$

其中，$n=\pm1,\pm2,\cdots$。

1) 简谐周期信号。正弦或余弦信号是最简单的周期信号，其时间函数表达式为

$$\begin{aligned} x(t)&=A\sin(2\pi ft+\Phi)\\ x(t)&=A\cos(2\pi ft+\Phi) \end{aligned} \tag{3.2}$$

式中　A —— 振幅；

f —— 频率；

Φ —— 初相位。

当三者完全确定时，信号 $x(t)$ 在任意给定时刻的数值就被完全确定，见图 3.1(a)。

在实际中有很多物理现象，如交流发电机的输出电压信号、不平衡旋转或摆动重物的振动信号等都是简谐周期信号。

2）复杂周期信号。它是由两个或两个以上简谐周期信号叠加而成的信号。它具有一个最长的基本重复周期，与该基本周期频率一致的谐波称为基波，其他谐波为基波频率的整数倍，见图 3.1(b)。

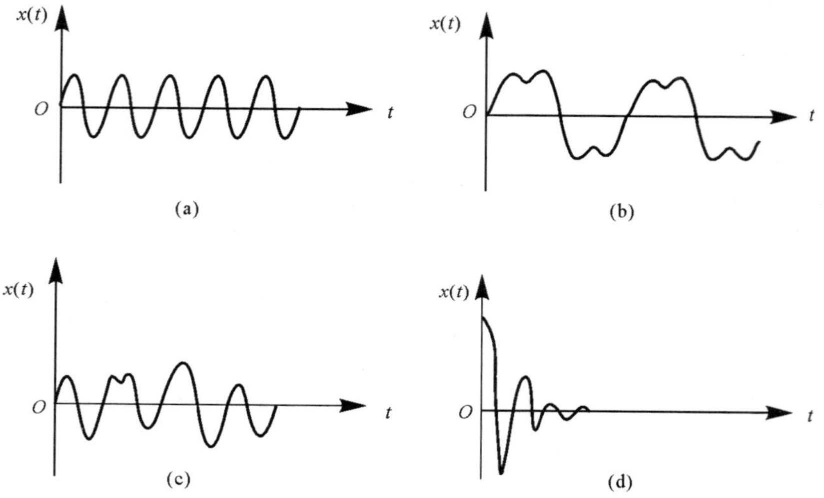

图 3.1　确定性振动信号

(a) 简谐振动；(b) 复杂周期振动；(c) 准周期振动；(d) 瞬态振动

(2) 非周期信号。它是不存在基本周期，在时间上永不重复的信号。它又可分为准周期信号和瞬变冲激信号两种。

1）准周期信号。又称近周期信号，它的时间函数表达式为

$$x(t) = \sum_{n=1}^{N} A_n \sin(2\pi f_n t + \Phi_n) \tag{3.3}$$

它是由 N 个简谐周期信号合成的，但是其中任何两个谐波频率之比，在任何情况下都不是有理数，它不具有基本周期，见图 3.1(c)。

实际中，当两个或 N 个无关联的周期性现象混合作用时，常常产生准周期信号。如多机组船舶和螺旋推进飞机发动机不同步时的振动响应信号。

2）瞬变冲激信号。瞬变是指持续几个周期的衰减信号，冲激则是不同形式的单个脉冲。它们的共同特点是过程突然发生、时间极短、能量很大。通常它有由零到无限大的所有频率的谐波，见图 3.1(d)。如雷电、高压击穿放电、容性负载的瞬间投入、感性负载的突然切断，都将在电路中产生瞬变冲激信号。

2. 非确定性信号(随机信号)

非确定性信号的时间函数 $x(t)$ 不可能用明确的数学关系式来表示，无法预测它在某任意时刻的精确数值。在条件不变的情况下多次重复观测不可能得到完全相同的结果，即不可能重复出现。这种不确定性信号貌似没有规律，但却服从统计规律，所以采用统计方法来分析。随机信号是一种常见信号，如机械振动、语音、生物电信号，噪声则更是常见的随机信号。噪声常以干扰形式混在有用信号之中，甚至可能淹没有用的确定性信号，需要采取措施将有用确定信号从噪声中提取出来。此外，对一些不易用确定规律表示的信号或数据，有时也当做随机信号或随机数据处理，如 A/D 转换器中的量化误差。通常，随机信号又可分为平稳随机信号和非平稳随机信号两种。

(1) 平稳随机信号。它的统计特性不随时间推移而变化，即与时间无关的随机信号。

若把产生随机信号的物理现象看成一个随机过程，则对此随机过程进行一段时间的观测，所获得的记录结果 $x_i(t)$ 称为一个样本函数。在同样条件下，对该过程重复观测，可以得到互不相同的许多样本函数 $x_1(t),x_2(t),\cdots,x_i(t),\cdots,x_n(t)$，如图 3.2 所示。这些样本函数的全体称为总体或集合。记为

$$\{x(t)\}=\{x_1(t),x_2(t),\cdots,x_i(t),\cdots\} \tag{3.4}$$

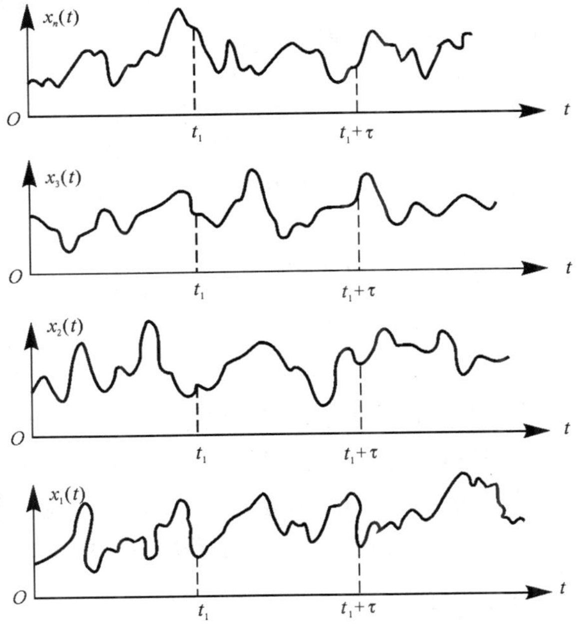

图 3.2　随机过程的样本函数

这样，$\{x(t)\}$ 表示一个随机过程。$x_i(t)$ 表示序号为 i 的某一个样本函数。一般地说，任何一个样

本函数都无法恰当地代表随机过程$\{x(t)\}$。随机过程在某一时刻之值是一个随机变量，$\{x(t_1)\}$为该随机变量的总体。

具体说来，平稳随机信号在某一时刻的总体集合平均值(统计特性)等于任一时刻$t_m = t_1 + \tau$的总体集合平均值(统计特性)，如：

均值
$$\lim_{N\to\infty}\frac{1}{N}\sum_{i=1}^{N}x_i(t_1) = \lim_{N\to\infty}\frac{1}{N}\sum_{i=1}^{N}x_i(t_2) = \lim_{N\to\infty}\frac{1}{N}\sum_{i=1}^{N}x_i(t_m) \tag{3.5}$$

均方值
$$\lim_{N\to\infty}\frac{1}{N}\sum_{i=1}^{N}x_i^2(t_1) = \lim_{N\to\infty}\sum_{i=1}^{N}x_i^2(t_2) = \lim_{N\to\infty}\frac{1}{N}\sum_{i=1}^{N}x_i^2(t_m) \tag{3.6}$$

相关函数
$$\lim_{N\to\infty}\frac{1}{N}\sum_{i=1}^{N}x_i(t_1)x_i(t_1+\tau) = \lim_{N\to\infty}\frac{1}{N}\sum_{i=1}^{N}x_i(t_2)x_i(t_2+\tau) =$$
$$\lim_{N\to\infty}\frac{1}{N}\sum_{i=1}^{N}x_i(t_m)x_i(t_m+\tau) \tag{3.7}$$

其中　N—— 样本函数的总数。

上述式子表示平稳随机信号的统计特性是与时间无关的常量，相关函数仅是时延的函数，与时间的起始时刻无关。

1) 各态历经随机信号。当平稳随机信号的时间平均值等于总体集合平均值时，这种平稳随机信号称为各态历经或遍历随机信号，即

均值
$$m_x = \lim_{T\to\infty}\frac{1}{T}\int_0^T x(t)\mathrm{d}t = \lim_{N\to\infty}\frac{1}{N}\sum_{i=1}^{N}x_i(t_m) \tag{3.8}$$

均方值
$$\psi_x^2 = \lim_{T\to\infty}\frac{1}{T}\int_0^T x^2(t)\mathrm{d}t = \lim_{N\to\infty}\frac{1}{N}\sum_{i=1}^{N}x_i^2(t_m) \tag{3.9}$$

相关函数
$$R_x(\tau) = \lim_{T\to\infty}\frac{1}{T}\int_0^T x(t)x(t+\tau)\mathrm{d}t = \lim_{N\to\infty}\frac{1}{N}\sum_{i=1}^{N}x_i(t_m)x_i(t_m+\tau) \tag{3.10}$$

上述式(3.8)～(3.10)的左侧为在观测时间T内的时间平均值，其右侧为整体集合平均值。

2) 非各态历经信号。它是指不满足各态历经性的平稳随机信号。

(2) 非平稳随机信号。它是指所有不满足平稳性要求的随机信号。

工程实际中的随机信号一般都是平稳、各态历经随机信号。这样就不需要做大量重复试验，只需根据任何一个样本函数按照时间平均的方法获取总体的统计特性。

二、连续时间与离散时间信号

信号数学表示式中，作为独立变量的时间t取值是连续的，则称为连续(时间)信号，如图3.3(a)所示。若独立变量时间t取离散值则称为离散(时间)信号。图3.3(b)是将连续信号$x(t)$等时距采样$t = n\Delta t, n = 0,1,2,\cdots$，它就是离散信号，用时间序列值表示为$x(n), n = 0$，

1,2,…,它只能在离散的时刻取值。

连续时间信号的幅值可以是连续的,也可以是离散的值。若独立变量时间 t 和幅值均为连续值的信号称为模拟信号,若离散(时间)信号的幅值为离散值则称为数字信号。如经过采样/保持器后的信号就是离散信号。该离散信号再经过 A/D 转换器后,其离散时刻的幅值被量化成数码,于是在时间上和幅值上都离散化为数字信号。计算机的输入、输出信号都是数字信号。由模拟信号变为数字信号,即被测信号进入计算机;由数字信号变为模拟信号,即计算机通过 D/A 转换器输出信号,均会带来新的问题。

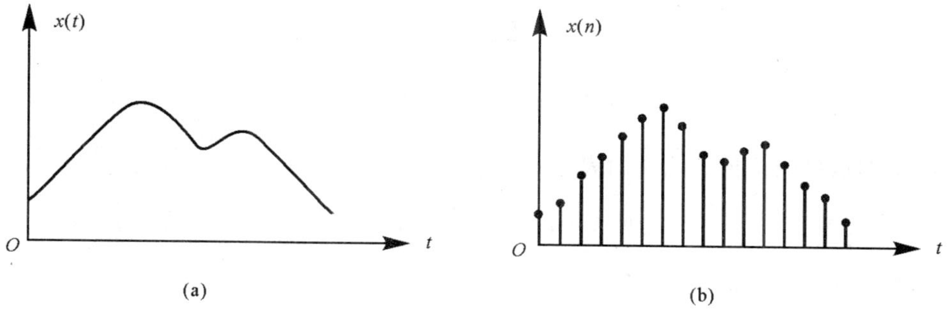

图 3.3　连续信号与离散信号

(a) 连续时间信号;(b) 离散时间信号

3.2　信号的幅值域分析

对信号的传统分析方法是波形分析。早期的波形分析,只在波形的幅值上分析,如计算波形的最大值、平均值、最小值等,所以又称为幅值分析。随后发展到对波形的时间域分析,并考虑了波形的分解和合成。通过分析给出各种量的幅值关系,如幅值的大小、幅值对时间的分布、起始时间和持续时间、时间滞后、相位滞后,以及波形的畸变(失真)等。现在已发展到对随机波形的相关分析,下面介绍一下信号的幅值域分析。

信号的幅值域分析是对随机信号进行统计分析。对信号的时域统计分析,可以求得信号的均值、均方值、方差、概率密度函数等,也包括对确定性周期信号的各种强度进行分析。

1. 周期信号的强度

周期信号的强度以峰值、绝对均值、有效值和平均功率来表示,见图 3.4。

(1) 峰值 x_p。它是信号在一个周期 T_0 的时间内可能出现的最大瞬时值的绝对值,即

$$x_p = |x(t)|_{max} \qquad (t < T_0) \tag{3.11}$$

(2) 峰-峰值 $x_{p\text{-}p}$。它是在一个周期 T_0 中最大瞬时值 x_{p+} 与最小瞬时值(又称谷值)x_{p-} 之差。

在对信号进行测试时,对信号的峰值和峰-峰值应有足够的估计。信号的峰-峰值不能超过测试系统允许输入的上限值与下限值,并希望在测试系统的线性区域内。前一要求是保证测试

系统正常工作的必要条件，后一要求是保证足够小的非线性误差，使信号不致产生大的畸变。

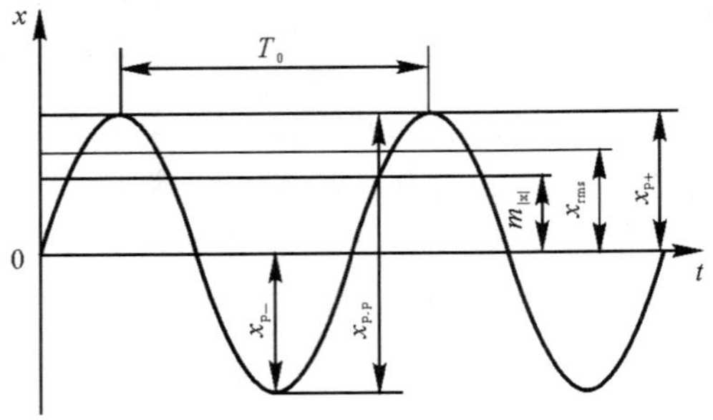

图 3.4　周期信号的强度

(3) 周期信号的均值 m_x。它的表达式为

$$m_x = \frac{1}{T_0}\int_0^{T_0} x(t)\,dt \tag{3.12}$$

它是信号的恒定分量，也即直流分量，可以用 $\bar{x}$ 表示。

(4) 绝对均值。它的表达式为

$$m_{|x|} = \frac{1}{T_0}\int_0^{T_0} |\,x(t)\,|\,dt \tag{3.13}$$

信号的绝对均值即全波整流后的均值。

(5) 有效值。它是信号的均方根值，即

$$x_{rms} = \sqrt{\frac{1}{T_0}\int_0^{T_0} x^2(t)\,dt} \tag{3.14}$$

严格按照式(3.14)求得的有效值又称为真有效值，以区别于按其他间接转换关系得到的有效值。

(6) 均方值 P_{av}。它是信号的平均功率，即

$$P_{av} = \frac{1}{T_0}\int_0^{T_0} x^2(t)\,dt \tag{3.15}$$

上述各个均值都是在一个周期时间内求平均。

3.3　信号的时域分析与频域分析

频域分析也称为频谱分析，是指对信号在频率域内进行分析。分析的结果是以频率为坐标的各种物理量的谱线和曲线，可得到各种幅值谱、相位谱、功率谱和各种谱密度等。在工程实际中经常要用到需要对信号进行频域分析的情况。例如，评定电机振动强度，须用振动速度的均方值作判据。若获得振动速度的采样值——时域描述，能很快求得均方值；而欲寻找振源时，

则需掌握振动信号的频率成分，这就需要采用频域描述。

信号的时域分析与频域分析既相互独立又密切相关，可以通过傅里叶变换把它们联系起来并互相转换，图 3.5 表明了这种关系。图中，时域内一个复合周期波，应用傅里叶级数的原理对波形分解，得到一次波（基波）、二次谐波、三次谐波等，而在频谱分析中，也可用傅里叶级数原理求得复合周期波形的各个频率的离散谱线，它们之间的关系是一致的。

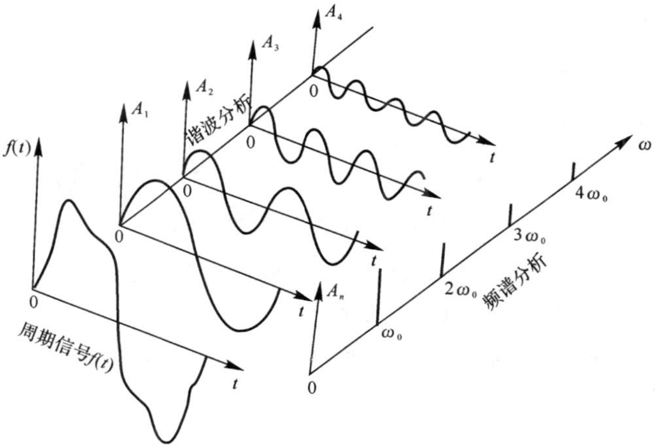

图 3.5　周期信号的时域分析与频域分析关系

时域分析与频域分析是对模拟信号的两个观察面。时域分析是以时间轴为坐标表示动态信号的关系；频域分析是把信号变为以频率轴为坐标表示出来。一般来说，时域的表示较为形象与直观，频域分析则更为简练，剖析问题更加深刻和方便。目前，信号分析的趋势是从时域向频域发展。然而，它们是互相联系，缺一不可，相辅相成的。

本节以连续周期信号的波形分析（谐波分析）、连续周期信号的频谱分析与连续非周期信号的频谱分析为例，简要说明对信号进行频域分析的基本方法并简介傅里叶变换的主要性质与应用，最后介绍离散时间信号的频谱以及离散傅里叶变换的概念与性质。

一、信号的时域分析

信号的时域描述是以时间 t 为横坐标变量来描述信号随时间的变化规律。对时域信号 $x(t)$ 的分析可包含信号分解、合成及参数求取两方面。

1. 信号的分解与合成

根据不同的实际需要，可从不同角度出发将信号分解为若干个简单信号的和

$$x(t) = \sum[x_1(t) + x_2(t) + \cdots]$$

反之，则可进行信号的合成。通常可进行如下的分解。

(1) 交直流分解。将信号分解为

$$x(t) = x_d(t) + x_a(t) \tag{3.16}$$

式中 $x_d(t)$ —— 直流分量；

$x_a(t)$ —— 交变分量。

$x_a(t)$ 反映信号中随时间而交变的部分，如图 3.6 所示。

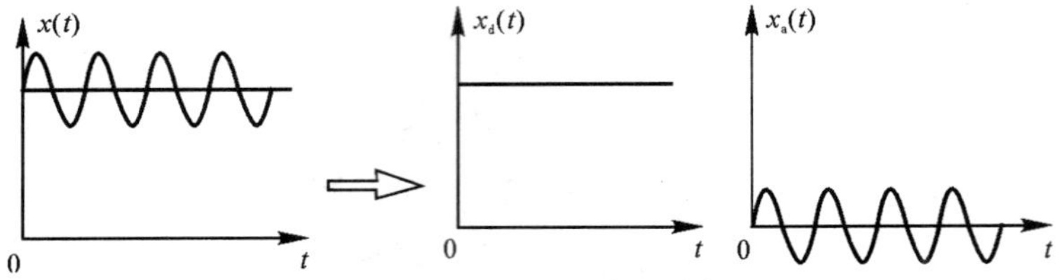

图 3.6　信号的交直流分解

实际中常常进行这种分解，例如，分析各种整流滤波电路或稳压电源的输出，我们需要其直流成分，其交变波动分量应设法抑制与消除。

(2) 奇偶分解。按照信号对纵轴的对称关系，可将信号分解为偶分量 $x_e(t)$ 与奇分量 $x_o(t)$，如图 3.7 所示。

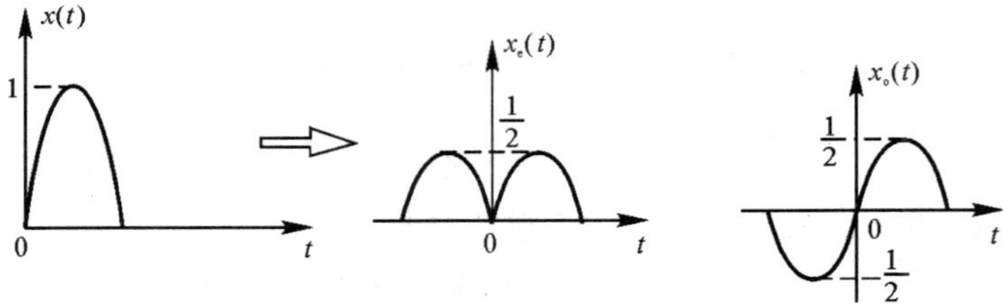

图 3.7　信号的奇偶分解

$$x(t) = x_e(t) + x_o(t) \tag{3.17}$$

其中偶、奇分量分别定义为

$$x_e(t) = x_e(-t)$$

$$x_o(t) = -x_o(-t)$$

对于具有偶对称性质的时间函数信号，其频谱将具有实数性质，即各频率分量的相位为零。

(3) 虚实分解。在描述某些变化过程的物理量时，有时需要用复量来描述。交流电路常用的复量描述可具有两种形式。

1) 直角坐标表示

$$x(t) = x_R(t) + jx_I(t) \tag{3.18}$$

式中 $x_R(t)$ —— 实部，有功分量；

$x_I(t)$ —— 虚部，无功分量。

2）极坐标表示

$$x(t)=|x(t)|\mathrm{e}^{\mathrm{j}\varphi(t)} \tag{3.19}$$

式中　$|x(t)|$ —— 是 $x(t)$ 的模，$|x(t)|=\sqrt{x_R^2(t)+x_I^2(t)}$

$\varphi(t)$ —— 幅角，$\varphi(t)=\arctan\dfrac{x_I(t)}{x_R(t)}$

（4）正交函数分解。一个平面矢量可以分解为相互垂直的两个矢量，也就是说可以用一个二维正交矢量集完备地表示一个平面矢量。对于一个三维空间矢量，可以分解为相互垂直的三个矢量，也即可用一个三维正交矢量集完备地表示一个三维空间矢量。进一步推论，一个 n 维空间矢量，可以分解为相互垂直的 n 个矢量，也就是说，可以用一个 n 维正交矢量集完备地表示一个 n 维空间矢量。

信号的分解就是用分量来表示函数。与矢量分解类同，一个函数（信号），可以分解为相互正交的 n 个函数，也就是说可以用正交函数集的 n 个分量之和来表示该函数。

1）三角函数集。在时间间隔 (t_1, t_1+T) 内，当 $n\to\infty$ 时，三角函数集之全体 $\sin 0\Omega t$，$\sin 1\Omega t, \cdots, \sin n\Omega t, \cos 0\Omega t, \cos 1\Omega t, \cdots, \cos n\Omega t$ 是完备的正交函数集。所以任一周期为 T 的周期信号，可以用三角函数集中 $n=\infty$ 个正交函数（n 个分量）之和来表示

$$\begin{aligned} x(t) &= b_0\sin 0\Omega t + b_1\sin 1\Omega t + \cdots + b_n\sin n\Omega t + \\ &\quad a_0\cos 0\Omega t + a_1\cos 1\Omega t + \cdots + a_n\cos n\Omega t = \sum_{n=0}^{\infty} b_n\sin n\Omega t + \sum_{n=0}^{\infty} a_n\cos n\Omega t \end{aligned} \tag{3.20}$$

2）复指数函数集。在区间 (t_1, t_1+T) 内，当 $m\to\infty$ 时，复指数函数集之全体 $\mathrm{e}^{\mathrm{j}0\Omega t}, \mathrm{e}^{\pm\mathrm{j}\Omega t}$，$\mathrm{e}^{\pm\mathrm{j}2\Omega t}, \cdots, \mathrm{e}^{\mathrm{j}m\Omega t}, m\to\infty$ 也是一完备正交函数集。

所以，任一周期为 T 的周期信号 $x(t)$，也可用复指数函数集中 $m=\infty$ 个正交函数（m 个分量）之和来表示

$$x(t)=\sum_{-\infty}^{+\infty} C_m \mathrm{e}^{\mathrm{j}m\Omega t} \quad (m=0,\pm1,\pm2,\cdots,\pm m-1) \tag{3.21}$$

式（3.20）和式（3.21）就是周期信号的傅里叶级数表示。

二、连续周期信号的频谱分析

如前所述，在信号分析中，以时间为变量来分析其幅度-时间特性称为时域分析。它通常用示波器或记录仪来观察和记录信号的波形，如果以频率为变量来分析信号的幅度、相位随频率变化的特征，则称为频域分析。通常用频谱分析仪来观察信号的频域特性。人们把组成信号的各个频率分量的幅度，相位和功率的频率函数称为频谱。对于不同物理特性的信号，其频谱可分为离散频谱、连续频谱和混合频谱三种基本类型。

以 T 为周期的信号 $f(t)$，展开成傅里叶级数后，可以得到各次谐波分量幅值和相位随频

率变化的函数式：

$$A(n\omega) = \sqrt{a_n^2 + b_n^2} \quad (n = \pm 1, \pm 2, \cdots, \pm \infty)$$

$$\phi(n\omega) = \arctan \frac{b_n}{a_n}$$

$$a_n = \frac{2}{T}\int_{-\frac{T}{2}}^{\frac{T}{2}} f(t)\cos n\omega t \, \mathrm{d}t$$

$$b_n = \frac{2}{T}\int_{-\frac{T}{2}}^{\frac{T}{2}} f(t)\sin n\omega t \, \mathrm{d}t$$

式中 A 和 ϕ 分别称为幅值频谱函数和相位频谱函数。以频率为横坐标，幅值或相位为纵坐标所作出的曲线或幅值(或相位)分布图谱称为频谱曲线。这种把信号的内部频率结构展现出来，获得频率域的变化信息。对于分析被测物理过程的内在运动规律是十分有意义的。频谱分析不论在理论上还是应用上都是相当重要的，它在测试技术中得到广泛的应用。现以周期性方波信号为例进行分析说明。

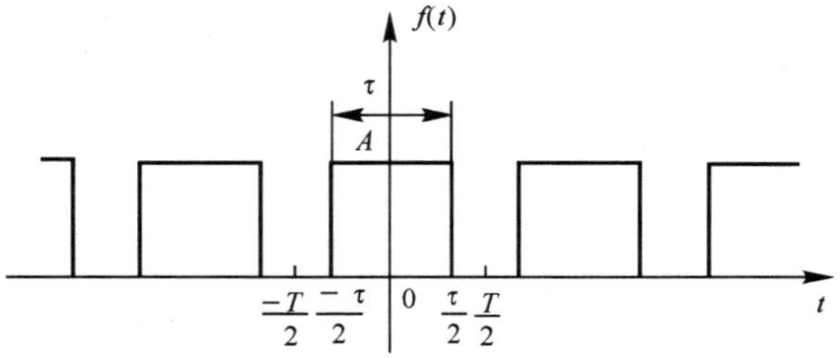

图 3.8　周期性方波波形图

图 3.8 为周期性方波波形图，它在一个周期内的函数表达式为

$$f(t) = \begin{cases} 0, & -\frac{T}{2} \leqslant t < -\frac{\tau}{2} \\ A, & -\frac{\tau}{2} \leqslant t \leqslant \frac{\tau}{2} \\ 0, & \frac{\tau}{2} < t \leqslant \frac{T}{2} \end{cases} \tag{3.22}$$

将 $f(t)$ 展开成傅里叶级数，其系数为

$$a_0 = \frac{2}{T}\int_{-\frac{T}{2}}^{\frac{T}{2}} f(t)\mathrm{d}t = \frac{2A\tau}{T}$$

$$a_n = \frac{2}{T}\int_{-\frac{T}{2}}^{\frac{T}{2}} f(t)\cos n\omega t \, \mathrm{d}t = \frac{2A}{n\pi}\sin \frac{n\pi\tau}{T}$$

$$b_n = 0 \ (f(t)\ \text{为偶函数})$$

$$f(t) = \frac{a_0}{2} + \sum_{n=1}^{\infty} a_n \cos n\omega t = \frac{A\tau}{T} + \sum_{n=1}^{\infty}\left(\frac{2A}{n\pi}\sin \frac{n\pi\tau}{T}\right)\cos n\omega t \quad (n = 1, 2, 3, \cdots, \infty) \tag{3.23}$$

式中 $a_n=\dfrac{2A}{n\pi}\sin\dfrac{n\pi\tau}{T}$ 是各次谐波分量的幅值，它是随频率变化的函数。当 $n=1,2,3,\cdots$ 时，依次计算出各次谐波分量的幅值，即可作出幅度-频率特性，如图 3.9(a) 所示。这就是频谱图，同理可以作出相位频谱图，如图 3.9(b) 所示。

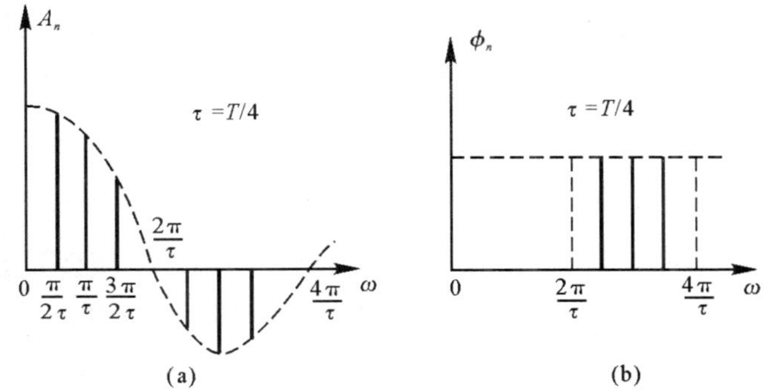

图 3.9　周期方波的频谱图

傅里叶级数展开式除用上述三角函数形式表示外，还可用复指数形式表示，即

$$f(t)=\frac{a_0}{2}+\sum_{n=1}^{\infty}(C_n\mathrm{e}^{\mathrm{j}n\omega t}+\overline{C}_n\mathrm{e}^{-\mathrm{j}n\omega t})=\sum_{n=-\infty}^{+\infty}C_n\mathrm{e}^{-\mathrm{j}n\omega t} \tag{3.24}$$

式中
$$C_n=\frac{1}{2}(a_n-\mathrm{j}b_n)=\frac{1}{T}\int_0^T f(t)\mathrm{e}^{-\mathrm{j}n\omega t}\mathrm{d}t \quad (n=0,\pm1,\pm2,\cdots)$$

此时，各次谐波分量幅值是用一对共轭复数 C_n 和 $\overline{C}_n$ 来描述，因此它们随频率变化的谱图是双边的，如图 3.10 所示。这里 n 由 $-\infty$ 变化到 $+\infty$，其中 $-n\omega$ 的出现是由于写成指数形式时，从数学观点自然分成 $\mathrm{e}^{\mathrm{j}n\omega t}$ 与 $\mathrm{e}^{-\mathrm{j}n\omega t}$ 两项，因而引进 $-\mathrm{j}n\omega t$ 项，即负频率的出现是数学运算的结果，并没有明确的物理意义。实际上只有把负频率项与相应的正频率项成对地合并起来，才是实际的频谱函数(图中每个分量的幅度一分为二，在正、负频率相对应的位置上各为一半)。

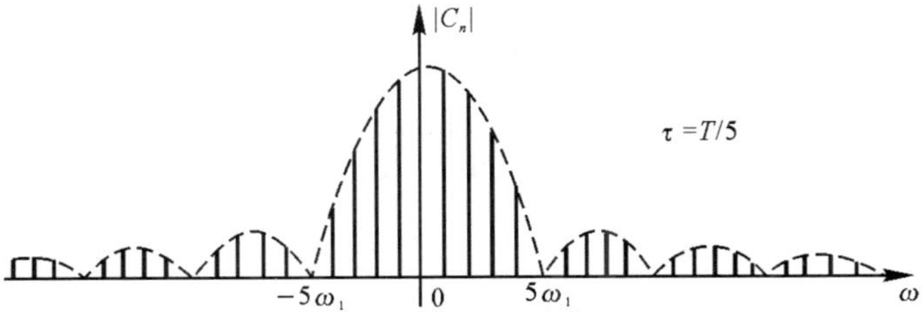

图 3.10　周期方波的双边频谱图

由以上周期方波信号的分析，可以看到周期信号频谱的特征：

(1) 离散性。周期信号的频谱由不连续的谱线组成，每一条谱线代表一个正弦分量。

(2) 谐波性。周期信号频谱的每一条谱线只能出现在基频的整数倍的频率上。

(3) 收敛性。各次谐波的幅值大小随着频率的增加而逐渐减小，因此频谱是收敛的。由于这种收敛性，实际测量中可以在一定误差允许范围内忽略那些次数过高的谐波分量。

三、连续非周期信号的频谱分析

连续非周期信号是工程技术中经常见到的规律信号，如控制系统动态过程的瞬态信号、电容器的充放电信号等。非周期信号不能用傅里叶级数展开，它们必须用傅里叶积分来分析。

为了说明非周期信号与周期信号频谱分析方法的区别，现以上述周期性方波的频谱函数为例作如下讨论。由

$$a_n = \frac{2A}{n\pi}\sin\frac{n\pi\tau}{T}$$

可见，当 $T=4\tau, T=8\tau, T=16\tau, T=\infty$ 时，周期方波 $f(t)$ 的频谱分别如图 3.11 中(a)，(b)，(c) 和(d) 所示。不同周期的频谱表明，当 T 增加时，相邻谱线的间隔减小，谱线变密。如果 T 无限增大，此时周期性方波由量变发展到质变，它变成了单个脉冲波不再具有周期性而成为非周期信号了。

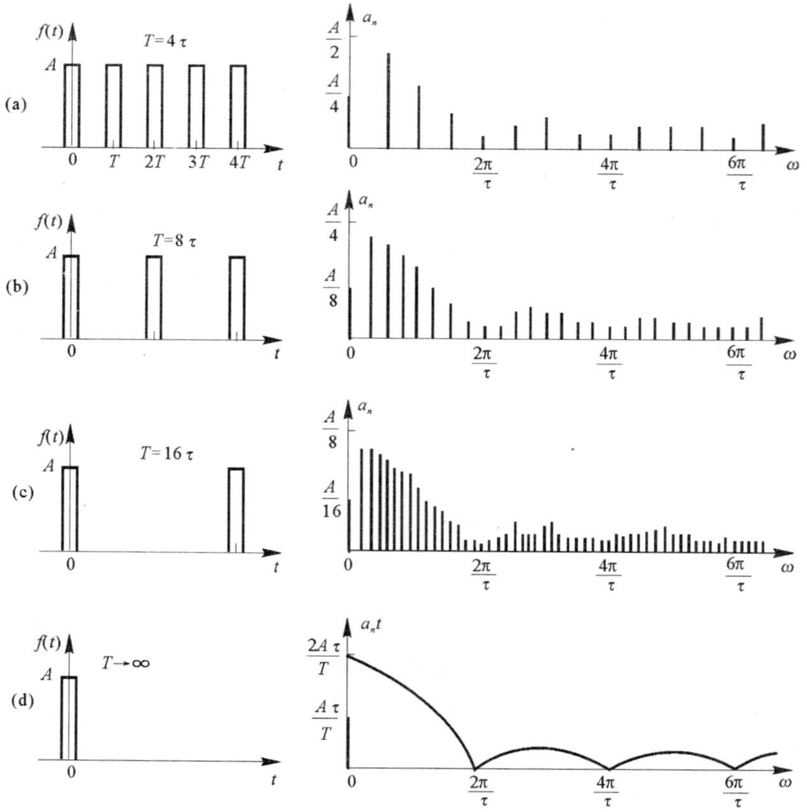

图 3.11　不同周期的方波频谱图(幅值没有按比例)

所以，此非周期信号 $f(t)$ 的展开式可由相应的周期信号傅里叶级数展开式，令 $T\to\infty$ 得到。由此可比较直观地得到其傅里叶积分关系式。

设与上述非周期信号 $f(t)$ 相对应的周期信号为 $f_T(t)$，$f_T(t)$ 的傅里叶级数复数展开式为

$$f_T(t)=\sum_{n=-\infty}^{+\infty}C_n e^{jn\omega t} \tag{3.25}$$

式中

$$C_n=\frac{1}{T}\int_0^T f_T(t)e^{-jn\omega t}dt$$

亦可写成

$$f_T(t)=\sum_{n=-\infty}^{+\infty}\left(\frac{1}{T}\int_0^T f_T(t)e^{-jn\omega t}dt\right)e^{jn\omega t} \tag{3.26}$$

当 $T\to\infty$ 时，变量 $n\omega$ 由离散量变成连续量 ω，频率间隔 $\Delta\omega$ 成为无穷小量 $d\omega$，求和（$\sum$）变为积分（$\int$）；而 $f_T(t)$ 也由周期信号变为非周期信号。即

$$f(t)=\lim_{T\to\infty}f_T(t) \tag{3.27}$$

$$f(t)=\frac{1}{2\pi}\int_{-\infty}^{+\infty}\left[\int_{-\infty}^{+\infty}f(t)e^{-j\omega t}dt\right]e^{j\omega t}d\omega \tag{3.28}$$

这就是傅里叶积分式。

在数学上严格地说，非周期信号 $f(t)$ 的傅里叶积分存在的条件是：

(1) $f(t)$ 在 $(-\infty,+\infty)$ 上满足狄利克莱条件；

(2) $\int_{-\infty}^{+\infty}|f(t)|dt$ 存在。

在式(3.28) 傅里叶积分式中，令 $F(j\omega)=\int_{-\infty}^{+\infty}f(t)e^{-j\omega t}dt$，称为傅里叶变换，它是将非周期信号变换成频率函数的重要工具。由此可得

$$f(t)=\frac{1}{2\pi}\int_{-\infty}^{+\infty}F(j\omega)e^{j\omega t}d\omega \tag{3.29}$$

通常把 $F(j\omega)$ 称为 $f(t)$ 的象函数，用符号记为

$$F(j\omega)=\mathscr{F}[f(t)] \tag{3.30}$$

把 $f(t)$ 称为 $F(j\omega)$ 的原函数，记为

$$f(t)=\mathscr{F}^{-1}[F(j\omega)] \tag{3.31}$$

两者合称为傅里叶变换对。它们具有一一对应的关系。

下面列举部分常见非周期信号及它们所对应的傅里叶变换频率函数（见表 3.1），供参考。

表 3.1　常见非周期函数和它们的傅里叶变换

名称	$f(t)$ 表示式	$f(t)$ 图形	$F(j\omega)$ 表示式	$F(j\omega)$ 图形
矩形脉冲	$\begin{cases}1, & \lvert t\rvert\leqslant\frac{\tau}{2}\\ 0, & \lvert t\rvert>\frac{\tau}{2}\end{cases}$	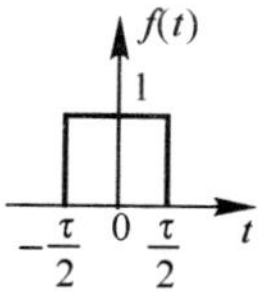	$\tau\dfrac{\sin\left(\frac{\omega\tau}{2}\right)}{\frac{\omega\tau}{2}}$	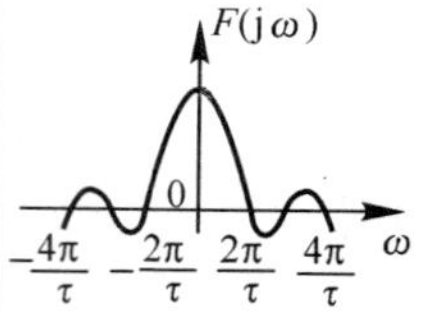
三角脉冲	$\begin{cases}0, & \lvert t\rvert>\frac{\tau}{2}\\ \frac{2}{\tau}\left(\frac{\tau}{2}+t\right), & -\frac{\tau}{2}\leqslant t\leqslant 0\\ \frac{2}{\tau}\left(\frac{\tau}{2}-t\right), & 0\leqslant t\leqslant\frac{\tau}{2}\end{cases}$	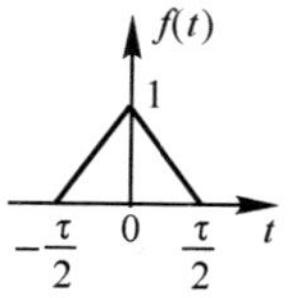	$\frac{\tau}{2}\left[\dfrac{\sin\left(\frac{\omega\tau}{4}\right)}{\left(\frac{\omega\tau}{4}\right)}\right]^2$	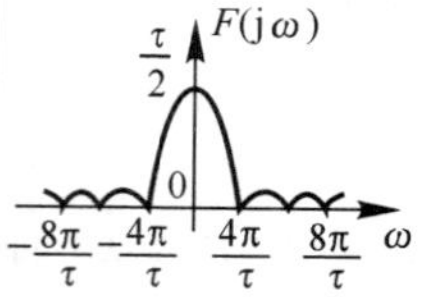
余弦脉冲	$0,\quad \lvert t\rvert>\frac{\tau}{2}$ $\cos\left(\frac{\pi}{\tau}t\right),\quad -\frac{\tau}{2}\leqslant t\leqslant\frac{\tau}{2}$	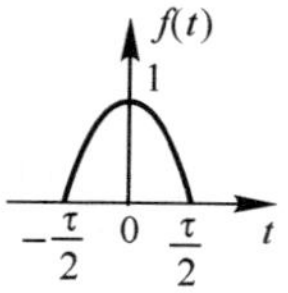	$\frac{\pi\tau}{2}\dfrac{\cos\frac{\omega\tau}{2}}{\left(\frac{\pi}{2}\right)^2-\left(\frac{\omega\tau}{2}\right)^2}$	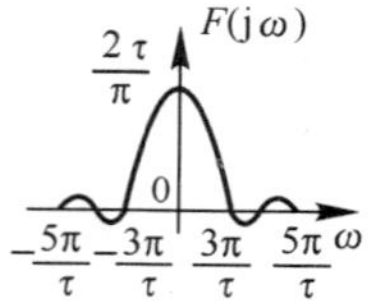
梯形脉冲	$0,\ \lvert t\rvert>\frac{\tau}{2}$ $\frac{2}{\tau-\tau_1}\left(\frac{\tau}{2}+t\right),\quad -\frac{\tau}{2}\leqslant t\leqslant-\frac{\tau_1}{2}$ $1,\quad -\frac{\tau_1}{2}\leqslant t\leqslant\frac{\tau_1}{2}$ $\frac{2}{\tau-\tau_1}\left(\frac{\tau}{2}-t\right),\quad \frac{\tau_1}{2}\leqslant t\leqslant\frac{\tau}{2}$	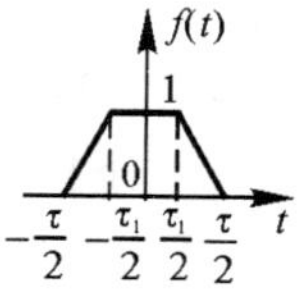	$\dfrac{8}{(\tau-\tau_1)\omega^2}\dfrac{\sin\omega(\tau+\tau_1)}{4}\times$ $\sin\dfrac{\omega(\tau-\tau_1)}{4}$	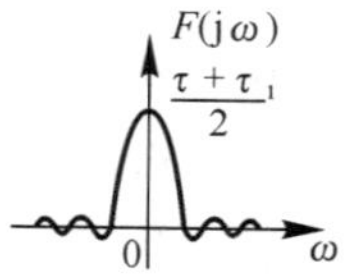
脉冲函数	$\delta(t)=0,\quad t\neq 0$ $\int_{-\infty}^{\infty}\delta(t)\mathrm{d}t=1$	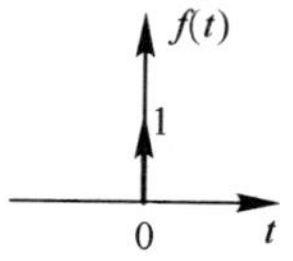	1	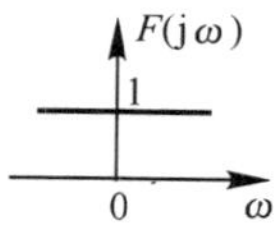
常数(直流)	$1,\quad -\infty<t<+\infty$	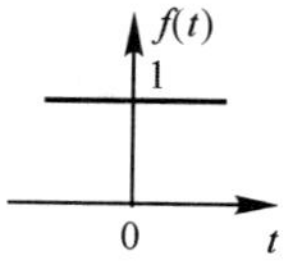	$2\pi\delta(\omega)$	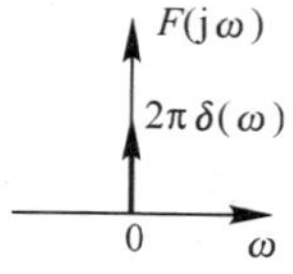
阶跃函数	$U(t)=\begin{cases}0, & t<0\\ 1, & t\geqslant 0\end{cases}$	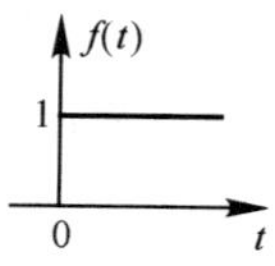	$\pi\delta(\omega)+\frac{1}{j\omega}$	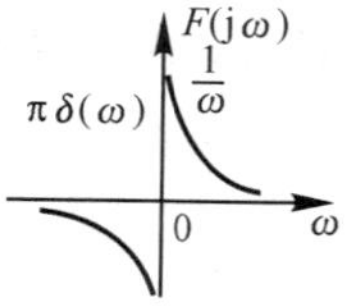

综上所述，可见 $F(j\omega)$ 是非周期信号 $f(t)$ 所对应的频率函数，由它可以得到 $f(t)$ 的频谱，因此可对非周期函数进行频谱分析。

现仍以单个方波信号 $f(t)$ 为例说明分析方法。图 3.12 为非周期方波信号，其函数式：

$$f(t)=\begin{cases}0, & -\infty<t<-\dfrac{\tau}{2}\\ A, & -\dfrac{\tau}{2}\leqslant t\leqslant\dfrac{\tau}{2}\\ 0, & \dfrac{\tau}{2}<t<\infty\end{cases} \tag{3.32}$$

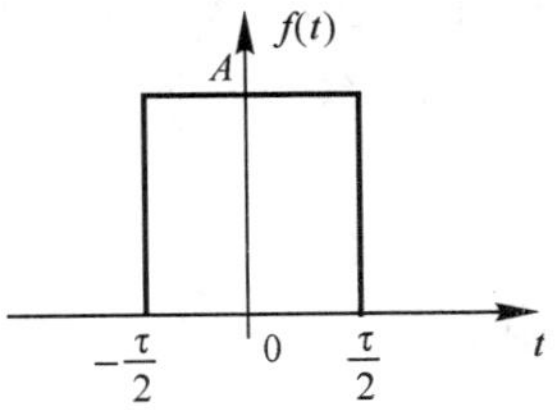

图 3.12 非周期方波信号

首先应用傅里叶变换公式求出 $f(t)$ 的频率函数

$$F(\omega)=\int_{-\infty}^{+\infty}f(t)e^{-j\omega t}dt=\int_{-\frac{\tau}{2}}^{\frac{\tau}{2}}Ae^{-j\omega t}dt=\int_{-\frac{\tau}{2}}^{\frac{\tau}{2}}A\cos\omega t\,dt=\frac{2A}{\omega}\sin\frac{\omega\tau}{2} \tag{3.33}$$

然后根据 $|F(\omega)|=2A\left|\dfrac{\sin\frac{\omega\tau}{2}}{\omega}\right|$ 作出频谱图，如图 3.13 所示。

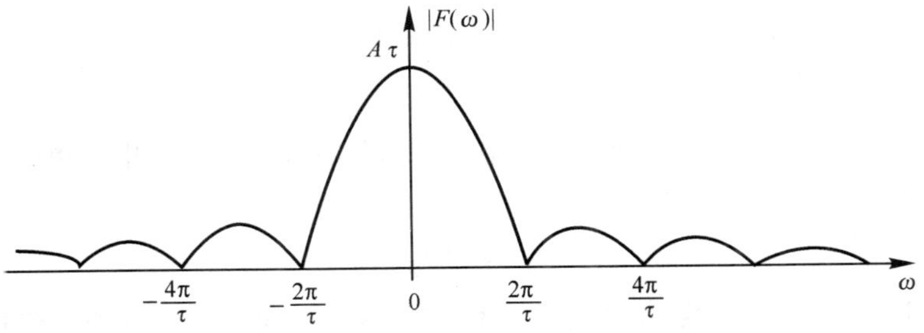

图 3.13 非周期方波信号的频谱

由图可见，非周期信号经傅里叶变换后可得到一系列频率连续变化的正弦信号分量，或者说非周期信号可看做无限个频率连续变化的正弦波之和。而周期信号的各谐波分量的频率只能是基波频率的整数倍。

由图 3.13 非周期信号频谱曲线与图 3.9 周期性信号频谱曲线的对比可见，非周期信号的频谱是连续的谱线，而周期性信号的频谱是离散的谱线。

在信号分析和测试技术中，常把频谱曲线中间的包线称为主瓣，其他的称为副瓣。

四、傅里叶变换的主要性质及其应用

根据以上分析，可以清楚地认识到傅里叶变换是信号分析和处理中将信号由时间域转换到频率域，进行频谱分析的基本数学工具。运用傅里叶反变换，则可将信号由频率域的频率函数变换成时间域的时间函数。因此傅里叶正、反变换式给出了信号特性的时间域和频率域的对应关系。

为了更加简捷地进行傅里叶正、反变换的运算，更深刻地认识信号时域特性和频域特性的内在关系，需要掌握傅里叶变换的一些主要性质。

1．线性特性

设

$$f_k(t) \leftrightarrow F_k(\mathrm{j}\omega) \quad (k = 1,2,3,\cdots,n)$$

则

$$\sum_{k=1}^{n} a_k f_k(t) \leftrightarrow \sum_{k=1}^{n} a_k F_k(\mathrm{j}\omega) \quad (k = 1,2,3,\cdots,n)$$

式中，$a_1, a_2, a_3, \cdots, a_k, \cdots, a_n$ 均为常数。

2．对称性

设

$$f(t) \leftrightarrow F(\mathrm{j}\omega)$$

则

$$F(\pm t) \leftrightarrow f(\mp \mathrm{j}\omega)$$

3．延时-相移特性

设

$$f(t) \leftrightarrow F(\mathrm{j}\omega)$$

则

$$f(t - t_0) \leftrightarrow F(\mathrm{j}\omega)\mathrm{e}^{-\mathrm{j}\omega t_0}$$

即 $f(t)$ 在时域中延迟一时间 t_0，其频谱函数在频域中幅值频谱不变，相位频谱产生 ωt_0 相移。

4．移频特性

设

$$f(t) \leftrightarrow F(\mathrm{j}\omega)$$

若 $f(t)$ 在时域中与因子 $\mathrm{e}^{\pm \mathrm{j}\omega_0 t}$ 相乘，相当于在频域中将频谱曲线在频率轴上搬移 $\pm\omega_0$，即

$$f(t)\mathrm{e}^{\pm \mathrm{j}\omega_0 t} \leftrightarrow F(\mathrm{j}\omega \pm \mathrm{j}\omega_0)$$

5．时频展缩特性（尺度变换特性）

设

$$f(t) \leftrightarrow F(\mathrm{j}\omega)$$

若时域波形沿时间轴展缩 a 倍，表示为 $f(at)$，其中 $a \neq 0$，且为实常数，$a > 1$ 表示波形压缩；$a < 1$ 表示波形展宽。则其频谱曲线沿频率轴缩展，频谱函数为$\frac{1}{|a|}F\left(\mathrm{j}\frac{\omega}{a}\right)$，即有

$$f(at) \leftrightarrow \frac{1}{|a|}F\left(\mathrm{j}\frac{\omega}{a}\right)$$

6．微分特性

设

$$f(t) \leftrightarrow F(\mathrm{j}\omega)$$

$f(t)$ 的微分$\frac{\mathrm{d}f(t)}{\mathrm{d}t}$，其频谱函数为$(\mathrm{j}\omega)F(\mathrm{j}\omega)$，推广之有

$$\frac{d^n f(t)}{dt^n} \leftrightarrow (j\omega)^n F(j\omega)$$

$F(j\omega)$ 的微分$\frac{dF(j\omega)}{dt}$，其时间函数为$(-j\omega)^n f(t)$。

推广之有

$$\frac{d^n F(j\omega)}{dt^n} \leftrightarrow (-j\omega)^n f(t)$$

7. 积分特性

设
$$f(t) \leftrightarrow F(j\omega)$$

$f(t)$ 的积分$\int_{-\infty}^{t} f(t)dt$，其频谱函数为$\frac{1}{j\omega}F(j\omega)$，即

$$\int_{-\infty}^{t} f(t)dt \leftrightarrow \frac{1}{j\omega}F(j\omega) + c$$

$F(j\omega)$ 的积分$\int F(j\omega)d\omega$，其时间函数为$\frac{1}{-j\omega}f(t)$，即

$$\int F(j\omega)d\omega \leftrightarrow \frac{1}{-j\omega}f(t)$$

8. 卷积特性

设
$$f_1(t) \leftrightarrow F_1(j\omega), \quad f_2(t) \leftrightarrow F_2(j\omega)$$

$f_1(t)$ 与 $f_2(t)$ 的卷积为

$$f_1(t) * f_2(t) = \int_{-\infty}^{+\infty} f_1(\tau) f_2(t-\tau) d\tau$$

其频谱函数为 $F_1(j\omega)F_2(j\omega)$，即

$$f_1(t) * f_2(t) \leftrightarrow F_1(j\omega)F_2(j\omega)$$

同理

$$\frac{1}{2\pi}[F_1(j\omega) * F_2(j\omega)] \leftrightarrow f_1(t)f_2(t)$$

以上性质的证明从略，有兴趣者可查阅有关论著。现举例说明傅里叶变换在信号分析和测试中的应用。

例 3.1　在工业供电系统中，工频电压波形的幅值存在着低频调制，使电压幅度发生周期性的与随机的波动。供电标准对这种调制信号除限制其幅度外，还限制其频谱范围。为此需要分析含调幅波的电压频谱特性。

解　设工频电压 $f(t) = U_m \sin 314t$，调幅波为非周期信号 $f_0(t)$，调制后的电压为

$$f_0(t)U_m \sin 314t$$

其频谱函数计算如下：

$$F(\mathrm{j}\omega)=\mathscr{F}[f_0(t)U_{\mathrm{m}}\sin 314t]=\mathscr{F}\left[f_0(t)U_{\mathrm{m}}\frac{\mathrm{e}^{\mathrm{j}314t}-\mathrm{e}^{-\mathrm{j}314t}}{2}\right]=$$

$$\mathscr{F}\left[\frac{U_{\mathrm{m}}}{2}f_0(t)\mathrm{e}^{\mathrm{j}314t}\right]-\mathscr{F}\left[\frac{U_{\mathrm{m}}}{2}f_0(t)\mathrm{e}^{-\mathrm{j}314t}\right]$$

若 $f(t)$ 的频谱曲线如图 3.14(b) 所示，则上式中 $f_0(t)\mathrm{e}^{\mathrm{j}314t}$ 的频谱可由傅里叶变换的性质 4 移频特性获得，如图 3.14(a) 所示。

由图可见，50 Hz 的交流电压幅度经非周期信号调制后，在频域中相当于将非周期信号频谱搬移到周期信号的频率上，在 50 Hz 左右出现幅度较小的频率分量。这些幅度较小的频谱形状主要取决于调幅波的频谱函数，调制过程只相当于频率平移。

这种频率的"搬移"有时却是人们希望达到的技术目的。例如，广播电台要把声音变化的低频信号传送出去，采用调幅技术把声音变化信号的频率搬移到高频段去发射。

通过此例表示，时域中信号幅度调制过程在频域中表现为频率的搬移，使人们更深入地认识到物理过程的内在规律。

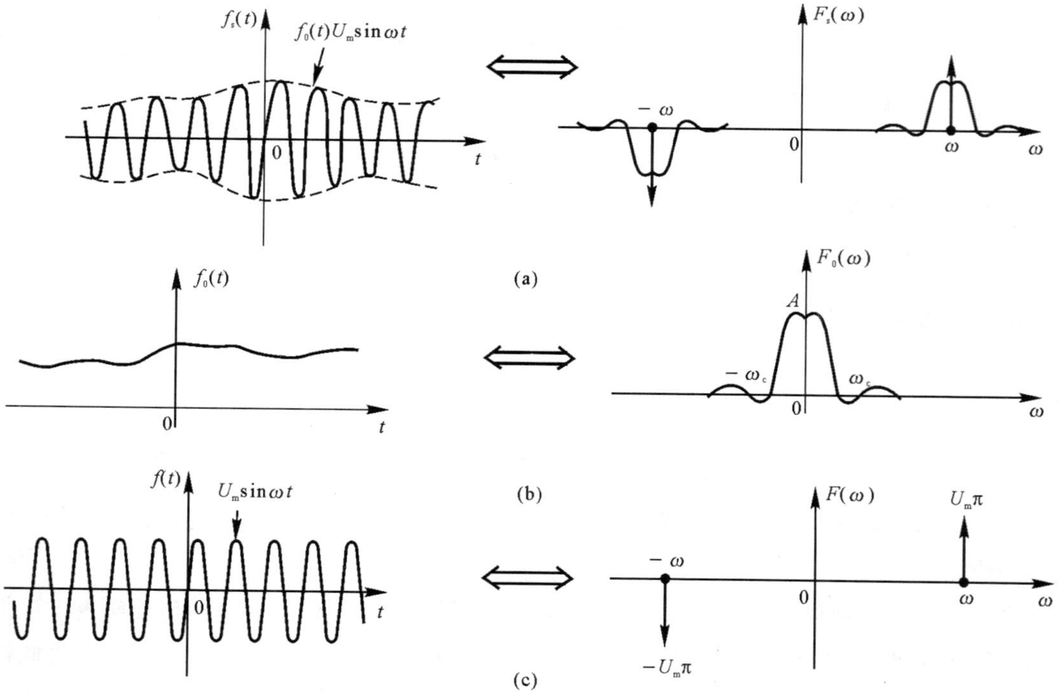

图 3.14　电压调制波的频谱分析

例 3.2　非周期信号

$$f_2(t)=\begin{cases}mA, & -\tau\leqslant t\leqslant\tau\\ 0, & 其他\end{cases}$$

如图 3.15(a) 所示。应用傅里叶变换分析其频谱函数。

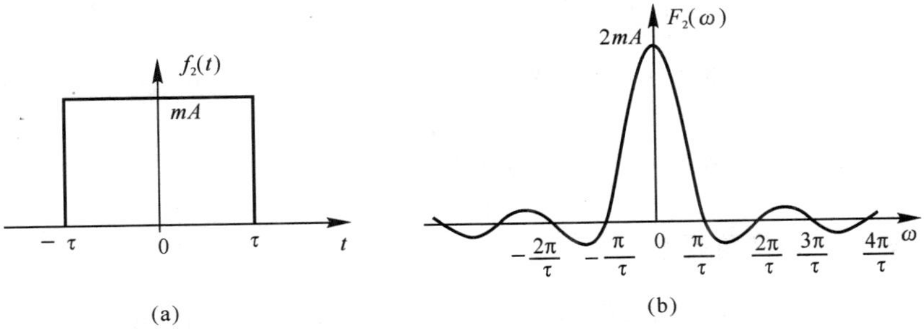

图 3.15　矩形脉冲的频谱分析

解　$f_2(t)$ 的频谱函数可直接应用傅里叶变换公式计算，亦可由图 3.12 的频谱，根据傅里叶变换的性质分析，有时后者更为简便。比较图 3.12 和图 3.15(a) 的波形，形状相似，且都在坐标中关于纵坐标对称，但两者高电平宽度和幅度不同。这可以根据傅里叶变换性质 1(线性特性) 和 5(时频展缩特性) 来获得 $f_2(t)$ 的频谱函数。

已知图 3.12 中原函数为 $f_1(t)$，频谱函数为 $F_1(\mathrm{j}\omega)=A\tau\left(\dfrac{\sin\dfrac{\omega\tau}{2}}{\dfrac{\omega\tau}{2}}\right)$

由图可见，$f_2(t)$ 比 $f_1(t)$ 的高电平宽度展宽 2 倍，故有 $a=\dfrac{1}{2}$，得

$$f_2(t)=mf_1\left(\frac{t}{2}\right)$$

$$F_2(\mathrm{j}\omega)=m\frac{1}{|a|}F_1\left(\mathrm{j}\frac{\omega}{a}\right)=m2F_1(\mathrm{j}2\omega)=2mA\tau\left(\frac{\sin\omega\tau}{\omega\tau}\right)$$

频谱曲线如图 3.15(b) 所示。

五、离散时间信号的频谱

在以计算机为中心的测试系统中，模拟信号 $x(t)$ 进入数字计算机前先经过采样器，将连续时间信号变为离散时间信号，称为采样信号 $x_s(t)$。而后再经 A/D 转换器在幅值上量化变为离散的数字信号。这样，将会出现一系列新的问题，现在从频域分析其频谱的变化。

1. 采样信号 $x_s(t)$ 及其频谱 $X_s(\omega)$

(1) 信号 $x(t)$ 被采样的等效。采样器在采样瞬时 $0,T,2T,\cdots,nT$ 时，取得信号 $x(t)$ 的瞬时

值，于是采样过程相当于是用一个等时距 T 的脉冲序列 $\delta_T(t)$ 去乘 $x(t)$，即采样信号可等效表示为

$$x_s(t) = x(t)\delta_T(t)$$

式中　$\delta_T(t)$—— 相距为 T 的无限长的理想脉冲序列。

$\delta_T(t)$ 可用 $\delta(t)$ 函数的集合来表示：

$$\delta_T(t) = \sum_{n=-\infty}^{+\infty}\delta(t-nT) \quad n = 0,1,2,\cdots$$

$$\delta_T(t) = \delta(t) + \delta(t-T) + \delta(t-2T) + \cdots = \frac{1}{T}\sum_{m=-\infty}^{+\infty} e^{jm\Omega t}$$

式中　$\Omega = \frac{2\pi}{T}$—— 采样角频率。

现改用 ω_s 来表示，即 $\omega_s = \Omega$，因而采样信号 $x_s(t)$ 可由下式来表示：

$$x_s(t) = \frac{1}{T}\sum_{m=-\infty}^{+\infty} x(t)e^{jm\omega_s t} = \sum_{n=-\infty}^{+\infty} x(t)\delta(t-nT) \tag{3.34}$$

信号 $x(t)$、脉冲序列 $\delta_T(t)$、采样信号 $x_s(t)$ 如图 3.16 所示。

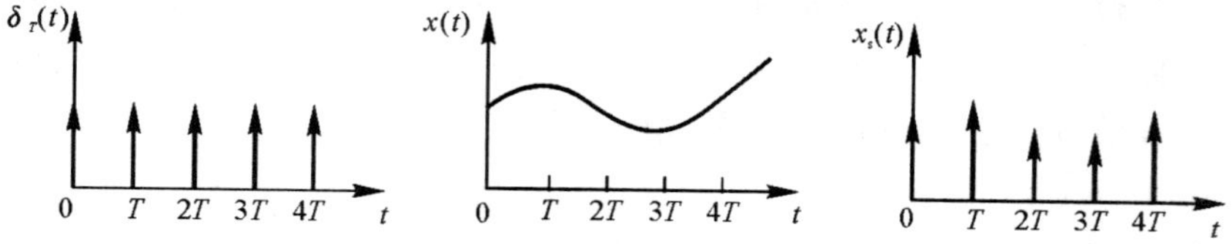

图 3.16　$\delta_T(t)$，$x(t)$ 及 $x_s(t)$

(2) 采样信号的频谱。对采样信号进行傅里叶变换，即

$$F[x_s(t)] = X_s(\omega) = \int_{-\infty}^{+\infty} x_s(t)e^{-j\omega t}dt = \frac{1}{T}\sum_{m=-\infty}^{+\infty}\int_{-\infty}^{+\infty} x(t)e^{-j(\omega-m\omega_s)t}dt =$$

$$\frac{1}{T}\sum_{m=-\infty}^{+\infty} X(\omega-m\omega_s) \quad \text{(频移特性)} \tag{3.35}$$

式(3.35) 表明，采样信号的频谱在幅值上比原信号 $x(t)$ 的频谱 $X(\omega)$ 幅值放大了 $\frac{1}{T}$ 倍，并呈现周期性。重复周期为 ω_s，即在频率 ω 轴上，每隔 $\omega_s = \frac{2\pi}{T}$，在 $\omega_s, 2\omega_s, \cdots, m\omega_s$ 处重复出现 $\frac{1}{T}X(\omega)$，如图 3.17 所示。$m = 0$ 处的谱线就是原信号 $x(t)$ 的频谱(乘以 $\frac{1}{T}$)，称为主分量。$\omega = -\frac{1}{T}$ 至 $\frac{1}{T}$ 为主周期。$m \geqslant 1$ 各处出现的谱线称为高频分量，将 $\frac{\omega_s}{2} = \frac{\pi}{T}$ 称为折叠频率。

2. 采样定理与频率混淆(混叠)

采样是把连续时间信号变成离散时间序列的过程。这一过程相当于在连续时间信号上“抽取”许多离散时刻 $nT(n=0,1,2,\cdots)$ 上的信号瞬时值。在数学处理上等效于以等时距 T 的单位脉冲序列 $\delta_T(t)$ 去乘连续时间信号 $x(t)$。T 是采样间隔，$\omega_s=\dfrac{2\pi}{T}$ 为采样角频率，它们的取值是一个很重要的问题。

(1) 香农采样定理。给出一个在理论上能不失真再现原信号的最低采样频率，即采样频率 ω_s 必须满足关系

$$\omega_s \geqslant 2\omega_m \tag{3.36}$$

式中　ω_m—— 信号的最高频率分量。

由图 3.17(b) 可见，当 $\omega_m \leqslant \dfrac{\pi}{T}$ 时，也就是采样频率 $\omega_s=\dfrac{2\pi}{T}\geqslant 2\omega_m$ 时，可以通过加一个理想低通滤波器提取主分量 $X(\omega)$，滤除掉全部 $m\geqslant 1$ 的高频分量 $X(\omega-m\omega_s)$，从而由 $X(\omega)$ 恢复原信号 $X(t)$ 在理论上无误差。实际工程中的低通滤波器不可能有理想的低通特性，故采样频率需要更高，通常为 $\omega_s=(4\sim 20)\omega_m$。

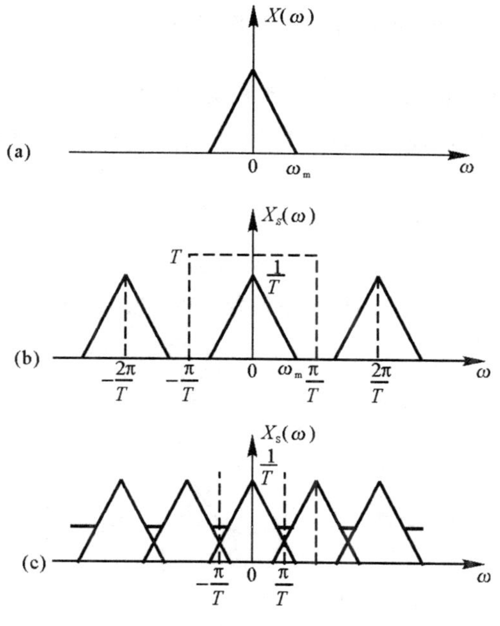

图 3.17　采样信号的频谱 $X_s(\omega)$

(a) 连续信号 $x(t)$ 的频谱；(b) 采样信号 $x_s(t)$ 的频谱($\frac{\pi}{T}>\omega_m$)；(c) 采样信号 $x_s(t)$ 的频谱($\frac{\pi}{T}<\omega_m$)

(2) 频率混淆(混叠)(aliasing)。如图 3.18 所示为一个正弦信号在采样频率 ω_s 很低的情况下产生混叠效应的时域曲线，从图中可以看出产生了严重后果。假若采样频率 ω_s 不满足采样

定理，即 $\omega_s < 2\omega_m$，也就是 $\omega_m > \frac{\pi}{T}$，如图 3.17(c) 所示，在每隔 ω_s 重复出现 $\frac{1}{T}X(\omega)$ 谱线时均产生谱线的交叠。影响最大的是 $m = 1$ 的高频分量“混叠”进入主周期内被误认为是低频主分量，这时 $m = 0$ 的谱线 $\frac{1}{T}X(\omega)$ 中增加了混入的谱线，即使采用理想低通滤波器也不可能将混入的高频分量从主分量中去除掉，因而由混入了高频分量的主分量重现原信号在理论上存在误差。

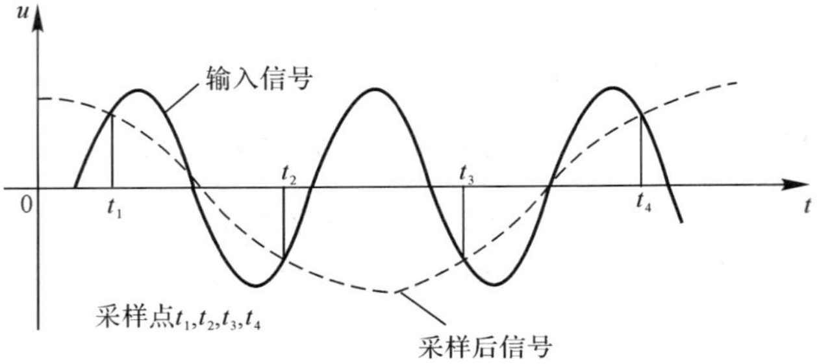

图 3.18 “混叠效应”的时域曲线

(3) 预滤波器。在以计算机为中心的测试系统中，在采样之前，传感器之后设置一个低通滤波器，该滤波器就称为预滤波器。由预滤波器的截止频率 ω_r 来确定信号的最高频率 ω_m，即

$$\omega_m = \omega_r$$

这时令采样频率 ω_s 遵守采样定理

$$\omega_s = 2\omega_m$$

则采样信号 $x_s(t)$ 的频谱不会发生重叠现象，如图 3.19 所示，主周期中的主分量没有高频分量混入。

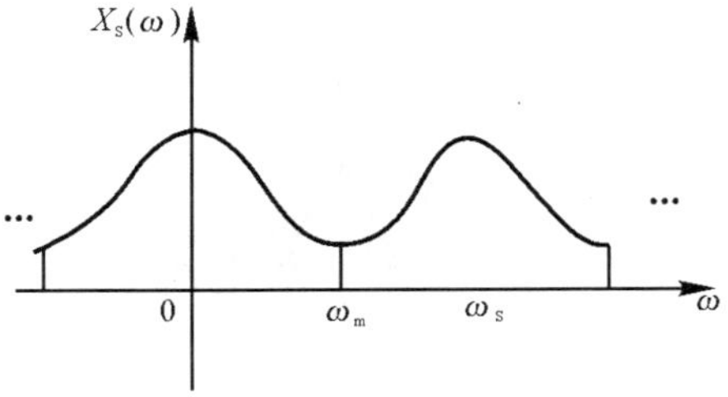

图 3.19 预滤波器截止频率 $\omega_r = \omega_m$ 时采样信号的频谱消除了谱线交叠区

在工程上，对信号频谱的最高频率 ω_m 的定义通常忽略频谱特性上幅度很小的高频段。例如，在控制系统中，定义闭环系统对数幅频特性中幅度衰减到 -3dB 所对应的频率为截止频率，并将它作为系统频带的最高频率 ω_m。又如在检测技术中，通常将被测信号频谱曲线的主瓣

部分的最大频率作为信号频谱的最高频率 ω_m，实际上在频率高于 ω_m 的频段上仍然有幅度较小的信号分量存在。因此，在工程上，按采样定理的低限来确定采样频率，往往采样后原始被测信号频谱的副瓣部分仍有一部分会相互重叠引起信号失真。

所以，一般采样频率 ω_s 的取值要比采样定理规定的值更大，通常取 $\omega_s = (3 \sim 4)\omega_m$，工程上有时甚至取 $\omega_s = 10\omega_m$。

采样定理在数字测试与控制系统中是确定采样频率的重要依据。现举例说明如下：飞机发电机输出频率为 400 Hz，电压波形为非正弦周期波(一般发电机输出的电压均非严格的正弦波)，当对此电压进行采样检测时，为保证原始信号中第 N 次谐波分量不失真，采样频率应为多少？

此非正弦波电压信号的基波频率为 400 Hz，第 N 次谐波分量的频率为 $400N$ Hz，按采样定理必须使采样频率 $\omega_s \geqslant 2\omega_m$。然而工程上取 $\omega_s = (3 \sim 4)\omega_m$ 才能保证足够的 N 次谐波分量的信息。

若 N 为第 15 次谐波分量，则采样频率为 18 kHz，其采样周期为 55 μs。

六、离散傅里叶变换与快速傅里叶变换

离散傅里叶变换(DFT)是指用计算机实现对由式(3.27)和式(3.28)所表示的傅里叶正、反变换的数值计算。

1. 离散傅里叶变换的步骤与谱线特点

欲对连续时间信号 $x(t)$ 用计算机进行离散傅里叶变换，首先经采样器对它进行采样，满足采样定理的采样频率为 $\omega_s = \Omega = \frac{2\pi}{T}$，$T$ 为采样间隔，从而获得时间离散的采样信号 $x_s(t)$，它是一个无限长的离散的时间序列$\{x_s(nT)\}$，$n = 0, 1, 2, \cdots, \infty$。实际上，只能对有限长的信号进行分析与处理，所以必须对无限长离散时间序列$\{x_s(nT)\}$截断，只取有限时间 $t_p = NT$ 中的 N 个数据$\{x(n)\}$，$n = 0, 1, \cdots, N-1$，$N < \infty$。这样无限长连续时间信号 $x(t)$ 就变成了有限长 $t_p = NT$ 的离散时间序列 $x(n)$，这等效于将 $x(n)$ 沿时间轴 t 的正、负方向开拓为重复周期为 $t_p = NT$ 的周期信号。因此其频谱的特点是具有离散性、谐波性、周期性。

(1) 离散性。因为是具有重复周期 $t_p = NT$ 的等效周期信号，故是离散频谱。

基波频率　$$f_1 = \frac{1}{t_p} = \frac{1}{NT}$$

基波角频率、谱线间隔　$$\omega_1 = 1 \times \frac{2\pi}{NT}$$

二次谐波角频率　$$\omega_2 = 2 \times \frac{2\pi}{NT}$$

⋮　　⋮

k 次谐波角频率　$$\omega_k = k \times \frac{2\pi}{NT}$$

谱线只出现在 $k\dfrac{2\pi}{NT}(k=0,1,2,\cdots)$ 离散的频率点上。

(2) 谐波性。谐波频率 $k\dfrac{2\pi}{NT}(k=0,1,2,\cdots)$ 是基波频率 $\dfrac{2\pi}{NT}$ 的整数倍。

(3) 周期性。由于采样，将连续时间信号 $x(t)$ 变为离散时间采样信号 $x_s(t)$，在频域沿频率轴 ω，每隔 $\omega_s=\dfrac{2\pi}{T}$，也即在 $m\omega_s$ 点上重复出现 $\dfrac{1}{T}X(\omega)$，使原信号 $x(t)$ 的频谱出现周期性。这就是说，当谐波次数 $k=N$ 时，第 k 次谐波频率等于采样频率，即 $k\dfrac{2\pi}{NT}=\dfrac{2\pi}{T}=\omega_s$，这表明在频段 $0\sim\omega_s$(采样频率) 可获得 N 条谱线。从图 3.17 清楚可见，这 N 条谱线中的前 $\dfrac{N}{2}$ 条是 $m=0$ 的主分量谱线，后 $\dfrac{N}{2}$ 条是 $m=1$ 的高频分量谱线，因此 N 条谱线中只有 $\dfrac{N}{2}$ 条是有效的。下面将从 DFT 的数值表达式更清楚地说明这一点。

2. 离散傅里叶变换定义式

下面从无限长采样信号 $x_s(t)$ 的傅里叶变换出发，推导有限长采样时间序列 $x(n)$ 的离散傅里叶变换定义式，重写对 $x_s(t)$ 的傅里叶变换，即

$$X_s(\omega)=F[x_s(t)]=\int_{-\infty}^{+\infty}x_s(t)e^{-j\omega t}d=\int_{-\infty}^{+\infty}\Big[\sum_{n=-\infty}^{+\infty}x(t)\delta(t-nT)\Big]e^{-j\omega t}dt=$$
$$\sum_{n=-\infty}^{+\infty}\int_{-\infty}^{+\infty}[x(t)e^{-j\omega t}]\delta(t-nT)dt=$$
$$\sum_{n=-\infty}^{+\infty}x(nT)e^{-j\omega nT}\quad(\text{根据 }\delta(t-nT)\text{ 的抽样特性而得})$$

当采样 $n=0,1,2,\cdots,N-1$ 点，共有 N 个，即无限长信号截断后变为周期信号。谱由连续谱变为离散谱，即 $\omega=k\dfrac{2\pi}{NT}$，$k=0,1,2,\cdots,N-1$，于是有离散傅里叶变换定义式如下：

$$X(k)=\sum_{n=0}^{N-1}x(nT)e^{-jk\frac{2\pi}{N}n}=\sum_{n=0}^{N-1}x(n)W_N^{kn}\tag{3.37}$$

式中　$W_N^{kn}=e^{-j\frac{2\pi}{N}kn}$ —— 复数因子。

复数因子具有周期性，故可进一步说明频谱 $X(k)$ 具有周期性如下：

$$X(k+N)=\sum_{n=0}^{N-1}x(n)e^{-j\frac{2\pi}{N}(k+N)n}=\sum_{n=0}^{N-1}x(n)e^{-j\frac{2\pi}{N}kn}e^{-j2\pi n}=X(k)$$

即

$$\begin{aligned}
&k=0 && X(0)=X(N)\\
&k=1 && X(1)=X(N+1)\\
&k=-1 && X(-1)=X(N-1)\\
&\cdots\cdots && \cdots\cdots\\
&k=-\frac{N}{2} && X\left(-\frac{N}{2}\right)=X\left(\frac{N}{2}\right)
\end{aligned}$$

3. 离散傅里叶反变换定义式

由主周期频谱 $X(k)$ 求时域序列值 $x(n)$，放大 T 倍为

$$x(n)=\frac{T}{2\pi}\int_{-\frac{\pi}{T}}^{\frac{\pi}{T}}X(k)\mathrm{e}^{\mathrm{j}\omega t}\mathrm{d}\omega$$

因为 $\omega=\frac{2\pi}{NT}k$，$t=nT$，$\mathrm{d}\omega=\frac{2\pi}{NT}$，代入上式后得

$$x(n)=\frac{T}{2\pi}\sum_{k=0}^{N-1}X(k)\mathrm{e}^{\mathrm{j}\frac{2\pi}{N}kn}\frac{2\pi}{NT}=\frac{1}{N}\sum_{k=0}^{N-1}X(k)e^{\mathrm{j}\frac{2\pi}{N}k_n} \tag{3.38}$$

于是得离散傅里叶变换对(重写式(3.37)和式(3.38))

正变换　$$X(k)=\sum_{n=0}^{N-1}x(n)\mathrm{e}^{-\mathrm{j}\frac{2\pi}{N}kn}=\sum_{n=0}^{N-1}x(n)W_N^{kn}$$

反变换　$$x(n)=\frac{1}{N}\sum_{k=0}^{N-1}X(k)\mathrm{e}^{\mathrm{j}\frac{2\pi}{N}kn}=\frac{1}{N}\sum_{k=0}^{N-1}X(k)W_N^{-kn}$$

式中　$$W_N^{kn}=\mathrm{e}^{-\mathrm{j}\frac{2\pi}{N}kn}$$

4. DFT 的计算次数

这里以 $N=4$ 个采样值 $\{x(n)\}$：$\{x(0),x(1),x(2),x(3)\}$ 为例，说明求其频谱 $X(k)$ 所需要的计算次数。根据式(3.37)，可写出谱线序号 $k=0,1,2,3$ 各条谱线幅值 $X(0)$，$X(1)$，$X(2)$，$X(3)$ 的计算式如下：

$k=0$，

$$X(0)=C_0=\sum_{n=0}^{N-1}x(n)W_4^{0n}=x(0)W_4^0+x(1)W_4^0+x(2)W_4^0+x(3)W_4^0=$$
$$x(0)+x(1)+x(2)+x(3)$$

$k=1$，

$$X(1)=C_1=\sum_{n=0}^{N-1}x(n)W_4^{1n}=x(0)W_4^0+x(1)W_4^1+x(2)W_4^2+x(3)W_4^3=$$
$$x(0)+(-\mathrm{j})x(1)+(-1)x(2)+(\mathrm{j})x(3)$$

$k=2$，

$$X(2)=C_2=\sum_{n=0}^{N-1}x(n)W_4^{2n}=x(0)W_4^0+x(1)W_4^2+x(2)W_4^4+x(3)W_4^6=$$
$$x(0)+(-1)x(1)+x(2)+(-1)x(3)$$

$k=3$，

$$X(3)=C_3=\sum_{n=0}^{N-1}x(n)W_4^{3n}=x(0)W_4^0+x(1)W_4^3+x(2)W_4^6+x(3)W_4^9=$$
$$x(0)+(\mathrm{j})x(1)+(-1)x(2)+(-\mathrm{j})x(3)$$

计算一条谱线值须进行 N 次乘法，$N-1$ 次加法；N 条谱线则须进行 N^2 次乘法，$N(N-1)$ 次加法。当 $N=4$，总计需 $N^2+N(N-1)=28$ 次运算。

当 $N=1\ 024$，须进行 2 096 068 次运算。

如此多的计算次数使DFT不可能在实际工程中得到应用，因而出现了各种用于减少DFT计算次数的算法，如基 2 时间偶奇分解算法等等。那些能够减少计算次数、缩短运算时间、能在工程实际中用来实现 DFT 计算的快速算法就称为快速傅里叶变换，简称 FFT。已有各种实用软件可供利用，具体关于 FFT 的计算与性质可以参考数字信号处理的书籍。

七、有关 DFT 的几个问题

1. DFT 的频率分辨率

DFT的频率分辨率实际上是指用DFT对信号进行分析时，能够将原来信号中两个靠的很近的频谱分开的能力。

当用 DFT 对采样信号进行分析时，相邻谱线之间的间距为 $\Delta f=f_s/N$，Δf 越小，则分析出来的频谱与原来模拟信号的频谱越接近，对原来信号的分辨率越好。又 Δf 反比于信号的长度 N，所以信号的长度越大，分辨能力越好。由于 $\Delta f=f_s/N=1/NT_s=1/T$，其中 $T=NT_s$ 为采样的模拟信号的长度，也可以说 Δf 反比于实际采样的模拟信号的长度 T。

例如，设信号 $x(t)$ 中包含 3 个频率成分，$f_1=1.99\ \text{Hz}$，$f_2=2.01\ \text{Hz}$，$f_3=2.07\ \text{Hz}$。以采样频率 $f_s=10\ \text{Hz}$ 对其进行采样，设采样时间 $T=25.6\ \text{s}$，即采样 256 个点，对采样信号 $x(n)$ 进行 DFT 分析，所得到的频谱的最大分辨率 $\Delta f=10/256=0.039\ 062\ 5\ \text{Hz}$，而信号中的 3 个频率成分中，$f_2-f_1=0.02<\Delta f$，所以从 DFT 分析的结果中无法分辨出 f_2 和 f_1；而 $f_3-f_2=0.06>\Delta f$，所以可以分辨出 f_3。

如果要分析出 f_2 和 f_1，必须增加采样信号的长度，提高分辨率。若采样信号长度增加为 1 024 点，即采样时间 $T'=102.4\ \text{s}$，则 $\Delta f=10/1\ 024=0.009\ 766\ \text{Hz}$，小于 f_2 和 f_1 之间的频率差，所以此时就能够分辨出 f_2 和 f_1 了。

在实际应用中，DFT 的主要参数 f_s、N 和 T 的选择应该遵循以下原则：

(1) 根据实际系统采样信号的最高频率 f_c，为了防止频率混叠，选取合适的采样频率 f_s，使之满足采样定理，$f_s\geqslant 2f_c$，通常取 $f_s=(2\sim 10)f_c$。

(2) 根据实际分析的需要，选择合适的 Δf，由此就可以确定采样点数 $N=f_s/\Delta f$。虽然 Δf 的选取越小越好，但是随着 Δf 的减小，N 在增大，相应的计算量和对计算机系统的要求也迅速增加，所以 Δf 要选择的合适。通常为了用快速傅里叶变换 FFT 对采样信号分析，选取 N 为 2 的整数次幂。

(3) 由 f_s 和 N，就可以确定采样信号的长度 $T=N/f_s$。

2. 栅栏效应与补零的问题

如果原来的模拟信号 $x_a(t)$ 是周期信号，则它的频谱本身是离散，由DFT求取的就是其离散谱；若 $x_a(t)$ 是非周期的信号，则其频谱是连续的，由 DFT 分析出来的离散频谱来代替原来的连续频谱就好像在栅栏一边通过缝隙看另外一边的景色一样，在离散谱线之间的频率分量被挡住了看不见，而且被挡住的有可能是实际信号的频率分量，这种现象就称为“栅栏效应”。

实际上产生栅栏效应的原因是在做 DFT 时，是以有限长度的采样信号来代替原来的非周期信号，相当于把原来的连续频谱进行了离散化，导致在离散谱线之间的频率分量无法分析出来。可以通过对采样信号后面补零的办法来改变栅栏的密度，从而尽可能地减小栅栏效应的影响。

在改善栅栏效应方面，补零起到对没补零的 DFT 结果做插值的作用，可以使谱线的外观得到平滑，而且对于原始信号截短造成的频率泄漏有可能在频谱中出现一些难以确认的频谱，补零有可能消除这一现象。

补零不仅可以改善栅栏效应，而且还经常用于把采样点数凑成 2 的整数次幂，以便于用 FFT 算法，但是补零并没有增加数据的有效长度，所以并不能提高频率分辨率。

例如，设 $x_a(t)$ 由 3 个信号组成，其频率分量分别为 $f_1 = 2.67$ Hz，$f_2 = 3.75$ Hz 和 $f_3 = 6.75$ Hz，初相位分别为 0°，90° 和 0°，采样频率 f_s 为 20 Hz，采样点数 $N = 16$，得 $X(k)$，$k = 0, 1, \cdots, 15$。前 8 个点的值如下：

$f_0 = 0$ Hz，　$|X(0)| = 0.2206$；　$f_1 = 1.25$ Hz，　$|X(1)| = 0.7375$；

$f_2 = 2.5$ Hz，　$|X(2)| = 7.7637$；　$f_3 = 3.75$ Hz，　$|X(3)| = 7.7883$；

$f_4 = 5.0$ Hz，　$|X(4)| = 0.6139$；　$f_5 = 6.25$ Hz，　$|X(5)| = 4.9905$；

$f_6 = 7.5$ Hz，　$|X(6)| = 5.1146$；　$f_7 = 8.75$ Hz，　$|X(7)| = 2.6982$。

频谱图如图 3.20(a) 所示，从图中很难分辨出究竟原始信号中包含几个正弦信号，现分别在数据后面补 N 个、$3N$ 个和 $29N$ 个零，所得频谱图如图 3.20(b)，(c)，(d) 所示。由图可以看出，补零是对原来的 DFT 进行插值，补零越多，结果越能看出原来信号的频率成分，其余小的峰值是 sinc 函数的边瓣。但是补零并没改善频率分辨率，f_1 和 f_2 谱线之间还是同样存在一定的重叠。

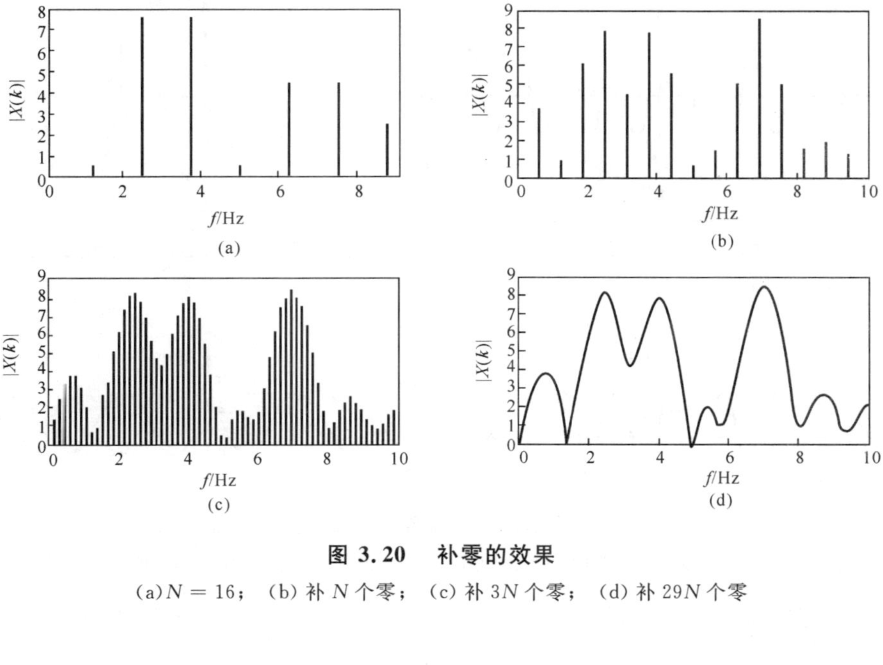

图 3.20　补零的效果

(a) $N = 16$；　(b) 补 N 个零；　(c) 补 $3N$ 个零；　(d) 补 $29N$ 个零

3. 频谱泄漏与周期信号的整周期截短的问题

通常在用计算机进行信号分析时，不可能采集无限长的信号，只是取时间 T 内的一段信号作为分析信号，这种对信号的截短可以认为是用一个宽度为 τ 的矩形窗函数 $w(t)$，即

$$w(t)=\begin{cases}1, & |t|\leqslant \dfrac{\tau}{2}\\ 0, & |t|>\dfrac{\tau}{2}\end{cases}$$

与 $x(t)$ 相乘，在窗外的信息完全丢失，这就引入了一些其他的频率分量。

设时域余弦信号为 $A\cos\omega_0 t$，用以上的矩形窗 $w(t)$（其傅里叶变换为 $W(\omega)$）对其进行截短，可得截短后的信号为 $x_a(t)$，则

$$x_a(t)=w(t)A\cos\omega_0 t=\frac{A}{2}w(t)[e^{j\omega_0 t}+e^{-j\omega_0 t}]$$

根据频移特性，$x_a(t)$ 的傅里叶变换 $X(\omega)$ 为

$$X(\omega)=\frac{A}{2}[W(\omega+\omega_0)+W(\omega-\omega_0)]$$

信号 $x_a(t)$ 的频谱就是将 $w(t)$ 的频谱 $W(\omega)$ 沿频率轴 ω 搬移 $\pm\omega_0$，对于 $W(\omega)$，当 $\omega=\dfrac{2k\pi}{\tau}$ $(k=\pm 1,\pm 2,\cdots)$ 时，$W(\omega)=0$；对于 $X(\omega)$，当 $\omega=\omega_0-\dfrac{2k\pi}{\tau}(k=\pm 1,\pm 2,\cdots)$ 时，$X(\omega)=0$。如图 3.21 所示。

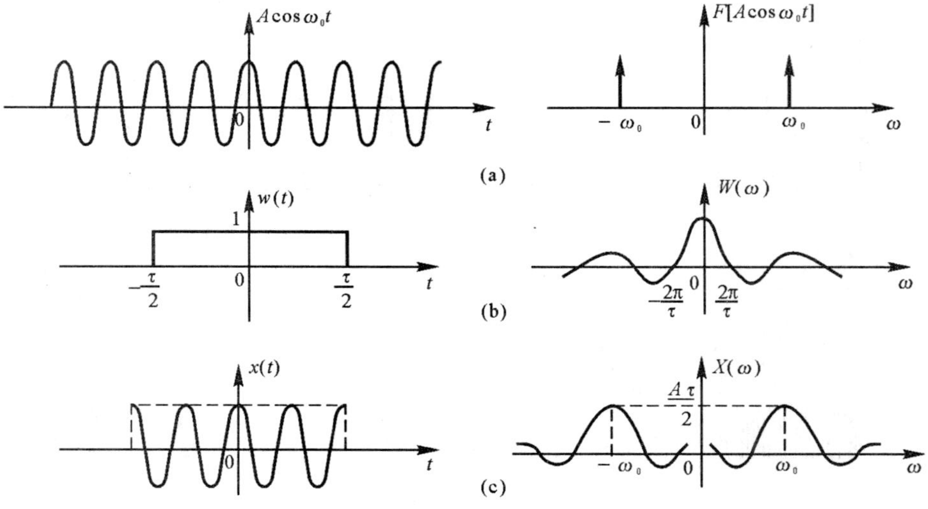

图 3.21　余弦信号加窗函数的频谱分析过程

(a) 余弦信号；(b) 矩形窗函数；(c) 矩形窗截断余弦函数的频谱

由图 3.21 可以看出，由于窗函数对原信号的截短，导致 $x_a(t)$ 的频谱中包括了 $W(\omega)$ 边瓣

的频谱，这种现象就称为频谱的"泄漏"。如果在对信号采样时选择的采样频率和截取的信号长度不合适，就会导致分析的结果不是实际的信号的频谱，而是泄漏的频谱。

例 3.3　设余弦信号的频率为 $f_0 = 100$ Hz，以下采用不同的采样频率 f_s（或采样周期 T_s）和截取不同的信号长度 T（或采样点数 N）对其进行分析。

解　(1) 设 $T_s = 78.125\ \mu s, N = 256$，则

窗的宽度：　$\tau = NT_s = 20$ ms；

谱线间距：　$f_1 = \dfrac{1}{\tau} = 50$ Hz；

谱线的过零点：0，50，150，200，…(Hz)；

输出的谱线：0，50，100，150，200，…(Hz)，共计 256 条。

100 Hz 余弦信号的谱线在输出谱线之列，故 2 次谐波的输出即是所分析的信号的频谱，其余输出谱线均为 0，此时频谱的泄漏得以消除。如图 3.22 所示。

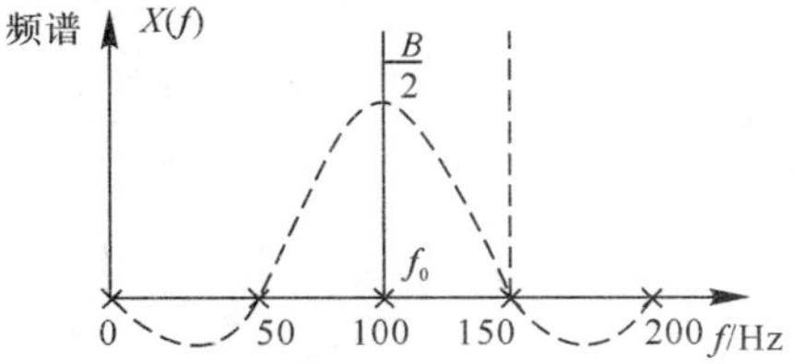

图 3.22　无泄漏

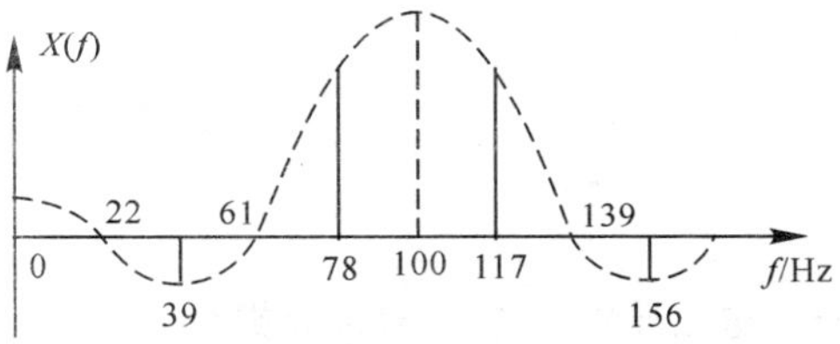

图 3.23　栅栏与严重泄漏

(2) 设 $T'_s = 100\ \mu s, N = 256$，则

窗的宽度：$\tau' = NT'_s = 25.6$ ms；

谱线间距：$f'_1 = \dfrac{1}{\tau'} = 39$ Hz；

谱线的过零点：22，61，139，178，…(Hz)；

输出的谱线：0，39，78，117，156，…(Hz)，共计 256 条。

频谱图如图 3.23 所示，100 Hz 余弦信号的谱线不在输出谱线之列，所有输出谱线均为频谱泄漏的结果，此时频谱的泄漏对分析结果产生很大影响，导致分析结果不正确。

(3) 设 $T'_s = 100\ \mu s, N' = 512$，则

窗的宽度：$\tau'' = N'T'_s = 51.2$ ms；

谱线间距：$f''_1 = \dfrac{1}{\tau''} = 19.5$ Hz；

谱线的过零点：2.5，22，41.5，61，80.5，119.5，139，…(Hz)；

输出的谱线：0，19.5，39，58.5，78，97.5，117，…(Hz)，共计 512 条。

100 Hz 余弦信号的谱线也不在输出谱线之列，所有输出谱线均为频谱泄漏的结果，但此

时有一根谱线 $f = 97.5$ Hz 与信号的频率 $f_0 = 100$ Hz 已经比较接近了。如图 3.24 所示。

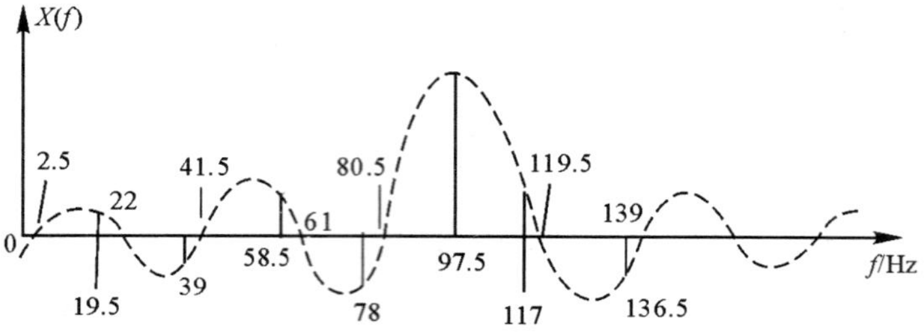

图 3.24　N = 512 的栅栏与泄漏

由以上可知，为了防止产生泄漏，应使窗的宽度 τ 为信号周期的整数倍。

频谱的泄漏主要是矩形窗边界的突变特性造成的，这种突变在频域就会产生高频成分。如果用其他类型的边缘较平缓的窗函数（如海宁窗、海明窗、三角窗等）来代替矩形窗，可以使高频分量减弱，从而减少由于泄漏产生的误差。

3.4　滤波器

一、滤波器的基本概念和分类

滤波器是指允许某一特定频带内的有用的信号通过而滤除无用信号的系统。更广意义上的滤波器是指把某种信号处理成另外一种信号的系统，因此任何一个系统都可以看成一个滤波器，它按照所要求的功能对输入的信号进行转换和处理。

滤波器有多种分类方法，按照滤波器的幅频特性可将滤波器分为 4 种，即低通滤波器（LPF）、高通滤波器（HPF）、带通滤波器（BPF）和带阻滤波器（BEF）。根据所处理的信号类型将滤波器分为模拟滤波器和数字滤波器，数字滤波器是指其输入输出均是离散时间信号的滤波器。模拟滤波器根据其组成元件的不同，又可分为有源滤波器和无源滤波器；数字滤波器根据其单位脉冲响应的时间特性又可分为无限长脉冲响应（IIR：Infinite Impulse Response）滤波器和有限长脉冲响应（FIR：Finite Impulse Response）滤波器。根据滤波器系统的阶数可以把滤波器分为一阶、二阶等滤波器，模拟滤波器又有巴特沃斯（Butterworth）滤波器、切比雪夫（Chebyshev）滤波器以及椭圆滤波器等不同的设计方法，FIR 滤波器可以根据给定的频率特性直接进行设计，而 IIR 滤波器通常根据模拟滤波器的设计方法来设计。滤波器总的来说可以分为经典滤波器和现代滤波器，经典滤波器是假定输入信号中的有用成分和要滤除的成分各自占有不同的频带；现代滤波器主要研究的内容是从含有噪声的信号中估计出信号的某些特征或信号本身。本节主要阐述经典滤波器的相关设计方法。

二、滤波器的基本技术指标与设计方法

对于滤波器的幅频响应，通常把能通过的信号频率范围定义为通带，而把受阻或衰减的信号频率范围称为阻带，通带和阻带之间的界限频率称为截止频率。对于理想的滤波器在通带内具有零衰减的幅频响应，而在阻带内具有无限大的衰减，这种突变的衰减在物理上是不可实现的，实际的滤波器通常在通带和阻带之间有一个过渡带，而且在通带内无法实现没有衰减，在阻带内无法实现无限大衰减，通常有一个容限。图 3.25 给出了四种滤波器参数的含义。

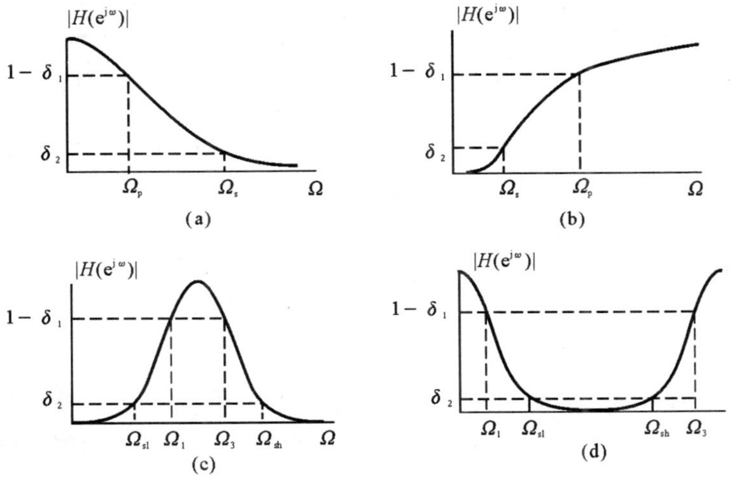

图 3.25　四种滤波器的技术要求及含义

(a) 低通滤波器；(b) 高通滤波器；(c) 带通滤波器；(d) 带阻滤波器

图中 δ_1 和 δ_2 分别为通带和阻带的容限，在设计时通常给出通带允许的最大衰减 α_p 和阻带应达到的最小衰减 α_s。滤波器的衰减定义为

$$\alpha = 20\lg\frac{|H(e^{j0})|}{|H(e^{j\Omega})|} = -20\lg|H(e^{j\Omega})|$$

其中假定 $|H(e^{j0})| = 1$，如当 $|H(e^{j\Omega})|$ 在 Ω_p 处降为 0.707，则 $\alpha_p = 3$ dB，在 Ω_s 处降为 0.01，则 $\alpha_s = 40$ dB。

FIR 数字滤波器可以根据要求直接设计，但是对于模拟滤波器和 IIR 数字滤波器的设计都是基于模拟低通滤波器的基础上进行设计。模拟滤波器的设计流程如图 3.26 所示。

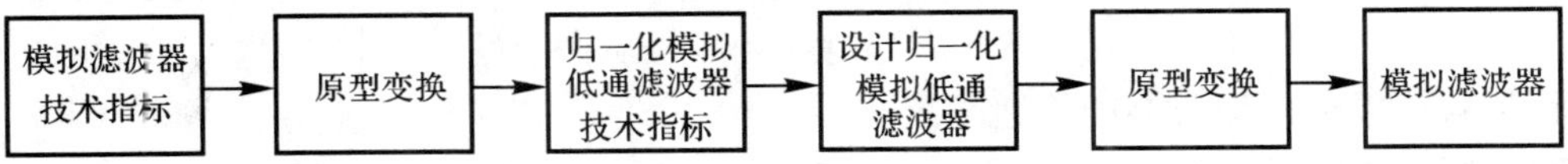

图 3.26　模拟滤波器的设计流程

其中有两个关键的设计步骤，一个就是原型变换，将其他类型的滤波器技术指标转换成模拟低通滤波器的技术指标；另外一个就是模拟低通滤波器设计。

IIR 滤波器通常借助模拟滤波器的设计方法来设计。因为在数字滤波器之前，模拟滤波器在设计、应用方面已经有了很长时间，形成了完善的设计理论，并有丰富的设计数据积累和设计表格可以查询，所以在设计数字滤波器时借助模拟滤波器的设计方法是比较经济的。图 3.27 是 IIR 数字滤波器的设计流程图。

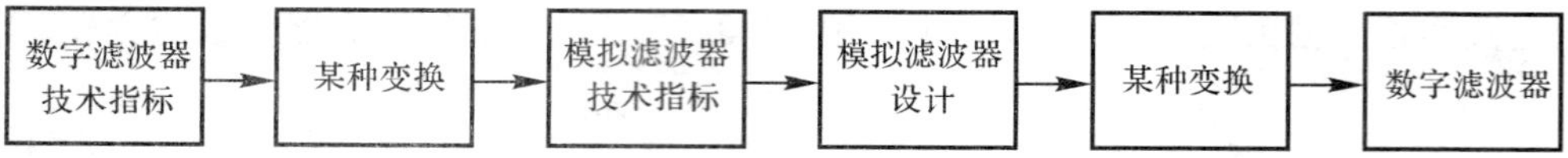

图 3.27　IIR 数字滤波器的设计流程

图中也有两个关键步骤，一个就是从数字域到模拟域的变换，这个变换实现了数字滤波器技术到模拟滤波器技术指标的转换，同样也实现了模拟滤波器系统函数到数字滤波器系统函数的转换；另外一个就是从模拟滤波器技术指标到相应的模拟滤波器的设计。

以下先阐述模拟低通滤波器的设计方法。

三、模拟低通滤波器的设计

模拟低通滤波器的设计，一般是指根据给定模拟低通滤波器的技术指标 α_p，Ω_p，α_s 和 Ω_s 设计出滤波器的传递函数，其中 α_p 为通带允许的最大衰减，α_s 为阻带应达到的最小衰减，单位为 dB，Ω_p 为通带上限频率，Ω_s 为阻带下限频率。

滤波器的传递函数与线性时不变系统类似，可表示为

$$H(s)=\frac{P(s)}{Q(s)}=\frac{b_0+b_1s+b_2s^2+\cdots+b_ms^m}{a_0+a_1s+a_2s^2+\cdots+a_ns^n}$$

由滤波器的衰减 α 可知

$$\alpha(\Omega)=-20\lg|H(j\Omega)|=-10\lg|H(j\Omega)|^2$$

$$|H(j\Omega)|^2=10^{-\alpha(\Omega)/10}$$

因此，由

$$\alpha_p=\alpha(\Omega_p)=-10\lg|H(j\Omega_p)|^2$$

$$\alpha_s=\alpha(\Omega_s)=-10\lg|H(j\Omega_s)|^2$$

就可以根据滤波器的四个技术指标求出滤波器的幅度平方函数，又

$$H(s)H^*(s)=H(s)H(-s)|_{s=j\Omega}=|H(j\Omega)|^2$$

所以，就可以求出滤波器的传递函数 $H(s)$。

因为理想的低通滤波器是不可实现的，所以实际的滤波器都是根据技术指标来逼近理想滤波器，即使设计的滤波器在通带内不超过通带最大衰减，在阻带内不小于阻带最小衰减，且

光滑地由通带过渡到阻带。根据逼近方法的不同，可以得到不同的 $H(\mathrm{j}\Omega)$，设计出不同类型的滤波器。通常根据要求主要采用以下几种逼近方法之一设计出相应的滤波器。

(1) 巴特沃斯(Butterworth)滤波器。巴特沃斯滤波器的幅度平方函数为

$$|H(\mathrm{j}\Omega)|^2 = \frac{1}{1+C^2(\Omega^2)^N}$$

式中　C—— 待定的常数；

N—— 待定的滤波器阶次。

(2) 切比雪夫 Ⅰ 型(Chebyshev－Ⅰ)滤波器。定义：

$$C_n^2(\Omega) = \begin{cases} \cos^2(n\arccos\Omega), & |\Omega| \leqslant 1 \\ \cosh^2[n\operatorname{arcosh}(\Omega)], & |\Omega| > 1 \end{cases}$$

切比雪夫 Ⅰ 型滤波器的幅度平方函数为

$$|H(\mathrm{j}\Omega)|^2 = \frac{1}{1+\varepsilon^2 C_n^2(\Omega)}$$

(3) 切比雪夫 Ⅱ 型(Chebyshev－Ⅱ)滤波器。切比雪夫 Ⅱ 型滤波器的幅度平方函数为

$$|H(\mathrm{j}\Omega)|^2 = \frac{1}{1+\varepsilon^2\left[\dfrac{C_n^2(\Omega_s)}{C_n^2(\Omega_s/\Omega)}\right]^2}$$

式中

$$C_n^2(\Omega) = \cos^2(n\arccos\Omega)$$

(4) 椭圆滤波器。椭圆滤波器的幅度平方函数为

$$|H(\mathrm{j}\Omega)|^2 = \frac{1}{1+\varepsilon^2 U_n^2(\Omega)}$$

式中　$U_n^2(\Omega)$—— 雅克比(Jacobian)椭圆函数。

这里主要讨论常用的巴特沃斯和切比雪夫 Ⅰ 型滤波器的设计，其他类型的滤波器设计可以参见相关文献。

由于每个滤波器的应用目的不同，因此滤波器的频率范围也是各不相同的。为了使设计规范化，需要将滤波器的频率参数作归一化处理。设所给的实际频率为 Ω，归一化后的频率为 λ，对于低通滤波器，令 $\lambda = \Omega/\Omega_{\mathrm{p}}$，显然 $\lambda_{\mathrm{p}} = 1$，$\lambda_{\mathrm{s}} = \Omega_{\mathrm{s}}/\Omega_{\mathrm{p}}$。并令归一化后的复变量为 p，$p = \mathrm{j}\lambda$，即有 $p = \mathrm{j}\lambda = \mathrm{j}\Omega/\Omega_{\mathrm{p}} = s/\Omega_{\mathrm{p}}$。

1. 巴特沃斯低通滤波器的设计

巴特沃斯低通滤波器一般按照以下三步来设计：

(1) 将实际频率 Ω 归一化。归一化后的幅度平方特性(见图 3.28)

$$|H(\mathrm{j}\lambda)|^2 = \frac{1}{1+C^2\lambda^{2N}}$$

式中　C—— 待定参数；

N—— 待定的滤波器的阶次。

(2) 求 C 和 N。由滤波器的衰减定义可得

$$\alpha(\lambda) = 10\lg[1 + C^2\lambda^{2N}]$$

则
$$C^2\lambda^{2N} = 10^{\alpha(\lambda)/10} - 1$$

即
$$C^2\lambda_p^{2N} = 10^{\alpha_p/10} - 1$$

$$C^2\lambda_s^{2N} = 10^{\alpha_s/10} - 1$$

因为 $\lambda_p = 1$，所以

$$C^2 = 10^{\alpha_p/10} - 1$$

$$N = \frac{\lg\sqrt{\dfrac{10^{\alpha_s/10} - 1}{10^{\alpha_p/10} - 1}}}{\lg\lambda_s}$$

这样就可求出 C 和 N。

如果 $\alpha_p = 3$ dB，则 $C = 1$，这样就只剩一个参数 N，这时

$$|H(j\lambda)|^2 = \frac{1}{1 + \lambda^{2N}} = \frac{1}{1 + (\Omega/\Omega_p)^{2N}}$$

(3) 确定 $H(s)$。令 $p = j\lambda$，则有

$$H(p)H(-p) = \frac{1}{1 + \left(\dfrac{p}{j}\right)^{2N}} = \frac{1}{1 + (-1)^N p^{2N}}$$

由 $1 + (-1)^N p^{2N} = 0$ 可得 $p_k = e^{j\frac{2k+N-1}{2N}\pi}$，$k = 1, 2, \cdots, 2N$。

这样 $H(p)H(-p)$ 的 $2N$ 个极点等分在 s 平面半径为 1 的圆上，相距为 π/N 弧度，如图 3.29 所示。

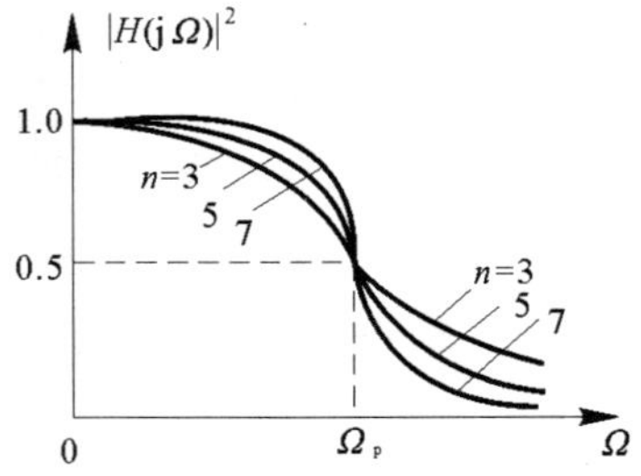

图 3.28 巴特沃斯低通滤波器的幅度平方函数

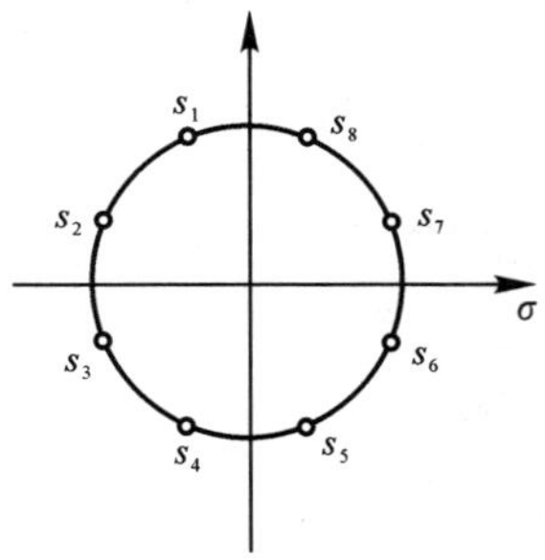

图 3.29 $n = 4$ 时巴特沃斯低通滤波器的极点 $s_1, s_2, \cdots, s_8$ 的分布

为了保证所设计的滤波器是稳定的，应该取其左半平面的极点，即 $p_k = e^{j\frac{2k+N-1}{2N}\pi}$，$k = 1, 2, \cdots, N$。因此

$$H(p) = \frac{1}{(p - p_1)(p - p_2)\cdots(p - p_N)}$$

若 N 为偶数，$H(p)$ 的极点是成对共轭出现的，这一对极点组成一个二阶系统，即

$$H_k(p)=\frac{1}{(p-p_k)(p-p_{N+1-k})}$$

总的传递函数应是 $N/2$ 个这样的二阶系统的级联，即

$$H(p)=\prod_{k=1}^{\frac{N}{2}}H_k(p)\quad (N\text{ 为偶数})$$

若 N 为奇数，它就由一个一阶系统和 $(N-1)/2$ 个二阶系统级联，即

$$H(p)=\frac{1}{p+1}\prod_{k=1}^{\frac{N-1}{2}}H_k(p)\quad (N\text{ 为奇数})$$

这样就可得到 $H(p)$。因为 $p=s/\Omega_p$，再用 s/Ω_p 即可得到实际需要的 $H(s)$。

例 3.4　设计一个巴特沃斯滤波器，要求截止频率为 $f_p=5\ 000\ \text{Hz}$，通带最大衰减为 $\alpha_p=3\ \text{dB}$，阻带起始频率为 $f_s=1\ 000\ \text{Hz}$，阻带最小衰减为 $\alpha_s=30\ \text{dB}$。

解　先将频率归一化，$\Omega_p=2\pi\times 5\ 000\ \text{Hz}$，$\lambda_p=1$，$\lambda_s=2$。

因为 $\alpha_p=3\ \text{dB}$，则 $C=1$，所以 $N=\lg\dfrac{\dfrac{10^{3.0}-1}{10^{0.3}-1}}{\lg 2}=4.982$，取 $N=5$。

其 5 个极点分别是：$p_1=e^{j3\pi/5}$，$p_2=e^{j4\pi/5}$，$p_3=-1$，$p_4=e^{j6\pi/5}$，$p_5=e^{j7\pi/5}$。

因此

$$H_1(p)=\frac{1}{p^2-2p\cos(3\pi/5)+1}=\frac{1}{p^2+0.618p+1}$$

$$H_2(p)=\frac{1}{p^2-2p\cos(4\pi/5)+1}=\frac{1}{p^2+1.618p+1}$$

总的传递函数为

$$H(p)=\frac{1}{(p+1)(p^2+0.618p+1)(p^2+1.618p+1)}$$

最后可得

$$H(s)=H(p)\big|_{p=s/\Omega_p}=$$

$$\frac{10^{20}\pi^5}{(s+10^4\pi)\left(s^2-2\times 10^4\pi\cos\dfrac{3\pi}{5}s+10^8\pi^2\right)\left(s^2-2\times 10^4\pi\cos\dfrac{4\pi}{5}s+10^8\pi^2\right)}$$

巴特沃斯滤波器具有其自身的一些特点：

(1) 当 $\Omega=0$ 时，$\lambda=0$，$|H(j\Omega)|^2=1$，$\alpha(0)=0$，即在 $\Omega=0$ 处无衰减；当 $\Omega=\Omega_p$ 时，$\lambda=1$，$|H(j\lambda_p)|^2=0.5$，$|H(j\lambda_p)|=0.707$，$\alpha_p=3\ \text{dB}$。这一频率点称为半功率频率点。

(2) 可以证明 $|H(\mathrm{j}\Omega)|^2$ 在 $\Omega=0$ 处对 Ω^2 的一阶、二阶直到 $N-1$ 阶导数都为零，因此巴特沃斯滤波器又称为“最大”平坦的幅频响应滤波器。

表 3.2　$n=1\sim10$ 阶巴特沃斯滤波器的传递函数 $H(s)$ 的极点

$n=1$	$n=2$	$n=3$	$n=4$	$n=5$	$n=6$	$n=7$	$n=8$	$n=9$	$n=10$
−1.000 000 0	−0.707 106 8 ±j0.707 106 8	−1.000 000 0	−0.382 683 4 ±j0.923 879 5	−1.000 000 0	−0.258 819 0 ±j0.965 952 8	−1.000 000 0	−0.195 090 3 ±j0.980 785 3	−1.000 000 0	−0.156 434 5 ±j0.987 688 3
		−0.500 000 0 ±j0.866 025 4	−0.923 879 5 ±j0.382 683 4	−0.309 017 0 ±j0.951 056 5	−0.707 106 8 ±j0.707 106 8	−0.222 520 9 ±j0.974 927 9	−0.555 570 2 ±j0.831 469 6	−0.173 648 2 ±j0.984 807 8	−0.453 990 5 ±j0.891 006 5
				−0.809 017 0 ±j0.587 785 2	−0.965 925 8 ±j0.258 819 0	−0.623 489 8 ±j0.781 831 5	−0.831 469 6 ±j0.555 570 2	−0.500 000 0 ±j0.866 025 9	−0.707 166 8 ±j0.707 100 8
						−0.900 968 9 ±j0.433 883 7	−0.980 785 3 ±j0.195 090 3	−0.766 044 4 ±j0.692 787 6	±j0.891 006 5 ±j0.453 990 5
								−0.939 692 6 ±j0.342 020 1	−0.987 688 3 ±j0.156 434 5

表 3.3　$a_{n-1},a_{n-2},\cdots,a_2,a_1$ 各项系数

n	a_1	a_2	a_3	a_4	a_5	a_6	a_7	a_8	a_9
2	1.414 213 6								
3	2.000 000 0	2.000 000 0							
4	2.613 125 9	3.414 213 6	2.613 125 9						
5	3.236 068 0	5.236 068 0	5.236 068 0	3.236 068 0					
6	3.063 703 3	7.464 101 6	9.141 620 2	7.464 101 6	3.863 703 3				
7	4.493 959 2	10.097 834 7	14.591 793 9	14.591 793 9	10.097 834 7	4.493 959 2			
8	5.125 830 9	13.137 071 2	21.846 151 0	25.688 355 9	21.846 151 0	13.137 071 2	5.125 830 9		
9	5.758 770 5	16.581 718 7	31.163 437 5	41.986 385 7	41.986 385 7	31.163 437 5	16.581 718 7	5.758 770 5	
10	6.392 453 2	20.431 729 1	42.802 061 1	64.882 396 3	74.233 429 2	64.882 396 3	43.802 061 1	20.431 729 1	6.392 453 2

(3) 当 λ 由零增加到1时，$|H(j\lambda)|^2$ 单调减小，$\alpha(\Omega)$ 单调增加，N 越大，$|H(j\lambda)|^2$ 减小得越慢，即在通带内 $|H(j\lambda)|^2$ 越平。

(4) 当 $\lambda>1$ 时，$|H(j\lambda)|^2$ 也是随 λ 的增加而单调减小，而且这时的衰减速度比在通带内的衰减速度快，N 越大，衰减速度越快。

对于用半功率频率点归一化的模拟低通滤波器的极点多项式，有现成的表格可供查询。表3.2和表3.3分别为 $n=1\sim10$ 阶巴特沃斯低通滤波器传递函数 $H(s)$ 的极点和 $a_{n-1},a_{n-2},\cdots,a_2,a_1$ 各项系数值，若滤波器阶次 n 已求得，则可从表中直接查得极点或各系数值，然后用 s/Ω_p 代替 s，得到所设计滤波器的传递函数 $H(s)$。

2. 切比雪夫 Ⅰ 型低通滤波器的设计

在设计滤波器的技术指标时，实际上是给出了所设计的滤波器与理想滤波器的最大通带和阻带的逼近误差。由于巴特沃斯低通滤波器在通带范围内的幅度是单调下降的，为了在通带内和阻带截止频率以上的衰减满足指标要求，往往需要使用较高阶次的滤波器，这样会给设计和实现滤波器带来很多不便。

另一种比较有效的逼近理想滤波器特性的方法就是使逼近误差均匀分布于通带或阻带内，或同时在通带和阻带内均匀分布，这样就可以降低滤波器的阶次。通过选择一种等纹波特性而不是单调特性的逼近方法可以实现这一点。切比雪夫滤波器就具有这样的性质：其频率响应幅度可以在通带中是等纹波的，在阻带内是单调的，这一种称为切比雪夫 Ⅰ 型滤波器；还有一种就是在通带内是单调的，而在阻带中是等纹波的，这种称为切比雪夫 Ⅱ 型滤波器。椭圆滤波器可以实现在通带和阻带内都是等纹波的，且有最窄的过渡带。本节以切比雪夫 Ⅰ 型滤波器为主来讲述其设计方法。

切比雪夫 Ⅰ 型低通滤波器的幅频特性为 $|H(j\Omega)|^2=\dfrac{1}{1+\varepsilon^2 * C_n^2(\Omega)}$

其中 $C_n(\Omega)$ 为切比雪夫多项式，定义为

$$C_n(\lambda)=\begin{cases}\cos(n\arccos\lambda), & |\lambda|\leqslant 1\\ \cosh(n\operatorname{arcosh}\lambda), & |\lambda|>1\end{cases}$$

图3.30是对于不同的参数 n，函数 $C_n(\lambda)$ 的变化曲线图。

从图中可以看出，在 $|\lambda|\leqslant1$ 时，$C_n(\lambda)$ 为余弦曲线，此时 $C_n(\lambda)$ 在 ±1 范围内呈等纹波振荡，共有 $n+1$ 个极值点(取 ±1)和 n 个零点。当 $|\lambda|>1$ 时，$C_n(\lambda)$ 单调递增。随着阶次 n 的增大，$C_n(\lambda)$ 的增长越来越陡，说明当频率 Ω 超过 Ω_p 后，幅度 $|H(j\Omega)|$ 减小的很快，过渡带变得很窄。

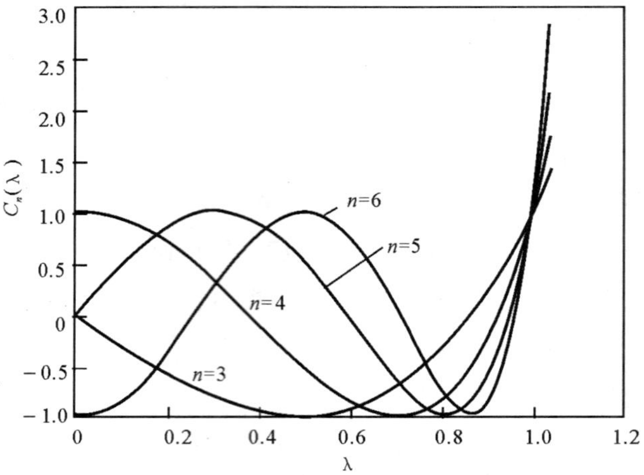

图 3.30 $C_n(\lambda)$ 变化曲线

Ω_p 为截止频率，但是其定义与巴特沃斯滤波器不同，不是衰减为 3 dB时的频率，而是指与通带内纹波中最小幅度相对应的最高频率，参见图 3.31。

将滤波器的频率变换成归一化的频率 λ，用 λ 来代替以上的切比雪夫多项式中的 Ω，根据切比雪夫滤波器

$$|H(j\lambda)|^2 = \frac{1}{1+\varepsilon^2 C_n^2(\lambda)}$$

和以上讨论的切比雪夫多项式可知，由于 $C_n(\lambda)$ 的等纹波振荡特性，ε 是与振荡幅度有关的参数，$|H(j\lambda)|^2$ 在通带内($\lambda \leqslant 1$) 也是等纹波振荡的，保证了通带内的衰减呈等纹波均匀分布。而当 $\lambda > 1$ 时，$C_n(\lambda)$ 单调递增，$|H(j\lambda)|^2$ 单调下降。图 3.32 是 $|H(j\lambda)|^2$ 的曲线图。

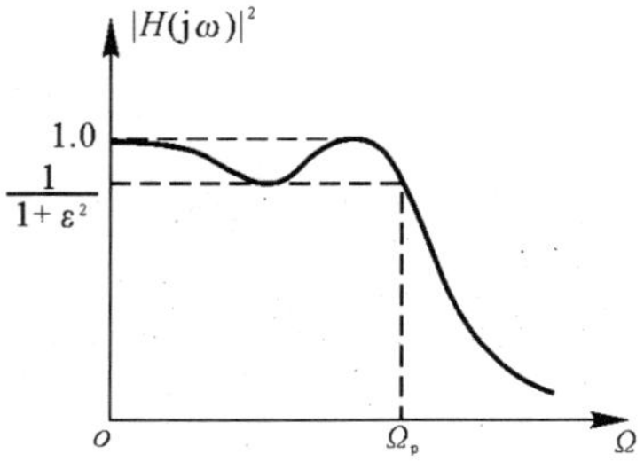

图 3.31 切比雪夫低通滤波器的通带截止频率 Ω_p

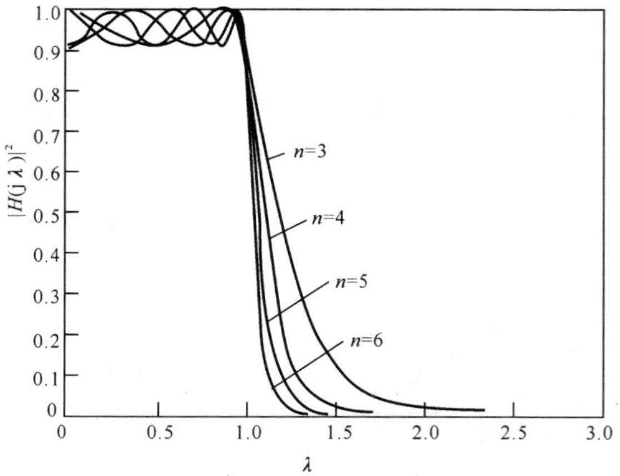

图 3.32 $|H(j\lambda)|^2$ 的曲线图

切比雪夫滤波器的设计与巴特沃斯滤波器的设计一样，也分为三步。

(1) 将频率归一化。归一化后的幅度平方特性

$$|H(\mathrm{j}\lambda)|^2=\frac{1}{1+\varepsilon^2C_n^2(\lambda)}$$

(2) 求 ε 和 n。

$$\alpha(\lambda)=10\lg[1+\varepsilon^2C_n^2(\lambda)]$$

$$\varepsilon^2C_n^2(1)=10^{\alpha_p/10}-1$$

$$\varepsilon^2C_n^2(\lambda_s)=10^{\alpha_s/10}-1=\varepsilon^2\cosh^2[n\operatorname{arcosh}(\lambda_s)]$$

因为 $C_n^2(1)=1$，所以

$$\varepsilon^2=10^{\alpha_p/10}-1$$

$$\cosh^2[n\operatorname{arcosh}(\lambda_s)]=\frac{10^{\alpha_s/10}-1}{\varepsilon^2}=\frac{10^{\alpha_s/10}-1}{10^{\alpha_p/10}-1}$$

$$n=\frac{\sqrt{\dfrac{10^{\alpha_s/10}-1}{10^{\alpha_p/10}-1}}}{\operatorname{arcosh}(\lambda_s)}$$

(3) 确定 $H(s)$。因为 $p=\mathrm{j}\lambda$，归一化后的转移函数 $H(p)$ 与 $H(-p)$ 之积：

$$H(p)H(-p)=\frac{1}{1+\varepsilon^2C_n^2\left(\dfrac{p}{\mathrm{j}}\right)}$$

其极点 p_k 应是多项式 $1+\varepsilon^2C_n^2\left(\dfrac{p}{\mathrm{j}}\right)=0$ 的根。若令 $p_k=\sigma_k+\mathrm{j}\omega_k$，则可得

$$\sigma_k=\sin\left[\frac{(2k-1)\pi}{2n}\right]\sinh(\varphi_2)$$

$$\omega_k=\cos\left[\frac{(2k-1)\pi}{2n}\right]\cosh(\varphi_2)$$

式中　$\varphi_2=\dfrac{1}{n}\operatorname{arsinh}\left(\dfrac{1}{\varepsilon}\right)，k=1,2,\dots,2n$。

$$p_k=\sin\left[\frac{(2k-1)\pi}{2n}\right]\sinh(\varphi_2)+\mathrm{j}\cos\left[\frac{(2k-1)\pi}{2n}\right]\cosh(\varphi_2)$$

而且　$$\left(\frac{\sigma_k}{\sinh(\varphi_2)}\right)^2+\left(\frac{\omega_k}{\cosh(\varphi_2)}\right)^2=1$$

说明切比雪夫滤波器的极点的实部和虚部满足椭圆方程，即 p_k 在椭圆方程上。如图 3.33 所示。

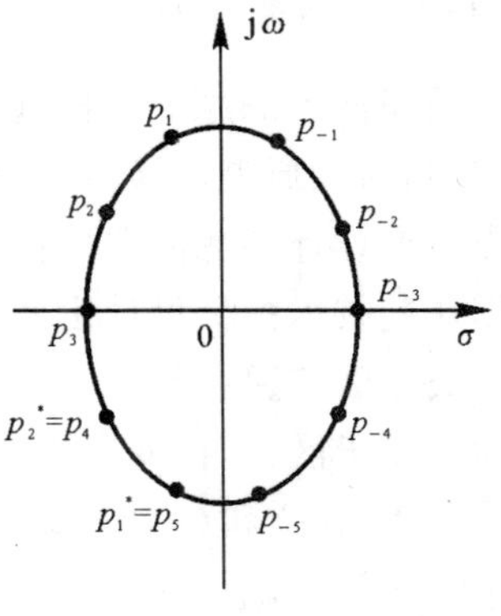

图 3.33　切比雪夫低通滤液器极点的分布 p_k—$H(s)$ 的极点；p_{-k}—$H(-s)$ 的极点

为了保证滤波器的稳定性，取其左半平面的 n 个极点作为 $H(p)$ 的极点，可得

$$H(p)=\frac{1}{\varepsilon\times 2^{n-1}\prod_{k=1}^{n}(p-p_k)}$$

实际的传递函数为

$$H(s)=H(p)\big|_{p=\frac{s}{\Omega_p}}=\frac{\Omega_p^n}{\varepsilon\times 2^{n-1}\prod_{k=1}^{n}(s-p_k\Omega_p)}$$

例 3.5 设计一个切比雪夫低通滤波器,满足通带最高频率为 $f_p=3$ MHz,通带衰减 $\alpha_p\leqslant 0.1$ dB,阻带起始频率为 $f_s=12$ MHz,阻带衰减 $\alpha_s>60$ dB。

解 将频率归一化:$\lambda_p=1,\lambda_s=4$。
求滤波器阶次 n 和常数 ε。由 $\varepsilon^2=10^{0.1/10}-1$,可得 $\varepsilon=0.152\,62$,$n=4.6$,取 $n=5$。求 $H(p)$。根据以上求极点的过程,可得

$$H(p)=\frac{1}{16\varepsilon(p+0.538\,9)(p^2+0.333\,1p+1.194\,9)(p^2+0.871\,98p+0.635\,92)}$$

最后可得

$$H(s)=H(p)\big|_{p=\frac{s}{\Omega_p}}=$$

$$\frac{0.974\,852\times 10^{36}}{(s+1.015\,80\times 10^7)(s^2+6.278\,79\times 10^6 s+4.245\,9\times 10^{14})(s^2+1.643\,68\times 10^7 s+2.259\,46\times 10^{14})}$$

对于归一化频率,各阶切比雪夫滤波器传递函数的极点及其分母的因子形式与 ω_p 无关,在已知阶次 n 和常数 ε 的条件下可直接查表得到传递函数分母的极点成因式,如表 3.4 和表3.5 所示。

四、模拟滤波器的原型变换

所谓滤波器的原型变换,就是从低通滤波器变换出满足特定要求的低通、高通、带通或带阻滤波器,所以原型变换可以分为低通变换、高通变换、带通变换和带阻变换。无论哪种变换,都是先将要设计的滤波器的技术指标,通过某种变换关系转换成模拟低通滤波器的技术指标,并依据这些技术指标设计出低通原型滤波器的传递函数,然后再依据频率转换关系变成所需要的滤波器的传递函数。

为了便于区分,记低通滤波器为 $H(s)$ 和 $H(\mathrm{j}\Omega)$,归一化频率为 λ;$p=\mathrm{j}\lambda$,高通、带通和带阻滤波器为 $G(s)$ 和 $G(\mathrm{j}\Omega)$,归一化频率为 η,$\eta=\Omega/\Omega_p$ 且 $q=\mathrm{j}\eta$。原型变换关系实际上就是 λ 和 η 之间的变换关系。

1. 低通变换

低通变换实际上就是我们在前面已经采用的方法。设由归一化的模拟低通滤波器 $H(p)$,归一化参数为通带截止频率 Ω_p,令 $H(s)=H(p)\big|_{p=\frac{s}{\Omega_p}}$,就可以得到满足特定指标要求的模拟低通滤波器。

表 3.4　切比雪夫滤波器传递函数极点 $\alpha_p=0.5$ dB($\varepsilon=0.359\ 311\ 4$, $\varepsilon^2=0.122\ 018\ 4$)

$n=1$	$n=2$	$n=3$	$n=4$	$n=5$	$n=6$	$n=7$	$n=8$	$n=9$	$n=10$
−2.862 775 2	−0.712 812 2 ±j0.04 942 5	−0.626 456 5	−0.175 353 1 ±j1.016 252 9	−0.362 319 8	−0.776 501 ±j1.008 460 8	−0.256 170 0	−0.043 620 1 ±j1.005 002 1	−0.198 405 3	−0.027 899 4 ±j1.003 273 2
		−0.313 228 2 ±j1.021 927 5	−0.423 339 8 ±j0.420 945 7	−0.111 962 9 ±j1.011 557 4	−0.212 1440 ±j0.738 244 8	−0.057 003 2 ±j1.006 408 5	−0.124 219 5 ±j0.851 999 6	−0.034 452 7 ±j1.004 004 0	−0.080 967 2 ±j0.905 065 8
				−0.293 122 7 ±j0.625 176 8	−0.289 794 0 ±j0.270 216 2	−0.159 719 4 ±j0.087 077 0	−0.185 907 6 ±j0.0569 287 9	−0.099 202 6 ±j0.882 906 3	−0.126 109 4 ±j0.718 264 3
						−0.230 801 2 ±j0.447 893 9	−0.219 292 9 ±j0.199 807 3	−0.151 987 3 ±j0.655 317 0	−0.158 907 2 ±j0.461 154 1
								−0.186 440 0 ±j0.348 686 9	−0.176 149 8 ±j0.158 902 9

表 3.5　切比雪夫滤波器传递函数分母的因式表示 $\alpha_p=0.5$ dB

n	
1	$0.349\ 311\ 4s+1$
2	$0.659\ 75s^2+0.940\ 33s+1$
3	$(0.875\ 44s^2+0.548\ 31s+1)(1.596\ 62s+1)$
4	$(0.940\ 35s^2+0.329\ 72s+1)(2.806\ 41s^2+2.375\ 65s+1)$
5	$(0.965\ 5s^2+0.216\ 16s+1)(2.097\ 69s+1.229\ 52s+1)(2.768\ 54s+1)$
6	$(0.977\ 53s^2+0.151\ 78s+1)(1.694\ 99s^2+0.719\ 02s+1)(6.370\ 96s^2+3.691\ 81s+1)$
7	$(0.984\ 17s^2+0.112\ 18s+1)(1.477\ 41s^2+0.471\ 85s+1)(3.939\ 2s^2+1.818\ 03s+1)(3.904\ 41s+1)$
8	$(0.988\ 23s^2+0.086\ 2s+1)(1.348\ 95s^2+0.335\ 07s+1)(2.788\ 38s^2+1.036\ 56s+1)(11.359\ 35s^2+4..981\ 1s+1)$
9	$(0.990\ 873s^2+0.883\ 569s+1)(1.266\ 841\ 5s^2+0.254\ 521\ 1s+1)(2.209\ 746\ 9s^2+0.707\ 81s+1)(6.392\ 134s^2+2.385\ 02s+1)$ $(5.040\ 187\ 9s+1)$
10	$(0.992\ 707\ 0s^2+0.055\ 392\ 4s+1)(1.211\ 093\ 9s^2+0.196\ 117\ 7s+1)(1.880\ 380\ 7s^2+0.742\ 67s+1)(4.203\ 188\ 8s^2+1.335\ 833\ 9s+1)$ $(17.768\ 648s^2+6.259\ 891\ 3s+1)$

2. 高通变换

由于滤波器的幅频特性都是频率的偶函数，由低通和高通滤波器的幅频特性曲线可知，λ 和 η 之间可以采用以下变换关系：

$$\lambda\eta = 1 \text{ 或 } \lambda\eta = -1$$

λ 和 η 的变换关系如图 3.34 所示。

低通原型滤波器经过变换后，从直流到通带截止频率之间的幅频特性，被变换到高通滤波器从起始频率 η_p 到 $\eta = \infty$ 的通带内。通过将高通滤波器的频率转换成低通滤波器的频率，通带与阻带衰减不变，这样就可以设计出模拟低通滤波器的传递函数 $H(p)$。

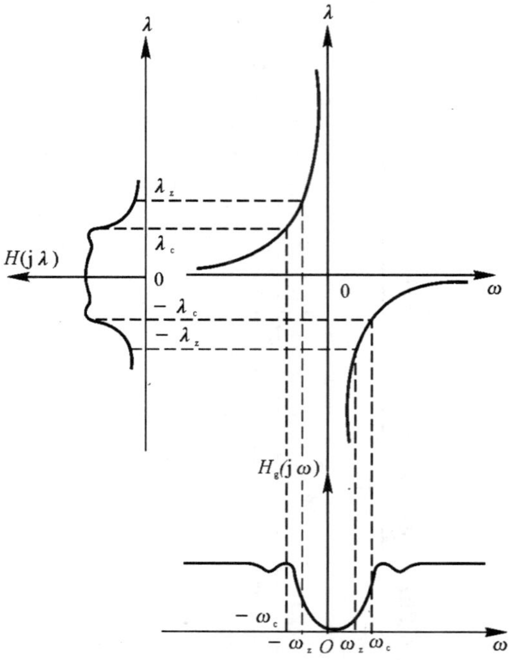

图 3.34　低通到高通的频率变换

由 $q = j\eta = j\dfrac{1}{\lambda} = -\dfrac{1}{p}$ 或 $q = j\eta = -j\dfrac{1}{\lambda} = \dfrac{1}{p}$

得
$$G(q) = H(p)\big|_{p=-\frac{1}{q}} = H\left(-\frac{1}{q}\right)$$

或
$$G(q) = H(p)\big|_{p=\frac{1}{q}} = H\left(\frac{1}{q}\right)$$

考虑到 $|H(j\omega)|$ 的对称性，取 $q = \dfrac{1}{p}$。

又
$$q = j\eta = j\frac{\Omega}{\Omega_p}$$

所以
$$G(s) = H(p)\big|_{p=\frac{\Omega_p}{s}}。$$

这样就可得到高通滤波器的传递函数。

例 3.6　用巴特沃斯方法设计一个高通模拟滤波器，满足 $f_p = 100\ \text{Hz}$，$\alpha_p = 3\ \text{dB}$，$f_s = 50\ \text{Hz}$，$\alpha_s = 30\ \text{dB}$。

解　先将频率归一化，得 $\eta_p = 1$，$\eta_s = 0.5$。

作频率变换，得 $\lambda_p = 1$，$\lambda_s = 2$，而且 $\alpha_p = 3\ \text{dB}$，$\alpha_s = 30\ \text{dB}$。

根据以上技术要求设计巴特沃斯低通滤波器得

$$H(p) = \frac{1}{(p+1)(p^2+0.618p+1)(p^2+1.618p+1)}$$

求高通滤波器得传递函数 $G(s)$，令 $p = \dfrac{\Omega_p}{s} = \dfrac{200\pi}{s}$ 代入上式，即可得到 $G(s)$。

3. 带通变换

模拟带通滤波器有4个参数为Ω_{sl},Ω_1,Ω_3,Ω_{sh},其中Ω_1,Ω_3分别为通带的下限和上限频率,Ω_{sl}是下阻带的上限频率,Ω_{sh}是上阻带的下限频率,如图3.35。

定义$\Omega_{BW}=\Omega_3-\Omega_1$为通带的带宽,以此为参考频率对$\Omega$作归一化处理,即

$$\eta_{sl}=\frac{\Omega_{sl}}{\Omega_{BW}},\quad \eta_1=\frac{\Omega_1}{\Omega_{BW}},\quad \eta_3=\frac{\Omega_3}{\Omega_{BW}},\quad \eta_{sh}=\frac{\Omega_{sh}}{\Omega_{BW}}$$

定义$\Omega_2^2=\Omega_1\Omega_3$为通带的中心频率,归一化的$\eta_2^2=\eta_1\eta_3$。

由带通和低通滤波器的幅频特性图可知,η和λ之间可以采用如下的转换关系:

$$\lambda=\frac{\eta^2-\eta_2^2}{\eta}$$

如图3.36所示,利用低通滤波器的技术指标设计出低通滤波器的传递函数$H(p)$,因为

$$p=\mathrm{j}\lambda=\mathrm{j}\,\frac{\eta^2-\eta_2^2}{\eta}=\mathrm{j}\,\frac{\left(\frac{q}{\mathrm{j}}\right)^2-\eta_2^2}{\frac{q}{\mathrm{j}}}=\frac{q^2+\eta_2^2}{q}=\frac{\left(\frac{s}{\Omega_{BW}}\right)^2+\frac{\Omega_1\Omega_3}{\Omega_{BW}^2}}{\frac{s}{\Omega_{BW}}}=\frac{s^2+\Omega_1\Omega_3}{s(\Omega_3-\Omega_1)}$$

所以$G(s)=H(p)\big|_{p=\frac{s^2+\Omega_1\Omega_3}{s(\Omega_3-\Omega_1)}}$,所需带通滤波器的传递函数就可以求出。而且$N$阶的低通滤波器转换到带通后阶次变成$2N$。

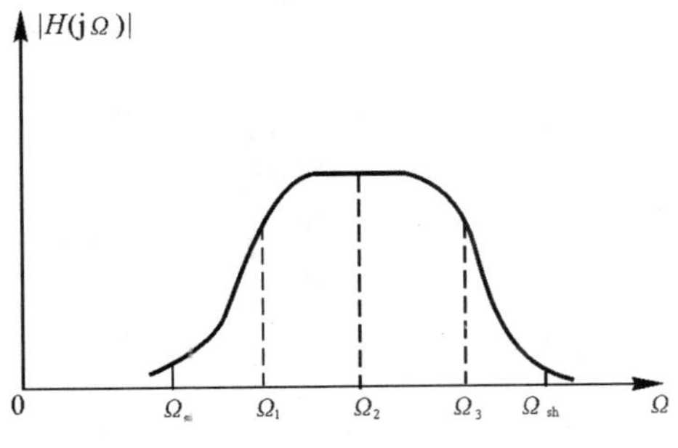

图3.35　带通滤波器的幅频特性

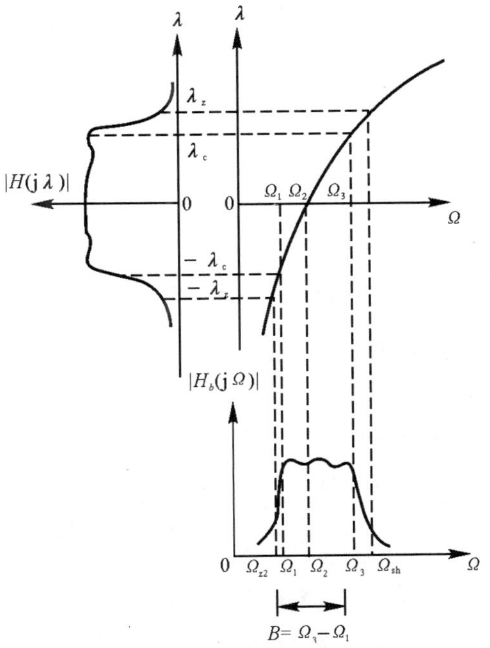

图3.36　低通到带通的频率变换

4. 带阻变换

模拟带通滤波器与模拟带通滤波器一样，有4个参数为Ω_1，Ω_{sl}，Ω_{sh}，Ω_3，其中Ω_1，Ω_3分别为通带的截止频率，Ω_{sl}是阻带的下限频率，Ω_{sh}是阻带的上限频率，如图3.37。

定义$\Omega_{BW}=\Omega_3-\Omega_1$为阻带的带宽，以此为参考频率对$\Omega$作归一化处理，即

$$\eta_1=\frac{\Omega_1}{\Omega_{BW}},\quad \eta_3=\frac{\Omega_3}{\Omega_{BW}},\quad \eta_{sl}=\frac{\Omega_{sl}}{\Omega_{BW}},\quad \eta_{sh}=\frac{\Omega_{sh}}{\Omega_{BW}}$$

定义$\Omega_2^2=\Omega_1\Omega_3$为阻带的中心频率，归一化的$\eta_2^2=\eta_1\eta_3$。

由带阻和低通滤波器的幅频特性图可知，η和λ之间可以采用如下的转换关系

$$\lambda=\frac{\eta}{\eta^2-\eta_2^2}$$

如图3.38所示，则可以得到

$$p=\frac{s(\Omega_3-\Omega_1)}{s^2+\Omega_1\Omega_3}$$

利用低通滤波器的技术指标设计出低通滤波器的传递函数$H(p)$，由

$$G(s)=H(p)\big|_{p=\frac{s(\Omega_3-\Omega_1)}{s^2+\Omega_1\Omega_3}}$$

所需带通滤波器的传递函数就可以求出。

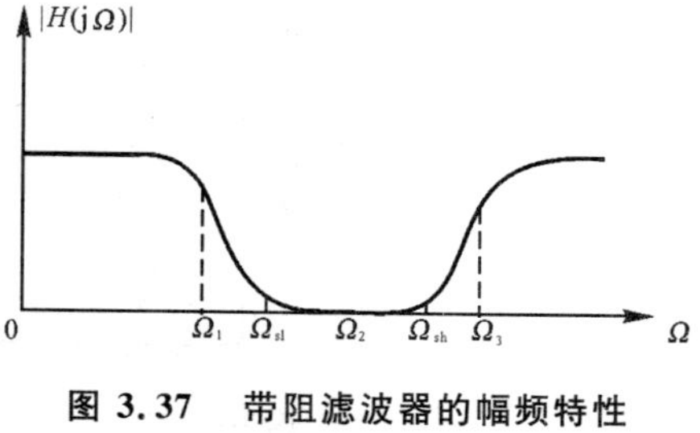

图3.37　带阻滤波器的幅频特性

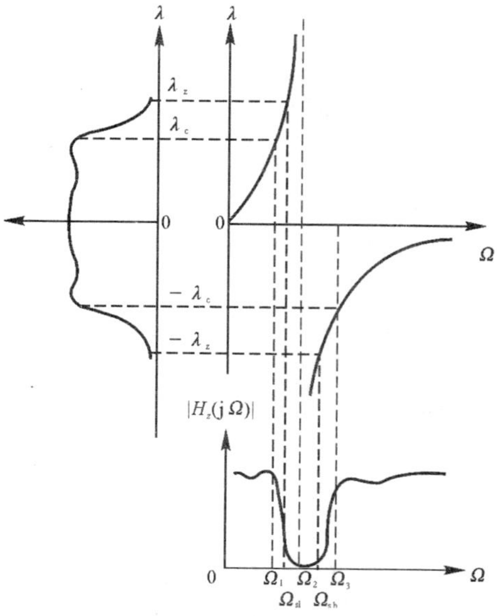

图3.38　低通带阻的频率变换

五、IIR滤波器设计

IIR滤波器是数字滤波器的一种，另外一种数字滤波器就是FIR滤波器。与模拟滤波器相

比，数字滤波器具有以下特点：精度高，若采用16位数字系统，精度可达10^{-6}；灵活性强，只要改变程度即可改变滤波器特性；处理功能强，可处理低函数赫兹的信号，而模拟滤波器考虑到体积和重量很难处理低频信号；数字滤波器不受温度环境条件的影响，可靠性较高。

IIR滤波器的设计可以根据模拟滤波器的设计来进行，其设计的基本思想为：根据需要确定数字滤波器的技术指标，然后将其转化为相应的模拟滤波器的技术指标，据此设计出原型模拟滤波器的传递函数，再根据s平面与z平面的映射关系求出数字滤波器的传递函数。IIR滤波器的设计通常有两种方法，一种是冲击响应不变法，另外一种就是双线性变换法。

1. *冲击响应不变法*

冲击响应不变法的基本原则是使数字滤波器的冲击响应$G(n)$等于模拟滤波器的冲击响应$h(t)$的采样值，即

$$G(nT_s)=h(t)\big|_{t=nT_s}=h(t)\sum_{n=0}^{+\infty}\delta(t-nT_s)$$

式中　T_s——采样周期。

若$h(t)$的拉氏变换为$H(s)$，$G(b)$的z变换为$G(z)$，则当$s=\mathrm{j}\Omega$，即$z=\mathrm{e}^{sT_s}=\mathrm{e}^{\mathrm{j}\Omega T_s}=\mathrm{e}^{\mathrm{j}\omega}$时，所对应的数字系统的转移函数和频率响应为

$$G(z)=\sum_{n=0}^{+\infty}h(nT_s)z^{-n}$$

$$G(\mathrm{e}^{\mathrm{j}\omega})=\frac{1}{T_s}\sum_{k=-\infty}^{+\infty}H(\mathrm{j}\Omega-\mathrm{j}k\Omega_s)$$

上式表明，数字滤波器的频谱为模拟滤波器频谱的周期延拓。根据采样定理，当模拟滤波器的频谱是带限的，且其最高频率在折叠频率$\frac{f_s}{2}$（f_s为采样频率）以内时，则有

$$G(\mathrm{e}^{\mathrm{j}\omega})=\frac{1}{T_s}H(\mathrm{j}\Omega)\quad\left(|\Omega|\leqslant\frac{\pi}{T_s}\right)$$

此时，数字滤波器的一个周期内的频谱将不失真地重现模拟滤波器的频谱。

如$H(s)=\dfrac{A}{s+a}$，则$H(s)=\dfrac{A}{s+a}h(t)=A\mathrm{e}^{-at}$，$G(nT_s)=A\mathrm{e}^{-anT_s}$，则

$$G(z)=\frac{A}{1-\mathrm{e}^{-aT_s}z^{-1}}$$

因为$G(n)$等于$h(t)$的采样，所以该方法被称为冲击响应不变法。

在变换中，s平面的极点s_i变换到z平面为$z_i=\mathrm{e}^{s_iT_s}$，若$H(s)$的所有极点都位于s平面的左半平面，则$G(z)$的所有极点必然位于z平面的单位圆内，这表明若$H(s)$是稳定的，则$G(z)$也必然是稳定的。

根据冲击响应不变法，则$\omega=\Omega T_s$，即模拟角频率Ω与数字角频率ω之间是线性关系，因此，若$H(\mathrm{j}\omega)$是带限的且最高频率低于折叠频率，则数字滤波器的频谱与模拟滤波器的频谱相吻合，若$H(\mathrm{j}\omega)$是非带限的或采样频率不够，由于$H(\mathrm{j}\omega)$的周期延拓必然造成混叠，这是冲

击响应不变法的严重缺点。因此这种方法只适用于低通或带通滤波器，对于高通和带阻滤波器，由于高频部分不衰减，势必造成混叠，故不能使用。

利用冲击响应不变法设计数字滤波器的一般步骤为：

（ⅰ）利用 $\omega=\Omega T_s$ 将 ω_p,ω_s 转换为 $\Omega_p,\Omega_s,\alpha_p,\alpha_s$ 不变；

（ⅱ）根据以上技术指标设计模拟低通滤波器 $H(s)$；

（ⅲ）将 $H(s)$ 分成一阶和二阶环节的级联方式，并求出 $h(t)$，再求出 $G(n)=h(t)|_{t=nT_s}$ 从而得到 $G(z)$。

例 3.7 设计以低通数字滤波器，要求在通带 $0\sim0.2\pi$ 内衰减不大于 3 dB，在阻带 $0.6\pi\sim\pi$ 内衰减不小于 20 dB，给定 $T_s=0.001$ s。

解 (1) 将数字滤波器的技术指标转换为模拟滤波器的技术指标。由 $\omega=\Omega T_s$ 可得 $\Omega_p=\dfrac{\omega_p}{T_s}=200\pi$，$\Omega_s=\dfrac{\omega_s}{T_s}=600\pi$，$\alpha_p=3$ dB，$\alpha_s=20$ dB。

(2) 设计模拟低通滤波器 $H(s)$。令 $\lambda=\dfrac{\Omega}{\Omega_p}$，得 $\lambda_p=1$，$\lambda_s=3$，从而 $N=2$，

$$H(p)=\frac{1}{p^2+\sqrt{2}p+1}$$

$$H(s)=H(p)\,|_{p=\frac{s}{\Omega_p}}=\frac{\Omega_p^2}{s^2+\sqrt{2}\Omega_p p+\Omega_p^2}$$

(3) 将 $H(s)$ 转换成数字滤波器 $G(z)$。$G(z)$ 的表达式如下：

$$G(z)=\frac{0.244\ 9z^{-1}}{1-1.158\ 0z^{-1}+0.411\ 2z^{-2}}$$

2. 双线性变换法

为了克服冲击响应不变法的缺点，可以采用双线性变换法来设计滤波器，其基本思想是使数字滤波器的差分方程设计为模拟滤波器微分方程的数字解。双线性变换法的映射关系为

$$s=\frac{2}{T_s}\frac{z-1}{z+1}$$

由此可得

$$z=\frac{1+\left(\frac{T_s}{2}\right)s}{1-\left(\frac{T_s}{2}\right)s}$$

$$\mathrm{j}\Omega=\frac{2}{T_s}\frac{\mathrm{e}^{\mathrm{j}\omega}-1}{\mathrm{e}^{\mathrm{j}\omega}+1}=\frac{2}{T_s}=\frac{\mathrm{e}^{\mathrm{j}\omega/2}(\mathrm{e}^{\mathrm{j}\omega/2}-\mathrm{e}^{-\mathrm{j}\omega/2})}{\mathrm{e}^{\mathrm{j}\omega/2}(\mathrm{e}^{\mathrm{j}\omega/2}+\mathrm{e}^{-\mathrm{j}\omega/2})}=\mathrm{j}\frac{2}{T_s}\frac{\sin\left(\frac{\omega}{2}\right)}{\cos\left(\frac{\omega}{2}\right)}$$

即

$$\Omega=\frac{2}{T_s}\tan\left(\frac{\omega}{2}\right)$$

$$\omega=2\arctan\left(\frac{\Omega T_s}{2}\right)$$

由以上可以看出，当 ω 由 $0\to\pi$ 时，$\tan\left(\frac{\omega}{2}\right)$ 由 0 变到 $+\infty$；当 ω 由 $0-\pi$ 时，$\tan\left(\frac{\omega}{2}\right)$ 由 0 变到 $-\infty$，即整个 Ω 轴映射到单位圆一周，这意味着整个 $\mathrm{j}\omega$ 轴与 z 平面单位圆上的点具有一一对应的单值关系，因此不会出现高频部分，超过折叠频率($\omega_s/2$) 而产生混叠效应。

用双线性变换法设计数字滤波器的步骤为：

(ⅰ) 由数字滤波器的技术指标 $\omega_p,\omega_s,\alpha_p,\alpha_s$，依照下式可求出 Ω_p,Ω_s，而 α_p,α_s 不变。

$$\Omega_p=\frac{2}{T_s}\tan\left(\frac{\omega_p}{2}\right),\quad \Omega_s=\frac{2}{T_s}\tan\left(\frac{\omega_s}{2}\right),\quad \lambda_p=1,\quad \lambda_s=\frac{\tan\left(\frac{\omega_s}{2}\right)}{\tan\left(\frac{\omega_p}{2}\right)}$$

(ⅱ) 设计模拟滤波器 $H(p)$。

(ⅲ) 依照下式将 $H(p)$ 转换成 $H(s)$，再将 $H(s)$ 转化成 $G(z)$，即

$$H(s)=H(p)\mid_{p=\frac{s}{\Omega_p}},\quad G(z)=H(s)\mid_{s=\frac{2}{T_s}\frac{z-1}{z+1}}$$

而且

$$p=\frac{s}{\Omega_p}=\frac{T_s}{2}\frac{1}{\tan\left(\frac{\omega_p}{2}\right)}\frac{2}{T_s}\frac{z-1}{z+1}=\frac{1}{\tan\left(\frac{\omega_p}{2}\right)}\frac{z-1}{z+1}$$

六、数字滤波器的变换

在给定高通、带通和带阻滤波器的技术指标要求后，可以用转换关系将其指标要求转换成低通模拟滤波器的技术指标，然后据此设计出低通原型滤波器 $H(s)$，最后用逆转换方法求出所要的数字滤波器的传递函数 $G(z)$。设计步骤如图 3.39 所示。

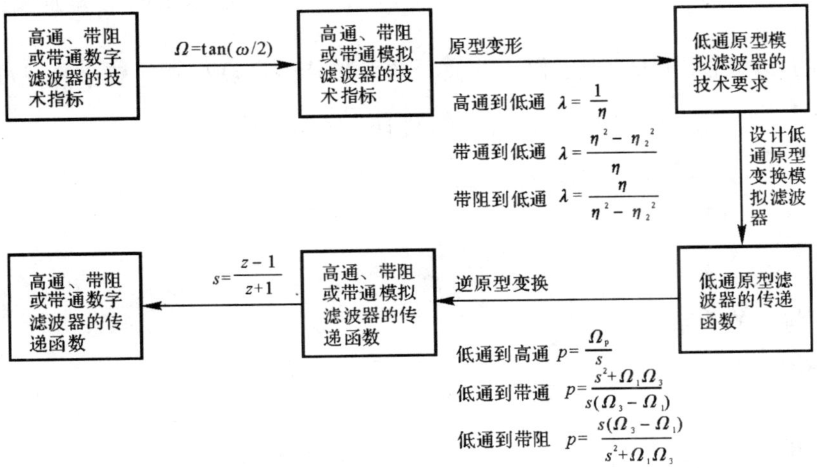

图 3.39　数字滤波器的变换

例 3.8　设数字滤波器的采样频率为 2 000 Hz，采用巴特沃斯滤波器方法设计一个带通

滤波器，要求通带范围为 300 Hz 到 400 Hz，在边带频率处的衰减不大于 3 dB；在 200 Hz 以下和 500 Hz 以上衰减不小于 18 dB。

解　首先将实际频率转换成数字频率，即 $\omega=\dfrac{2\pi f}{f_s}$，得 $\omega_{sl}=0.2\pi$，$\omega_1=0.3\pi$，$\omega_3=0.4\pi$，$\omega_{sh}=0.5\pi$。

将数字带通滤波器的频率转换成模拟带通滤波器的频率，得

$$\Omega_{sl}=\tan\left(\frac{\omega_{sl}}{2}\right)=\tan(0.1\pi)=0.324\,92,\quad \Omega_{sh}=\tan\left(\frac{\omega_{sh}}{2}\right)=\tan(0.25\pi)=1$$

$$\Omega_1=\tan\left(\frac{\omega_1}{2}\right)=\tan(0.15\pi)=0.509\,53,\quad \Omega_3=\tan\left(\frac{\omega_3}{2}\right)=\tan(0.2\pi)=0.726\,54$$

而且还可以求出

$$\Omega_2^2=\Omega_1\Omega_3=0.370\,20,\quad \Omega_{BW}=\Omega_3-\Omega_1=0.217\,01$$

以 Ω_2 为中心频率，Ω_{BW} 为带宽，再以 Ω_{BW} 为参考频率将 Ω 归一化，得

$$\eta_1=\frac{\Omega_1}{\Omega_{BW}}=2.347\,96,\quad \eta_3=\frac{\Omega_3}{\Omega_{BW}}=3.347\,96$$

$$\eta_{sl}=\frac{\Omega_{sl}}{\Omega_{BW}}=1.497\,26,\quad \eta_{sh}=\frac{\Omega_{sh}}{\Omega_{BW}}=4.608\,08$$

显然

$$\eta_{BW}=\eta_3-\eta_1=1,\quad \eta_2^2=\eta_1\eta_3=7.860\,88$$

由 $\lambda=\dfrac{\eta^2-\eta_2^2}{\eta}$，将 η 转化为低通滤波器的归一化频率 λ，得 $\lambda_p=1$，但 λ_s 不唯一，即 $-\lambda_s=\dfrac{\eta_{sl}^2-\eta_2^2}{\eta_{sl}}=-3.752\,92$，$\lambda_s=\dfrac{\eta_{sh}^2-\eta_2^2}{\eta_{sh}}=-2.902\,19$。利用 η_{sl} 和 η_{sh} 求出的 λ_s 差别较大，这是由于 $\Omega=\tan\left(\dfrac{\omega}{2}\right)$ 的非线性引起的，为了保证滤波器的衰减特性，应取 $|\lambda_s|$ 较小者，故取 $\lambda_s=2.9$。根据 $\lambda_p=1$，$\lambda_s=2.9$，$\alpha_p=3$ dB，$\alpha_s=18$ dB 设计 $H(p)$，得

$$H(p)=\frac{1}{p^2+\sqrt{2}p+1}$$

又

$$p=\frac{s(\Omega_3-\Omega_1)}{s^2+\Omega_1\Omega_3}\ 和\ s=\frac{z-1}{z+1}$$

可得到 p 与 z 的关系

$$p=\frac{(z-1)^2+\Omega_2^2(z+1)^2}{\Omega_{BW}(z^2-1)}$$

将数值代入可得

$$p=\frac{6.314z^2-5.804\,3z+6.314}{z^2-1}$$

最后可得到数字滤波器的转移函数

$$G(z)=\frac{0.021\,0(1-2z^{-2}+z^{-4})}{1-1.637z^{-1}+2.237z^{-2}-1.307z^{-3}+0.641z^{-4}}$$

3.5　随机信号分析

一、随机信号的统计特性

随机过程的描述需用统计平均的方法计算其统计特性参数，它们可以分成三类：幅值域分析、时间域分析和频率域分析。

1. 随机信号的幅值域分析

随机信号在幅值域求得的主要统计函数有平均值、方差、均方值、概率密度函数、概率分布函数、联合概率密度函数等。

(1) 平均值。随机信号的平均值是样本记录 $x(t)$ 的所有瞬时值的平均，即

$$\mu_x = \lim_{T\to\infty}\frac{1}{T}\int_0^T x(t)\,\mathrm{d}t$$

μ_x 是信号的稳定分量，信号围绕其波动变化。$\mu_x T$ 表示曲线 $x(t)$ 下的面积。

(2) 方差。随机信号的方差是描述随机信号围绕稳定分量变化的波动分量。即

$$\sigma_x^2 = \lim_{T\to\infty}\frac{1}{T}\int_0^T [x(t)-\mu_x]^2\,\mathrm{d}t$$

而 σ_x 称为标准差，它表示随机信号在 t 时刻对均值 μ_x 的偏离程度。

(3) 均方值。均方值描述信号的强度，又称平均功率，用信号的幅值平方的平均值表示，即

$$\psi_x^2 = \lim_{T\to\infty}\frac{1}{T}\int_0^T x^2(t)\,\mathrm{d}t$$

(4) 概率密度函数。概率密度函数反映了随机信号幅值落在指定范围内的概率。图 3.40 为随机信号的概率分布图，T 为观测时间，T_x 是随机信号 $x(t)$ 的瞬时值在 x_i 和 $x_i+\Delta x$ 区间出现的时间总和。

$$T_x = \Delta t_1 + \Delta t_2 + \cdots + \Delta t_n = \sum_{j=1}^{n}\Delta t_j$$

因此 $x(t)$ 落在 Δx_j 内的机会可以用 $\dfrac{T_x}{T}$ 来表示。当观测时间 T 趋于无穷大时，$\dfrac{T_x}{T}$ 的比值就是随机信号落在 x_i 和 $x_i+\Delta x$ 区间的概率。即

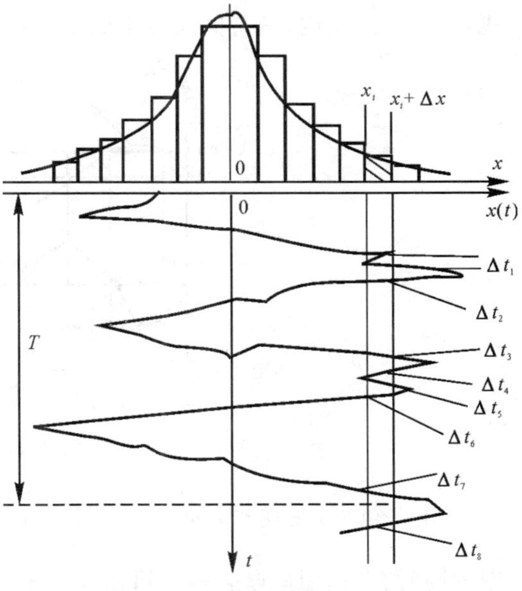

图 3.40　随机噪声信号的概率分析

$$P[x < x(t) < x + \Delta x] = \lim_{T \to \infty} \frac{T_x}{T}$$

当 $\Delta x \to 0$ 时，定义

$$p(x) = \lim_{\Delta x \to 0} \frac{P[x < x(t) < x + \Delta x]}{\Delta x}$$

为概率密度函数。由上式可得

$$p(x) = \lim_{\Delta x \to 0} \frac{1}{\Delta x}\left[\lim_{T \to \infty} \frac{T_x}{T}\right]$$

由概率密度函数的定义，若求 $x(t)$ 在任何区间(x_1, x_2)内的概率为

$$P_x\{x_1 < x(t) \leqslant x_2\} = \int_{x_1}^{x_2} p(x)\mathrm{d}t$$

由于概率密度函数给出了随机信号在某幅值附近出现的概率，所以它成为一些机械关键部位设计的依据。如可测出某机械部件运行中所受的随机应力信号并求出其概率密度函数。在研究此关键部件的失效形式中，总是要重点考虑那些较多出现的应力所造成的疲劳问题。所以幅值出现概率较高的应力应成为产品设计的依据。

(5) 联合概率密度函数。两个随机样本记录的联合概率密度函数，表示两个样本记录值在某瞬间同时落在指定范围内的概率。工程上应用它建立两组相关数据对某事件的联合概率。

图 3.41 是两个样本记录 $x(t)$ 和 $y(t)$。当 $x(t)$ 在指定范围$(x, x+\Delta x)$内，$y(t)$ 在指定范围$(y, y+\Delta y)$内，两者同时发生的概率称为联合概率。

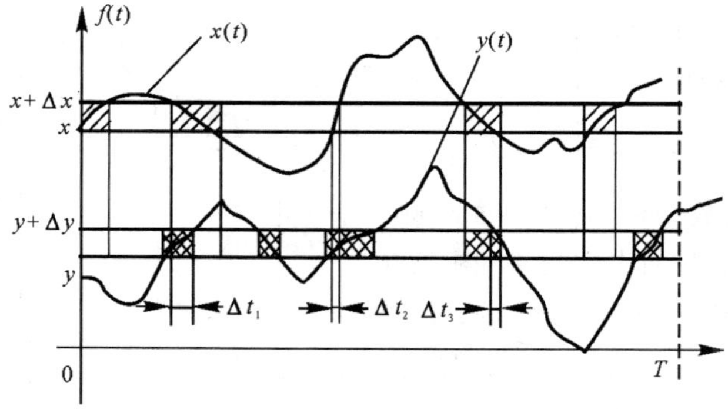

图 3.41　联合概率示意图

由图可见，在观测时间 T 内，只有在三个时间区间 $\Delta t_1, \Delta t_2, \Delta t_3$ 内 $x(t)$ 和 $y(t)$ 在指定范围内同时存在，因此联合概率可用 $T_{xy} = \sum_{i=1}^{n} \Delta t_i$ 与观测时间 T 的比值表示。

当 $T \to \infty$ 时，比值 $\frac{T_{xy}}{T}$ 趋近于理论概率值。在 $\Delta x \to 0, \Delta y \to 0$ 情况下，定义

$$p(x,y)=\lim_{\substack{\Delta x\to 0\\ \Delta y\to 0}}\frac{1}{\Delta x\Delta y}\left[\lim\frac{T_{xy}}{T}\right]$$

为联合概率密度函数。当两个样本记录为相互独立时，则有

$$p(x,y)=p(x)p(y)$$

2. 随机信号的时域分析

相关函数是用来表示单个或几个随机信号自身或相互之间相似程度的统计特征参数。它分为自相关函数和互相关函数。

(1) 自相关函数。自相关函数表示随机信号 $x(t)$ 在时间为 t 的值与时间为 $(t+\tau)$ 的值的乘积的平均值，即

$$R_{xx}(\tau)=\lim_{T\to\infty}\frac{1}{T}\int_0^T x(t)x(t+\tau)\mathrm{d}t$$

自相关函数的主要性质有：

(ⅰ) 自相关函数在 $\tau=0$ 时有最大值。由 $R_{xx}(0)=\lim\limits_{T\to\infty}\frac{1}{T}\int_0^T x^2(t)\mathrm{d}t=\mu_x^2$，可见 $R_{xx}(0)$ 等于均方值，反映信号的平均功率。

(ⅱ) 自相关函数是偶函数，即

$$R_{xx}(\tau)=R_{xx}(-\tau)$$

在实际应用中，根据此性质可只计算 $\tau\geqslant 0$，而不必重复研究 $\tau<0$ 的部分。

(ⅲ) 若随机过程 $x(t)$ 中含有周期信号成分，则自相关函数中也含有周期成分，且周期与过程 $x(t)$ 所含周期相同。

(ⅳ) 若随机信号 $x(t)$ 的平均值 $\mu_x=0$，且无周期信号成分，则当 $\tau\to\infty$ 时，其自相关函数趋于零。即 $\lim\limits_{\tau\to\infty}R_{xx}(\tau)=0$。

在信号分析中，性质(ⅲ)和(ⅳ)是很重要的，可以用它们来鉴别混淆在随机过程中的确定性周期信号，这就是信号的自相关分析。

(2) 互相关函数。互相关函数是表示两个(或几个)随机信号之间的相依程度的统计特征参数。信号 $x(t)$ 在时刻 t 的值与另一信号 $y(t)$ 在时刻 $(t+\tau)$ 的值乘积的平均值定义为互相关函数，即

$$R_{xy}(\tau)=\lim_{T\to\infty}\frac{1}{T}\int_0^T x(t)y(t+\tau)\mathrm{d}t$$

它描述了时域中两个信号的相似性。互相关函数的主要性质有：

(ⅰ) 互相关函数不是偶函数，其峰值偏离原点的位置 τ_d 反映了两信号相关程度最大时，两者应错开的时间差。如图 3.42(a) 所示。

(ⅱ) $R_{xy}(\tau)$ 和 $R_{yx}(\tau)$ 是不相等的，但两者具有对称性，如图 3.42(b) 所示。即

$$R_{xy}(-\tau)=R_{yx}(\tau)$$

(ⅲ)周期相同的两周期信号的互相关函数仍是周期函数,其周期不变且时间差 τ_d 与相位有关。如图 3.42(c) 中 $x(t)=A\sin(\omega_0 t+\varphi_x)$,$y(t)=B\sin(\omega_0 t+\varphi_y)$,互相关函数 $R_{xy}(\tau)$ 为

$$R_{xy}(\tau)=\lim_{T\to\infty}\frac{1}{T}\int_0^T x(t)y(t+\tau)\mathrm{d}t=\frac{1}{T}\int_0^T AB\sin(\omega_0 t+\varphi_x)\sin[\omega_0(t+\tau)+\varphi_y]\mathrm{d}t=$$

$$\frac{AB}{2}\cos\omega_0\left(\tau+\frac{\varphi_y-\varphi_x}{\omega_0}\right)$$

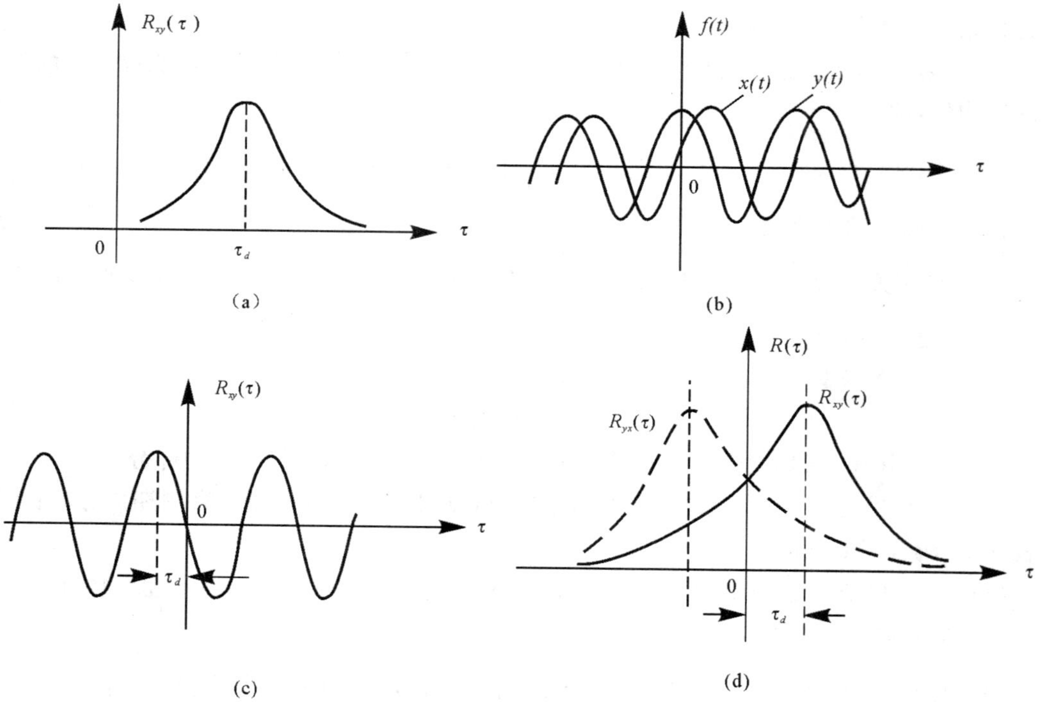

图 3.42　互相关函数的性质

(ⅳ)若随机信号 $x(t)$ 和 $y(t)$ 中,既无直流分量(均值为 0),又无同频的周期成分,当时差 $\tau\to\infty$ 时,$\lim\limits_{\tau\to\infty}R_{xy}(\tau)=0$。若 $x(t)$ 和 $y(t)$ 中有同频周期成分,则 $R_{xy}(\tau)$ 中即使 $\tau\to\infty$ 也会出现该频率的周期成分。

(ⅴ)若随机信号 $x(t)$ 和 $y(t)$ 统计独立,且都有零均值,则对所有的 τ 值,有 $R_{xy}(\tau)=0$。如 $x(t)$ 和 $y(t)$ 有直流分量,则 $R_{xy}(\tau)=\mu_x\mu_y$。

3. 随机信号的频域分析

相关函数从时域上描述了随机信号的统计特性,但不能反映信号中的频率结构。利用傅里叶变换将相关函数变换到频率域得到的象函数称为功率谱密度函数。

功率谱密度函数从频率的角度描述了随机信号的统计特性。它的物理意义表明随机信号

$x(t)$ 的平均功率沿频率域的分布情况，由于功率谱的频率结构特征更加明显突出，功率谱又与相关函数组成傅里叶变换对，使功率谱分析比幅值频谱分析在工程上往往有更广泛的应用。

(1) 自功率谱密度函数(简称自谱)。自功率谱密度函数 $S_{xx}(f)$ 是自相关函数 $R_{xx}(\tau)$ 的傅里叶变换，其表达式为

$$S_{xx}(f)=\int_{-\infty}^{+\infty}R_{xx}(\tau)\mathrm{e}^{-\mathrm{j}2\pi f\tau}\mathrm{d}\tau$$

与此对应，自功率谱密度函数的傅里叶反变换即为自相关函数

$$R_{xx}(\tau)=\int_{-\infty}^{+\infty}S_{xx}(f)\mathrm{e}^{\mathrm{j}2\pi f\tau}\mathrm{d}f$$

(2) 互功率谱密度函数(互谱)。互功率谱密度函数 $S_{xy}(f)$ 与互相关函数 $R_{xy}(\tau)$ 形成傅里叶变换对，即

$$S_{xy}(f)=\int_{-\infty}^{+\infty}R_{xy}(\tau)\mathrm{e}^{-\mathrm{j}2\pi f\tau}\mathrm{d}t$$

$$R_{xy}(\tau)=\int_{-\infty}^{+\infty}S_{xy}(f)\mathrm{e}^{\mathrm{j}2\pi f\tau}\mathrm{d}t$$

通常将相关函数与功率谱密度函数的上述两组傅里叶变换对关系式称为维纳-辛钦(Wiener-Khintchine)公式。

以上 $S_{xy}(f)$ 和 $R_{xy}(\tau)$ 中 f 的取值在$(-\infty,+\infty)$，称为双边谱密度。在实际应用中，常采用单边谱密度 $G_{xx}(f)$ 和 $G_{xy}(f)$，即

自谱
$$G_{xx}(f)=\begin{cases}2S_{xx}(f), & f\geqslant 0\\ 0, & f<0\end{cases}$$

互谱
$$G_{xy}(f)=\begin{cases}2S_{xy}(f), & f\geqslant 0\\ 0, & f<0\end{cases}$$

(3) 相干函数。为了说明两个信号在哪些频率成分上相关，哪些频率成分上毫不相关，或有一定程度的相关，定义相干函数 $\gamma_{xy}^2(f)$ 为

$$\gamma_{xy}^2(f)=\frac{|G_{xy}(f)|^2}{G_{xx}(f)G_{xy}(f)}$$

它用来表征频率域中两信号的相关程度。相干函数的取值范围为 0 到 1，当研究系统特性时，为了确定系统的输出信号 $y(t)$ 与输入信号 $x(t)$ 在频域上的相似性，可运用 $\gamma_{xy}^2(f)$ 来描述。

若 $\gamma_{xy}^2(f)=1$，说明 $y(t)$ 完全来自 $x(t)$。若 $\gamma_{xy}^2(f)<1$，则可能是：① $y(t)$ 观测中混入了外界噪声；② $y(t)$ 是输入 $x(t)$ 和其他输入信号共同作用的结果；③ 系统特性为非线性。若 $\gamma_{xy}^2(f)=0$，说明 $y(t)$ 与 $x(t)$ 毫不相关。

二、相关分析和功率谱分析的应用

相关分析是由自相关函数和互相关函数来分析混杂信号中信号与噪声两部分之间的相互

关系，或两个信号之间的相似性，进而进行信号特征的检测与提取。相关分析广泛应用于天文、医学和某些图像信号的处理中。自相关函数主要能显示出信号本身的特征，如信号的周期性、信号中噪声的带宽等。互相关函数可以描述两个信号之间的因果关系，并能从 N 个信号中判断哪两个信号关系更为密切等。相关函数有一系列的有意义的工程应用。现举例如下：

(1) 相关测速。

图 3.43 是一测量轧钢过程中钢带直线运动速度的相关测速系统。它是利用轧制钢带表面存在的微小凹凸不平在运动过程中被检测出的随机噪声作互相关处理后计算出其瞬时速度。

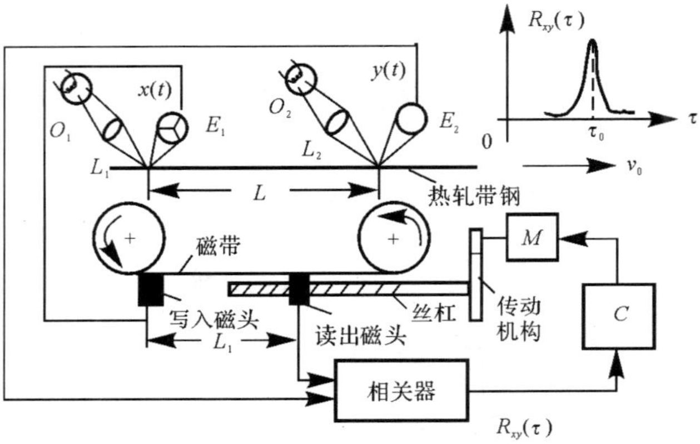

图 3.43　带钢测速系统

由光源 O_1 及 O_2 发出的光，分别经透镜 L_1 及 L_2 聚焦后，照射到运动着的被轧钢带表面上，调整好光源位置，使所聚焦的两光点落在带钢表面上，并使二光点处于与带钢运动方向平行的一条直线上。由于带钢表面存在不规则的微小凹凸不平度，当钢带作直线运动时，光电检测元件 E_1 和 E_2 接收到的反射光的强度是随机变化的。所形成的两个随机信号因来自钢带上同一轨迹，所以应当形成两个仅有一时差 τ_0 的基本相同的光电信号 $x(t)$ 和 $y(t)$，将信号 $x(t)$ 通过录磁头录入磁带记录器的磁带上，然后经与录磁头有一可变距离的重放磁头将此信号重放出来，此时所放信号已与所录信号有一时延 τ，成为 $x(t+\tau)$，将 $x(t+\tau)$ 与 $y(t)$ 皆送入相差器作互相关处理，所得的相关曲线如图右上角所示。相关曲线所显示的峰值处表示了 $x(t)$ 经进延 τ_0 后与 $y(t)$ 最为相似。控制装置 C 根据相关器的输出 $R_{xy}(\tau)$ 数值处于峰值的左右去控制可逆电机 M 的旋转方向，以达到改变重放磁头与录磁头之间的距离 L_τ，也就是改变二信号之间的时差 τ，直至达到 τ_0 值时稳定下来。τ_0 表达了钢带上各点由第一传感器运动到第二传感器所经过的时间。这样就容易知道此时钢带的直线速度为 $v=\dfrac{L}{\tau_0}$。式中的 L 表示所调两光点间的直线距离。

类似的工程应用实例还可在测量管道内液体、气体流速，高速公路上汽车运行速度以鉴别是否超速等各个领域中见到。

(2) 输液管道破裂点的控测。

工业上输水、输油等管道一旦有破裂造成液体漏失，将会导致巨大的经济损失，有些工业液体还会造成严重污染。但是在很长的管线上，特别是敷设在地下的管线，要发现漏损之处往往是很困难的。目前采用相关分析的新技术，顺利地解决了这一问题。

图 3.44 是这一测试方法的原理示意图。输液管道在 C 点上有一破裂点，压力液体由此处漏失时发出一种特殊频率哨叫声，这一信号波由管道壁传递出去。现在 A、B 两点管道上设置两相同传感器，检测出上述破裂处传出的信号波。将 A、B 两点所检测到的信号送入相关仪，在进行相关处理后，得到一相关函数曲线，这一曲线的峰值所处点 τ_m，是 A、B 二信号中某一信号时移 τ_m 后二者最相似之时移。它反映了同信号源在管壁上传递到二传感器的时差。这样就可以计算出破裂点的位置：

$$s = \frac{1}{2}v\tau_m$$

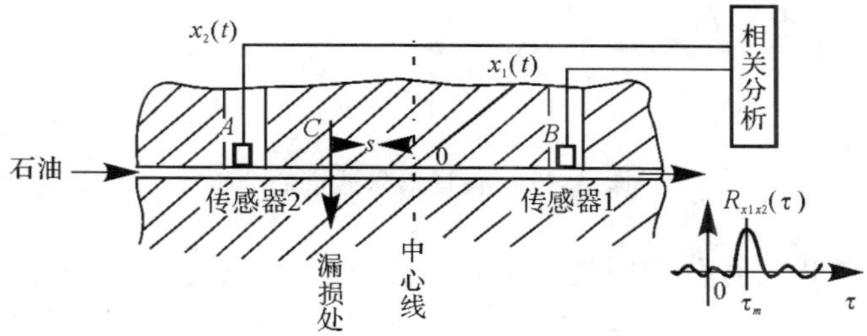

图 3.44　相关方法测量管道破裂点

式中　s —— 破裂点与 A、B 两点的中点间的距离；

v —— 弹性波在管道中的传播速度。

这种工程应用是利用同一信号源通过不同传递通道传递时间差的检测而得到所需的特征参数，类似的应用还有工业噪声传递主要通道的分析和隔除、剧场音响传递通道的分析和音响效果的完善等等。

图 3.45(a) 是这种信号传递通道的示意图。由不同信号源 $x_1(t)$，$x_2(t)$，…，$x_N(t)$ 沿不同的传递通道传递的信号，同时在同一接收点上得到其叠加的信号 $y(t)$，这一最终检测到的信号中哪一个信号源的信号成分占比较大的比重，可以通过相关方法分析出来。将 $y(t)$ 分别与 $x_1(t)$，$x_2(t)$… 作互相关处理，得到一系列相关曲线，根据其相关曲线幅值的峰值大小可以分辨出各信号源对总的接收信号的影响大小。例如行驶中的汽车中某一座位上的振动较大(图 3.45(b))，这种振动是由四个车轮通过各个机械环节传递到此座位上的，为了消除座位振动过大引起乘坐者的不适，首先需找到四轮中哪能一个车轮引起的振动传递到此座位的振动影响最大。现在在这一座位上安装一测振传感器，另外在四个轮子轴端安装四个测振传感器。将

各轮所测得的振动信号与座位上所测振动信号作相关处理，在所得的综合相关曲线上可以看到各轮振动传递到此座位上引起点的振动的影响大小。应当注意，这些个别信号源对总振动影响是包含了振源本身的信号量值和传递通道对信号传递过程的影响综合的作用。所以消除振动就可以通过这两个途径去解决。或减小振源振动，或通过隔振，吸振以减小振源的传递。根据这一构想，这种技术在工程还可以有多种应用，例如多个工业振动和噪声源对某一地区影响的分析，各种运载工具中的振动噪声影响的分析等等。

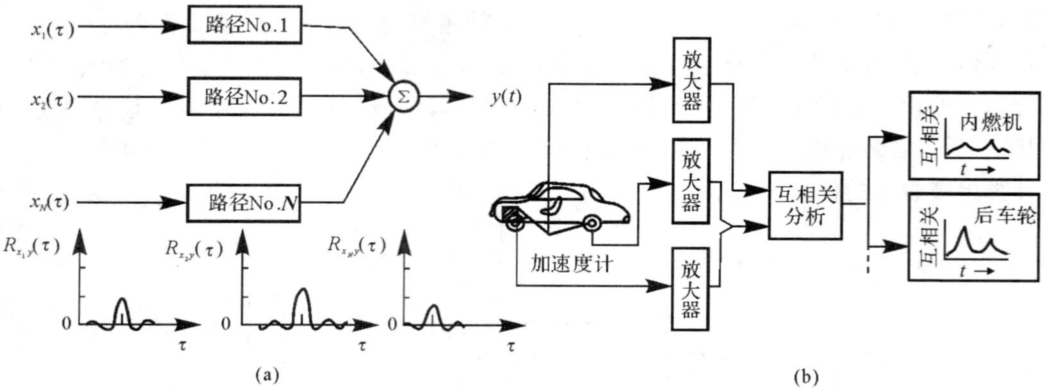

图 3.45 传递信息通道的分析

功率谱分析在随机信号分析中是重要的方法，它是把傅里叶分析法和统计分析法两者结合起来考虑问题的方法。

如前所述，功率谱的物理意义在于，它表明了信号各频率分量在总能量中各自占有的分量，虽然幅值频谱也反映了信号的频率结构，但功率谱反映了信号幅值频谱的平方，因此频率结构特征更加明显。互功率谱密度函数在研究系统特性时，不仅显示两个信号对 $x(t)$ 和 $y(t)$ 的共同频率成分，而且还包含相位信息，进一步给出不同频率分量通过系统时所产生的滞后时间，显然比互相关函数给出的整个复合信号通过系统时的滞后时间的分析更为深入，因此功率谱分析在许多先进的信号分析设备中得到应用。

功率谱应用的主要出发点是基于它的物理含义和数学特征，现举例说明。

图 3.46 是由汽车变速箱上测取的振动加速度信号经处理后所得的功率谱图。图 3.46(a) 是变速箱正常工作时的谱图，图 3.46(b) 为不正常工作时的谱图。一般来说对于正常运行的机器其功率谱是稳定的，而且各谱线应对应于不同零部件不同运转状态的振源。在机器运行不正常时，例如轴系的动不平衡，轴承的某局部失效，齿轮的不正常等等，都会引起相应谱线的变动。图(b) 比图(a) 中在 9.2 Hz 和 18.4 Hz 两处出现峰谱，这显示了发动机的某些不正常，而且指示了异常功率消耗所在的频率，这就为找寻与此频率相对应的故障部位提供了依据。

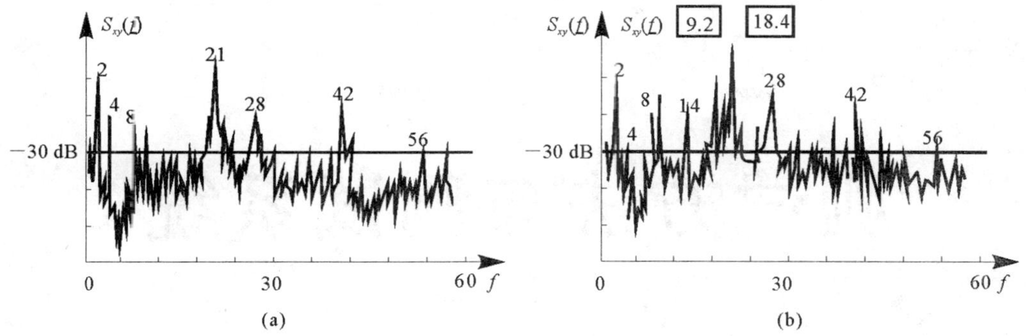

图 3.46　汽车变速箱振动功率谱图

为进一步分析机器运转情况，又发展出在机械起动增速和在高速降速过程中对不同运转速度采集信号，然后求取功率谱，再将各转速下的功率谱组合在一起成为一个转速-功率谱三维图（又称瀑布图），可以更有利于作工况和故障分析。

思考题与习题

3.1　在对信号进行幅值域分析时，常用的分析指标有哪些？

3.2　信号的频域与时域分析的区别与联系是什么？

3.3　简述香农采样定理的抗混叠滤波器的作用是什么？

3.4　说明离散傅里叶变换谱线的基本特点。

3.5　如何确定信号的采样频率和采样时间？

3.6　什么是频谱泄露？如何改善？

3.7　对采样信号补零的结果能否提高信号频谱的分辨率？

3.8　巴特沃斯滤波器与切比雪夫滤波器有何不同？两种滤波器的带宽的含义有何不同？

3.9　简述随机信号功率谱的特别含义。

3.10　简述相关测速的原理。

参考文献

[1]　胡广书.数字信号处理：理论、算法与实现.北京：清华大学出版社，1997.

[2]　李颂伦.电气测试技术.西安：西北工业大学出版社，1992.

[3]　刘君华.现代检测技术与测试系统设计.西安：西安交通大学出版社，1999.

[4]　程佩青.数字滤波器引论.北京：清华大学出版社，1986.

[5]　丁美玉，等.数字信号处理.西安：西安电子科技大学出版社，1995.

[6]　Oppenheim A V，Schafer R W，Buck J R.离散时间信号处理.刘树棠，黄建国，译.2版.西安：西安交通大学出版社，2001.

[7]　吴正毅.测试技术与测试信号处理.北京：清华大学出版社，1991.

第二篇

测试方法与测试系统

第四章　常用传感器基本原理与参数测试

4.1　概　述

传感器是一种能将特定的被测信息（包括物理量、化学量、生物量等），按一定规律转换成某种可用的输出信号的器件，又称为变换器、变送器。目前，可用信号是指各种电量（电压、电流）或电参数（电阻、电感、电容等），这是因为电信号易于处理，便于传输。随着科学技术的进步，可以预料传感器"可用信号"的内涵也会随之改变，如当人们跨入光子时代，则光信号将成为更便于快速处理与传输的"可用信号"了。

传感器的分类方法很多，了解传感器的分类旨在加深理解便于应用。按输入量，可分为温度、压力、位移、速度、湿度等传感器；按测量原理，可分为电位计式，应变式，电感式，差动变压器式，电涡流式，半导体力敏、热敏、光敏、气敏等传感器；按输出量分类，有模拟式和数字式传感器等。

目前，传感器技术正在飞速发展，出现了"多样化、新型化、集成化、智能化"的发展形势。多样化是指随着使用领域的不断扩大以及各个领域的不同需要，出现多种多样用途的传感器，种类有上千种。集成化包括传感器本身的集成化和传感器与后续电路的集成化。新型化是指由于科学技术的发展，许多物理效应的新发现、理论上的新突破、新工艺的提出、新材料的产生，发展了大量新型传感器。智能传感器，至今还没有公认的正式定义。一般认为：传感器与微处理器相结合所形成的不仅具有信号检测功能，而且具有信息处理功能的传感器系统就是智能传感器。

应用传感器时，要根据其特性与性能指标选用。传感器的各种特性一般是根据输入和输出的对应关系来描述的。传感器在稳态（静态或准静态）信号作用下，输入和输出的对应关系称为静态特性;在动态(周期或暂态)信号作用下,输入和输出的对应关系称为动态特性。

一、传感器的静态特性

1. 灵敏度与信噪比(S/N)

灵敏度是描述传感器的输出量(一般为电学量)对输入量(一般为非电学量)敏感程度的特性参数。其定义为:传感器输出量的变化值与相应的被测量(输入量)的变化值之比,用公式表示为

$$k(x)=\frac{\text{输出量的变化值}}{\text{输入量的变化值}}=\frac{\Delta y}{\Delta x}$$

可见,传感器校准曲线的斜率即为灵敏度。对线性传感器来说,灵敏度是一个常数;非线性传感器的灵敏度则随输入量变化。

选用传感器首要考虑的是灵敏度,如果达不到测量时所必须的灵敏度,这种传感器不能采用。但灵敏度高的传感器不一定是最好的传感器,这是因为它易受噪声的影响。除环境噪声外,还有来自传感器本身输出的噪声,必须用信号与噪声的相互关系全面来衡量传感器。传感器输出信号中的信号分量与噪声分量的平方平均值之比,称为信噪比(S/N)。S/N 小,信号与噪声就难以分清;若 $S/N=1$,就完全分辨不出信号与噪声,因此,S/N 至少也要大于 10。

2. 线性度

理想的传感器输出与输入呈线性关系。然而,实际的传感器即使在量程范围内,输出与输入的线性关系严格来说也是不成立的,总存在一定的非线性。线性度是评价非线性程度的参数。其定义为:传感器的输出-输入校准曲线与理论拟合直线之间的最大偏差与传感器满量程输出之比,称为该传感器的非线性误差或称线性度,也称非线性度。通常用相对误差表示其大小:

$$e_{\mathrm{f}}=\pm\frac{\Delta_{\max}}{y_{\mathrm{FS}}}\times 100\%$$

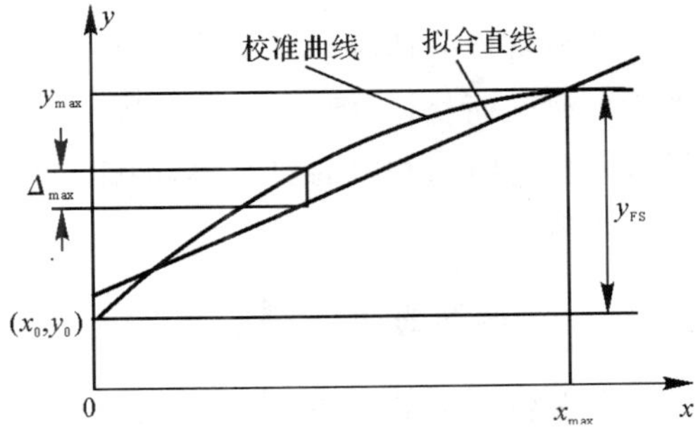

图 4.1　非线性误差说明

式中　e_{f} —— 非线性误差(线性度);

$\Delta_{\max}$ —— 校准曲线与理想拟合直线间的最大偏差;

y_{FS} —— 传感器满量程输出平均值。

如图 4.1 所示。非线性误差大小是以一拟合直线或理想直线作为基准直线计算出来的,基准直线不同,所得出的线性度就不一样。因而不能笼统地提线性度或非线性误差,必须说明其所依据的基准直线。按照所依据的基准直线的不同,有理论线性度、端基线性度、独立线性度、

最小二乘法线性度等。最常用的是最小二乘法线性度。

3. 灵敏度界限(阈值)

输入改变 Δx 时,输出变化 Δy;Δx 变小,Δy 也变小。但是一般来说,Δx 小到某种程度,输出就不再变化了,这时的 Δx 叫做灵敏度界限。

存在灵敏度界限的原因有两个,一个是输入的变化量通过传感器内部被吸收,因而反映不到输出端上去,另一个是传感器输出存在噪声。灵敏度界限也叫灵敏阈、门槛灵敏度或阈值。

4. 迟滞差

输入逐渐增加到某一值,与输入逐渐减小到同一输入值时的输出值不相等,叫迟滞现象。迟滞差表示这种不相等的程度,其值以满量程的输出 y_{FS} 的百分数表示。

$$e_t = \frac{\Delta_{max}}{y_{FS}} \times 100\%$$

或者

$$e_t = \pm \frac{\Delta_{max}}{2y_{FS}} \times 100\%$$

式中 Δ_{max}—— 输出值在正、反行程的最大差值。

如图 4.2 所示,$\Delta_{max} = y_2 - y_1$。这样输入和输出的关系就不是一一对应了,因此要尽量选用迟滞差小的传感器。

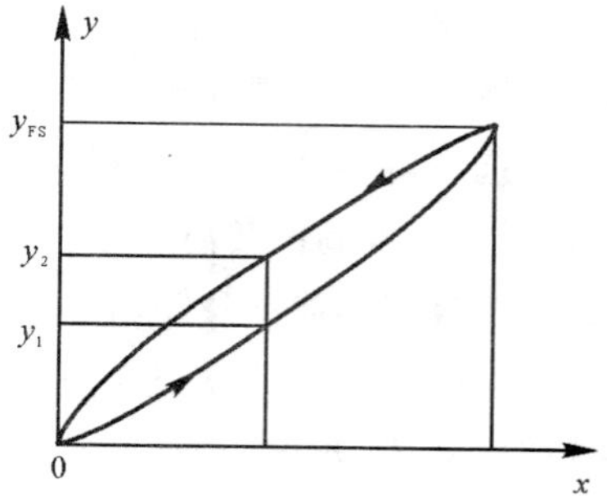

图 4.2 迟滞曲线

5. 稳定性

稳定性表示传感器在一个较长的时间内保持其性能参数的能力。

理想特性的传感器是加相同大小输入量时,输出量总是大小相同。然而,实际上传感器特性随着时间而变化,因此,对于相同大小输入量,其输出量是变化的。稳定性一般以室温条件下经过一规定时间间隔后,传感器的输出与起始标定时的输出之间的差异来表示,有时也用标定的有效值来表示。

二、传感器的动态特性

大多数情况下传感器的输入信号是随时间变化的,这时要求传感器时刻精确地跟踪输入信号,按照输入信号的变化规律输出信号。当传感器输入信号的变化缓慢时,是容易跟踪的,但随着输入信号的变化加快,传感器随动跟踪性能会逐渐下降。输入信号变化时,引起输出信号也随之变化,这个过程叫做响应。动态特性就是指传感器对于输入量随时间变化的响应程度,也称为响应特性。动态特性是传感器的重要特性之一。研究传感器动态特性的方法是:当输入信号是阶跃函数时,用瞬态响应法,即用时域范围内,响应曲线的上升时间、响应时间、过调量等参数作为评定指标;当输入信号是正弦函数时,用频率响应法,其重要指标是频带宽度(带宽),带宽是指增益变化不超过某一规定分贝值的频率范围。

4.2　电阻式传感器

电阻式传感器是一种将非电量参数(如压力、拉力、扭力、位移等)的变化转变为电阻值变化的传感器。

电阻式传感器按工作原理可分为电位器式电阻传感器、应变式电阻传感器、热敏电阻传感器和气敏电阻传感器。电位器式电阻传感器和普通电位器相同,所以不另讨论。本节重点讨论应变式传感器,热敏电阻传感器将在 4.7 节讨论。

应变式电阻传感器是一种能将机械构件上应变的变化转换为电阻变化的传感元件。引起机械构件应变的可以是压力、荷重、扭力等。

一、应变式电阻传感器的工作原理

应变式电阻传感器的传感部件是电阻应变片,电阻应变片的工作原理基于金属的应变效应。金属应变效应是指金属导体的电阻随着它所受机械变形(伸长或缩短)的大小而发生变化的现象。下面讲述导体电阻变化与变形之间量的关系,即金属材料的灵敏系数。

设有一圆导线,其电阻值为

$$R = \rho \frac{l}{S} \tag{4.1}$$

式中　ρ —— 导线材料的电阻率(Ω·m);

l —— 导线的长度(m);

S —— 导线的截面积(m^2)。

当导线沿轴向受力而增长 Δl 时,其径向将会缩小,即截面积缩小 ΔS,电阻率一般也将变化 $\Delta\rho$。由多元函数的微分可得电阻的增量为

$$\Delta R = \frac{\partial R}{\partial \rho}\Delta\rho + \frac{\partial R}{\partial l}\Delta l + \frac{\partial R}{\partial S}\Delta S = \frac{l}{S}\Delta\rho + \frac{\rho}{S}\Delta l - \rho\frac{l}{S^2}\Delta S$$

所以

$$\frac{\Delta R}{R} = \frac{\Delta\rho}{\rho} + \frac{\Delta l}{l} - \frac{\Delta S}{S} \tag{4.2}$$

因为

$$S = \pi r^2$$

$$\Delta S = 2\pi r \Delta r \tag{4.3}$$

所以

$$\frac{\Delta S}{S} = 2\frac{\Delta r}{r} \tag{4.4}$$

令 $\frac{\Delta l}{l} = \varepsilon$ 为电阻丝轴向相对伸长,即轴向应变;而 $\frac{\Delta r}{r}$ 则为电阻丝径向相对伸长,即径向应

变。两者的比例系数即为泊松系数 μ,且与力的方向相反(以负号表示),即

$$\frac{\Delta r}{r}=-\mu\frac{\Delta l}{l}=-\mu\varepsilon \tag{4.5}$$

将式(4.5)代入式(4.4)得

$$\frac{\Delta S}{S}=-2\mu\varepsilon \tag{4.6}$$

将式(4.6)代入式(4.2),整理后得

$$\frac{\Delta R}{R}=\left[(1+2\mu)+\frac{\frac{\Delta\rho}{\rho}}{\varepsilon}\right]\varepsilon \tag{4.7}$$

令

$$k_0=\frac{\frac{\Delta R}{R}}{\varepsilon}$$

则

$$k_0=(1+2\mu)+\frac{\frac{\Delta\rho}{\rho}}{\varepsilon} \tag{4.8}$$

k_0 称为金属材料的灵敏系数,它的物理意义为单位应变所引起的电阻相对变化。由式(4.8)可知,金属材料的灵敏系数受两个因素的影响,一个是受力后材料的几何尺寸变化所引起的,即$(1+2\mu)$项;另一个是受力后材料的电阻率发生变化而引起的,即$(\Delta\rho/\rho)/\varepsilon$项。这是由于材料发生变形时,其自由电子的活动能力和数量均发生了变化的缘故。此项目前还不能用解析式表达,所以 k_0 只能依靠实验求得。根据大量实验证明,在电阻丝拉伸的比例极限内,电阻的相对变化与应变成正比,即 k_0 为一常数,因此,式(4.7)可写成

$$\frac{\Delta R}{R}=k_0\varepsilon \tag{4.9}$$

式(4.9)表示金属线材的电阻相对变化与轴向应变成正比。应变式电阻传感器正是利用这一特性,使应变 ε 转变为电阻值的变化 ΔR,从而能用二次仪表准确地测量出应变 ε,或者引起应变 ε 的力、转矩等。

二、应变式电阻传感器的种类及选用

常用的电阻应变片有三种类型:

(1) 电阻丝式应变片如图 4.3 所示,线材直径在 0.025 mm 左右,为增大电阻应变片的电阻值,而又不使电阻丝太细,常将电阻应变片制成栅状,也就是敏感栅。

(2) 箔式应变片如图 4.4 所示,电阻敏感元件不是金属丝而是用光刻、腐蚀等工艺制成的一种很薄的金属箔栅,箔栅厚一般在 0.003～0.01 mm 之间,箔材表面积大,散热条件好,允许通过的电流大。应变箔片感受的应力状态与试件表面应力状态更为接近,同时端部较宽,横向

效应较小，这就提高了应变的测量精度。

(3) 半导体式应变片是应用单晶硅半导体的压阻效应，即对单晶硅某一轴向施加一定载荷产生应力时，其电阻率会发生一定的变化。它和上述金属应变原理不同。半导体式应变片的灵敏度比金属电阻式应变片约高 50 倍，但其电阻温度系数大，且灵敏系数非线性严重。

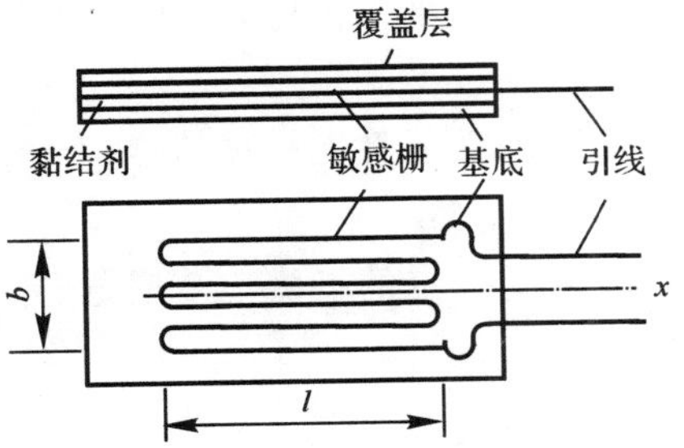

图 4.3　电阻丝式应变片

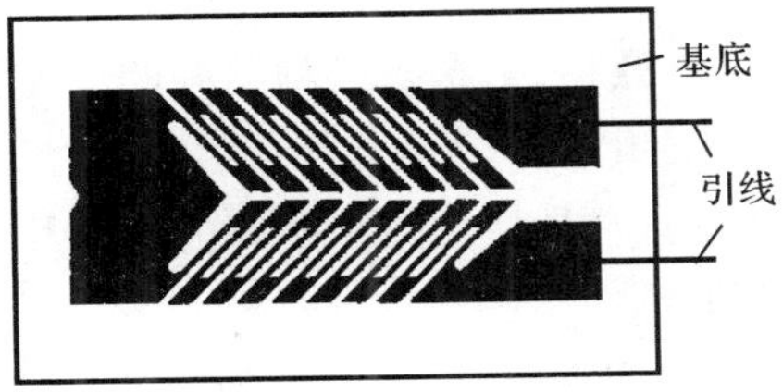

图 4.4　箔式应变片

应变片的主要工作特性分为静态特性和动态特性两种。静态特性是指应变片感受试件不随时间变化或变化很缓慢的应变时的输出特性，表征应变片静态特性的主要指标有灵敏系数、机械滞后、应变极限、蠕变等。动态特性是指当输入的机械应变是一个随时间而变化的量时，应变片对这种输入量的响应特性。另外，应变片的阻值会受到环境温度的影响，原因之一是应变片的电阻丝具有一定的温度系数，原因之二是电阻丝材料与被测试件材料的膨胀系数不同。有时因温度变化引起电阻的变化与试件由应变引起电阻的变化有同一数量级，而导致无法正常工作，应予以注意。

电阻应变式传感器是目前应用最广泛的传感器之一，将电阻应变片粘贴到各种弹性敏感元件上，可制成测量位移、加速度、力、力矩、压力等各种参数的电阻应变式传感器。在不同应用情况下如何正确选用合适的应变片是一个很重要的问题。

为了正确选用电阻应变片，应了解影响其工作特性的主要参数：

(1) 应变片电阻值 R_0。它是指未安装的应变片，在不受外力，室温条件下测定的电阻值，也称原始阻值，单位以 Ω 计。电阻值 R_0 越大，应变片能承受的电压越高，因而输出信号越大。应变片电阻值已趋于标准化，有 60，120，350，600，1 000Ω 各种阻值，其中 120Ω 的使用较多。

(2) 绝缘电阻。它是敏感栅与基底间的电阻值，一般应大于 10^{10} Ω。

(3) 灵敏系数 k。灵敏系数是指应变片安装于试件表面，在其轴线方向的单向应力作用下，应变片的阻值相对变化与试件表面上安装应变片区域的轴向应变之比，k 值的准确性将直接影响测量准确度，其误差大小是衡量应变片质量优劣的主要标志。同时要求 k 值尽量大而稳定。

(4) 允许工作电流。它是指不因电流产生热量影响测量准确度，所允许通过的最大工作电流。它与应变片本身、试件、黏合剂和环境等因素有关。要根据应变片的阻值并结合电路具体情况计算。为了保证测量准确度，静态测量时，允许电流一般为 25 mA；动态测量时，允许电流可达 75 ～ 100 mA。箔式应变片允许电流较大。

(5) 应变极限。应变片的应变极限是指当温度一定时，指示应变值和真实应变值的相对差值不超过一定数值时的最大真实应变数值，一般差值规定为 10%。当指示应变值大于真实应变的 10% 时，真实应变值称为应变片的极限应变。

(6) 机械滞后。应变片的机械滞后是指对粘贴的应变片，当温度一定时，增加和减少机械应变过程中同一机械应变量下指示应变的最大差值。

(7) 零点漂移。它是指已粘贴好的应变片，在一定的温度条件下且无机械应变时，指示应变随时间的变化。

(8) 蠕变。它是指已经粘贴好的应变片，当温度一定并承受一定的机械应变时，指示应变值随时间的变化。

当选用应变片时，以下几点值得注意：

(1) 应变片适用于电阻阻值变化小的场合，它的准确度、分辨率都较高，误差可小于 1%，分辨率可达 1 ～ 2 微应变(1 微应变即为 1×10^{-6} mm/mm) 的微小应变。当电阻阻值变化较大时，一般不用应变片，而选用电位器式电阻传感器。

(2) 在可能的条件下，要选择 k 大的应变片。k 越大，表示单位应变所产生的电阻变化越大，即对应变越敏感。同时要选择 k 在测量范围内保持常数，这样才能保证应变片的应变和电阻变化率有线性关系。

(3) 在可能条件下，要选择电阻系数 ρ 大、温度系数小的应变片。ρ 大，意味着对于一定的电阻值及同样线径条件下所需电阻丝的长度短。

(4) 电阻应变片可测静态应变，也可测快速交变应力。因此，在动态测量时也可选用适当的应变片。

(5) 电阻应变片尺寸小，重量轻，能抗恶劣环境。在一些特殊场合下，得到广泛应用。

表 4.1 给出了常用的金属电阻片材料的一些性能数据。

表 4.1　电阻应变片常用金属材料

材料名称	化学成分 /(%)	灵敏系数 k_0	电阻率 ρ/ $(\Omega \cdot m) \times 10^{-6}$	电阻温度系数 / $(10^{-6}/℃)$	最高使用温度 /℃	特点
康铜	Cu55Ni45	1.9 ～ 2.1	0.45 ～ 0.52	± 20	静态 300 动态 400	最常用，尤其用于长时间、大应变测量
镍铬合金	Cr20Ni80	2.1 ～ 2.3	1.0 ～ 1.1	110 ～ 130	静态 450 动态 800	多用于动态测量
卡玛合金 6J22	Ni74Cr20 Al3Fe3	2.4 ～ 2.6	1.24 ～ 1.42	± 20	静态 450 动态 800	用作中高温应变片
伊文合金 6J23	Ni75Cr20 Al3Fe2	2.4 ～ 2.6	1.24 ～ 1.42	± 20	静态 450 动态 800	

续表

材料名称	化学成分/(%)	灵敏系数 k_0	电阻率 ρ/ $(\Omega \cdot m) \times 10^{-6}$	电阻温度系数 $(10^{-6}/℃)$	最高使用温度/℃	特点
铁铬铝合金	Fe 余量 Cr26 Al5.4	2.6	1.3～1.5	±30～40	静态 700 动态 1 000	用作高温应变片
铂	Pt	4.6	0.09～0.11	3 900	静态 800 动态 1 000	
铂钨合金	Pt 90.5～91.5 W8.5～9.5	3.0～3.2	0.74～0.76	139～192	静态 800 动态 1 000	

在以上材料中，康铜是用得最广泛的应变片材料。它稳定性好，测量范围大，温度系数小，易加工，易焊接，是室温条件下理想的应变敏感材料。此外，镍铬合金也是广泛应用的应变敏感材料。

三、使用应变片注意事项

(1) 黏合剂的选择和粘贴技术。电阻应变片工作时，总是要粘贴到试件上去。因此，试件的应变要通过黏合剂正确无误地传递到敏感栅上去。黏合剂在很大程度上影响着应变片的工作特性，如果应变片在测量系统中是关键性元件，那么黏合剂的选用、粘贴方法则是关键的关键。因此，当使用应变片时，不仅要重视应变片性能的选择，也要注意黏合剂的选择和粘贴方法的选择。

(2) 温度补偿。应变片电阻随温度的变化而变化，而且在适用温度范围内的变化与应变变化的量，在数量级上相近，如不采取措施，应变片无法正常使用。因此，当使用应变片时，要用各种办法进行温度补偿。

(3) 测量电路的选择。应变片电阻值的变化不大，特别是半导体应变片变化还具有非线性，所以，在处理时，应选择合适的电桥。

(4) 电阻应变片一般只能一次性使用(因要粘贴到试件上)，而其灵敏系数 k 只能在生产过程中控制，而不能定标，这些特点在使用中均应注意。

4.3　电容式传感器

电容式传感器是指能将被测物理量的变化转换为电容变化的一种传感元件。

一、电容式传感器的工作原理和种类

电容器的容量和极板形状、大小、相对位置和极板之间的电介质介电常数有关。以最简单的平板电容器为例，当不考虑边缘电场影响时，其电容量 C 为

$$C = \frac{\varepsilon S}{\delta} \tag{4.10}$$

式中　ε —— 介质的介电常数；

S —— 极板的面积；

δ —— 极板间的距离。

从式(4.10)可见，只要被测物理量的变化能使 ε, S, δ 中任一参数产生相应改变而引起电容变化，再通过一定的测量线路将其转换为有用的电信号输出，即可判定被测物理量的变化。

电容式传感器根据其工作原理的不同，可分为变间隙式、变面积式与变介电常数式三种。变间隙式一般用来测量微小的线位移(0.01 μm 至零点几毫米)；变面积式则一般用来测角位移(1°至几十度)或较大的线位移；变介电常数式常用于固体或液体的物位测量，也用于测定各种介质的温度、密度等状态参数。

从式(4.10)可以看到，变面积式和变介电常数式电容传感器的电容量和极板面积 S 或介质介电常数 ε 成正比，因此，它们有线性关系，而变间隙式电容传感器电容量和间隙的关系是

$$C_x = \frac{\varepsilon S}{\delta_0 - x} = \frac{\varepsilon S}{\delta_0}\left(\frac{1}{1-\frac{x}{\delta_0}}\right) = C_0\left[1 + \frac{x}{\delta_0} + \left(\frac{x}{\delta_0}\right)^2 + \cdots\right] \tag{4.11}$$

式中　x —— 电容动片移动量；

δ_0 —— 初始间隙。

此时电容量 C_x 和间隙($\delta = \delta_0 - x$)或间隙变化 x 不是线性关系。只有当($(x/\delta_0) \ll 1$)时，略去式(4.11)中二次以上的项，才能得到其与间隙变化 x 的近似线性关系，即

$$C_x = C_0\left(1 + \frac{x}{\delta_0}\right) \tag{4.12}$$

因此，变间隙式只适用于测量微小线位移(0.01 μm 至零点几毫米)。但当输出是容抗时，则有

$$x_c = \frac{1}{\omega C} = \frac{1}{\omega \varepsilon S}\delta \tag{4.13}$$

即容抗 x_c 和间隙 δ 是线性关系。

二、电容式传感器的选用

电容传感器可广泛用于位移、振动、角度、加速度、荷重等机械量的精密测量，也广泛用于压力、液压、料位、成分含量等热工参数测量。它有如下优点：

(1) 需要的动作能量或力极小。由于带电极板间的静电吸引力很小(10^{-5} N 级)，因此，只要极小的输入能量(或力)就能使动极板移动。在移动过程中，没有摩擦和几乎没有反作用力，特别适宜用来解决输入能量低的条件下的测量问题。

(2) 可获得较大的相对变化量。电容传感器的相对变化量只受线性和其他实际条件的限

制，如用于线性度较高的电路，电容变化量可达100%或更大，具有较高的信噪比。

(3) 有良好的动态响应特性。电容式传感器需要的作用能量极小，并有较小的可动质量，因而有较高的固有频率。能在几兆赫的频率下工作，有良好的动态响应能力。

(4) 灵敏度高，分辨力强。能感受或分辨0.01 μm甚至更小的位移。

(5) 零点漂移很小。电容式传感器若以真空、空气或其他气体作为绝缘介质时，介质损失非常小，其他损耗也非常小，因此本身几乎不存在发热问题，故不存在由传感器本身发热而引起的零点漂移。

(6) 能实现无接触测量。

(7) 受辐射、腐蚀影响小，因此适用于一些特殊场合。

由于以上优点，因此电容式器传感器应用于一些对位移作精密测量的场合。例如，① 测量高频振动的微小位移，电容式测振仪可测至0.01 μm量级的振动位移；② 常选用的领域是对液体特别是腐蚀性液体作液位测量；③ 常选用的领域是对可以转变为位移的量作间接测量，如压力、应力等特别是用于某些机械结构上测量加速度，优点更为突出。

三、使用中应注意的事项

电容式传感器在使用过程中常因电容结构不稳定、寄生电容和电容器极板边缘效应的干扰而影响其性能。因此，要设法克服这些不利因素。

1. 克服结构不稳定的影响

对结构的影响首先是温度。显然电容式传感器吸收的能量小，不会因发热而改变它的工作点，但是周围环境的温度会改变电容式传感器各组成零件的尺寸，另外，介质介电常数也因温度的变化而有变化，这些都导致电容的附加变化。要消除这一影响，应在设计传感器时，精心选取材料，配用二次仪表，应采用温度补偿。这些措施，往往在设计和制造时已考虑，但选用者必须知道这一因素的重要性。

对结构有影响的第二个因素是湿度。电容式传感器有一个重要特点，即电容量一般都很小，仅几十皮法，甚至几皮法。如果电源频率较低，则电容式传感器本身的容抗就可高达几兆欧或几百兆欧，是一个高阻抗、小功率的传感元件。对于这样一个传感元件，绝缘问题显得非常突出，在设计和使用时，都要充分考虑到这一点，应选用高绝缘性能的材料制作，并且要采取防潮措施。

2. 消除寄生电容的干扰

两导体之间，均可构成电容联系，因此，电容式传感器除了极板间的电容外，极板还可能与周围物体产生电容联系，这种附加的电容联系，称之为寄生电容。由于电容式传感器中的电容本身很小，因此对寄生电容干扰非常敏感，特别是寄生电容极不稳定，将导致传感器的性能不稳定。当使用电容式传感器时，解决好寄生电容的影响至关重要。

消除寄生电容的影响，常采用屏蔽和接地技术。即将传感器放在金属壳体内，并将壳体接地，这样就消除了传感器与壳体外部物体之间不稳定的寄生电容。但是，即使采用了上述措施，还会存在"电缆寄生电容"问题,即由于连接电容式传感器的电缆所引起的寄生电容。解决这一问题的途径,可用有源式传感器或者"双层屏蔽等电位传输"(又称驱动电缆)技术。

3. 消除边缘效应的影响

电容器极板边缘存在不均匀电场,造成边缘效应,使电容传感器灵敏度下降并且产生非线性误差,应尽量消除或减少。在结构允许情况下,通常采用等位环消除边缘效应。图 4.5 是带有等位环的电容式传感器原理图。等位环 3 安在内极板 2(圆形)之外,且与 2 电绝缘但等电位。这样,极板 1 与 2 间为均匀电场构成电容传感器,发散的不均匀电场在等位环 3 外测不参与工作。

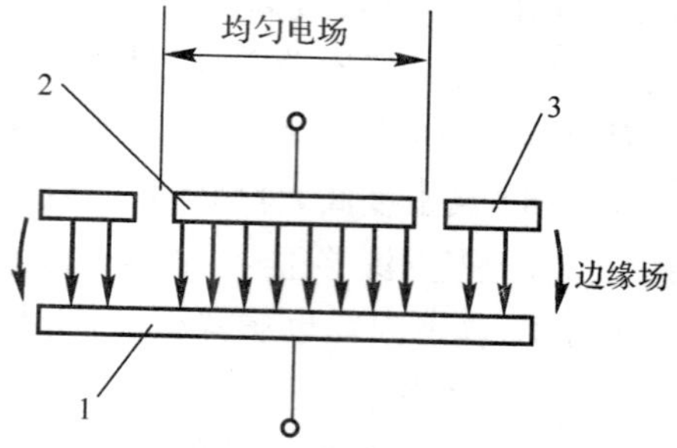

图 4.5　有等位环平板电容传感器原理图

4.4　变磁阻式传感器

变磁阻式传感器是利用线圈电感或互感的改变来实现非电量电测的传感器。

一、变磁阻式传感器的种类和工作原理

变磁阻式传感器主要分为电感式、变压器式、涡流式等几种类型。

1. 电感式传感器

由电工原理,线圈的电感值 L 可按下式计算:

$$L = \frac{N^2}{R_m} \tag{4.14}$$

式中　N —— 线圈的匝数;

R_m —— 磁路的总磁阻。

在一般情况下,磁路是由空隙、铁芯和衔铁构成,如图 4.6 所示,只要改变磁路中气隙的大小就能改变磁路的总磁阻,也就改变了电感 L。因此测定电感 L 的变换,就能精确测定气隙的长度或衔铁的位量。

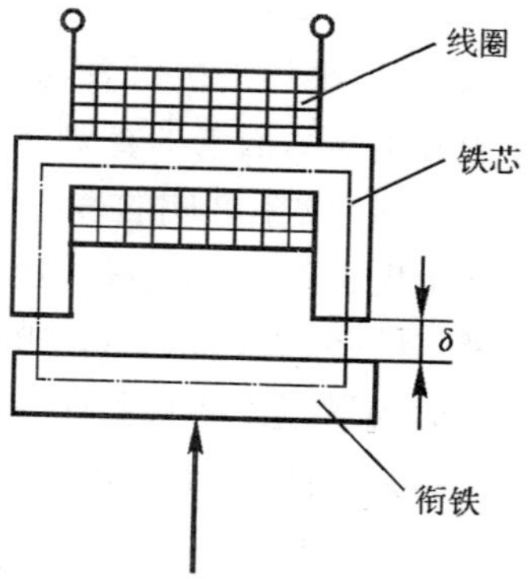

图 4.6　简单电感传感器原理图

对于如图 4.6 所示最简单的电感式传感器,磁路磁阻为

$$R_m = R_F + R_\delta \tag{4.15}$$

式中　R_F —— 铁芯与衔铁磁阻;

R_δ —— 空气隙磁阻。

由于电感传感器用的导磁材料一般都工作在非饱和状态下,其导磁率 μ 远大于空气的导磁率 μ_0,故 $R_F \ll R_\delta$,所以一般常将铁芯磁阻 R_F 忽略不计。R_δ 可由下式求出

$$R_{\delta}=\frac{2\delta}{\mu_0 S} \tag{4.16}$$

式中 δ —— 气隙长度(m)；

S —— 气隙截面积(m^2)；

μ_0—— 空气的导磁率。

将式(4.16) 代入式(4.14) 得

$$L=\frac{N^2}{R_{\delta}}=\frac{N^2\mu_0 S}{2\delta} \tag{4.17}$$

从式(4.17) 可以看出，线圈匝数 N 确定后，只要气隙长度 δ 和气隙截面二者之一发生变化，电感传感器的电感量均会随之变化。前者可用于测量线位移，后者可用于测量角位移。

从式(4.17) 可以很清楚地看出，电感 L 和气隙长度 δ 是非线性的。因此，当测量位移时，为了得到较好的线性特性，必须把衔铁的工作位移限制在较小的范围内，一般取 $\Delta\delta=(0.1\sim0.2)\delta$。

为了减小非线性，增加线性区域，常将两只完全对称的简单电感传感器合用一个活动衔铁构成差动式电感传感器，如图 4.7 所示。传感器的两只电感线圈接成交流电桥相邻的两臂，另外两个桥臂由电阻组成。

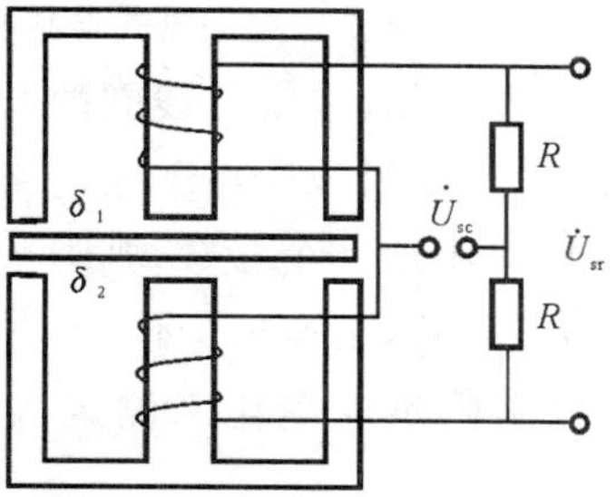

图 4.7 差动式电感传感器原理图

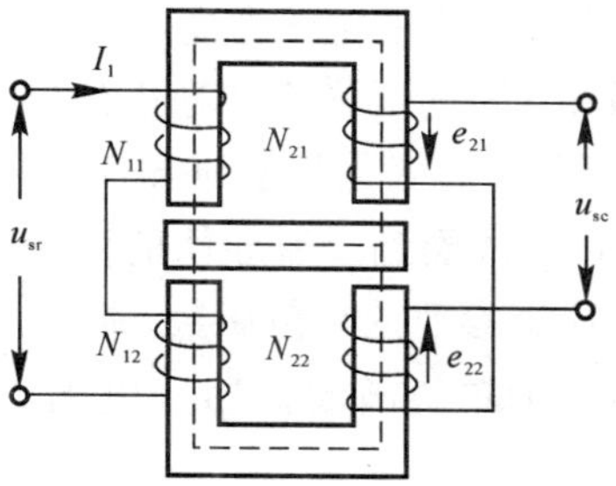

图 4.8 差动变压器式传感器原理图

2. 差动变压器式传感器

差动变压器式传感器，简称差动变压器，图 4.8 为其原理图。它的结构与前述差动电感传感器完全一样，也是由铁芯、衔铁和线圈三个主要部分组成，其不同仅在于：差动变压器上下两只铁芯均有一个初级线圈(N_{11} 和 N_{12}) 和一个次级线圈(N_{21} 和 N_{22})，衔铁置于两铁芯中间。上下两只初级线圈串联后接交流激磁电压 u_{sr}，两只次级线圈接成差动形式，可动衔铁和待测物相连，可动衔铁的位移利用线圈的互感作用转换成感应电动势的变化，从而得到待测位移。

由于互感，初级线圈的交流电在两个次级线圈分别产生感应电动势 e_{21} 和 e_{22}，又因接成差动形式，即两个感应电动势反向串联，则输出电压

$$u_{sc}=e_{21}-e_{22}$$

设两个次级线圈完全相同，当衔铁处在中间位置时，线圈 N_{11} 和 N_{12} 所产生的交变磁通在线圈 N_{11} 和 N_{12} 中产生交流感应电压。由于两边气隙相等，磁阻相等，互感相等，因此感应电动势 $e_{21}=e_{22}$，此时输出电压 $u_{sc}=e_{21}-e_{22}=0$。当衔铁偏离中间位置时，两边气隙不等，初次级两线圈之间的互感 M 发生变化，次级线圈中感应电势不再相等，即 $e_{21}\neq e_{22}$，便有电压 u_{sc} 输出，u_{sc} 的大小和符号反映了衔铁位移的大小和方向。这就是差动变压器的基本工作原理。

差动变压器有多种结构形式。图 4.8 所示为Ⅱ形结构，衔铁为平板形，灵敏度较高，但测量范围较窄，一般用于测量几微米到几百微米的机械位移。此外，还有衔铁为圆柱形的螺管形差动变压器，可测 1 mm 至上百毫米的位移。

3. 电涡流式传感器

电涡流式传感器的工作原理可以用图 4.9 来说明。在图 4.9 中，一块金属被测导体放置在一个扁平线圈邻近，但互不接触。当线圈中通以高频正弦交流电流时，线圈周围空间就产生交变磁场 H_1，图 4.9 中箭头表示线圈中电流的正方向与磁场 H_1 的正方向。交变磁场 H_1 通过邻近金属导体，就会在导体上产生电涡流，而此电涡流也将产生一个新的交变磁场 H_2，且 H_2 的方向与 H_1 的方向相反，力图削弱原磁场 H_1。当 H_1 为规定正方向（向下）时，H_2 为负方向（向上）。由于磁场 H_2 的反作用使通电线圈中电流大小和相位都发生变化，也就使线圈的有效阻抗变化。线圈阻抗的变化与金属导体的电导率（$1/\rho$）、磁导率（μ）、几何尺寸（r）、激磁电流（I）、角频率（ω）以及线圈到金属导体的距离（x）等有关。如果只改变其中的一个参数，则阻抗的相应变化就是这个参数的单值函数。常用的电涡流测距传感器，保持 $1/\rho,\mu,r,I,\omega$ 不变，使阻抗 Z 仅是距离 x 的单值函数。因此，电涡流传感器是通过测定线圈阻抗的变化来测定涡流载体的位置。

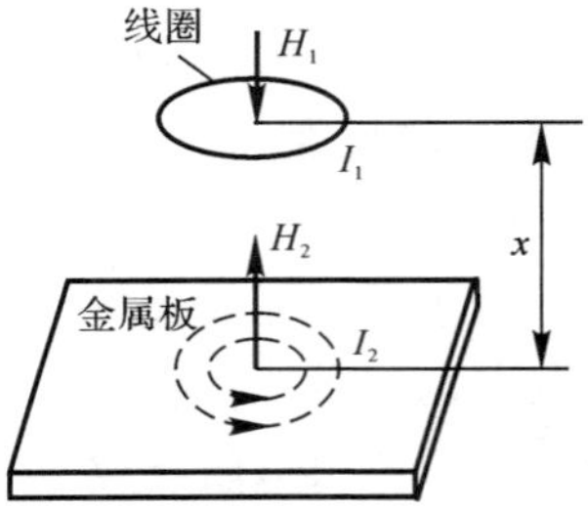

图 4.9　电涡流式传感器原理图

二、变磁阻式传感器的选用

变磁阻式传感器应用较广泛，常用于变换位移、振动、压力、应变、流量、密度等非电量。与其他传感器相比，变磁阻式传感器有如下几个特点：

(1) 结构简单。工作中没有活动电接触点。因而工作寿命较长。

(2) 灵敏度高，分辨力强。能测出 0.1 μm 甚至更小的位移变化；对衔铁旋转的差动变压器，能感受小至 0.1″的微小角度变化。传感器的输出信号强，电压灵敏度高，一般每 1 mm 可达数十毫伏，对配用仪器要求不高。

(3) 准确度高，线性特性好。高准确度的电感式传感器非线性误差可达到 0.05％～0.1％。

(4) 性能稳定，重复性好。

但是，它也有缺点，例如，交流零位信号和本身频率响应较低。根据变磁阻式传感器的这些特点，显然它应当用在静态测试中，而不宜在快速动态测试中使用。

变磁阻式传感器种类和结构形式较多，各具特点，在选用时也要一一考虑。

(1) 简单电感传感器的最大特色是结构非常简单，但它的线性度不好，还存在起始电流和易受外界干扰的影响，因此，精密测量中不宜采用。只能用在一些继电信号装置中。

(2) 差动式电感传感器和差动变压器式传感器，大大改善了线性度。而且这两种传感器均有对应的一对线圈，对环境温度变化有一定的抗干扰能力，使测量准确度大为提高，所以应用较广。

(3) 电涡流式传感器独具的特点是可以进行无接触测量，而以上所述几种传感器均属接触测量传感器。此外，电涡流式传感器还有灵敏度高，结构简单，抗干扰能力强，不受油污和介质影响等优点。因此常用于测量位移、振幅、尺寸、厚度、工件表面光洁度、探伤等领域。

4.5　磁电式传感器

基于电磁感应原理，把被测非电量变换为感应电势的传感器称为磁电式传感器。

一、工作原理

由电磁感应定律可知：

$$E = -N\frac{\mathrm{d}\Phi}{\mathrm{d}t} \tag{4.18}$$

式中　E —— 感应电势(V)；

Φ —— 磁通量(Wb)；

t —— 时间(s)；

N —— 线圈匝数。

可见，只要改变磁通量 Φ，就能得到感应电势 E，而改变 Φ 的办法很多，如改变磁路中的磁阻，改变和磁场垂直的线圈面积(线圈在恒定磁场中旋转)，或者使磁铁对线圈作相对运动，等等，都能达到改变通过线圈磁通量的目的。因此，可以制造出不同类型的磁电式传感器。

若线圈在恒定磁场中作垂直切割磁力线的直线运动，线圈两端的感应电势可由式(4.18)导出：

$$E = NBl\frac{\mathrm{d}x}{\mathrm{d}t} \tag{4.19}$$

式中　B —— 磁场的磁感应电势；

x —— 线圈与磁场相对运动的位移；

l —— 每匝线圈的平均长度。

在磁场一定的条件下，测定感应电势 E，就能测定线圈移动的速度 $\frac{\mathrm{d}x}{\mathrm{d}t}$。

在线圈相对磁场作旋转运动切割磁力线，并且线圈平面的法线方向与磁场方向呈 90°，则线圈的感应电势为

$$E = NBS\frac{\mathrm{d}\theta}{\mathrm{d}t} \tag{4.20}$$

式中　$\frac{\mathrm{d}\theta}{\mathrm{d}t}$ —— 旋转角速度；

S —— 每匝线圈的截面积。

在磁场一定、线圈一定的条件下，B 和 S 为常数，测定感应电势 E 便能测定出线圈旋转的角速度$\frac{\mathrm{d}\theta}{\mathrm{d}t}$。

图 4.10(a)，(b) 所示分别为被测量为线速度 v 和角速度 ω 时，磁电式传感器的工作原理。

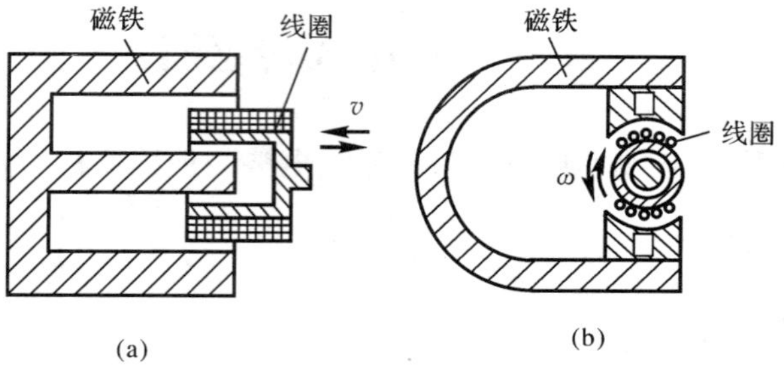

图 4.10　磁电式传感器的工作原理

在实践中还有许多方法改变通过线圈的磁通量，都可按式(4.18) 推导出相应感应电势 E 的表达式。通过对 E 的测定，能相应地测定使磁通量改变的物理量。

二、磁电式传感器的选用

磁电式传感器最大的特点是：它能将作为输入信号的机械速度直接转换成线圈中的感应电势输出，它不需要外加电源，而是直接将被测物体的机械能转换成电信号输出，这一特点使它大受使用者的欢迎。因此，它在测量速度、转速时被广泛选用。

如果在测量线路中对信号作积分和微分，又能非常方便地得到被测物体的加速度和位移(角加速度和转角)，因此，常用于加速度、振动、位移等测量，特别是作为振动传感器使用。

作为振动传感器和它有竞争力的是压电式传感器，磁电式振动传感器要比压电式振动感器的输出阻抗低得多(约几十欧至几千欧)。因此，相应降低了对绝缘和放大器的要求，连接电缆的噪声干扰也可不考虑。这是它胜过压电式传感器的一个突出优点，但是，它在体积、重量上则大大不如压电式传感器，而且结构复杂，还要有可动部分，所以既容易磨损使性能变化，又不坚固可靠。磁电式传感器的工作温度不高，普通磁电式传感器只能工作在 120℃ 以下，最高也不能超过 450℃，因此，它不适合在高温中使用。此外，磁电式传感器的频率范围也有限，一般

只能测 10～2 000 Hz 内的机械振动，选用时应权衡这些利弊，在不同的场合，合理地选用不同的传感器。

4.6　压电式传感器

压电式传感器是以压电效应为工作原理的传感器，它是一种典型的无源传感器，它不需要外加电源，自身就能把机械能转变为电能。因此，它也是一个换能器，这种传感器的使用范围也很广。

一、工作原理

1. 压电效应

压电效应是指某些电介质物质，在沿一定方向对其施力（压力或拉力）而使之变形时，内部会产生极化现象，相应地，在它的某两个表面上产生符号相反的电荷；在机械力去掉后，电介质又重新回到不带电状态的一种物理效应。与压电效应相对应的效应为电致伸缩效应或称为逆压电效应，即在压电材料的极化方向上施加电场，会导致该材料产生机械变形。

在自然界中，大多数晶体都有压电效应，但大多数晶体的压电效应过于微弱，因此没有实用价值，而真正可供测量使用的不过几十种。随着科学技术的发展，人们用人工制造的方法获得了一些新的压电材料。压电材料可分为三类：① 压电晶体，如石英等；② 经过极化处理的压电陶瓷，如钛酸钡、锆钛酸铅等；③ 高分子压电材料，如聚偏二氟乙烯（PVF_2）。这 3 类虽然都有压电效应，但是产生的机理不一样。下面介绍第一类和第二类压电材料的产生机理，第三类压电材料属新的材料，它的机理在此不作介绍。

2. 压电晶体的压电效应机理

石英晶体是这类晶体的代表，现以它为例说明这类材料的压电效应机理。

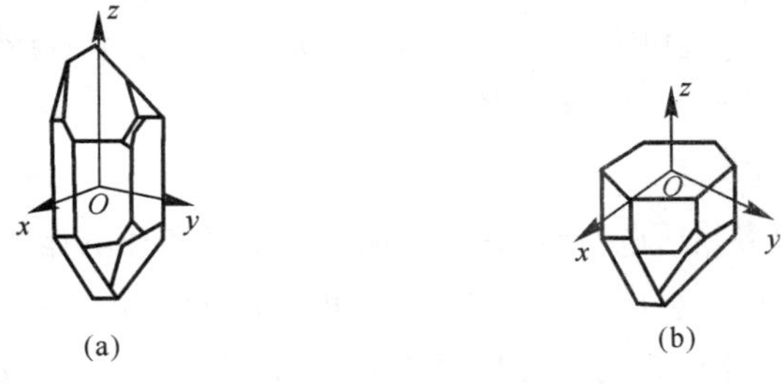

图 4.11　石英晶体的理想外形

石英晶体是单晶体，它具有如图 4.11 所示的规则几何形状。石英晶体有三个晶轴，即 x 轴、y 轴、z 轴，这三个晶轴的位置根据结晶学一定的法则确定。x 轴称为电轴，y 轴称为机械轴，

z 轴称为光轴。当制作压电式传感器时，不是直接用这种自然晶体作压电感应片，而是按图 4.12 所示切片，即用一规则矩形片来作压电感应片。当该晶片受到 x 方向的力 F_x 作用时，晶片产生厚度变形，在垂直于 x 轴表面上产生与力 F_x 成正比的电荷 q_x。即

$$q_x = d_{11} F_x \tag{4.21}$$

式中　F_x —— 沿 x 轴方向施加的力；

d_{11} —— 压电常数；

q_x —— 垂直于力轴晶片表面上的电荷。

电荷的极性和 F_x 的方向有关，当 F_x 从拉力变为压力时，电荷极性也变为相反。

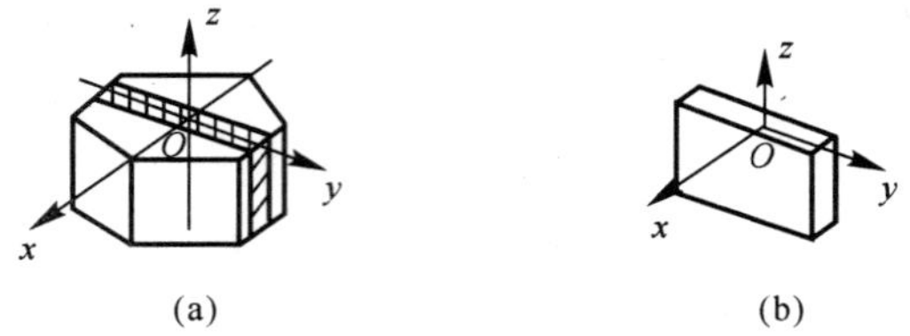

图 4.12　石英晶体切片

当晶体片受到沿 y(即机械轴) 方向的力作用时，其电荷仍在与 x 轴垂直的平面上出现，但极性方向相反，电荷大小为

$$q_y = d_{12} \frac{a}{b} F_y = - d_{11} \frac{a}{b} F_x \tag{4.22}$$

式中　a, b—— 晶体切片的长度和厚度；

d_{12} ——y 轴方向受力时的压电系数。

因为石英轴对称，所以

$$d_{12} = - d_{11}$$

当晶体切片受到 z 轴(光轴) 方向的力作用时，不产生压电效应。

当压电式传感器工作时，使晶体切片在 x 轴或 y 轴方向接受压力信号，而在和 x 轴垂直的两个表面上输出电信号，这便是压电晶体的压电效应。

3. 压电陶瓷的压电效应

压电陶瓷是人工制造的多晶压电材料，它的压电效应机理和压电晶体完全不同。压电陶瓷由许多细微的单晶按任意方向排列组成。由于压电陶瓷单晶中正负离子的特殊排列，也会发生自发极化现象而形成电畴，自发极化的方向全是任意排列的，如图 4.13(a) 所示。当无外电场作用时，从整体来看，这些电畴的极化效应被互相抵消了。使原始的压电陶瓷呈电中性，不具有压电性质。

但是，如果在一定温度下对压电陶瓷加强电场，经过 2～3 h后，压电陶瓷就被极化成具有压电性能了。这是由于极化时，电畴将会向电场方向转动，把这种陶瓷冷却到常温，然后去掉电场，电畴的方向会保持不变，具有很强的剩余极化，导致在陶瓷垂直极化方向的表面层出现等

值异号电荷，如图 4.13(b) 所示。当有外力作用时，改变了电畴正负离子的位置，陶瓷表面的电荷量亦发生变化，其变化量与力的大小成正比，这就是压电陶瓷的压电效应机理。

图 4.13　压电陶瓷的电畴结构示意图

4. 压电传感器的等效电路

当压电元件受力时，会在压电元件的两个表面产生电荷(如图 4.14(a) 所示)，因此可把压电式传感器看做是一个静电荷发生器。另外，也可把压电元件看成是电容，聚集电荷的两个表面看成是极板。所以，压电式传感器可等效成一个电荷源与一个电容相并联的电荷等效电路(如图 4.14(b) 所示)。当然，根据电容公式，也能把等效电路改为如图 4.14(c) 所示的电压等效电路，这两个等效电路对线路分析有很大用途。

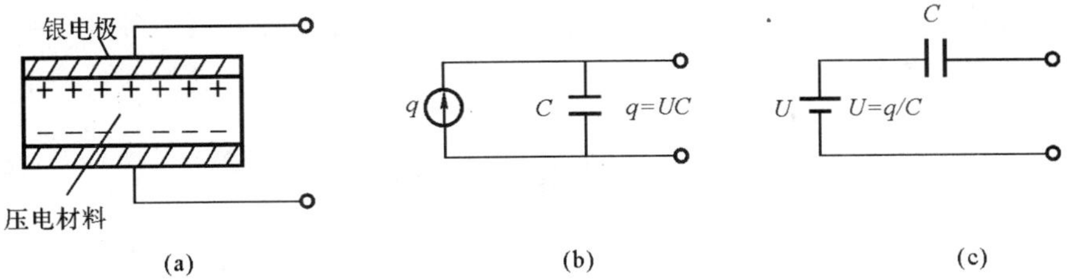

图 4.14　压电式传感器的等效电路

二、压电传感器的选用

压电传感器能适用于测量那些最终能转换成为力的物理量，如压力、应力、位移，加速度、振动等。由于在压电材料上由外力作用而产生的电荷只有在无泄漏的情况下才能保存，即需要测量回路具有无限大的输入阻抗。但在实际线路中，不可能满足此条件，随着时间的推移，电荷将会逐渐泄漏。因此，压电传感器不能用于静态测量。而压电材料在交变力的作用下，电荷可以不断补充，供给测量回路以一定的电流，故压电传感器应在动态测量中使用。

由于这三类压电材料性能各异，因此当选用压电式传感器时，也应具体考虑这三类材料的特点作出合适的选择。石英晶体是一种性能优良的压电晶体，它突出的优点是性能稳定、温度系数好。此外，还具有自振频率高、动态响应好、机械强度高、绝缘性能好，迟滞小、重复性好、线性范围宽等一系列优点。它的不足之处在于压电常数较小。因此，在制作标准传感器、高精度传感器或使用温度较高的传感器(但不能超过500℃,石英晶体在573℃失去压电特性)时常选用石英晶体作压电传感器。

压电陶瓷的特点和石英晶体正好互补,它的压电常数较大,是石英晶体的几十倍,但稳定性较差,在一般工业测量中得到了广泛的应用,其中,使用较为广泛的是锆钛酸铅压电陶瓷。

高分子压电材料的优点也较多,如加工容易,可根据要求制成薄膜、厚膜、管状态和粉状等各种形状,有极高的电压灵敏度,比压电陶瓷要大10倍,在10^{-5} Hz～500 MHz频率范围内具有平坦的响应特性。此外,它还具有机械强度高、柔软、不脆、耐冲击、价格便宜等一系列优点。由这种材料制作的压电传感器,目前在超声、水声探测与电声器材等领域应用较多,并已逐步推广到其他领域。

三、使用注意事项

1. 温度和湿度的影响

温度对压电式传感器的测量误差有较大影响,特别是对压电陶瓷传感器更为明显。湿度将使传感器的绝缘电阻减小,使传感器的低频响应变坏。因此,使用压电式传感器时,要采取措施,减小和防止这两个因素对传感器的影响。

2. 减小电缆噪声和接地回路噪声

因为压电式传感器发送出的电信号较微弱,所以必须考虑信号通道中各种噪声的影响,特别是电缆噪声和接地回路噪声。

4.7 热电式传感器

一、热电偶式传感器

热电偶式传感器是基于热电效应,将温度信号转换为电信号的一种传感器。

1. 工作原理

热电偶式传感器的工作原理基于热电效应。如图4.15所示,将两种材料不同的导体的两个端点焊接在一起,构成一个闭合回路。如果两连接点1和2温度不同,回路中就会有一个电动势,并在闭合回路中产生电流。这个电势和电流与两种导体的性质和两个接点间的温度差有关。这种现象就称为热电效应或塞贝克效应。A和B两种导体叫做热电极,它们合称热电偶,若接点1和2的温度分别为T_1和T_2,且$T_1>T_2$,接点1称为热端或工作端;接点2称为冷端或自由端。如果对于某一确定的热电偶,冷端温度固定,则热电偶回路中的热电势就只和热端温度呈一一对应关系,测定热电势就能测定热端温度。

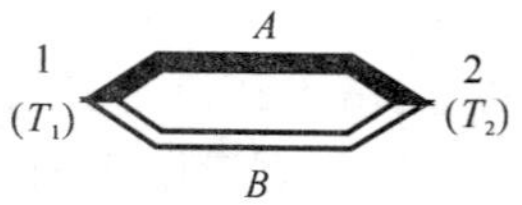

图 4.15 热电偶结构原理

热电势是由接触电势(又称珀尔帖电势)和单一导体的温差电势(又称汤姆逊电势)组成。

接触电势产生的原理在于不同的导体具有不同的自由电子浓度。当两种不同导体接触后，自由电子便从浓度高的一方向浓度低的一方扩散，结果在界面附近一方失去电子，带正电；另一方得到电子带负电，在两导体的接触面上形成电位差。这种电位差阻碍电子的扩散，当达到动平衡时，即在界面上形成一接触电势。由于接触电势的形成和扩散有关，显然当两导体材料确定后，接触电势只和接触面的温度成正比，记为 $e_{AB}(T)$，热电偶中有两个接触面，温度分别为 T_1 和 T_2，对应的接触电势为 $e_{AB}(T_1)$ 和 $e_{AB}(T_2)$。

温差电势是在同一导体的两端因其温度不同而产生的一种热电势。由于两端温度不同，导体内自由电子的运动速度不同，高温端的电子运动速度比低温端的电子运动速度要大。因此，电子将从速度大的区域向速度小的区域扩散，结果高端失去电子而带正电，低端得到电子而带负电，从而在导体的两端形成电势差，即温差电势，记为 $e(T_1,T_2)$，如图 4.16 所示。

因此，在 A 和 B 两个导体组成的热电偶回路中，总的热电势为

$$E_{AB}(T_1,T_2)=e_{AB}(T_1)-e_{AB}(T_2)+e_B(T_1,T_2)-e_A(T_1,T_2) \tag{4.23}$$

实际上，如图 4.16 所示热电偶中所形成的热电势是无法测量的，要测量就必须接入电表，电表的接线端是铜导体，势必在 A 和 B 导体中又要介入第三导体，这时会不会影响原来回路中的热电势？为答复这一问题，下面介绍热电偶的中间金属定律。

中间金属定律：在由 A 和 B 两种导体组成的热电偶回路中，不管从何处接入第三导体，只要保证接入导体两端的温度相同，则接入导体时将不影响原来回路中的热电势。可见，要测量热电偶回路中的热电势，只要保证接入的仪表两接点温度相同，就能准确测量出原热电偶回路中的热电势。

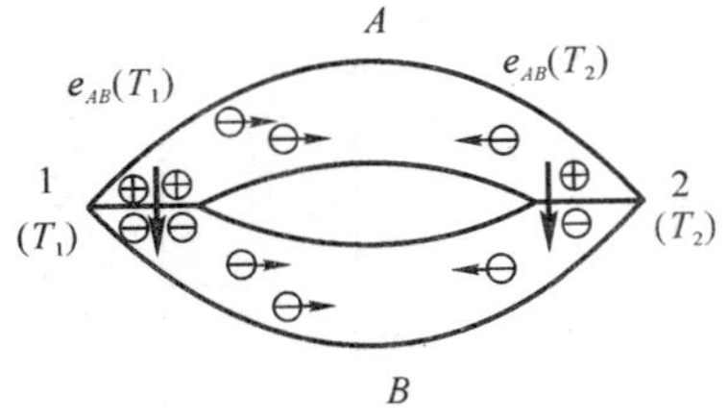

图 4.16　热电势效应原理图

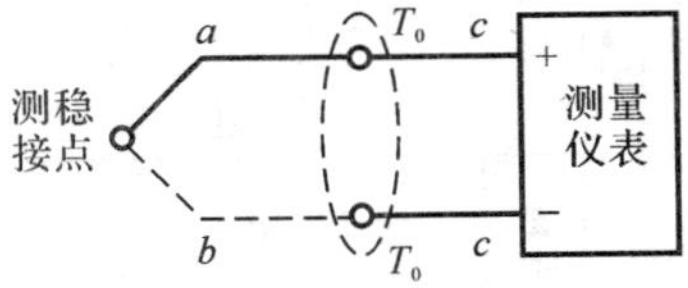

图 4.17　热电偶测量电路

用热电偶测量温度十分简便，只要用电位差计等测出热电偶两端电动势，换算成温度即可，如图 4.17 所示。图中 c 为第三种金属等连接导线（如铜线）。根据中间金属定律，只要保持导线 c 与基准接点两处温度相等（同为 T_0），就不影响测量精度。

2. 热电偶的选用

热电偶主要是用来测量温度。热电偶的种类较多，主要应根据其工作温度选用。表 4.2 为常用热电偶的种类和适用范围，可供选用时参考。

表 4.2 常用热电偶种类及性质

热电偶名称	分度号	热电极材料		使用温度/℃		适用环境	特点
		极性	成分	长期	短期		
铂铑$_{10}$-铂	LB-3	+	10%Rh 其余 Pt	0～1 400	0～1 600	可以在氧化性及中性介质中长期使用，不能在还原性及含有金属或非金属蒸汽的介质中使用	热电性能稳定，测温精度高，宜制作标准热电偶，测温范围大，热电势低，价格较贵
		−	100%Pt				
铂铑$_{30}$-铂铑$_{6}$	LL-2	+	30%Rh 其余 Pt	0～1 600	0～1 800	同上	热电势比上述更小，当冷端温度低于 50℃时，所产生的热电势很小，可不考虑冷端误差
		−	6%Rh 其余 Pt				
镍铬-镍硅(铝)	EU-2	+	9%～10%Cr 0.4%Si 其余 Ni	0～1 000	0～1 300	适用于氧气介质，耐金属蒸汽。不耐还原性介质	热电势高，热电特性近于线性，性能稳定，复制性好，价格便宜，精度次于铂铑$_{10}$-铂，作测量和二级标准
		−	2.5%～3%Si 其余 Ni				
镍铬-镍铜	EA-2	+	同 EU-2	0～600	0～800	同上	热电势高，热电特性线性，价格便宜，测温范围较低，宜作测量用
		−	56%～57%Cu 其余 Ni				
铁-康铜	TK	+	100%Fe	−200～600	−200～800	适用于还原性介质(对氢、一氧化碳也稳定)	价廉，热电势大，线性好，均匀性差，易生锈，用于测低温
		−	55%Cu 其余 Ni				
铜-康铜	CK	+	100%Cu	−200～300	−200～350	同上	价廉，低温性能好，均匀性好
		−	同 TK				
钨铼$_{5}$-钨铼$_{26}$		+	5%Re 其余 W	0～2 400	0～3 000	适用于高温测量和还原性介质、惰性气体、氢气	热电势大，作高温测量
		−	26%Re 其余 W				
铱-铱铑$_{40}$		+	100%Ir	1 100～2 000	1 100～2 100	适用于真空和惰性气体	可作高温测量，但热电势稍小，特性难一致，非常脆，价贵
		−	40%Rh 其余 Ir				
铜-金钴		+	100%Cu	4～100K*			低温特性好，可测的温度低达绝对零度附近，不宜作常温以上温度的测量
		−	97.89%Au 2.11%Co				
铬镍-金铁$_{0.07}$		+	Ni，Cr	1～300K*			在低温区，热电势极稳定，热电势大
		−	99.03%Au 0.07%Fe				

* 低温下采用单位 K

3. 使用时应注意的事项

(1) 特性分度表的使用。分度表是指编制出的针对各种热电偶的热电动势与温度的对照表，见附表Ⅲ～附表Ⅵ。表中温度按10℃分挡，其中间值可按插值法计算。由式(4.23)知，热电势 $E_{AB}(T_1, T_2)$ 是2个接点的温度。将冷端温度 T_2 固定后，$E_{AB}(T_1)$ 就为热端 T_1 的单值函数。为了统一起见，一般手册上所提供的热电偶特性分度表是在保持热电偶冷端温度 $T_2=0$℃ 条件下给出的热电势与热端温度的数值对照表。

因此实际测温时，冷端温度若为0℃，则只要正确地测量热电势，查分度表，即可得到所测温度。但是，如果此时冷端温度不为0℃，而为室温就不能直接利用特性分度表。这时应测量室温(设为 T_2℃)，利用特性分度表反查出其热电势值 $E(T_2, 0)$，将该热电势值 $E(T_2, 0)$ 与热电偶回路所测得的热电势 $E(T_1, T_2)$ 相加，才是 $E(T_1, 0)$，即

$$E(T_1, 0) = E(T_2, 0) + E(T_1, T_2) \tag{4.24}$$

然后再由 $E(T_1, 0)$ 之值查特性分度表，才能得到热电偶热点的实际温度 T_1。其关系如图4.18所示。

例 4.1　有一镍铬-镍硅热电偶，其冷端温度 $T_n=30$℃，测得热电势为 $E(T, T_n)=39.1$ mV，则实际炉温是多少度?

解　由 $T_n=30$℃ 查分度表 $E(30, 0)=1.2$ mV，则

$E_{AB}(T, 0)=E(T, 30)+E(30, 0)=39.1+1.2=40.37$ mV

再用40.37 mV查分度表得977℃，即实际炉温为977℃。

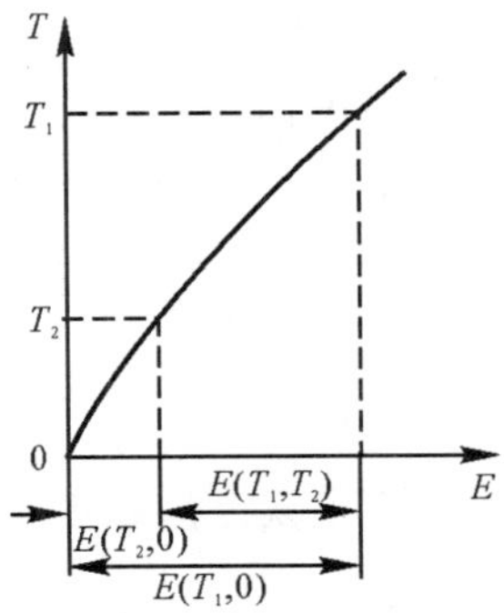

图 4.18　热电偶的特性曲线

(2) 补偿导线的使用。热电偶传感器长度通常在1 m左右，当测量高温时，冷端温度受热端温度影响较大，此时常用补偿导线将冷端远移到温度变化比较平缓的环境中去。补偿导线是和热电偶配用的双股导线。它的材料分别和热电偶的 A 和 B 导体材料一样。有多少类热电偶就有多少类配用的补偿导线。选用时，注意不要选错牌号和接错＋、－极。最终原则是：当热电偶出线盒外接线时，热电偶的导体材料要分别和补偿导线的导体材料一致，这样才能保证在回路中不改变原来的热电势。

(3) 冷端补偿。在测量中也可想办法对冷端进行补偿，达到直读温度的目的。冷端补偿的办法常用以下三种。

1)0℃恒温法。将热电偶的冷端保持在0℃器皿内。此法仅适用于实验室内，但它能使冷端温度误差完全消除。

2) 冷端恒温法。将热电偶的冷端接点置于一恒温器内，如恒定温度为 t_0℃，则冷端误差 Δ 为

$$\Delta = E_{AB}(t, t_0) - E_{AB}(t, 0) = -E(t, 0) \tag{4.25}$$

由式(4.25)可见，冷端误差虽不为零，但是一个定值。只要在回路中加入相应的修正电压或调整指示装置的起始位置，即可达到完全补偿的目的。

3) 冷端补偿器法。工业上常采用冷端补偿器法。冷端补偿器是1个四臂电桥，其中3个桥

臂电阻的温度系数为零，另一桥臂采用铜电阻R_{Cu}，放置于热电偶的冷接点处。当$t_n = 20℃$时，电桥平衡；当$t_n \neq 20℃$时，电桥将产生相应的不平衡电压。电桥的输出Δu与热电势串联。只要满足

$$\Delta u = E_{AB}(t_0, 20) \tag{4.26}$$

热电偶的冷端误差就变成了定值$E_{AB}(20, 0)$，再进行定值误差的修正（见恒温法）即可获得冷端温度的完全补偿。

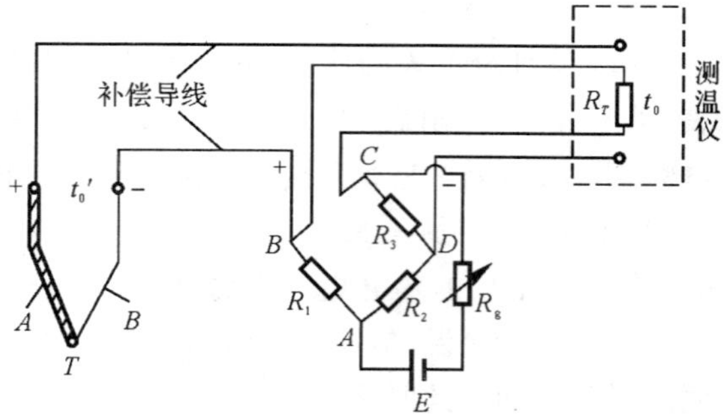

图 4.19　补偿器电路的原理图

补偿器电路的原理图如图 4.19 所示，电桥的供电端A，C通过一可调电阻R_g接直流电源E；桥臂R_1，R_2，R_3为锰铜线绕电阻，阻值可视为不随温度变化的固定电阻。R_T为测温热电阻，用来测量冷端温度。热电偶冷端温度为t'_0，用补偿导线接出，其冷端温度为t_0。设在$t = 20℃$时电桥平衡，桥顶B，D输出电压$U_{BD} = 0$；当t_0温度升高，热电偶R_T增大，电桥输出不平衡电压$U_{BD} > 0$，且B点电位高于D点电位，于是测温仪测量的回路电势是热电偶两结点温度为T，T_0所产生的温差电势$E_{AB}(T, T_0)$与电桥不平衡输出电压U_{BD}之和。根据中间金属定律，只要满足

$$U_{BD} = E_{AB}(T_0, 20) \tag{4.27}$$

于是

$$E_{AB}(T, T_0) + U_{BD} = E_{AB}(T, 20) \tag{4.28}$$

再进行定值误差的修正即可。

二、半导体热敏电阻

热敏电阻是将温度信号转变为电阻值变化的一种传感器。它也可归类为电阻式传感器。这种热敏元件可以是半导体，称为半导体热敏电阻；也可以是金属导体（如铂、铜等），称为热电阻。后者原理很简单，不多介绍，下面重点介绍前一类半导体热敏电阻。

1. 工作原理

半导体热敏电阻有正温度系数和负温度系数两种，它们的阻值特性分别为

$$R_T = K e^{AT} \tag{4.29}$$

$$R_T = K e^{\frac{B}{T^2}} \tag{4.30}$$

式中　R_T —— 温度为T时的电阻值；

A, B, K —— 常数；

T —— 绝对温度。

它们的温度系数α可分别求出，即

$$\alpha = \frac{1}{R_T}\frac{\mathrm{d}R_T}{\mathrm{d}T} = A \tag{4.31}$$

和

$$\alpha = \frac{1}{R_T}\frac{\mathrm{d}R_T}{\mathrm{d}T} = -\frac{B}{T^2} \tag{4.32}$$

正温度系数热敏电阻的温度系数 α 为正，且为常数（指在工作范围内）；负温度系数热敏电阻的温度系数 α 为负，且与电阻温度的平方成反比，α 随温度降低而迅速增大，因而具有很高的灵敏度。所以，负温度系数热敏电阻的应用较广。

2. 热敏电阻的选用

热敏电阻有如下明显的优点：

(1) 对温度变化的灵敏度高。因为热敏电阻的电阻温度系数（绝对值）比金属大 10 ～ 100 倍，所以，测温灵敏度和分辨率相当高。它能分辨 0.02℃ 的温度变化。

(2) 阻值可在几欧至十几兆欧之间任意选择，可以适合不同电路要求。

(3) 体积小，重量轻，结构简单，结实。它非常适合于测量温差、温度场的分布以及微弱的温度变化。

(4) 热惯性小，能测量变化较快的温度。

(5) 能实现远距离传输，基本上不受测量导线电阻的影响。

由于这些优点，热敏电阻在温度测量、温度控制，温度补偿、火灾报警、自动控制、过载保护、红外探测等许多领域中得到应用。

三、使用时应注意的事项

1. 热敏电阻的线性化

由式(4.29) 和式(4.30) 可知，不论是正温度系数热敏电阻还是负温度系数热敏电阻，其阻值随温度变化均呈指数关系，非线性严重。在精密测量和显示中，当需要进行线性转换时，线性化处理就显得很重要，常用的办法有以下两种：

(1) 线性化网络法。如图 4.20 所示。用包括热敏电阻的电阻网络来代替单个的热敏电阻。通过计算或调试的方法确定 R_1，R_2，R_3 使整个电阻网络在工作范围内呈线性，这是常用的办法。

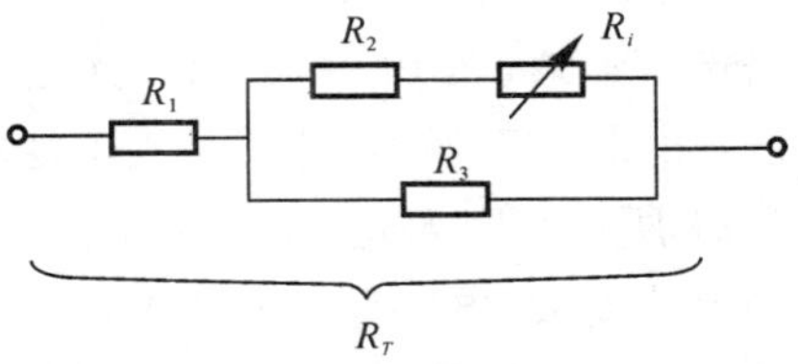

图 4.20　热敏电阻线性化网络

(2) 用计算机修正。将修正表存于计算机内，计算机从热敏电阻获取非线性的信号后，查修正表，输出线性信号。

2. 互换性较差

同一型号、不同厂家，甚至同一型号、同一厂家的产品互换性都较差，近年来质量虽有改进，但仍是个问题，所以更换热敏电阻时要特别注意。

4.8 光电式传感器

光电式传感器是将光能转换为电能的一种传感器。通常只把具有光电效应的器件（如光敏电阻、光电池、光敏晶体管等）归于此类。但广义地说，凡是能将光信号转变为电信号的装置（如红外传感器，光栅传感器等）均可称为光电式传感器。因此，本书将这些传感器都放在本节讨论。

一、半导体光电效应传感器

1. 半导体光电效应传感器工作原理

半导体光电效应传感器的工作原理基于两个效应：光电导效应和光生伏特效应。

光电导效应：当光投射在半导体上时，光子的能量在半导体中激发出非平衡载流子而使载流子浓度加大，引起半导体电导率增加，这种现象称为光电导效应。光敏电阻就是利用这一效应制成的光电器件。光敏电阻没有极性，纯粹是电阻器件，使用时可加直流电压，也可加交流电压。

图 4.21 为光敏电阻的工作原理图。当无光照时，半导体中载流子浓度小，光敏电阻值（暗电阻）很大，电路中电流很小。当光敏电阻受到光照时，半导体中的载流子急剧增加，阻值（亮电阻）急剧减小，因此电路的电流迅速增加。

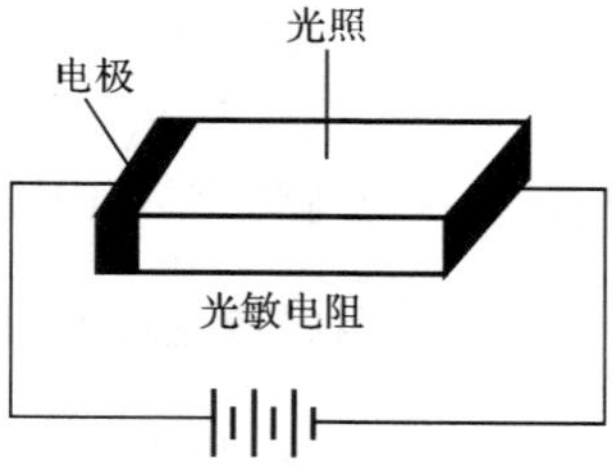

图 4.21　光敏电阻的工作原理

光生伏特效应：在光线作用下使物体产生一定方向电动势的现象叫光生伏特效应。

光电池、光敏二极管、光敏三极管都有一个 PN 结（如图 4.22 所示）。当无光照时，PN 结形成的势垒阻碍少数载流子的流动，但当光照到 PN 结上时，若光子能量足够大，将在 PN 结区附近激发电子-空穴对，在 PN 结电场作用下，N 区的光生空穴被拉向 P 区，P 区的光生电子被拉向 N 区。若 PN 结的外电路没有连通，在 PN 结将出现光生电动势；当外电路连通时，就有电流从 P 区流经外电路至 N 区，如图 4.23 所示，这就是光电池的工作原理。如果外电路不但有负载，而且还接一电池（如图 4.24 所示），则无光照时，少数载流子很少，电路呈阻断状态；有光照时，少数载流子增多，电路中电流变大，电路呈开通状态，这就是光敏二极管的工作原理。光敏三极管可以看做是一个 bc 结为光敏二极管的三极管，如图 4.25 所示。在正常情况下，基极-集电极为受光结（相当于一个光敏二极管）。集电极相对发射极为正电压；而基极开路，则基极-集电极处于反向偏置。无光照照射时，由热激发产生少数载流子。电子从基极进入集电极，空穴从集电极移向基极，在外电路中有暗电流流过。当光照射在光敏面（bc 结）上，bc 结区产生光电载流子。由于集电极处于反向偏置，使内电场增强。在内电场作用下，光生电子漂移到集电极，在基极区留下空穴，使基极电位升高，促使发射极有大量电子经基极被集电极收集而形成放大的光电流。

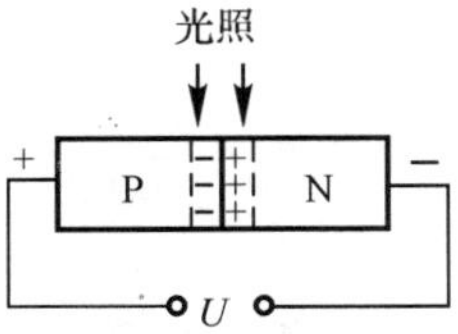

图 4.22　光电伏特效应

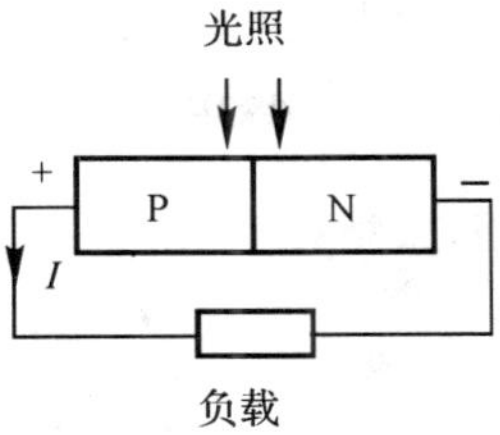

图 4.23　光电池工作原理示意图

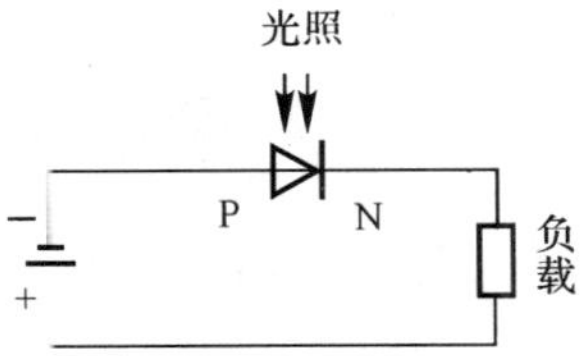

图 4.24　光敏二极管的工作原理

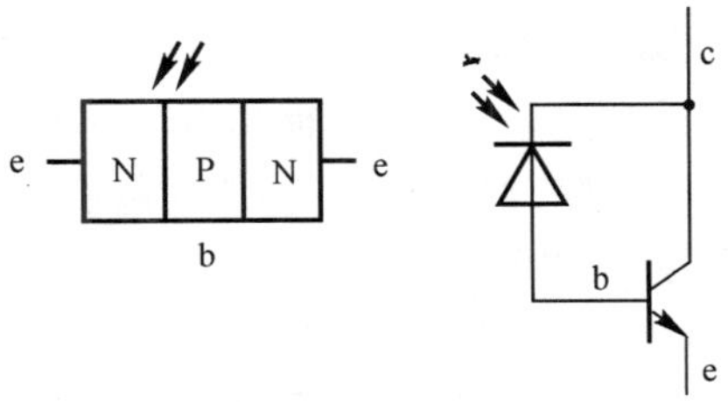

图 4.25　光敏三极管的工作原理

集电极电流为

$$I_c = \beta I_S \tag{4.33}$$

式中　I_S——bc 结的光生电流；

　　　β —— 光敏三极管的电流放大倍数。

2. 半导体光电效应传感器的选用

光电效应传感器的测量系统具有非接触、高可靠性、高精度、反应快和结构简单等优点，故广泛用于自动检测技术领域。选用元件时要注意以下两点：

(1) 光敏电阻具有很高的灵敏度，光谱响应的范围可以从紫外区域延伸到红外区域，而且体积小、性能稳定、价格较低，所以被广泛地应用在自动化技术领域。但由于光敏电阻的光照特性曲线非线性，因此，它不宜作为线性测量用，只能作开关式光电信号传感器用。

(2) 选用光电元件时应根据不同的光源，结合元件的特性参数来选用。例如，光源发出的是可见光，光电元件一般选用硅光敏二极管或三极管，也可选用频响高、灵敏度大的硅光电池。光敏电阻对不同波长的光灵敏度不同，因此，选用光敏电阻时也应结合光源来考虑。

3. 使用时的注意事项

(1) 不论是光敏电阻，还是光敏二极管、三极管，都要注意其规格和使用环境条件。例如，最高工作电压、耗散功率，光电流、环境温度、极间耐压等都是较重要的数据，在使用时不能超过规定值。

(2) 光敏管的灵敏度与入射光的方向有关，因此光源与光敏管的相对位置应合适，且保持不变。

(3) 光敏管要先进行老化处理，才能使性能稳定，特别是光敏电阻，在最初受到光照和外接负载后，灵敏度会明显降低。在人为地加温、光照和加负载情况下经 1 ～ 2 周的老化，光电性能渐趋稳定，以后就基本不变了。

二、红外辐射探测器

1. 红外辐射原理

红外光和可见光一样，也是一种电磁波，具有反射，折射、散射、干涉等性质，在真空中的传播速度为 3×10^8 m/s，所不同的只是波长不同。红外光的波长范围为 0.76 ～ 1 000 μm，最小波长比可见红光波长长 0.7 μm。由于它在可见红光之外，因此得名红外光。红外光有以下几个重要特点：

(1) 红外光是看不见的辐射光。自然界中的一切物体，只要它的温度高于绝对零度(－273.16℃)都有红外辐射。物体的温度越高，红外辐射出来的能量越强。红外测温就是利用这种性能对物体测温的。

(2) 当物体辐射时，辐射波的波长范围很宽，但是热效应主要集中在红外光范围内，红外光有高的热效应是它的特点，因此红外常和热辐射概念连在一起。

热体的辐射规律是设计各种红外探测器的基础，下面介绍三个重要热辐射基本定律。

普朗克定律：单位面积物体在半球面方向发射的光谱辐射功率 $W(\lambda T)$ 是波长 λ 和物体温度 T 的函数，其表达式如下：

$$W(\lambda T)=\frac{\varepsilon c_1}{\lambda^5\left(e^{\frac{c_2}{\lambda T}}-1\right)} \tag{4.34}$$

式中 $W(\lambda T)$ —— 单位面积上物体发射的辐射功率，或称为光谱辐射通量密度；

λ —— 波长；

ε —— 比辐射率；

T —— 物体表面的绝对温度；

c_1，c_2 —— 第一、第二辐射常数。

图 4.26 为光谱辐射通量密度曲线，从曲线可看到以下几个特性：① 光谱辐射通量密度不仅与绝对温度有关，还和波长 λ 有关。在同一温度下，$W(\lambda T)$ 对于波长 λ 有一个峰值。② 当幅射体温度升高时，光谱辐射通量密度 $W(\lambda T)$ 迅速增大，且曲线峰值向波长短的方向移动。

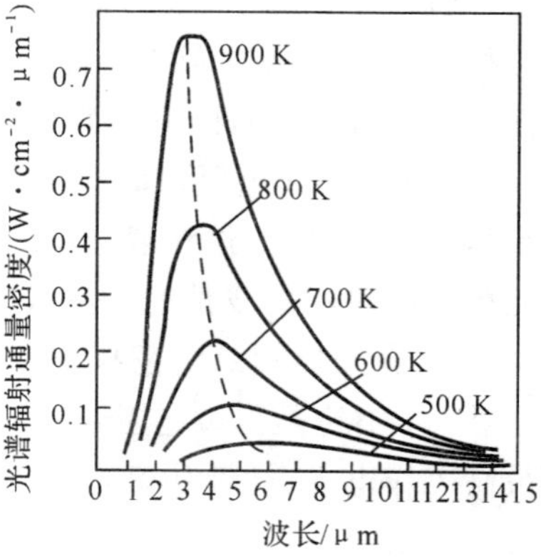

图 4.26 光谱辐射通量密度曲线

斯忒藩-玻耳兹曼定律：此定律又称全辐射发射定律。它表示绝对温度为 T 的物体，每单位面积上全部波长辐射的总功率 W 与绝对温度 T 的四次方成正比，即

$$W=\varepsilon\lambda T^4 \tag{4.35}$$

式中 W —— 辐射总功率；

λ —— 斯忒藩-玻耳兹曼常数；

T —— 物体的绝对温度；

ε —— 比辐射率。

维恩位移定律：从图 4.26 可见，在任一温度下，光谱辐射通量密度曲线有一个最大值，此最大值所对应的波长称为峰值波长 λ_m，它与对应温度 T 的乘积为常数。即

$$\lambda_m T = 2\,897.8\ \mu\text{m} \cdot \text{K} \tag{4.36}$$

式(4.36)即为维恩位移定律，由该定律可知，只要测定峰值 λ_m，就能得知物体的温度 T。

2. 红外辐射探测器的构成

红外辐射探测器主要由光学系统和红外接收器两部分组成，如图 4.27 所示。

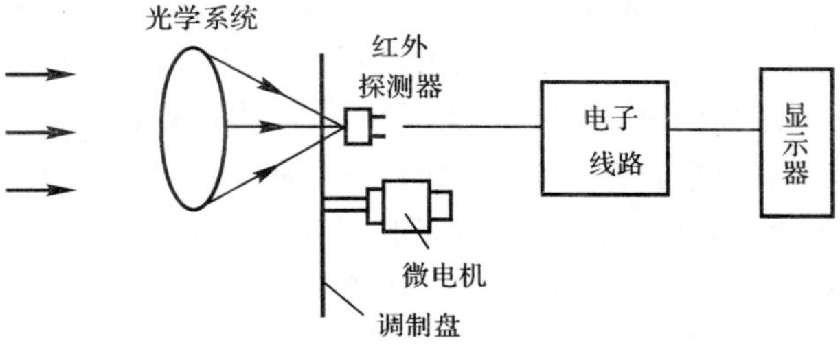

图 4.27 红外辐射探测器原理

(1) 光学系统主要用来产生某一波段范围内的红外光。光学系统由光源和透镜组成，不同的光源，辐射能力不同。选择不同的辐射光源，能得到不同情况的辐射密度。

(2) 根据材料的不同，透镜有选择性的让某一定波段范围内的红外光透过，而吸收其他波段范围内的红外光。二者结合起来，就能使光学系统产生某一波段范围内的红外光，一般光学玻璃和石英材料允许 0.75 ～ 3 μm 的红外光透过；氟化镁、氧化镁等热压光学材料，则允许 3 ～ 5 μm 的红外光通过；5 ～ 14 μm 的红外光容易穿透锗、硅、热压硫化锌等光学材料。这些材料给确定 λ_m 提供了方便，为利用不同的辐射光构成各种红外辐射器打下了物质基础。

(3) 红外接受器主要有两种形式：① 热敏类。利用热敏电阻接受红外辐射。由热效应引起电阻变化，使红外辐射能量转变为电信号。② 光电类。利用光电元件接受红外辐射产生光电效应，从而使红外辐射能量转变为电信号。光电效应比热效应的过程快的多，因光电传感器的响应时间比热敏传感器要短的多。热敏类对任何波长的辐射能量都能全部吸收，而光电类有波长限制。

根据辐射的三条基本定律和各种不同的测量对象，可选取不同的光学系统和红外接受器，并可根据具体情况，构成各种不同的红外光学测温传感器系统。

三、光栅传感器

光栅是由很多间距相等的透光缝隙和不透光的刻线构成。常用的有物理光栅和计量光栅。这里只介绍计量光栅的原理和应用。

计量光栅又分长光栅和圆光栅两种。它们分别能把位移和角位移转变为数字信号，其分辨率取决于光栅刻线的密度。光栅刻线越密，对位移、角位移的分辨率愈强。目前，常用的长光栅每毫米有 10，25，50 或 100 条刻线，圆光栅在整个圆周上通常刻有 2 700，5 400，10 800，21 600 或 32 400 条刻线。如果采用光、电、机械等细分技术，还可以进一步提高光栅的分辨力，因此光栅作为精密传感器，在位移、角位移、速度、转速的高精度测量中得到了广泛应用。

1. 计量光栅的工作原理

计量光栅的工作原理基于莫尔条纹现象。现以长光栅为例说明莫尔条纹的形成原理。

长光栅如图 4.28 所示。其中 a 为不透光刻线宽，b 为透光缝隙宽，$w=a+b$ 称为光栅的节距或栅距。通常 $a=b=w/2$。两块具有相同栅距的长光栅，以一小的夹角 θ 重合在一起，如图 4.29 所示。在 $c-c$ 线上两块光栅透光缝隙正好重合，透光面积最大，当光线照射时形成亮带；在 $d-d$ 线上两块光栅的透光缝隙正好错开，形成暗带。在光栅刻线方向上（即 y 方向），形成一系列明暗相间的条纹，这种条纹就叫做莫尔条纹。

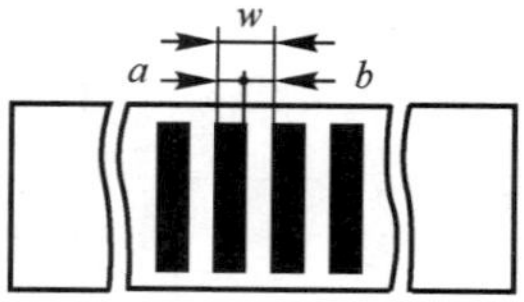

图 4.28　长光栅

莫尔条纹的形成有它的条件和特点：

(1) 莫尔条纹形成的必要条件。形成莫尔条纹，必须有两块光栅，一块光栅不能形成莫尔条纹。不过两块光栅可以不一样大，一块必须复盖整个测量范围，随测量体移动，称为主光栅；另一块只要在一定区域内形成莫尔条纹，可较小且静止，称为指示光栅。

(2) 对信号的放大作用。如果用单光栅与光电元件配合工作，由于光电元件的感光部分受制作工艺的限制，使光栅尺寸不能太小，否则光电元件无法直接分辨由单个光栅缝隙传来的微小位移信号，用双光栅形成的莫尔条纹却能将光栅的微小位移放大成莫尔亮条纹的较大移动。只要记录莫尔亮条纹的移动数，就能得知光栅移动的微小量。这便是莫尔条纹的放大作用。它的放大倍数可根据以下关系求出：

如图 4.29 所示，由于角度 θ 很小，可以认为莫尔条纹和光栅刻线是垂直的，因此莫尔条纹亮条宽度 B 为

$$B=\frac{\frac{w}{2}}{\sin\frac{\theta}{2}}\approx\frac{\frac{w}{2}}{\frac{\theta}{2}}=\frac{w}{\theta} \tag{4.37}$$

当光栅沿着 x 轴方向移动一个光栅节距 w 时，莫尔条纹则沿 y 方向移动一个条纹宽度 B，因此莫尔条纹对信号的放大倍数 K 为

$$K = \frac{B}{w} = \frac{1}{\theta} \tag{4.38}$$

式(4.38)中 θ 为可调节量，调节 θ 的大小，便可调节放大倍数 K。也可随意调节亮条宽度 B，只要调节到使 B 大于光电元件感光部分的尺寸，就能保证光电元件分辨出光栅节距 w 大小的微小位移。莫尔条纹对信号的放大作用是光栅测量系统中最重要的特性。

(3) 误差的平均作用。由于光电元件有一定大小，当它进入亮带时，虽然调节 θ 能把邻近亮带移开，使每一时刻最多只有一条亮带作用于光敏元件，但是，在同一带中，不止一根光栅刻线参加工作。如果光栅节距 $w = 0.02$ mm，硅光电池宽为 10 mm，光栅上同时参加工作的刻线则为 500 条，硅光电池的总输出是 500 条刻线共同输出的总和，这便大大削弱了单根刻线不匀或其他因素带来的误差，使光栅输出的准确度大为提高，保证了输出波形的稳定性和对称性。

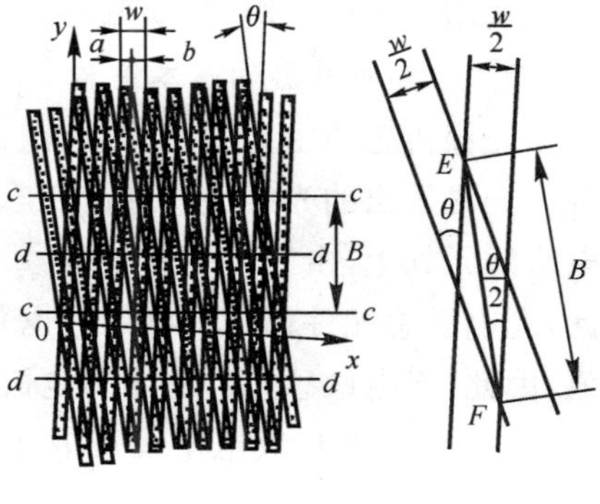

(a)　　(b)

图 4.29　莫尔条纹的形成

(4) 莫尔条纹的移动方向。从图 4.29 可知，莫尔条纹移动的方向基本上和光栅移动的方向垂直。当光栅在 x 方向移动时，莫尔条纹在 y 方向移动，故光敏元件必须安置于 y 轴上，而不能安置在 x 轴上，这点务必注意。显然，莫尔条纹的移动还具有正、负方向性，当主光栅向右移动时，莫尔条纹亮带向下移动；当主光栅向左移动时，莫尔条纹亮带向上移动。

(5) 莫尔条纹的亮度变化近似为正弦脉动。当光栅相对位移一个栅距时，某一点的莫尔条纹亮度从亮变暗又变亮，也相应变化一个周期，从理论上讲这种变化应是三角函数。但是由于两光栅重叠时有一定距离，以及制造工艺等因素，使理想的三角波削顶和削底变为有直流分量的正弦脉动波。此正弦脉动波提供了一个稳定的相位关系，为辨别位移的正、反方向和细分创造了一个非常有利的条件。

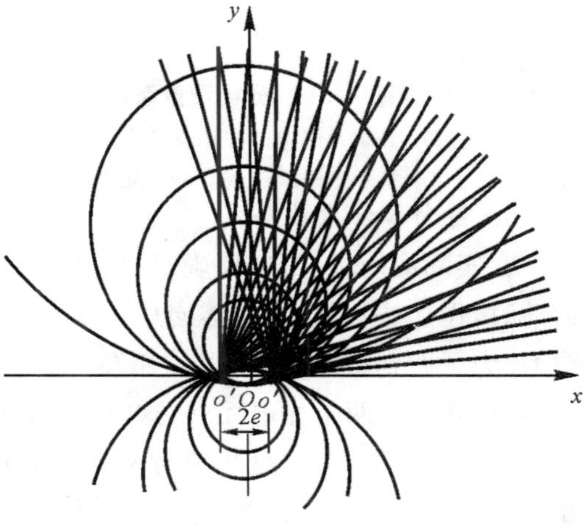

图 4.30　圆光栅的莫尔条纹

圆光栅的莫尔条纹和长光栅的莫尔条纹略有不同。当两块直径相同且栅距相同的圆光栅偏心地放置在一起时，栅线交点的连线就形成莫尔亮条纹。从图 4.30 可以看到，这些条纹是一些半径不同的通过 Oo' 的圆，这些圆对 y 轴和 x 轴都对称。当光栅 o' 绕圆心 O 作顺时针转动时，莫尔条纹的亮带将向外方向移动，反之亮条则向内方向移动。若将光电元件安置在 y 轴上，记录亮带移动的根数就能知道圆光栅 o' 转过的角度。

从图中还可看出，改变偏心距 e 能改变莫尔条纹的宽度 B，因此圆光栅同样有放大作用。

2. 光栅传感器的基本结构

光栅传感器由光源结构、透镜、主光栅、指示光栅和光电敏感元件所组成，如图 4.31 所示。

光源发出的光线经过透镜变成平行光，照射在光栅上，形成莫尔条纹。这些条纹聚焦在光电敏感元件上，由它转变成电信号。当主光栅移动时，莫尔条纹的亮度成正弦脉动函数变化，因此，光电敏感元件输出的电信号也是正弦脉动函数。在这里要指出的是，由于光的亮度没有负值，因此，光电敏感元件输出的电信号不会是交变的正弦波，而是有直流成分的正弦脉动波形（见图 4.32）。在后续电子线路中，应用差动放大的办法，可将直流成分抵消。

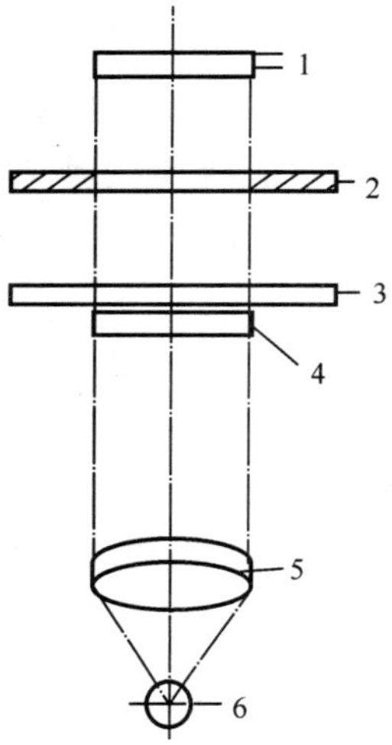

图 4.31　光栅测量系统

1— 光敏元件；2— 狭缝；3— 主光栅，
4— 指示光栅；5— 透镜；6— 光源

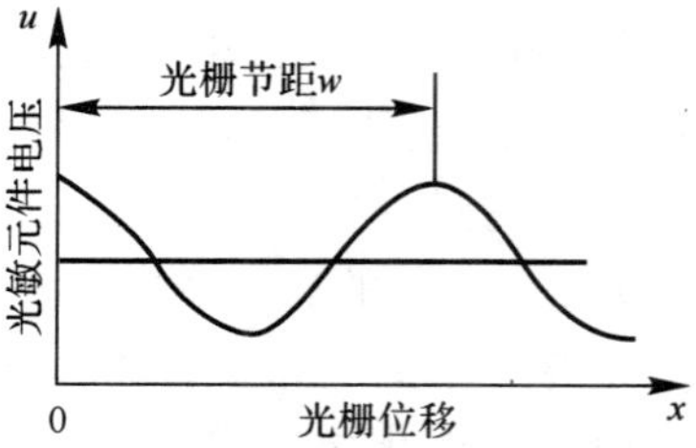

图 4.32　光栅传感器输出的电信号

3. 辨向和计数线路

在实际应用中，常常要确定物体的绝对位置，这就要求知道物体的运动方向。当物体向前运动时，作加法计数；当物体向后运动时，则作减法计数。因此光栅传感器应有分辨运动方向的能力。为了做到这一点，可以利用莫尔条纹有稳定相位关系这一特点，在莫尔条纹的 O 处和 $(1/4)B$ 处安放两个光电元件。这时，它们输出的交流信号部分相位相差 90°，为了消除其直流成分，在 $2B/4$ 和 $3B/4$ 处再放置两个光电元件，依次把它们叫元件 1，2，3，4（见图 4.33）。元件 1 和元件 3 的输出信号有直流信号相等、交流信号相位相差 180° 的特点，将它们输入差动放大器相减，直流成分正好抵消，交流成分则相加，得到一个纯交流的信号 u'_1。同样道理，将元件 2 和 4 的信号输入差动放大器相减，得到另一个交流信号 u'_2，这两个正弦信号相位相差 90°。当光栅正向运动时，u'_1 超前 u'_2 相位 90°；光栅反向运动时，u'_2 超前 u'_1 相位 90°。利用这一特点，可构成图 4.34 所示的辨向可逆计数电路。

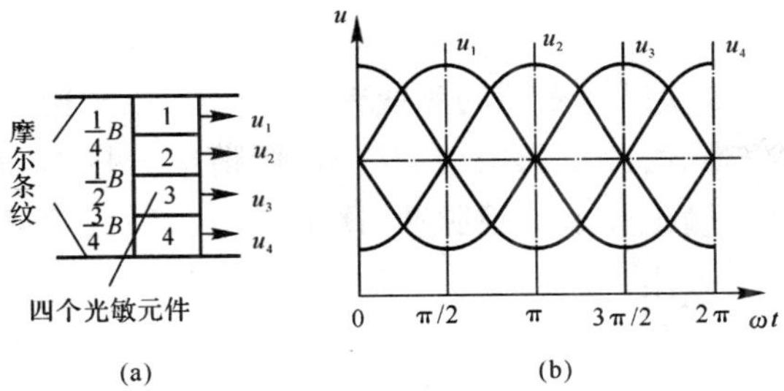

图 4.33　光电元件的安放和波形

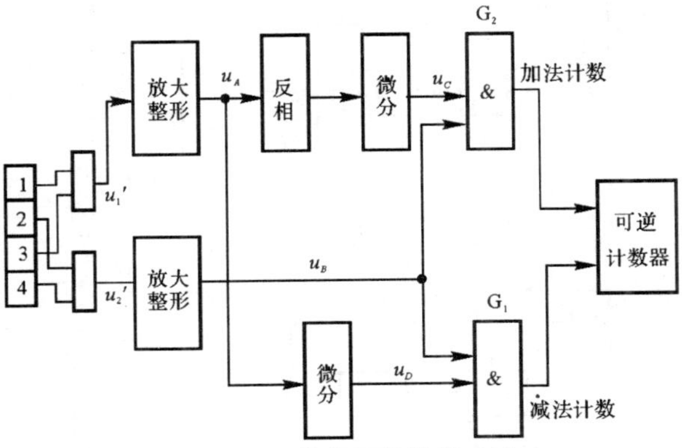

图 4.34　辨向可逆计数电路

该电路的工作原理是：将正弦信号 u'_1 和 u'_2 放大整形得到方波 u_A 和 u_B。由 u_A 反相微分后得 u_C，由 u_A 直接微分得 u_D。以 u_C 和 u_D 为计数脉冲，u_B 为控制脉冲，分别控制与门 G_1 和 G_2，使光栅前进时，开放门 G_1，进行加法计数；光栅后退时，开放门 G_2，进行减法计数。各点的波形如图 4.35(a) 和(b) 所示。

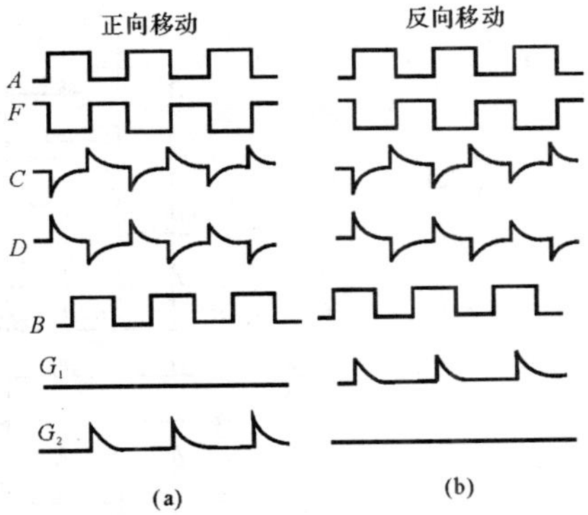

图 4.35　辨向可逆计数电路各点波形

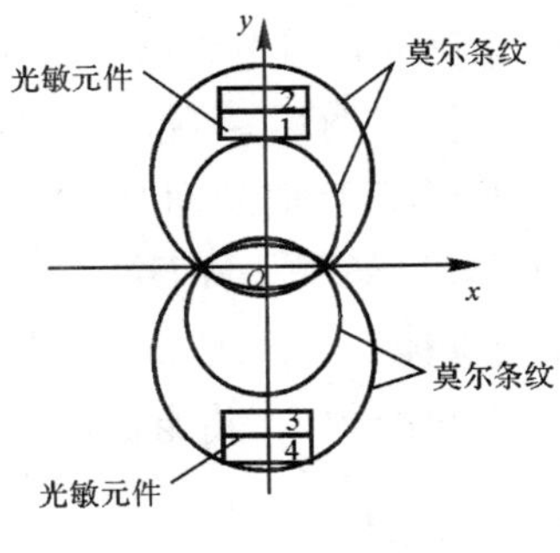

图 4.36　圆光栅光电元件的放置

在圆光栅中，4 个光电元件固然能按以上描述的方法放置，但是为了进一步对消主光栅轴系装配时偏心的影响，常按图 4.36 所示方式放置。

4. 细分技术

为了提高测量准确度，必须提高光栅的刻线密度，但是，在光栅刻线密度提高到一定程度后，再提高刻线密度就很困难。为此常采用细分技术。所谓细分技术，就是用电子、光学或机械的办法，在一个栅距范围内，输出几个等距脉冲。这里介绍一种四倍频细分辨向电路的基本原理，由于其简单实用，被广泛采用。

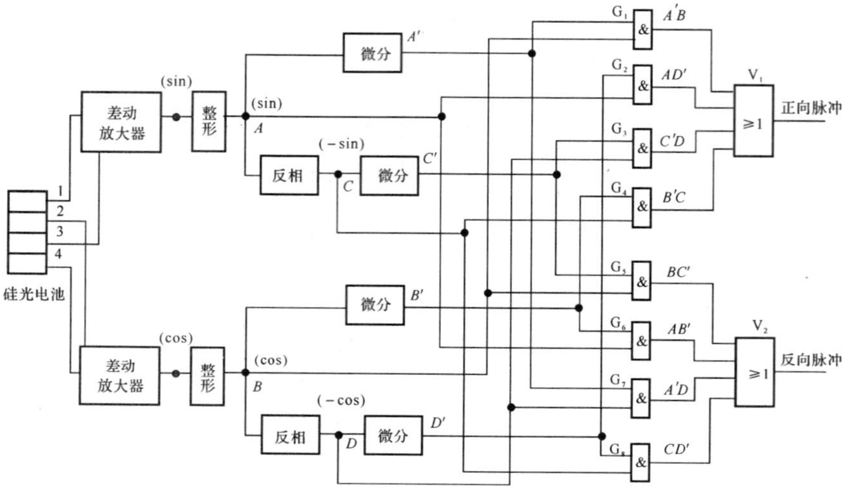

图 4.37　四倍频细分电路

图 4.37 为四倍频细分辨向计数电路原理图。图中 A 和 B 两点的电压分别为方波 u_A 和 u_B，将 u_A 和 u_B 分别进行反相得到 u_C 和 u_D，即在一个信号周期内得到 4 个方波信号。再将 u_A, u_B, u_C, u_D 4 个脉冲信号进行微分，得到 4 个脉冲信号 $u_{A'}, u_{B'}, u_{C'}, u_{D'}$，将 4 个方波信号与 4 个脉冲进行逻辑组合输出（如图 4.38 所示）。当光栅正向运动时，通过与门 $G_1 \sim G_4$ 及或门 V_1，得到 4 个信号 $AB'+AD'+C'D+B'C$，而反向运动时，通过与门 $G_5 \sim G_8$ 及或门 V_2，得到 4 个脉冲 $BC'+AB'+A'D+C'D$，对应波形如图 4.38 所示。这样，对应光栅位移一个栅距 w，莫尔条纹移动一个宽度 B，光电信号输出了 4 个等距脉冲，并能自动辨向，使分辨力提高 4 倍。

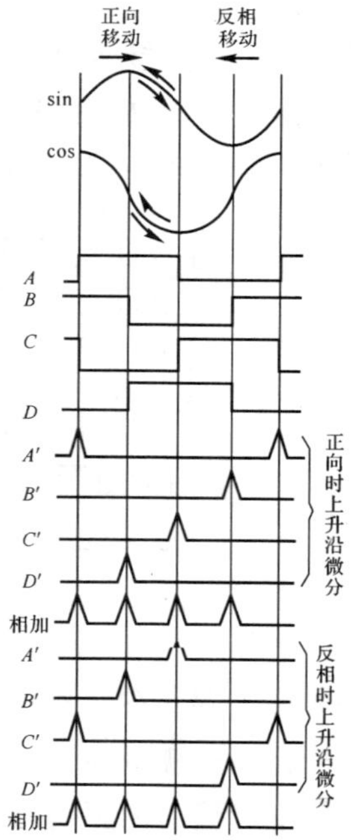

图 4.38　4 倍频细分电路波形

四、光电式编码器

光电式编码器是目前使用较多的编码式数字传感器。

1. 光电式编码器的结构与工作原理

光电式编码器由码盘与光电读出装置两部分组成。码盘采用照相腐蚀工艺，在一块圆形光学玻璃上刻有透光与不透光的码形。可以输出4位二进制数码的码盘如图4.39(a)所示。光电读出装置如图4.39(b)所示。由最外向内部依次为2^0位，2^1位，2^2位，2^3位，码盘一侧放置光源，另一侧1个码道对应放置1个光电器件，图中为光电三极管。4个光电三极管的读出装置正处在码盘第8号角度位置，只有最里面码道的光电三极管对着不透光区(阴影区)，故不受光照，管子截止，输出电平为$B_4=[1]$。其他3个码道光电三极管均对着透光区(非阴影区)，故受光照而导通，输出电平均为[0]。因此，码盘的第8号角度位置对应的输出数码$[B_4 \quad B_3 \quad B_2 \quad B_1]$为[1000]。码盘转动某一角度，光电读出装置就输出1个数码；码盘转动1周光电读出装置就输出16种不同的4位二进制数码。

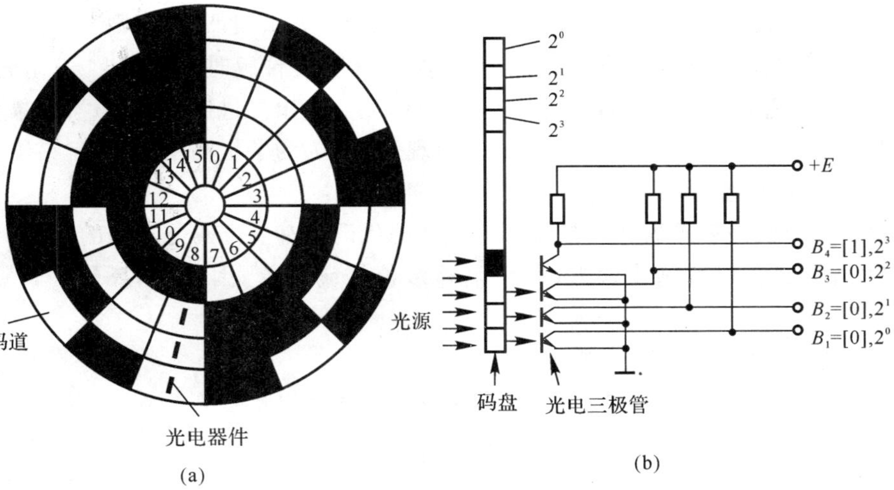

图4.39　光电式编码器的结构与工作原理

(a) 四位二进制码盘；(b) 光电读出装置结构示意图

2. 提高分辨率的措施

二进制码盘所能分辨的旋转角度，即码盘的分辨率α为

$$\alpha=\frac{360^\circ}{2^n} \tag{4.39}$$

式中　n——数码的位数。

因此，若为4位码，则$n=4$。4位码：$n=4$，$\alpha_4=\frac{360^\circ}{2^4}=22.5^\circ$。5位码：$n=5$，$\alpha_5=\frac{360^\circ}{2^5}=11.25^\circ$。

由此可见，位数越多，码道数越多，能分辨的角度越小。为了提高角位移的分辨率，常规方法就是增加码盘的码道数，当然这要受到制作工艺的限制。一般可通过采用多级码盘，如两级码盘达到提高分辨率的目的。设低位码盘有5条码道，其输出为5位数码$[B_5 \quad B_4 \quad B_3 \quad B_2 \quad B_1]$，高位码盘有6条码道，输出6位数码$[B_{11} \quad B_{10} \quad B_9 \quad B_8 \quad B_7 \quad B_6]$，两个码盘的关系同钟表的分针与秒针的关系相似。同一个表盘，秒针移动60格(1圈)分针才移1格，分针移动1格代表1分，秒针移动1格代表1秒，分辨率提高60倍。同理，若低位码盘转了1圈后(输出 $2^5=32$ 个数码) 高位码盘才移动1个码位，或者说低位码盘转 $2^5=32$ 圈，高位码盘才旋转1圈，那么分辨率将提高32倍，即可分辨的角位移是高位码盘分辨率 $\alpha_6=\frac{360^\circ}{2^6}=5.625^\circ$ 的1/32，即 0.176°。这就是说，由5条码道的低位码盘与6条码道的高位码盘相配合，可输出11位数码，角分辨率可达 $\alpha_{11}=\frac{360^\circ}{2^{11}}=0.176^\circ$。

3. 减小误码率

采用二进制8421码制的码盘，对码盘的制作和安装要求很严格，否则会产生严重的错码。如图4.37(a) 所示码盘由第7号角度位置转到第8号角度位置时，应输出二进制码[1000]，若因某种原因内码道光电三极道首先进入非导电区，则会输出二进制码[1111]；如果滞后进入非导电区则将输出[0000]，故本应由7变8，却出现15或0。为了提高精度，限制错码率为一个位码，常用以下两种方法。

(1) 循环码盘。循环码的特点是相邻两个数的代码只有一位码是不同的，如图4.40(a) 所示。只要适当限制各码道制作误差，就可消除多位错码现象，因此，循环码码盘获得了广泛应用。

表4.3列出4位二进制码与循环码对照表。

表4.3　4位二进制码与循环码对照表

十进制数	二进制码	循环码	十进制数	二进制码	循环码
0	0000	0000	8	1000	1100
1	0001	0001	9	1001	1101
2	0010	0011	10	1010	1111
3	0011	0010	11	1011	1110
4	0100	0110	12	1100	1010
5	0101	0111	13	1101	1011
6	0110	0101	14	1110	1001
7	0111	0100	15	1111	1000

按表4.3可找到循环码和二进制码之间的转换关系为

$$B_n=R_n,\quad B_i=B_{i+1}\oplus R_i,\quad R_i=B_{i+1}\oplus B_i \tag{4.40}$$

光电读出装置输出的循环码必须先经循环码——二进制码——转换电路再变回二进制码，转换电路如图4.40(b) 所示。

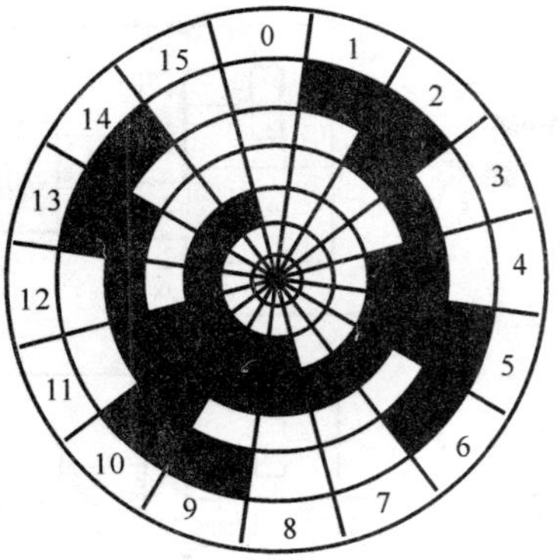

(a)

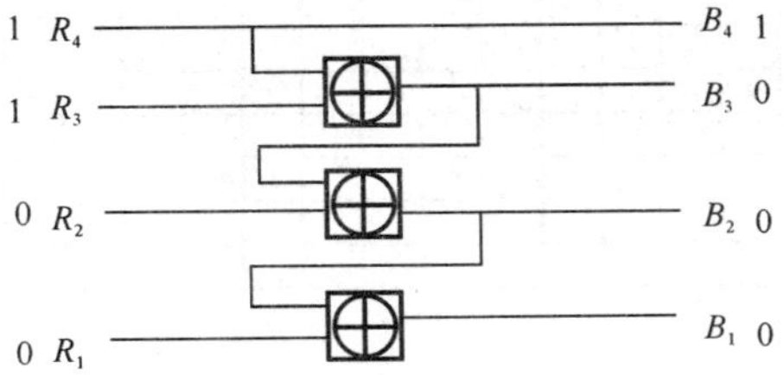

(b)

图 4.40　循环码

(a) 码盘；(b) 向二进制转换电路

若 4 位循环码$[R_4R_3R_2R_1]$为[1100]，则对应的二进制码为$[B_4B_3B_2B_1]$的各位是：最高位不变 $B_4 = R_4 = 1$，而

$$B_3 = R_3 \oplus B_4 = 0$$

$$B_2 = R_2 \oplus B_3 = 0$$

$$B_1 = R_1 \oplus B_2 = 0$$

故相应的二进制码为[1000]。

(2) 扫描法。它是在二进制码盘的最低位码道也就是在最外侧的码道上安装一个光电读出头，其他码道上均装两个光电读出头，其中一个称为超前读出头，处于比它低一位读出头提前改变状态的位置；另一个称为滞后读出头，处于比它低一位读出头滞后改变状态的位置。于是，装有两个读出头的码道就有两个数字信号输出，要根据前一位是[1] 还是[0] 来决定本位数码电平是取超前读出头还是滞后读出头的电平值。按照二进制码的特点，当某一个二进制码的第 i 位是 1 时，该二进制码的第 $i+1$ 位要从滞后读出头读出；相反，当某一个二进制码第 i 位是 0 时，该数码的第 $i+1$ 位要从超前读出头读出。这样也能使错码限制为最低位的一个 bit。图 4.41(a) 为扫描码盘结构示意展开图；图 4.41(b) 为控制逻辑。图中所示最低位(2^0) 读出头所在位置为"x"处，输出高电平"1"，则 2^1 位应从滞后读出头读出，为"1"。同理 2^2 位也由滞后读出头读出，为"0"，于是 2^3 位应由超前读出头读出，为"1"。故输出二进制码$[2^3 2^2 2^1 2^0]$为[1011]。从图 4.41(a) 可见，由前一位电平所选中的各高位($2^1, 2^2, 2^3$) 读出头，不论是滞后读出头，还是超前读出头均在错位率最低的位置。就是说，即使这些读出头发生错位，输出数码也不会变化，从而保持错码率与分辨率一致。

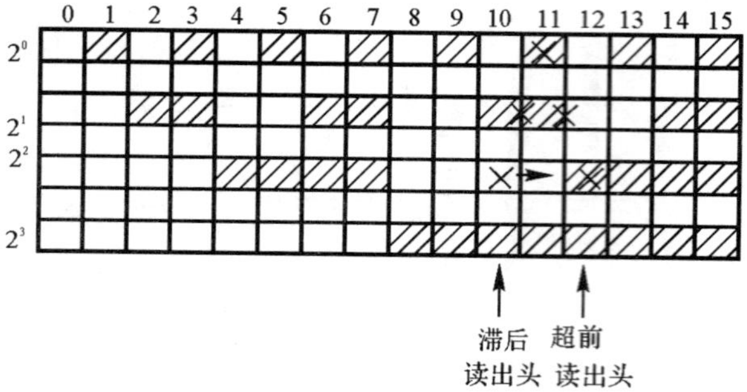

(a)

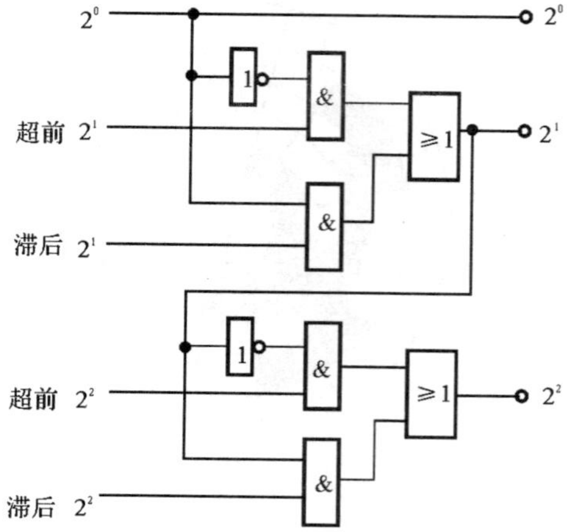

(b)

图 4.41　扫描码盘

(a) 结构示意展开图；(b) 控制逻辑

4.9　半导体磁效应传感器

载流半导体在磁场中会产生霍尔效应及磁阻效应，利用这些效应制成的传感器称为半导体磁效应传感器。半导体磁效应传感器的敏感元件有霍尔元件，磁敏电阻及磁敏二极管、三极管等。

一、霍尔传感器

1. 基本原理

霍尔传感器的工作原理是基于霍尔效应。

霍尔效应：如图 4.42 所示，在半导体薄片上垂直加磁场 B，并在半导体的两端(1,2) 通以电流 I_C，此时移动着的载流子在磁场作用下将受到洛伦兹力 f_B 的作用。洛伦兹力改变载流子的运动方向，使它们积聚在半导体两端面(3,4) 形成静电场，这种静电场对载流子施加一电场力 f_E，当 $f_E=f_B$ 时，载流子的端面积聚达到动平衡，载流子的运动方向将不偏移，这时在两端面 3 和 4 之间建立了一个稳定的霍尔电场，相应的电势称为霍尔电势 u_H，即

$$u_H = R_H \frac{I_C B}{\delta} \tag{4.41}$$

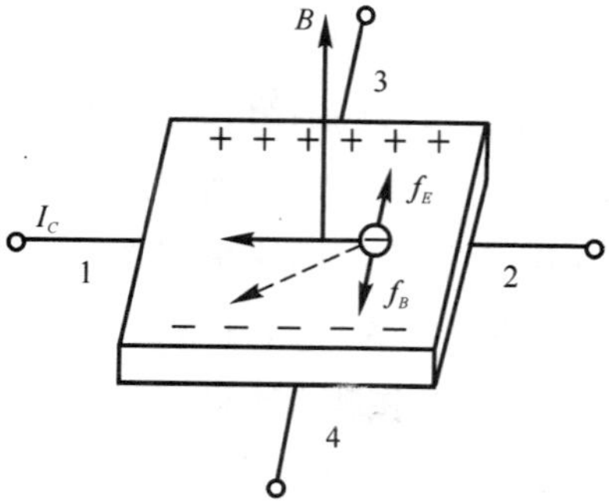

图 4.42　霍尔效应原理

式中　R_H—— 霍尔系数；

　　　δ —— 元件厚度。

这一效应即称霍尔效应。利用霍尔效应，能很方便地测磁通密度 B。只要输入控制电流 I_C，并保持电流为常值，通过测量霍尔电势的大小就可测定磁通密度 B。

由式(4.41)可知，当控制电流 I_C 反向时，霍尔电势的方向也随之变化。当磁场 B 方向变化时，输出电势也同时交换方向。因此，霍尔效应不但能测直流磁场，也能测交流磁场。实际上，当测量磁场时，不论测量的是交流磁场还是直流磁场，都希望输出信号是交流电势，这是由于交流电压易于放大和传递。因此在测量直流磁场时，往往不加直流 I_C，而是加交流 $\dot{I}_C$，霍尔电势 u_H 即为与 $\dot{I}_C$ 同频率的交流电势，其幅值与直流磁场 B 的幅值成正比。当测量交变磁场时，则用直流控制电流 I_C，输出霍尔电势 u_H 是与交变磁场同频率的交流电势，且其幅值和交变磁场的幅值成正比。

2. 霍尔元件的选用

由于霍尔元件对磁场敏感，因此，可以隔离检测。此外它还具有结构简单、体积小、频响宽、动态范围大(输出电势的变化大)、无活动部件、使用寿命长等优点。在测量技术、自动化技术和信息处理等领域都广泛应用霍尔元件。

在式(4.41)中，3个参数 u_H，I_C，B 可任意保持一个参数不变，而将另两个参数分别作输入信号与输出信号；可以任取两个参数作输入变量，而以另一个作输出变量。因此，可灵活地制成各种类型的传感器和器件，供人们选用。

(1) 霍尔传感器应用最广的一个方面是测定磁感应强度 B，目前霍尔高斯计已得到广泛应用。此外，凡是能改变 B 数值的物理量，也都能用霍尔传感器进行测量。如图4.43所示，在极性相反、磁感应强度相同的2个磁钢的气隙中放置1块霍尔片，当控制电流 I_C 不变时，霍尔电势 u_H 与垂直霍尔元件的 B 成正比。因为 B 和位置 x 有关，所以测定 B 就能确定 x。类似这种应用方法，霍尔传感器能广泛用于测量电流、电压、位移、角位移、速度、加速度、压力、流量、液位、转速、振动等参数。

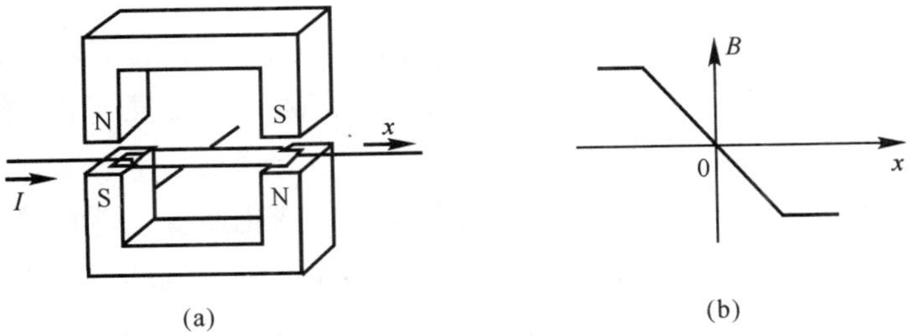

图4.43　霍尔式位移传感器原理图

(2) 利用霍尔电势 u_H 正比于控制电流 I_C 和磁感应强度 B 的乘积这一特点，在乘法器、函数发生器、功率计等方面也得到了广泛应用。

目前，常用的霍尔元件的材料是锗(Ge)、硅(Si)、锑化铟(InSb)及砷化铟(InAs)等。在电路中，霍尔片一般可用两种符号来表示，如图4.44所示。国产霍尔元件用2个字母和1个数字来表示型号。例如：HZ-1表示锗材料制成的霍尔元件，它的第一个字母H代表霍尔元件；第二个字母代表材料(Z代表锗，T代表锑化铟，S代表砷化铟)；最后一个数字表示产品序号。这几种材料特性各有不同，特别是温度特性相差较大，图4.45是4种材料的温度特性。由图可见，锑化铟元件受温度影响最大，因此，这种材料制成的霍尔传感器往往作为敏感元件而不作为测量元件。硅、砷化铟、锗的温度系数都较小，但输出电势也比较小，其中以砷化铟比较好，具有受温度影响小和线性度好的特点，因此，常在测量指示仪表中应用。另外锗也有较好的性能。在不同的场合，要注意选用不同材料制成的霍尔传感器。

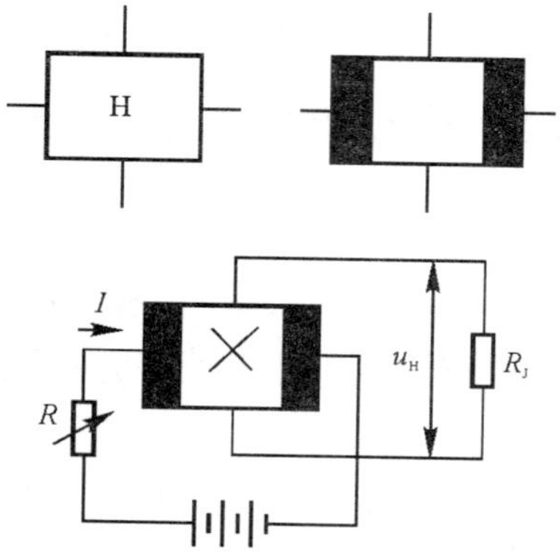

图4.44　霍尔元件的符号和基本电路

×— 磁感应强度，指向纸面

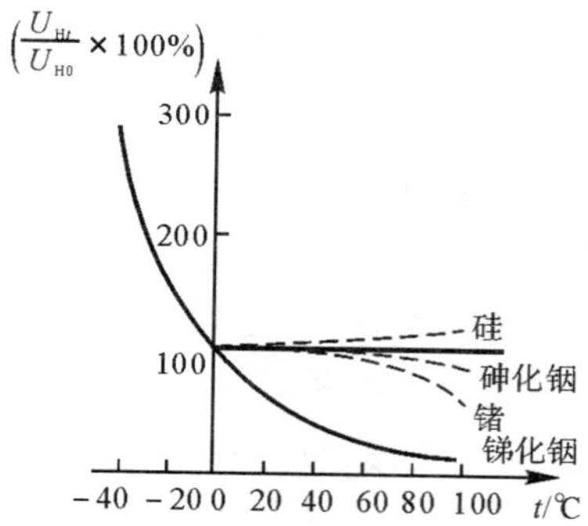

图4.45　几种材料的霍尔电势温度特性

3. 使用时需注意的问题

(1) 温度补偿。温度对霍尔元件影响较大，它不但影响霍尔元件本身的内阻，也影响霍尔系数的大小。因此，要采取补偿措施。

温度对内阻的影响：霍尔元件的输入电阻随温度的变化而变化。例如HZ-1型霍尔元件内阻的温度系数约为0.5%，若用恒压源供电，控制电流将随工作温度变化，给测量带来较大误差。消除这一误差的办法是采用恒流源供电。

温度对霍尔系数的影响：霍尔系数R_H也会随温度的变化而变化，图4.45所示的霍尔电势随温度的变化实际上就是霍尔系数的变化引起的。锑化铟的温度系达1.5%，锗的温度系数较好，仅为0.04%左右。为减小温度误差常用的办法有：① 选用温度系数小的霍尔元件；② 控制电流I_C不要太大，以免霍尔元件发热；③ 采用恒温装置；④ 采用热敏电阻进行补偿，例如，对于锑化铟材料制造的元件，常采用热敏电阻进行补偿，其电路如图4.46所示。图4.46(a)为输入回路补偿，图中热敏电阻R_t为负温度系数热敏电阻，它随温度增加电阻相应减少，引起控制电

流 I_C 的增加，正好抵消由于霍尔电势减小而引起的控制电流 I_C 的减小。图 4.46(b) 为输出回路补偿，它的原理和输入回路补偿相似。

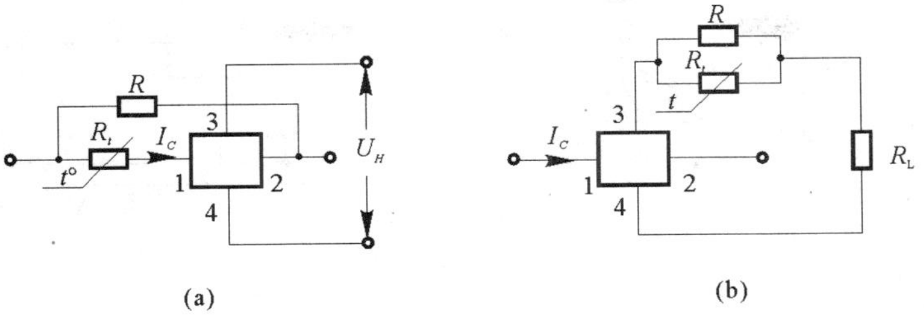

图 4.46　霍尔元件的温度补偿

(2) 不等位电势的补偿。当外磁场为零，通入控制电流 I_C 时，霍尔元件的输出电势应为零。但由于制造工艺等原因，两个霍尔电势的输出极不可能绝对对称地焊接在霍尔片两侧(如图 4.47 所示)，因此，当控制电流 I_C 流过霍尔片时，3 和 4 两电极就不处于同一等位面上，这时虽无磁场，3 和 4 间也存在电势差，称为不等位电势。控制电流为直流时的一种不等位电势补偿电路如图 4.48 所示。调节电位器的位置，使补偿电压刚好与不等位电势相等且相反，达到无磁场时输出的霍尔电势为零。

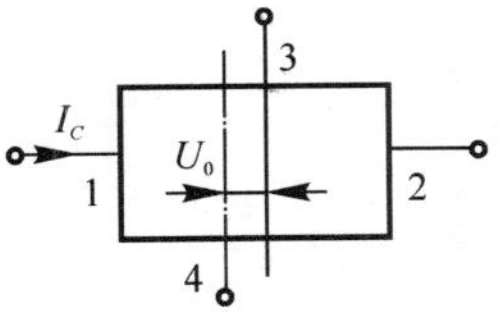

图 4.47　霍尔元件的不等电位的形成

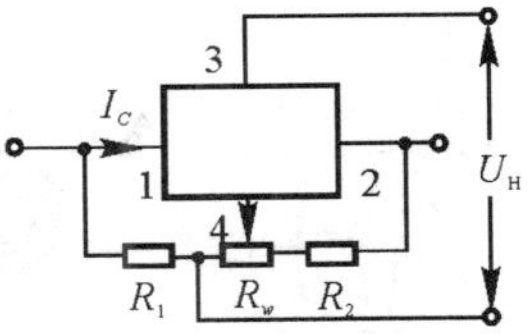

图 4.48　霍尔元件的不等电位电势补偿

4. 霍尔电流、电压传感器

在工业测量中常用的电压、电流传感器大多用到霍尔元件，下面以瑞士莱姆(LEM) 公司生产的电压、电流传感器为例，对其工作原理作简要介绍。

(1) 直测式霍尔电流传感器。图 4.49(a) 所示为直测式霍尔电流传感器原理图，原边电流 I_P 产生的磁通量聚集在磁路中，由霍尔元件检测出霍尔电势信号，经过放大器放大，该电压信号可以精确地反映原边电流。

(2) 磁平衡霍尔电流传感器。图 4.49(b) 所示为磁平衡霍尔电流传感器原理图，原边电流 I_P 与霍尔电压经放大产生的副边电流 I_S 通过副边线圈所产生的磁通量相平衡。副边电流 I_S 精确地反映原边电流。

(3) 磁平衡霍尔电压传感器。图 4.49(c) 所示为磁平衡霍尔电压传感器原理图，原边电压 V_P 通过原边电阻 R_1 转换为原边电流 I_P，I_P 产生的磁通量与霍尔电压经放大产生的副边电流 I_S 通过副边线圈所产生的磁通量相平衡。副边电流 I_S 精确地反映原边电压。

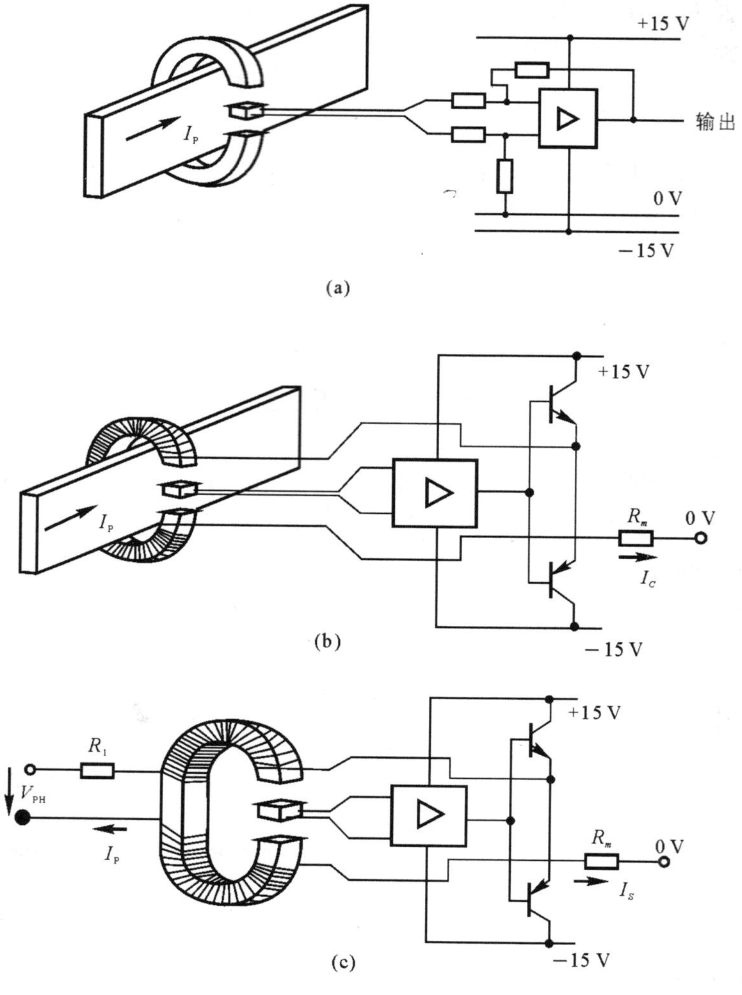

图 4.49 霍尔电流、电压传感器原理

(4) 霍尔电流、电压传感器的使用。使用电流、电压传感器时，要注意其动、静态性能指标。电压、电流传感器的性能指标同 4.1 节所述相同，其独特之处涉及部分阶段电参数，这里以 LEM 公司生产的电压传感器 LV28－P 为例，其电参数有：原边额定有效电流 I_{PN}、原边电流测量范围 I_P、测量电阻 R_M、副边额定有效电流 I_{SN}、转换率 K_N、电源电压 V_C 等。转换率 K_N 可以理解为副边与原边电流之比。LV28－P 的底板外形如图 4.50(a) 所示，其连接如图 4.50(b) 所示。

该传感器原边额定电流为 10 mA，在原边额定电流上，传感器精度最佳，因此应适当选择原边电阻 R_1，以便测量与 10 mA 的原边电流相应的电压。例如被测电压 $V_{PN}=220$ V，选 $R_1=25$ kΩ，则 $I_P=8.8$ mA，该传感器的转换率 K_N 为 2 500∶1 000，因此副边电流 $I_S=22$ mA，副

边测量电阻 R_M 使用手册推荐值为 100 ～ 350 Ω，这里可选 R_M = 150 Ω，则副边电压 V_2 = 3.3 V。电流传感器的使用与电压传感器类似，也要注意其电参数的范围。

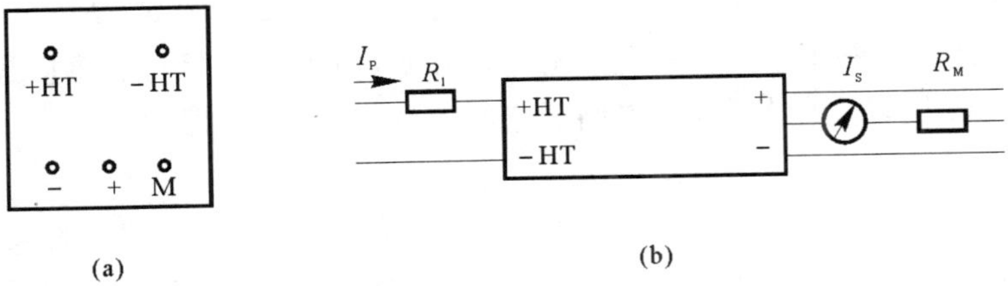

图 4.50　LV28-P 连接示意图

(a) 底板示意图；(b) 连接图

二、磁敏电阻及磁敏二极管

工作原理：磁敏电阻及磁敏二极管的工作原理是基于磁阻效应。磁阻效应是某些金属、合金和半导体材料在磁场中电阻会发生变化的现象，其机理如下：霍尔元件中的载流子在平衡状态下受两个力的作用，即霍尔电场力和洛伦兹力的作用，当这两个力方向相反、大小相等时，载流子的运动方向将不变。但是，运动载流子的速度不是单一的，而呈一统计规律。运动方向不变（准确讲，是不能到达图 4.42 中所示的 3 和 4 端面）的载流子，只是具有某一速度间隔的载流子，而小于或大于此速度间隔的载流子将向电场正极或负极偏转。无论何种偏转，都会使电流减小，导致电阻增大。磁感应强度 B 越大，洛伦兹力也就越大，偏转的载流子就越多，电阻也就越大。这种规律和磁感应强度 B 的方向无关，因此霍尔元件电阻和磁感应强度的关系如图 4.51 所示，是一条和 R 轴对称的曲线。

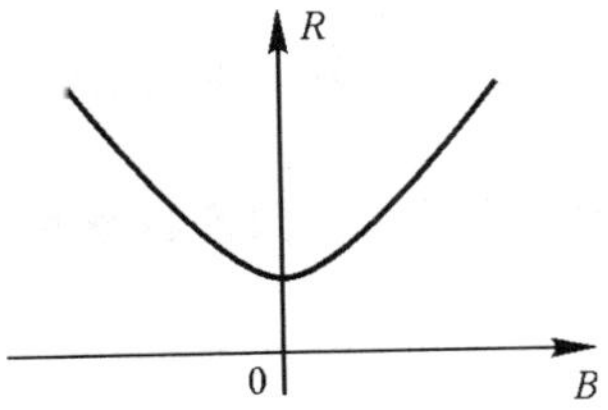

图 4.51　霍尔元件电阻和磁感应强度的关系

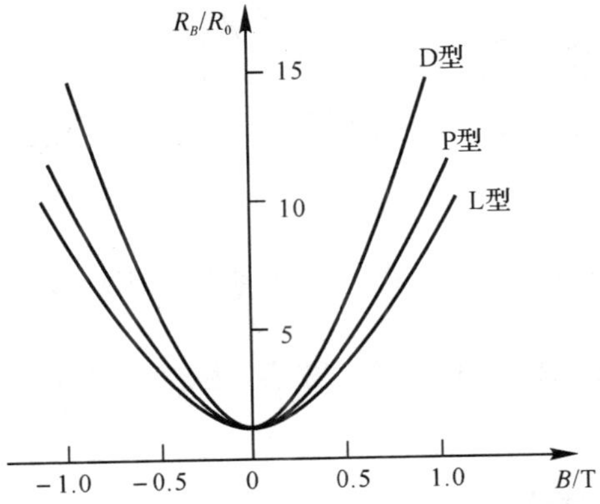

图 4.52　半导体磁阻器件的磁阻特性

由于磁阻效应与器件的几何形状和结构有关，人们巧妙地利用这一特点，尽量消除霍尔效应，提高磁阻效应，使半导体器件的体电阻随磁感应强度的增加而增加得更大一些，从而制造成磁阻器件。图 4.52 是半导体磁阻器件的磁阻特性，其中 D，P，L 表示掺杂不同材料的磁阻器件。P28－D500 是西门子公司的一种磁阻器件型号，它的典型性能指标为：零磁感应强度时，电阻 $R_0 = 500\ \Omega$；$B = \pm 0.3\text{T}$ 时，$R_B/R_0 = 3.0 \sim 3.2$；$B = \pm 1\text{T}$ 时，$R_B/R_0 = 13 \sim 18$。

利用磁阻器件测量磁感应强度的优点是测量方便，但由于电阻与磁感应强度关系的非线性和磁阻比 R_B/R_0 受温度影响严重，限制了它的广泛应用。磁阻器件适用于低温和较强磁场的测量中。

磁敏二级管是一种半导体磁电传感元件，可分为锗和硅磁敏二极管。图 4.53 是它的伏安特性及测试电路。通常采用电压绝对磁灵敏度 $S_{B\pm}$ 来表示它的磁敏感特性，如图 4.54 所示。

$$S_{B\pm} = \frac{U_+ - U_0}{B} \tag{4.42}$$

式中　U_+——$B = 0.1\ \text{T}$ 时正向管压降；

　　　U_0——$B = 0$ 时正向管压降，称之为零场电压。

实用中，还常用磁敏电压 ΔU 与 B 的关系来表示磁敏二极管的敏感特性，如图 4.54 所示。磁敏二极管的伏安特性随温度变化而变化，锗管零场电压 U_0 的温度系数是负的，硅管零场电压 U_0 的温度系数是正的。

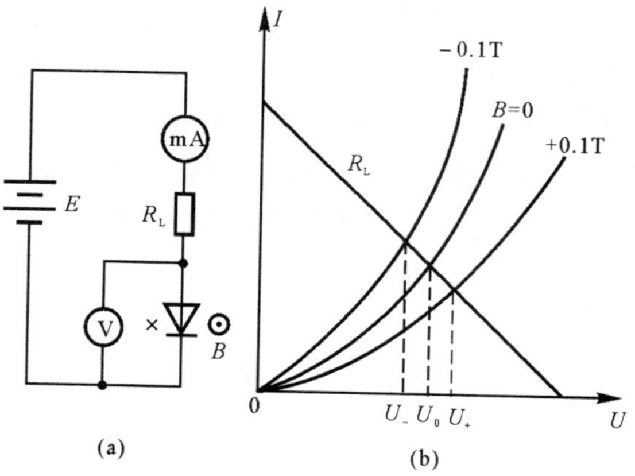

图 4.53　磁敏二极管的伏安特性及测试电路

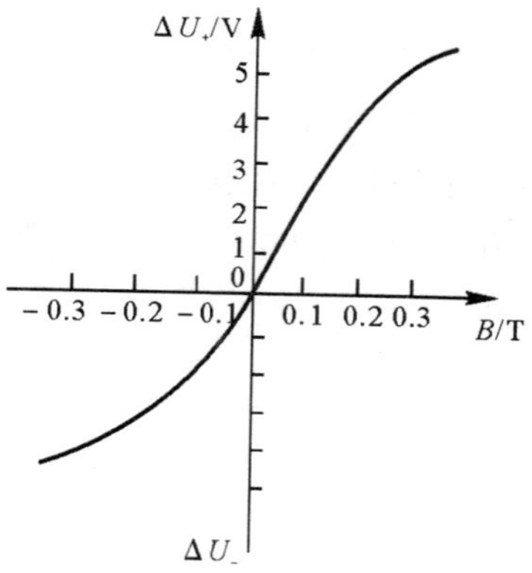

图 4.54　磁敏二极管的磁敏电压特性

磁敏二极管可应用于磁感应强度的测量以及工业自动控制领域。国产硅磁敏二极管型号为 2DCM。

三、磁敏三极管

磁敏三极管是在磁敏二极管基础上发展而成的结型三极管，也可分为 NPN 型和 PNP 型结构。磁敏三极管的基本测试电路如图 4.55(a) 所示；图 4.55(b) 是磁场作用下的输出特性曲线。在基极电流恒定的条件下，集电极电流 I_{c0} 称为零场集电极电流。在磁感应强度 $\pm B$ 的磁场中，I_c 的相对变化量 $\Delta I_{c\pm}$ 与 $I_{c0}B$ 的比值定义为集电极电流相对灵敏度，即

$$S_{B\pm} = \frac{\Delta I_{c\pm}}{I_{c0}B} \times 100\% \tag{4.43}$$

$$\Delta I_c = I_{cb} - I_{c0}, \quad \Delta I_{c+} = I_{c0} - I_{cb+}$$

式中　$\Delta I_{c-} = I_{cb-} - I_{c0}$，　$\Delta I_{c+} = I_{c0} - I_{cb+}$。

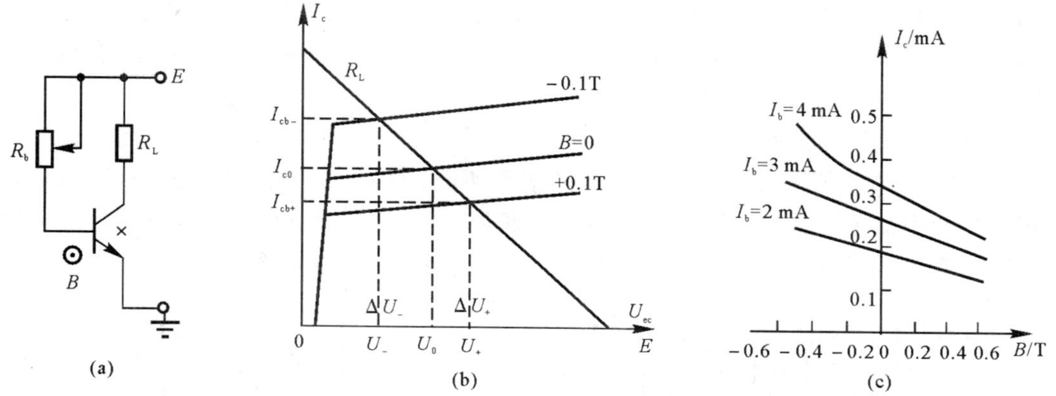

图 4.55　磁敏三极管特性曲线

(a) 测试电路；(b) 磁场作用下输出特性；(c) $I_c - B$ 特性

当 $E = 6$ V，$I_b = 3$ mA 时，在 $B = 0.1$ T 的磁场中，$S_{B\pm}$ 平均为 60% ~ 70%T^{-1}，最大能达到 150%T^{-1}。

磁敏三极管在应用中温度特性漂移较大，尤其是锗磁敏三极管随温度变化比较严重，硅磁敏三极管较为稳定。图 4.56 是几种常见的磁敏三极管温度补偿原理电路。

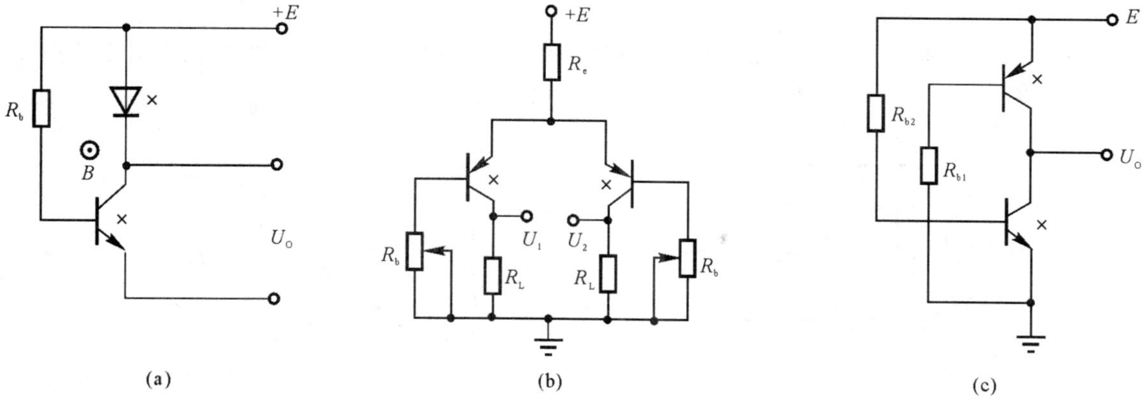

图 4.56　磁敏三极管的温度补偿电路

(a) 磁敏二极管补偿电路；(b) 差分式补偿电路；(c) 互补式补偿电路

现已设计出一种用锗和硅材料制成的双集电极磁敏三极管，实际上它是一种磁敏三极管

的差分电路，因此获得了良好的温度补偿效果。

磁敏三极管可以用来测量磁感应强度，也可做成无触点开关用作无刷直流电机、三角函数发生器的控制元件。

四、磁敏集成电路

把霍尔器件和相应的电子线路集成在一个芯片上可以制成霍尔集成电路。目前已生产多种型式的芯片。按其输出功能，可分为开关型和线性型；按其结构和工艺来分，有双极型和MOS型。

1. 开关型霍尔集成电路

图 4.57(a) 是开关型霍尔集成电路的功能方块图；图 4.57(b) 是它的磁电特性，由图可见，磁电特性中存在磁滞回差效应，即 B 由 0 增长使 U_0 翻转的 B_1 值与 B 递减使 U_0 翻转的 B_2 值不相等，有 1 个回差宽度 ΔB，这个回差可以防止电路产生自激振荡。

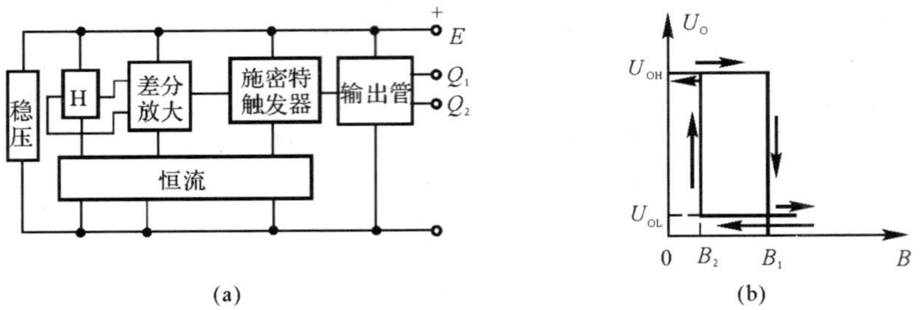

图 4.57　开关型霍尔集成电路

(a) 功能方框图；(b) 磁电转换特性

2. 霍尔线性集成电路

图 4.58(a) 是线性霍尔集成电路的功能方块图，它的输出电压 U_0 随外加感应强度 B 呈线性变化。图 4.58(b) 是日本松下公司 DN835 磁电转换特性。

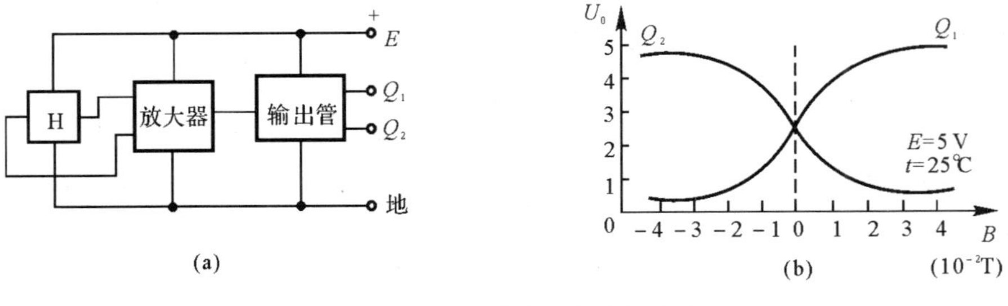

图 4.58　霍尔线性集成电路及其特性

(a) 功能方块图；(b)DN835 的磁电转换特性

一般来说，线性集成芯片的乘积灵敏度为 4×10^4 V/(A·T)，比普通霍尔元件乘积灵敏度高 2 个数量级。

3. 特种霍尔器件

利用离子注入法在高电阻率的砷化镓（GaAs）单晶片表面上制成非常薄的 N 型 GaAs 层，然后用光刻、腐蚀等工艺技术可做出超微型霍尔器件，它的尺寸小到只有 4 μm，同时具有很高的乘积灵敏度，当电源电压较小时约为 300 V/(A・T)，随着电源电压的增加，其乘积灵敏度继续增加，最高可达 1 000 V/(A・T)。

单向霍尔器件也是特种器件之一，它是由两个霍尔片中间隔一个磁阻器件做成的组合霍尔器件。这种器件对一个方向的磁场表现出有磁敏感性，而对相反方向的磁场几乎不呈现磁敏感性。而且单向磁灵敏度比普通霍尔元件大将近一倍。

4. 霍尔 MOS 集成电路

20 世纪 70 年代中期研制生产出 MOS 型霍尔集成电路，它是利用硅平面工艺把霍尔 MOS 场效应晶体管和差分放大电路集成在一个芯片上构成的 MOS 型磁电转换器件。这种集成电路的输出电压可以达到伏级，比单个 MOS 霍尔器件的灵敏度大 2 个数量级。

型号为 CX736 的霍尔 MOS 集成电路是专为检测交变磁场的目的而设计的芯片。型号为 CX722 的集成芯片可用于测量模拟磁场的变化，由于这个芯片内配置了一对 MOS 霍尔器件，因此还可以测量所在磁场的不均匀程度。图 4.59 为 CX722 型霍尔 MOS 集成电路的结构。

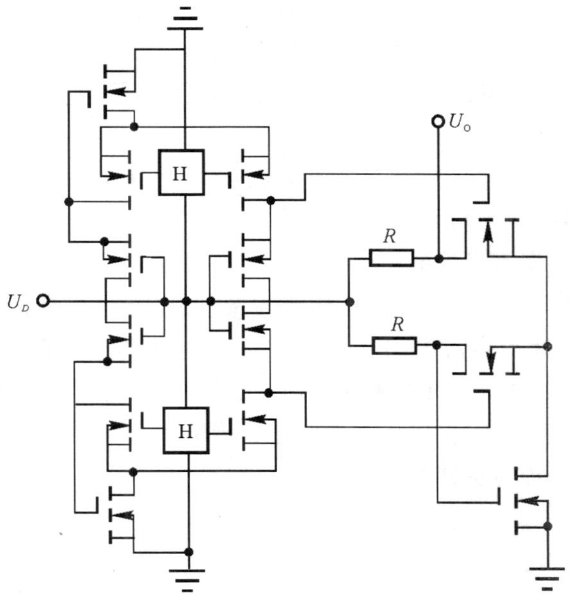

图 4.59　CX722 型霍尔 MOS 集成电路的结构

4.10 新型传感器简介

由于人们愈来愈认识到传感器的重要性，许多发达国家甚至把传感器技术与计算机、通信、激光、半导体及超导体等并列为六大核心技术。近年来，在传感器研究方面投入了大量的人力和物力，取得了较大的进展，其中光纤传感器、生物传感器、智能传感器和机器人传感器是有代表性的新型传感器。下面简要介绍这些方面的现状。

一、光纤传感器

光纤即光导纤维。光纤技术在通讯中获得成功后，近年来在传感领域中的应用也取得了引人注目的进展。光纤多是用石英为主要原料制作的一种透明度很高的导光介质材料，其直径一般为一二百微米。它有体积小、重量轻、柔软性好、可弯曲、传送功率损耗小、绝缘性能极好等一系列优点；在高电压、强磁场、有腐蚀性介质及高温高湿等环境条件下使用安全、可靠、抗干扰性强，现已广泛用于测量压力、位移、应变、液面、速度、温度、磁场、电流、电压等物理量，是一种很有发展前途的新型传感器。

光纤的工作原理基于光的全反射。光纤的芯层折射率为 n_1，在光纤芯层外面，有一折射率为 n_2 的包层，且 $n_1 > n_2$，当光信号在光纤内传输时，调节光源的发射角度，使得光束以大于临界角的角度，从芯层射向包层（见图 4.60）。根据光学原理，光线将在界面全反射。全反射的光束在另一界面再次全反射，如此逐次反复，光信号以不损失功率的形式沿光纤向前传输，即是光纤的原理。

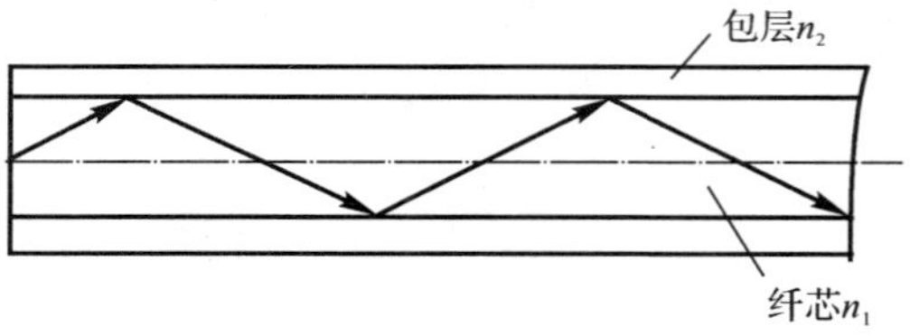

图 4.60 光纤中光的传输特性

光纤传感器可按光纤在传感器中的作用分为两种基本类型：结构型（记为 NF）和物性型（记为 FF）。在结构型光纤传感器中，光纤仅作为光的传输媒介，光纤和光信号不发生任何变化。而在物性型光纤传感器中，光纤在被测物理量的作用下，光纤本身及其所传输的光信号的某些特性发生变化。因此光纤不仅仅作为光信号的传输媒介，而且，光纤本身也同时作为敏感元件。下面举例说明这两种传感器的应用。

1. 用于位移测量的光纤传感器

如图 4.61 所示，光纤做成一特殊形状，光在该光纤中，入射光和反射光的通道是分开的，入射光通过光纤射到被测物体后，随着被测物体距光纤的距离不同，进入光纤反射通道中的反射光强会有不同（见图 4.62）。测定反射光的强度，就能测知被测物体的位置。在此测量系统中，光纤只起光传导作用，因此，它属结构型。

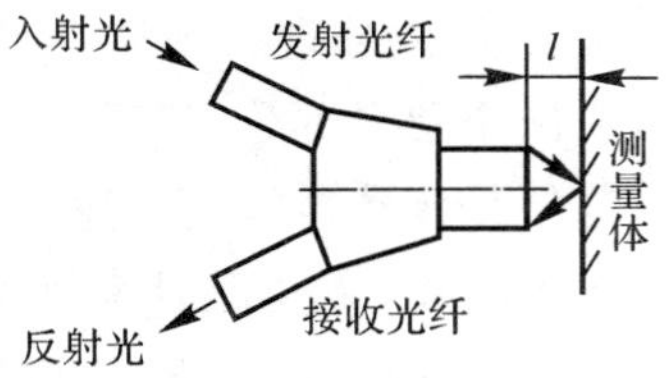

图 4.61　光纤位移传感器原理图

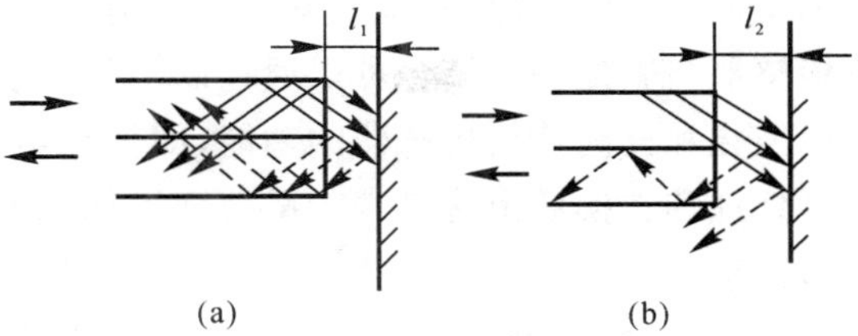

图 4.62　反射光通量与位移的关系

2. 光纤磁场传感器

如图 4.63 所示,从激光器发出的激光,用分束器分成两束光:一束光通入不变化的光纤,此光纤称为参考光纤;另一束光射入一个变化的光纤,它表面涂有磁致伸缩材料。当它放入磁场中时磁致伸缩材料就要伸长或缩短,迫使光纤的长度发生变化。光束在这根光纤中传输的长度要随磁场强弱发生变化,其间传输的光的特性也要变化。光通过这两根光束后再汇合在一起,并产生干涉,测量这种干涉,便能测出磁场的大小。在这个测量系统中,光纤不只起传输的作用,它还要随磁场的强弱发生长度变化,因此,这是一种物性型传感器。

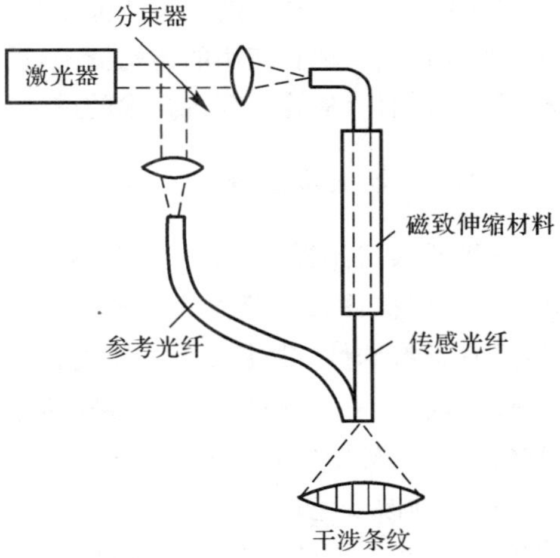

图 4.63　光纤磁场传感器

二、生物传感器和仿生传感器

传统的传感器都是利用非生物(金属、半导体)的物性变化来检测信号。近年来,在传感器技术中开始利用生物(目前阶段常用微生物)来敏感信号。例如,可以利用微生物的呼吸作用、新陈代谢机能来测定有机物的浓度。这方面的成果已经用于发酵工业、环境监测、生物医学等领域中。

生物体具有目前世界上最奇异的检测功能,如猫的视觉、猎犬的嗅觉、蝙蝠的听觉等。现在仿生物传感器正在兴起。可以预言,仿生感觉器将会是今后传感器技术研究和发展的重要方向之一。

三、智能传感器

所谓智能传感器就是一种带有微处理机的,兼有检测与信息处理功能的传感器。简而言之,就是带计算机的传感器,它和传统传感器有明显的区别。它除具备传统传感器的功能外,还具有记忆及运算的功能;空间信息处理及非线性滤波的功能;多重输入系统的构成与同一数据的周期重复处理的功能；系统的调节与控制的功能等。

传感器与微处理机结合可以通过以下两种途径来实现：一是采用微处理机或微型计算机系统以强化和提高传统传感器的功能，即传感器与微处理机可为两个独立部分，传感器的输出信号经处理和转换后由接口送入微处理机部分进行运算处理。这便是传感器智能化途径之一。二是借助于半导体技术把传感器部分与信号预处理电路、输入输出接口、微处理器等制作在同一块芯片上，即成为大规模集成电路智能传感器。这类传感器具有多功能、一体化、精度高、适宜于大批量生产、体积小和便于使用等优点。后者是传感器发展的必然趋势。它的实现将取决于半导体集成化工艺水平的提高与发展。就目前来看，仅有少数以组合形式出现的智能传感器作为产品投入市场，如美国霍尼韦尔公司推出的 DSTJ3000 就是一种此类智能差压和压力传感器。在我国智能传感器的开发研究正在起步，而目前广泛需要的是尽快提高与完善传统传感器的功能。也就是在现有使用的传感器中，采用先进的微处理机和微型计算机系统，使之完成第一类途径的智能化。随着计算机技术的进一步发展，智能传感器的研究必定会进入一个全盛时期。

四、机器人传感器

机器人传感器是 20 世纪 70 年代开始发展起来的一类专门用于机器人技术方面的新型传感器。一般机器人传感器的基本工作原理与前几节所述的传感器原理是相同的，但机器人传感器又有其特殊性。要使机器人能代替人的劳动，自如地去完成人所能干的，甚至某些人所难以胜任的动作，它就必须具备能够判断周围环境状态的感觉功能。不具备感觉功能的普通机器人只能按预先规定的程序重复地进行一定的动作。一旦机器人被赋予了感觉，它就能针对处理对象，相应地改变它的动作，诸如从众多的物体中排除混入的物体，或在抓取物体时，能够根据物体的位置和周围的情况决定其操作。再有，对机器人自身的工作，只要具备某种感觉功能，感觉到有关其动作结果的信息，就能依靠经验，学习到很多更好的作业方法，并且熟练掌握。

机器人传感器可分为机器人内部传感器和机器人外部传感器两种。机器人内部传感器的功能是测量运动学和动力学参数，其提供信息的目的是控制机器人按规定的位置、轨迹、速度、加速度和受力大小进行工作。机器人外部传感器的功能是认识工作环境，其提供信息的目的是检查产品质量、取物、控制操作、应付环境和修改程序。机器人内部传感器的原理与前述章节基本相同。机器人外部传感器和人的视、听、嗅、味、触等五官感觉相对应，因此也称为感觉传感器。目前机器人外部传感器主要有视觉和广义触觉两大类。所谓广义触觉是指与对象物接触所得到的全部感觉。机器人感觉传感器的特点是：① 传感器包括信息获取和处理两部分并密切结合；② 传感器检测的信息直接用于控制，以决定机器人的行动；③ 与过程控制用传感器不同，感觉传感器既能检测信息，又有随环境状态大幅度变化的功能。因此，信息收集能力强；④ 传感器对敏感材料的柔性和功能有特定要求。由此可见，感觉传感器不仅包括传感装置本身，而且必须包括传感器的信号处理。目前，对机器人传感器的研究已经成为智能机器人的重要课题。

思考题与习题

4.1 传感器主要有哪些性能指标?这些性能指标是如何定义的?

4.2 电容式传感器有哪几种类型?各适用于哪些场合?

4.3 变磁阻式传感器有哪几种类型?各有什么特色?各适用于哪些场合?

4.4 差动式电感传感器和差动变压器式传感器有什么不同?

4.5 什么叫压电效应?试比较本书所介绍的两种压电效应的机理。

4.6 试说明热电偶的工作原理及如何进行冷端补偿。

4.7 应变片电阻传感器有哪些特点?它和半导体热敏电阻传感器在特性上有哪些不同?

4.8 试述半导体光电效应传感器的工作原理。

4.9 红外辐射遵循哪三个重要基本定律,试述其中的普朗克定律。利用该定律,自己设计一个红外测温传感器系统。

4.10 在光栅传感器中,莫尔条纹起什么作用?如果有一长光栅,等宽刻度,$w=0.02$ mm,硅光电池宽 10 mm,若要光栅能正常工作,两光栅重叠角度 θ 应为多少?如果硅光电池宽 20 mm 又如何?

4.11 试述光电编码器的工作原理。

4.12 试述霍尔传感器的工作原理。霍尔元件在使用时要注意几个什么问题?

4.13 试述光纤传感器的工作原理。它有哪两种基本类型?

参考文献

[1] 李颂伦.电气测试技术.西安:西北工业大学出版社,1991.

[2] 侯国章,等.测试与传感器技术.哈尔滨:哈尔滨工业大学出版社,1998.

[3] 单成祥.传感器的理论与设计基础及其应用.北京:国防工业出版社,1999.

[4] 刘君华.现代检测技术与测试系统设计.西安:西安交通大学出版社,1999.

[5] 栾桂冬,等.传感器及其应用.西安:西安电子科技大学出版社,2002.

[6] 吴道悌.非电量电测技术.西安:西安交通大学出版社.2001.

第五章 测试系统基本原理

5.1 计算机测试系统的结构与原理

计算机测试系统是以计算机为核心组成的数字化测试系统。它在实现快速测试、高准确度测试、综合参数测试和自动化测量方面比一般测试装置具有突出的优点。同时由于计算机具有较强的数据处理功能，所以在测量数据计算处理和最后显示测试结果方面可以实现数据表格、曲线和图形等多种形式的输出。

通常一个计算机测试系统应具有三个基本组成部分，它们是输入信道、输出信道和主计算机，如图 5.1 所示。

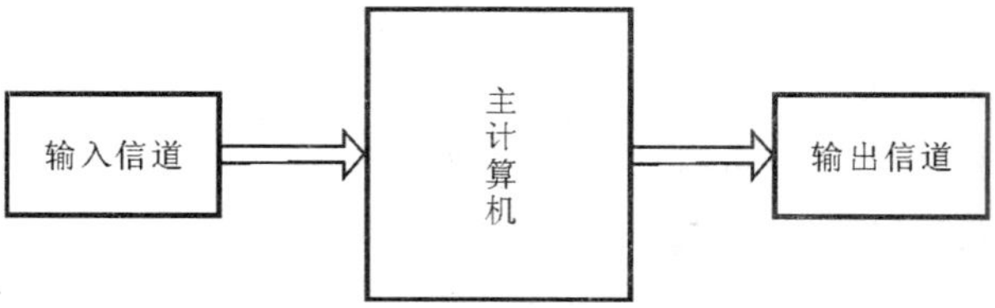

图 5.1 计算机测试系统基本组成部分

输入信道是对被测信号进行数字采集的电路；主计算机部分是对采集数据进行计算处理和对输入／输出信息进行控制管理的部分；输出信道包括输出模拟电路和显示装置。

根据这三个基本部分的原理、结构和功能的不同，计算机测试系统有各种各样的类型。虽然从不同角度出发，其分类方法有多种，但一般从以下三个方面来分类。

（1）按被测信号的特性划分有：① 电压信号和电流信号；② 高电平信号和低电平信号；③ 单端输入和差动输入；④ 单极性输入和双极性输入；⑤ 数字信号和模拟信号。

（2）按输入通道结构划分有：① 单通道信号采集系统；② 多通道信号采集系统。

（3）按系统性能划分有：① 高速数据采集系统与中、低速数据采集系统；② 集中式系统与分布式系统；③ 智能化系统与非智能化系统。

一、信号输入通道的基本结构

被测信号通常可分为数字信号（或开关信号）和模拟量信号。对数字信号，其输入通道结构比较简单，而模拟信号的输入通道较为复杂，而且在计算机测试系统中大多数输入的是模拟信号，因此本节着重对模拟信号的输入通道结构原理进行分析讨论。

一个简单的单通道输入电路应包括传感器、信号调理电路、采样/保持(S/H)电路和模数转换器(A/D)转换电路几部分，如图5.2所示。

图5.2　单通道信号输入电路结构

实际的计算机测试系统往往都需要同时测量多个物理量，因此多通道数据采集系统更为普遍。多通道数据采集系统的典型输入结构有三种。

1. 多路分时采集单端输入结构

如图5.3所示，多个信号分别由各自的传感器和信号调理电路组成的通道经多路转换开关切换，进入公用的采样/保持电路和A/D转换电路输入计算机。它的特点是多路信号共同使用一个S/H和A/D电路，简化了电路结构，降低了成本。但是它对数据的采集是由多路转换开关分时切换、轮流选通的，因而相邻两路信号在时间上是依次被采集的，不能获得同一时刻的数据，这样就产生了时间偏斜误差。尽管这种时间偏斜很短，对于要求多路信号严格同步采集测试的系统不适用，然而对于多数中速和低速测试系统，是一种应用广泛的结构。

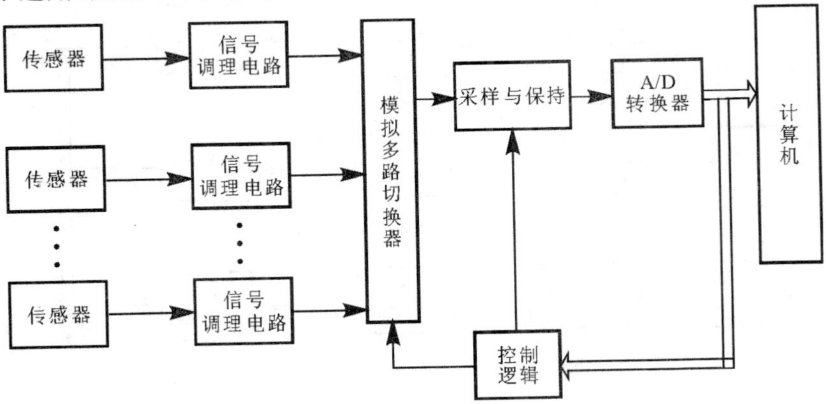

图5.3　多路分时采集单端输入结构

2. 多路同步采集分时输入结构

如图5.4所示，这是在图5.3基础上改进的输入通道电路。它的特点是在多路转换开关之前，给每个信号通路增加一个S/H电路，使多个信号的采样在同一时刻进行，即同步采样。然后由各自的采样保持器保持着采集的数据，等待多路转换开关分时切换进入公用的S/H和A/D电路，输入机算机。这样可以消除上述结构的时间偏斜误差，这种结构既能满足同步采集的要求，又比较简单。但是它仍有不足之处，特别是在被测信号路数比较多的情况下，同步采得的信号在保持器中保持的时间会加长，而保持器总会有一些泄露，使信号有所衰减，由于各路信号保持时间不同，致使各个保持信号的衰减量不同，因此严格地说，这种结构还是不能获得真正的同步输入。

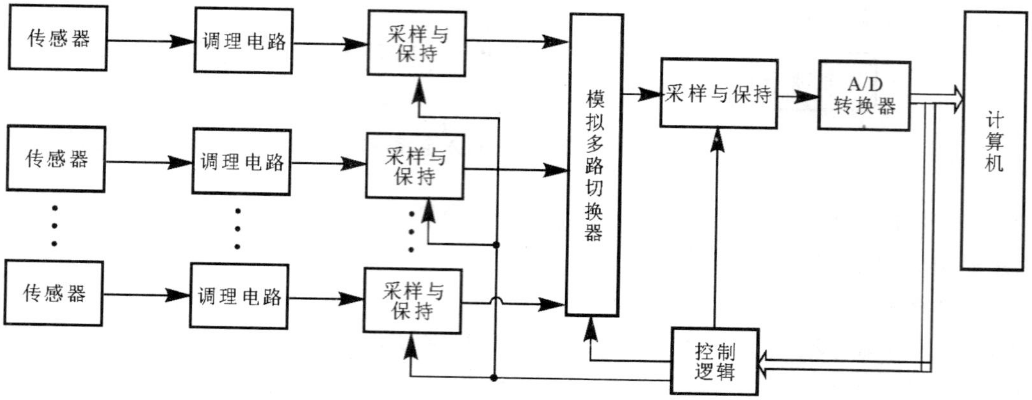

图 5.4　多路同步采集分时输入结构

3. 多路同步采集多通道输入结构

这是由多个单通道并列构成的输入通道结构，如图 5.5 所示。

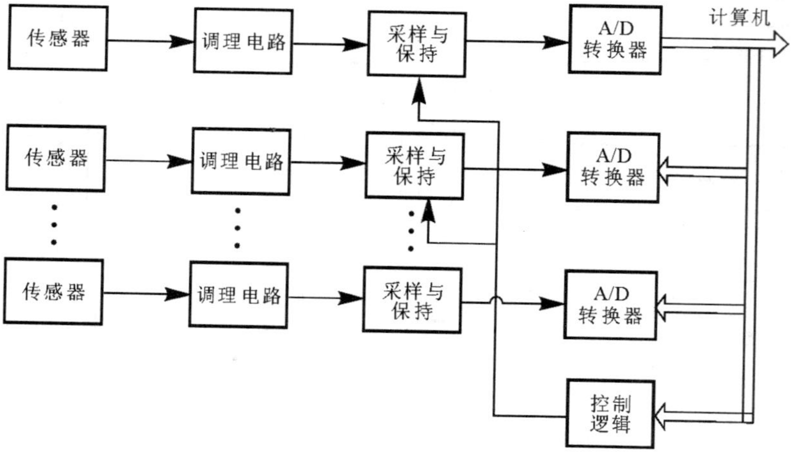

图 5.5　多路同步采集多通道输入结构

显然，它的每个信号从采集到转换，在时间上是完全可以瞬时对应的，即完全同步。但是这种电路结构比较复杂，元器件数量多，成本高，适用于高速采集多通道测试系统和被测信号严格要求同步采集的测试系统。

二、输出通道的基本结构

计算机测试系统常见的普通输出形式有三种：

(1) 在 CRT 显示器屏幕上显示测试结果，通过串行通讯接口实现数据传输。

(2) 在数码管上显示数字。经过数据寄存器和译码器等数字电路实现数据传输。

(3) 由打印机或绘图仪打印数据或绘制曲线和图形。

除这些普通形式以外，在计算机测控系统中经常通过模拟信号输出通道将主计算机处理结果馈送到控制部件或指示仪表及记录仪器，这一类输出通道比上述普通形式的输出结构稍为复杂些。一般单通道的输出结构应包括数据缓冲寄存器、D/A 转换器、信号变换(放大) 器等几部分，如图 5.6 所示。

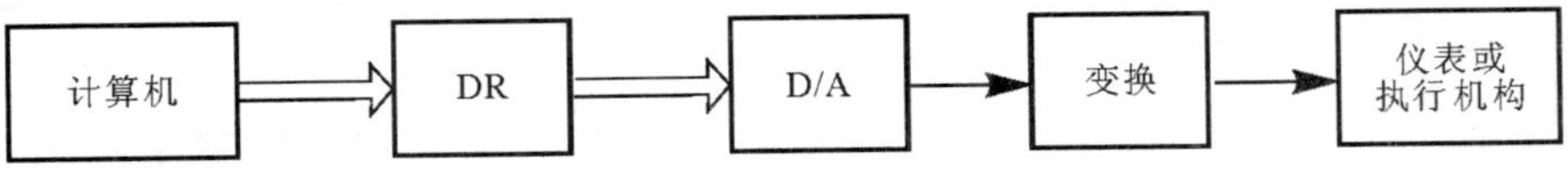

图 5.6　单通道输出结构

多通道的输出结构都是在单通道输出结构的基础上变换而成，主要有三种。

1. 多路分时输出结构

图 5.7 为多路分时输出结构电路图，它的特点是每个通道配置数据寄存器、D/A 转换器和信号变换电路，犹如多个单通道输出电路并列。主计算机控制数据总线分别选通各个输出通道，将输出数据传送到各自的寄存器中。这个过程是分时进行的，因此各电路信号在其输出通道的传输过程中是不同步的。这对于要求多参量同步控制执行机构的系统就会产生实践偏斜误差。

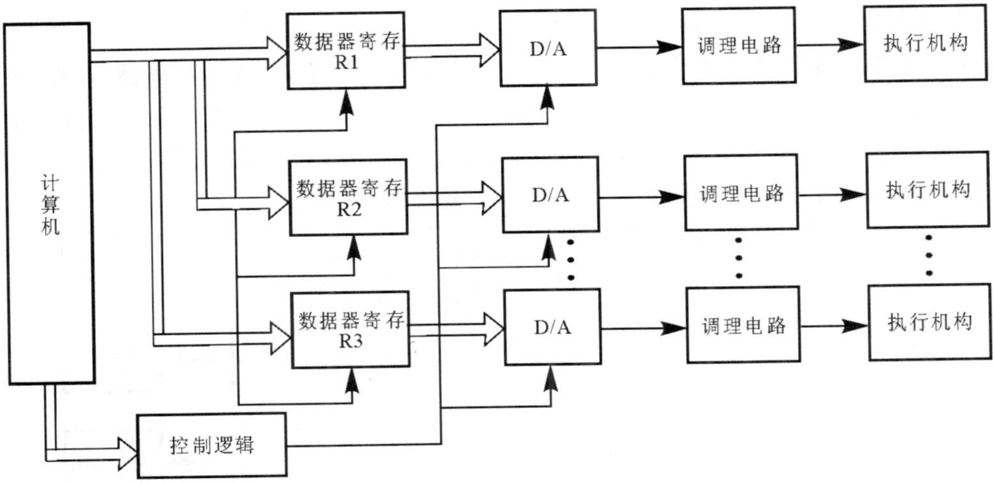

图 5.7　多路分时输出结构

2. 多路同步转换输出结构

这种结构与图 5.7 电路的差异仅在于多路传输通道中 D/A 转换器的操作是同步进行的，

因此各信号可以同时到达记录仪器或执行部件。为了实现这个功能，在各路数据寄存器与D/A转换器之间增设了一个缓冲寄存器R_2，如图5.8所示。这样，前一个数据寄存器R_1与数据总线分时选通接收主机的输出数据，然后在统一命令控制下将数据由R_1传送到R_2，并同时进行D/A转换，输出模拟量。显然，各通道输出的模拟信号不存在时间偏斜，主机分时送出的各信号之间的时间差，由第二个数据寄存器的缓冲作用所消除。

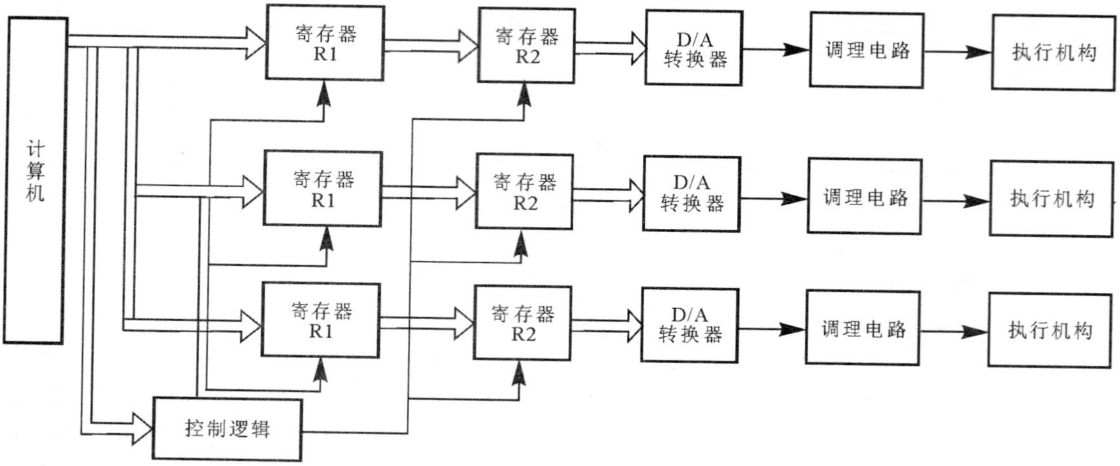

图 5.8　多路同步转换输出结构

3. 多路公用 D/A 分时输出结构

如图5.9所示，它的特点是各路信号公用一套数据寄存器和D/A转换电路。显然，各信号是分时通过的，它们转换成模拟量后可采用两种传输方案，图5.9(a)是将各模拟信号由各自的采样/保持器接收，经变换(放大)电路驱动记录显示装置或执行部件。图5.9(b)则采用多路转换开关控制公用D/A转换器与各路跟随保持放大器的衔接。

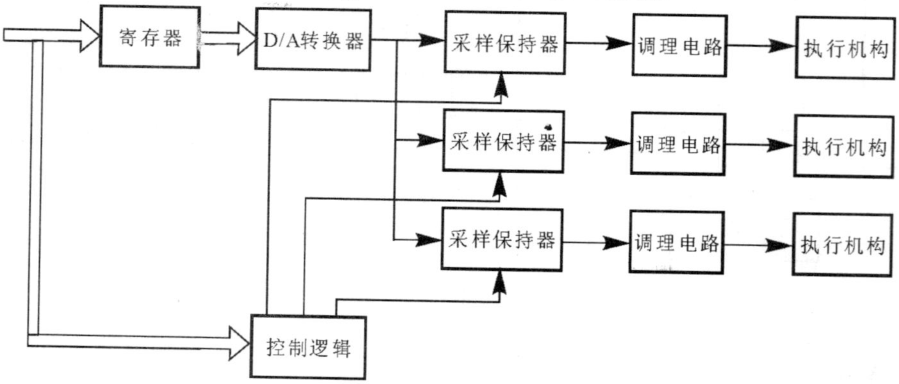

(a)

图 5.9　多路公用 D/A 分时输出结构

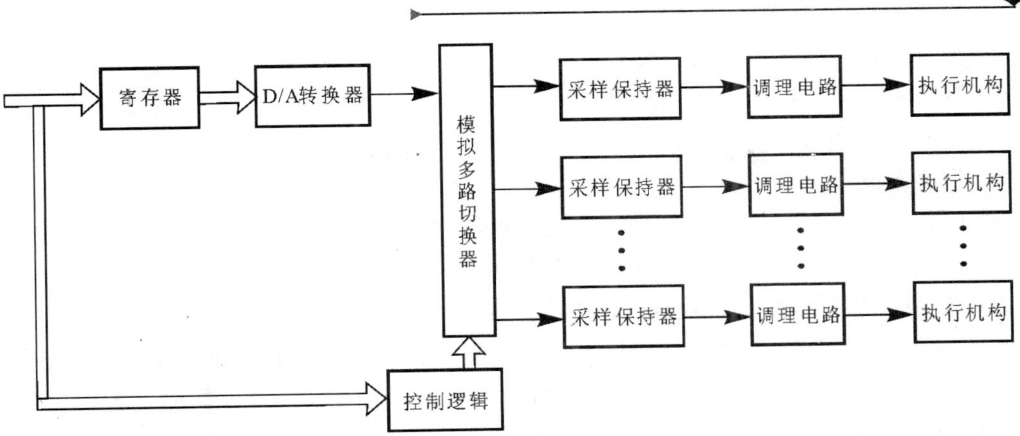

(b)

续图 5.9　多路公用 D/A 分时输出结构

多路公用 D/A 转换电路的优点是结构简单、成本低。但由于各通道信号之间的分时间隔明显增加，时间偏斜误差加大，对于高准确度的测控系统应谨慎使用。

5.2　基本信号调理电路

在计算机测试系统中，由于模拟信号经过传感器变换后，向采集卡输送前，需要经过一系列变换，以适应计算机采集。通常，把实现这一系列变换的电路称为信号调理电路或信号变换电路。

信号调理电路的功能包括阻抗变化、信号放大或衰减、滤波、线性化处理、电气隔离等。

一、模拟信号放大技术

1. 集成运算放大器

从运算放大器的电路结构来看，它是一种具有高放大倍数、带深度负反馈的直接耦合放大器，其输入网络和反馈网络由非线性元件组成，可对输入信号进行多种数学运算和处理。

图 5.10 是运算放大器的代表符号，有一个输出端 U_O，两个输入端，即同相端(U_P) 和反相端(U_N)，其输出电压为

$$U_O = -A_V(U_N - U_P)$$

式中　A_V—— 放大器的开环增益。

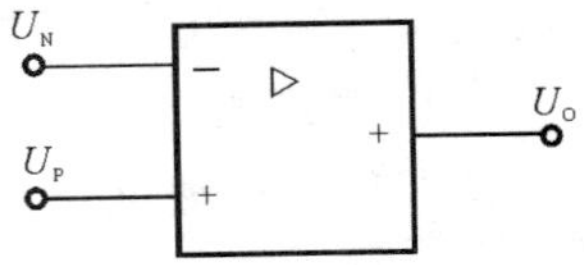

图 5.10　集成运放符号

(1) 理想运算放大器。在理想情况下，运算放大器应有如下参数：

1) 开环放大倍数 $A_V = \infty$。

2）输入阻抗 $r_i = \infty$，输出阻抗 $r_o = 0$。

3）频带宽度 $B_w = \infty$。

4）当 $U_N = U_P$ 时，$U_o = 0$。

5）没有温漂。

由上述特性可知，对工作于线性区的理想运放，有：

1）运放二输入端之间的电压差为0，即 $U_i = U_N - U_P = 0$。

2）理想运放二个输入端不取电流，即有 $I_s = 0$。

但实际的运算放大器，其性能指标不可能达到理想运放的要求，不同的运放，其程度不一，性能也略有不同，因此许多参数也不一样，判断一个实际运算放大器性能的优劣，主要从其技术指标来判断，下面介绍一下运放的技术指标含义。

（2）实际运放技术指标含义。

1）开环增益 A_V。在标准的电源电压和规定的负载电阻条件下，放大器开环时输出电压增量与输入电压增量之比，定义为开环增益 A_V：

$$A_V = \frac{\Delta U_o}{\Delta U_i}$$

或

$$A_V = 20\lg \frac{\Delta U_o}{\Delta U_i} \quad (\text{dB})$$

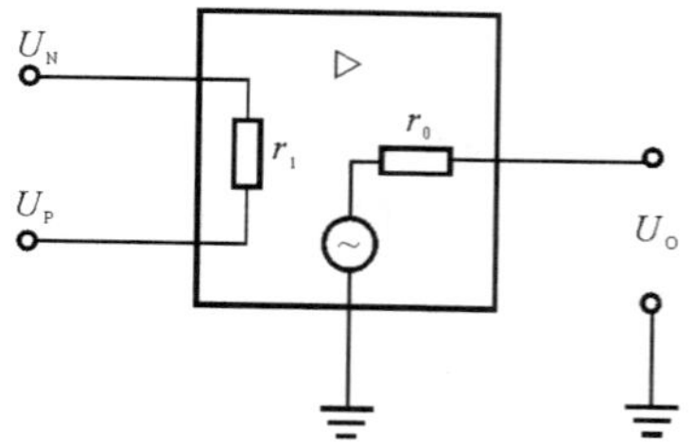

图 5.11　理想运放

这是集成运放的一个重要参数，一般希望其值越大越好，目前常用的集成电路开环增益一般在 60 ～ 140 dB。

2）输入失调电压 U_{os}。在室温（25℃）及标准电源电压下，输入电压为零时，为使集成运放的输出电压为零，而施加在输入端的补偿电压叫输入失调电压 U_{os}，这个值是越小越好，一般 U_{os} 约为 0.5 ～ 5 mV。

3）输入偏置电流 I_b 和输入失调电流 I_{os}。当输出电压为零时，流入放大器两个输入端的电流平均值即为输入偏置电流 I_b，这是一项重要指标，一般希望 I_b 越小越好，这样可以减少由于信号源内阻变化而引起输出电压的变化，其值一般为 1nA ～ 100μA。

输入失调电流则是指在上述情况下二个输入端电流的差值。由于信号源内阻的存在，I_{os} 会引入一输入电压，破坏放大器平衡，因此希望 I_{os} 也是越小越好。

4）温度漂移。放大器的温漂主要由输入失调电压和输入失调电流引起，输入失调电压温漂是对集成运放电压漂移特性的度量，一般在 1 ～ 50μV/℃，高质量低温漂运放可达到小于0.5μV/℃。

输入失调电流温漂是对放大器电流漂移的度量，高质量的运放每度只有几个皮安（pA）。

5）最大差模输入电压 U_{idmax}。放大器的反相和同相输入端所能承受的最大电压值。超过这个电压，将可能导致运放内部三极管击穿而使其性能恶化或永久性损坏。

6) 最大共模输入电压 U_{icmax}。超过 U_{icmax} 值，将导致运放共模抑制比显著下降。其值一般是指使运放在作电压跟随器时，使输出电压产生 1% 跟随误差的共模输入电压值。

7) 共模抑制比 $CMRR$。在开环状态下，运放的差模电压增益 A_{ud} 与共模电压增益 A_{uc} 之比称共模抑制比：

$$CMRR = \frac{A_{ud}}{A_{uc}}$$

它表示运放对共模信号的抑制能力，其值应越大越好，一般在 60 ～ 130 dB。

8) 差模输入电阻 R_{id}。运放开环时，二个输入端差模电压的变化量 ΔU_i 与由它所引起的电流变化量 ΔI_i 之比，称为差模输入电阻 R_{id}，其值一般在几十千欧到几十兆欧左右。

9) 开环输出电阻。运放开环时，其输出级输出电阻，用 R_o 表示。R_o 的大小表示运放的负载驱动能力。

10) 上升速率 SR。运放在大幅度信号的作用下，输出电压随时间的最大变化率称为上升速率或转换速率。

$$SR = \left.\frac{dU_O}{dt}\right|_{max} (V/\mu s)$$

一般常用运放速率在 0.1 ～ 100 mV/μs，高速运放则可达 500 ～ 1 000 V/μs。

11) 全功率带宽。在正弦电压作用下，如运放接成单位增益，且处于全功率输出状态，这是继续增加正弦电压频率，当输出信号失真到规定值时对应的正弦频率为全功率带度，用 f_p 表示。

2. 信号放大电路

信号放大电路是测试系统中应用较广泛的调理电路，它不但起放大作用，还可用作阻抗变换。按照信号变换功能常见的有同相放大、反相放大、跟随器及可调差动放大器。

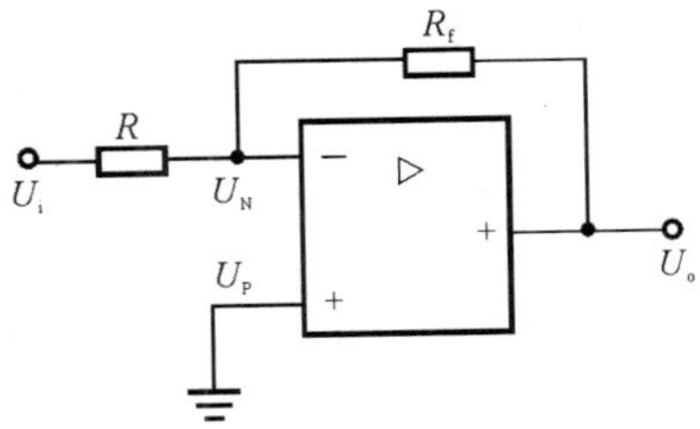

图 5.12　反相放大器

(1) 反相放大器。由图 5.12 可知，这是一个电压并联负反馈电路，根据上面的两条结论可得

$$U_N \approx U_P = 0$$

即同相端与反相端近似短路，但 $I_i \approx 0$ 而不等于 0，而 U_P 接地故称反相输入端为“虚地”，虚地的存在是反相放大器闭环工作的重要特征。

由上述分析可得，反相放大器的增益为

$$A_{V_f} = \frac{U_o}{U_i} = \frac{-R_f}{R}$$

可见这是一种近似比例运算，同时也可经分析得知，反相放大器的输入电阻和输出电阻均减少，这在具体使用中，尤其在与传感器配合使用时，是个值得注意的问题。

(2) 同相放大器。图 5.13 为同相放大器电路，并由上述分析可知，其同相端和反相端输入电压近似相等，即引入共模电压，这是同相放大器闭环工作的重要特征。实际上真正的输入电压为所加电压与反馈电压之差。

由上述分析可知，同相放大器的增益为

$$A_{V_f}=\frac{U_o}{U_i}=1+\frac{R_f}{R}$$

因此同相放大器的放大倍数大于1，至少等于1。

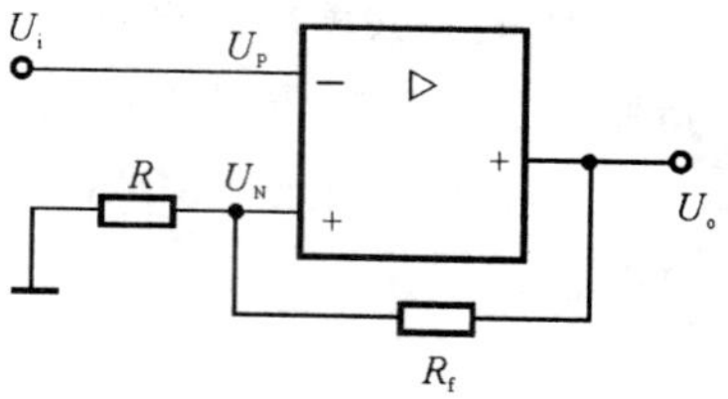

图 5.13 同相放大器

值得注意的是，由于同相放大器引入了共模电压，因此需用高共模抑制比的运放才能保证精度，从减小误差的角度来看，同相放大器的应用不如反相放大器广泛，但其输入电阻增加，输出电阻减少。

作为同相放大器的特例，图5.14为一电压跟随器，在低频情况下，其放大倍数接近1，故称为电压跟随器，其重要特点是具有高输入阻抗，在使用中需注意输入电压幅度不能超过其共模电压输入范围。

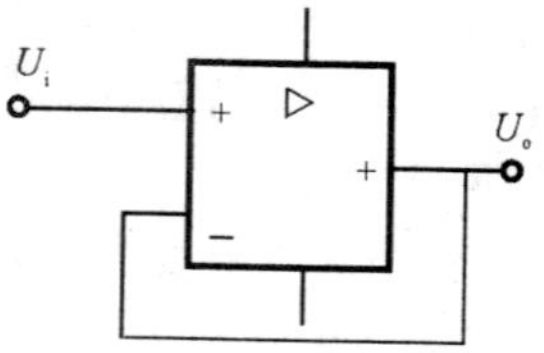

图 5.14 电压跟随器

利用同相和反相放大器，可实现比例、加减、积分、微分等一系列应用。

3. 测量放大器

在许多检测技术应用场合，传感器输出的信号往往较弱，而且其中还包含工频、静电和电磁耦合等共模干扰，对这种信号的放大就需要放大电路具有很高的共模抑制比以及高增益、低噪声和高输入阻抗，习惯上将具有这种特点的放大器称为测量放大器或仪表放大器。

图5.15为单运放组成的测量放大器，从其电路结构可知，这是一种同相并联差动放大器，经分析可得

$$U_{o1}=\left(1+\frac{R_{f1}}{R_W}\right)U_1-\frac{R_{f1}}{R_W}U_2$$

$$U_{o2}=\left(1+\frac{R_{f2}}{R_W}\right)U_2-\frac{R_{f2}}{R_W}U_1$$

$$U_o=\frac{R_f}{R}\left(1+\frac{R_{f1}+R_{f2}}{R_W}\right)(U_2-U_1)$$

其增益为

$$A_V=\frac{R_f}{R}\left(1+\frac{R_{f1}+R_{f2}}{R_W}\right)$$

这种电路的特点是性能完善，一般须用二个以上的运放组成，只要运放性能对称（主要指输入阻抗和电压增益对称），其漂移将大大减少，具有高输入阻抗和共模抑制比，对微小的差模电压很敏感，并适用于测量远距传输过来的信号，因而十分适宜于与传感器配合使用。它与一般的运放在性能、应用上均有区别。

在某些只需简单放大的情况下，采用一般运放组成的测量放大器作为传感器的输出信号放大是可行的，但为了保证精度常需采用精密匹配的外接电阻，才能保证最大的共模抑制比，否则增益的非线性也比较大；此外还需考虑放大器的输入电路与传感器的输出阻抗的匹配问题。因此，在要求较高的场合，常采用集成测量放大器。

集成测量放大器多数采用厚模工艺制成的模块形式，其外接元件少，无需精密匹配电阻，使用灵活，能够处理几微伏到几伏的电压信号，可对差分直流和交流信号进行精密放大，能进行快速采样，抑制由直流到数百兆赫的噪声信号，因此，在测量和控制领域有着极为广泛的应用。

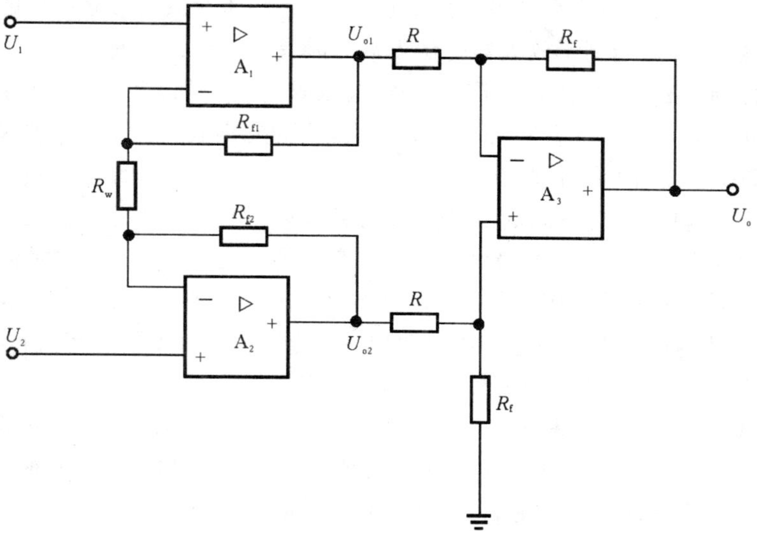

图 5.15 测量放大器原理图

测量放大器通常设有R端和S端，如图5.16所示，其中S端称为敏感端或采样端、检测端，可在输出端接有远距离负载或电流放大器时使用。在接远距离负载时，由于输出端与负载端的连线上会产生明显的压降，负载上的电压已明显不是输出端的电压；如果将S端与负载端相连，可消除压降的影响，在加接跟随器时也要将S端与负载相连，以减少跟随器漂移的影响。

R端为参考端，可用于调节输出电平，如果在R端加一参考电源，相当于在输出级放大器的同相端加上一固定电压，从而改变了输出电平。一般利用参考源经一跟随器以后再接入R端，以隔离参考源内阻，防止测量放大器共模抑制比减小。

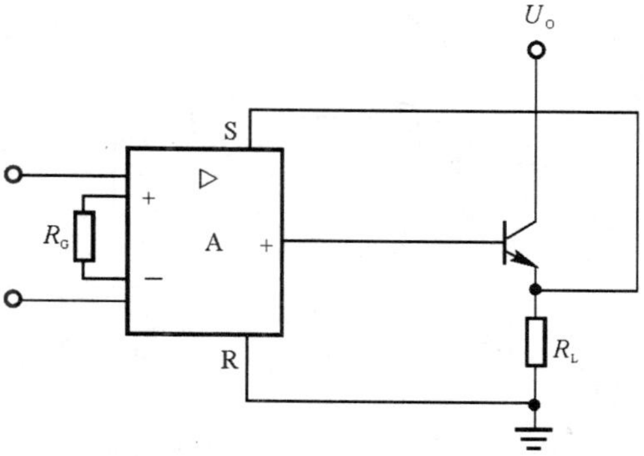

图 5.16 带S和R端的测量放大器接线图

4. 隔离放大器

在有强电或强电磁干扰等环境中，为了防止电网电压等对测量回路的损坏，其信号输入通道常采用隔离技术；在生物医疗仪器上，为防止漏电流、高电压等对人体的意外伤害，也常采用隔离放大技术，以确保患者安全。此外，在许多其他场合也常需要采用隔离放大技术。能完成这任务，具有这种功能的放大器称为隔离放大器。

一般来讲，隔离放大器是指对输入、输出和电源在电流和电阻彼此隔离，使之没有直接电连接的测量放大器。它具有以下特点：

(1) 能保护系统元件不受高共模电压的损害，防止高压对低压信号系统的损坏。

(2) 泄漏电流低，对于测量放大器的输入端无需提供偏流返回通路。

(3) 共模抑制比高，能对直流和低频信号(电压或电流)进行准确、安全的测量。

一类常用的隔离放大器使用变压器，另一类常用的隔离放大器则使用小型高压电容器。前者利用的是磁场，后者利用的是电场。由发光二极管和光电管构成的光电隔离器是利用光(一种光磁辐射形式)提供隔离。不同的隔离器具有各异的性能。利用变压器耦合实现载波调制，可获得数千赫兹的带宽，但它们的最大电压额定值很少超过 10 kV，且常常低得多。电容耦合隔离放大器具有较低的精度、较窄的带宽和较小的电压额定值，但很便宜。光隔离器的工作速度快，也很便宜，且能达到很高的电压额定值(4 ～ 7 kV 是较常见的额定值)，但它们在模拟信号范围线性较差，通常不适于精密模拟信号的直接耦合。

在选择隔离系统时，不只是需要考虑线性和隔离电压两个问题，电源也很重要。无论输入电路还是输出电路都必须供电。除非隔离壁垒的隔离一侧使用电池(有这种可能，但很少见)，否则必须提供某种形式的隔离电源，以便达到预定的隔离性能。

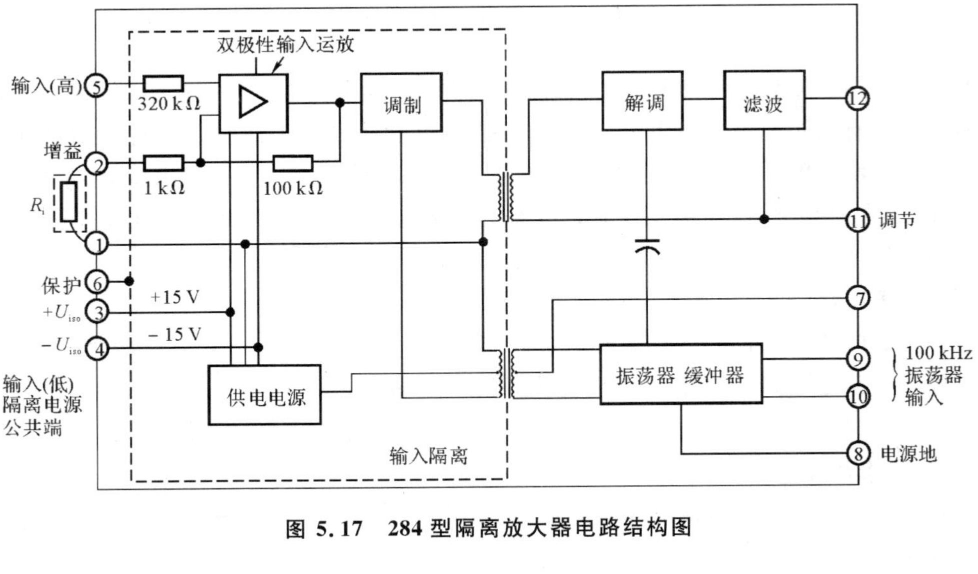

图 5.17　284 型隔离放大器电路结构图

图 5.17 为 284 型隔离放大器电路结构图。为提高微电流和低频信号的测量精度，减小漂移。其电路采用调制式放大，其内部分为输入、输出和电源三个彼此相互隔离的部分，并由低泄漏高频载波变压器耦合在一起。通过变压器的耦合，将电源电压送入输入电路并将信号从输出

电路送出。输入部分包括双极型前置放大器、调制器(Modem);输出部分包括解调器(Demodem)和滤波器,一般在滤波器后还有缓冲放大器。

二、模拟滤波电路

经传感器转换和放大后的电信号,由于测量现场的电磁干扰,传感器本身以及放大电路等本身的影响,往往含有多种频率成分的噪声信号,严重情况下,这种噪声信号会淹没待提取的输入信号,造成系统无法获取被测信号。在这种情况下,须采取滤波措施,将不需要的杂散信号抑制掉,使系统的信噪比(S/N)增加,完成这种功能的电路称为滤波电路,或将具有这一功能的组件称为滤波器。

滤波器的作用是选出有用的频率信号,抑制杂散的无用频率信号,使一定频率范围内的信号通过,衰减很少(使用有源滤波器还可使信号放大),而在此频率范围外的信号衰减很大,从而提高系统的信噪比。通常称可以通过的频率范围为通带,不能通过的频率范围为阻带,通带与阻带的界限频率为截止频率,其频率特性用Q来衡量,Q值越高,即灵敏度越高,频率选择性越好,通带越窄。

1. 滤波器的分类

按滤波器是否使用有源器件(放大器)来分,可分为有源滤波器和无源滤波器两大类。

(1) 无源滤波器。无源滤波器是指用无源器件如电感(L)、电容(C)和电阻(R)组成的滤波电路,如图5.18即为一最简单的RC低通滤波器电路,其传递函数为

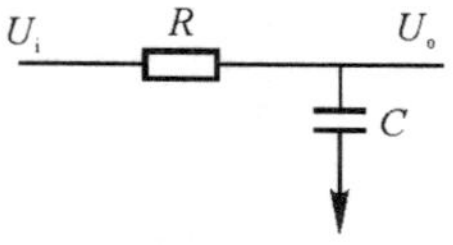

图5.18 简单的无源RC滤波器

$$A_V = \frac{1}{1 + \mathrm{j}\omega RC}$$

它随输入信号频率的增高而幅值呈下降趋势。

(2) 有源滤波器。有源滤波器是指利用放大器、电阻和电容等组成的滤波电路,在低频(小于1 MHz)中使用。

无源滤波器常采用LC谐振电路或RC网络作为滤波器件。LC滤波谐振电路,其能量形式是每半周中静电能量($\frac{1}{2}CU^2$)与磁场能量($\frac{1}{2}LI^2$)相互转换,作为虚功率积蓄存在,损失小,而价格昂贵,因而不适合在低频滤波电路中使用;RC电路尽管可以做到体积小和廉价,但其上半周内电容C中积蓄的能量到下半周就会被电阻R消耗掉一半,因此单纯的RC电路Q值不会大于0.5,选择性差,效果同样不佳。

有源滤波器则是利用有源器件不断补充由R造成的损耗,因而等效能耗极小,也就提高了电路的Q值,改善了选择性。并且,有源滤波器还具有无源滤波器无法做到的信号放大功能,其电路Q值的提高不受电感Q值的限制,因为在有源滤波器电路中一般不使用电感,输入输出阻

抗很容易匹配，这些都使有源滤波器具有优良的性能。有源滤波器的缺点是：由于采用有源器件，需使用电源，功耗较大；由于受有源器件有限带宽的限制，一般不能用于高频场合；受元件容差和漂移影响较大，相对来讲灵敏度较低。但总的来讲，有源滤波器在低频（小于 1 MHz）场合中使用，较无源滤波器具有更优的性能，因而目前在音频处理、工业控制等领域，有源滤波器已得到极为广泛的应用。

2. 有源滤波电路

由于滤波器是频率选择电路，只允许通带内的频率通过，因而按通带来分，滤波器可分为低通、高通、带通、带阻和全通。

(1) 低通滤波器。低通滤波器的功能是：让直流到指定截止频率的低频分量顺利地通过，而使高频分量受到很大的衰减。理想的低通滤波器的幅频特性如图 5.19(a) 所示，其中 ω_c 为截止频率，但这种幅频特性实际上是无法实现的。图 5.19(b) 为实际的一种低通滤波器的幅频特性，该低通滤波器的通带为 $0 \ll \omega \ll \omega_c$，过渡带为 $\omega_c < \omega < \omega_s$，阻带为 $\omega \gg \omega_s$。

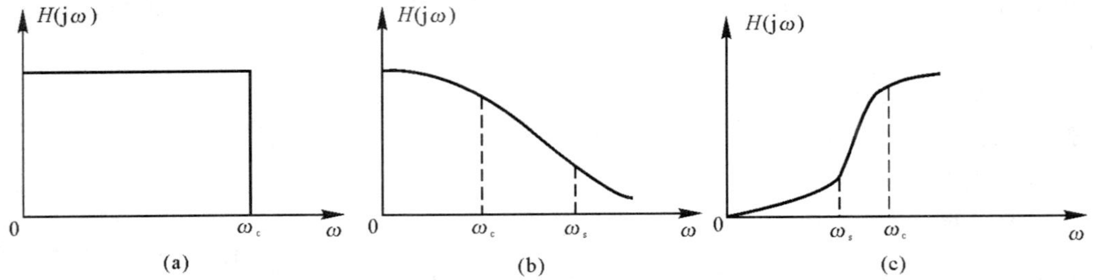

图 5.19 高低通滤波器传输特性

低通滤波器一般用截止频率 ω_c、阻带频率 ω_s、直流增益 $H(0)$、通带波纹和阻带衰减等参数来确定。因为根据不同的传递函数，低通滤波器通带内幅频特性、衰减率均不一样，所以在设计时，要根据不同要求选择不同类型的传递函数，如波特瓦兹型、切彼雪夫型等。

由低通滤波器的幅频特性可知，其传递函数 $H(j\omega)$ 的零点在 $\omega = \infty$ 处，其一般形式为

$$H_{LP}(s) = \frac{H(0)}{D(s)}$$

式中 $H(0)$ 为常数，$D(s)$ 为多项式，$s = j\omega$，二阶低通滤波器函数的一般形式为

$$H_{LP}(s) = \frac{H(0)\omega_n^2}{s^2 + \left(\frac{\omega_n}{Q}\right)s + \omega_n^2}$$

在直流情况下（$s = j\omega = 0$），$H(s)$ 不为零。

(2) 高通滤波器。高通滤波器的功能是：让高于指定频率 ω_c 的频率分量顺利通过，而使自直流到指定阻带频率 ω_s 的低频分量受到衰减。同样，与低通滤波器的情况相似，没有理想的幅频呈跃式的高通滤波器，图 5.19(c) 为某一实际的高通滤波器的幅频特性曲线。理论上来讲，

高通滤波器在 $\omega \to \infty$ 处也应是通带,但实际上由于寄生参数的影响以及有源器件带宽的限制,当频率增高到一定值,幅值也将下降。

对于 $H(s)$ 零点位于 $\omega = 0$ 处的高通滤波器,其一般形式为

$$H_{\mathrm{HP}}(s) = \frac{H_0 s^n}{D(s)}$$

式中　$D(s)$——n 阶次多项式。

对于二阶高通滤波器,其一般形式为

$$H_{\mathrm{HP}}(s) = \frac{H_0 s^n}{s^2 + \left(\frac{\omega_n}{Q}\right)s + \omega_n^2}$$

式中　H_0——$s = \infty$ 处的增益。在 $s = 0$ 处,$H_{\mathrm{HP}}(0) = 0$。

(3) 带通滤波器。带通滤波器的功能是:让有限带宽($\omega_{\mathrm{L}} \ll \omega \ll \omega_{\mathrm{H}}$)内的频率分量顺利通过,而让此频率范围外的其他频率分量衰减。带通滤波器有 2 个阻带,一般并不要求上、下两个阻带衰减特性相同,即可以不对称,不过一般对称的带通滤波器较易设计,其输出特性如图 5.20(a) 所示。

带通滤波器的带宽定义为

$$BW = \omega_{\mathrm{H}} - \omega_{\mathrm{L}}$$

式中　ω_{H},ω_{L}—— 带通滤波器的上、下截止频率。

带通滤波器的中心频率 ω_{n} 定义为

$$\omega_{\mathrm{n}} = \sqrt{\omega_{\mathrm{H}} \omega_{\mathrm{L}}}$$

对于幅频特性 $H_{\mathrm{BP}}(s)$ 在 $s = 0$ 及 $s = \infty$ 处为零的带通滤波器,其一般形式为

$$H_{\mathrm{BP}}(s) = \frac{H_0 s^{n/2}}{D(s)}$$

式中　$D(s)$——n 次多项式,n 为偶数。

对于二阶带通滤波器,其传递函数一般形式为

$$H_{\mathrm{BP}}(s) = \frac{H_0 \left(\frac{\omega_{\mathrm{n}}}{Q}\right)s}{s^2 + \left(\frac{\omega_n}{Q}\right)s + \omega_{\mathrm{n}}^2}$$

式中　H_0——$H_{\mathrm{BP}}(s)$ 在 ω_{n} 处的增益。

带通滤波器的主要特征可用品质因素 Q 和谐振频率 ω_{n} 来表示:

$$Q = \frac{\omega_n}{BW}$$

式中　BW——3 dB 带宽。

(4) 带阻滤波器。带阻滤波器的作用是:抑制某个频率范围内的频率分量,使其衰减,而让

此频带外的频率分量顺利通过，幅频特性对称的带阻滤波器因而也被称做陷波器。

二阶带阻滤波器函数可写为

$$H_{BR}(s)=\frac{H_0(s^2+\omega_z^2)}{s^2+\left(\frac{\omega_p}{Q_P}\right)s+\omega_p^2}$$

如果 $\omega_p<\omega_z$，则为一低通陷波函数；$\omega_p>\omega_z$ 时，为一高通陷波函数，将这两种陷波的滤波器组合，则可构成图 5.20(b) 所示的四阶带阻滤波器。

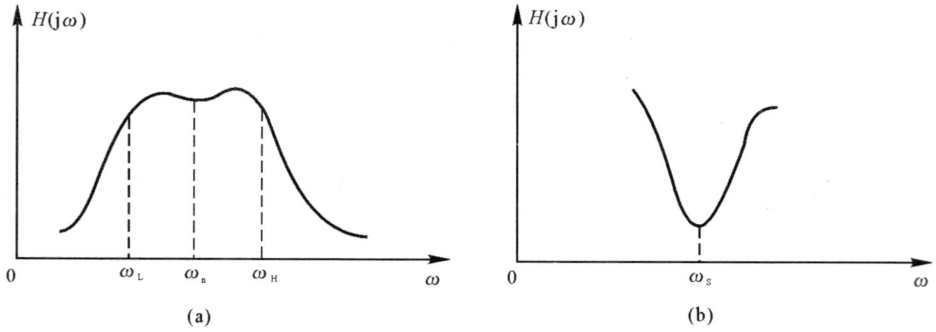

图 5.20　带通及带阻滤波器的传输特性

(5) 全通滤波器。这是一种对幅频特性全通而对相频特性产生影响的滤波器，其目的主要是对信号进行时样控制。

三、信号处理电路

无论是电信号还是非电信号的测量，经过传感器变换及信号调理电路后多数都转换成电压信号，为了对这些被测信号特性进一步的分析研究，必须对变换后的电量进行处理，然后再送入记录仪器或显示装置。

信号处理的内容主要根据被测信号的特性及对被测信号分析、研究、应用的具体要求来确定。除对信号进行滤波外，有时要把双极性信号变换成单极性，即对信号取绝对值。在振动测量中往往感兴趣的是被测信号峰值，并且能保持下来。在检测非正弦或随机信号时，往往需要取得被测信号的真有效值，来分析功率谱密度及其频谱特性。

1. 绝对值检测电路

绝对值电路又称全波整流电路，它的特点是能将交变的双极性信号变为单极性信号。在普通二极管整流电路中，由于二极管的死区电压的存在，使得小信号时误差较大。为了提高精度，目前常采用由线性集成电路和二极管一起组成的绝对值电路(也称为精密整流电路)，如图 5.21 所示，该电路的工作过程如下：

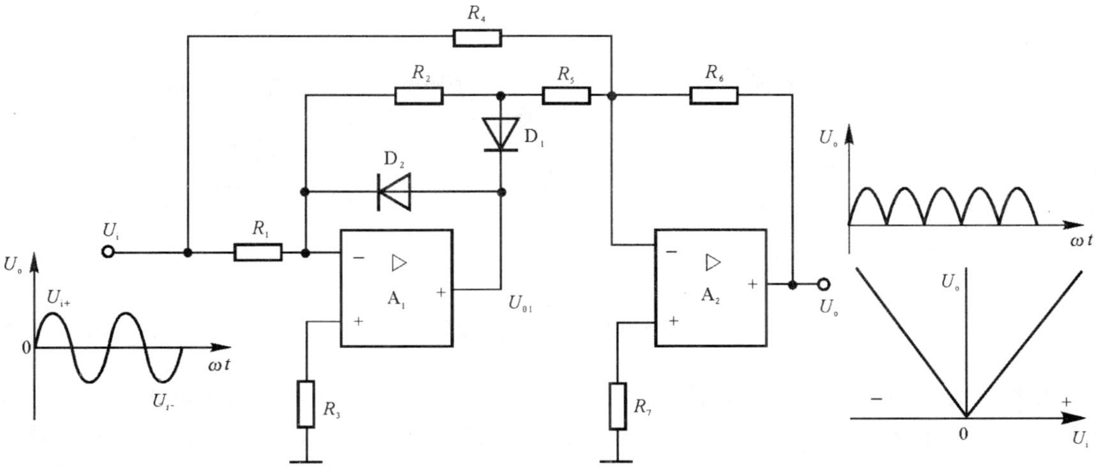

图 5.21　一种绝对值电路原理图

当输入信号U_i为正极性时，因为A_1是反相输入，所以D_2截止，D_1导通。此时，输出电压为

$$U_{o+}=-\frac{R_6}{R_4}U_{i+}-\frac{R_6}{R_5}U_{01}$$

式中　U_{01}——A_1的输出电压。即$U_{01}=-\frac{R_2}{R_1}U_{i+}$。

若选配$R_1=R_2, R_6=R_4=2R_5$，则

$$U_{o+}=-\left(\frac{R_6}{R_4}U_{i+}-\frac{R_6}{R_5}U_{i+}\right)=-\left(\frac{R_4}{R_4}U_{i+}-\frac{2R_5}{R_5}U_{i+}\right)=U_{i+1}$$

当输入电压U_i为负极性时，D_1截止，D_2导通，则U_{01}被D_1切断，不能输入到A_2的输入端。此时，相应的输入电压U_{o-}为

$$U_{o-}=-\frac{R_6}{R_4}U_{i-}=-U_{i-}$$

因为$U_{i-}<0$，所以$-U_{i-}>0$，即有$U_o=|U_i|$。

可见，不论输入信号极性如何，输出信号总为正，且数值上等于输入信号的绝对值。即实现了绝对值计算。

2. 峰值保持电路

在非电量检测时，往往需要精确的测量出随时间迅速变化的某参数的峰值。但是一般的检测仪表都具有一定的惯性，跟不上快速的被测参数的变化。为了解决这一测量技术中的问题，就必须设计一种能使持续期短的信号在时间上可以扩展的电路，即所谓峰值保持电路。

(1) 峰值保持电路原理。峰值保持电路是一种模拟存储电路。当加有输入信号时，它自动跟踪输入信号的峰值，并将该峰值保持下来。其原理电路如图 5.22(a) 所示。

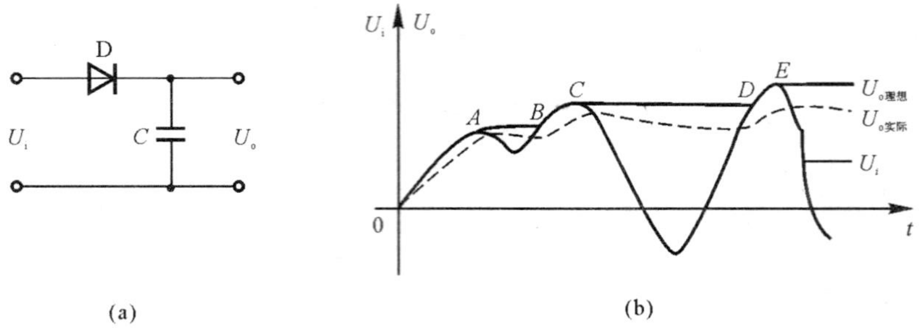

图 5.22　峰值保持电路

由图可见，当在输入端加上正信号时，二极管导通，电容 C 被充电到输入电压 U_i 的峰值，称为峰值跟踪阶段，如图 5.22(b) 中的 OA 段。当输入信号 U_i 过峰值而下降时，二极管 D 被反偏而截止，由于 D 的反向电阻较大，电容 C 上的电荷因无放电回路而被保持下来，这时称为保持阶段，如图 5.22(b) 中的 AB 段。此后，只有当输入信号 U_i 上升到大于电容 C 上的电压后，二极管 D 才导通，使输出 U_o 跟踪输入 U_i，直到新的峰值并将它保持下来，即起到了峰值保持的作用。

由于实际的二极管并不是一个理想元件，电路输出端又总接有一定的负载，而信号源也存在一定的内阻，因此在跟踪阶段，电容 C 上的电压无法完全跟踪输入信号按一定的时间常数上升。在保持阶段，U_c 又将通过负载电阻进行放电，从而使输出电压偏离被测信号的峰值，如图 5.22(b) 虚线所示。

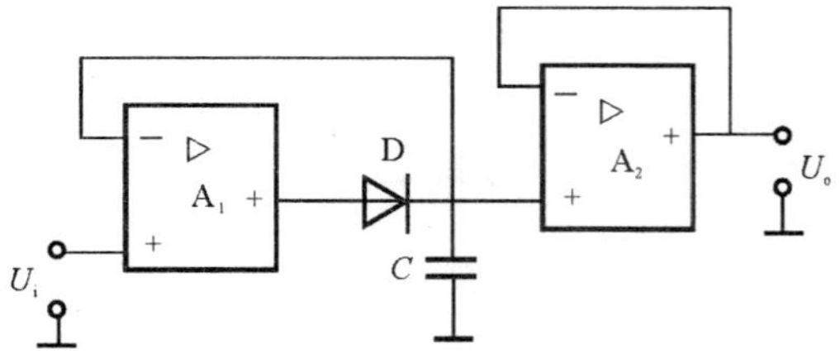

图 5.23　简单的峰值保持电路

(2) 峰值保持电路性能的改善。

1) 改善二极管的非线性及消除不灵敏区。为了改善二极管的非线性以及消除不灵敏区，可将二极管放在运算放大器的反馈回路内，如图 5.23 所示。

这时二极管 D 的等效开启电压为

$$U'_i = \frac{U_D}{A_{1d}}$$

式中　A_{1d}—— 运算放大器 A_1 的开环增益，一般在 80 dB 以上；

U_D—— 死区(不灵敏区) 电压。对硅管，$U_D \approx 0.5$ V。

由上式可知，U'_i 是一个很小的数值，近似为零值，这就消除了二极管的不灵敏区。同时，当 D 导通后，A_1 工作在电压跟随状态，从而消除了二极管的非线性影响.

2) 增加保持时间。图 5.23 所示电路虽然消除了二极管的不灵敏区和非线性的影响，但在实际中由于二极管 D 的反相电阻和运算放大器 A_1、A_2 的输入阻抗并非无穷大，存储电容 C 也存在漏电流。所以在保持阶段，电容 C 上的电压将通过 A_1，A_2，D 及 C 的等效漏电阻而放电，从而引起保持电压的漂移，其漂移率为

$$D=\frac{\Delta U_o}{\Delta t}=\frac{I_{漏}}{C}$$

式中　$I_{漏}=I_b+I_D+I_C$

I_b ——A_1 和 A_2 的偏置电流和漏电流的和；

I_D —— 二极管 D 的反向饱和漏电流；

I_C —— 存储电容 C 的漏电流。

由上式可知，要减小电压漂移率增加保持时间，可加大 C 值或减小 $I_{漏}$。由于在实际中，电容 C 值受到工作速度的限制，且过大的电容其漏电流也大，因此，最有效的办法是降低漏电流 $I_{漏}$。其途径如下：① 选用优质的元件。如 C 可选用聚四氟乙烯、聚苯乙烯等漏电流小的电容；A_1、A_2 可选用具有场效应管作输入级的运算放大器；D 可选用开关特性好的开关二极管，或用场效应管代替。② 改进电路。如尽可能减小加在峰值检测二极管上的反向电压等。

3）提高工作速度。为了提高峰值保持电路的工作速度，一般可从两个方面着手：① 在器件方面，应尽可能挑选高速器件；② 在电路方面，可用大电流对存储电容充电。

3. 有效值检测电路

有效值在工程上是一种常见的重要参数。在电气工程测量中它反映的是交流量（电流、电压、功率等）的大小。在机械振动中它反映动能和位能的大小。尤其是在随机振动中，如测出某一窄频带内的有效值，就可以得到功率谱密度，从而就可以对随机振动进行频谱分析或控制。

（1）有效值检波器的工作原理。真有效值检波的实质是平方律检波，即首先要求检波器输出的直流信号能正比于输入电压 $u(t)$ 的平方。

电压有效值的定义是

$$U_{\mathrm{rms}}=\sqrt{\frac{1}{T}\int_0^T u^2(t)\,\mathrm{d}t}$$

为了获得均方根响应，必须具有平方律关系的伏安特性。图 5.24 给出了一种基本的电路形式，图 5.24(a) 是利用二极管正向特性曲线的起始部分，得到近似平方关系。选择合适的偏压 E_0（大于 u_x 的峰值），可以得到如图 5.24(b) 所示的波形图，图中电流为

$$i=K[E_0+u_x(t)]^2$$

式中　K—— 与二极管特性有关的系数。

上式可写为

$$i=KE_0^2+2KE_0u_x(t)+Ku_x^2(t)$$

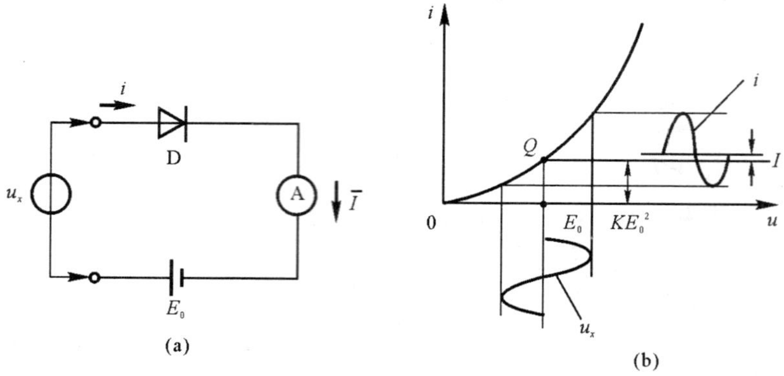

图 5.24　有效值检波器原理图

直流电流表指针的偏转角与电流 i 的平均值 $\bar{I}$ 成比例

$$\bar{I}=\frac{1}{T}\int_0^T i(t)\mathrm{d}t=KE_0^2+2KE_0\left[\frac{1}{T}\int_0^T u_x(t)\mathrm{d}t\right]+K\left[\frac{1}{T}\int_0^T u_x^2(t)\mathrm{d}t\right]=$$

$$KE_0^2+2KE_0\bar{U}_x+KU_{x\cdot \mathrm{rms}}^2$$

式中　KE_0^2 —— 静态工作点电流，称为起始电流；

$\bar{U}_x$ —— 被测电压的平均值，对于正弦波或周期对称的电压，$\bar{U}_x=0$；

$KU_{x\cdot \mathrm{rms}}^2$ —— 与被测电压有效值的平方成比例的电流平均值($\bar{I}$)，是平方律检波器的有用结果。

若设法在电路中抵消起始电流的影响，则送到直流电流表的电流为

$$\bar{I}=KU_{x\cdot \mathrm{rms}}^2$$

从而实现了有效值转换。

这种仪表的优点是：可以测量任意周期波形电压的有效值，同谐波与基波之间的相角无关，不会产生波形误差。其缺点是，当用正弦波电压有效值刻度时，表盘刻度是非线性的，因为 $\bar{I}$ 和 $U_{x\cdot rms}$ 是二次方程关系。

(2) 运算电路构成真有效值检测电路。现在常用的是一种模拟计算电路构成的真有效值变换器，原理如图 5.25 所示。这种电路已有集成化的模块出售，准确度可达 0.1%。

线路由 3 个完全相同的对数放大器、1 个反对数放大器、1 个总加器和 1 个滤波器组成。被测交流电压 u_x 首先经过精密整流电路变成直流脉动电压(不滤波)，然后分别接到两个对数放大器 1 和 2，变换器的输出电压 U 反馈接到另一个对数放大器 3。这 3 个对数放大器的输出通过总加器的和差变为 u_1，然后接到反对数放大器上，其输出变为 u_2，u_2 经过滤波器取平均即为所需要的输出 U，$U=U_{\mathrm{rms}}$，其间的运算关系为

$$u_1=\lg u_{x(1)}+\lg u_{x(2)}-\lg U=\lg\frac{u_x^2}{U}$$

$$u_2 = \lg^{-1} u_1 = \frac{u_x^2}{U}$$

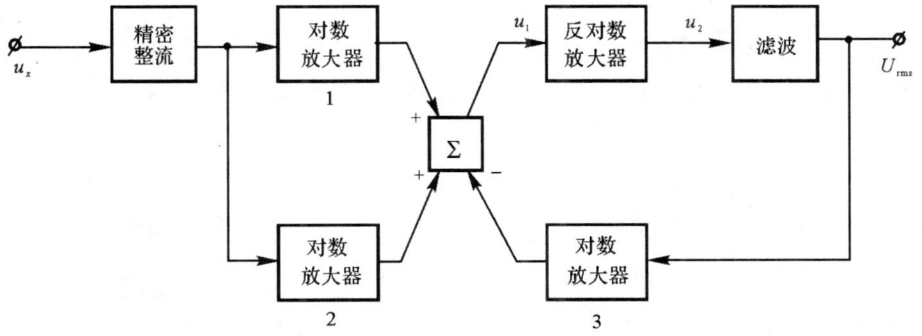

图 5.25　一种模拟式真有效值变换器

而

$$U = \bar{u}_2 = \frac{\overline{u_x^2}}{U}$$

所以

$$U^2 = \overline{u_x^2}$$

$$U = \sqrt{\overline{u_x^2}} = U_{rms}$$

这种变换器量程宽、过载能力强、响应快，可用于波峰系数为 7 以下电压有效值的变换，应用广泛。但对于高频电压，会由于放大器的频率特性问题影响测量准确度，需要增加高频补偿电路。

(3) 真有效值测量精度与波形关系。如果采用真有效值测量电路，则从理论上讲测量精度与波形无关，但因受具体电路特性的限制，测量精度与波形有一定的关系，具体说，主要是受电路的频率响应和可能被测幅度的范围所限制，以致造成有效值相等，但波形不同的被测信号，可能有一部分信号的高次谐波分量超出了电路的允许频率范围，从而引起了精度下降。

1) 谐波分量的影响。任何非正弦信号，都可以按傅里叶级数展开，凡超过有效值测量电路频响之外的高次谐波分量都将被滤去，以致造成测量误差。以方波为例来说明。

方波的傅里叶级数展开式为

$$U = \frac{4A}{\pi}\left(\sin\omega t + \frac{1}{3}\sin 3\omega t + \frac{1}{5}\sin 5\omega t + \cdots\right)$$

其中　A—— 方波的幅值。

它的有效值是

$$U = \frac{4A}{\sqrt{2}\pi}\sqrt{1 + \left(\frac{1}{3}\right)^2 + \left(\frac{1}{5}\right)^2 + \cdots} = A$$

假定基波频率是 1 kHz，仪器通频带是 20 kHz，则仪器实际测得只是 1～19 次谐波的有效值。即

$$U_{\circ}=\frac{4A}{\sqrt{2}\pi}\sqrt{1+\left(\frac{1}{3}\right)^{2}+\left(\frac{1}{5}\right)^{2}+\cdots+\left(\frac{1}{19}\right)^{2}}$$

则误差为
$$\Delta=\frac{U_{\circ}-U}{U}=\frac{U_{\circ}-A}{A}\approx -1\%$$

显然，信号频率愈高，误差就愈大。若方波的频率为 20 kHz，此时误差为

$$\Delta=\frac{4}{\sqrt{2}\pi}-1\approx -9.96\%$$

2）波峰因数影响。因波峰因数 $k_{\mathrm{p}}=\frac{\text{峰值}}{\text{有效值}}$，虽有效值相等，但波峰因数不同的信号其峰值也各不相同。波峰因数愈大，峰值就愈大。此时，信号有效值可能在测量的量程范围之内，但由于波峰因数太大，其幅值可能会超出测量电路的最大动态范围，因而引起误差。再则，即使测量电路的动态范围足够大，但是高波峰因数的信号其高次谐波分量比较丰富，结果超出测量电路的通频带。因此，也会引起误差。

有效值测量时，常常按放大器的动态范围给出波峰因数的指标，然后再根据通频带，以最严重的波形-方波来计算出测量误差与脉冲频率的关系。

5.3 信号的转换

在计算机实时测控系统和智能化仪表等应用系统中，常需将检测到的连续变化的模拟量如温度、压力、流量、速度等转换成离散的数字量，才能输入到计算机中进行处理。然后再将处理结果的数字量经 D/A 变换器转换成模拟量输出，实现对被控对象-过程或仪器、仪表、机电设备、装置的控制。若输入的是非电的模拟信号，还需经过传感器转换成电信号。

一、A/D 转换

实现模拟量变换成数字量的设备称为模数转换器（ADC），简称 A/D。

1. A/D 转换器的基本原理与分类

根据 A/D 转换器的原理可将 A/D 转换器分成两大类。一类是直接型 A/D 转换器，另一类是间接型 A/D 转换器。在直接型 A/D 转换器中，输入的模拟电压被直接转换成数字代码，不经任何中间变量；在间接型 A/D 转换器中，首先把输入的模拟电压转换成某种中间变量（时间、频率、脉冲宽度等等），然后再把这个中间变量转换为数字代码输出。

尽管 A/D 转换器的种类很多，但目前应用较广泛的主要有三种类型：逐次逼近式 A/D 转换器、双积分式 A/D 转换器和 V/F 变换式 A/D 转换器。下面简要介绍前两种 A/D 转换器的基本原理。

(1) 逐次逼近式A/D转换器原理。图5.26是逐次逼近式A/D转换器的电路原理图，其主要原理为：将一待转换的模拟输入信号 U_{IN} 与一个推测信号 U_i 相比较，根据推测信号大于还是小于输入信号来决定增大还是减少该推测信号，以便向模拟信号逼近。推测信号由D/A转换器的输出获得，当推测信号与模拟信号相等时，向D/A转换器输入的数字就是对应模拟输入量的数字量。其"推测"值的算法如下：使二进制计数器中(输出锁存器)的每一位从最高位起依次置1，每接一位时，都要进行测试。若模拟输入信号 U_{IN} 大于推测信号 U_i，则比较器输出为1，并使该位保持为1。无论哪种情况，均应继续比较下一位，直到最末位为止。此时，D/A转换器的数字输入即为对应模拟输入信号的数字量。将此数字量输出就完成了A/D转换过程。

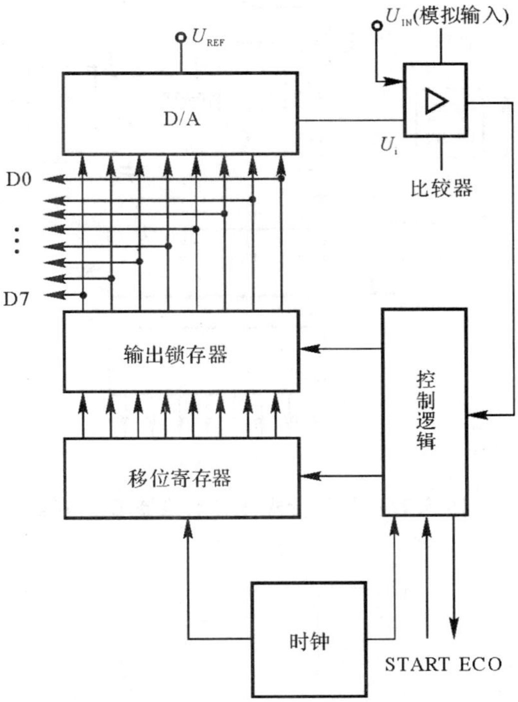

图 5.26　逐次逼近式A/D转换器工作原理

(2) 双积分式A/D转换器原理。图5.27是双积分式A/D转换器工作原理图。其原理如下：电路先对未知的输入模拟电压 U_{IN} 进行固定时间的积分，然后转为对标准电压进行反向积分，直到积分输出返回起始值，则对标准电压积分的时间 T 正比于模拟输入电压 U_{IN}，如图5.28所示，输入电压大，则反向积分时间长。用高频率标准时钟脉冲来测量时间 T，即可以得到相应模拟电压的数字量。

2. A/D转换器的主要技术指标

(1) 量化误差与分辨率。A/D转换器的分辨率习惯上以输出二进制位数或者BCD码位数来表示，也有用输出数字量变化一个相邻数码所需输入模拟电压的变化量来表示。A/D转换器的分辨率的定义为满刻度电压与 2^n 之比值，其中 n 为A/D转换器的位数。与一般测量仪表的分辨率表达方式不相同，不采用可分辨的输入模拟电压相对值表示。

量化误差是由ADC的有限分辨率而引起的误差。图5.29和图5.30所示的都是8位A/D转换器的转移特性曲线，在不计其他误差的情况下，一个分辨率有限的ADC的阶梯状转移特性曲线与具有无限分辨率的ADC转移特性曲线(直线)之间的最大偏差，称之为量化误差。

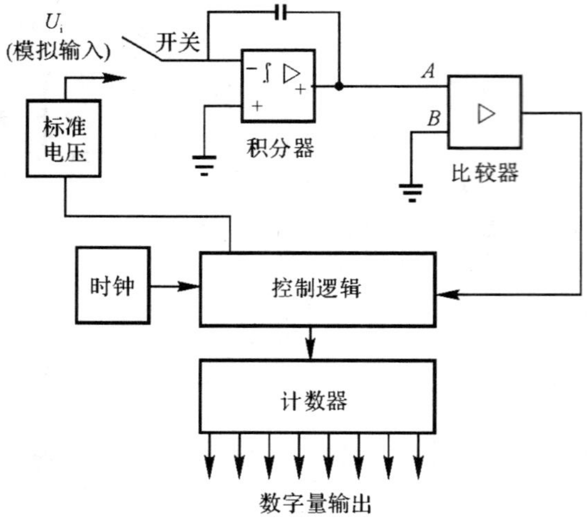

图 5.27　双积分式 A/D 转换器工作方框图

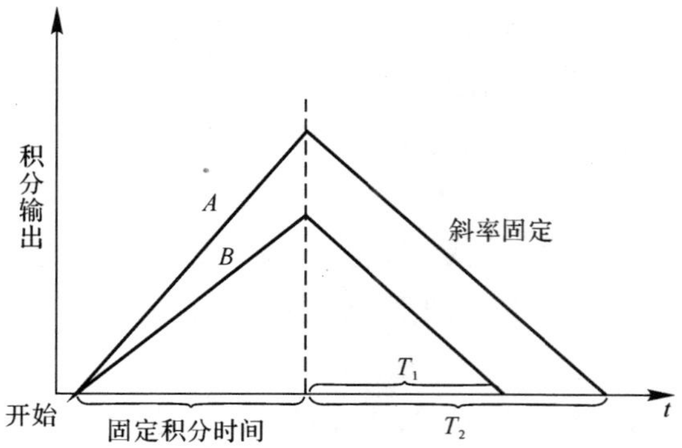

图 5.28　双积分式 A/D 转换器工作原理示意图

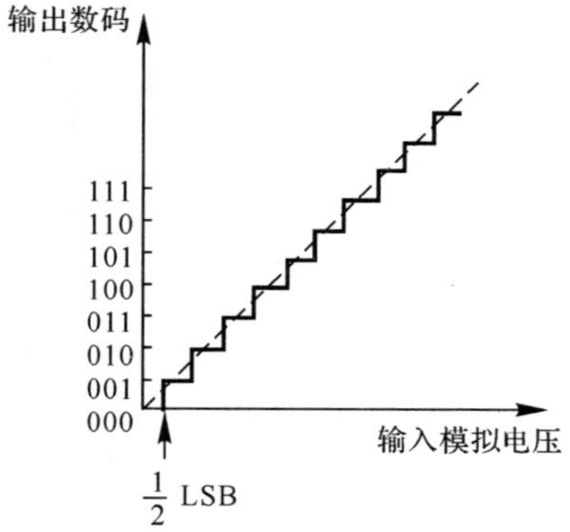

图 5.29　在零刻度有 1/2LSB 偏移的 ADC 转移曲线

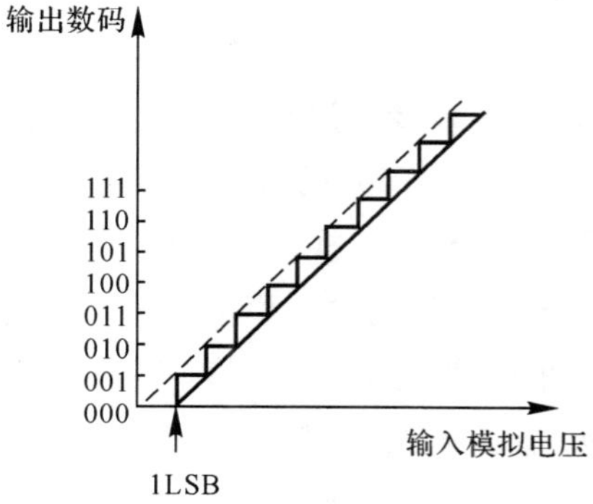

图 5.30　没有偏移的 ADC 转移曲线

例如，A/D 转换器 AD574A 的分辨率为 12 位，满刻度为 10 V，即该转换器的输出数据可以用 2^{12} 个二进制数进行量化，其分辨力为 1 LSB①。其分辨率为

$$\frac{1}{2^n}=10\times\frac{1}{2^{12}}=10\times\frac{1}{4\ 096}=2.44\ \text{mV}$$

BCD 码输出的 A/D 转换器一般用位数表示分辨率，例如，5G14433 双积分式 A/D 转换器，分辨率为 3(1/2)。满度字位为 1 999，用百分为表示其分辨率时，分辨率为

$$(1/1999)\times 100\% = 0.05\%。$$

①LSB：Least Significant Bit 最低有效位。

量化误差和分辨率是统一的，量化误差是由于有限数字对模拟数值进行离散取值（量化）而引起的误差。因此，量化误差理论上为一个单位分辨率，即 ± 1/2LSB。提高分辨率可减少量化误差。

（2）转换精度。A/D 转换器转换精度反映了一个实际 A/D 转换器在量化值上与一个理想 A/D 转换器进行模 / 数转换的差值，可表示成绝对误差或相对误差，与一般测试仪表的定义相似。例如，手册上给出 8 位逐次比较式 A/D 转换器 ADC0801 的不可调整的总误差为小于等于 ± 1/4LSB，如以相对误差表示则为 0.1%。

对于 A/D 转换器不同厂家，不同产品其精度指标表达方式可能不完全相同，有的给出综合误差指标，有的给出分项误差指标。通常给出的分项误差指标有：非线性误差、失调误差或零点误差、增益误差或标度误差、微分非线性误差等。

必须指出，A/D 转换器的精度指标是反映实际 A/D 转换器与理想 A/D 转换器的差别。既然理想 A/D 转换器存在着量化误差，那么实际的 A/D 转换器无疑也存在着量化误差。精度所对应的误差指标是不包括量化误差的。

（3）转换时间与转换速率。A/D 转换器完成一次转换所需要的时间为 A/D 转换时间。通常，转换速率是转换时间的倒数。

（4）失调（零点）温度系数和增益温度系数。这两项指标都是表示 A/D 转换器受环境温度影响的程度。一般用每摄氏度温度变化所产生的相对误差作为指标，以 10^{-6}/℃ 为单位表示。

（5）对电源电压变化的抑制比。A/D 转换器对电源电压的抑制比（PSRR）用改变电源电压使数据发生 ± 1LSB 变化时所对应的电源电压变化范围来表示。

3. A/D 转换器选择原则

当确定使用 A/D 转换器以后，按下列原则选择 A/D 转换器芯片。

（1）根据测量系统总误差，选择 A/D 转换器精度及分辨率。用户提出的数据采集精度要求是综合精度要求，它包括了传感器精度、信号调理电路精度和 A/D 转换精度。应将综合精度在各个环节上进行分配，以确定对 A/D 转换器的精度要求，据此确定 A/D 转换器的位数。

（2）根据信号对象的变化率及转换精度要求，确定 A/D 转换速度，以保证系统的实时性要求。

（3）根据环境条件选择 A/D 转换芯片的一些环境参数要求，如工作温度、功耗、可靠性等级等性能。

（4）根据计算机接口特征，考虑如何选择 A/D 转换器的输出状态，例如，A/D 转换器是并行输出还是串行输出；是二进制码还是 BCD 码输出；是用外部时钟、内部时钟还是不用时钟；有无转换结束状态信号；与 TTL、CMOS 及 ECL 电路的兼容性；与微型计算机接口是否易联等输出功能。

（5）其他，还要考虑到成本、资源、是否是流行芯片等因素。

二、采样/保持

在对模拟信号进行模数变换时，从启动变换到变换结束后数字量输出，需要一定的时间，即A/D转换器的孔径时间。当输入信号频率较高时，由于孔径时间的存在，会造成较大的转换误差。要防止这种误差的产生，必须在A/D转换开始时将信号电平保持住，而在A/D转换结束后又能跟踪输入信号的变化，即使输入信号处于采样状态。能完成这种功能的器件叫采样/保持器。从上面的分析可知，采样/保持器在保持阶段相当于一个模拟信号存储器。

在模拟信号输入通道中，是否需要加采样/保持器，取决于模拟信号的变化频率和A/D转换的孔径时间。对快速过程信号，在最大孔径误差超过允许值时，必须在A/D转换器前加采样/保持器，如对10Hz信号进行采样，对于12位分辨率、孔径误差小于1/2LSB时，A/D转换必须为2μs或更快，因此对这个频率或更高频率信号进行采集，就须加采样/保持器。但如果采集的是缓变信号，并有意识地想利用双积分型的A/D转换器滤除高频干扰，此时可不加采样/保持器。总之，是否加采样/保持电路，完全取决于使用对象。当然，如果用户设计的是通用型数据采集系统，为满足不同信号的输入，建议在A/D转换前加上采样/保持电路。

1. 采样/保持原理

采样保持器的作用是：在采样期间，其输出能跟随输入的变化而变化；而在保持状态，能使其输出值保持不变。如图5.31所示，在t_1时刻前，处于采样状态，输出信号u_o与输入u_i保持同步变化，而在时间t_1，此时处于保持状态，输出电压恒值保持在A_2不变；而在t_2时刻，保持结束，新一个采样时刻到来，u_o又随u_i同步变化，直至时刻t_3新的保持信号到来，S断开，u_o保持A_3的电位不变。

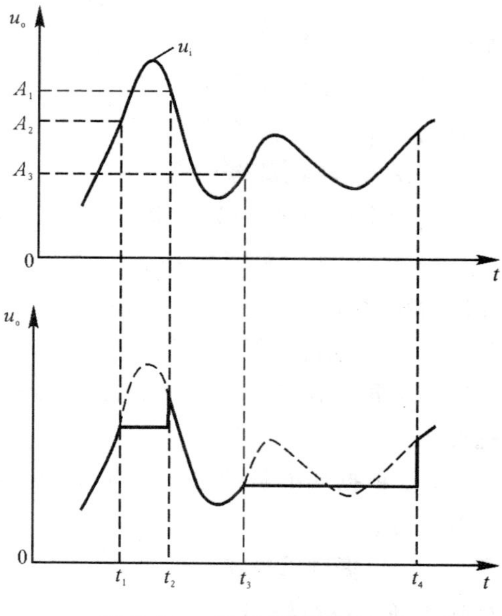

图5.31 采样/保持原理

因此，利用采样/保持器，在启动A/D变换时，保持住输入信号，从而可避免A/D转换孔径时间带来转换误差；在进行多路信号瞬态采集时，可利用多个采样保持器并联，在同一时刻发出一个保持信号，则能得到某一瞬时各路信号的瞬态值，然后在分时对保持信号进行转换，得到所需的值。

图5.32为一最简单的采样保持电路，当开关S闭合时，U_i通过限流电阻向电容充电，在电容值合理的情况下，U_o随U_i的变化而变化；而当S断开时，由于电容C有一定的容量，此时输出U_o保持输入信号在S断开瞬时的电平值。

由上述分析也可知，电容C对采样保持的精度有很大影响，如果电容值过大，则其时间常数大，当信号变化频率高时，由于电容充放时间大，将会影响输出信号对输入信号的跟随特性，而且在采样的瞬间电容两端的电压会与输入信号电压有一定的误差。而当处于保持状态时，如果电容的漏电流太大，负载的内阻太小，都会引起保持信号电平的变化。

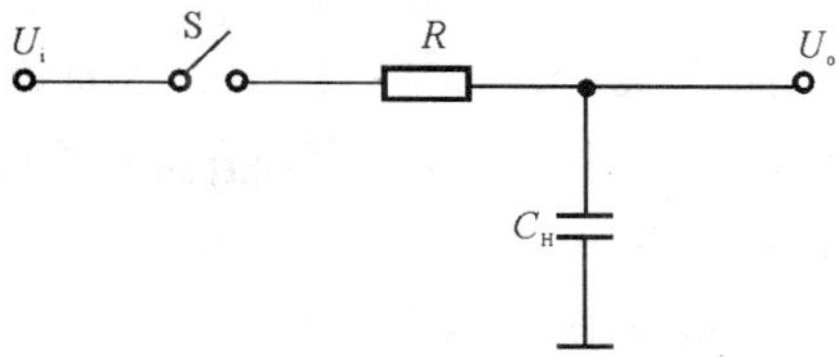

图 5.32　采样/保持原理电路

为使采样/保持器有足够的精度，一般在其对输入级和输出级均采用缓冲器，以减少信号源的输出阻抗，增加负载的输入阻抗。在电容的选择时，使其容量大小适宜，以保证其时间常数适中，并选用漏泄小的电容。

采样保持电路可以用分离元件组成，也可直接选用集成采样/保持器，在选用时，要考虑下列因素：

1）孔径时间。在采样保持器中，由于模拟开关有一定的动作滞后，从保持命令发出到模拟开关断开的时间叫孔径时间，它会导致 A/D 采样时间被延迟。

2）捕捉时间。采样/保持器的状态逻辑控制信号由保持电平转换成采样电平后，其输出电压由原保持值过渡到此时输入信号值所需的时间称为捕捉时间，它包括模拟开关的导通延迟时间和建立跟踪的稳定过程时间。显然，A/D 转换的采样周期必须大于捕捉时间，才能保证采样阶段充分地采集到输入模拟信号。

3）保持电压的变化。在保持期间，由于保持电容的漏电会使保持电压不断地衰减或上升，保持电压变化率为

$$\frac{dU_o}{dt}=\frac{I_0}{C_H}$$

式中　I_0—— 保持阶段流入或流出保持电容 C_H 的总泄漏电流。

I_0 包括缓冲放大器的输入电流、模拟开关截止时的漏电流和电容内部漏电流等。增大 C_H 可减少保持电压的变化率，但会增加捕捉时间，因此能采取的办法只能是努力减小泄漏电流。采用高输入阻抗的运放作为缓冲放大器，选择优质电容如聚四氟乙烯电容作为保持电容，选用漏电流小的模拟开关等。

4）输入输出直接耦合。在保持阶段，虽然开关断开，但由于极间寄生电容等的作用，输入信号的变化会引起输出信号的变化，在输入信号频率高时，耦合影响会很大。

2. 集成采样/保持器

采样/保持器可以由分离元件组成，如图 5.33 所示，由开关、电容、限流电阻等组成，其中对于低速场合可以采用继电器作为开关以减小开关漏电流的影响；在高速场合也可用晶体管、场效应管来作为开关。然而，一般目前常采用性能优越的集成式采样/保持器。

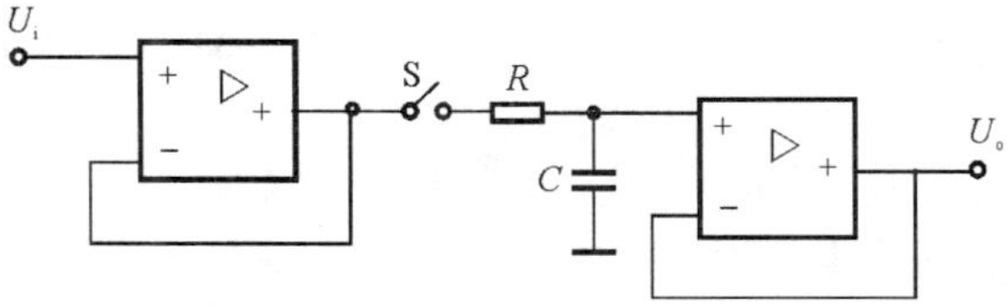

图 5.33　简单的采样保持电路

随着大规模集成电路技术的发展，目前已生产出多种集成采样/保持器，如可用于一般要求的 AD582，AD583，LF198 系列等；用于高速场合的有 HTS－0025，HTS－0010，HTC－0300 等；用于高分辨率场合的有 SHA1144 等，为了使用方便，有些采样保持器的内部还设有保持电容，如 AD389，AD585 等。

集成采样/保持器的特点是：

1）采样速度快、精度高，一般在 2 μs ～ 0.25 μs 即达到（±0.01 ～±0.003）% 精度；

2）下降速率慢，如 AD585，AD348 为 0.5 mV/ms，AD389 为 0.1 mV/ms。

正因为集成采样/保持器有许多优点，所以它得到了极为广泛的应用，下面以 LF398 为例，介绍集成采样/保持器的原理。

图 5.34 为 LF398 原理图，从图可知，其内部有输入缓冲级、输出驱动级和控制电路三部分组成。

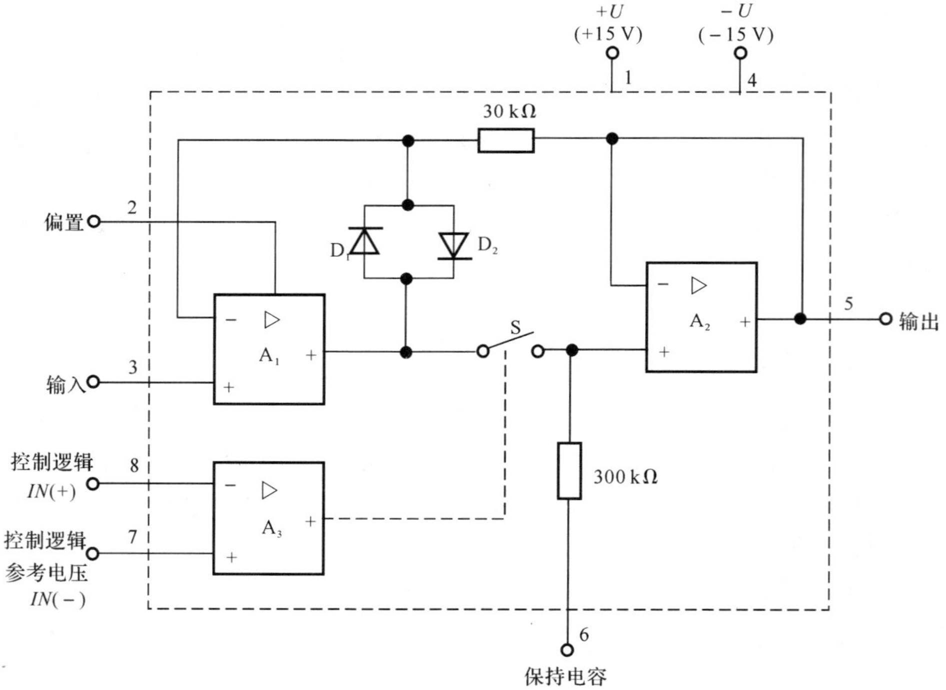

图 5.34　LF398 采样/保持器原理图

控制电路中 A_3 主要起到比较器的作用，其中 7 脚为参考电压，当输入控制逻辑电平高于参考端电压时，A_3 输出一个低电平信号驱动开关 S 闭合，此时输入信号经 A_1 后跟随输出到 A_2，再由输出端跟随输出，同时向保持电容（接 6 端）充电；而当控制端逻辑电平低于参考电压时，A_3 输出一个正电平信号使开关断开，以达到非采样时间内保持原来输入的目的。此时，A_1，

A_2 是跟随器，其作用主要是对保持电容输入和输出端进行阻抗变换，以提高采样/保持器的性能。

与 LF398 结构相同的还有 LF198，LF298 等，它们都是由场效应管构成，具有采样速度高、保持电压下降慢以及精度高等特点。当作为单一放大器时，其直流增益精度为 0.002%，采样时间小于 6 μs 时精度可达 0.01%；输入偏置电压的调整只需在偏置端（2 脚）调整即可，并且在不降低偏置电流的情况下，带宽允许 1MHz，其主要技术指标有：

1）工作电压：±5 ～±18V。

2）采样时间：≤10μs。

3）可与 TTL，PMOS，CMOS 兼容。

4）当保持电容为 0.01 μF 时，典型保持步长为 0.5mV。

5）低输入漂移，保持状态下输入特性不变。

6）在采样或保持状态时高电源抑制。

图 5.35 为典型应用图。在有些情况下，还可采取二级采样保持串联的方法，根据选用不同的保持电容，使前一级具有较高的采样速度而后一级保持电压下降速率慢，二级结合构成一个采样速度快而下降速度慢的高精度采样/保持电路，此时采样总时间为两个采样/保持电路时间之和。

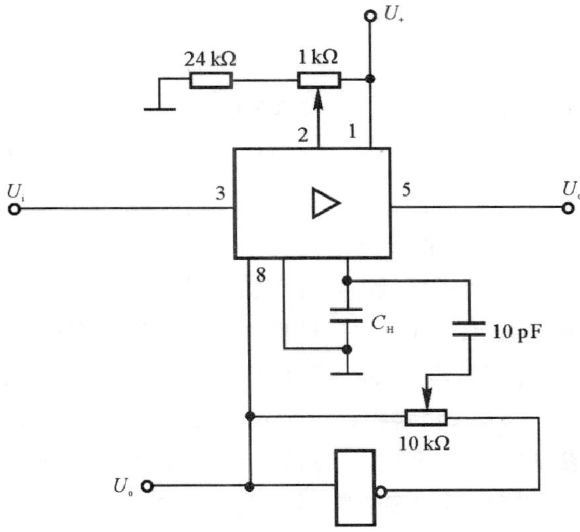

图 5.35　LF398 典型应用图

三、多路转换

1. 信号的通道切换

为了满足基于计算机的检测和自动化的普遍要求，我们需要各种不同类型和规格的开关。而为了满足测试系统的要求，还要选择最合适的开关线路接法。所以了解不同开关的类型很重要，因为不同的开关的功能特性和模块布局技术都有所不同。

（1）功能特性和分类。常用的开关类型有三种，如图 5.36 所示。

1）是单刀单掷开关（SPST）。单刀指的是这种开关只有一路控制线。单掷指的是该开关只能投向一个方向进行线路连接。单刀单掷开关通常用来形成一个闭路，使用单刀单掷开关最常见的例子就是用这种开关来对家庭里电灯的开关情况进行控制。

2）单刀双掷开关（SPDT）。一个单刀双掷开关由一根控制线（单刀）和两个开关位置（双掷）组成。单刀双掷开关通常有两种位置：一路是常闭（NC）位置，另一路是常开（NO）位置。单刀双掷开关可以传送或选择两个信号，比如在电池电源和主要线路电源之间进行切换。

3）双刀双掷开关（DPDT）。对于双刀双掷开关来说，其连接和移动时两个电极始终一起动作，两个电极始终处于同一状态位置。双刀双掷开关本质上是由始终同时进行操作的两个单刀双掷开关组成的。

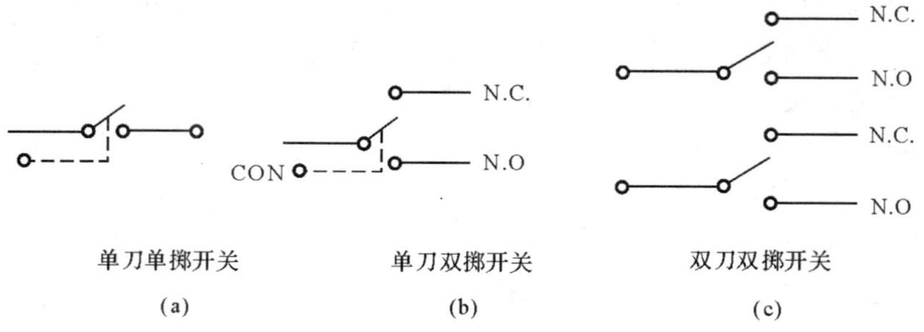

图 5.36　开关的机械特性

（2）功能拓扑。

1）通用型（GP）。开关由多个并联的彼此间独立的绝缘继电器组成。通用型开关可以实现输入输出间的一对一连接。它们通常被用来对诸如电机、风扇、加热器和灯泡之类的设备进行开关控制。通用型开关可以对高电压或高电流信号进行开关控制。

2）多路转换器。一般用来连接一个仪器和多个被测单元（或多个仪器和一个被测单元）。参见图 5.37 所示。多路转换器通常被用来连接一个 DMM 或数字转换器和多个测量点或连接一个信号源和多个需要激励的端点。

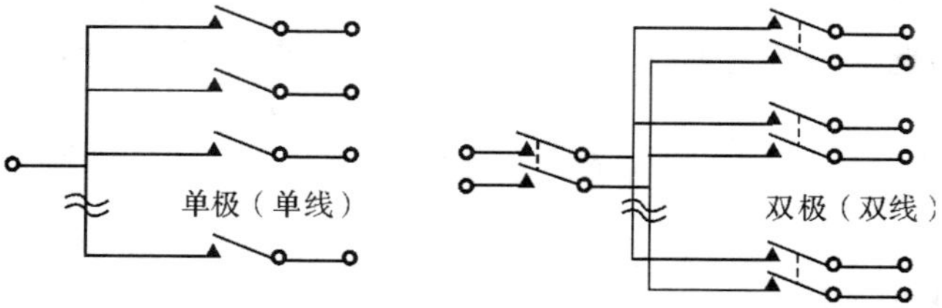

图 5.37　多路转换器的布线方法（1 线型 /2 线型）

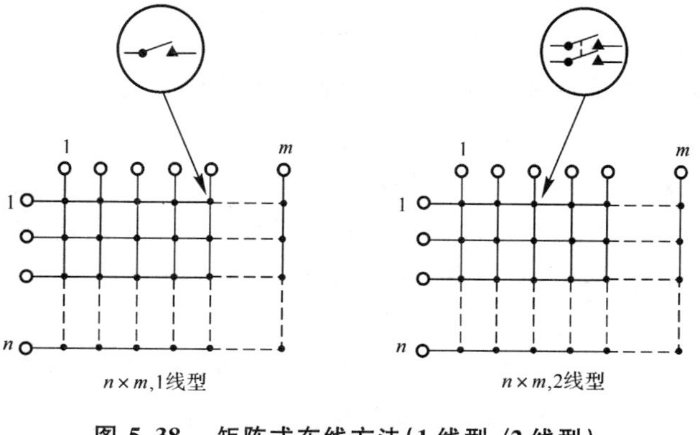

图 5.38　矩阵式布线方法（1 线型 /2 线型）

3) 矩阵式开关。这是功能最多的一种开关系统。任何输入输出之间，不管是单独的还是组合的，都可以进行连接。参见图 5.38 所示。我们可以把仪器和电源连接到被测单元的任何一个测试端点上。矩阵式开关的最大优势在于简化布线技术。总体的测试系统不需要任何的外部人工干预，就能方便地动态改变内部连接路径。

2. 电子开关

最常见的两种电子开关是机械式继电器和固态开关。机械式继电器也称为机电式继电器，其特征是有微小的静电干扰声。机械式继电器经常用于高电源的应用场合，还可以用于低电阻或电压测量。

对于要求开关延迟很小或开关概率寿命较长的应用来说，固态开关则是不错的选择。有两种固态开关 —— 固态继电器和 FET 开关。固态继电器使驱动电路和继电器之间相互绝缘，因此可以对高电玉进行开关控制。然而，这种绝缘却限制了固态开关的转换速度。另外，FET 开关则不能提供绝缘，因此只能局限于低电压的信号，但它们却可以使传送转换速度保持在毫秒级的范围内。

(1) RF 参数。当传送高频信号(大于 10 MHz) 时，将无线电频率(RF) 参数考虑在内是非常重要的，比如说特征阻抗，导入损耗，VSWR 干扰和隔耦情况等。这些跟频率有关的参数描述了通过开关系统时 RF 信号的质量。

(2) 特征阻抗。开关的特征阻抗(Z_o) 应与信号源和负载的阻抗相匹配。匹配理想的开关对系统来说应该是透明的并且信号可以完整地从信号源传送到负载。如果阻抗不匹配，则意味着信号的一部分将从开关反射回信号源。我们不期望出现这种信号反射现象，因为(这种情况下) 只有部分信号才能到达负载端，并且大的信号反射可能损坏一些 RF 信号源。RF 器件通常价格都相当高，并且匹配不合适这种失误的代价将会很昂贵。

(3) 导入损耗。在实际情况中，信号在通过开关时会以热量的形式损耗掉部分能量。导入损耗是用来描述开关对信号“透明” 程度的一个量，用分贝(dB) 表示。

$$\text{导入损耗} = -20\lg(U_{out}/U_{in})\ (\text{dB})$$

这里 U_{in} 是输入电压，U_{out} 代表输出电压。理想开关的导入损耗应为零(＋0dB)，在损耗为＋3dB 的情况下，输出信号电压为输入电压的 70.7%，而在通过开关时则损耗了 50% 的能量。

(4) 干扰和隔耦。干扰表明了一个信道上的信号对其他信道上信号的影响程度。隔耦则表明了开关对不相连的信道之间的干扰的抑制能力。干扰用传送的分贝数(大于 0 dB) 来描述，而隔耦则用抑制的分贝数(小于 0 dB) 来描述。减小干扰(通过增加隔耦) 是非常重要的，因为如果一个信号与临近的信道上动态信号掺杂在一起的话，要精确地测量出此信号便将十分困难。如果两个信道之间的隔耦为 60 dB 的话，那么每个信道上信号电压的 0.1% 将会出现在另一个信道上。

3. 模拟多路开关

信号的通道切换主要靠多路开关来实现，多路开关的作用主要是用于信号切换，如在某一时刻接通某一路，让该路信号输入而让其他路断开，从而达到信号切换的目的。在多路开关选择时，常要考虑下列参数：

(1) 通道数量。通道数量对切换开关传输被测信号的精度和切换速度具有直接的影响，因为通道数目越多，寄生电容和泄漏电流通常也越大，尤其是在使用集成模拟开关时，尽管只有其中一路导通，但由于其他模拟开关尽管断开，但只是处于高阻状态，仍存在漏电流对导通的那一路产生影响；通道越多，漏电流越大，通道间的干扰也越多。

(2) 泄漏电流。如果信号源内阻很大，传输的是个电流量，此时就更要考虑多路开关的泄漏电流，一般希望泄漏电流越小越好。

(3) 切换速度。对于需传输快速变化信号的场合，就要求多路开关的切换速度高，当然也要考虑后一段采保和 A/D 的速度，从而以最优的性能价格比来换取多路开关的切换速度。

(4) 开关电阻。理想状态的多路开关其导通的电阻为零，而断开电阻为无穷大，而实际的模拟开关无法达到这个要求，因此需考虑其开关电阻，尤其当与开关串联的负载为低阻抗时，应选择导通电阻足够低的多路开关。

另外，多路开关参数的漂移特性及每路电阻的一致性也须考虑。

模拟多路开关是指在一个单片上包含多路开关的集成开关。随着半导体技术的发展，目前已研制出各种类型的模拟开关，其中采用 CMOS 工艺的模拟多路开关应用最为广泛。尽管各种模拟开关种类很多，其功能基本相同，只是在通道数、开关电阻、漏电流、输入电压及方向切换等性能参数有所不同。

一般来讲，CMOS模拟开关的导通电阻，切换速度与电源电压有关，在允许范围内，电源电压越高，其导通电阻越小，切换速度也越快，但相应的控制电平也应提高，而这又可能对控制产生不便，如当要求电压大于 TTL 电平时，就会给电路的设计带来一些不便。因此，在设计时，可参考不同电源电压下的电阻情况（如 CD4051，在 $V_{DD} - V_{EE} = 5\ \text{V}$ 时，$R_{ON} = 270\ \Omega$；而当 $V_{DD} - V_{EE} = 10\ \text{V}$ 时，$R_{ON} = 120\ \Omega$），再选择适当的电源电压。

由于模拟开关在接通时，有一定的导通电阻，在某种情况下，可能会对信号的传递精度带来较大的影响。作为一种补救一般应尽可能使负载阻抗大一些，必要时可在负载前加缓冲器。

另外，为了防止两个通道在切换瞬时同时导通情况（多选开关），往往在某一通道断开到后一通道闭合之间加一延时，当然，这会影响到模拟开关的切换速度。

模拟多路开关主要有五种：4 选 1、8 选 1、双 4 选 1、双 8 选 1 和 16 选 1，它们之间除通道和外部管脚排列有些不同，其电路结构、电源组成及工作原理基本相同。下面以四双向模拟开关 CD4066 为例，分析一下多路模拟开关的工作原理。

图 5.39 为 CD4066 的外引线图，这是一种多路模拟开关，其中每一路都互相独立，因此只要分析其中一路即可。图 5.40 为其简化原理图。当 V_{C1} 为低电平时，D_1 导通而 D_2，D_3 截止，此时反相控制电平为高电平，D_4 截止，开关属于断开状态；当 V'_{C1} 为高电平，D_3，D_4 导通，因此开关处于接通状态。由于其场效应管漏源对称，因此是个双向开关。

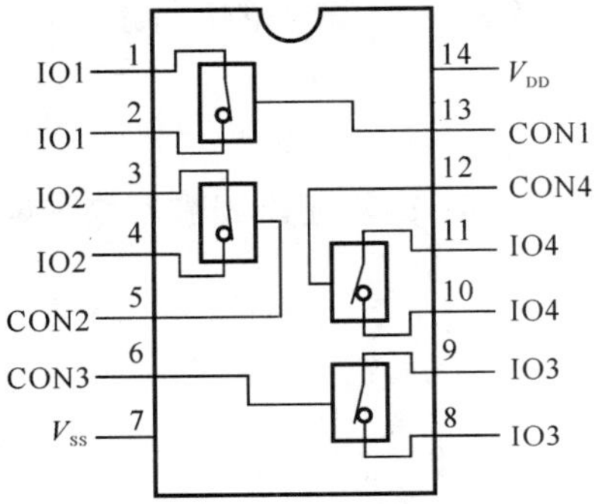

图 5.39　CD4066

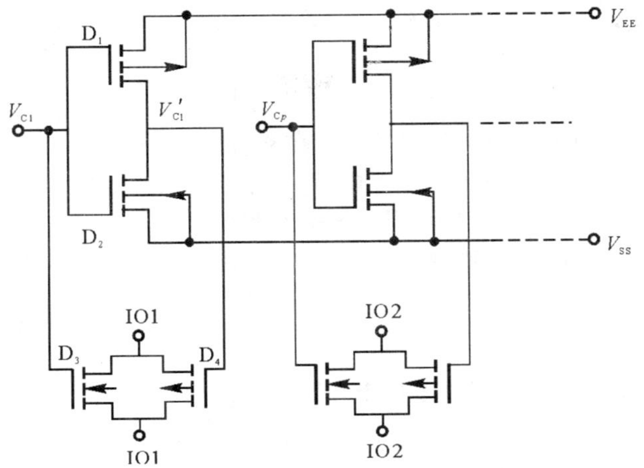

图 5.40　CD4066 电原理图

由其内部结构可知，CD4066 的控制电压应满足

$$V_{SS} \leqslant V_i \leqslant V_{DD}$$

否则会导致片子损坏。在传输交流信号时，应采用双电源供电，一般情况也可用单电源供电。

CD4066 的导通电阻 $R_{on} \leqslant 500\ \Omega$，截止电阻 $R_{off} \geqslant 50\ M\Omega$，每路间偏差小于 50 Ω。

在使用 CD4066 或其他同类工艺制作的器件时要注意的是，当只使用其中部分开关时，必须把其余不用的开关的控制端接到 V_{DD} 或 V_{SS}，否则在悬空状态下有可能受高压静电感应而击穿，导致永久性损坏。

在多路开关的选用时，常要考虑许多因素，如需要多少路？要单端型还是差动型的？开关电阻多大？控制电平多高？另外还要考虑开关速度及开关间互扰等诸多方面。

1）对于传输信号电平较低的场合，可选用低压型多路模拟开关，这时必须在电路中有严格的抗干扰措施，一般情况下可选用常用的高压型。

2）对于要求传输精度高而信号变化慢的场合，如利用铂电阻测量缓变温度场，就可选用机械触点式开关，在输入通道较多的场合，应考虑其体积问题。

3）在切换速度要求高，路数多的情况下，宜选用多路模拟开关；在选用时尽可能根据通道量选取单片即能完成的模拟开关，因为这种情况下每路特性参数可基本一致；在使用多片组合时，也宜选用同一型号的芯片以尽可能使每个通道的特性一致。

4）在多路模拟开关的速度选择时，要考虑到其后级采样保持电路和 A/D 的速度，只需略大于它们的速度即可，不必一味追求高速。

在使用高精度和 A/D 进行精密数据采集和测量时，须考虑模拟开关的传输精度问题，尤其需要注意模拟开关漂移特性，因为如果性能稳定，即使开关导通电阻较大，也可采取补偿措施来消除影响。但如果阻值和漏电流等漂移很大，将会大大影响测量精度。

四、D/A 转换

数模转换器(D/A) 就是一种把数字信号转换成为模拟电信号的器件。实际上,D/A 转换器输出的电量并不真正能连续可调,而是以所用 D/A 转换器的绝对分辨率为单位递减,所以这实际上是准模拟量输出。

1. D/A 转换器的基本原理

D/A 转换器用来将数字量转换成模拟量。它的基本要求是输出电压 U_o 应该和输入数字量 D 成正比,即

$$U_o = DV_R$$

式中 V_R—— 参考电压。

$$D = d_{n-1} \times 2^{n-1} + d_{n-2} \times 2^{n-2} + d_{n-3} \times 2^{n-3} + \cdots + d_1 \times 2^1 + d_0 \times 2^0$$

每一个数字量都是数字代码的按位组合,每一位数字代码都有一定的"权",对应一定大小的模拟量。为了将数字量转换成模拟量,应该将其每一位都转换成相应的模拟量,然后求和即得到与数字量成正比的模拟量。一般的数模转换器都是按这一原理设计的。

数模转换器的类型很多,目前在集成化的数模转换器中经常使用的一种是 T 型网络 D/A 转换器,其基本电路如图 5.41 所示。

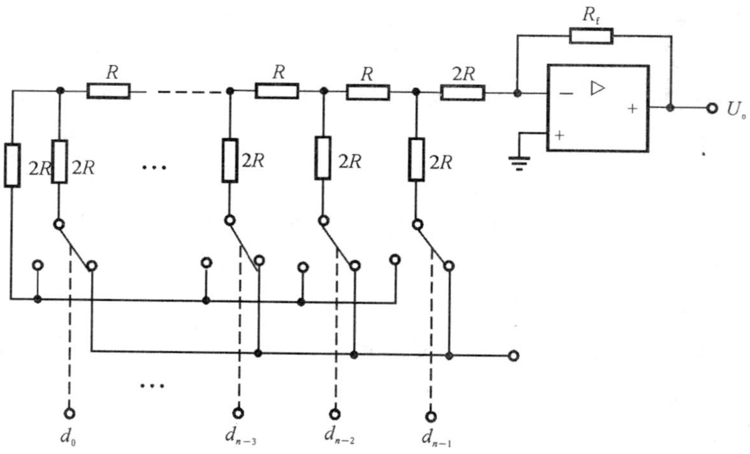

图 5.41　T 型网络 D/A 转换器

这个电路由 T 型电阻解码网络、模拟电子开关及求和放大器组成,其框图如图 5.42 所示。模拟电子开关受数字量的数字代码所控制,代码为 0 时开关接地,代码为 1 时开关接到参考电源 V_R。T 型电阻网络用来把每位代码转换成相应的模拟量。

这里所用的 T 型电阻网络有个特点,电阻的种类只有两种,即 R 或者 2R。因此在具体实现,特别是在集成化实现时比较方便。为了理解它的转换原理,现在假设只有 $d_0 = 1$,其余各位

均为 0。根据等效电源定理不难看出，每经过一个并联支路，等效电源电压减少一半，而等效电源内阻不变，总为 R，如图 5.43 所示。这样传递到最左端，运算放大器输入端前的等效电源内阻仍为 R，而等效电势经过 n 个支路的递减为 $V_R/2^n$。类似地，当 d_i 支路接 1，其余支路开关都接 0 时，传递到运算放大器输入端前的等效电源内阻也为 R，而等效电势则为 $V_R/2^{n-i}$。

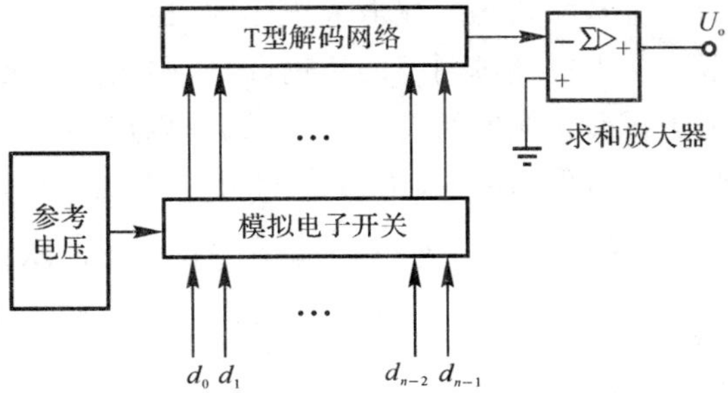

图 5.42　T 型网络 D/A 转换器框图

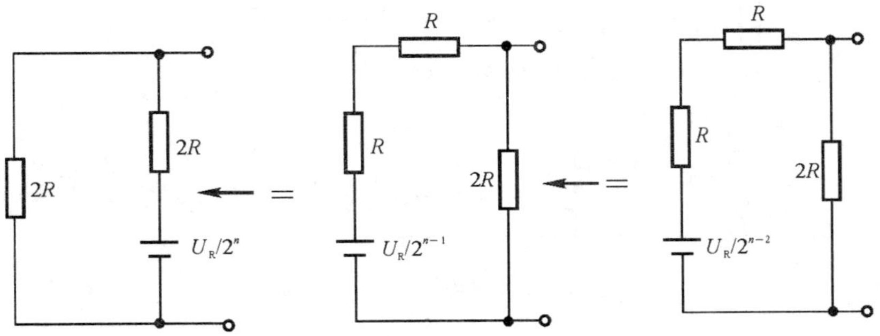

图 5.43　T 型网络的信号传递

根据叠加原理，总的等效电势可视为各个支路的等效电势之和：

$$U_e = \frac{U_R}{2}(d_{n-1}\times 2^{n-1} + d_{n-2}\times 2^{n-2} + d_{n-3}\times 2^{n-3} + \cdots + d_1\times 2^1 + d_0\cdot 2^0)$$

运算放大器输入端电流为

$$I_r = \frac{U_R}{3R\times 2^n}(d_{n-1}\times 2^{n-1} + d_{n-2}\times 2^{n-2} + d_{n-3}\times 2^{n-3} + \cdots + d_1\times 2^1 + d_0\times 2^0)$$

若运算放大器的反馈电阻为 $R_f = 3R$，则输出电压为

$$U_o = I_r R_f = \frac{U_R}{2^n}(d_{n-1}\times 2^{n-1} + d_{n-2}\times 2^{n-2} + d_{n-3}\times 2^{n-3} + \cdots + d_1\times 2^1 + d_0\times 2^0)$$

从而实现了数模转换的基本要求：输出模拟量与输入数字量成正比。

以上分析是在理想情况下进行的。在实际电路中，由于参考电压 U_R 偏离标准值，运算放大

器的温度误差、零点漂移，模拟开关的不理想所造成的传输误差，以及电阻阻值误差等，都可能引起转换误差，使得输出模拟量与输入数字量不完全成比例。为了改进数/模转换器的性能，可以采用图 5.44 所示的权电流 D/A 转换器。

这个电路由电流源解码网络、模拟电子开关和运算放大器组成，即用电流源代替了各支路的电阻，各支路的电流源的电流是和代码的权值成正比的。各个支路的电流是直接连到运算放大器的输入端，不像在 T 型网络中要经过网络的传输，因而避免了各支路电流到达运算放大器输入端的传输误差，也有利于提高转换的精度。采用电流源以后，对于模拟开关的要求可以降低，因为支路电流可以不受开关内阻的影响。由图 5.44 不难得出：

$$U_o = -I_r \cdot R_f = \frac{U_R}{2^n}(d_{n-1} \times 2^{n-1} + d_{n-2} \times 2^{n-2} + d_{n-3} \times 2^{n-3} + \cdots + d_1 \times 2^1 + d_0 \times 2^0)$$

从而也实现了按比例的 D/A 转换，并改进了性能。

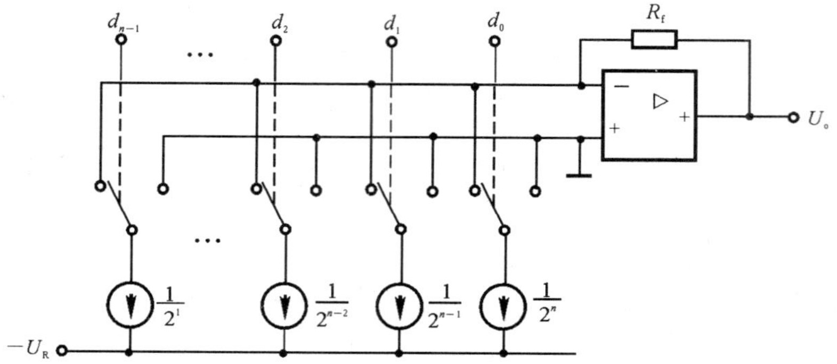

图 5.44　权电流 D/A 转换器

以上介绍的 D/A 转换器都是并行工作的，即各位代码的输入是并行的，各位代码转换成模拟量也是同时开始的。因此 D/A 转换的速度一般都是比较快的。这类电路若和单片机及其他微处理器连接，速度配合比较简单，信息传送可以采取无条件传送方式，而可以不必采用查询或中断方式。

目前，单片 D/A 转换器有很多类型。按照工作原理的不同，D/A 转换器可分成两大类，即直接 D/A 转换器和间接 D/A 转换器。直接 D/A 转换器是指直接将输入的数字信号转换为输出的模拟信号；而间接 D/A 转换器则是先将输入的数字信号转换为某种中间量，然后再把这种中间量转换成为输出的模拟信号。例如，可以把输入的数字信号首先转换成为频率一定、宽度随数字信号变化的脉冲信号；然后再利用低通滤波器提取其平均值，从而得出相应的模拟信号。不过这类间接 D/A 转换方式在集成 D/A 转换器中很少使用，因此直接 D/A 转换器是本章介绍的重点。

直接 D/A 转换器通常由组权电阻网络或梯形电阻网络与一组控制开关组成。其输入端为一组数据输入线与联络信号线(控制线)，其输出端为模拟信号线。按输入端的结构分类大致又可以分为两种；一种是输入端带有数据锁存器，这种 D/A 转换器的数据线可以直接和计算机的数据总线相接；另一种 D/A 转换器的数据输入端不带数据锁存器，这时就需要另外配接数据寄存器。D/A 转换器的基本框图如图 5.45 所示。一般单片集成 D/A 转换器芯片的电路结构至少包含图中虚线框内的电路部分。

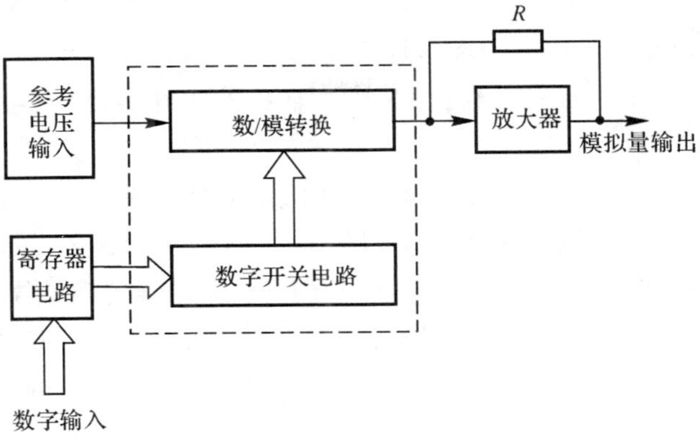

图 5.45 单片 D/A 转换器框图

2. D/A 转换器的主要技术指标

(1) 分辨率。这里指最小输出电压(对应的输入数字量只有最低有效位为“1”)与最大输出电压(对应的数字输入信号所有有效位全为“1”)之比。例如，对于 10 位 D/A 转换器，其分辨率为

$$\frac{1}{2^{10}-1}=\frac{1}{1023}\approx 0.001$$

分辨率越高，转换时，对应数字输入信号最低位的模拟信号电压数值越小，也就越灵敏。有时，也用数字输入信号的有效位数来给出分辨率。

例如，单片集成 D/A 转换器 AD 7541 的分辨率为 12 位，单片集成 D/A 转换器 DAC0832 的分辨率为 8 位等。

(2) 线性度。通常用非线性误差的大小表示 D/A 转换器的线性度。并且，把理想的输入/输出特性的偏差与满刻度输出之比的百分数，定义为非线性误差。

例如，单片集成 D/A 转换器 AD7541 的线性度(非线性误差)为 $\leqslant \pm 0.02\%$ FSR(FSR 为满刻度)。

(3) 转换精度。转换精度以最大的静态转换误差的形式给出。这个转换误差应该是包含非线性误差、比例系数误差以及漂移误差等综合误差。

(4) 建立时间。对于一个理想的 D/A 转换器，其数字输入信号从一个二进制数变到另一个二进制数时，当其输出模拟信号电压，应立即从原来的输出电压跳变到与新的数字信号相对应的新的输出电压。但是在实际的 D/A 转换器中，电路中的电容、电感和开关电路会引起电路时间延迟。所谓建立时间，系指数模转换器中的输入代码有满度值的变化时，其输出模拟信号电压(或模拟信号电流)达到满刻度值 $\pm 1/2$LSB(或与满刻度值差百分之多少)时所需要的时间。不同型号的 D/A 转换器，其建立时间不同，一般从几个纳秒到几个微秒。输出形式是电流的，其 D/A 转换器的建立时间是很短的，输出形式是电压的，D/A 转换器的主要建立时间是其输出运算放器所需的相应时间。

例如，单片集成 D/A 转换器 AD7541 的建立时间为：当其输出达到与满刻度值差 0.01%

时，建立时间小于或等于1μs。而单片集成D/A转换器AD561J的建立时间为：当其输出达到满刻度值± 1/2LSB时，建立时间为250 ns。

(5) 温度系数。在满刻度输出的条件下，温度每升高1℃，输出变化的百分数定义为温度系数。

例如，单片集成AD561J的温度系数为小于或等于10 ppmFSR/℃(ppm为百万分之一)。

(6) 电源抑制化。对于高质量的D/A转换器，要求开关电路及运算放大器所用的电源电压发生变化时，对输出的电压影响极小。通常把满量程电压变化的百分数与电源电压变化的百分数之比称为电源抑制比。

(7) 输出电平。不同型号的数/模转换器件的输出电平相差较大，一般为5 V ~ 10 V。有的高压输出型的输出电平，则高达24 ~ 30 V。还有些电流输出型的D/A转换器，低的为几个mA到几十个mA，高的可达3A。

(8) 输入代码。输入代码有二进制码、BCD码(二-十进制编码)、双极性时的符号 —— 数值码、补码、偏移二进制码等。

(9) 输入数字电平。它是指输入数字信号分别为“1”和“0”时，所对应的输入高、低电平的起码数值。例如，单片集成D/A转换器AD7541的输入数字电平：$U_{IH} > 2.4$ V，$U_{IL} < 0.8$ V。

(10) 工作温度范围。因为工作温度会对运算放大器和加权电阻网络等产生影响，所以只有在一定的温度范围，才能保证额定精度指标。较好的转换器工作温度范围在 − 40 ~ 85℃之间，较差的转换器工作温度范围在0 ~ 70℃之间。

3. D/A转换器的选择

选择D/A转换芯片时，主要考虑芯片的性能、结构及应用特性。其在性能上，必须满足D/A转换的技术要求；在结构和应用上，应满足接口方便、外围电路简单、价格低廉等要求。

D/A转换器的选择要点：

(1)D/A转换芯片主要性能指标的选择。芯片的器件手册会给出D/A转换器的主要性能指标，在D/A接口的实际应用中，用户在选择时主要考虑的是用位数(8位、12位)表示的转换精度和转换时间。

(2)D/A芯片的主要结构特性与应用特性选择。D/A转换器的特性虽然主要表现为芯片内部结构的配置状况。但这些配置状况对D/A转换接口电路设计带来很大影响，主要有：

1) 数组输入特性。数字输入特性包括接收数的码制、数据格式以及逻辑电平等。

2) 数字输出特性。目前多数D/A转换器件属电流输出器件。手册上通常给出在规定的输入参考电压及参考电阻之下的满码(全1)输出电流I_o。另外，还给出最大输出短路电流以及输出电压允许范围。

3) 锁存特性及转换控制。D/A转换器对数字量输入是否具有锁存功能将直接影响与计算机CPU的接口设计。如果D/A转换器没有输入锁存器，通过CPU数据总线传送数字量时，必须外加锁存器，否则只能通过具有输出锁存功能的I/O口给D/A送入数字量。

4）参考源。D/A 转换中，参考电压源是唯一影响输出结果的模拟参量，是 D/A 转换接口中的重要电路，对接口电路的工作特性、电路的结构有很大影响。使用片内自带低漂移精密参考电压源的 D/A 转换器，不仅能保证有好的转换精度，而且可以简化接口电路。

五、通用数据采集卡特性参数

数据采集卡按其功能主要分为三大类：模拟输入采集卡、模拟输出采集卡和数字 I/O 接口卡。模拟输入采集卡完成多通道的模拟量转换成数字量的功能，模拟输出采集卡则是完成多通道数字量转换成模拟量的功能，数字 I/O 接口卡主要完成 TTL 电平信号的传输。

1. 模拟输入采集卡

(1) 输入特性。

1）通道数。它是 DAQ 产品将数字信号转换成模拟信号的路数，通常将通道分为：单端通道、伪微分通道和微分通道。

2）A/D 转换器类型。不同的应用环境下应采用不同类型的模/数转换器（ADC），以达到最佳性能。例如交流信号最好采用 Delta-sigma 调制的 A/D 转换器。ADC 类型主要包括连续模拟型、开关型、半开关型、积分型和 delta-sigma 调制型等。

3）分辨率。它是 ADC 用来描述模拟信号转换成二进制数的位数。分辨率越高，满量程被分割的位数越多，因此对于给定量程和增益的输入量来说，能够检测的电压变化量将越小。对于一个理想的 DAQ 板可测最小电压变化取决于

$$\text{最小电压变化} = \text{满量程} / (\text{增益} \times 2^{\text{分辨率}})$$

分辨率仅是 DAQ 产品精度的一项指标，要全面了解 DAQ 产品的精确度还必须考虑相对精度（线性）、转换时间、偏移误差和放大误差等。

4）最大采样率。它是 DAQ 的输入电路将模拟信号转换成数字信号的最高速率。板卡在数字化信号时可能还有一些其他稍低的转换比率。对于多通道采样，除非设备放大器的设置正好符合使用说明书的规定，否则采用最大采样速率可能达不到很好的精度要求。

5）输入信号量程。它是 DAQ 产品能够接受并精确转换的电压范围。通过下面的公式，可以计算实际信号输入范围：

$$\text{实际输入信号} = \text{输入信号量程} / \text{增益}$$

例如，输入信号量程 0～10 V，增益为 100，意味着产品可接受的信号为 0～0.1 V。一些产品中，输入范围和增益通过硬件选择；另一些则通过软件选择，最大工作电压规格与输入信号范围有关。过压保护规格说明，在不损坏产品的情况下输入信号可以达到的最大范围。

6）输入耦合。通过这种方式将输入信号连入模拟输入电路。如果是直流耦合，AC 和 DC 信号都能通过。如果是交流耦合，则只有 AC 信号部分可以通过，DC 部分被阻隔。

7）最高工作电压（信号＋共模电压）。它是输入非饱和下的最大输入电压，即使输入信号范围小到 0～0.1 V，也能将差分信号加到共模电压上，并且使输入饱和。

8）过压保护。它是在不损坏板卡时的最大输入电压的情况下工作。

9）保护通道：它是具有过压保护功能的通道名称。

10）FIFO 缓冲器大小。FIFO 就是板卡上用来存储一定数目采样数据的一组存储器，避免在不能及时送入计算机内存时造成数据丢失。

11）数据传输。它是可以将数字化数据从 DAQ 板卡传到计算机存储器的方法，可选方式有 DMA 方式、中断和可编程 I/O 口。

12）DMA 方式（仅供板上有 DMA 传输能力的）。它是可以将 DAQ 板的数字化数据传输到计算机内存的 DMA 方法，可选的 DMA 方式有单发模式和查询模式。

13）配置存储器大小。配置存储器包括供模拟输入操作的扫描列表信息，每一个配置存储器的入口定义了相应的模/数转化的操作。这些信息应包括但不局限于以下：通道数、极性、增益。

（2）传输特性。

1）相对精度。它是一种由 DAQ 系统引起的非线性误差的最低有效位（LSB）的测量，它与每个 DAQ 系统相关。相对精度对于标准 DAQ 板传递函数的一条直线来说有着最糟糕的偏差。相对精度包含所有的非线性和量化误差，但不包括供给 ADC 电路系统的分支和增益误差。相对精度由 LSB 来度量，其越低，产品的线性性能就越好。实际上，一个好的 DAQ 产品，它的比较精度应在 1LSB 之内。相对精度是一个非常重要的规范，因为它告诉人们如何精确地将连续模拟信号转换成离散数字量。

2）非线性特性。对于 DAQ 产品，其理想传输条件下最大偏差的 FSR（满量程）百分比度量是一条直线。

3）INL。INL 是非线性积分的缩写，一种采用 DAQ 板传递函数直线性的最低有效位计算方法。具体地，它表明由 DAQ 板代码转换后所绘的图偏离了直线多远。

4）DNL。DNL 是非线性微分的缩写，是从 1LSB 的理想数值到代码宽度的最差偏差的 LSB 度量。

5）增益误差。它是相对于理想化的增益变化的程度，具体地由读数的百分比或 ppm 给出。

2. 模拟输出采集卡

（1）输出特性。通道数 —— 该产品可同时产生的模拟信号的数量。

分辨率 —— 数字/模拟转换器（DAC）用来产生模拟信号的位数。分辨率越高，范围被分解成的部分数越高，因此阶跃电压被产生的能力越小。分辨率是 DAQ 产品精度的唯一度量方式（体现）。为了能完全 DAQ 产品的精度，至少还应将相关精度（线性度）、补偿误差和增益误差考虑在内。

共模隔离 ——DAC 转换器通道和地或与另一通道的最大容许电压差。

最大刷新率 —— 模拟输出可以将数字量转化为模拟值的最大速率。一些产品可以直接从一个在机上的缓存产生模拟输入采样而且因此可以在任意情况下满足最大更新率。含有

DMA 数据传输能力的板卡也可以满足最大更新率。因为它们带有可用来传输数据的 DMA 处理器。

DAC 类型 —— 为了达到最好的性能，不同的用途需要不同类别的数字 / 模拟转换器(DAC)。例如，一个交流型信号是由 delta-sigma 调制技术 DAC 产生的最好信号。常见的 DAC 类型有乘法型、双阻塞器乘法型及 delta-sigma 调制型。

FIFO 缓冲器大小 ——FIFO 是一组存储器，用来存储板卡上一定数目采样数据确保数据能够连续产生，即使有潜在阻碍数据从 PC 内存里传送出来的中断发生。FIFO 的大小可以用采用数目表示，所以知道能缓冲多少采样点。产品可承受的等待时间大小由 DAC 转换时间(每秒刷新率) 和 FIFO 大小的乘积确定。

数据传输 —— 数据传输是通过将数据从计算机的存储器传递到 DAQ 板上来。数据传递的操作有直接访问内存方式(DMA)、中断方式和可编程 I/O 方式。在控制 I/O 访问方式中 PC 机中的 CPU 只要接受到一个软件的代码并且产生一个类似的信号，就会将数据写入到 DAQ 板中。中断数据传递方式为 DAQ 板产生一个中断信号发给 CPU，要求 CPU 将数据写入 DAQ 板中。DMA(直接访问存储器) 数据传递方式利用一个 DMA 控制器来代替 CPU，将数据从计算机存储器传递到 DAQ 板中。虽然在中断和可编程 I/O 下都能高速传输数据，但是他们都需要利用 CPU 来传输数据的。而 DMA 传递方式可以在不影响 CPU 执行其他指令的同时，高速的传输数据。

DMA 模式 —— 这个模式规范使用DMA 传输方式，可以将计算机存储器的数据传输到一个类似于 DAQ 板的电路中。

(2) 传输特性。

相对精度 ——DAQ 系统的非线性误差中最低有效位的测量。实际上，一个好的模拟输出的相对精度在 ±0.5LSB 之内。对于模拟输出，相对精度与 INL 一样。

绝对精度 —— 偏离参考校准的最大输出电压，作为一个全范围的比例。

DNL——LSB 中的一种量度，在偏离理想值 1LSB 标准宽度的最差情况。一个理想的 DAQ 板的 DNL 为 0LSB，这就是说所有信号代码的宽度精度为 1LSB。实际上，一个好的 DAQ 的 DNL 在 ±0.5LSB 之间。

单调性 —— 单调性时，DAC 一直可以为增加的代码提供增加的电压的保证。单调性也是解决特定温度范围的保证。

补偿误差 —— 额外的电压、特定的槽电压，可以在模拟输出电路中运用。延后标准规范中说明了最大偏移量将在模板完全被校准的时候产生。提前校准规范中你可以在最差情况发生时知道，即使模板未被校准。提前校准规范同时包括了模板中电路校准的能力的范围。

(3) 电压输出。

输出范围 —— 电路板所能产生的电压范围。有些产品是用硬件设备来进行输出范围选择的，而有些则使用软件来进行选择。通过对采用的外部标准输入电压进行设置可以确定输出范围。

输出耦合 —— 输出信号与输入/输出连线的连接方法。如果是直流连接,信号的直流部分和交流部分便都可以通过和产生,如果是交流连接,则只有信号的交流部分可以通过,而任何直流信号都不能通过。

输出阻抗 —— 模拟输出信道从输出端观察到的电阻。输出阻抗越低,连接到模拟输出端的电路对模拟输出信号的影响越小。

电流驱动能力 —— 模拟输出信道所能产生的最大电流。

推荐负载阻抗 —— 建议连接到模拟电路输出端的电路所具有的最小电阻和最大电容。

保护 —— 在不损坏电路板的情况下,模拟输出电路所能承受的条件。常见的保护条件有对地短路和开路。

上电状态 —— 当给板卡接通工作电源时模拟输出信道的状态。

外部参考输入 —— 使模拟输出产生满量程信号时的外部参考电压的幅值。

范围 —— 给外部标准输入端不至于使电压饱和的电压大小范围。

过压保护 —— 这个限值规定了可以连接在外部标准输入端不至于损坏电路板的最大电压量。

输入阻抗 —— 从外部标准输入端观察到的实际电阻和电容。

带宽(－3 dB)—— 通过时减少小于 3 dB 的频率范围。

(4) 电流输出。

范围 —— 输出电流是可控的,大多数情况下电流范围是 4 ～ 20 mA 或 0 ～ 20 mA。

类型 —— 表明信道输出电流的形式。有些输出信道会吸收电流,这表明它们需要一个外部激励源,而另一些则是电流而不需要外部电源。

输出阻抗 —— 电流输出信道的实际电阻。输出电阻越低,连接到模拟输出端的电路对模拟输出信号的影响越小。

激励电压范围 —— 当电流输出信道需要一个外部激励源时,电流输出信道可以使用的电压范围。

绝对精度 —— 以满量程(FSR)的比例形式表示的电流输出对校订标准值的最大偏离量。

旋转速率 —— 模拟输出信道所拥有的最大的单位时间内电流改变速率。

保护条件 —— 保护条件详细说明了在不至于损坏电路板条件下模拟输出电路所能承受的条件类型。常见的保护条件有对地短路保护和开路保护。

上电状态 —— 当给板卡接通工作电源时模拟输出信道的状态。

3. 数字 I/O 接口卡

通道数目 ——DAQ 产品能够获得和产生的输入或输出数字信号的数目。有些信道是双向的,可为输入也可为输出。而另一些则始终保持为输入或输出。

兼容性 —— 兼容性表明数字式输入/输出是为 TTL 电平或 CMOS 电平兼容或对二者均

兼容。

上电状态——当板卡接通工作电源时，数字通道的上电状态可能有三种：逻辑低电平、逻辑高电平和由输入端设置。

数字逻辑电平——板卡能检测到或生成的作为低电平的最低电压或作为高电平的最高电压。这个参数同时表明与高电压或低电压相关的当前电平值。

输入低电玉——对于某个给定数字信道 DAQ 产品能够给出的作为逻辑低电平（二进制 0）的最小和最大电压。

输入高电玉——对于某个给定数字信道 DAQ 产品能够识别的作为高逻辑电平（二进制 1）的最小和最大电压。

输出低电压——当 DAQ 产品正在生成一个逻辑低电平信号时，数字信道在输出电流 I_{out} 下能产生的最高电压。

5.4　测试系统智能化设计

测试系统智能化设计主要包括机内测试(Built-in Test，简称 BIT）技术、自校正技术等。机内测试技术是一种能显著改善系统或设备测试性和诊断能力的重要技术手段。BIT 技术自 20 世纪 80 年代初从美国航空电子业界开始发展以来，应用范围迅速扩展。

根据美军标 MIL—STD—1309C 对 BIT 的定义：

定义 1：BIT 就是指系统、设备内部的检测、隔离故障的自动测试能力。

定义 2：BIT 的含义是：系统主装备不用外部测试设备就能完成对系统、分系统或设备的功能检查、故障诊断与隔离以及性能测试，它是联机检测技术的新发展。

BIT 技术在以下几方面具有重要作用：

(1) 提高诊断能力。BIT 具有良好层次性设计，可以测试芯片、电路板、系统各级故障，实现故障检测、故障隔离自动化。

(2) 简化设备维修。BIT 的应用可以大量减少维修资料、通用测试设备、备件补给库存量、维修人员数量。

(3) 降低总体费用。BIT 虽在一定程度上增加了产品设计难度和生产成本，但综合试验、维修、检测和提高设备可靠性等各个方面来看，能显著降低产品全寿命周期费用。

一、BIT 通用测试性设计准则

下列测试性准则适用于所有形式的 BIT 设计技术，按照该准则设计即可保证模块的测试性要求：

(1) 在模块连接器上可以存取所有 BIT 的控制和状态信号，从而可使 ATE 直接与 BIT 电路相连；

(2) 在模块内装入完整的 BIT 功能和机内检测设备(BITE)；

(3) BITE 应比被测电路具有更高的可靠性，否则就失去了采用 BITE 的意义；

(4) 关键电压应能进行目视监控；

(5) BIT 测试时间应保持在一个合理的水平，模块中的 BIT 程序应限于 10 min 内；

(6) 如果在一个模块内有许多 BIT 程序，那么 ATE 能够对每个程序进行独立的存取和控制；

(7) BIT 程序通常由一个处理机控制。如果在模块中存在一个这样的处理机，那么该 BIT 程序即可由 ATE 从外部控制。

二、BIT 测试点的选择与设置

测试点是故障检测及隔离的基础，测试点选择的好坏直接影响到被测系统测试性的好坏。测试点选择的基本原则是：测试点要能保证使 BIT 故障检测率和隔离率最佳。

1. 测试点的类型

一般来讲，测试点主要有三类：无源测试点、有源测试点、有源和无源测试点。

(1) 无源测试点。无源测试点是指在电路内某些节点上可以提供测试对象瞬间状态的测试点。通常信号能同时转移到几个其他功能块的节点(扇出节点)，几个信号能汇合到一个最终输出信号的节点(扇入节点)，余度电路中信号分支或综合的节点以及各功能块之间的连接点均是无源测试点。无源测试点仅用于观察电路内部情况，不能检测对内部的影响及其外部行为。

(2) 有源测试点。有源测试点允许在测试过程中对电路内部过程产生影响和进行控制。在测试程序设计中应特别注意这样的外部干扰，测试程序的规模与有源测试点的选择有关。有源测试点的选择应保证只需在有源测试点的输入上施加有限的测试矢量就能精确地确定电路状态，测试点地数量应保证安排合理、数量最少、故障隔离能力最佳。

有源测试点主要用于：引入模拟信号；数字电路初始化(例如重置计算器和移位寄存器)；借助于门电路中断反馈回路了；中断内部时钟信号以便从外部施加时钟信号。

(3) 有源和无源测试点。它主要用在数字总线结构中，在测试期间，设备作为一个总线器件连接到总线本身。这些测试点对测试过程中既有有源影响也有无源影响：在有源状态，它是一个控制器；在无源状态，它是一个接收器。

2. 测试点的选择

测试点的选择是测试性设计的一个重要步骤，测试点选择是否恰当直接关系到系统、设备等的测试性水平。因而，在测试点选择时，应进行充分的分析、研究，认真做好下述工作：

(1) 确切地对电路加以说明；
(2) 对电路进行详细分析；
(3) 确定制造及维修中的测试策略；
(4) 了解测试性或自测试电路现有地内部情况；
(5) 了解测试对象所要求的特性；
(6) 进行功能划分；
(7) 分析测试对象的结构，保证其便于测试。

此外，在测试点选择时还应注意以下问题：

(1) 测试点应设在显示电路的控制部分；
(2) 为余度电路提供测试点；
(3) 在信号对负载或噪声敏感的地方，应从外部印制电路连接器隔离测试点；
(4) 当使用单触发器件时，应在其输出处设置测试点；
(5) 测试点能方便地通过系统或设备的插头或测试插头连到自动测试设备上；
(6) 测试点选择对高电压和大电流的测量符合安全要求；
(7) 测试点的测量值应以设备的公共地为基准；
(8) 应消除测试点与自动测试设备之间的相互影响，以保证被测设备连接到自动测试设备上后，性能不会降低；
(9) 高电压或大电流的测试点在结构上要同低电平信号的测试点隔离；
(10) 应适当考虑自动测试设备的实现，符合自动测试设备合理的频率、精度要求。

三、BIT 技术

BIT 技术包括数字 BIT 技术和模拟 BIT 技术。对数字电路来讲，有许多方法可以用于实现 BIT，这里仅简单介绍其中的主要方法：VLSI 芯片 BIT 的单板综合。

模块内的某些超大规模集成电路(VLSI) 可能已经装入了一个机内自测试(BIST) 程序，用于控制模块 BIT 的处理机激励芯片的 BIST。在完成 VLSI 测试后，处理机可以查询 VLSI 的状态以验证 BIST 程序的正确性。如果处理机可以控制各个 VLSI 的 BIST，那么 ATE 应能够通过处理机或 VLSI 信号对各个 VLSI 的 BIST 程序进行控制。

模拟 BIT 通常是以传感器或转换器(如二极管、热电偶、编码器等) 监控电路状态，然后通过模数转换将监控结果传送到数字电路作进一步分析或用数字信号输出。模拟信号经过变换后，可以利用许多数字 BIT 技术。模拟 BIT 很难开发，原因是模拟器件的故障模式非常多，另外，与数字电路不同，模拟电路经常会有容差故障，这些故障可以由 BIT 检测，但必须确定接受的门限并将其纳入 BITE 设计。

思考题与习题

5.1　计算机测试系统的基本组成包括哪几部分?

5.2　信号调理电路的作用是什么?

5.3　在什么情况下应选择隔离运算放大器?

5.4　A/D 转换器的基本工作原理是什么?包括那些基本参数,各参数的物理意义又是什么?

5.5　BIT 通用测试性设计的准则包括哪些?

5.6　A/D 板卡为什么需要选用 A/D 采样保持电路和多路开关?

参考文献

[1]　温熙森,徐永成.智能机内测试理论与应用.北京:国防工业出版社,2002.

[2]　李颂伦.电气测试技术.西安:西北工业大学出版社,1992.

[3]　俊芳.传感器接口与检测仪器电路.北京:北京航空航天大学出版社,1994.

[4]　李华,孙晓明,等.MCS-51 系列单片机实用接口技术.北京:北京航空航天大学出版社,1993.

第六章　电磁参数的测量

电磁参数的测量，主要是电压、电流、功率、频率、阻抗与波形等电参数和磁参数的测量，电气工程中磁路和磁场参数的测量是电气测试技术中不可缺少的组成部分，磁测量包括的范围非常广泛，磁路和磁场中磁通、磁位降、磁感应强度、磁场强度、导磁系数的测量等都是磁测量的重要内容，上述的这些电磁参数是一切电气设备与电气系统性能测试的主要内容。本章所要讨论的就是这些电磁参数的测量方法，并着重介绍如何根据测量的需要进行电量之间的变换。常规的电气指示仪表与电子仪器已另有专门的教材，本章不再论述这些内容。

在现代测量技术中，许多非电量要转换为电量进行测量，即非电量的电测量方法。这部分内容将在第七章讨论。

6.1　电压、电流和功率的测量

一、电压的测量

从测量角度考虑，一般根据被测电压的数值分为高、中、低三个范围。直流电压：$10^6 \sim 10^2$ V 为高电压；$10^2 \sim 10^{-4}$ V 为中电压；$10^{-4} \sim 10^{-9}$ V 为低电压。交流电压：$10^5 \sim 10^3$ V 为高电压；$10^3 \sim 10^{-3}$ V 为中电压；$10^{-3} \sim 10^{-7}$ V 为低电压。

由于高压放电的分散性比较大，一般对测量准确度的要求不高，按现行国际标准，无论是有效值或峰值都只要求误差不超过 $\pm 3\%$。测量高电压最常用的方法有：

(1) 利用气体放电测量交流电压及脉动直流电压的最大值。这种测量方法的测量准确度可达 $\pm 3\%$，且具有结构简单、不易损坏的优点，但测量手续麻烦、费时较多且设备笨重。

(2) 用静电电压表测交、直流高电压。量程可达 200 ～ 500 kV，准确度达(1.5 ～ 2.5)%，频率范围可达 1 MHz。

对低电压及微小电压(10^{-6} V 以下) 的测量，常采用检流计与各类测量放大器相结合的方法来实现。

在一般电气技术范围内常遇到的多是中等范围的直流电压与低频正弦交流电压(常有一定非线性失真)，这是本节主要讨论的对象。

测量电压所用仪器、仪表的测量范围及误差如表 6.1 所示(供参考)。

相对地说，直流电压的测量要简单些，它所要解决的问题是放大、衰减、阻抗匹配以及隔离等，这些已在有关先修课中讲授。

表 6.1　测量电压用仪器仪表的测量范围与误差

仪器、仪表或扩大量限器具名称	测量范围 /V	误差范围 /(%)
指示仪表	直流 $10^{3} \sim 5\times10^{5}$ 交流 $10^{-3} \sim 5\times10^{5}$	2.5 ~ 0.1 2.5 ~ 0.1
电位差计	直流 $10^{-4} \sim 2$ 交流 $10^{-4} \sim 2$	0.1 ~ 0.001 0.5 ~ 0.1
数字电压表	直流 $10^{-4} \sim 10^{3}$ 交流 $10^{-4} \sim 10^{3}$	0.1 ~ 0.002 0.1 ~ 0.05
检流计	直流 $10^{-9} \sim 10^{-7}$	
附加电阻	直流 $10 \sim 10^{3}$ 交流 $10 \sim 10^{3}$	0.5 ~ 0.01 0.5 ~ 0.01
分压器	直流 $10 \sim 10^{3}$ 交流 $10 \sim 10^{3}$	0.2 ~ 0.001 0.2 ~ 0.001
电压互感器	交流 $10^{2} \sim 10^{5}$	0.5 ~ 0.005
放大器	交流 $10^{-7} \sim 10^{-2}$	0.5 ~ 0.1

交流电压的测量，多数情况需要测量电压的有效值。交流电压的测量方案主要有 2 种：一种是通过交直流变换器，把交流电压转换成相应的直流电压进行测量。由于交流电压可以用平均值、有效值、峰值表征，对于一个已知波形，这三者之间有一定的关系，因此也就出现了平均值变换器、有效值变换器和峰值变换器，见 5.2 节。另一种是根据定义，采用数字化测量技术进行。

在交流电压测量中，如果能够按照定义直接得到电压的有效值，这样的变换器称为真有效值变换器。在实际应用中，交流电压的有效值比峰值、平均值更为常用，因为非正弦电压的有效值不能用峰值或平均值予以换算。

热电偶式变换器是真有效值变换器的一种，不存在原理误差，不受波形、频率的影响，简单可靠。但由于热电偶内阻低(从被测量信号吸收功率大)，响应速度慢，受环境影响大，刻度非线性等因素影响，目前在计量校准仪器上使用较多，在工程上很少应用。

现代电子技术及微型计算机的发展推动了等间隔多点采样计算法的工程应用。它不但简化了系统的硬件结构，提高了电压测量的准确度，而且也为功率测量、波形分析等提供了条件。目前这种方法在智能化仪表中也得到了广泛的应用，虚拟仪器技术的出现使得对电参数的测量变的高效、简单。

图 6.1(a) 表示这种方法的原理框图。计算机通过 A/D 转换器、采样保持器和通道开关获得被测电压波形的离散点数据(瞬时值)$u_0, u_1, \cdots, u_{n-1}, u_n$，将这些离散数据点送入微处理器进行数据处理，如图 6.1(b) 所示。然后采用数值分析中的梯形法求定积分的公式求得交流电压的有效值和平均值，通过搜索内存法得到波形的正负峰值，由此还可以求出电压波形的波峰系数。

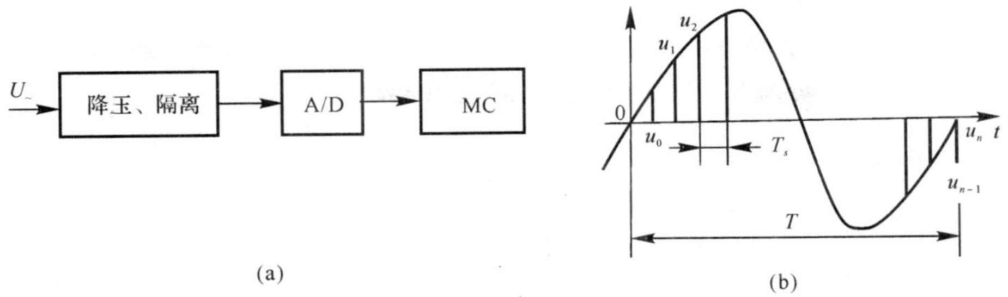

图 6.1　计算机采样计算法

图 6.1(b) 中电压波形的周期为 T，每个周期采样点数为 $n+1$，采样周期为 T_s，则交流电压有效值

$$U_{rms}=\sqrt{\frac{T_s}{T}\left[\frac{1}{2}(u_0^2+u_n^2)+u_1^2+u_2^2+\cdots+u_{n-1}^2\right]} \tag{6.1}$$

交流电压平均值

$$\overline{U}=\frac{T_s}{T}\left[\frac{1}{2}(u_0+u_n)+u_1+u_2+\cdots+u_{n-1}\right] \tag{6.2}$$

这里有两个因素影响测量准确度，值得注意：

(1) 采样频率。采样定理指出，如果对一个具有有限频谱$(-\omega_{max}<\omega<\omega_{max})$的连读信号进行采样，当采样频率 $\omega_s\geqslant 2\omega_{max}$ 时，即采样频率大于信号所包含的最高频率的 2 倍时，离散采样信号能无失真地复现原来的连续信号。

实际上，采样定理是一个最低要求，为了保证一定的测量准确度和较准确地描绘被测波形，往往要比 $\omega_s\geqslant 2\omega_{max}$ 的要求高，而使采样频率为信号最高频率的 3～4 倍，甚至 10 倍。采样频率高，会增加采样系统设计的难度使成本提高，占用过多的机器内存和增加数据处理时间。因此，采样频率的选取要适当考虑确定。

(2) 被测信号的频率有可能是变化的，这时如果不相应改变采样频率就不能保证测量准确度。所以必须监测频率的变化，相应地调整采样频率。

交流电压的测量，常使用电压互感器将高压信号变换成低压信号或起电隔离的作用。

电压互感器是一种仪用互感器，副边工作在近于空载状态，如图 6.2 所示。电压互感器与功率变压器的不同之处主要为：功率变压器是传递能量的，主要考虑的是效率；而电压互感器是用来进行电压测量的，对它的要求主要是准确度高，线性度好。从互感器的等值电路看，为了实现高准确度，就必须减小空载电流。因而电压互感器铁芯采用高导磁材料制成，并从工艺上降低漏磁。为了有较好的线性度，互感器要工作在低磁通密度状态下（从准确度考虑，

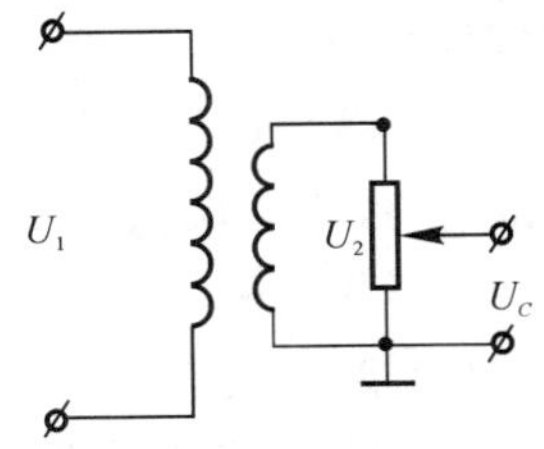

图 6.2　电压互感器原理图

也不容许工作在磁饱和状态)。

另外,由于电压互感器容量小,又工作在近于开路状态,原副边导线很细,不能出现短路。而且为了人身安全经常接有熔断器保护,互感器副边的一端要求接地。

二、电流的测量

电流的测量一般按电流的强弱分为大、中、小三个范围。直流电流:$10^5\sim10^2$ A 为大电流;$10^{-2}\sim10^{-6}$ A 为中等电流;$10^{-6}\sim10^{-17}$ A 为小电流。交流电流:$10^5\sim10^3$ A 为大电流;$10^3\sim10^{-3}$ A 为中等电流;$10^{-3}\sim10^{-7}$ A 为小电流。

直流大电流的测量常用以下几种方法:

(1) 分流器法。这种方法常用于 10 kA 以下电流的测量,具有结构简单、牢固可靠、抗干扰能力强等特点。现已有准确度为 0.1% ~ 0.5%,测量范围达 100 kA 的分流器。但分流器与被测电路有电的联系,所以安装使用不便,且体积庞大,笨重。

(2) 直流互感器法。这种方法与被测电路无直接电的联系,安装较为方便,测量准确度一般可达0.5% ~ 1%。近来出现了各种补偿式直流互感器使测量准确度提高(可达 0.02%),测量范围达到 200 kA。

(3) 直流比较仪法。这种方法测量范围可达 20 kA,测量准确度高达 10^{-7}。但要求被测电流稳定,且仪器中所用磁心的要求较高,所以一般用于校验仪器。

(4) 霍尔效应法。用被测电流产生的磁场在霍尔元件片上感应的电势确定被测电流,或用霍尔元件作为直流比较仪中的零磁通检测器。后者测量范围可达 200 kA,准确度可达0.2%,且抗干扰能力强,是一种很有前途的方法。

(5) 磁位计法。这是一种较轻巧的测量装置,被测电流范围几乎不受限制,抗外磁场干扰能力强,测量准确度可达 0.5%。

(6) 核磁共振法。把被测电流转换成磁感应强度,再转换为核磁共振频率,测量装置可直接用数字频率表读数,属于绝对测量的范畴,是测量技术发展的方向。目前已有准确度可达 0.05%,可测 35 kA 的装置。

交流大电流的测量常用以下三种方法:

(1) 互感器法。在工频范围内多采用互感器。近年来新研制出的零磁通补偿型电流互感器准确度达到 0.01%,测量范围达 10 kA。

(2) 磁位计法。使被测电流的变化在磁位计里产生感应电势,再由积分、放大、存储等环节组成电子测量设备。可测稳态及暂态大电流,测量范围由几百安培至几万安培,准确度可达 0.5%。

(3) 磁光效应法。利用线性偏振光穿过在磁场作用下的介质时,其偏振方向会旋转,旋转角正比于磁场沿光线路径的线积分原理确定被测电流。这种方法适于测高压大电流,因为只需将磁光物质置于被测电流附近,其他装置均可远离测量点,所以安全、方便。这种测量方法的频率响应好，可用于高频大电流的测量，但准确度不高，一般仅达 1% ～ 5%。

对微电流（10^{-9} A 以下）的测量也采用微小电压测量所用的方法。

本节主要讨论中等量值范围电流的测量方法。测量电流使用仪器仪表的范围和误差情况如表 6.2 所示（供参考）。

表 6.2　测量电流用仪器仪表的范围和误差

仪器、仪表或扩大量限器具名称	测量范围 /V	误差范围 /(%)
指示仪表	直流 $10^{-7} \sim 10^{2}$	2.5 ～ 0.1
	交流 $10^{-4} \sim 10^{2}$	2.5 ～ 0.1
电位差计	直流 $10^{-7} \sim 10^{4}$	0.1 ～ 0.005
霍尔效应大电流仪	直流 $10^{3} \sim 10^{5}$	2 ～ 0.2
磁位计	直流 10^{2} 以上	0.1
	直流 10^{2} 以上	0.1
检流计	直流 $10^{-11} \sim 10^{-6}$	
分流器	直流 $10 \sim 10^{4}$	0.5 ～ 0.02
互感器	直流 $10^{3} \sim 10^{5}$	2 ～ 0.2
	交流 $10^{-1} \sim 10^{4}$	0.2 ～ 0.005
电子测量放大器	直流 $10^{-12} \sim 10^{-4}$	2 ～ 0.1
	交流 $10^{-10} \sim 10^{-4}$	0.5 ～ 0.1
电容放大器	直流 $10^{-15} \sim 10^{-5}$	5 ～ 2

以下具体讨论几种常用中等电流的测量方法。

1. 在被测电路中直接串入电阻的方法

图 6.3 为在被测电路中直接串入电阻取样的方法之一。取样电压一般要经过放大器放大再接到测量装置上。

为达到一定的测量准确度，对电阻 R 有一些特殊的要求：

(1) 电阻 R 的数值选择要合理，要与 R 所通过的电流相适应。R 过大，会对被测电流产生较大影响。但从 R 上取得的电压值也不能太微弱，否则也会影响测量准确度。一般使电阻上的电压在 40 ～ 100 mV 左右。

(2) 电阻 R 的热稳定性要好，须采用电阻温度系数小的材料制成。同时，结构上要注意满足电阻 R 的允许功耗和散热条件，一般应使 R 的允许功耗比实际功耗大几倍。

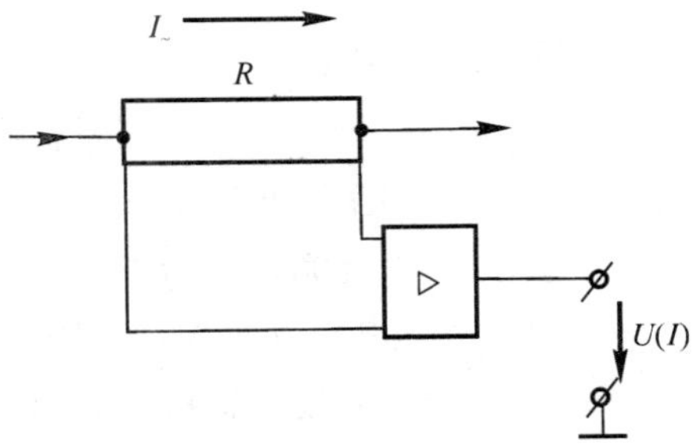

图 6.3　在电路中直接串电阻

(3) 在交流电路中，特别是频率较高的情况下，电阻 R 必须选择无感电阻，并且在线路的连接上要注意减小电感和分布电容。

(4) 电阻 R 最好是四端钮电阻，即具有一对电流接点串联到电路，一对电位接点引出电压，以降低接触电阻对准确度的影响；对于大电流测量，最好采用标准化的分流器。

(5) 为了避免对测量电路产生不良影响和危险，放大器通常采用隔离放大器。

2. 电流互感器法

图 6.4 表示，交流电路中串接一电流互感器(原边)。互感器的副边接一电阻 R，从 R 上取得电压接到放大器或交直流变换器上。电阻 R 除其数值大小由互感器的容量伏安值决定外(一般常用电流互感器为 10 V·A 或 5 V·A)，同样也要考虑图 6.3 线路对 R 的要求。

用电流互感器有以下作用：

(1) 原副边电路起到了电隔离作用。

(2) 对交流强电流测量时，电阻直接串入被测电路，损耗太大。通过电流互感器副边接入电阻，折算到原边电路，电阻值很小，对工作电路的影响可以减小，但是电流互感器的接入对瞬态电流的测试(如短路电流)是不利的。

电流互感器的工作原理如下：

电流互感器与电压互感器一样，也是一种仪用互感器，所不同的是，其副边工作在近于短路的状态。图 6.5 为其等值电路图。

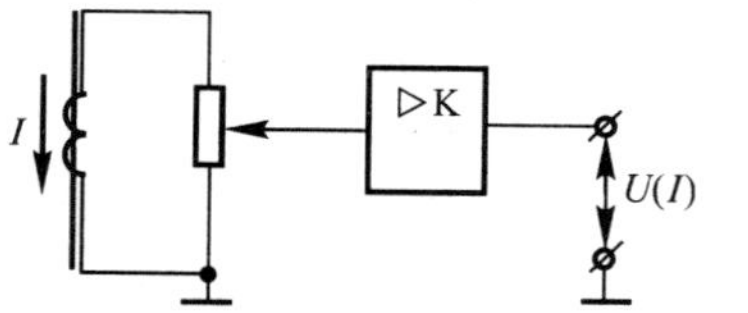

6.4 电流互感器副边接电阻取样

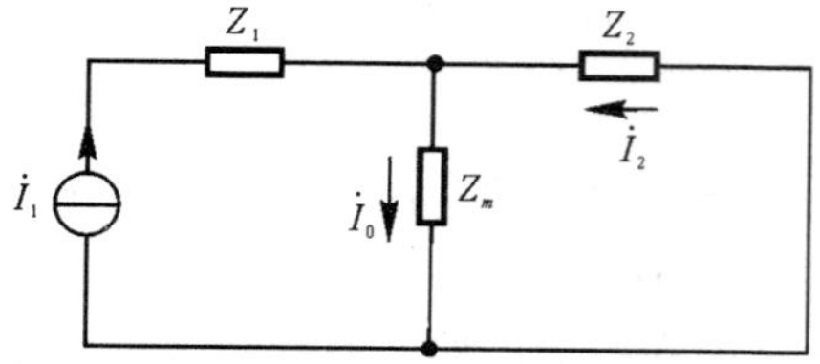

图 6.5 电流互感器等值电路

由图 6.5 可知：

$$\dot{I}_1 + \dot{I}'_2 = \dot{I}_0, \quad \dot{I}_0 Z_m = -\dot{I}'_2(Z'_f + Z'_2) \tag{6.3}$$

式中 $\dot{I}_1$ —— 电流互感器原边电流；

$\dot{I}'_2$ —— 电流互感器副边电流(已折算至原边)；

$\dot{I}_0$ —— 电流互感器激磁电流；

Z_m —— 电流互感器激磁阻抗；

Z_2 —— 电流互感器副边漏抗(折算至原边为 Z'_2)；

Z_f —— 电流互感器负载阻抗(折算至原边为 Z'_f)。

解式(6.3)可得

$$I'_2 = -\dot{I}_1 \frac{Z_m}{Z_m + Z'_f + Z'_2} \tag{6.4}$$

从测量准确度的要求来看，应该是 $\dot{I}'_2=-\dot{I}_1$。从式(6.4)看，要做到这一点必须是激磁阻抗 Z_m 足够大，副边漏抗 Z_2 足够小，负载阻抗 Z_f 不能大于规定的数值。这对电流互感器的设计制造工艺都提出了较高的要求：

(1) 必须采用高导磁材料，并工作在低磁密状态下，在整个量程内不出现饱和，保证 Z_m 足够大。

(2) 在工艺上保证原副边耦合好，使 Z_2 尽量减少。

由于电流互感器副边匝数远大于原边，在使用时副边绝对不允许开路。否则，会使原边电流完全变成激磁电流，铁芯达到高度饱和状态，使铁芯严重发热并在副边产生极高的电压，引起互感器的热破坏和电击穿，并对人身及设备造成伤害。此外，为了人身安全互感器副边一端必须可靠接地(安全接地)。

对直流大电流的测量也广泛采用直流互感器，关于直流互感器的工作原理请参看有关资料，不再赘述。

三、功率的测量

功率的定义为

$$P=\frac{1}{T}\int_0^T u(t)i(t)\mathrm{d}t=UI\cos\varphi$$

从功率关系看，可以采用模拟功率变换器与计算机采样计算两种办法实现功率的测量。

(1) 功率变换器。图 6.6 是一种功率变换器的原理框图。$u(t)$ 与 $i(t)$ 分别接到模拟乘法器的两个输入端，乘法器的输出电压 $e(t)$ 经过滤波输出一个正比于平均功率的直流电压信号。

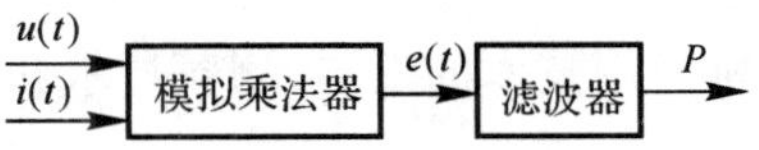

图 6.6　一种模拟式功率变换器

$$e(t)=Ku(t)i(t)=KU_mI_m\sin\omega t\sin(\omega t+\varphi)=KUI[\cos\varphi-\cos(2\omega t+\varphi)] \tag{6.5}$$

经过滤波器后得：

$$\cos(2\omega t+\varphi)=0$$

$$\overline{U}=\overline{e}(t)=K'UI\cos\varphi \tag{6.6}$$

这种变换器的准确度取决于乘法器的准确度。

(2) 计算机采样计算法。图 6.7(a) 为功率测量原理框图；图 6.7(b) 为波形图。计算机通过多路开关对电压、电流两个波形交替采样，得到电压、电流的离散数据分别为 $u_0,u_1,\cdots,u_n$；$i_0,i_1,\cdots i_n$，然后用插值法分别求出与电压 $u(t)$ 同时刻的电流值 $i'_1,i'_2,\cdots,i'_n$，可计算出瞬时功率 P_i，$P_i=u_ii'_i$，$(i=0,1,2,\cdots,n)$。再由梯形法求定积分就可得到平均功率：

$$P=\frac{T_s}{T}\left[\frac{1}{2}(P_0+P_n)+P_1+P_2+\cdots+P_{n-1}\right]$$

式中　T_s —— 采样周期；

　　　T —— 测量周期。

用这种方法测量功率与前述对电压的测量一样，当电压、电流的波形或频率发生变化时，会影响功率测量的准确度，需要作相应修正。

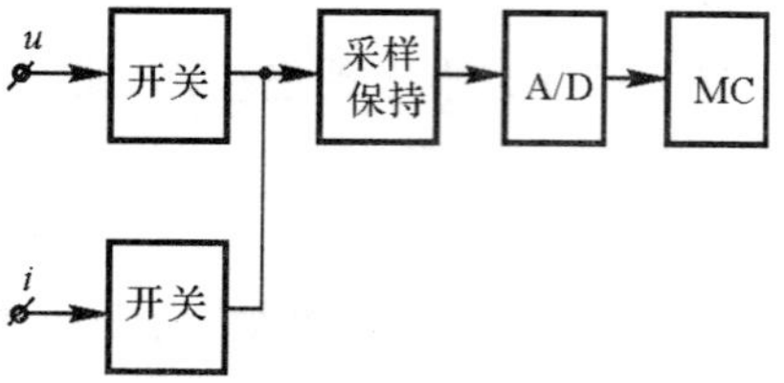

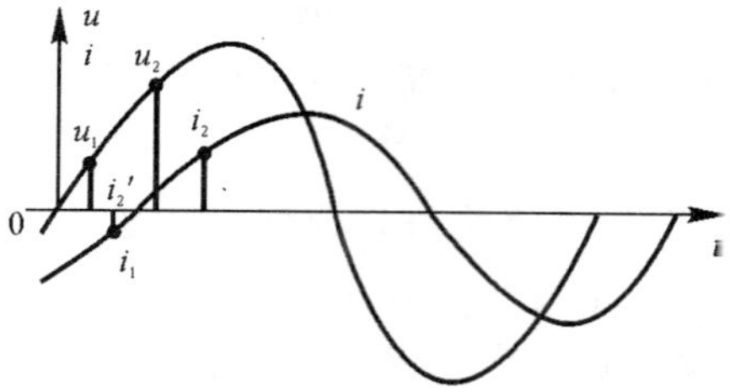

图 6.7　计算机采样计算法测量功率

(a) 功率测量原理框图；(b) 波形图

6.2　频率的测量

现代电子技术的发展和标准频率源的建立，使得频率的测量方法、测量范围和测量准确度获得了迅速的发展。

目前，利用标准频率和被测频率进行比较来测频是广泛采用的方法，计数法测频是这种方法的代表，数字频率计不但可以完成频率的测量，还可以测量周期、时间间隔等。随着微型计算机应用技术的发展，测频技术和方法将更加灵活多样。

一、计数法测频原理

频率是单位时间内被测信号重复出现的次数。

$$f = \frac{N}{t} \tag{6.7}$$

计数法测频就是按此定义设计的测量方案，原理框图如图6.8所示。被测信号 f_x 接输入端 A，经过放大整形，变成脉冲信号送往闸门，而控制闸门开与关的标准时间间隔（时基）由振荡器整形放大再分频后产生，分频的宽度是可调的。这样，在闸门开启时间内通过 A 端输入的脉冲数与开启时间之比即为频率。使开启时间 t 均为 10^n s（n 为任意整数），即可从显示器上直读被测频率。

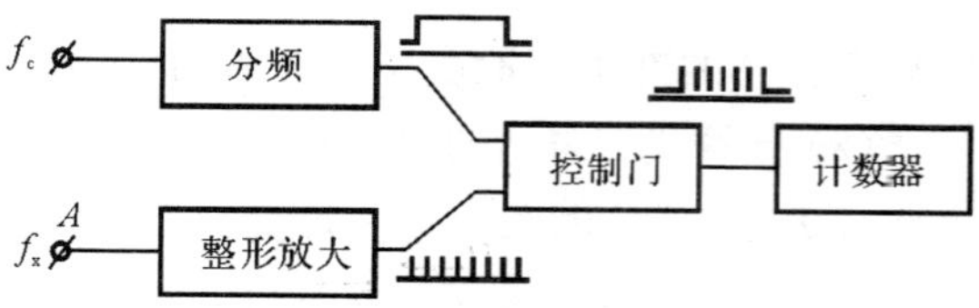

图 6.8　计数法测频原理图

根据式(6.7) 由计数法测频时，频率测量的误差为

$$\Delta f_x = \frac{\Delta N}{t} - \frac{N}{t^2}\Delta t$$

总相对误差一般可采用分项误差绝对值合成，即

$$\frac{\Delta f_x}{f_x} = \left|\frac{\Delta N}{N}\right| + \left|\frac{\Delta t}{t}\right| \tag{6.8}$$

(1) 计数法测频的量化误差。根据数字技术原理，计数电路可能存在±1个脉冲误差，这是量化误差，也是理论误差，即 $\Delta N \pm 1$ 是不可避免的。延长计数时间(控制闸门的时基增大)，或者将 f_x 倍频，使 N 大，可使相对误差减小。但由于受计数器位数的限制，N 不可能太大。

(2) 闸门开启时间误差。式(6.8) 中 Δt 为闸门开启时间误差，即时基误差，主要决定于晶体振荡器频率 f_c 的稳定度和准确度。此外也会受分频电路等开关速度及其稳定性的影响。所以

$$\frac{\Delta t}{t} = \frac{\Delta f_c}{f_c}$$

因此，式(6.8) 就可写成

$$\frac{\Delta f_x}{f_x} = \frac{1}{N} + \frac{\Delta f_c}{f_c} \tag{6.9}$$

一般情况下，由于晶体振荡器的频率稳定度很高，可使 $\Delta f_c/f_c$ 远小于 $1/N$。所以，频率测量误差主要是量化误差，频率越低，相对误差就越明显。

二、计数法测周期

同一个频率计通过转换开关稍作变动也可以用来测信号周期，图 6.9 为测周期原理框图。被测信号 T_x 由 B 端输入，经由整形放大电路分频(m 倍) 后控制闸的开与关，而计数脉冲由石英晶体振荡器经放大整形分频后(时标 T_0) 提供。

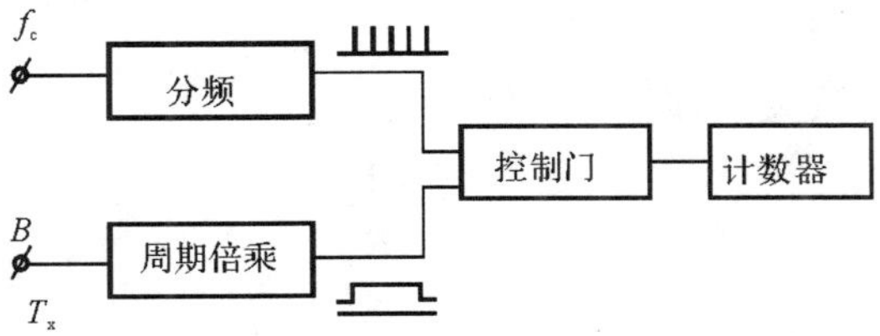

图 6.9　计数法测周期原理图

这时被测信号周期

$$T_x = NT_0 \tag{6.10}$$

由式(6.10) 可得，测周期误差

$$\Delta T_x = \Delta N T_0 + \Delta T_0 N \tag{6.11}$$

总相对误差取分项绝对值合成，得

$$\frac{\Delta T_x}{T_x}=\left|\frac{\Delta N}{N}\right|+\left|\frac{\Delta T_0}{T_0}\right|$$

1) 量化误差。与测量频率法一样，计数法测周期同样存在 ±1 个脉冲的原理误差，即 $\Delta N=\pm 1$。为了减小相对误差。可以采用周期倍乘的方法，即将被测信号 f_x 分频 m 倍，计量 m 个周期内的脉冲数，然后取 m 个周期内的平均值 $T_x=NT_0/m$。通常取 m 为 10 的 n 次幂（n 为正整数）。

(2) 触发误差。测量周期一般是将 B 端输入被测信号 f_x 进行过零触发控制闸门的，而被测信号均不同程度存在有干扰噪声叠加在其上面，使触发提前或推迟，如图 6.10 所示。

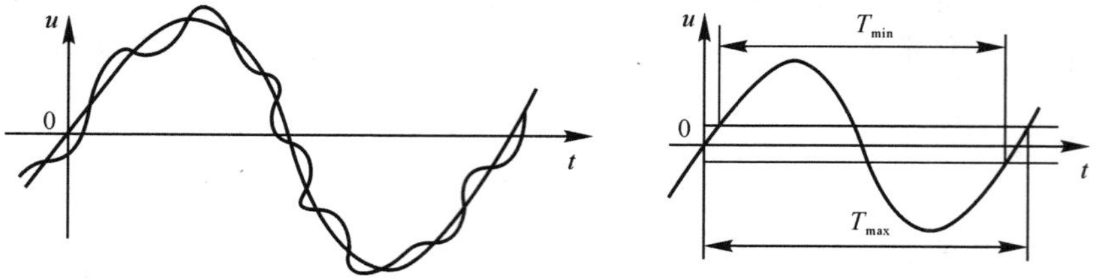

图 6.10　触发误差

为了减小触发误差，要注意适当提高信号电平，增大信噪比。

另外，如果晶体振荡器的稳定度不好，也会使标准频率脉冲产生计数误差，不过，一般这种情况很少会发生。

三、中界频率

由以上所述可知，周期与频率的测量均存在 $N=\pm 1$ 的量化误差。为了保证测量准确度，当频率比较高时，直接测量信号频率，这时示值大，相对误差可小些；而当频率比较低时，测量信号的周期，使相对误差小些。

因频率与周期互为倒数关系，即

$$f_x=\frac{1}{T_x} \tag{6.12}$$

其相对误差

$$\frac{\Delta f_x}{f_x}=-\frac{\Delta T_x}{T_x}$$

不考虑 Δf_x 与 ΔT_x 的正负，则为

$$\frac{\Delta f_x}{f_x}=\frac{\Delta T_x}{T_x}$$

对某一个被测频率信号，究竟是应该测频率还是应该测周期？存在一个分界点，即中界频率问题。

在中界频率，二者的相对误差应该是相等的。如果只考虑量化误差，$\Delta f_x = 1$，$\Delta T_x = 1$。在中界频率，两者计数值 N 应该是相等的。

测频时

$$f_x = \frac{N}{t}, \quad N_f = f_x t \quad (t\ \text{为时基})$$

测周期时

$$T_x = \frac{N}{m} T_0, \quad N_T = \frac{mT_x}{T_0} \quad (T_0\ \text{为时标})$$

在中界频率

$$f_m = f_x = \frac{1}{T_x} = \frac{1}{T_m}, \quad N_f = N_T$$

所以

$$f_m t = \frac{m}{f_m T_0}$$

$$f_m = \sqrt{\frac{m}{tT_0}} \tag{6.13}$$

式(6.13)说明，中界频率与所使用的周期倍乘 m、时基 t、时标 T_0 有关。

一般电气测试，多数是低频信号，所以相对来说，测周期的情况较多。

6.3　波形的测量

在电气测量中，对波形的测量与分析主要是研究非标准正弦波的失真度、谐波含量、波形偏离系数和瞬态情况下的尖峰电压等；对各种控制信号波形（如脉冲、方波、三角波）的观察与分析也是重要的内容。

对波形参数测量的目的在于：

(1) 供电电源的波形是否满足技术条件（即符合用电设备的要求）；

(2) 电气控制信号波形是否符合工作要求；

(3) 为改善波形提供依据。

现代电子示波器是对波形进行观察、测量、记忆与分析的强有力工具。有关示波器的原理与使用，在电子技术基础课程中已作过详细介绍，不再赘述。本节仅就几项主要指标的测量方法进行讨论。

一、失真度的测量

1. 失真度的定义

对非正弦交流波形进行傅里叶级数分解，可以得到其基波分量与各次谐波分量的有效值。

各谐波分量有效值之和与基波分量的有效值之比定义为失真度或波形畸变系数，用 γ 表示，对于电压波形可表示为

$$\gamma = \frac{\sqrt{\sum_{n=2}^{\infty} U_n^2}}{U_1} \times 100\% \tag{6.14}$$

为了测量的方便，当失真不大时，波形总有效值近似等于基波有效值，失真度可近似等于各谐波分量有效值之和与被测波形总有效值之比，用 γ' 表示，以对电压波形来讨论，即

$$\gamma \approx \gamma' = \frac{\sqrt{\sum_{n=2}^{\infty} U_n^2}}{\sqrt{\sum_{n=1}^{\infty} U_n^2}} \tag{6.15}$$

γ 与 γ' 之间的关系为

$$\gamma = \frac{\gamma'}{\sqrt{1-\gamma'^2}} \quad 或 \quad \gamma' = \frac{\gamma}{\sqrt{1+\gamma^2}} \tag{6.16}$$

2. 基波抑制法测量失真度

测量失真度的方法很多，通常所应用的比较简便的方法是基波抑制法。具有代表性的是 BS－1 型失真度仪。图 6.11 为这种方法的原理框图。

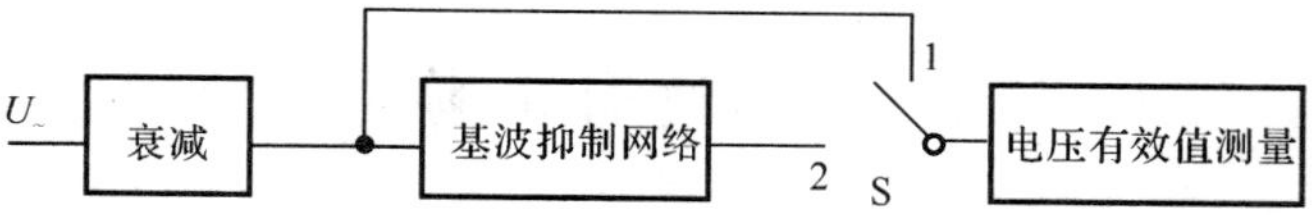

图 6.11　基波抑制法原理框图

所谓基波抑制法，就是应用带阻滤波器将被测信号基波分量滤掉，测量开始，先将开关 S 置于“1”位，适当调节衰减器，使电压有一比较大的指示，指示值即与被测信号的 U 成正比，设比例系数为 1。

$$U = \sqrt{\sum_{n=1}^{\infty} U_n^2} \tag{6.17}$$

然后，将开关 S 置于“2”位，调节基波抑制网络，使网络的谐振频率与被测信号的基波频率相同。这时，电压表的示值为最小，表示基波已被滤除，该示值即为被测信号的谐波分量总有效值 U_k

$$U_k = \sqrt{\sum_{n=2}^{\infty} U_n^2} \tag{6.18}$$

由此，可以得到失真度 γ

$$\gamma \approx \gamma' = \frac{U_k}{U} \times 100\% \tag{6.19}$$

3. 测量误差

这种测量方法比较简单，但存在一定误差，其误差来源于以下几个方面：

(1) 理论误差。测量结果为 γ'，而非 γ。非线性失真越严重，二者的差别越大。如有需要，可以根据所测出的 γ' 由式(6.16) 计算 γ。

(2) 滤波器引起的误差。由于带阻滤波器的特性不可能是理想化的，基波不可能得到全部抑制，也不可能对谐波完全不产生衰减作用。

(3) 输入端杂散干扰会引入误差。

二、频谱分析

示波器是对波形进行分析的一种工具，失真度仪只能对波形的非线性失真作一总的概括的了解。频谱分析仪是对被测信号所包含的频率成分，即被测信号的频谱进行分析，即频域分析。

1. 模拟式频谱分析仪

图 6.12 是模拟式频谱分析仪的基本原理方框图。图中带通滤波器的中心频率是可变的，可调出所需测量的各次谐波频率。被测信号经过滤波器选出所需测量的各次谐波信号，然后由检波器变为直流信号电压送到显示器，显示每个单次谐波的有效值。显示器可以是电压表，也可以由屏幕显示。当采用并行滤波法或时间压缩法时能同时显示出多个谐波的幅值(频谱图)，可以进行实时频谱分析。

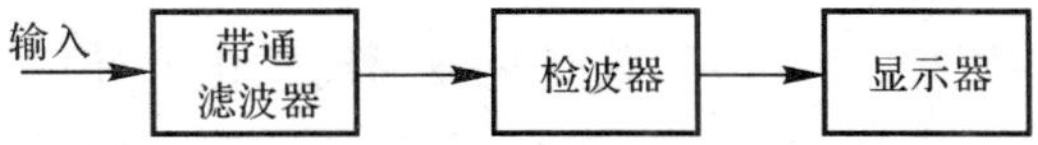

图 6.12　模拟式频谱分析仪原理框图

2. 数字式频谱分析仪

实现数字频谱分析主要有两种方法，一种是仿照模拟频谱分析的数字滤波法；另一种是基于快速傅里叶交换法(FFT) 的分析法。由于大规模集成电路和微机技术的发展，后者已被广泛使用。

图 6.13 是这种频谱仪的框图，CPU 对被测信号波形进行实时采样，经过 A/D 转换器变成离散的数字量存储起来，然后进行 FFT 计算，并将计算结果以频谱图的形式显示在屏幕上。

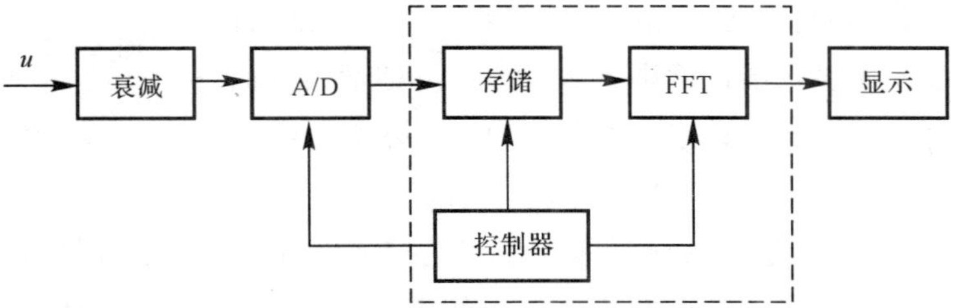

图 6.13　数字式频谱分析仪原理框图

三、波形偏离系数的测量

在某些情况下需要测量电压波形对其基波的偏离系数。被测电压波形与其基波波形对应点进行比较，其最大偏差值与基波电压峰值之比称为偏离系数。

$$偏离系数 = \left| \frac{(u_{xi} - u_{(1)i})_{\max}}{u_{(1)\max}} \right| \times 100\% \tag{6.20}$$

式中 u_{xi} —— 被测电压，i 点的实际值；

$u_{(1)i}$ —— 被测电压基波对应点的电压值；

$u_{(1)\max}$ —— 被测电压基波的峰值。

1. 用方格纸计算波形偏离系数

把从示波器上拍得的波形放大到方格纸上（方格纸分格越细，结果越准确），再把所测得的基波也按相似比例放大到同一方格纸上，而且使两个波形尽量重合（如图 6.14 所示），然后求出两个波形相应时间的电压瞬时值之差，然后按式(6.20) 定义得到偏离系数。

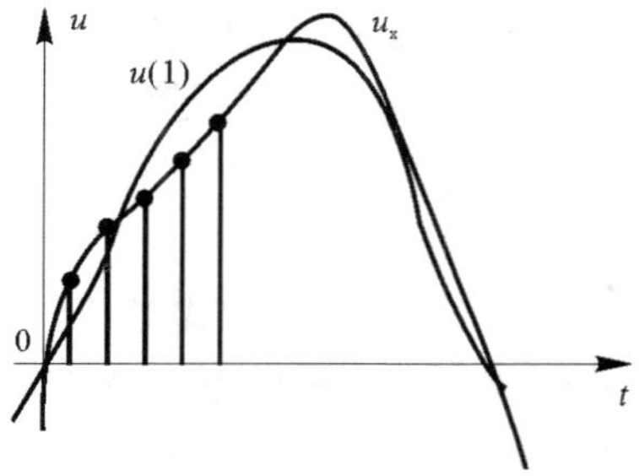

图 6.14 波形偏离系数的求取原理

2. 数字式采集方法求偏离系数

以足够高的采样频率对被测波形进行采样，根据所得数据，经过 FFT 计算，得到基波幅值，并据此计算出与被测波形对应点的基波瞬时值，然后按式(6.20) 定义求得偏离系数。

这种方法与方格纸法原理是一样的，仅是把波形离散化了，但其准确度高、速度快。需要指出的是，为保证测试准确度，采样频率应足够高，采样点数应足够多，并满足 FFT 算法的要求。

四、尖峰电压测试

在供电网络上，电感性负载的突然切除有可能使电网上产生一个幅度很高、持续时间极短的尖峰电压，其峰值往往会远超过电源电压峰值，如图 6.15 所示。这样高的电压很可能对用电设备，特别是电子设备造成破坏。因此，要进行尖峰电压测试，确定尖峰电压产生的可能性及大小，然后采取相应的措施。

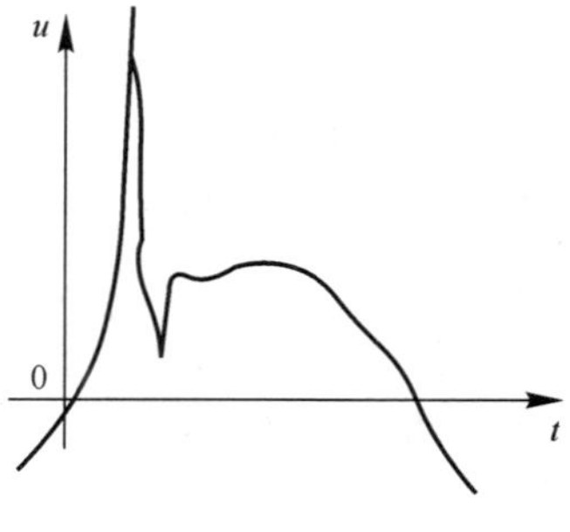

图 6.15 尖峰电压波形图

对于持续时间只是微秒级，幅值很高的尖峰电压测试，首要的是发现与捕获，至于测试准确度则要从技术经济指标诸方面综合考虑。目前较好的国产数字化瞬态记录仪和示波器的采样频率最高可达数百兆赫兹以上，其 A/D 转换器是 8 位或 10 位，可以满足尖峰电压的测试要求。

尖峰电压的出现具有随机性，而测试设备的存储器 RAM 容量是有限的。为了保证对尖峰电压波形的完整记录，常采用预设电平触发工作方式。在尖峰电压出现前，测试设备进行监测所记录的数据只在存储器中暂存而依次被周期性地刷新。一旦尖峰电压出现并达到预设电平后，存储器即将所记录的数据保留并将触发前一段时间所记录的数据也保留下来，这样即可保证对尖峰电压波形的完整记录。

6.4 阻抗的测量

阻抗的测量是一个很复杂的问题。阻抗的大小、性质、工作频率、使用场合以及测量准确度要求的不同，测量方法大不一样。在电气测试中，阻抗元件一般工作在直流或不太高的频率下，但阻抗元件也并非纯理想元件，每个元件与测量线路也都可能或多或少地伴有寄生电容和损耗存在，其等效电路是相当复杂的。有些元件的阻抗常是非线性的，或者是可变的，这就给测量增加了困难。

阻抗的测量除采用电气指示仪表测量外，还经常采用伏安法、电桥法。

一、伏安法

从欧姆定律可知，一个电阻 R 上施加一恒定电压 U，可以根据所通过电流 I 的大小得到 R 的数值($R=U/I$)。也可以给电阻 R 通一恒定电流 I，而根据其两端电压 U 的大小得到 R 的数值($R=U/I$)。这是一种最简单的方法，关键在于电路的设计要注意减小测量误差，施加的电流或电压的大小以不致改变电阻的热状态为限，测量的持续时间应该是越短越好。

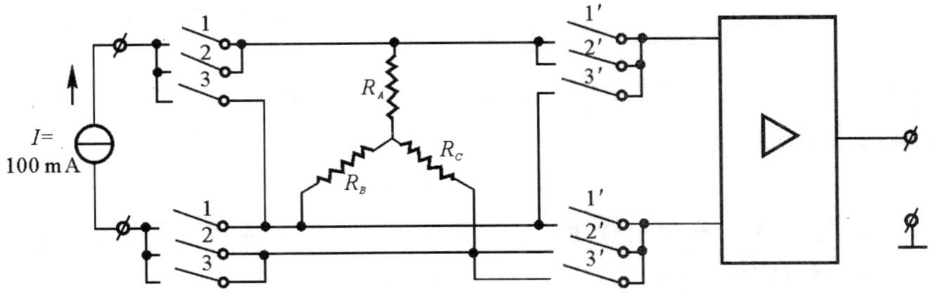

图 6.16 电机绕组电阻的一种测量电路

在自动化测量中，特别是小电阻的测量中，多数采用在被测电阻上施加一恒定电流的方法，图 6.16 是这种方法的一个应用实例。图 6.16 是电机绕组的冷态和热态电阻的带电自动测量方法之一。计算机控制 3 个继电器 J_1，J_2，J_3，轮流接通恒流源(100 mA)，分别测量绕组 $A-B$，$B-C$，$C-A$ 的电压降，然后计算出各绕组的阻值。

需要注意两个问题：一是各触点的接触电阻(变化的)不会给测量电路带来误差。在信号取出电路，因为程控放大器的输入阻抗很高，触点电阻相对很小，所以不会引起误差，测量准确度主要取决于恒流源的准确度。二是对于 kW 级的电机来说，100 mA 只相当于电机额定电流的几十分之一,不会改变电机的热状态。

电感,电容的伏安测量法与此类似,但较复杂。

二、电桥法

在频率较低的情况下,应用电桥法可以比较精确地测量电阻、电容和电感的数值,但是需要采用多种精密可调的阻抗元件。

电桥的类型很多,其主要分类有两种:① 根据供电电源的不同,有交流电桥和直流电桥之分,直流电桥测量电阻;交流电桥测量电感和电容。② 根据电桥的输出状态不同,有平衡电桥和不平衡电桥之分,平衡电桥测量固定不变的阻抗;不平衡电桥用来测量连续变化的阻抗。

图 6.17 为四臂交流电桥,电桥的平衡条件为

$$Z_2 Z_3 = Z_1 Z_4 \tag{6.21}$$

或

$$\frac{Z_2}{Z_1} = \frac{Z_4}{Z_3}$$

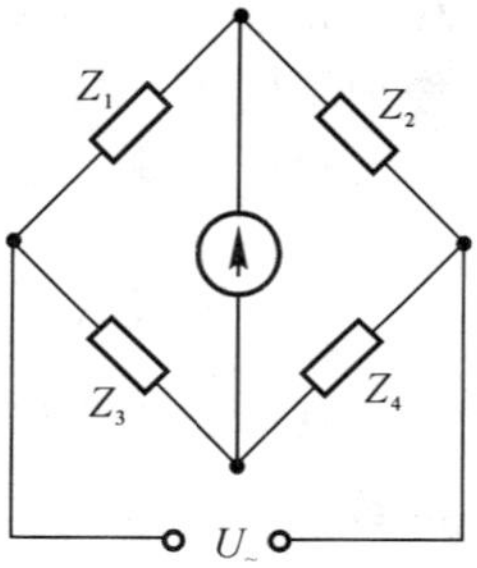

图 6.17　四臂交流电桥

如果把阻抗的实部虚部分开写,可得

$$\begin{cases} |Z_2||Z_3| = |Z_1||Z_4| \\ \varphi_2 + \varphi_3 = \varphi_1 + \varphi_4 \end{cases}$$

或

$$\begin{cases} R_2 R_3 - X_2 X_3 = R_1 R_4 - X_1 X_4 \\ X_2 R_3 + R_2 X_3 = R_1 X_4 + X_1 R_4 \end{cases}$$

所以,要使交流电桥达到平衡,至少要有 2 个元件能够调节。

只有四臂均为电阻,上式才可简化为

$$R_2 R_3 = R_1 R_4$$

的条件下,才有可能只调节一个元件使电桥达到平衡,这是一种特殊情况。由于每个桥臂的阻抗组合不同,可得到不同的电桥,也就有不同的平衡条件。

不平衡电桥的准确度虽然相对来说低一些,但是在非电量电测中却经常得到应用。

三、虚实部分离法测量阻抗

由于微电子技术的发展,当前虚实部分离法测量阻抗的方法得到了广泛应用,而且特别适合于大批量元件的自动化测量。

图 6.18 是这种方法的原理框图。图中 $Z_x = R_x + jX_x$ 为待测阻抗,E_s 为电源电压,R_s 为已知电阻,$R_s \gg |Z_x|$。运算放大器增益为 K,其输出电压 E_0 与电源电压 E_s,均加到相敏整流器 1(鉴相 1) 上,它们的瞬时值分别为

$$e_s = E_{smax} \sin\omega t \tag{6.22}$$

$$e_0 = K\frac{R_x + jX_x}{R_s + R_x + jX_x}e_s \tag{6.23}$$

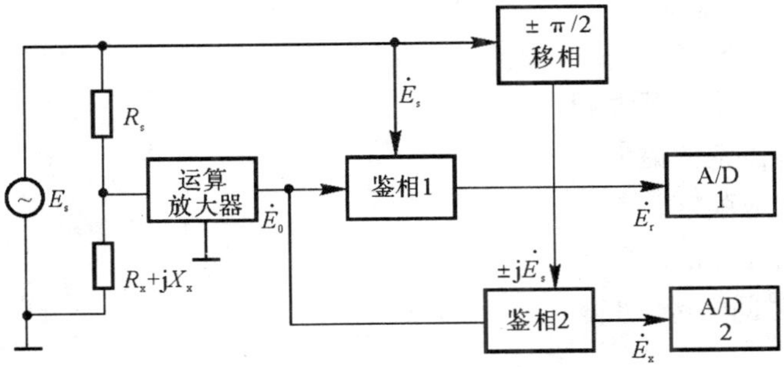

图 6.18　虚实部分离法测阻抗原理框图

因为 $R_s \gg |Z_x|$，所以式(6.23)可写成

$$e_0 = \frac{KR_x}{R_s}e_s + j\frac{KX_x}{R_s}e_s = Ae_s + jBe_s \tag{6.24}$$

其中

$$A = \frac{KR_x}{R_s}\quad（正比于 R_x）$$

$$B = \frac{KX_x}{R_s}\quad（正比于 X_x）$$

这样

$$e_s = AE_{smax}\sin\omega t + jBE_{smax}\sin\omega t = AE_{smax}\sin\omega t + BE_{smax}\sin\left(\omega t \pm \frac{\pi}{2}\right)$$

所以，相敏整流器 1 输出的直流电压经滤波为

$$E_r = \frac{1}{2}AE^2_{smax}$$

即正比于待测阻抗的实部 R_x。

同理，因为相敏整流器 2 的输入为 e_0 和 e'_s（e_s 移相$\frac{\pi}{2}$），所以其输出直流电压经滤波为 $\frac{1}{2}BE^2_{smax}$，即正比于待测阻抗的虚部 X_x。

6.5　磁参数的测试

本节着重分析几种常用的磁参数测量方法的原理，然后论述永磁材料的磁特性测试原理和试样交流磁特性的测试方法。

一、探测线圈测磁法

探测线圈是电气系统磁场测试中最常用的磁敏探头。其原理是：将一个合适的空心线圈放在被测磁场中，当磁感应强度变化时，线圈中就产生瞬时感应电势：

$$e = \frac{-\mathrm{d}\psi}{\mathrm{d}t} = NS\frac{-\mathrm{d}B}{\mathrm{d}t} \tag{6.25}$$

式中　N —— 线圈的匝数；

S —— 线圈的平均截面积；

ψ —— 线圈匝链的磁链；

B —— 磁感应强度；

t —— 磁场变化的时间。

将式(6.25)对时间积分，可得

$$\int_{t_0}^{t_1} e\mathrm{d}t = -NS\Delta B$$

所以

$$\Delta B = -\frac{1}{NS}\int_{t_0}^{t_1} e\mathrm{d}t$$

可见，如能测出线圈感应电势对时间的积分值，便可得到 $t_0 - t_1$ 时间间隔内，探测线圈所处位置的磁感应强度变化的比值 ΔB，探测线圈既可用于测恒定磁场，又可用于测交变磁场。

当测量交变磁场时，根据式(6.25)由线圈的感应电势，可求得磁感应强度。设交变磁场的强度按正弦规律变化，即

$$B = B_m \sin\omega t \tag{6.26}$$

式中　B_m—— 磁感应强度幅值。

在均匀磁场中线圈感应电势有效值为

$$E = 4.44 fNSB_m \tag{6.27}$$

于是有

$$B_m = \frac{E}{4.44 fNS} \tag{6.28}$$

式中　f—— 交磁场的变化频率；

E—— 线圈感应电势有效值。

若磁感应强度为非正弦周期函数时，可将式(6.27)写成

$$E = 4K_\mathrm{f} fNSB_m$$

式中　K_f—— 波形因数。

一般情况下，K_f 是不知道的，所以在实际应用中，大多采用整流式电压表测量感应电势的平均值 E_p，此时 B_m 与 K_f 无关，即

$$B_m = \frac{E_\mathrm{p}}{4fNS}$$

由上所述可见，探测线圈测磁法的原理比较简单，使用它测量磁场时需与反映感应电势积

分值的仪表或设备相连。为提高准确度，探测线圈在应用中需注意以下实际问题。

（1）对于一个已绕制好的线圈来说，N 和 S 是已知的，一般用比例常数 K 表示：

$$K=\frac{1}{NS}\quad \text{或}\quad K=\frac{1}{4K_f NS}$$

通常值由高准确度的仪表或专门的装置来测定，也可以采用分析法确定。

分析法主要分析线圈的平均截面积 S，为此设线圈的内圆半径为 r_1，外圆半径为 r_2，高为 h，如图 6.19 所示。半径 r 处线圈所包围的磁通 $\Phi=\pi r^2 B$，在厚度为 $\mathrm{d}r$ 的圆柱层中线圈匝数为 $\mathrm{d}N=\dfrac{N}{r_2-r_1}\mathrm{d}r$。则其磁链为 $\mathrm{d}\psi=\Phi\mathrm{d}N=\dfrac{\pi r^2 BN}{r_2-r_1}\mathrm{d}r$，由 r_1 到 r_2 的磁链为

$$\psi=\int_{r_1}^{r_2}\mathrm{d}\psi=\frac{\pi NB}{3(r_2-r_1)}(r_2^3-r_1^3)=NB\,\frac{\pi}{3}(r_2^2+r_1r_2+r_1^2)$$

由此可得探测线圈的平均截面积为

$$S=\frac{\pi}{3}(r_2^2+r_1r_2+r_1^2)$$

（2）应用探测线圈测得的磁感应强度，实际上是探测线圈以内的平均值，当用它测定空间磁场的分布时，线圈的尺寸应小于被测磁场的均匀范围。

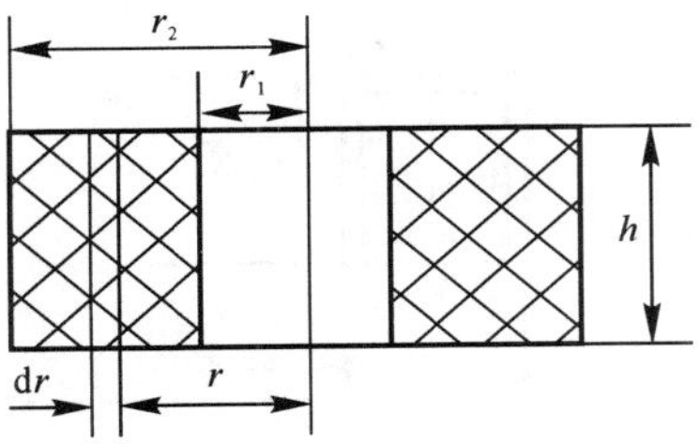

图 6.19　探测线圈平均截面分析

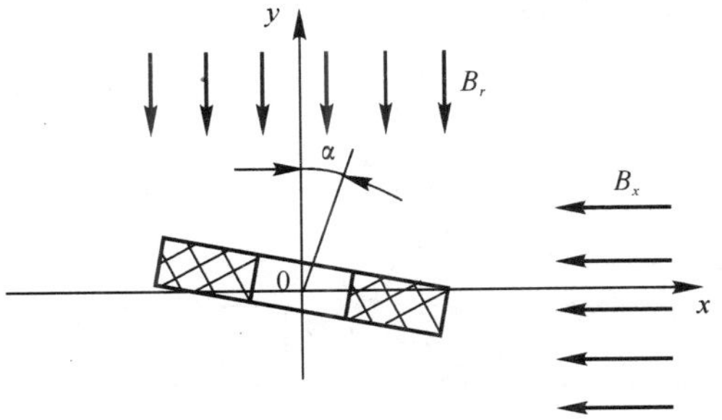

图 6.20　探测线圈安装误差角

（3）布置探测线圈时，必须使线圈的轴线与磁场的轴线一致，否则会造成测量误差。但是在实际安装中，线圈轴线与磁场轴线总存在一定的安装误差角 α，如图 6.20 所示。此时可将线圈中的感应电势分解为 B_x 产生的分量 E_x 和 B_y 产生的分量 E_y。设 B_x 和 B_y 都按正弦规律变化，且初相位相同，即

$$B_x=B_{xm}\sin\omega t,\quad B_y=B_{ym}\sin\omega t$$

于是

$$E_x=4.44fNSB_{xm}\sin\alpha,\quad E_y=4.44fNSB_{ym}\cos\alpha$$

线圈中的合成电势为

$$E=E_x\pm E_y=E_y\left(1\pm\frac{B_{xm}}{B_{ym}}\tan\alpha\right)$$

此式表明，由于存在安装误差角 α，感应电势出现幅值相对误差 $\frac{\Delta E_y}{E_y}=\frac{B_{xm}}{B_{ym}}\tan\alpha$。若 $B_{xm}=B_{ym}$，当 α 存在 3° 的偏差时，造成的幅值相对误差可达5%，可见，在测量准确度要求较高的情况下，不可忽视安装误差的影响。

(4) 当安装探测线圈时，应使其与被测系统的机壳、铁芯有可靠的绝缘。每个线圈的引线应有良好的绝缘，并应将两根引线绞合在一起，以免外磁场在引线中感应附加电势引起误差。

二、磁通计测磁法

磁通计是一种测量恒定磁场磁通量的仪表，使用时需加探测线圈作为它的传感器，按照磁通计的原理结构不同，有磁电式和数字式之分。

1. 磁电式磁通计原理

图6.21是磁电式磁通计原理示意图，它由永磁机构、可动线圈、悬丝及指针等基本部分组成。它的特点是采用扭力系数非常小的悬丝悬挂可动线圈。可动线圈在永久磁铁的磁场中偏转，同时带动指针产生偏转角。

由于可动线圈转动时，悬丝恢复力矩极微，可近似为零。因此指针可在任意位置静止，而后以极慢的速度返回。为使读数方便起见，有的磁通计装有使指针返回零点的附加装置。

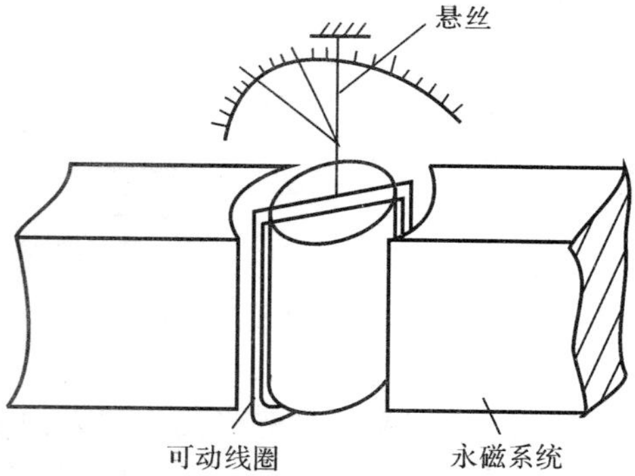

图6.21 磁电式磁通计原理示意图

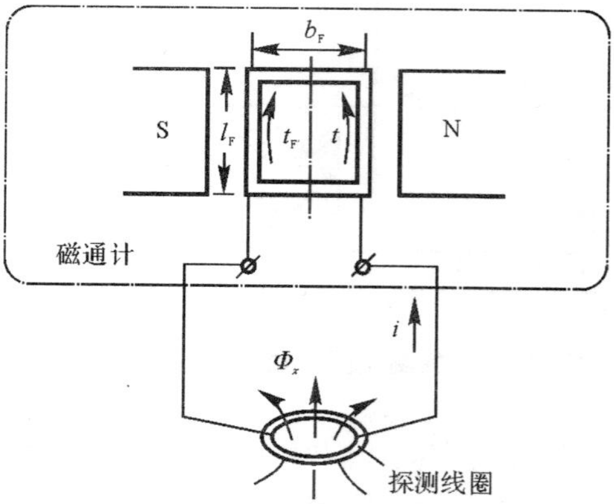

图6.22 磁通计测磁原理图

图6.22为磁通计测量磁通时与探测线圈连接的电路图。当探测线圈中的磁通发生变化时，便在线圈中产生感应电势 e_x，使探测线圈和可动线圈所构成的回路中产生电流 i，该电流致使可动线圈受到电磁力作用发生偏转。与此同时，可动线圈在永久磁铁的磁场中运动又产生感应电势 e_F，并引起电流 i_F。由于电流 i_F 与上述电流 i 的方向相反，因此产生阻止可动线圈转动的反作用力。当作用力矩和反作用力矩达到平衡时，可动线圈已转过的偏转角 $\Delta\alpha$ 和被测磁通变化量 $\Delta\Phi_x$ 成正比，由 $\Delta\alpha$ 可得 $\Delta\Phi_x$。对此关系可分析证明如下：设磁通计可动线圈匝数为 N_F，

每边有效长度为 l_F，宽度为 b_F，磁通计工作气隙中的磁感应强度为 B_F，可动线圈偏转的角位移为 α，探测线圈和可动线圈闭合回路中总电阻为 R，电感为 L。在此回路中，电压平衡方程为

$$e_x + e_F = L\left(\frac{di}{dt}\right) + Ri \tag{6.29}$$

式中

$$e_x = -N\frac{d\Phi_x}{dt}$$

$$e_F = N_F 2l_F \frac{b_F}{2} B_F \frac{d\alpha}{dt} = K_F \frac{d\alpha}{dt}$$

式中　K_F —— 结构常数，$K_F = N_F l_F b_F B_F$。

由式(6.29)可得

$$i = \frac{-N\frac{d\Phi_x}{dt} - L\frac{di}{dt} + K_F\frac{d\alpha}{dt}}{R}$$

由格拉索特(Grassot)方程可求解可动线圈的偏转角 α。

$$J\frac{d\alpha^2}{dt^2} + \rho\frac{d\alpha}{dt} + H\alpha = T$$

式中　J —— 可动线圈的转动惯量；

ρ —— 阻尼系数；

H —— 悬丝的恢复转矩；

T —— 电流与工作气隙，作用产生的转矩。

由于悬丝的恢复转矩极微，空气的阻尼可忽略不计，即 $\rho = 0, H = 0$，于是有

$$J\frac{d^2\alpha}{dt^2} = T$$

式中

$$T = N_F \Phi_F i = N_F l_F b_F B_F i$$

由此得

$$J\frac{d^2\alpha}{dt^2} = \frac{N_F l_F b_F B_F}{R}\left(-N\frac{d\Phi_x}{dt} - L\frac{di}{dt} + N_F l_F b_F B_F\frac{d\alpha}{dt}\right)$$

将上式对时间积分得

$$J\frac{d\alpha}{dt}\Bigg|_0^\tau = \frac{N_F l_F b_F B_F}{R}\left(-N\int_{\Phi_0}^{\Phi_x} d\Phi_x - L\int_0^i di + N_F l_F b_F B_F\int_0^\alpha d\alpha\right)$$

由于在磁通计线圈开始转动之前和转动过程结束之后，角速度 $\frac{d\alpha}{dt} = 0$，因此上式等号左边等于零。又因为磁通计回路中的电流在运动过程的开始和终了都等于零，故有 $L\int_0^i di = 0$。于是得到

$$N\Delta\Phi_x = N_F l_F b_F B_F \Delta\alpha$$

$$\Delta\Phi_x = \frac{N_F l_F b_F B_F}{N}\Delta\alpha$$

在上述证明推导过程中，认为磁通计的电阻很小，电磁转矩只使可动线圈产生角加速度，空气的阻力极小，可忽略不计。实际上，在一定程度上它还是与测量回路的电阻有关。如果测量回路的电阻很大，电磁转矩就会明显地减小，空气的阻力作用也就不可忽略，这样会使 $\Delta\Phi_x$ 与 $\Delta\alpha$ 不是线性关系。因此只有测量回路的电阻很小时，才能使 $\Delta\Phi_x/\Delta\alpha$ 为常数。为此，有些磁通计为了限制外接探测线圈的允许电阻值，标出了额定外接电阻值的数据，一般电阻值上限为 20 ～ 40 Ω。应用磁通计测量磁通量比较大的磁场时，采用减少探测线圈的匝数及附加分流器的办法，扩大磁通计的量程。图 6.23(a) 是分流器的接线图。设探测线圈的感应电势为 e_x，电阻为 R，分流器电阻为 R_s，图 6.23(b) 为等效电路，根据戴维南定理，此时等值电势为原来的 $\dfrac{R_s}{R+R_s}$ 倍，因此磁通计的读数乘以 $\dfrac{R+R_s}{R_s}$ 倍，才是实际的磁通量。

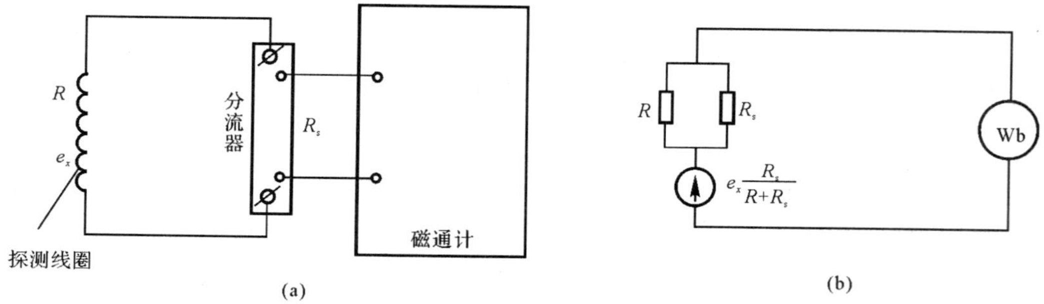

图 6.23　磁通计加分流器及其等效电路

根据磁通计的测量原理，探测线圈中必须有磁通量变化才能使指针偏转。通常在测量过程中采用以下两种方式获得变化的磁通量：

(1) 探测线圈安装好后，迅速改变磁场的方向或大小。例如，将激磁电流切断或接通，以改变磁场大小；改变激磁电流方向，以改变直流磁场的方向。

(2) 磁场不变，迅速改变探测线圈和磁场的相对位置。如将探测线圈迅速离开磁场，或将探测线圈平面由垂直于磁场轴的姿态变换成平行的姿态。或者将探测线圈绕磁场轴转 180°，使线圈内的磁通由 $+\Phi_x$ 变到 $-\Phi_x$，则 $\Delta\Phi_x = 2\Phi_x$。

2. 数字式磁通计原理

图 6.24 是一种数字式磁通计原理图。它由探测线圈、电压-频率($U-F$) 变换器、积分器和计数显示器组成。若探测线圈中有 $\Delta\Phi_x$ 的磁通变化，产生的感应电势为 e_x，则有

$$\Delta\Phi_x = \frac{1}{N}\int_0^\tau e_x \mathrm{d}t \tag{6.30}$$

为获得 $\int_0^\tau e_x \mathrm{d}t$，将 e_x 经电压-频率变换器使 $e_x = Kf$，把对电压的积分变换成对数字脉冲频率的积分，即

$$\int_0^\tau e_x \mathrm{d}t = K\int_0^\tau f \mathrm{d}t$$

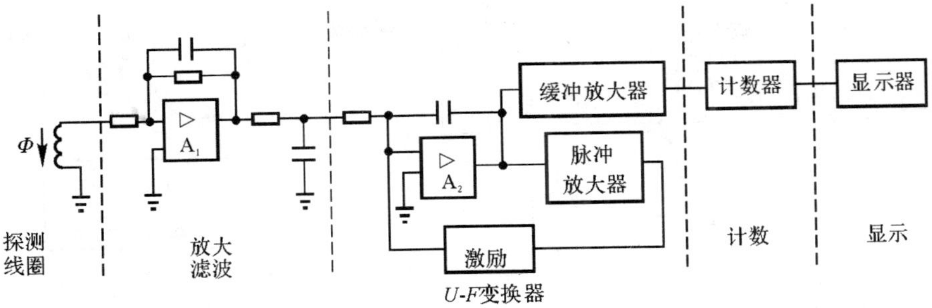

图 6.24　电压-频率变换数字式磁通计原理图

频率 f 是单位时间内的脉冲变化数 m，即 $f = \frac{\mathrm{d}m}{\mathrm{d}t}$。故得

$$\int_0^\tau f \mathrm{d}t = \int_0^\tau \frac{\mathrm{d}m}{\mathrm{d}t}\mathrm{d}t = \int_0^\tau \mathrm{d}m = \Delta m$$

代入式(6.30) 可得

$$\Delta\Phi_x = \frac{1}{N}\int_0^\tau e_x \mathrm{d}t = \frac{K}{N}\Delta m$$

式中　Δm —— 在时间 $0 \sim \tau$ 内的脉冲数；

K —— 电压-频率变换系数；

N —— 探测线圈的匝数。

最后经过 Δm 计数，由显示部分直接显示磁通变化量的数值。显然，这种数字式仪表比磁电式磁通计结构简单、准确度高。一般测量准确度达到 $\pm 10^{-3} \sim \pm 10^{-4}$ 数量级。

这种数字式磁通计只能用来测量静态磁场，可作连续测量，或作不连续测量。在上述分析中，$\Delta\Phi_x$ 可以是两个稳态之间的磁通差值，也可以是连续变化过程中任意两个测量点之间的差值。

3. 电子积分器磁性自动测量仪

利用电子积分器对探测线圈的感应电势 e_x 进行积分运算，以实现磁场测量的方法得到了广泛应用，为提高积分精度，常采用运算放大器作积分运算。图 6.25 是电子积分器原理线路图。

把放大器的输入端与探测线圈相连接，运算放大器输出电压便是积分值$\left(\frac{-1}{RC}\right)\int e\mathrm{d}t$，由此可求得被测磁通或磁感应强度。如果运算放大器的开环放大倍数为 K_0，积分运算的相对误差大约是简单 RC 电路的 $1/K_0$，犹如 RC 时间常数增大了 K_0 倍。由于运算放大器的 K_0 极大，误差被显著地减小了，因而它还可以用于变化过程缓慢的磁性测量系统中。

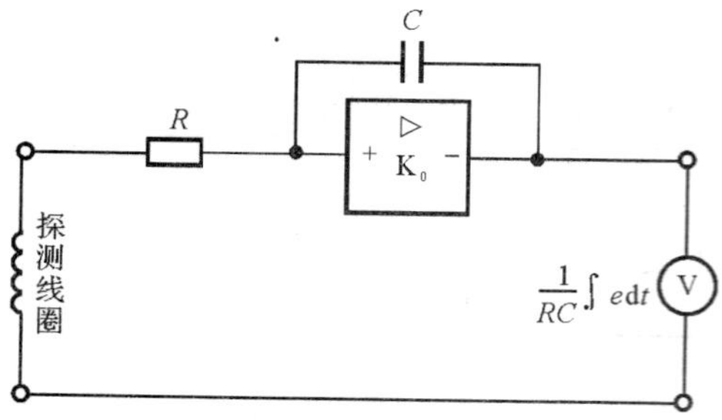

图 6.25　积分运算放大器的测磁线路

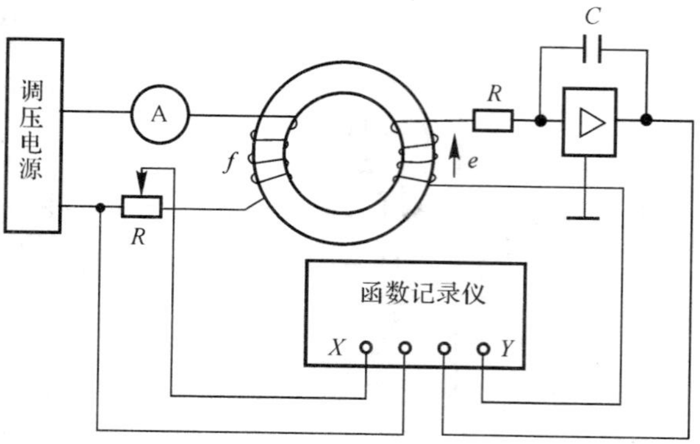

图 6.26　磁化曲线测试电路

如果将运算放大器构成的积分器与函数记录仪配合使用，还可实现磁化曲线的自动测量。其原理电路如图 6.26 所示。其中圆环是试样，通过调节电源电压以改变磁化线圈 N_1 中流过的电流，于是试样中的磁通也随之改变，探测线圈中就产生了感应电势 e，将它通过积分器后得到输出电压 $u_y=\left(\frac{1}{RC}\right)\times\int edt$，将 u_y 与正比于磁化电流的信号电压 u_x 分别接到记录仪的 Y 输入端和 X 输入端。当缓慢调节磁化电流时，即可由函数记录仪绘出磁性材料试样的起始磁化曲线或静态磁滞回线。现在国内已生产这种应用电子积分器的静态磁性自动测量仪。

三、霍尔元件测磁法

霍尔元件是一种半导体器件，把它放在磁场中并输入控制电流后，会产生霍尔电势 U_H。霍尔电势的大小分别与控制电流 I_C 及垂直于控制电流方向的磁感应强度 B 成正比，即

$$U_H = K_H I_C B$$

物理学中把这种现象称为霍尔效应。关于霍尔元件的详细论述见传感器部分。

利用霍尔元件测磁的原理非常简单，把霍尔元件作为传感器放在被测磁场中，使其输入控制电流 I_c，并保持电流为常值，此时霍尔电势与磁感应强度成正比。测量霍尔电势大小即可反映磁场的变化。

应用霍尔元件既可以测直流磁场，也可以测交流磁场。测量直流磁场时，往往采用交流电源产生控制电流，这样获得同频率的交流电势。由于交流电压易于放大，因此采用交流供电可以得到较高的测量准确度。测量交变磁场时，采用直流控制电流，则可得到与交变磁场相同变化规律的交变霍尔电势。

目前应用霍尔元件测量磁场已相当普遍，国内有多种类型的霍尔效应高斯计，如 CT－3 型交直流高斯计、CST－1 数字式高斯计等。图 6.27 是 CT－3 型高斯计的原理图。

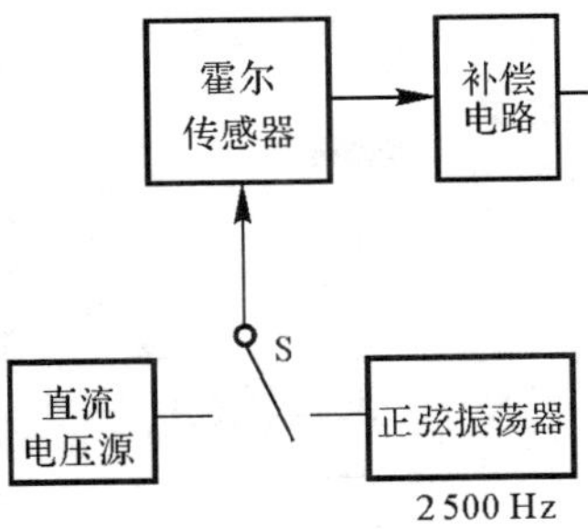

图 6.27　CT－3 型高斯计原理图

四、永磁材料磁特性的测试

永磁材料在电气工程上的应用是很广泛的。由于它的种类较多，各类材料性能的差异又很大，因此其磁特性的测试方法与测试设备也各不相同。

永磁材料的磁特性是通过测试磁滞回线的退磁曲线部分得到的，它们是：剩磁感应强度 B_r，矫顽力 H_C 及最大磁能积$(BH)_{max}$。

测试永磁材料的磁特性时，通常要使用强磁场磁导仪或用电磁铁与被测材料的试样构成闭合磁路。退磁曲线的磁感应强度 B 由绕在试样上的探测线圈测量，试样的内部磁场强度 H 可采用磁位计测量。

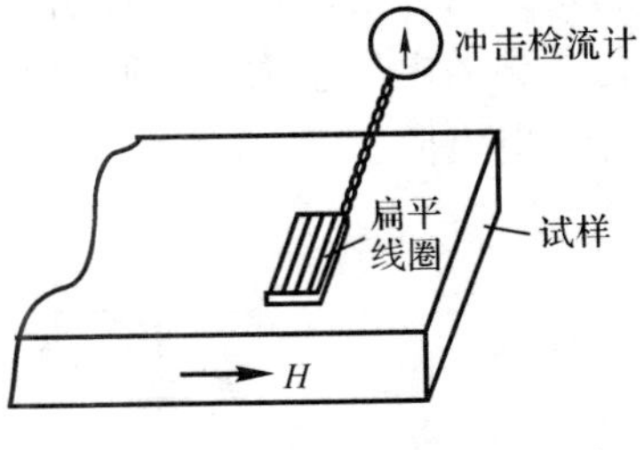

图 6.28　测量磁场强度的磁位计

所谓磁位计就是放在试样表面的一扁平线圈，如图 6.28 所示。根据有限介质中磁场的边界条件，试样表面磁场的切线分量与内磁场相等。当试样均匀磁化后，将扁平线圈紧贴试样表面，然后突然改变试样里的磁场强度，测量此时试样表面磁场强度的切线分量，就等于试样内的磁场强度，通常为了使扁平线圈里的磁场变化，可采用将试样里磁场强度突然改变方向的电流换向法，也可以采用把线圈从磁场中迅速取出的抛掷线圈法。图 6.29 是一种双轭磁导仪。它的两个磁化线圈分别安装在两组磁极上，磁极中各安装一个 T 型极头（用工业纯铁做成，两块磁轭用硅钢片制成）。被测试样的端面由 T 型极头紧紧夹住，尽可能做到没有任何气隙，否则，将有不小的一部分磁势降在气隙中，使被测磁钢不易饱和。

磁感应强度 B 的探测线圈绕在试样的中部，内部磁场强度的测量采用扁平线圈。测量永磁材料磁性能的磁化绕组采用匝数少而电流大的低压供电方式，以获得大的磁场强度。例如，双轭磁导仪的最大磁化电流为 12 A(110 V)，两极间距离为 20 mm 时，得到的磁场强度不小于 6×10^5 A/m；当极间距离为 50 mm 时，产生的磁场强度不小于 3×10^5 A/m，可以测量 H_C 在 120 kA/m 以下的永磁材料。

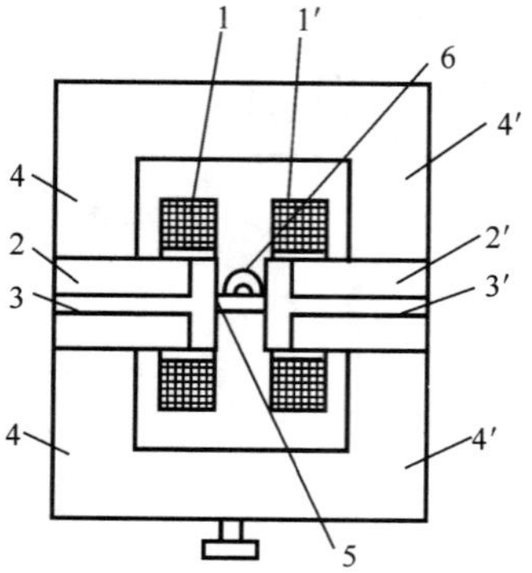

图 6.29 双轭磁导仪

1,1′—磁化线圈;2,2′—磁极;3,3′—T 型极头;
4,4′—磁轭;5—试样;6—磁位计

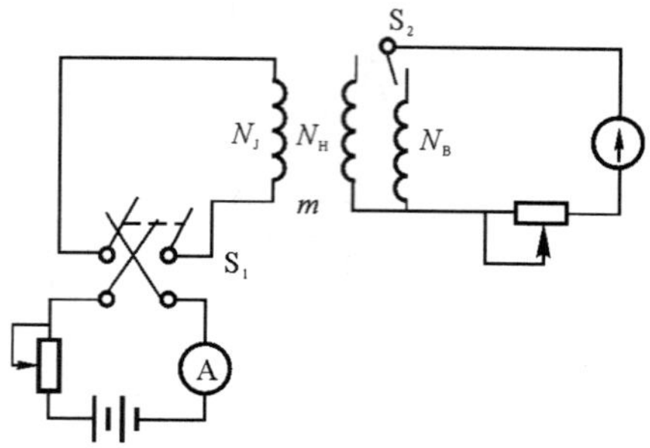

图 6.30 永磁材料冲击法测量原理电路

图 6.30 是永磁材料磁特性冲击法测量原理电路。图中 N_J 为磁化绕组,N_B 是磁感应强度探测线圈,N_H 是磁位计扁平线圈,G 是冲击检流计,S_2 是冲击检流计与 N_H 或 N_B 连接的转换开关,S_1 是突然改变磁化电流方向的转换开关。

测量永磁材料的退磁曲线和测定试样的磁滞回线一样,开始时必须使试样磁中性化,测量过程中应注意试样的磁状态与"磁性经历"有关,只要有一个步骤测试不正确,就必须从头开始。图 6.31 是一个实际的冲击法测量线路,它比图 6.30 所示原理电路复杂,其中 M 是互感器,它是为测冲击检流计的冲击常数而设的;磁化绕组的两端并联一个放电电阻 R_5,这是因为磁化线圈的电感很大,即使选用灭弧开关 S_1 作为转换开关使用仍有可能产生电弧,因此设置了此放电电阻。

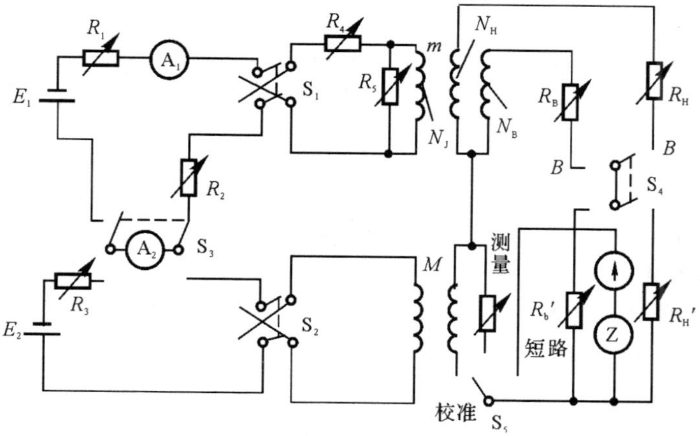

图 6.31 永磁材料的冲击法测量线路

永磁材料的测量有其特殊性，现将几个主要问题说明如下。

1. 磁感应强度 B 的测量

在磁感应强度探测线圈 N_B 与冲击检流计组成的闭合回路里，当磁化电流改变方向时，磁场方向也改变，从 $+H$ 到 $-H$，相应的磁感应强度从 $+B$ 到 $-B$，在坐标轴上 B 的变化量 $\Delta B = 2B$，这时磁通的变化量为

$$\Delta\Phi = \Delta BSN_B = 2BSN_B$$

由检流计的关系式有

$$2BSN_B = C_{\Phi B}\alpha$$

所以

$$B = \frac{C_{\Phi B}\alpha}{2SN_B}$$

式中　α —— 冲击检流计的偏转角度；

$C_{\Phi B}$ —— B 测量回路冲击常数；

S —— 控测线圈 N_B 所包围的平均面积。

退磁曲线上的各点 B 值的测量，应以 A 点（B_m, H_m）为参考点，如图 6.32 所示。在 A 点状态时，使磁化电流骤然减小到零，读取冲击检流计的偏转角 $\Delta\alpha_r$，求得相应的磁感应强度变化量为 $\Delta B_r = \dfrac{C_{\Phi B}\Delta\alpha_r}{SN_B}$ 退磁曲线上 B_r 点的值为

$$B_r = B_m - \Delta B_r$$

当测取 B_1 点值时，仍然应将磁状态调整到 A 点，经反复"磁锻炼"后，使磁化电流突变到 H_1 对应的值 I_1，读取检流偏转角 $\Delta\alpha_1$，按 $\Delta B_1 = \dfrac{C_{\Phi\alpha}\Delta\alpha_1}{SN_B}$ 求 ΔB_1，按 $B_1 = B_m - \Delta B_1$ 得到 B_1 点值。按此方法逐点测定 B_2, B_3, B_4。

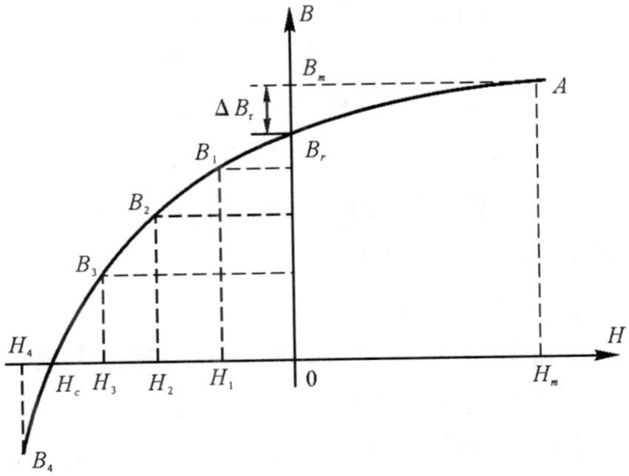

图 6.32　永磁材料的退磁曲线

值得注意的是，当进行 B_r 测量时，必须去掉磁导仪剩磁的影响，一般磁导仪或电磁铁的剩磁感应强度大约为 $(2 \sim 3) \times 10^{-3}$ T，因此测出的 B_r 总比实际值要高一些。为了准确测定 B_r，可以在换向开关从最大电流 I_m 断开时，立即在磁导仪磁化线圈中加入一个反向小电流，使它所产生的磁场在数值上恰好抵消剩余磁场。这个反向小电流的大小可用实验方法来确定：当磁化电流断开时，调节反向电流，直到 H 测量线圈抛出，冲击检流计不发生指针偏转为止，此时真正表明 $H = 0$，反向电流值产生的磁场与剩余磁场抵消。

2. 磁场强度 H 的测量

将专门制成的扁平线圈置于磁场中，且使线圈平面与磁场方向垂直。当磁化电流急剧变化或把扁平线圈从磁场中快速抽取出来时，扁平线圈中磁通发生变化而使冲击检流计产生偏转角 α，这个偏转角 α 正比于磁通的变化量，即

$$\Delta\Phi = C_{\Phi H}\alpha \tag{6.31}$$

当采用电流换向法测量磁场时

$$\Delta\Phi = 2SN_{H}\mu_0 H \tag{6.32}$$

当采用测量线圈从磁场中抛出来的方式时

$$\Delta\Phi = SN_{H}\mu_0 H \tag{6.33}$$

将式(6.32)、式(6.33)代入式(6.31)，得

$$C_{\Phi H}\alpha = 2SN_{H}\mu_0 H$$

或

$$C_{\Phi H}\alpha = SN_{H}\mu_0 H$$

由此可分别得到用两种方法所测出的 H

$$H = \frac{C_{\Phi H}\alpha}{2\mu_0(SN_H)}$$

或

$$H = \frac{C_{\Phi H}\alpha}{\mu_0(SN_H)}$$

式中 α —— 冲击电流计偏转角度；

$C_{\Phi H}$ —— H 测量回路冲击常数；

S —— H 探测线圈所包围的平均面积；

N_H —— H 探测线圈的匝数；

μ_0 —— 空气的磁导率。

当测量永磁材料退磁曲线时，首先必须调节磁化电流使磁场强度达到饱和值 H_m，一般约等于 H_c 的 5～7 倍。

3. 矫顽力 H_c 的测定

众所周知，B 为零时的反向磁场强度就是 H_c，当调节反向电流使 $B=0$ 时，N_B 回路的冲击电流计的偏转应恰好是最大偏转 α_m 的一半。这个反向电流所对应的磁场强度就是矫顽力 H_c。在实际测量中，要做到使冲击电流计的偏转正好是最大偏转的一半是很困难的，然而永磁材料的退磁曲线在横轴附近近似于直线，可以采用直线拟合法在 H_c 上下各取一点。例如，反向电流值为 $-I_3$ 和 $-I_4$，相应的磁场强度为 H_3 和 H_4（如图 6.32 所示），测得相应的冲击电流计偏转角 $\alpha_{B3} < \frac{\alpha_{Bm}}{2}$，$\alpha_{B4} > \frac{\alpha_{Bm}}{2}$。由测量退磁曲线方法得到相应的 α_{H_3} 和 α_{H_4}，通过下式可计算 H_c，即

$$H_c = \frac{C_{\Phi H}}{(SN)_H}\left[\alpha_{H_3} + \frac{\frac{\alpha_{Bm}}{2} - \alpha_{B3}}{\alpha_{B4} - \alpha_{B3}}(\alpha_{H4} - \alpha_{H3})\right]$$

4. 最大磁能积$(BH)_{max}$的测量

通常采用冲击测量法测出永磁材料的退磁曲线，然后用作图法求取最大磁能积。如图6.33所示。作图方法是由点B_r作H轴的平行线，过点H_c作B轴的平行线，得交点P，连接O，P两点得直线OP，OP线与退磁曲线交于点D，点D的坐标为(B_D, H_D)，B_DH_D乘积即为最大磁能积：$(BH)_{max}=B_DH_D$。

一般情况下，B_DH_D比真正的$(BH)_{max}$值略微偏大一点，但两者很接近。

在测出B_r，H_c和饱和磁感应强度B_s的条件下，由退磁曲线方程可以推导出计算$(BH)_{max}$曲线的解析式：

$$(BH)_{max}=B_rH_c(2R^3+R)$$

式中　R——相对饱和磁感应强度，$R=\frac{B_s}{B_r}$。

实验表明，这个公式对于R值为$1\sim2$的永磁材料，计算结果与作图法所得的数值十分接近。

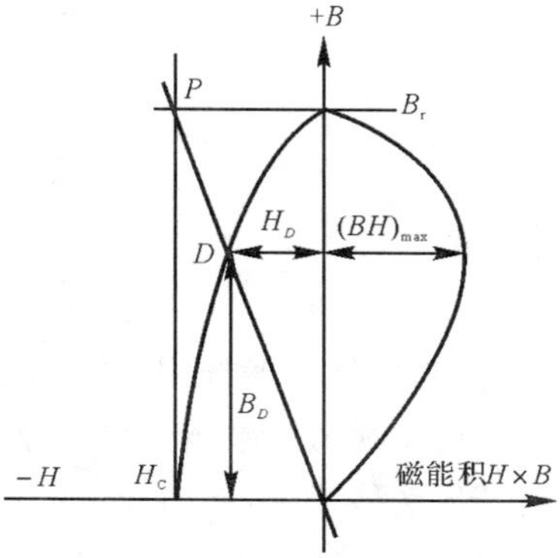

图 6.33　计算$(BH)_{max}$的作图法

五、交流磁特性的测试

磁性物质在交变磁场中所表现出来的磁特性称为交流磁特性，也称为动态磁特性。磁性材料在交变磁场中按一定的振幅和频率被周期地反复磁化，其磁状态沿着一个对称的磁滞回线变化，它反映了磁感应强度B和磁场强度H之间的瞬时变化关系，称之为动态磁滞回线。

动态磁滞回线可以用示波器直接显示其瞬时变化形状，也可以用相敏检波原理和采样原理间接测量B和H的瞬时值，实现自动测量和记录。

相敏检波原理就是利用两个信号之间的相位关系进行检波。当这两个信号频率相同时，检波之后的输出，在两信号相位相同时最大，在两信号相位差为$\pi/2$时为零，这样就相当于一个受移相器控制的，时而导通时而截止的开关。在交流磁滞回线测量中，最早是利用机械装置控制的整流器作相敏整流，它们的特点是设备简单、工作可靠、测量准确度在5%左右，最大缺点在于工作频率太低，只能在工频范围内使用，这是由于机械结构的惯性所限。

利用线性传输电子开关来实现半波控制整流，则可将工作频率提高到10 kHz。图6.34是由4个二极管组成的桥式电路。C_1和C_2是相敏控制端，U_i为输入电压，U_o为输出电压。C_1端加正方波控制信号，C_2端加负方波控制信号，它们由移相器提供，控制信号周期与输入交流电压相同，而且它的相位相对于输入电压可在$0\sim2\pi$间变化。当C_1端施加正半周方波时，4个二极管受到正向偏置而导通，输入信号可以通过桥路输出。当C_1端为负半周方波时，二极管受到反向偏置，输入信号不能通过，输出为零。这就实现了半周导通、半周截止的开关功能。

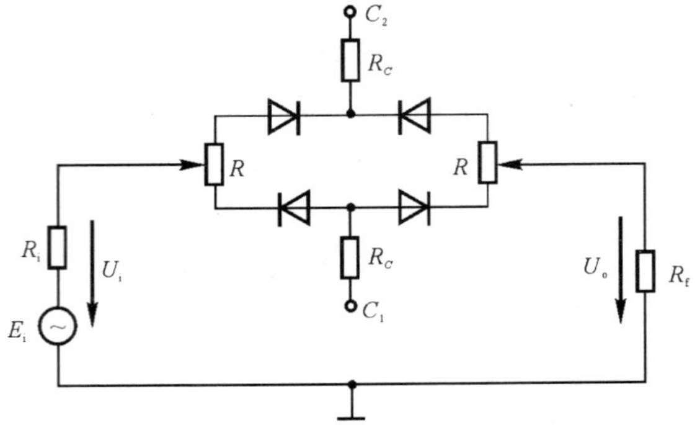

图 6.34　相敏检波电子开关电路

利用电子开关作相敏检波器的最大特点是在导通期间，输出波形是输入波形的真实形状。控制信号一般选用方波信号，而且方波的宽度应准确地等于输入信号的半周期。

应用相敏检波器来测量动态磁滞回线的原理电路如图 6.35 所示。图中 PCR 为相敏整流器，PS 是移相器，m 为被测磁性材料试样，e_2 为试样次级绕组的感应电势。如果 PCR 半周导通半周截止，则 e_2 在一周内的平均值为

$$(E_2)_{平均} = \frac{1}{T}\int_{t}^{t+\frac{T}{2}} e_2 \mathrm{d}t = \frac{N_2 S_2}{T}\left[B(t) - B\left(t + \frac{T}{2}\right)\right]$$

式中　N_2 —— 次级绕组匝数；

S_2 —— 次级绕组有效截面积；

$B(t)$ —— t 时刻磁感应强度；

$B\left(t+\frac{T}{2}\right)$ —— $\left(t+\frac{T}{2}\right)$时刻磁感应强度。

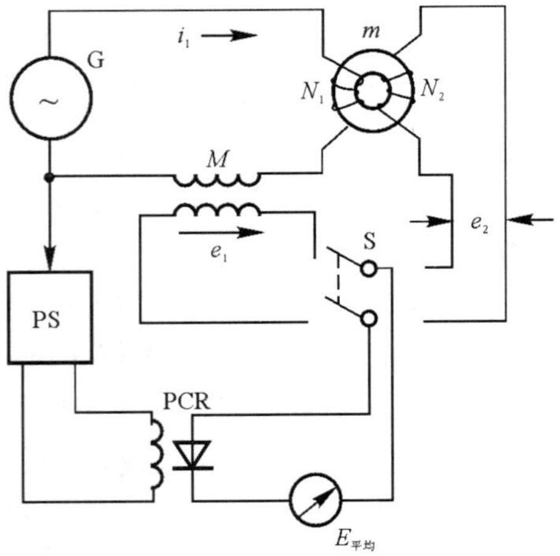

图 6.35　动态磁滞回线测试原理电路

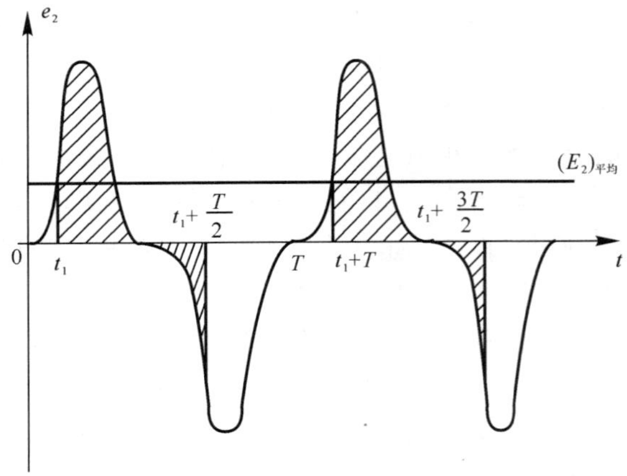

图 6.36　e_2 瞬时值波形图

假如磁通波形中不含偶次谐波，而且磁感应强度正负半波完全对称（如图 6.36 所示），即 $B(t)=-B\left(t+\frac{T}{2}\right)$，则

$$(E_2)_{平均}=\frac{2N_2S_2B(t)}{T}=2fN_2S_2B(t)$$

此式表明经相敏检波后的输出电压平均值正比于任意时刻的磁感应强度瞬时值 $B(t)$，于是可以通过测量 $(E_2)_{平均}$ 来获得 B 的瞬时值。

在磁化电路中，按照相同的分析，可以找到 H 瞬时值的对应量。设磁化电流瞬时值 $i(t)$ 在互感器 M 的次级产生的感应电势为

$$e_1=-M\frac{\mathrm{d}i(t)}{\mathrm{d}t}$$

则一周期的平均值为

$$(E_1)_{平均}=\frac{1}{T}\int_t^{t+\frac{T}{2}}\left(-M\frac{\mathrm{d}i(t)}{\mathrm{d}t}\right)\mathrm{d}t=-\frac{Ml_e}{N_1T}\int_t^{t+\frac{T}{2}}\frac{\mathrm{d}H}{\mathrm{d}t}\mathrm{d}t=\frac{-2Ml_e}{N_1T}H(t)$$

式中　N_1 —— 激磁绕组匝数；

l_e —— 环形试样平均有效长度；

M —— 互感器互感系数；

$H(t)$ —— t 时刻磁场强度。

可见，磁场强度的瞬时值可以通过测量 $(E_1)_{平均}$ 平均来获得。图 6.37 是用于动态磁滞回线测量的典型电路，改变移相器的相位，就可以改变控制方波信号与交流电源电压的相位，从而改变导通的起始时间。图中将磁感应强度通道的输出电压和磁场强度通道的输出电压分别接到 $X-Y$ 记录仪，它就可描绘出交流磁滞回线。

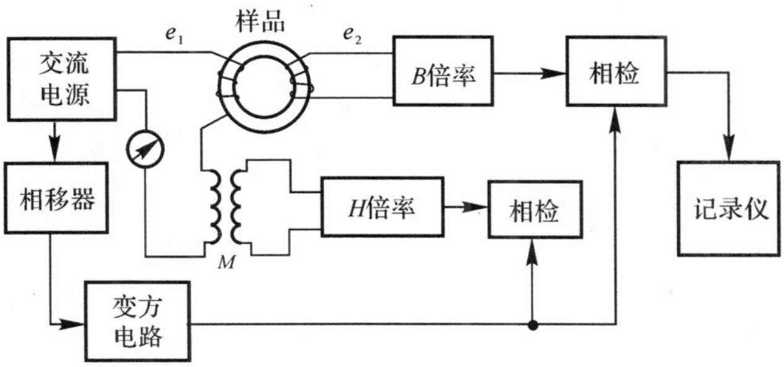

图 6.37　交流磁滞回线测量电路

相敏检波测试法的测量误差在 2% 以下，交变磁场频率变化的上限可达到 10 kHz。但不足之处是只能适用于 B 和 H 波形中不含偶次谐波的情况，即对于交直流叠加磁化的系统不适

用。除此之外，由于测量结果与信号频率有关，因此信号频率的稳定性和测量对计算 B 和 H 的结果有影响。

思考题与习题

6.1　在进行电参数测量时，波形参数的测量包含哪些参数？

6.2　在使用电压互感器和电流互感器进行电参数测量时，应该注意哪些问题？

6.3　采用探测线圈作为磁感应传感器在安装和绕制探测线圈时应注意哪些问题？为什么？

6.4　数字式高斯计测量直流磁参数时为什么要使用交流振荡器产生的控制信号？

6.5　在永磁材料磁特性测试中，为什么退磁曲线上各点 B 值的测定要从 A 点状态开始？

6.6　什么是相敏检波器？试分析图 6.36 所示电子开关是怎样工作的？

6.7　试简述测量电流参数时的主要几种方法。

6.8　简述计数法测频与测周期的基本原理，并说明在何种场合下应用这两种方法。

参考文献

[1]　周世昌. 磁性测量. 北京：电子工业出版社，1987.

[2]　李继凡. 精密电气测量. 北京：中国计量出版社，1988.

[3]　杨世钧. 航空测试技术. 北京：国防工业出版社，1985.

[4]　申忠如，郭福田，丁晖. 电气测量技术. 北京：科学出版社，2003.

[5]　李颂伦. 电气测试技术. 西安：西北工业大学出版社，1992.

[6]　赵兴民. 直流磁性的测量. 北京：机械工业出版社，1989.

第七章　主要非电参数的测量

7.1　概　　述

非电参数是相对于电参数而言的一类被测参数，它在种类和数量上远比电参数多而复杂。许多领域需测试非电参数，如机械参数（转速、转矩、压力等）、热学参数（温度等）、声学参数（噪声等）、光学参数等，可以用非电测法（机械法或光学法）测试，也可用电测法测试，但后者要比前者优越得多，所以非电参数的电气测试应用极广。

非电参数的电气测试法具有以下突出的优点：

(1) 将被测非电参数转换成电磁参数进行电气测试，可以充分发挥电气测试的各项优点；

(2) 输出的电信号可作长距离传输，利用远距离操作与自动控制；

(3) 既可作静态测试，也便于动态测试；

(4) 在检测微弱信号及瞬态过程测试方面是其他非电测试方法所无法比拟的；

(5) 由于可输出电信号易于和许多后续数据处理仪器或计算机联用，组成自动测试系统，对测试过程进行控制，对测试结果进行分析、运算及处理。

一个完整的非电参数电测系统如图 7.1 所示。按信息流程来划分，由信息的获得（传感器）、信息的调理以及信息的显示与处理三部分组成。它首先要获得被测参数的信息，把它变换成电参数，然后通过信息的调理，把获得的信息进行变换、放大，再用记录、显示仪将信息显示出来，有的还需把信息加以处理，也有的把这三部分分别称为一次仪表、二次仪表和三次仪表。这三部分的情况简要说明如下：

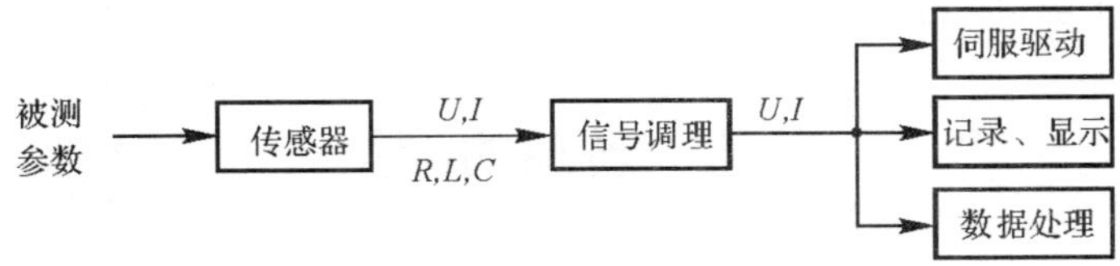

图 7.1　非电参数电测系统的组成

(1) 传感器。如第四章所述，传感器是一个把被测非电参数变换成电参数的装置，是一种获得信息的手段。在测试系统中，传感器占有重要的位置，它所获得的信息是否正确，关系到整个测试系统的准确度。如果传感器的误差很大，后面两部分的准确度再高，也将难以提高系统的准确度。传感器也称为变送器、发送器或换能器，现在测试设备中统一称之为传感器，而把输出标准信号的传感器称为变送器。在生物医学仪器、超声检测仪器中，习惯上还常称传感器为换能器。

(2) 信号调理电路(信号变换电路)。它由各种电桥、谐振电路、放大、调制、解调、滤波、阻抗变换、标度变换等电路构成。其作用是将传感器输出的电信号变换为：① 适于输入到记录、显示仪器的标准电压或电流信号；② 适于输入到伺服驱动机构进行记录、指示与控制的信号；③ 适于输入到数据处理仪(如数据分析仪、计算机)的信号。

(3) 记录、显示。测试的目的是使人们了解被测量的数值，所以必须有显示装置。显示的方式通常有三类：模拟显示、数字显示和图像显示(如光线示波器、X—Y 记录仪、磁带记录仪等)。

对于动态信号的测试，有时还必须对测得的信号数据加以分析和处理，例如，复杂的波形要进行频谱分析，有时还要进行运算。属于这方面的仪器如频谱分析仪、波形分析仪、实时信号分析仪、快速傅里叶变换仪，随着计算机、微处理器技术的飞速发展，所有这些仪器都可用计算机来完成，可根据需要选择不同等级的计算机和微处理器。

非电参数电测仪器的分类方法有两种：按被测参数分类(对使用对象比较明确)；按测量方法分类(对仪器的工作原理比较清楚)。但是在命名时，为了更加明确，习惯上常把两者结合起来命名，例如，光电式转速计、电阻应变转换仪等。

非电参数电测技术虽已得到广泛应用，但是随着现代科学技术的发展，对它提出了愈来愈高的要求，因此仍然在继续不断地向前发展。当前除不断提高性能、可靠性外，总的趋向是朝小型轻量化、测试放大一体化、无接触化方向发展。

近年来，由于计算机技术在测试领域中的广泛应用，使传统的测试系统正在产生较大变革：

(1) 采用微处理机使仪器智能化，把传统的测试仪器变成了智能仪器，从而扩展了功能，提高了准确度；

(2) 采用通用个人计算机组成个人仪器系统；

(3) 采用计算机组成自动测试系统。

7.2 转速的测量

转速是用单位时间内的转数表示的，通常采用 1 min 内的转数作为单位，符号为 r/min；角速度用 1 s 内转过的弧度作单位，符号为 rad/s。

测试转速的方法很多，根据其工作原理，可分为计数式、模拟式和同步式三大类。计数式方法是用某种方法读出一定时间内的总转数；模拟式方法是测出由瞬时转速引起的某种物理量(如离心力、电机的输出电压)的变化；同步式方法是利用已知频率的闪光与旋转体的旋转同步来测试转速。根据转速转换方式的不同，测试方法如表 7.1 所示。

一般转速的测试可用机械式转速表、发电机式转速表以及用日光灯频闪法测速，但这些方法不能满足进一步的要求。例如，对电机过渡过程的研究，需要测试瞬时转速；在微特电机的研究中还要研究转速的稳定度等。这就要求通过各种传感器将转速变换为电量，然后再用模拟或数字方式显示，有的还要用微型计算机进行控制、检测及运算。

表 7.1 转速测试方法分类

型式		测试方法	适用范围	特点	备注
计数式	机械式	通过齿轮转动数字轮	中、低速	简单、廉价	与秒表并用，也可在机构中加入计时仪
	光电式	利用来自被测旋转体上的光线，使光电管产生脉冲	中、高速	无扭矩损失，简单	数字式转速计
	电磁式	利用磁电转换器将转速变换成电脉冲	中、高速		数字式转速计
模拟式	机械式	利用离心力与转速平方成正比的关系	中、低速	简单	陀螺测速仪
	发电机式	利用电机直流或交流电压与转速成正比的关系	最高可测 10 000 r/min	可远距指示	测速发电机
	电容式	利用电容充放电回路产生与转速成正比的电流	中、高速	简单，可远距离指示	
同步式	机械式	转动带槽的圆盘，目测与旋转体同步的转速	中速	无扭矩损失	
	闪光式	利用已知频率闪光测出与旋转体同步的频率	中、高速	无扭矩损失	

一、电子计数式测速

数字式测速是发展十分迅速的一种测速方法，测试结果直接以数字显示，它有如下特点：

(1) 读数准确，消除了一般指针式仪表的刻度误差和视觉差。

(2) 测试范围宽、精度高、速度快、显示字迹清晰。

(3) 可进行瞬时转速的测试。一般瞬时角速度 $\omega=\lim\limits_{\Delta t\to 0}\dfrac{\Delta\theta}{\Delta t}=\dfrac{d\theta}{dt}$，当 $\Delta\theta$（或 Δt）取得极小时，常称 $\dfrac{\Delta\theta}{\Delta t}$ 为瞬时角速度。

由于转速与频率具有共同的量纲 $[T^{-1}]$，因此可以利用测频率或测周期的方法得到转速。采用电子计数式频率计，配以转速传感器即可构成电子计数式转速表。为提高测试的准确度，一般对高、中转速采用测频法，对于低转速采用测周法。

测频法是测量转速传感器所发出电信号频率的方法，即测量标准单位时间内电脉冲数。测周法是定角测时，即用时标填充的方法测相当于某一旋转角度的时间间隔，测周法可以在较短时间内获得较高的准确度和分辨率。这两类方法交替使用，相互补充，可以展宽测试范围，提高测试准确度。其原理及测试误差分析已在第六章讨论过，不再赘述。

1. 测频法（或称 M 法）测速

(1) 数字式电子转速表。数字式频率计的数字显示值与转速间的关系为

$$n=\frac{60N_1}{zt_1} \tag{7.1}$$

式中 N_1 —— 计数值；

n —— 每分钟转数(r/min)；

z —— 旋转体每转一周传感器发出的脉冲数；

t_1 —— 主闸门开启测定的时间(s)。

为便于直接读出转速值，须使 $N_1=n$，则应满足 $zt_1=60$ 的条件。当传感器每转发出的脉冲数为 60 及主闸门开启测定的标准时间为 1 s，则计数器计的脉冲数就是旋转体每分种的转数。可见，z 的数值最好是 60 或 60 的整倍数。

为了减小数字式仪器 ±1 个字的量化误差（即由于最小计数单位限制引起的误差）对测量准确度的影响，应使测量值远大于最小计数单位。对于数字式电子转速表来说，即要求计数值 N_1 较大。当测定时间 t_1 选定后（一般不应过长，以保证测量条件不变与迅速、及时地完成测量任务），只有所测转速 n 较高或旋转体每转一周传感器发出的脉冲数 z 较多，才能使 N_1 较大（而对于同样的 z，当 n 大时，测量值 N_1 会更大）。这说明 M 法适于测量较高的转速。

传感器每转输出的脉冲数越多，测定的时间越短，则所测的转速越接近瞬时速度。将每次测定时间 t_1 所测得的脉冲数存入小型计算机，根据两个相邻测定时向 $(t_1)_1$ 和 $(t_1)_2$（例如各为 2 ms）的脉冲数 N_1 及 N'_1，即可算出其角速度

$$\omega=\frac{2\pi(N_1+N'_1)}{2zt_1}$$

及角加速度

$$\alpha=2\pi\frac{(N'_1-N_1)}{zt_1^2}$$

式中 z —— 旋转体每转一周转速传感器发出的脉冲数；

ω,α —— 单位分别为 rad/s 及 rad/s^2。

(2) 闪光数字测速仪。闪光数字测速法的原理基于频闪效应。它的特点是利用频闪阴影直接测试转速，既不需要与被测物体接触，也不需要转速传感器。这种转速仪使用方便、量程宽、准确度高，近年来在国内外得到广泛应用。

转速与频闪闪光之间有如下关系：

$$n=\frac{k}{mz}n_0 \tag{7.2}$$

式中 n —— 转速；

n_0—— 每分钟闪光次数；

m—— 闪光频率超过转速的倍数；

z —— 旋转轴端面上的记号数；

k —— 在两次闪光的时间间隔内，转轴转过的整圈数(即转速超过闪频的倍数)。

如 n_0 固定不变，且令 $k = 1$ 及 $z = 1$，则

$$n = \frac{1}{m}n_0 \tag{7.3}$$

另一种情况为闪光频率可以均匀调节，当闪光频率调节到使轴端出现一块不动的阴影时，则式(7.3)中的 $m = 1$，故 $n = n_0$，这时每分种闪光次数等于转速。闪光数字测速仪就是根据这一原理设计的，其框图如图7.2所示。图中100 kHz晶体振荡器经四级十分频器及门控电路(二分频)后，得到0.1 s的测量时间信号，用来控制门电路的开闭。闪频振荡器产生的脉冲信号，一路经门电路到计数器计数，另一路经600分频后去触发闪光灯。调节闪频振荡器频率，使旋转体轴端的一个记号静止不动，此时转轴转速(r/s)值就等于闪光灯的闪光频率 f_o 之数值。而送至门电路计数的脉冲数为 $60f_0 \times 0.1 = 6f_0$，此值即为旋转体的转速(r/min)。

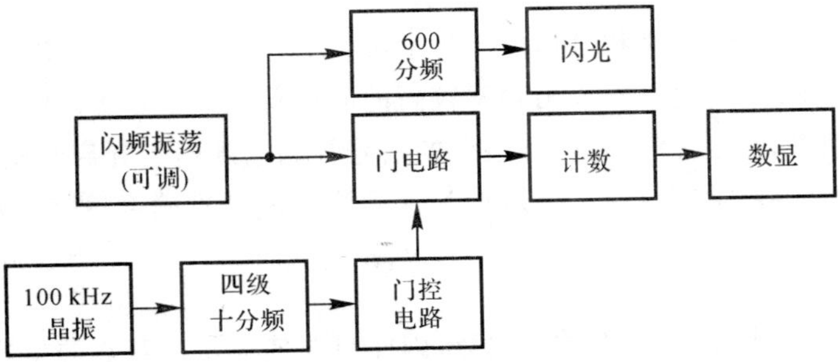

图 7.2　闪光数字测速仪框图

使用调频闪光测速仪时，要注意防止误读数。当转速为每分钟闪光次数的 k 倍($k = 2,3,\cdots$)时，轴端阴影仍是一个，与 $n = n_0$ 时完全相同。因此，使用时闪频振荡器的频率应从高逐步往下调节，直至第一次出现一个不动的阴影为止，此时的读数才是正确的转速值($n = n_0$)。

闪光数字测速法的主要误差来源有两个：一个是闪光频率的误差，另一个是由于频闪阴影移动所产生的误差。

实际测量时要使阴影完全停留不动是很困难的，常常发生向前或向后移动的现象，这说明转速与闪光频率未完全同步。如果移动方向与转轴转动的方向一致，则说明每闪一次光，转轴旋转比一圈稍多些(对轴端上一个记号而言)，因而产生正误差；如果移动方向相反，则产生负误差。

设阴影移动速度为 Δn_H，则式(7.2)应改为

$$n = \frac{k}{z}n_0 + \Delta n_H \tag{7.4}$$

设在轴端上有 z 个记号(等距分布在一个同心圆上)，频闪阴影移动历经两个记号点间弧度的时间为 t(s)，则阴影移动一圈的时间为 zt，从而有

$$\Delta n_H = \frac{60}{zt}$$

闪光频率的误差是由信号发生器所决定，因此，信号发生器输出信号的频率是否准确、可靠，直接影响着测试结果的准确、可靠。设闪光频率的准确度为 p，则测试结果的相对误差为

$$R = \sqrt{p^2 + \left(\frac{\Delta n_H}{n}\right)^2} \tag{7.5}$$

2. 测周法(或称 T 法)数字测速

设 t_2 为旋转体旋转一周所需要的时间，时标周期为 τ_0，计数器读数为 N_2，则被测周期为

$$t_2 = N_2\tau_0 \tag{7.6}$$

通常取 τ_0 为 10 的负整数幂次值，因此适当选择显示数值中小数点位置并和所选时标信号频率联动，即可直接用计数器示值表示被测周期。

当被测转速增高时，被测周期变短，仪表显示读数 N_2 变小，误差就增大，因而 T 法适于低速时采用。为了提高测试准确度，可采用频率较高的时标脉冲(即缩短 τ_0)，或将被测周期信号进行 m 分频，使周期被拉长 m 倍，即用倍乘后的信号控制主闸门的开启时间也同样得到倍乘，计数器读数也由 N_2 倍乘到 N'_2($N'_2 = mN_2$)，从而提高测量准确度。这时被测周期为

$$t_2 = \frac{N'_2\tau_0}{m} \tag{7.7}$$

通常周期倍乘数设计为 10 的整数幂次数，因此只要使显示小数点的位置和周期倍乘开关联动，仍可用计数器的示值直接表示被测周期值。

例如，设传感器每转发出的脉冲数为 z，则相应的转速 n 为

$$n = \frac{60}{zN_2\tau_0} \tag{7.8}$$

或

$$n = \frac{60}{zN'_2\tau_0} \tag{7.9}$$

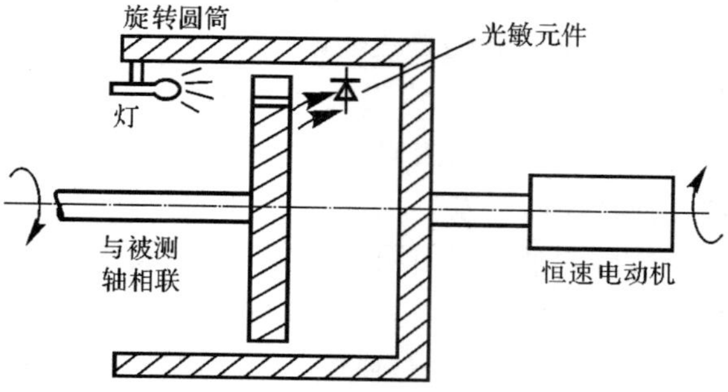

图 7.3　一种特殊结构的光电传感器示意图

如前所述，虽然测周法更适于低转速范围的测试，但很难实现零速及零速附近的测试。利用相对速度原理，设计一种特殊结构的光电传感器(见图 7.3)，可以较理想地解决零速及零速附近的测试问题。图中光电圆盘与被测轴相连，而光源和光敏元件则装在旋转圆筒的内部，旋转圆筒由另一恒速(或称偏置

转速）电动机驱动并使其反向旋转。

若设 t 为来自该传感器的两脉冲信号间的时间，则相对速度 f 和 $\frac{1}{t}$ 成正比。如设 f_j 为基准速度，f_2 为被测速度，则有

$$f = f_2 + f_j$$

即

$$f_2 = \frac{k}{t} - f_j \tag{7.10}$$

式中　k—— 由传感器设计决定的常量。

3. M/T 法测速

此法的测试时间 t 由两部分组成：

$$t = t_1 + t_2$$

式中　t_1—— 固定不变时间；

t_2——t_1 结束后到传感器发出第一个脉冲之间的时间间隔。

设相应测得传感器脉冲数 N_1 和时标脉冲数 N_2，则可得物体的转速为

$$n = \frac{60N_1}{\tau_0 z t_1 N_2}$$

在高速时，$t_1 \gg t_2$，测试时间 $t \approx t_1$，这时的测速方法和 M 法相同；在低速时，传感器发出每一个脉冲间隔大于 t_1，因此 $N_1 = 1$，测试方法就与 T 法相同。

可见，M/T 法是一种取长补短，在很宽范围内都有很好性能的测速方法。

二、瞬态转速测试

1. 概述

电机瞬时转速测量主要包括两项内容：一是电机启动或停止时的转速变化情况，即电机转速的暂态过程。测试它的暂态过程，对于合理设计电机参数及控制系统的结构显得尤为重要。二是电机在稳态运行中角速度微小的变化情况，即电机转速的脉动程度，以确定电机转速的不稳定度。对电机转速不稳定度的测试，在卫星、导弹等制导系统中，在资源探测、传真、录音、录像以及一些近代工艺设备中，同样显得十分重要，因为在这些系统和设备中，都有转速非常稳定的电动机作为执行元件或恒速驱动元件。这些设备不仅要求电动机转速长期不变，而且要求它每一转中的角速度波动极小。

虽然工程上一直很需要测试电动机的瞬态转速，但只是在近几年才比较好地实现了这种测试。因为电动机启动、停止时间很短，一般只有若干毫秒到几百毫秒，电动机转一圈的时间很短，有的仅几百毫秒。在这么短的时间内，要准确测出其转速变化情况，困难很大。用常规的仪器和测试方法，固然不行，即使用光电数字显示测速仪器，其采样频率也不高，而且人的视觉反

映很慢，无法看清暂态测试过程中迅速变化的数字。近年来，随着计算机(特别是微型计算机)在各个领域的广泛应用，才使现代化瞬态测试技术得到迅速发展。

2. 原理和方法

电机的瞬时角速度 $\omega=\lim\limits_{\Delta t\to\infty}\dfrac{\Delta\theta}{\Delta t}=\dfrac{\mathrm{d}\theta}{\mathrm{d}t}$，实际上它就是电机在极小的 Δt 时间内的平均角速度。$\Delta\theta$(或 Δt) 取得越小，则测得的转速越接近瞬时转速，所以理论上讲 $\Delta\theta$(或 Δt) 应越小越好。

瞬态转速的测试同样有两种测试方法：一是测周法(定角测时法)，即用标准时间脉冲来度量转过 $\Delta\theta$ 所需的时间 Δt_i；另一种是测频法(定时测角法)，即在确定的很短的时间 Δt 内，测电机转过的 $\Delta\theta_i$。由于 $\Delta\theta$ 分割得太小，工艺上较复杂、较困难，成本也高，因此目前采用测周法的比较多。为了反映电机角速度变化曲线，每转一周测试的点数必须足够多，按采样定理，测试密度(每转一周的测试点数) 至少也要大于一周中速度变化最高频率的 2 倍。实际上采样频率要高于电机角速度变化频率的十几倍。

在瞬时转速测试中，需要 $\Delta\theta$ 角度传感器。理想的角度传感器应是与被测电机之间无接触(或是没有惯量加到被测电机上)，另外应准确，角度分辨率高。已获得广泛应用的光学玻璃圆光栅、金属光栅等是比较好的角度传感器。此外，图 7.4 所示也是在瞬时转速测试中被采用的一种多齿电容角度传感器，它具有准确度高、惯量小、使用方便、工作可靠及制造工艺简单等优点。

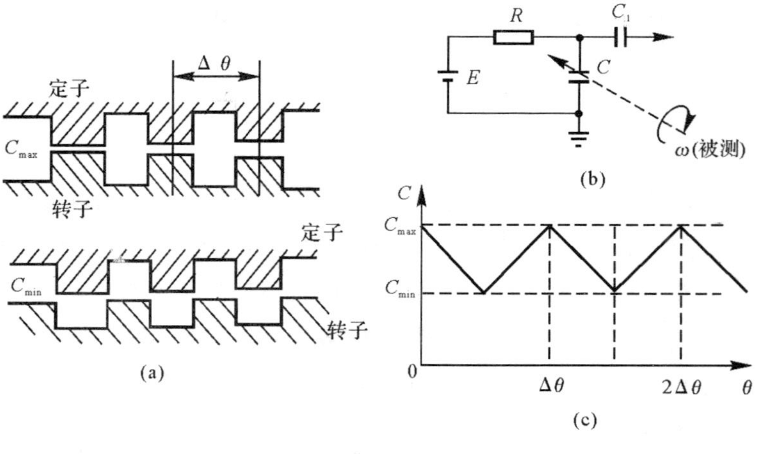

图 7.4 多齿电容传感器

(a) 多齿电容传感器结构示意图； (b) 信号发生示意图； (c) 传感器电容量变化

图 7.5 所示为一电动机瞬态转速测试综合系统框图。该系统由多齿电容传感器、逻辑控制电路、接口、计算机及终端输出等组成。

电容传感器的定子和转子各开有均匀分布的 256 个齿槽，分度极精确。电机每转一圈能发

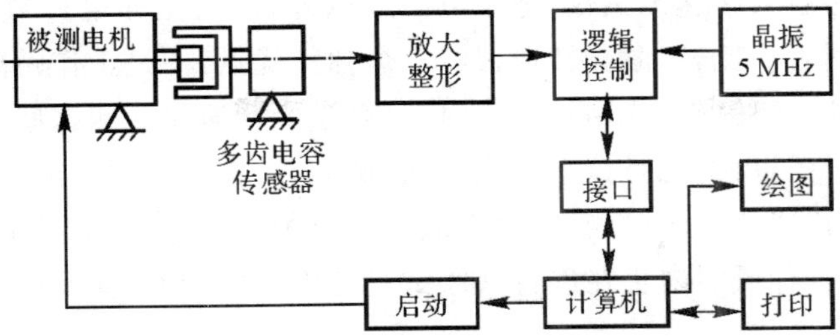

图 7.5　电机瞬态转速测试系统框图

出 256 个信号，经放大整形后输出方波信号，通过控制线路及计算机，可确定电机每转一圈的测试次数。如电机转过 2π/256(rad) 测一点，则每一转可测 256 点；也可选择转过 $k\dfrac{2\pi}{256}$(rad) 测一点($k=1,2,\cdots,256$)。测试时，根据计算机有关指令，把所测 Δt_i(与各 $\Delta\theta$ 相应) 数据依次送入内存。存入数据的多少，可根据测试需要及内存容量由程序控制。采集结束后，计算机对这些数据进行必要的处理，然后把结果打印成数据和绘成图形输出，从而可以算出电机瞬时角速度 ω 及电机转速稳定度。

$$\omega=\frac{\Delta\theta}{\Delta t_i}=\frac{k\,\dfrac{2\pi}{256}}{N\times 0.2\times 10^{-6}} \tag{7.11}$$

式中　N—— 转过 $\Delta\theta$ 时测试到的脉冲数。

对于频率为 5 MHz 的晶振，其脉冲周期为 0.2 μs。

转速稳定度

$$\omega_n=\frac{\dfrac{\omega_{\max}-\omega_{\min}}{2}}{\dfrac{\omega_{\max}+\omega_{\min}}{2}}\times 100\%$$

式中　$\omega_{\max}$—— 瞬时角速度最大值；

$\omega_{\min}$—— 瞬时角速度最小值。

该系统如果再配以稳定度高的恒速电动机带电容传感器定子旋转，就可进一步扩大转速测试范围。配合适当的软件后可以测电机的加速度以及电机的启动特性等。

三、激光测转速

由于激光是一种高亮度、低发散角的单色相干光源，因此它给古老的经典光学及传统的测试技术带来了深刻变化。激光测转速是一种非接触式光学测试，对被测体无扰动，不受环境条件限制，可实现远距离遥控测量，可提高测试准确度，扩大测试范围。这是采用激光技术后，转速测试技术发展的一个明显特点。

目前常见的非接触式转速测试仪，除了电磁式以外，主要是光电计数式和闪光式转速表。把激光转速仪与这两者作比较，激光转速仪有三个独特优点：一是工作距离可远达 10 m；二是当被测物体除旋转外，还在振动或回转进动时，只有激光转速仪能测这些处于特殊状态物体的转速，且操作简单、读数可靠；三是抗干扰能力强。例如，正在摇头回转的台式风扇的转速，除了激光转速仪外，其他转速仪都难以测试。由于激光具有惊人的亮度，可以用它测试玻璃罩壳内旋转物体的转速，如各种风洞内正在进行吹风试验的模型的转速，甚至有可能测试正在水中旋转的螺旋桨的转速。

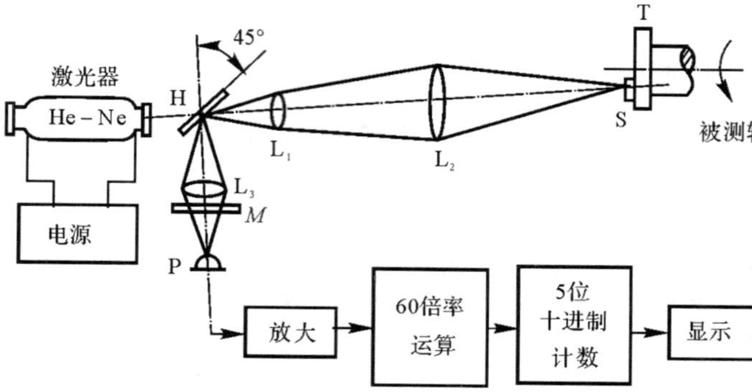

图 7.6　激光转速测试仪光路

激光传感器获得旋转物体转速信息的原理如图 7.6 所示。图中氦-氖激光器以连续方式工作，管内混合气体一旦被高压电源所激励，它就在光学谐振腔的输出端发射出波长为 $6\ 328\times10^{-10}$ m 的红色光束。激光穿过半反射镜片后，50% 光强的透射激束继续沿原来入射方向前进，经过由透镜 L_1 和 L_2 组成的发射光学系统后，聚焦在旋转体 T 的表面，而余下的 50% 光强的光束与主光轴成 90° 反射。在旋转体表面贴有一小块定向反射材料 S(简称反射纸)，物体转动而激光束不动。当未贴反射纸的表面被激光照射时，产生无固定方向的漫散射，能沿发射光轴返回镜筒的光束极其微弱。因此激光传感器没有感受到任何信息。当旋转体旋转到反射纸被激光束照射位置时，由于反射纸对于入射的平行光束具有定向反射回归特性，有一部分激光束沿发射光轴原路返回，进入发射镜筒后，经透镜 L_1 和 L_2 聚焦在半透半反射镜片 H 上。一半光强的光线穿过 H，而另一半则被反射。由于 H 与主光轴夹角为 45°，因此，反射光线与主光轴垂直，并被光电三极管 P 前面的透镜 L_3 会聚在 P 上。于是，物体旋转一周，反射纸就被激光束照射一次，P 就接收到一个激光脉冲，便产生一个电脉冲，物体不停地转动，P 就输出一系列电脉冲，这就是激光传感器所检测的转速信号。

激光转速仪信号处理部分的原理框图如图 7.7 所示。来自激光传感器频率为 f_0 的转速脉冲，经放大整型后输入 60 倍乘电路，经 60 倍乘后的转速脉冲被送到门控计数电路控制门的一个输入端，另一个输入端则由时基信号方波控制。时基信号频率为 1 Hz(由石英晶体振荡器产生并经分频后得到)，主控门的关启由时基信号严格控制，在控制门开启时间内对转速脉冲进行计数测频。5 位十进制计数器完成对转速脉冲的计数译码，将计数结果送到数码显示器，以 5 位数字直接显示旋转体每分钟的转数。

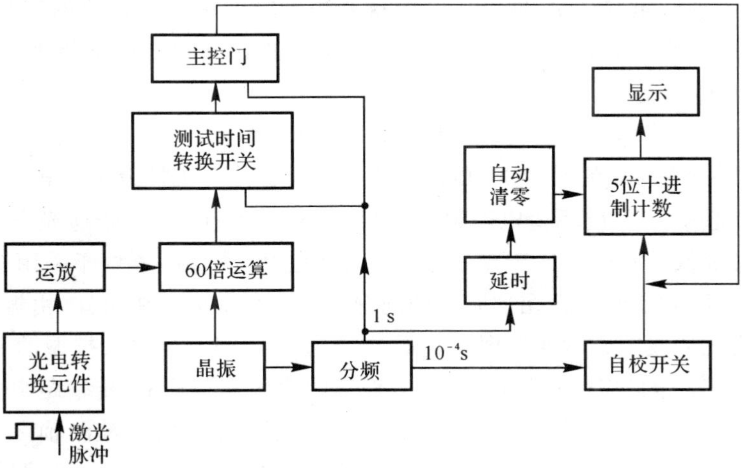

图 7.7　激光转速仪电路原理框图

四、转速测量新方法

转速常规测量有频率法和周期法两种方法。频率法适合于中高速测量，转速越低误差会越大；周期法适合于低速测量，转速越高误差越大。随着新型传感器的出现及计算机技术的发展，转速测量方法与实现也得到了改进，出现了无传感器转速测量、双频激光干涉转速测量、光纤式转速测量等新方法。

1. 无传感器转速测量

在电机模型中转速是一个重要的物理量。串励电机含有电刷和换相片，电枢绕组线圈的换相过程会使绕组电流波形产生畸变，这种畸变的大小与换相电势、换相电流的大小相关，而其频率则与电机转速直接相关，其瞬时频率即对应于电机的瞬时转速。该瞬时频率表达式为

$$f_n = \frac{ckp}{60}n$$

式中　n —— 电机转速(r/min)；

k —— 电机换向片数；

p —— 电机极对数；

c —— 系数。

当 k 为奇数时，$c = 2$；当 k 为偶数时，$c = 1$。

由此可见，通过对电机启动电压、电流波形的分析和适当处理，可得到电机启动过程中的转速变化曲线。

2. 双频激光干涉转速测量

本测量方法将光组探头与被测对象连在一起，可测出转台的转角和转速，测量装置与被测对象之间只通过一条光线传递信息，因此可以实现对转台转速的远距离测量。在实现转速测量的同时，还可以实现转角的测量。而且用本测量方法可以实现瞬态转速的测量。在较高的转速范围内，能够实现较高转速测量分辨力，这是目前常用的测角仪器所不能比拟的。

3. 光纤式转速测量

用光纤作为转速传感探头的转速测量原理，有以下特点：

(1) 转速测量范围宽，在 1 ～ 36 000 r/min 上。优于传统机械及电气式。

(2) 抗干扰能力强。系统不受电磁辐射、温度等外界干扰影响。普通光电式测速仪由于振动会使光源寿命降低，因此，不适于在强振动工况下使用。本传感器由于采用光纤做传感器，光电元件远离测试现场，因此不存在这方面的问题。同时，由前面分析可知，由振动等原因使探头与反射面位置变化造成的光脉冲幅度变化不大，这也说明该系统具有抗振动能力。

(3) 由于系统整体采用光纤传输，因此具有远距离的遥测功能，传输距离可达 1 km 以上。

(4) 本传感系统采用非接触式的光反射转速测量法，传感器与被测轴之间无任何机械连接，不会由于安装传感器而影响被测轴转速，适于小型电机乃至微型电机的转速测量，且对于由于结构等原因不允许固定安装测速传感器的情况更为方便。

为了把转矩和转速信息能够准确地从电机中提取出来，通常是由传感器将被测信息转换为电信号，并对电信号存储、传输、分析计算，最终显示测量结果。传感器是整个测量仪器的核心，对传感器的选择必须合理，并保证能够在一定的工作环境下正常地工作。

7.3 转矩的测试

转矩是旋转机械的重要参数之一。转矩的测试方法，按其基本原理可以分为三种：传递法(扭轴法)、平衡力(反力)法及能量转换法。

传递法是根据弹性元件在传递转矩时所产生的变形、应力或应变来测试转矩的方法(因为常用的弹性元件是扭轴，所以又称扭轴法)。变化的参数可以是变形、应力或应变等，使用的弹性元件是扭轴，等截面圆柱形扭轴的应变可按下式计算：

$$\varepsilon_{45^\circ} = -\varepsilon_{135^\circ} = \frac{16T}{\pi G d^3} \tag{7.12}$$

式中 ε_{45°，ε_{135° —— 分别为扭轴表面上与母线成 45° 及 135° 夹角螺旋线上的应变值；

T —— 转矩；

d —— 扭轴直径；

G —— 扭轴材料的切变弹性模量。

它所产生的应变可以引起贴在表面的电阻应变片阻值的变化而形成应变型转矩传感器。

电机主轴旋转时，将转矩传递到扭轴上，扭轴上所产生的应变，通过转矩传感器的电阻应变片转换成相应的电信号，该信号通过处理后送显示器显示转矩数值。这种传感器使用方便，精度高，易于集成。

平衡力法是通过外加已知的与被测转矩方向相反的转矩，当传动轴静止或匀速转动时，外加转矩与被测转矩相等。这种方法简单，但必须通过另外一种方法测量外加的转矩或力及力臂，这样会对测量引入一定的累计误差。

能量转换法则是一种间接测量方法，根据对应于转矩大小而变化的其他能量参数来测试转矩的方法，是通过利用能量守恒的原理间接测量转矩，不易实现。这三种转矩测试方法的原理示意图，分别如图 7.8(a)，(b)，(c) 所示。本节对这三种转矩测试方法分别进行讨论。

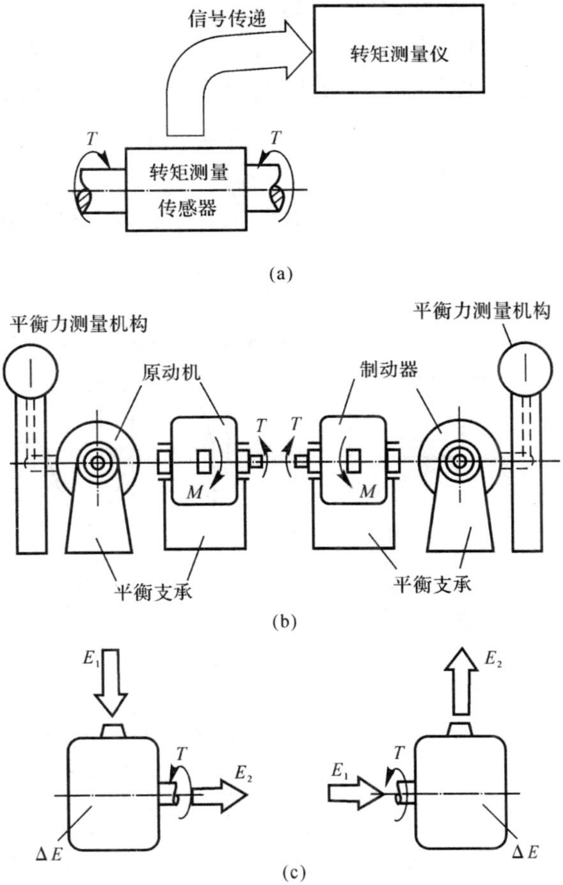

图 7.8　转矩测试方法示意图

(a) 传递法；(b) 平衡力法；(c) 能量转换法

一、传递法测试转矩

传递法所用转矩传感器是多种多样的，例如：

(1) 变形型转矩传感器，反映机械、液压、气动、电阻、电容、电感、光学、光电等参数的变化。

(2) 应力型转矩传感器，反映材料磁阻变化或透光材料的双折射现象(磁弹或光弹转矩传感器)。

(3) 应变型转矩传感器，反映轴的应变引起电阻应变片的电阻变化。

转矩测试仪因所用传感器不同而有较大差别，为此，分别举例讨论如下：

1. 相位转矩测量仪(采用变形型转矩传感器)

近年来，随着电子测试技术的迅速发展，信号的相位测试方法也日趋完善。利用相位测试原理制成的相位转矩测试仪，也得到广泛应用。特别是数字显示相位转矩测试仪，由于具有读数直观，信号可远传，不易受干扰，测试准确度高，测试结果便于自动记录或输入计算机进行数据处理等优点，在现代科学实验工作中的应用日益广泛。

(1) 转矩与相位差。相位转矩测试仪一般由产生信号的转矩传感器和检测信号相位差的测量电路两部分组成，如图 7.9(a) 所示。

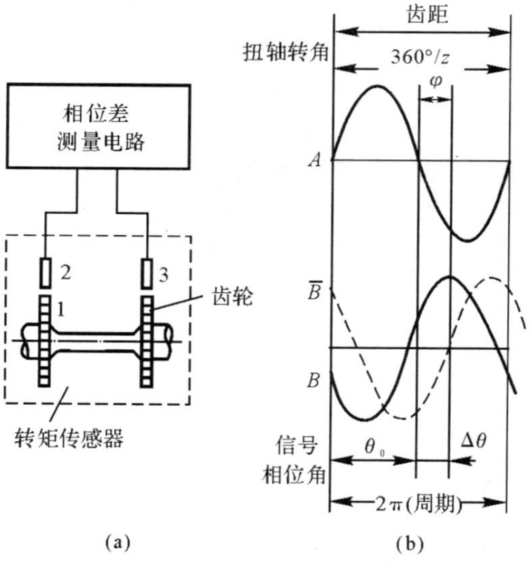

图 7.9 相位转矩测试原理

相位转矩传感器由弹性扭轴 1 和两个信号发生器(磁电型、光电型等)2 和 3 组成。当扭轴空载旋转时，两个信号发生器即输出电压波动信号 A 和 B，如图 7.9(b) 所示。信号频率随转速而变，但两者之间的相位差(即初始相位差)θ_0 却是某一常值。

当扭轴传递转矩时，扭轴发生扭转变形，其两端的圆盘产生相对转角 φ，使两信号间的相位关系发生变化，如图 7.9(b) 中的 A 和 B。

两信号间相位差的变化量 $\Delta\theta$ 与 φ 之间的关系为

$$\Delta\theta = z\varphi \tag{7.13}$$

式中　z—— 圆盘转一圈所产生的信号个数。

当 $z=1$ 时，$\Delta\theta=\varphi$，即扭轴扭角与相位差角在数值上相等。当 $z=60$ 时，$\Delta\theta=60\varphi$，即 $\Delta\theta$ 在数值上比 φ 大 60 倍。

但 z 值不能选得过大，因为 $\Delta\theta$ 不能大于 2π，即 $\Delta\theta=z\varphi<2\pi$，实际上考虑到测试正、反向转矩和超载转矩的可能性，z 值还应减小。通常使 $\pi/2\ll\Delta\theta<\pi$，对应的 z 值为 10 ~ 100。专测高速转矩的设备，应减小 z 值，直到 $z=1$。专测低速转矩的设备，可增大 z 值，直到每圈有几百个信号。但转速不能太低，否则将无法产生信号，而不能工作。

综上所述，$\Delta\theta$ 与 φ 成正比，即与转矩 T 成正比，所以，在相位转矩测试仪中，转矩 T 的测试转换成了信号相位差 $\Delta\theta$ 的测试。

(2) 双门数字转矩测试仪。下面介绍的双门数字转矩测试仪，其显示的结果是转矩在某一段时间内的平均值，因此可以用来测试脉动转矩，而且具有较高的测试准确度。

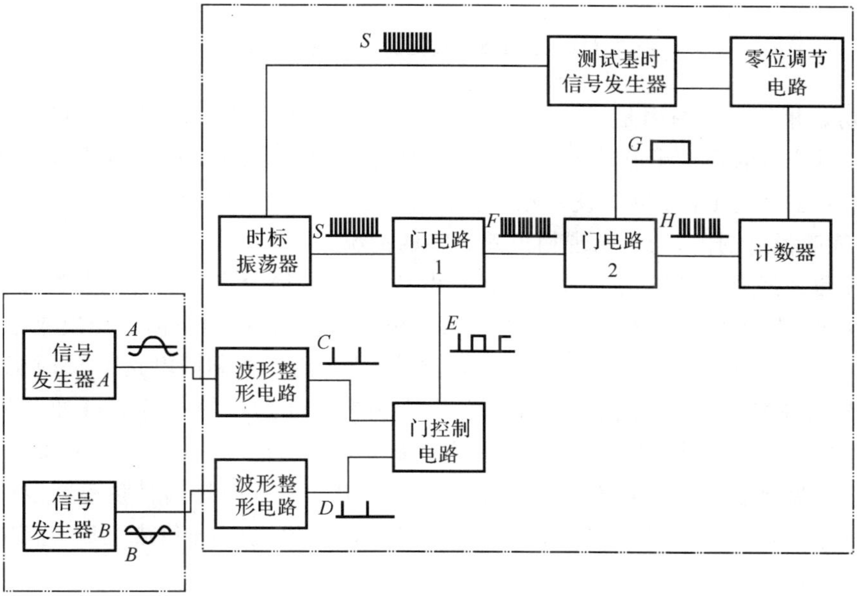

图 7.10　双门数字转矩测试仪原理框图

图 7.10 为这种转矩测试仪的电路框图。弹性扭轴两端的信号发生器各输出一组正弦信号 A 和 B(见图 7.11)。无转矩作用时，A 和 B 之间即具有一定初始相位差(约为 180°)。

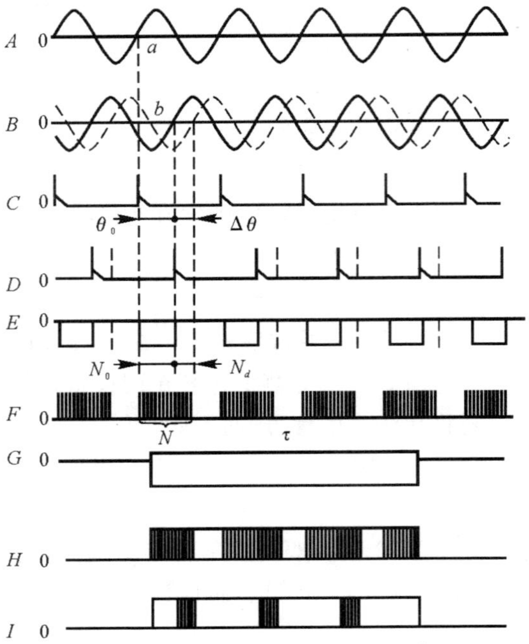

图 7.11 双门数字转矩测试仪电路中的信号

采用初始相位差的原因是：① 由于制造和安装误差，两者的初始相位不可能完全相等；② 如果 A 和 B 两信号的相位十分接近，则它们的相位差信号的脉冲宽度趋近于零，将使下一级双稳触发电路无法稳定工作；③ 为使转矩测试仪能测正反两个方向的转矩，θ_0 应较大，以保证在转矩的正、负量程范围内，均不出现相位差为零的情况。

信号 A 和 B 经放大整形后变为较理想的矩形波，再经微分之后变为尖脉冲波 C 和 D。两组信号 C 和 D 同时输入门控电路，后者是双稳触发电路，把 C 和 D 两组信号变换成矩形脉冲信号 E，E 的宽度与信号 A 和 B 间的相位差 θ 成正比。信号 E 用于控制门电路 1，使时标振荡器产生的时标信号 S，在时间 t 的范围内通过，由此得到如图 7.11 所示的一组 F 脉冲调制信号。

门电路 2 受测试基时信号发生器控制，在测试基时 τ 的范围内（图 8.11 中 G），允许来自门电路 1 的脉冲调制信号 F 通过而至计数器（图 7.11 中 H）。在时标信号频率固定的条件下，通过门电路 2 的时标信号数 N 与 A 和 B 间的相位差 θ 成正比，也与 τ 值成正比。这部分时标信号 H 被送到计数器显示。

由此可见，数码 N_d 与作用转矩值 T 之间有如下关系：

$$N_d = N - N_0 = KT \tag{7.14}$$

或

$$T = \frac{N_d}{K} \tag{7.15}$$

式中　N —— 通过门电路 2 的时标信号总数；

N_0—— 转矩 T 为零时，通过门电路 2 的时标信号数；

K —— 常数。

K 与仪器的结构参数等有关：

$$K = \frac{f_s \tau z}{2\pi c} \tag{7.16}$$

式中　f_s —— 时标信号频率；

c —— 扭轴的扭转刚度。

从式(7.14)可以看出，为使计数器显示的是与转矩成正比的 N_d 值，应在 N 值中扣除 N_0 值，为此应设调零电路。它实际上是一个预置加数器，标定时，在作用转矩为零的情况下，使预置数与 N_0 之和为 10 000，由于显示为 4 位数字，万位数溢出不计，于是就将 N_0 从显示中自动消除，即计数显示的是 $N_d = N - N_0$。

为了使计数器显示的数值正好是转矩的数值，这就要求式(7.14)中的 K 等于 1×10^4 或 1×10^5，通过选择 τ 值即可实现。例如，当 $f_s = 1$ MHz，$z = 60$，$c = 1\ 882$ N·m 时，如选 $\tau = 1.97$ s，即可使 $K = 1\times10^4$。

双门数字转矩测试仪的计数误差有两部分：脉冲数计数误差和脉冲组计数误差。

脉冲数计数误差 Δx 与门电路 1 的启闭时间有关。在每一脉冲组中的脉冲数 N_d 都有可能具有 ±1 个数的误差。在测试基时 τ 内所包含的脉冲组数为

$$w = \frac{nz\tau}{60} \tag{7.17}$$

式中　n—— 扭轴转速(r/min)。

由此可见，脉冲数计数误差 Δx 为

$$\Delta x = \pm w \tag{7.18}$$

脉冲组计数误差 Δy 与门电路 2 的启闭时间有关，因为 τ 不一定是信号 A 周期的整倍数(见图 7.12)，因此有可能多记或少记一组信号脉冲。当脉冲组的时间宽度等于信号周期的一半时，此项误差可能最大，即

$$\Delta y = \pm f_s \frac{t_s}{2} \tag{7.19}$$

$$t_s = \frac{60}{nz} \tag{7.20}$$

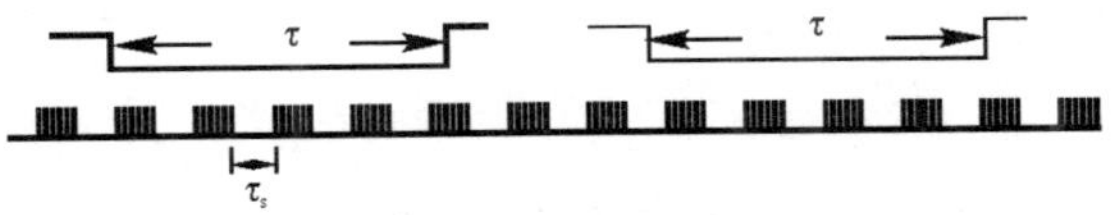

图 7.12　脉冲组计数误差

因此,总的计数误差是

$$\Delta = \Delta x + \Delta y = \pm \frac{nz\tau}{60} \pm f_s \frac{t_s}{2} \tag{7.21}$$

由此引起的转矩误差为

$$\Delta T = \pm 2\pi c\left(\frac{60}{z^2 n\tau} + \frac{n}{60 f_s}\right) \tag{7.22}$$

由式(7.22)中第一项可见,增加 z(在磁电型转矩传感器中,即信号齿轮的齿数),加大 τ,可减小误差,但增大 z 将受到信号发生器最高工作频率的限制。齿数太多,传感器的最高工作转速就要降低。从式(7.22)中第二项看,增大 f_s 可减小测试误差,尤其对于高转速工作时,应选较高的 f_s,但它也要受到计数器的最高工作频率的限制。

这种转矩测试仪,当转速低于 500 r/min 时不适用,因为这时信号发生器不能输出有足够强度的信号。

2. 环极磁弹转矩测试仪(采用应力型转矩传感器)

(1) 磁弹原理。磁弹现象是指铁磁材料在机械应力作用下,材料本身的导磁性能发生对应的变化的现象。磁弹现象的逆现象叫磁致伸缩现象。

利用磁弹现象构成的测转矩传感器叫做磁弹转矩传感器,图 7.13 为其原理示意图。由铁磁材料制成的扭轴,当受到转矩作用时,轴中产生方向性的应力,因此呈现磁各向异性,这种传感器具有变压器形式。A 与 B 为绕有激磁绕组的门形铁芯的两极,C 与 D 为绕有感应线圈的门形铁芯的两极,两个门形铁芯相互成 90°,两个门形铁芯的端部磁极与扭轴表面相距约 2.5 mm,绕有激磁绕组的两个磁极 A 和 B 与扭轴中心线平行。

当激磁线圈用 50 Hz 交流电激磁时,如果轴上无转矩作用,轴原有磁各向同性,则轴表面磁场分布是对称的,这时磁等位线中心线通过次级线圈 CD,在其中并不感应出电势。如果有转矩作用,则在应力 $+\sigma$ 作用下的轴表面的磁阻减小;而在 $-\sigma$ 作用下磁阻增大。这时,磁等位线的中心线不再是垂直的,而 CD 线圈中将感应出与磁通成正比的电势。

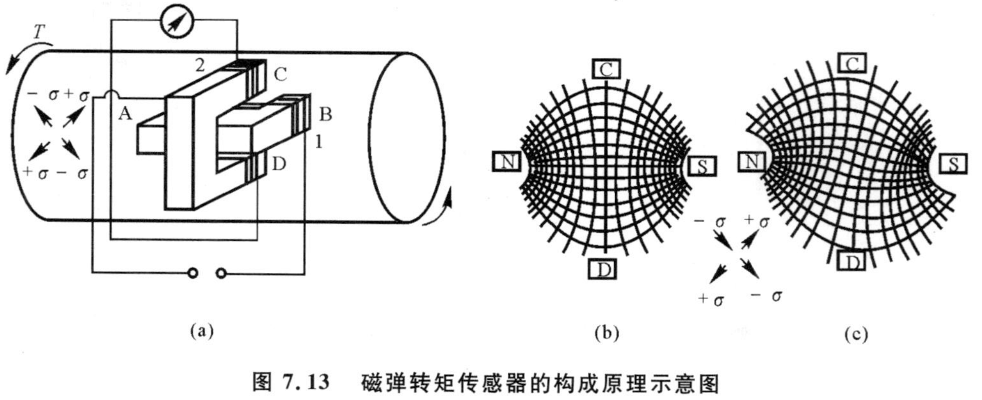

图 7.13 磁弹转矩传感器的构成原理示意图

(2) 环极磁弹转矩测试仪。图 7.14 是环极磁弹转矩传感器的结构图。传感器上有 3 组铁芯环极，每个环极上有 4 个极，每个极上都绕有线圈，相邻磁极上的线圈绕向是相反的，中间环极上的磁极相对外面两组环极上的极错开半个极距，系激磁环极。其展开图如图 7.14(b) 所示，当激磁线圈通以电流时，某瞬间的磁极极性如图中所示的 S 和 N。每一对磁极 N 和 S 与 A 和 B 极构成一个单元，若轴上作用有转矩时，A－N 和 B－S 的磁阻减小，而 B－N 和 A－S 的磁阻增加，致使磁等位中心线不再通过 A 与 B，而产生了偏转。这时 A 组极性处于 N 极，B 组极性处于 S 极，所以在 A 组和 B 组的感应线圈中产生符号相反的电势，把 A 组和 B 组进行反向串接后，就得到与转矩成正比的电压信号。因为可把许多单元串联起来，所以输出电压较高(可达 10 V)，输出功率可到几毫瓦，故无需放大已能直接指示和记录。

显然，由于这里反映的是 4 组磁极之间的应力的平均值，因此，扭轴表面的磁性不均匀、扭轴偏心和弯曲应力等原因所引起的信号电压的波动可得到减小，磁极环上的级数越多，这种波动幅度越小。

按照上述原理制造的各种规格的环极磁弹转矩测试传感器，转矩测量误差可小于 ±1%，重复误差小于 1%。专门制造的整体式磁弹转矩测试仪，可达较高的测试准确度。

这种测试方法是非接触测量，没有导电滑环，所以可靠性高，坚固耐用，对温度和干扰不敏感。

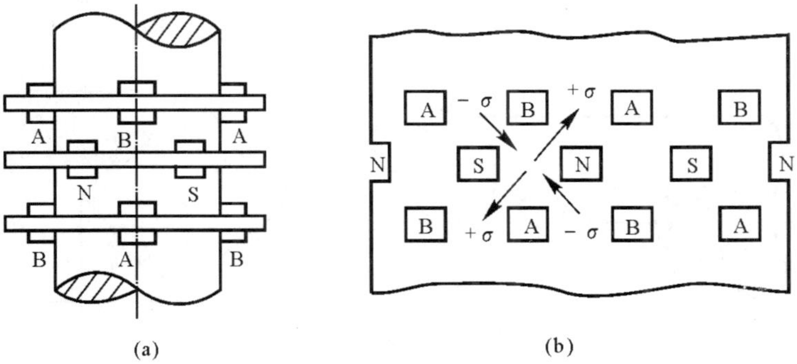

图 7.14　环极磁弹转矩传感器示意图

3. 电阻应变转矩测试法

(1) 概述。传递转矩的弹性元件，其表面上也产生与转矩值对应的应变，因此只要增添一个相应的电阻应变转矩传感器，就可以用现成的电阻应变仪来测转矩。据统计，目前约有 1/3 的转矩测试工作是用电阻应变仪来进行的。

测转矩时，因传动轴是旋转体，在电阻应变传感器与电阻应变仪间，必须增添一套集流装置(接触型集流环)，但这种集流环在高速下的精确度及寿命均不能满足要求。

采用电阻应变仪测试转矩的方法，对被试机械的结构参数可以不改变(或者改变很小)，这对于研究机械传动系统在实际工作条件下的转矩和瞬态转矩有重要意义。目前，各种机械的瞬态转矩测试工作主要是用动态电阻应变仪或应变转矩测试仪来进行的。

电阻应变仪分瞬态及稳态两种，稳态一般采用调零显示方式或自动调零数码显示方式；瞬态电阻应变仪常与光线示波器或磁带记录仪配套工作。

采用电阻应变仪测试转矩的系统框图如图 7.15 所示。图中 1 是贴在弹性元件表面的电阻应变片电桥，2 是集流环，3 是平衡电路，4 是放大器，5 是振荡器，6 是相敏检波器，7 是低通滤波器，8 是稳压电源，9 是指示表头，10 是记录仪。

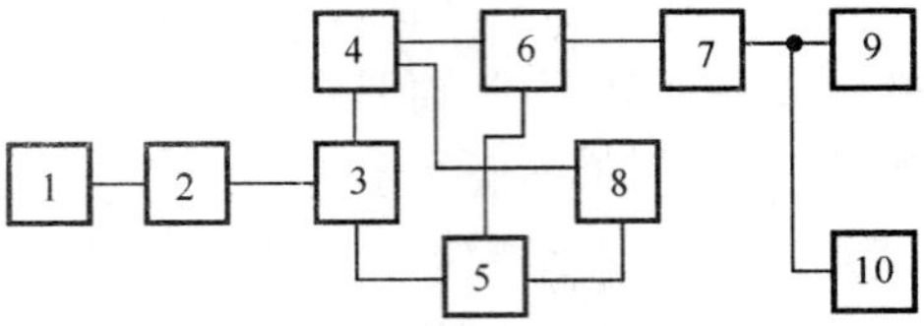

图 7.15 电阻应变仪原理框图

(2) 转矩测试。测试旋转体的转矩时，应变片在轴上的布置常如图 7.16(a) 所示。此时 4 片应变片组成桥式电路，如图 7.16(b) 所示。电源电压加在 AB 端，信号电压由 CD 端输出。这种 4 个桥臂都由应变片组成的电桥称为全桥。

在图 7.16(a) 中，R_1 和 R_4 在轴的上方，R_2 和 R_3 在轴的下方。若在贴片 R_4 处取一小块正方形 $ABCH$ 进行分析，可得转矩与应变间的关系。当转矩 $T=0$ 时，应变片没有变，其长度相当于 AC（见图 7.17）；轴在转矩作用下产生扭转变形，则正方形 $ABCH$ 相应变为 $AB'C'H$，这时由胡克定律可知：

$$\tau = G\gamma = \frac{T}{0.2D^3} \tag{7.23}$$

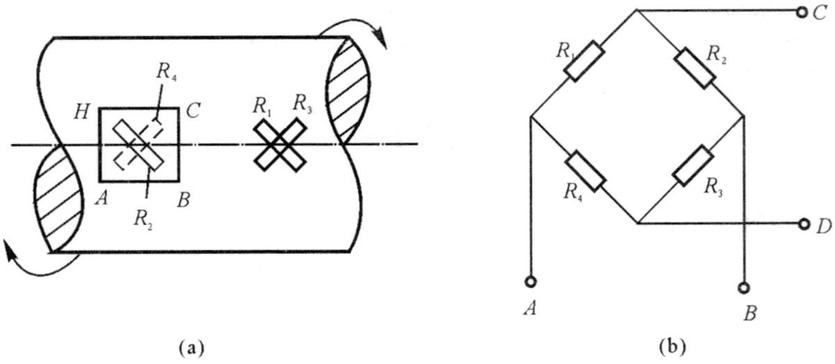

图 7.16 应变片电桥

式中 τ —— 轴表面的剪切应力；

γ —— 轴的剪应变角（即图 7.17 中的角 γ）；

G —— 轴材料的剪切弹性模量；

D —— 贴片处轴的直径。

可见，在 G 和 D 已知的条件下，只要知道 γ 即可求得 T，但需求 γ 与应变片的应变 ξ 之间的关系。

由图 7.17 可知，轴受转矩 T 后对角线的伸长量为

$$\overline{AC}' - \overline{AC} \approx \overline{C'C''} \approx \overline{CC'}\cos\left(\frac{90^\circ - \gamma}{2}\right) \approx \overline{CC'}\cos45^\circ$$

同时
$$\overline{CC'} = a\tan\gamma \approx a\gamma$$

而
$$\xi = \frac{\overline{C'C''}}{\overline{AC}} \approx \frac{a\gamma\cos45^\circ}{\sqrt{2}a} = \frac{\gamma}{2}$$

即
$$\gamma = 2\xi \tag{7.24}$$

代入式(7.23)可得
$$T = 0.4GD^3\xi \tag{7.25}$$

可见,T 值可根据应变片的 ξ 求得。

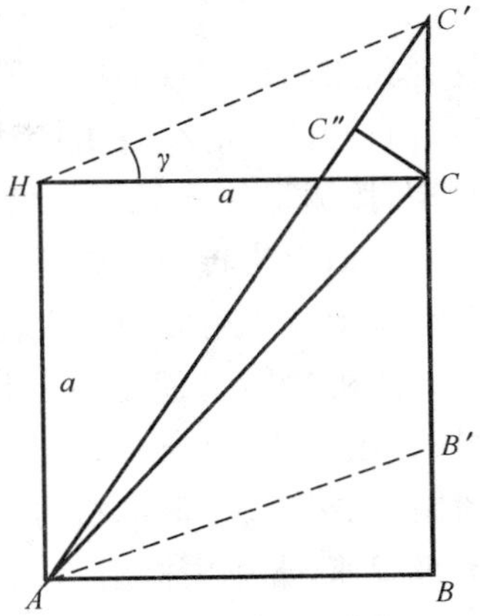

图 7.17 应变关系

应变片的粘贴工艺对测试精度影响很大。粘贴在轴上的应变片是通过粘贴层的传递作用而使测试轴表面变形的,所以黏合剂要保证应变片和试件表面共同工作。粘贴工艺还要保证应变片粘贴位置准确,要进行必要的固定保护,并要进行防潮处理。

显然,ε 所引起的电阻变化在数量上是很微小的,为了把微小的电阻变化准确测出来,一般采用电桥电路。上述全桥电路,其 4 个桥臂都参加工作,且相邻桥臂上应变片应变的符号相反,这可使输出电压增大,提高电桥测试的灵敏度,说明如下:

设电桥输入端电压为 U_{AB},则输出电压 U_{CD} 为

$$U_{CD} = U_{AB}\frac{R_2R_4 - R_1R_3}{(R_1+R_2)(R_3+R_4)} \tag{7.26}$$

无应变时,$R_1 = R_2 = R_3 = R_4$,电桥处于平衡状态,即 $U_{CD} = 0$。有应变时,在单臂情况下,可将 $(R_1 - \Delta R_1)$ 代替式(7.26)中的 R_1,则电桥输出电压为

$$U_{CD} = U_{AB}\frac{\Delta R}{4R} = \frac{1}{4}U_{AB}K_0\xi \tag{7.27}$$

在全桥情况下分别将$(R_1-\Delta R_1)$,$(R_2+\Delta R_2)$,$(R_3-\Delta R_3)$,$(R_4+\Delta R_4)$代替式(7.26)中的R_1,R_2,R_3,R_4,若 $R_1 = R_2 = R_3 = R_4$,且各电阻变化的绝对值相等,则

$$U_{CD} \approx U_{AB}K_0\xi \tag{7.28}$$

比较式(7.27)及式(7.28)可见,全桥输出电压为只有一个桥臂是电阻应变片时输出电压的 4 倍。

采用全桥测试法,还可消除温度变化的影响以及轴向拉压的影响,因为在这些情况下 4 个应变片产生的变化相同,因而在电桥输出端之间能自动补偿,故其变化不影响输出信号。

二、平衡力法测试转矩

平衡力法转矩测试装置,是根据驱动机械(即原动机)或制动机械(即制动器)机体上作用

的平衡力矩（与转轴所承受的转矩大小相等，方向相反）的大小来测量转矩的装置。图7.18是这种转矩测试装置的原理简图。图中，1是原动机或制动器机体，机体安装在平衡支承2上，并可绕自身的中心线自由摆动，机体上装有力臂杆3，力臂上作用着平衡力F，4是测平衡力F的机构。按测得的F乘以力臂长l，就可确定平衡力矩Fl。

平衡力法转矩测试装置可分为三部分：主机、平衡支承及平衡力测试机构。

主机实际上就是一台原动机（如电动机、内燃机、液压马达等）或制动器（如摩擦、电力、涡流及磁粉制动器等）。直流电机可作原动机或制动器，并可无级调速，常作主机用。

平衡支承的功用是保证机体能灵活地绕主轴中心线摆动。常用的支承有滚动、双重滚动、液压支承等。

平衡力测试机构用于测试平衡力F。常用的有摆锤、液压、电阻应变（电子秤）、差动电感及气动等形式。

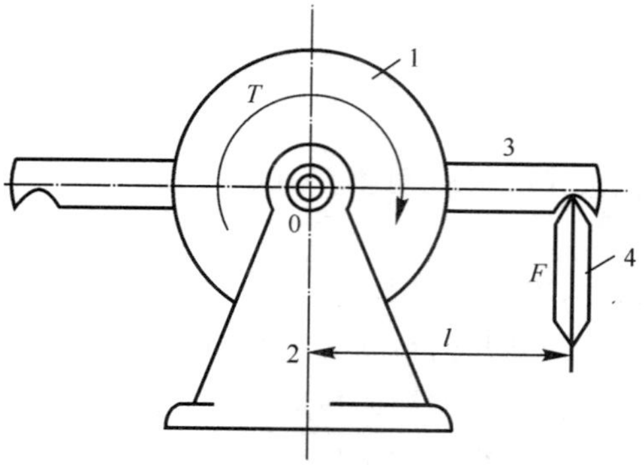

图 7.18　平衡力法转矩测试装置原理简图

按理论力学的方法，可以得到这类测试装置的转矩平衡方程式

$$T = Fl \pm \Delta T \tag{7.29}$$

式中　T——被测转矩；

ΔT——转矩测试的误差项。

式(7.29)说明，旋转轴上的作用转矩T的测试问题，通过平衡力法转矩测试装置，转换成静止的平衡力臂上的平衡力F的测试问题。为了使测得的平衡力矩值能准确地作为T的示值，必须尽一切可能减小转矩测量的误差项ΔT：

$$\Delta T = \pm T_B \pm T_D \pm T_F \tag{7.30}$$

式中　T_B——平衡支承的摩擦力矩；

T_D——电缆、水管、油管等造成的牵制力矩；

T_F——空气摩擦转矩。

此外，F的测试误差以及l的误差均将直接影响转矩测试准确度。

平衡力法转矩测试装置常用的主机（原动机、制动器）有磁粉制动器、电机等，可对转动机械施加转矩及测试输出功率，所以又称为测功机，它们的原理简述如下：

(1) 磁粉制动器（磁粉测功器）。磁粉制动器的结构原理如图7.19所示。在传动轴1上面装有转子2，在定子3中有励磁线圈4，在空腔5中有磁粉。当线圈4不通电时，不产生磁通，所以磁粉呈自由状态。此时如果传动轴1旋转，由于离心力的作用，磁粉甩在空腔5的外圈，传动轴上基本不受制动转矩作用。当线圈通电时就产生磁通，定子和转子间的磁粉在磁通作用下，接成链状(见图 7.20),这时由于磁场的扭斜而产生制动转矩。当然,定子应另用机架支承起来,并用重锤与定子所受的转矩相平衡,通过刻度盘和指针读取被测转矩。

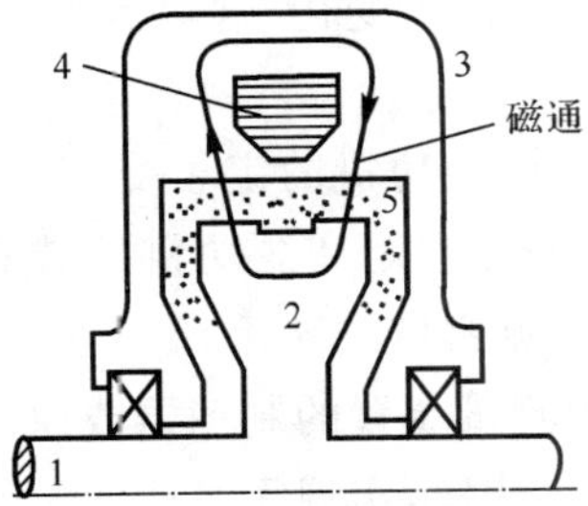

图 7.19　磁粉制动器的结构原理

1 — 传动轴;2 — 转子;3 — 定子;

4 — 励磁线圈;5 — 空腔

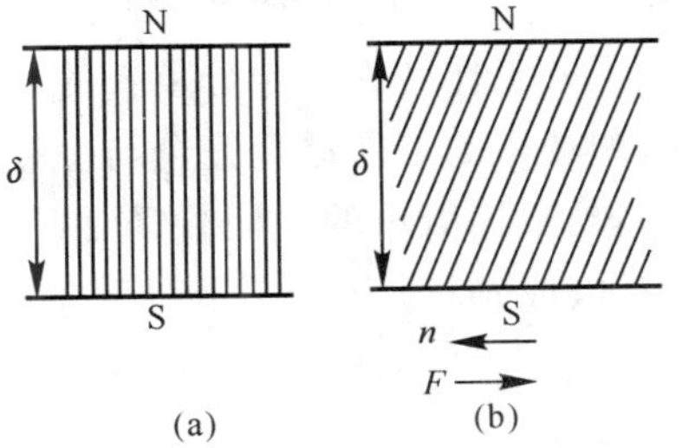

图 7.20　磁粉制动器磁通链

(a) 不传递转矩时;(b) 传递转矩时

因为是利用磁粉传递转矩,所以磁粉是影响制动器性能的决定因素,磁粉要求导磁率高、剩磁低、耐热、耐磨,通常采用铬钢磁粉、铁铝铬合金磁粉等,颗粒大小约为 20 ~ 70 μm。

改变励磁线圈的电流 I,就可改变磁粉链接力,使制动转矩 T 发生变化,制动转矩大体上与励磁电流成正比。但当出现磁饱和时,制动转矩也达饱和值(见图 7.21)。

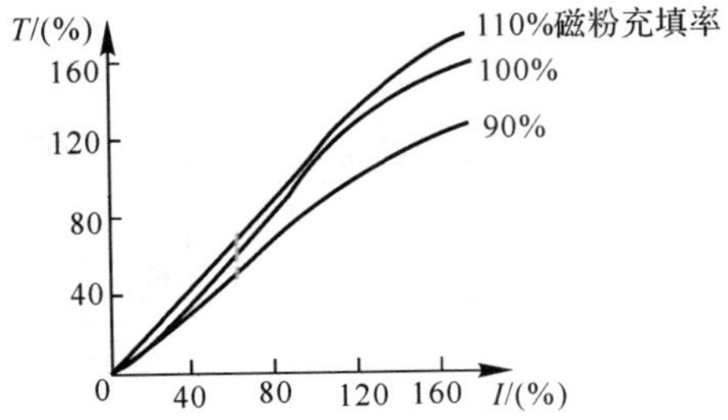

图 7.21　磁粉制动器的 T 与 I 的关系

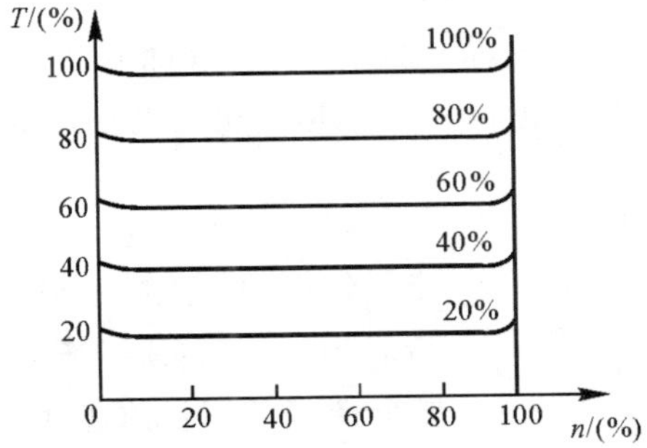

图 7.22　磁粉制动器的 T 与转速的关系

由于磁粉具有动、静摩擦系数基本相同的特性,因此,当励磁电流不变时,制动转矩也保持常数,即具有恒转矩特性(见图 7.22)。

但是当转速低于 20 r/min 和高于 2 000 r/min 时,分别由于磁粉分布不匀或过大的离心力使转矩 T 不够稳定。

这种制动器可方便地调节 T 的大小,而且在较低转速工况下有较大的制动转矩,因而在现代机械、电气实验室中得到广泛应用。特别是串接在涡流或水力制动器试验系统中,可互补不足,使整个试验台的工作转速范围大大扩展。

(2) 电机测功机。电机测功机通常就是一台定子可在支承内回转一定角度的直流电机。直流电机既能作为原动机(即作电动机)去带动工作机械,测定它的阻转矩和所消耗功率,又可作为制动器(即作发电机),对动力机械形成负载,测定动力机械的输出转矩及输出功率。

直流电机的另外一个优点是能在相当大的范围内无级调节它的转速。改变直流电机的励磁电流和改变电机的电枢电压,转速可在1∶4～1∶20的大范围内变化。这对测定各种机械在不同转速下的工作特性是十分重要的。

电机测功机的工作原理完全与一般直流电机相同,但电机测功机的定子受到转矩作用后会产生偏转,采用简单的杠杆装置对定子施加平衡力矩,当平衡力矩和测功机的转矩相等时,可由测力计(或磅秤)指示出电机测功机的转矩大小,测得被测机械的转矩。

除了直流电机外,也可采用交流电机作为平衡力法转矩测试装置的制动器或原动机。近年来,由于可控硅变频电源的推广,使交流电机也能像直流电机一样,实现无级调速工作,而逐渐得到采用。

电机测功机操作方便,测试准确度高,在试验时还可把电能反馈给电网。

三、能量转换转矩测试法

在能量转换转矩测试法中,测量电机的电能参数的方法应用较多,近年来,利用电机电参数测瞬态转矩或转矩自动控制等方面有新发展。下面介绍测试异步电机转矩与异步电动机转矩-转速曲线的瞬态测试方法。

1. *在电源电压及频率恒定条件下测试异步电机转矩的方法*

由电机学知,异步电动机的电磁转矩为

$$T=\frac{3E_1 I'_2\cos\varphi_2}{\omega_1} \tag{7.31}$$

式中 E_1—— 定子绕组的相感应电势;

I'_2—— 折算到定子绕组时的转动相电流;

ω_1 —— 旋转磁场的同步角速度,$\omega_1=2\pi n_1/60$;

$\cos\varphi_2$ —— 转子绕组的功率因数

$$\cos\varphi_2=\frac{r'_2}{\sqrt{r'^2_2+(sx'_{2\sigma})^2}}$$

式中 r'_2 —— 折合到定子边时转子绕组的每相电阻;

s —— 转差率;

$x'_{2\sigma}$—— 折合到定子边时转子绕组的每相漏抗。

当电源电压及频率保持恒定,异步电动机在正常工作范围内运转时,ω_1 为常数,E_1 及 $\cos\varphi_2$ 的变化都很小,因而 T 近似与 I'_2 成正比。从电机学知识又知:

$$\dot{I}_1=\dot{I}_0-\dot{I}'_2$$

也即

$$\dot{I}'_2=\dot{I}_0-\dot{I}_1$$

因此，如能引出正比于 $\dot{I}_0-\dot{I}_1$ 的电信号，便可近似地测得 T。从图 7.23 相量图中可见，BC 间的线电压与 A 相的空载电流 $\dot{I}_0$ 几乎相差 180°，因而可采用图 7.24 所示的电路图以得到正比于 $\dot{I}'_2$ 的信号，即在 A 相电路串一个电流互感，以得到一个正比于 $\dot{I}_1$ 的信号，再在 B 和 C 相的端点上并联一个电压互感器，在其二次测通过电阻 R 分压可取得一个比例于 $\dot{I}_0$ 的信号。把这两个信号接至加法运算放大器的输入端，则在其输出端可以得到正比于 $\dot{I}_1+(-\dot{I}_0)=-\dot{I}_2$ 的信号。根据需要，可把输出信号整流、滤波，以获得直流输出量。通过定标，即可测得异步电动机的转矩。通过试验及论证，用此法测 T 的误差小于 5%。又由于误差为单方向的，还可通过适当定标使测试误差减至 ±2.5%。

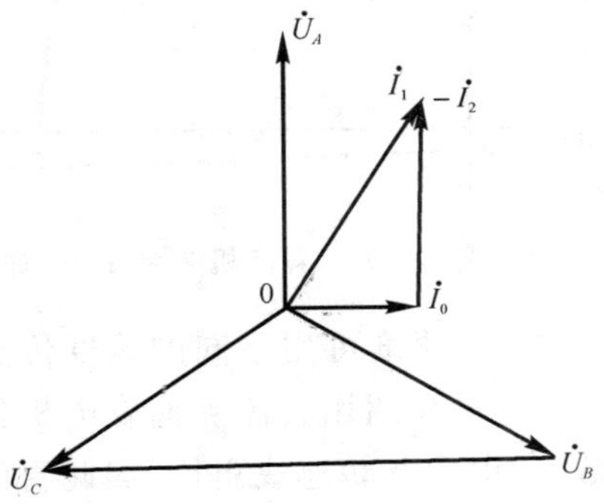

图 7.23　相量图

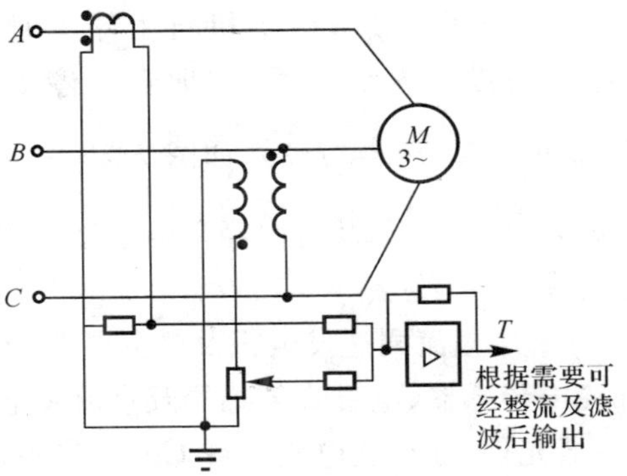

图 7.24　异步电动机转矩测试法之一

由于此法线路简单、方便，一些加工工业中采用此法显示电动机的转矩值，以起监视作用，或者作为控制信号。

2. 异步电动机转矩-转速曲线的瞬态测试法

(1) 原理。电动机的飞轮矩 T^2_{GD} 是一个常数，当空载启动时，电动机产生的电磁转矩除用于克服空载阻转矩外，全部用于产生加速度，其转矩关系式为

$$T-T_0=\frac{T^2_{\mathrm{GD}}}{375}\frac{\mathrm{d}n}{\mathrm{d}t}=T_{\mathrm{j}} \tag{7.32}$$

式中　T —— 电动机的电磁转矩(N・m)；

T_0—— 空载阻转矩(N・m)；

T_{j} —— 加速转矩(N・m)；

n —— 电机转速(r/min)；

T^2_{GD} —— 电动机及其所带动机械的飞轮矩(N・m)。

通常，启动过程中的 T 远大于 T_0，如忽略 T_0，则上式可简化为

$$T\approx T_{\mathrm{j}}=\frac{T^2_{\mathrm{GD}}}{375}\frac{\mathrm{d}n}{\mathrm{d}t} \tag{7.33}$$

即电动机产生的电磁转矩正比于角加速度。因此，若能在空载启动时测得正比于 n 及 $\frac{dn}{dt}$ 的信号，并分别接至示波器或记录仪的 x 和 y 轴的输入端，即可给出转矩-转速曲线(见图 7.25)。

当 T_0 不容忽视的情况下，必须测出 T_0 与 n 的关系曲线。测试方法是将已处于空载稳定运行的异步电动机的电源切断，使之自由停车，则由式(7.32) 得

$$T = T_0 + T_j = 0$$

即

$$T_0 = -T_j = -\frac{T_{GD}^2}{375}\frac{dn}{dt} \tag{7.34}$$

由上式可见，T_0 与电动机自由停车时的减速成正比。因此，与以上方法相同，测取自由停车时的转速及 $-\frac{dn}{dt}$，就可得到 $T_0 = f(n)$，如图 7.25 中的下面一条曲线。这样，由空载启动及自由停车两个过程就可测得 $T = f(n)$ 曲线。

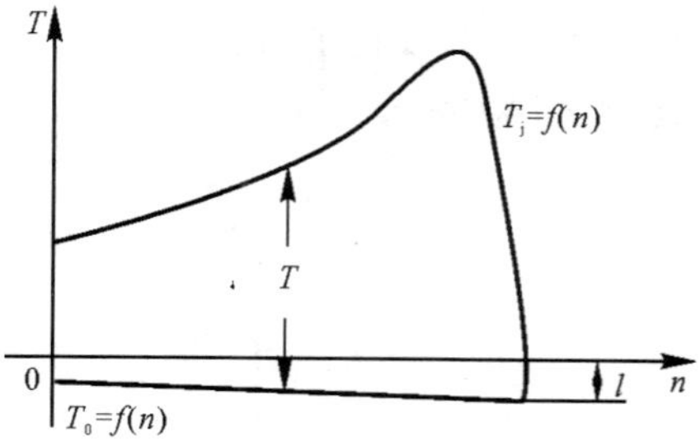

图 7.25 异步机 $T = F(n)$ 曲线

(2) 采用直流测速发电机及微分电路的一种模拟测试法。速度可用不同的速度传感器测试，如光电传感器、电磁式传感器及直流发电机传感器等。这里介绍用直流测速发电机作为测速传感器元件，其空载电压 $u \approx C_e n\Phi$，当磁通 Φ 为常数时，电压与转速成正比，因此直流测速发电机可作为转速-电压变换元件。如果测速发电机配上电容和电阻，可组成微分环节(如图7.26 所示)。

由图 7.26 可得到电压方程式

$$u = iR_1 + \frac{1}{C_1}\int i\,dt$$

如果 R_1 较小，C_1 也较小，则有以下关系：

$$iR_1 \leqslant \frac{1}{C_1}\int i\,dt$$

则

$$u \approx \frac{1}{C_1}\int i\,dt$$

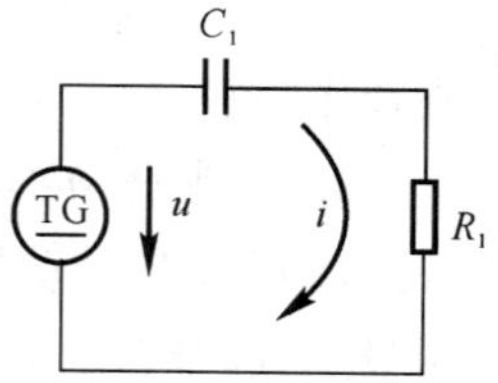

图 7.26 微分环节

从而

$$i \approx C_1\frac{du}{dt}$$

又由 R_1 的电压降为

$$iR_1 = R_1C_1\frac{du}{dt} = kR_1C_1\frac{du}{dt} \tag{7.35}$$

它与 $\frac{du}{dt}$ 成正比。测试时，分别将正比于 n 和 $\frac{du}{dt}$ 的信号加到慢扫描示波器的 X 轴和 Y 轴上。但是，实际测试线路要考虑直流发电机的输出电压，总含有一定脉动分量，故要采取措施，将脉动

分量控制在较低的水平，使微分电路输出电压中产生的脉动分量尽可能小，使所得的 $T=f(n)$ 曲线，不发生不允许的畸变，特别是测量小转矩时，不至于带来较大误差。

图 7.27 所示为加有 RC 滤波器的实例。R 和 C 的大小要适当，太小，脉动分量抑制不够，影响曲线测试；太大，则会影响曲线中的谐波转矩的测试。因此，RC 滤波电路的参数一般选为

$$RC \approx 0.028 t_{st} \tag{7.36}$$

式中　t_{st}—— 电机启动时间(s)。

R_1 和 C_1 对测试准确度影响较大，应选择适当。参数 R_1 和 C_1 选得太大，将影响测试准确度；选得太小，则纹波较大，影响测试。根据一般介绍，微分电路的常数选择在

$$R_1C_1 = (0.005 \sim 0.002) t_{st} \tag{7.37}$$

通常，R_1C_1 愈小，测试愈准确，因此在纹波及波形符合要求的情况下，应尽量减小 R_1C_1，而且 R_1 最好取得大些，以提高测试准确度。

测试时，被测电动机和直流测速发电机的装配必须同心，否则也会增大曲线上的纹波。因为整个测试回路如微分电路、测速发电机、示波器等必有一定延迟作用，所以试验时先让电动机在相反方向空转，然后改变电机旋转方向，使电机处于反接状态，以测取其制动及重新启动过程的整条 $T=f(n)$ 曲线，再取其启动部分的曲线(见图 7.28)。

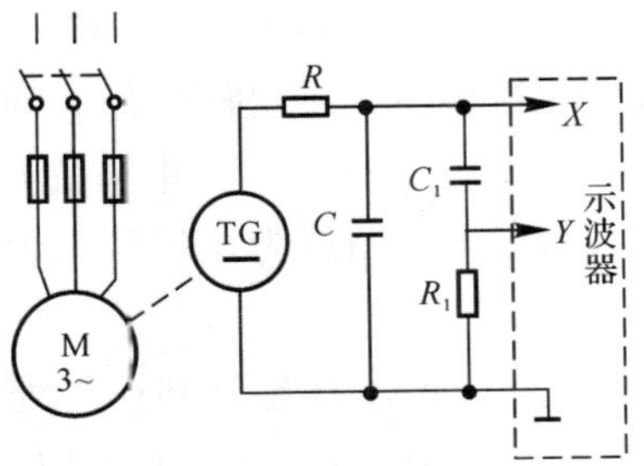

图 7.27　异步机 $T=f(n)$ 曲线的示波测试法

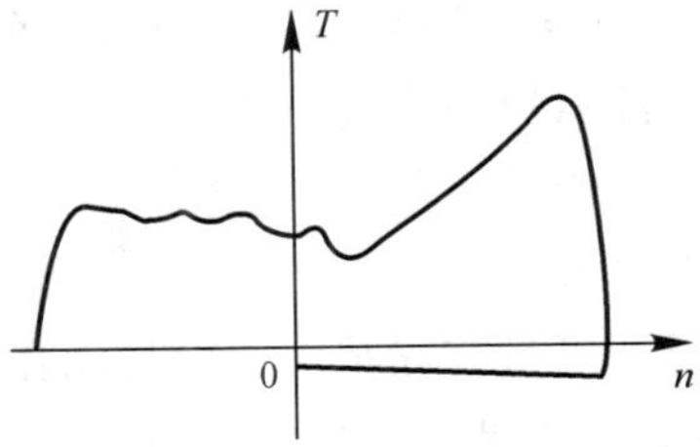

图 7.28　$T=f(n)$ 曲线的反转测试法

由示波器得到的曲线，还只是曲线的形状，因此还要对这个图形进行定标。曲线的横坐标是转速，纵坐标是转矩，所以只要将这两个坐标的比例尺定下来，就可对 $T=f(n)$ 曲线进行定量分析。

7.4　温度的测试

一、概述

温度是一个重要的基本物理量，温度测量是工业、农业、国防和科研等部门最普遍的测量项目。它在工农业生产、现代科学研究及高新技术开发过程中也是一个极其普遍而重要的测量

参数。

从宏观上看，温度的概念是建立在热平衡基础上的。如有两个各自处于热平衡状态下的热力学系统，当它们互相接触时它们的状态会发生变化，彼此间进行热交换，当达到动态热平衡时两个系统的温度相同。因此，温度表征了一个物体或系统热平衡状态的宏观性质。从微观上看，温度又反映了物体或系统分子热运动的激烈程度或平均动能的大小。

在生产和科学研究中，为了便于测量结果准确一致，需要给物体冷热程度以定量的描述。因此，有必要建立适当的标尺来衡量物体的冷热程度，以便科学地描述物体各种性能随温度变化的关系。温标就是温度的数值表示方法，它是借助于随温度变化而变化的物理量来定义温度数值的。各种各样温度计的数值都是由温标来决定的。所以可以说温标就是温度的标尺。温标是表示温度数值的一套规则，它明确了温度的单位。本世纪初国际标准局制定的标准温标范围从 0℃ 到 100℃，其复现性为 0. 02 ℃，随着科学技术的发展，标准温标的复现精度大幅提高，苏联计量科学研究院在 0～400 ℃ 范围内温标定点精度达 0. 000 5 ℃，美国标准局水三相点的温度复现性达 0. 000 1℃。

在温度测量方面各国均取得了许多可喜的成果，其中苏联的压电石英频率温度计分辨能力可达 0. 000 1 ℃，理论上可达 0. 000 01℃，而且在 40 ～ 230 ℃ 范围内具有温度与频率的线性特性；日本利用所谓石英温度频率转换器 ——80 ～ 200 ℃ 的温度范围，最大分辨率达 0. 000 1 ℃；美国标准局研制的电阻温度计 25 Ω 标准铂电阻温度计，电桥分辨 0. 000 02℃；我国生产的石英温度传感器分辨率达到 0. 000 1℃，误差在 0. 000 05 ℃ 以内；中国航天工业总公司 702 所研制的 5901(STh－1000) 型粘贴式测温片，其静态测温精度为 0. 5%，快速响应时间小于 0. 013 s。

温度测量首先是由温度传感器来实现的。测温仪器通常由温度传感器和信号处理两部分组成。温度测量的过程就是通过温度传感器将被测对象的温度值转换成电的或其他形式的信号，传递给信号处理电路进行信号处理转换成温度值显示出来。温度传感器随着温度变化而引起变化的物理参数有：膨胀、电阻、电容、热电动势，磁性能、频率、光学特性及热噪声等。随着生产的发展，新型温度传感器还会不断出现，目前，国内外通用的温度传感器及测温仪大致有以下几种。

1. 热膨胀式温度计

该温度计是利用膨胀法来测量温度的一种仪表。所谓膨胀法即是利用物质的热膨胀（体膨胀或线膨胀）性质与温度的固有关系为基础实现的一种 mug 方法。基于此法所制成的仪表，习惯上称为膨胀式温度计。

膨胀式温度计按选用的物质不同，可分为液体膨胀式温度计、气体膨胀式温度计，压力式温度计和固体膨胀式温度计四大类。对于液体膨胀式温度计，根据填充的工作液不同，又可分为水银温度计和有机液体温度计；固体膨胀式温度计，按结构又可分为双金属温度计和杆式温度计两种。膨胀式温度计可以用作标准仪器，广泛用于测量设备、管道和容器的温度，在医疗卫生和食品工业中也得到了广泛的应用。膨胀式温度计具有结构简单，制造和使用方便，价格便宜以及精度高等优点。缺点是：不便于远距离测温（压力式温度计除外），结构脆弱，易坏。

2. 电阻温度计

热电阻是利用导体或半导体的电阻值随温度变化而变化的特性来测量温度的一种感温元件。使用热电阻作感温元件的温度计常称为电阻温度计。常用的热电阻有铜电阻、铂热电阻和镍热电阻。热电阻必须与二次仪表配合使用才能指示出被测介质的温度。

热电阻的测温原理是基于金属导体的电阻值随温度的变化而变化的特性，再用显示仪表测出热电阻的电阻值从而得出与电阻值相应的温度值。热电阻的电阻值与温度的关系式为

$$R_t = R_0(1 + At + Bt^2 + Ct^3 + \cdots)$$

式中　R_0——0℃ 时热电阻的电阻值(Ω)；

R_t——t℃ 时热电阻的电阻值(Ω)；

t——被测介质的温度(℃)；

A,B,C——分度常数。

电阻温度计具有测量精度高，性能稳定，灵敏度高，应用范围广，可远距离测温，便于微机实时处理，并能实现温度自动控制和记录等许多优点。

3. 热电偶

热电偶是用两种不同成分的导体焊接在一起，两端温度不同时，在回路中就会有热电势产生，因此热电偶是通过测量热电势从而测量温度的一种感温元件，它是一种变换器，它能将温度信号转变为电信号再由显示仪表显示出来。

热电偶测量温度的基本原理是热电效应。它是热电效应理论的具体应用之一。在温度测量中得到了广泛的应用。其特点：① 测量精度高；② 结构简单；③ 动态响应快；④ 可作远距离测量（由于热电偶是利用热电势测温的，并且热电偶热电势的大小与其长短无关，所以信号可以远传），便于集中检测和自动控制；⑤ 测温范围广。

4. 辐射式测温仪表

辐射式测温仪表是指依据物体辐射的能量来测量其温度的仪表。它属于非接触式测量仪表，具有测量温度高，反应迅速，热惰性小等优点。该仪表适用于有腐蚀性的高纯度的物体以及运动状态物体的温度测量。在热处理行业中常用于测量高温盐炉，油炉和煤气炉的温度，由于它的感温部分不与测温介质直接接触。因此，其测温精度不如热电偶温度计高，测量误差较大，其测量范围一般在 400 ～ 3 200 ℃。这类仪表有全辐射高温计、单辐射高温计和比色温度计三种。

5. 石英温度传感器测温仪

石英温度传感器的测温原理是以石英晶体片作为测温元件，将温度变化的模拟量转化为

石英晶体震荡频率的数字量，再将此频率信号进行转换，并显示其温度值，石英晶体震荡频率与温度之间的关系式为

$$f = f_0[1 + \alpha(T - T_0) + \beta(T - T_0)^2 + \cdots]$$

式中　T —— 任意点温度值(℃)；

T_0 —— 基准点温度值(℃)；

f —— 对应温度 T 的频率(Hz)；

f_0 —— 对应温度 T_0 的频率(Hz)；

α,β —— 一次、二次频率温度系数。

石英晶体温度传感器稳定性很好，灵敏度可达 0.001℃ 以上，其主要缺点是响应速度较慢，其测温速度约为 1 s 一次，显然不适合快速测温场合。

根据测温仪表的工作原理，可将其分类，如表 7.2 所示。各种工业测温仪的测试范围如图 7.29 所示。

表 7.2　温度检测仪表的分类

测温方式	测温原理		测温传感器及仪表名称
接触式	体积变化	固体热膨胀	双金属温度计
		液体热膨胀	水银及酒精温度计、压力式（充液或充饱和汽、液）温度计等
		气体热膨胀	
	电阻变化	金属热电阻	压力式（充气）温度计、气体温度计等
		半导体热敏电阻	铂、铜、镍、铑、铁热电阻等
			锗、碳金属氧化物等半导体热敏电阻
	电压变化	PN 结电压	PN 结数字温度计
	热电势变化	贱金属热电偶	铜-康铜、镍铬-镍硅热电偶
		贵金属热电偶	铂铑$_{10}$-铂、铂铑$_{30}$-铂铑$_{6}$ 热电偶
		难熔金属热电偶	钨-铼、钨-钼热电偶
		非金属热电偶	碳化物-硼化物热电偶
	频率变化	石英晶体	石英晶体测温计
	光学特性变化	光纤及液晶	光纤温度传感器、液晶测温膜等
	其他	其他	测温锥、声学温度计等

续 表

测温方式	测温原理		测温传感器及仪表名称
非接触式	热辐射能量变化	亮度法	目视亮度高温计、光电亮度温度计等
		全辐射法	辐射感温器或温度计
		比色法	比色高温计
		部分辐射法	部分辐射温度计、光谱温度计等
		其他	红外温度计、火焰温度计

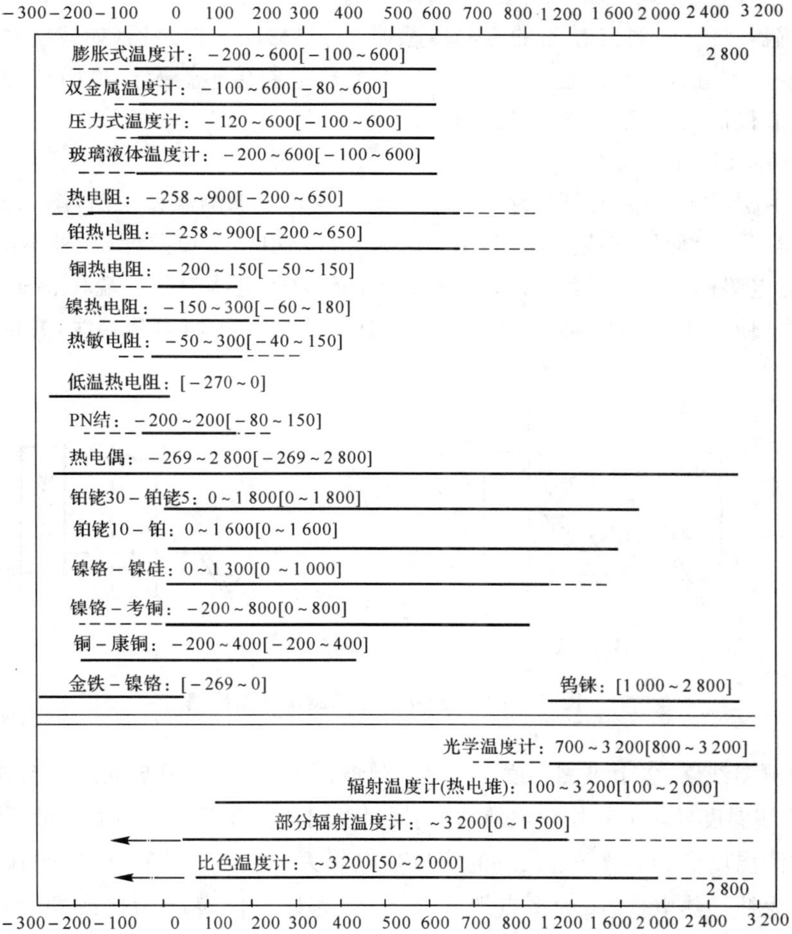

图 7.29　温度传感器和仪表测温范围示意图

注：单位均为(℃)，方括号内数字为常用范围，用实线表示；方括号外数字为可能数字，用虚线表示；带箭头的点划线表示发展趋势。

近年来，温度测量技术问题进一步得到了关注和发展，在由美国国家标准技术研究院

(NIST) 和仪表检测、系统和自动化协会(ISAS) 共同主办的第 8 届国际温度专题研讨会上，讨论了改进温度测量技术的问题。这些技术包括声学测温和声学传感器技术以及提高辐射测温技术的方法等。声学测量技术将提高铂电阻温度计的校准标准，声学传感器被称为绝对高温计，是通过一个同电功率做比较由此决定光功率的过程来加以校准的，目前，这项技术尚在开发之中。

二、接触式测温

工业上常用的接触式测温传感器有三种：热电偶传感器(有源探测器)、热电阻传感器(如铂热电阻传感器 —— 一种最精密的测温传感器) 与热膨胀式传感器(如玻璃水银温度计)。

各种接触式测温仪的概况已列于表 7.2，有关热电偶传感器及热电阻传感器的原理已在第四章述及，故仅简要介绍一些应用实例。

1. 热电偶测温

(1) 工业用热电偶测温典型线路。图 7.30 为工业热电偶测温型线路，图 7.30(a) 为与动圈表及冷端补偿器配套使用的线路，图 7.30(b) 为与自动电子电位差计(一种不消耗热电偶的能量而能测出热电势的仪器) 配套使用的线路。图中 t_0 为热电偶中参考端，C 和 D 为 A 和 B 热电偶的补偿导线。使用中应注意除 A，B，C，D 外，其余连接导线均为铜导线，并应保证连接点接触良好。

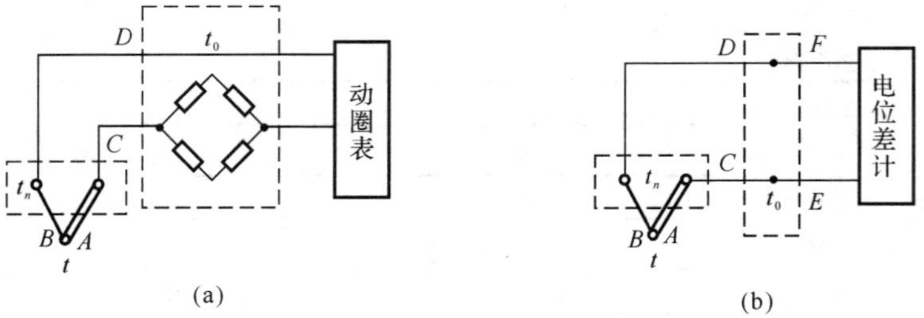

图 7.30　工业用热电偶测温典型线路

(2) 多点测温线路。多个被测温度点用多支热电偶分别测试，但却共用一台显示仪表(G) 和一支作为参考端温度处理的补偿热电偶，它们通过专门切换开关进行多点测量(见图 7.31)。

图中，被测温度点为 t_1，t_2…；相应的测试热电偶为(A_1，B_1)，(A_2，B_2)，…；C 和 D 为补偿导线；(A_0，B_0) 为补偿热电偶；K 为多点切换开关；G 为显示仪表；J 为接线端子板；H 为恒温器(保持 t_0 恒定)。

当 K 置于 1 点时测 t_1 的温度。对应图 7.31(a)，输出到 G 的总电势为

$$E_x = E_{A_1B_1}(t_1, t_p) - E_{A_0B_0}(t_0, t_p) = E_{A_1B_1}(t_1, t_p) + E_{A_1B_1}(t_p, t_0) = E_{A_1B_1}(t_1, t_0) = E_{AB}(t_1, t_0)$$

对应图 7.31(b)，则有

$$E_x = E_{A_1B_1}(t_1, t_p) + E_{A_0B_0}(t_p, t_0) = E_{A_1B_1}(t_1, t_p) + E_{A_1B_1}(t_p, t_0) =$$
$$E_{A_1B_1}(t_1, t_0) = E_{AB}(t_1, t_0)$$

其他各测试点情况类同。

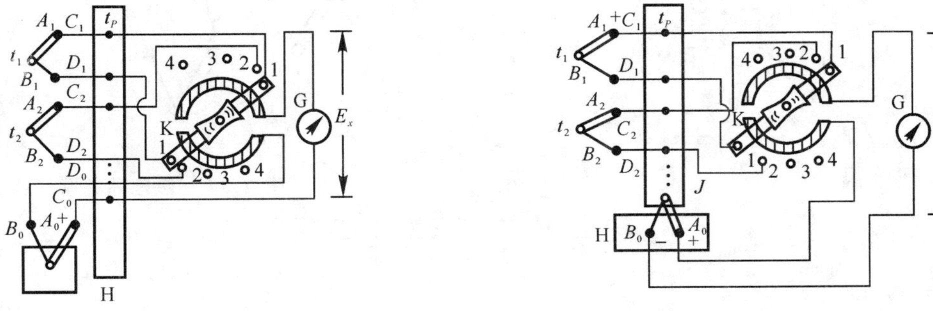

(a)　　　　(b)

图 7.31　多点测温线路

(a) 补偿热偶测量端恒温法；(b) 补偿热偶参比端恒温法

多点测温线路多用于自动巡回检测中，巡回检测点可多达几十个。

(3) 热电偶的正向串联。如图 7.32 所示，两支同型号的热电偶的异名极(正、负极)相连，C 和 D 为其补偿导线，其余均为铜线。如果 n 支同型号热电偶正向串联，则组成的热电偶称之为热电堆。其总电势为

$$E_x = E_1 + E_2 + \cdots + E_n = \sum_{i=1}^{n} E_i$$

可见，采用热电堆来测同一温度，其输出电势增加，仪表的灵敏度提高。

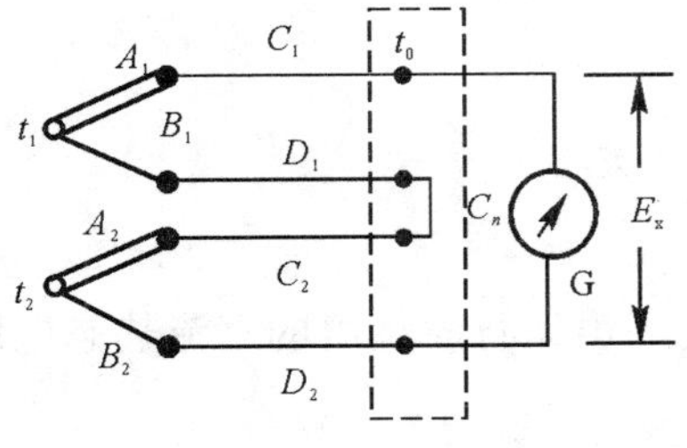

图 7.32　热电偶正向串联

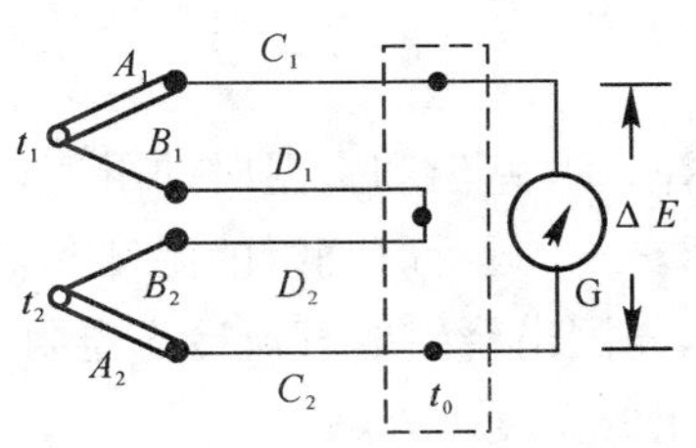

图 7.33　热电偶反向串联

(4) 热电偶的反向串联。如图 7.33 所示，将同型号热电偶同名极相连即组成微差热电偶。其输出热电势 ΔE 反映了两个测试点(t_1 和 t_2) 温度之差

$$\Delta E = E(t_1, t_0) - E(t_2, t_0) = E(t_1, t_2) + E(t_2, t_0) - E(t_2, t_0) = E(t_1, t_2)$$

为了使 ΔE 能更好地反映出两点温差地大小，热电偶的热电特性要好，且应尽量用于 t_1 和

t_2 处热电偶所产生误差小于规定范围。

(5) 热电偶的并联。如图 7.34 所示，A_1 和 B_1，A_2 和 B_2 为两支同型号热电偶，其热电流为 i_1 和 i_2，内阻分别为 r_1 及 r_2。则有以下关系式：

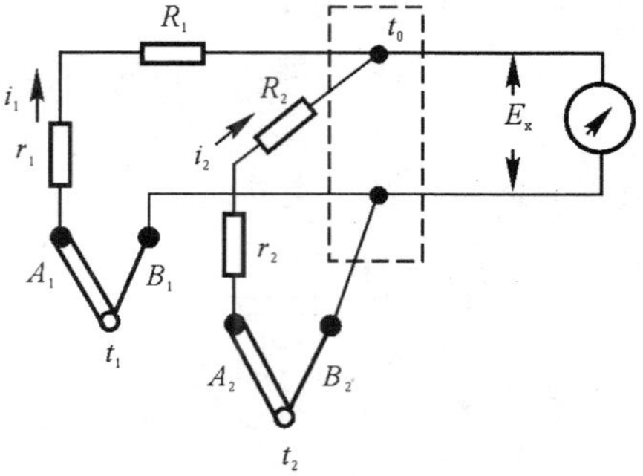

图 7.34　热电偶并联

$$\begin{cases} i_1 r_1 = E(t_1, t_0) \\ i_2 r_2 = E(t_2, t_0) \\ ir = E_x \end{cases}$$

式中　$r = r_1 // r_2$，　$i = i_1 + i_2$

解此方程可得

$$E_x = \frac{E(t_1, t_0) r_2 + E(t_2, t_0) r_1}{r_1 + r_2}$$

设 $r_1 = r_2$，则

$$E_x = \frac{1}{2}[E(t_1, t_0) + E(t_2, t_0)]$$

可见，此时测得为平均热电势。如 t_1 和 t_2 处于热电偶热特性的线性区间，则可求得两个测试点的平均温度。为了保证热电偶回路内阻尽量相同，可分别串入阻值较大的 R_1 及 R_2，以减少的 $r_1 \neq r_2$ 影响，但此时如采用动圈毫伏表显示，则会使信号受损失，增大了测试误差，故应采用电位差计。

2. 金属热电阻及半导体热电阻测温

(1) 根据导线电阻的变化测温。金属导线的电阻随温度的增加而增大，在一定的温度范围内，其电阻值随温度变化为某一简单的函数关系。电机、电器中就常用这种原理来测绕组的温升。

对铜导线，在 $-50 \sim 150$℃ 内，其温度和阻值有以下熟知的关系：

$$t_2 = \frac{R_2 - R_1}{R_1}(235 + t_1) + t_1$$

式中　t_1, R_1—— 室温和室温时的阻值；

　　　t_2, R_2—— 运行时绕组的温度和阻值。

即当室温时，先测出绕组的直流冷态电阻，然后只要测出运行时绕组的直流热态电阻，就可求出运行时绕组的温度 t_2。

从热态电阻 R_2 求温升 θ 时，只要减去试验结束时的冷却介质温度 t_0 即可。

$$\theta = t_2 - t_0 = \frac{R_2 - R_1}{R_2}(235 + t_1) + t_1 - t_0$$

用电阻法测温，测得的是整个绕组的平均温度。

(2) 埋置热敏元件测温。功率较大(5 000 kW 以上) 或铁芯长度较长(1 m 以上) 的交流电机绕组，常用埋置金属热电阻或半导体热电阻的方法测热点的温度，或用以监视局部温升状况。一般是将热敏元件埋于电机制造完成后所不能达到的部位。每台电机通常埋置 12 支热敏元件，铁芯内 6 支，绕组线圈内 6 支。

常用的元件为铜热电阻（结构简单，价廉，用于极限温度为 105 ℃ 的 A 级绝缘）、铂热电阻（体积小、时间常数小，用于极限温度高于 105 ℃ 的绝缘等级），以及半导体负温度特性的热电阻（测温灵敏度及分辨力高，结构简单，体积小，价廉，热惯性小等）。

埋置在测量点的元件，一般经连接导线由二次仪表测出其电阻值，再查元件材料的分度表，从表上得到温度值。也可将电阻值通过电子测试回路的转换，在显示仪表上直接显示温度值。

(3) 用半导体温度计测温。半导体温度计由热敏元件和二次测试仪表组成。热敏元件是由微型珠状热敏电阻装在笔形保护套内，构成测试笔。这种热敏电阻体积小，热惯性小，对温度的变化很敏感，可测出温度的微小变化，因而灵敏度较高。二次测试线路是利用不平衡电桥的工作原理设计的，显示仪表采用微安表（图 7.35）。

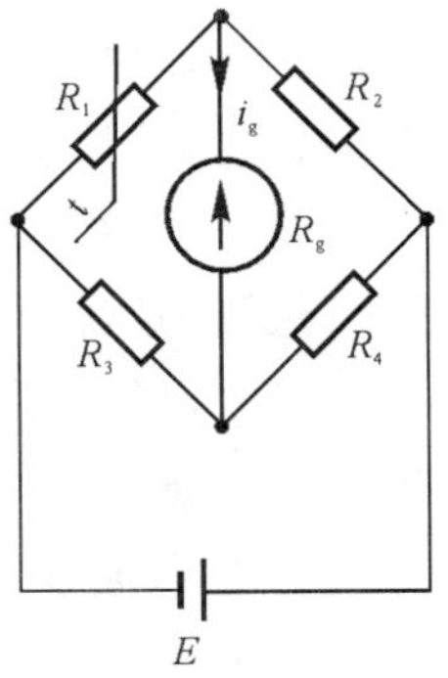

图 7.35　半导体测温电桥

R_1 为热敏电阻，其电阻温度系数为 α_i。如取 $R_3 = R_4$，在某一温度下 $R_1 = R_2$ 则微安表电流 $i_g = 0$。如果被测点的温度变化 Δt，则 $R_1 = R_2(1+\alpha_i\Delta t)$，根据等效电源法可导出

$$i_g = \frac{E(R_1R_4 - R_2R_3)}{(R_1+R_2)(R_3+R_4)R_g + R_1R_2(R_3+R_4) + R_3R_4(R_1+R_2)}$$

将 $R_3 = R_4$ 代入，则

$$i_g = \frac{E(R_1 - R_2)}{2(R_1+R_2)R_g + 2R_1R_2 + R_3(R_1+R_2)} = \frac{E\alpha_i\Delta t}{(2+\alpha_i\Delta t)(2R_g+R_3) + 2(1+\alpha_i\Delta t)R_2}$$

由 i_g 与热敏电阻 $\alpha_i\Delta t$ 的函数关系，在微安表的表面上刻上温度值，即可直接显示温度。

这种温度计的测试范围为 −10 ～ 300℃，最小分度值为 0.5 ～ 1℃，最小误差可达到±0.5 ～ 1℃。

当采用半导体温度计测温时，应注意保护测试笔笔尖处的微型热敏电阻，轻触被测物体，注意周围气流对测试点的影响以及气流对笔杆的影响，否则会产生较大误差。

三、非接触式测温

1. 红外测温仪

按测温范围来分类，可划分为高温（700℃ 以上）、中温（100 ～ 700℃）和低温（100℃ 以下）三种。按种类又可分为辐射温度计、亮度温度仪和比色温度计等。现按种类分别简介如下。

(1) 辐射温度计（热电堆）。根据斯忒藩-玻耳兹曼定律，辐射功率（即单位时间发射的辐射

能量）与物体本身的绝对温度 T(K) 的 4 次方成正比。辐射温度计就是利用热电传感元件，测试物体热辐射全部波长的能量来确定被测物体的表面温度。这种方法，热电传感元件接收的辐射能大，因此也易受外来光（如灯光、日光、物体的反射光等）的干扰，适用于被测物体的温度远高于环境温度的情况。

（2）部分辐射温度计。通过滤光片及传感元件有选择地测试物体热辐射某一波段范围内发出的辐射能量，来确定物体的表面温度。黑体辐射曲线最大值所对应的峰值波长 λ_m 是温度的函数，因此可根据温度计的测温量程测试 λ_m 附近一个波段范围内的辐射能量，以确定被测物体的表面温度。这时外来光的干扰仅限于这一被测波段，故受干扰的影响比测全部波长的能量时小。它可用于较低温（如 200℃ 或 300℃ 以下）的测试，例如电力系统、电机及电器设备的非接触式测温。

（3）红外亮度测温仪。亮度测温仪是利用物体的单色辐射亮度随温度的不同而变化的原理，以被测物体在光谱的一个狭窄区域内的亮度与标准黑体的亮度进行比较为基础来测试温度的。其主要优点是测温仪示值与测温仪离开辐射体表面的距离以及辐射体表面尺寸无关。此外，中间介质吸收作用，发射系数不稳定的影响也比辐射式温度计小。

（4）比色温度计。测试物体热辐射中两个波段热辐射能量之比值，以确定物体的表面温度。波长通常选在光谱的红色和蓝色区域内。此法可减小被测物体比辐射率对温度读数的影响。

（5）实例。红外测温仪种类很多，图 7.36 是一种部分辐射温度计原理图。它由光学系统、红外探测器、调制器、电子线路及显示器几部分组成。

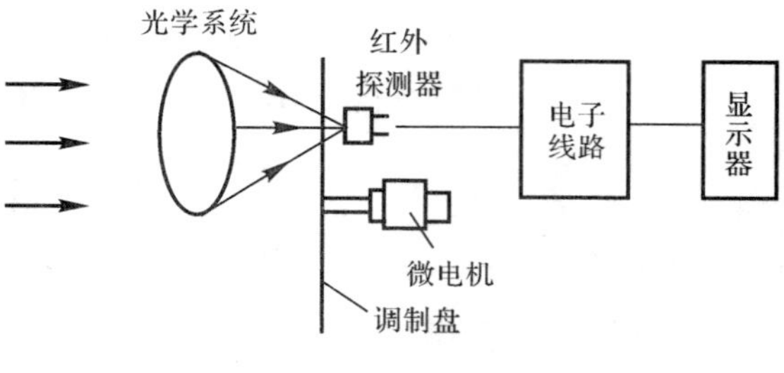

图 7.36　部分辐射温度计原理图

调制器一般有光调制和电调制两种。图中所示为光调制。它是用微电机带动一个等齿距的齿盘（或等距扇形孔），通过齿盘的旋转来交替切割红外辐射的聚焦光束，使投射到检测元件上的红外辐射成为交变的辐射信号。采用调制器是因为电子线路对交流信号较容易处理，并且能得到较高的信噪比。

电子线路是将微弱的信号经放大、整形、运算后输至显示器。显示器通常有仪表显示和数字显示两种。这部分与普通电子仪器原理相同。

红外测温具有速度快、测温范围宽、不接触物体（可在几十米以内测温）等优点，对于室内外高压电气设备、变压器以及输电线路的导电接头等，均可进行带电测温，目前有些红外测温仪准确度已达 ±1℃ 左右，分辨率小于或等于 1℃。随着红外探测技术的发展，红外测温将会进一步应用到电气技术领域。例如，国内、外已进行了用红红外测取电机转子表面温度的试验研究。

2. 无线电测温技术应用简介

大型发电机转子温度可用电压电流比值法测出转子绕组的平均温度，但对有害的局部高温以及转子温度的分布情况无法了解。采用无线电测温技术可以解决这类问题，现介绍一种采用无线电波测试汽轮发电机转子温度的方法。其原理是利用金属热电阻元件的阻值随温度变化的关系，得到随温度变化的电压信号，再经过电压-频率转换器，使其转化为随温度变化的频率，并将频率信号在高频上载波发射。在电机外部用接收机接收无线电波后，经放大、检波等电路重新获得随温度而变化的频率，再利用数字测频原理由数码管显示温度的数值。这种方法也可用于变压器及高压带电设备等不能直接接触部件的温度测试。

7.5　压力的测量

一、概述

压力是反映物质状态的重要参数，它在科学研究和生产活动的各个领域里具有重要意义。工程测试中所称的压力（在物理学中称为压强）是指介质（包括气体或液体）垂直作用在单位面积上的力，因此，压力 p 可表示为下式：

$$p = \frac{F}{S}$$

式中　F—— 垂直作用在面积为 S 上的力。

工程上通常把压力分为三种表示方法：

(1) 绝对压力。它是指相对于绝对真空而测得的压力。

(2) 表压力。它是指超出当地大气压力的数值，亦即绝对压力与当地大气压力之差。

$$p_{表压} = p_{绝对} - p_{当地大气压}$$

(3) 真空度。当绝对压力低于当地大气压力时，表压力为负表压，习惯上把负表压称为真空度。绝对压力愈低，负表压的绝对值愈大，真空度就愈高。

由于各个领域中广泛应用着不同的压力测量仪表和装置，测量压力的办法也多种多样。根据不同的测量原理，可以把压力测量方法归纳为四大类：

(1) 液体压力平衡原理刷压法。这是通过液体产生的压力，或传递压力来平衡被测压力的原理进行测量压力的方法。它又可分为液柱压力计和活塞压力计。

液柱压力计法是利用液柱产生的压力与被测介质压力相平衡的原理。它的原理简单、工作可靠、种类各异，图 7.37 是几种常见的类型。为了满足不同的测量要求，工作液体常用水银、水、酒精、甲苯等。

活塞式压力计是利用液体传递压力的原理，通常把它作为标准压力发生器，用来校准其他压力仪表。

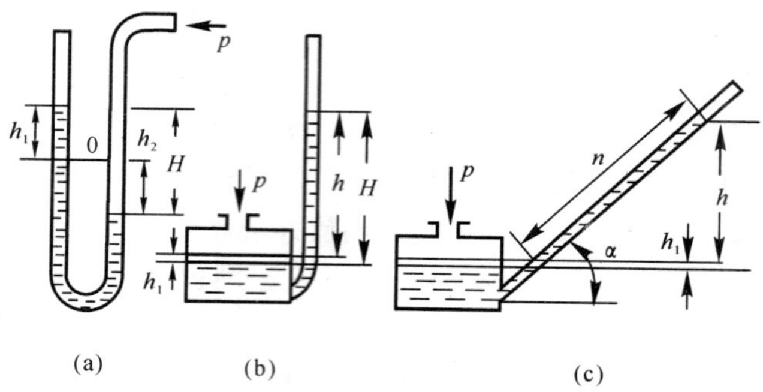

图 7.37　液柱式压力计原理

(a)U 型压力计；(b) 单管压力计；(c) 倾斜式压力计

(2) 机械力平衡原理测压法。这是将被测压力通过某种转换元件转换成一个集中力，然后用一个大小可调的外界力来平衡这个未知的集中力，从而实现对压力的测量。图 7.38 表示一种采用电磁吸力来平衡膜片作用力的测匝力设备的原理。

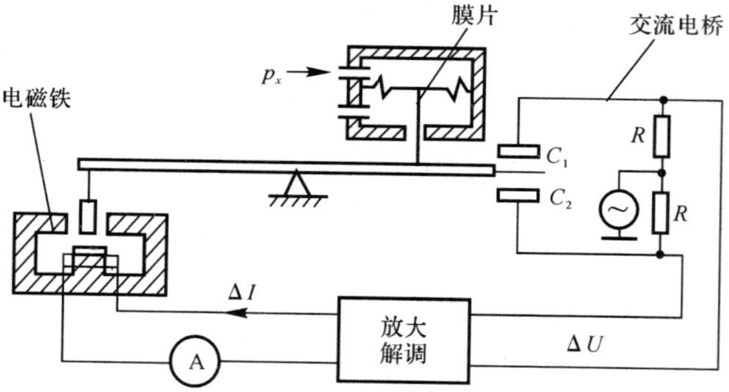

图 7.38　力平衡式压力测量原理

(3) 弹性力变形原理测压法。这类测压方法是利用多种形式的弹性元件在受到压力作用后会产生弹性变形，根据弹性变形的大小来测量压力，这类压力仪表品种多，应用广。通常采用的弹性元件可分为：

1) 平膜片。将弹性材料做成简单的平面膜片，它的刚性较大，工艺简单。

2) 波纹膜片。将模片做成波纹状，可有正弦波纹、三角波纹、梯形波纹等形状，这种膜片灵敏度高，变形较大。有片组合在一起做成膜盒，其变形输出可比单片加大一倍。

3）挠性膜片。一般用于较低压力的测量。膜片中心有硬心，使它与弹簧配合的线性特性。

4）波纹管。将弹性材料做成波纹管状，灵敏度高，位移变形大。

5）弹簧管。它也叫波登管，通常有单圈管和多圈管之分，在工业中应用最为普遍。

弹性力应变原理测压法中除了上述弹性元件之外，还需要有测量变形的放大机构和机电转换元件，常见的有如下几种：

1）简单的机械放大机构。采用齿轮，杠杆传动系统刘变形位移进行放大，并带动指针指示压力数值。

2）机电转换元件。通常采用非电量的电测方法将位移转换成电量，可使用的元件很多，大致有：① 电阻、电感或感应式；② 霍尔元件式；③ 应变片（丝）式；④ 电容式；⑤ 振弦式。

（4）其他物理特性测压法。

1）压电效应测量压力。利用压电晶体在压力作用下，晶格变形来作压力传感器。

2）压电阻原理测压法。这是利用一些金属或合金在压力直接作用下本身电阻发生变化的原理来测量压力的方法，由于电阻压力系数一般比较较小，因此常用在超高压的测量中。

3）热导原理测压法。利用气体在压力降低时，导热系数变小的原理来测量真空度。

4）电离真空测量原理。这是根据带有一定能量的质点通过稀薄气体时，可使气体电离的原理，再利用对离子数计数来测量真空。

二、机械弹性式压力计原理

如前所述，机械弹性元件压力计是利用弹性材料做成各种不同形状的弹性元件，在被测介质压力作用下产生弹性变形的原理而制成的测压仪器。图 7.39 是常见的弹性元件形状，图 7.39(a) 是平膜式弹性元件，它的刚度大，灵敏度低，但有较好的动态特性。由于它的抗振强度高，便于测量腐蚀性、黏度高或有结晶颗粒的介质的压力。平膜式弹性元件变形小，一般不用机械放大机构，而是和机电转换元器件相结合做成压力计。图 7.39(b) 是波纹膜片，它的刚度较小。线性好，灵敏度较高，但动态特性不太好。图 7.39(c) 是膜盒弹性元件，由于它的变形较大，可以配以机械放大机构，直接指示被测压力。改变波纹膜片的波纹形状，可以改变它的刚度、线性度，因此按照不同的要求，将波纹设计成三角形、梯形、正弦形等不同的膜盒。图 7.39(d) 是波纹管弹性元件，它的线性度与灵敏度都比膜片、膜盒元件好，它能够产生较大的位移。波纹管元件除有不同形状的波纹以外，还有单层、双层和多层之分，借以满足不同特性的要求。图 7.39(e) 是组合式弹性元件，它由波纹管和压弹簧组合而成，便于整体刚度的调节，可以做成系列化产品。组合弹性元件的变形 δ 和工作压力 p、波纹管有效面积 S_e 成正比，与波纹管刚度 W_b，压弹簧刚度 W_p 之和成反比，即有

$$\delta = \frac{pS_e}{W_b + W_p}$$

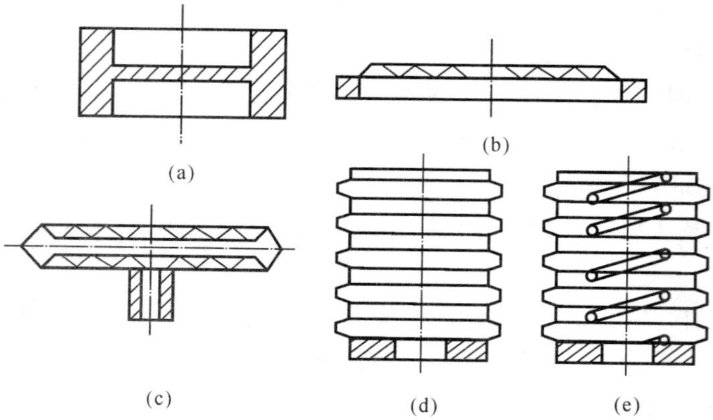

图 7.39 几种常用弹性元件

(a) 平膜片； (b) 波纹膜片； (c) 膜盒； (d) 波纹管； (e) 组合弹性元件

而且有 $W_p \gg W_b$，因此只要改变压弹簧的刚度 W_p 即可改变整体刚度。

弹簧管是应用较广泛的弹性元件。图 7.40 是用弹簧管作测压传感器的压力计原理图。这种压力计的主要元件是一个弯成圆弧的空心弹簧管，一般管的横截面是扁圆形或椭圆形。管内输入被测压力，弹簧管使内部体积增大而变形，由于管子力趋伸直，使自由端发生位移。在选定的工作范围内，位移的大小与被测压力成线性关系。压力计的放大机构由拉杆 2、扇形齿轮 3 和齿轮轴 4 组成。当弹簧管自由端伸长时，通过拉杆拉动扇形齿轮，使其绕本身的固定轴转动，并且带动齿轮轴旋转。指针 6 和齿轮轴固定在一起，于是随齿轮轴旋转而转过一个相应的角度，在刻度盘 5 上指示出被测压力的数值。

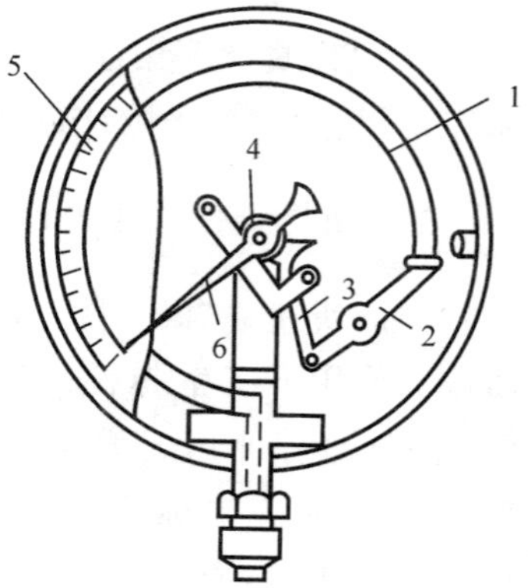

图 7.40 弹簧管式压力计原理图

一弹簧管； 2一拉杆； 3一扇齿轮； 4一齿轮轴； 5一刻度盘； 6一指针

为了消除机械机构中间隙的影响，在指针轴上装了一个力矩不大的游丝。弹簧管的尺寸和材料决定了压力计的测量范围。通常这种压力计的测压范围为 5.0×10 kPa ～ 1.0×10^5 kPa。

三、霍尔式压力计原理

由霍尔元件原理可知，如果将它放在一个磁场中移动，保持控制电流不变，它将输出一个与位移大小有关的霍尔电势。为了使霍尔电势与位移大小成比例，需要设法形成一个线性的不均匀磁场。经常采用两个相同磁铁使极间形成两个方向相反的磁场，磁极端面做成特殊形状的磁靴，如图 7.41 所示。这样得到的磁感应强度的分布如图中曲线所示。霍尔式压力计利用膜盒作传感器，霍尔元件作机电转换元件，如图 7.42 所示。

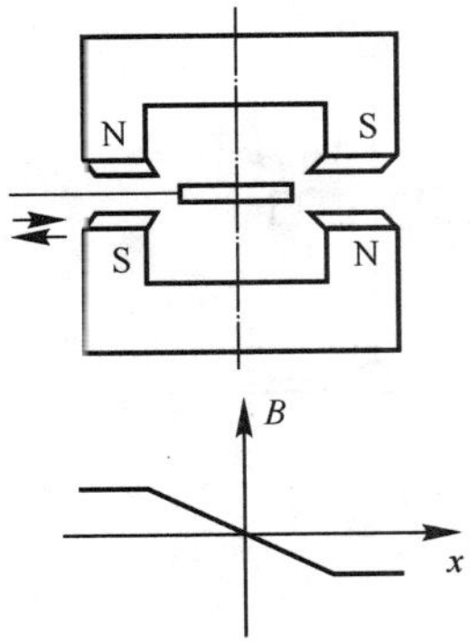

图 7.41　霍尔压力计的线性磁系统

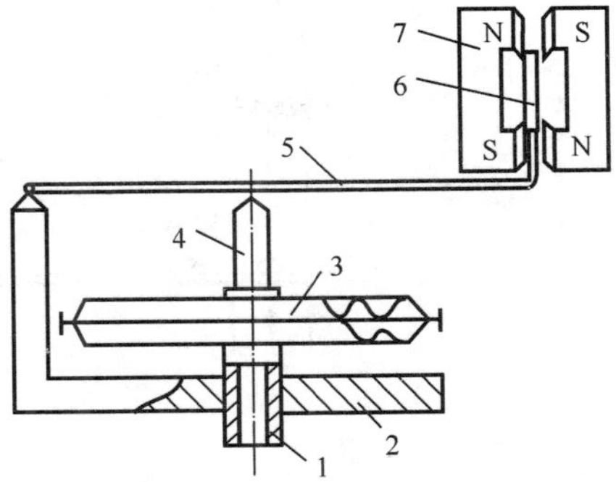

图 7.42　霍尔式压力计原理图

1—管接头；2—基座；3—膜盒；4—顶杆；5—杠杆；6—霍尔片；7—磁铁

当被测压力发生变化时，膜盒顶部的顶杆将产生位移，推动带有霍尔片的杠杆，由于霍尔元件在两对磁极构成的线性不均匀磁场中移动，作用在霍尔元件上的磁感应强度变化，致使霍尔电势也随之变化。当霍尔元件处于两对磁极中间的对称位置时，霍尔电势为零。当受被测压力的作用，使霍尔元件离开平衡位置而向某一方向偏移时，霍尔元件的输出电势与其所处位置有关即与压力大小有关。国产 HWY-1 型压力计就是采用上述原理设计的产品。由于它的输出电势为毫伏级信号，可以传送一定距离。霍尔元件是非接触转换器件，工作可靠，应用比较广泛。但是霍尔元件易受温度影响而造成误差，通常要采取温度补偿措施来提高它的测量准确度。

四、振弦式压力测量原理

振弦式压力测量原理比较特殊，它是将弹性元件的变形转换成金属弦丝（或弦带）的固有振动频率的变化，输出的是频率信号，不易受干扰。频率传输不失真，便于数字处理。这些优点使它在特殊环境下获得应用，如原油开采深井的压力测量。

图 7.43 是振弦压力测量原理图，图 7.43(a) 中金属弦丝一端固定在膜片上，一端固定在基座上，当膜片在被测压力作用下发生变形时，使弦的张力 F 发生变化，从而影响弦的横向振动固有频率 f。根据材料力学原理可知它们的关系如下：

$$f=\frac{1}{2}\sqrt{\frac{f}{ml}}$$

式中　l —— 弦的工作长度；

　　　m —— 弦的工作段质量。

可见，振弦把被测压力直接转换成了弦的频率变化。

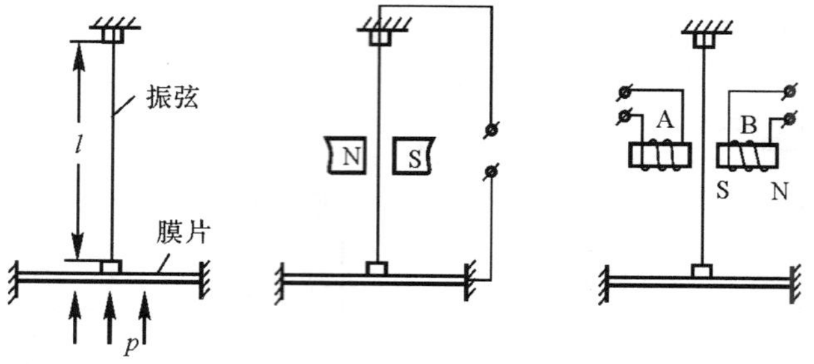

图 7.43　振弦压力测量原理

图 7.43(b) 和(c) 是两种测量频率的方法。图 7.43(b) 中在弦的两侧放一个永久磁铁，工作时，弦中先通一起振脉冲电流。由于电流在弦中流动，又是放在磁场中，受到脉冲力的作用，使弦起振。此后，弦在磁场中振动将产生交变的感应电势，其变化频率就等于弦的自振频率。当被测压力变化时，输出的感应电势的频率亦随之变化。图 7.43(c) 中在弦的一侧安放电磁铁 A，它是作为激振用的，当线圈中通以激磁电流时，A 中产生磁场，弦丝在磁场力作用下被激振。在弦的另一侧安放了带永久磁铁的线圈 B，弦丝振动时使永久磁铁磁阻不断作周期性地变化，因此在线圈 B 中感应出交变电势。同样，这个电势的变化频率正好等于弦丝的自振频率。

振弦测压原理在实际应用中，常将膜片、振弦、振弦夹紧装置和电磁激振装置组合成一个整体，做成振弦式压力传感器。使用两根输出引线将感应电势输出，通过测量其频率来确定所测压力的数值。

五、光电式压力测量原理

光电测压原理是利用由于压力变化引起射到光敏元件上的光强度变化，从而获得压力测量数值的方法。图 7.44 是光电测压传感器的原理图。图中包括弹性膜盒及与其连接的遮光板、光敏元件 L_A 和 L_B、光源等基本部件。当被测压力作用于膜片时，引起遮光板中狭缝的位移，这样就使投射到光敏元件 L_B 上的光强度增强，而同时使光敏元件 L_A 上的光强度减弱。如果把光敏元件 L_A 和 L_B 接成差动电路，就能实现光电转换，只要将狭缝位移与光敏元件差动输出电压设计成线性关系，而膜片变形引起的狭缝位移与所测压力是线性关系，就可以使压力和输出电压成比例。

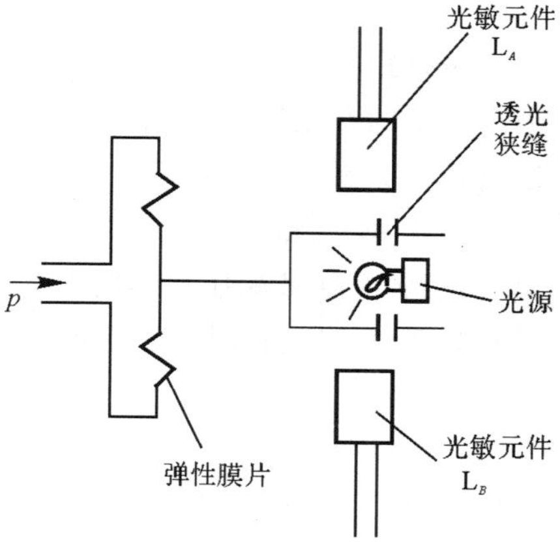

图 7.44　光电测压原理图

由于光敏元件容易受温度变化的影响而产生测试误差，为此可采用反馈电路加以补偿。

图 7.45 是具有反馈补偿电路的光电测压原理电路。图中光敏元件 L_A 和 L_B 的总电流 i_L 通过公共电阻 R，如果由于温度变化使光敏元件电流变化，则电阻只上的共模电压将发生变化，经过反相放大器引起控制元件的输出电流变化，从而调节灯源的发光强度，使光敏元件的差动输出电压获得补偿。

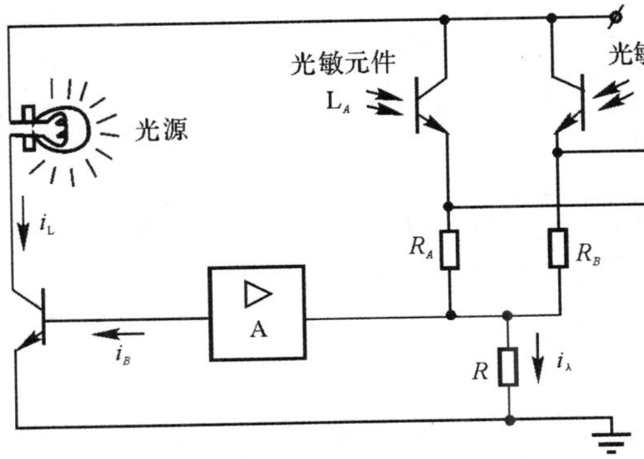

图 7.45 光电式压力测量电路

设通过光敏元件的电流 i_λ 与灯源的电流 i_L 成比例，即有

$$i_\lambda = ki_L$$

灯源电流 i_L 与控制电流 i_B 有 $i_L = \beta i_B$ 的关系，反馈放大器 A 的跨导为 G，可以得到

$$\frac{\Delta i_\lambda}{i_\lambda} = \left(\frac{1}{1+k\beta GR}\right)\frac{\Delta k}{k}$$

式中 $k\beta GR$ 的值通常数值很大，所以有 $\frac{\Delta i_\lambda}{i_\lambda} \ll \frac{\Delta k}{k}$，这个结论说明，对于温度变化所引起的比例系数 k 的相对变化 $\frac{\Delta k}{k}$，由于反馈线路的作用使光敏元件的共模电流的相对变化量降低到很小。

此外，值得说明的是，由于灯源老化而引起的比例系数 k 的变化，通过上述反馈线路亦可消除对输出差动电压的影响。

光电式测压的特点是光敏元件反应灵敏，输出信号较大，不需要再进行放大，它可以获得连续的输出电压，且具有很高的分辨率。

7.6 振动的测量

一、振动的基本概念

物体随时间进行反复相同的或特定状态的运动，就称为振动。典型的振动是周期运动。一个振动过程可以用振动的位移、速度和加速度随时间变化的过程来描述。测量振动的目的是测出振动的位移、速度和加速度的时间历程。

研究振动的测试包括两方面的内容：一方面研究怎样测量振动的各项参数；另一方面研究振动试验怎样实现。振动试验是用来检查被振产品、零件、材料的抗振特性和其他特征参数的试验方法。

振动试验有以下几类：

(1) 零件、材料、电气接线等的抗振特性试验；

(2) 材料的激振疲劳试验；

(3) 振动和声学有关的试验 —— 振动方法、机械阻抗、机械转移等参数的测量；

(4) 机器、产品的可靠性、安全性试验。

二、振动的测量

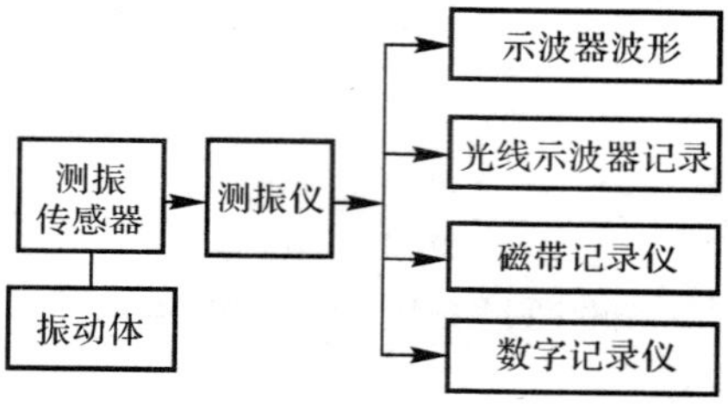

图 7.46　振动测试系统

测量振动的系统通常由传感器、测振仪和记录仪等组成，如图 7.46 所示。随着测试技术的发展，振动测试系统也在不断更新。最初多用磁电式传感器，由于它体积大、频带较窄，在使用上受到限制。目前多采用压电晶体加速度计，它具有频带宽、动态范围大、体积小、重量轻等优点。测振仪过去多采用电压前置放大器，由于其灵敏度受到测量电缆长度的限制，使测量带来较大误差。目前采用电荷放大器，它的灵敏度不受电缆长度的影响，给使用带来极大的方便。记录仪早期使用光学示波器，现在出现了磁带记录仪、数字记录仪、遥测系统，为振动参数的数据处理、远距离传输、提高准确度带来了令人鼓舞的进步。下面分别讨论传感器与测振仪。

1. 测振传感器

测振传感器有一些与一般通用传感器不同的特殊性能，需要进一步介绍。

根据被测振动参数来分类，振动传感器可分为位移式传感器(指传感器的输出量与振动位移量成正比)、速度式传感器(指其输出量与振动速度成正比)、加速度式传感器(指输出量与振动加速度成正比)。

按坐标系来分，有相对式和绝对式两类。相对式是用空间某一固定点作参考点来测量物体对于参考点的振动。绝对式是以大地不动坐标系作为参考点，测量时传感器需固定在振动物体上，因此这种传感器又称为地震仪式传感器。相对式传感器中又分为接触式和非接触式。

按照振动传感器所用的敏感元件又可将其分为电位计式、应变式、电阻式、张丝式、电容式、电感式、涡电流式、差动变压式和光电式等。

(1) 粘贴式电阻应变加速度计。此加速度计是用应变片粘贴在弹性梁上，应变片是此传感器的敏感元件，其原理是应变片电阻的变化与应变片的纵向伸长或压缩量成正比，即

$$\frac{\Delta l}{l}=\frac{\Delta R}{R}$$

式中　l —— 应变片纵向长度(mm)；
Δl —— 纵向伸缩量(mm)；
R —— 总电阻(Ω)；
ΔR —— 电阻变化值(Ω)。

应变式加速度计的结构示意图如图 7.47 所示。质量块与悬臂梁组成一个质量-弹簧系统，应变片贴在梁的应变方向，当质量块运动时，悬臂梁产生弯曲应变，在一定的变形范围内质量块位移 x 和梁的应变成正比，即

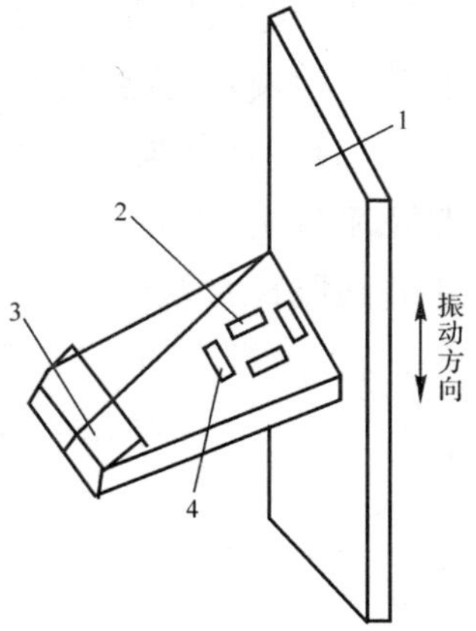

7.47　应变式加速度计示意图
1—机座；　2—压阻元件
3—质量块；　4—弹性梁

$$x\propto\frac{\Delta l}{l}=\frac{\Delta R}{R}$$

$$\frac{\Delta R}{R}=Kx=K\beta_a\ddot{u}$$

式中　K —— 机电转换系数；
β_a —— 幅频特性动力放大系数；
$\ddot{u}$ —— 加速度计基座的输入。

当加速度计运动时，由于加速度的作用，质量块上的惯性力使敏感元件变形，从而使应变片电阻发生变化，而输出电信号。

一般应变片贴 4 片或 8 片。由于应变片温度效应较严重，为补偿温度效应，在测量线路中，一般要加补偿应变片，其数量和型号通常和测量应变片相同。补偿片贴在和测量片相垂直的方向，并组合在同一个桥路里，使其由于温度而引起的电阻变化互相抵消、从而达到温度补偿的目的。

此传感器的优点是可从零频开始，适用于低频测量，结构简单，使用可靠，横向效应小。缺点是灵敏度低。

(2) 张丝式传感器。电阻丝不是直接粘贴在弹性元件上，而是直接连在活动质量块和基座之间，以感受质量块的位移。当质量块相对于基座运动时，一组电阻丝受拉伸，另一组受压缩，电阻的相对变化通过电桥进行变换和测量，图 7.48 即是这种张丝式传感器的原理图。

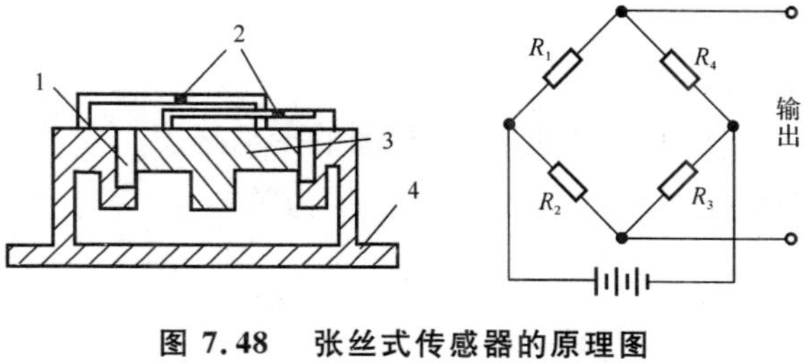

图 7.48　张丝式传感器的原理图
1—弹性支承；　2—电阻丝；　3—质量块；　4—机座

由于电阻丝的电阻变化率直接反映了质量块的位移,故灵敏度较高,此外,低频特性较好,但稳定性较差,易受温度、湿度等因素的影响。

(3) 压阻式加速度计。此种加速度计的敏感元件是单晶硅片,其原理是利用单晶硅片的压敏电阻效应,如图 7.49 所示。振动时,压阻元件变形,其电阻变化和变形成正比,再通过所配的电桥线路转变为电量输出。它的结构和应变式加速度计基本相同,仅仅是敏感元件不同。

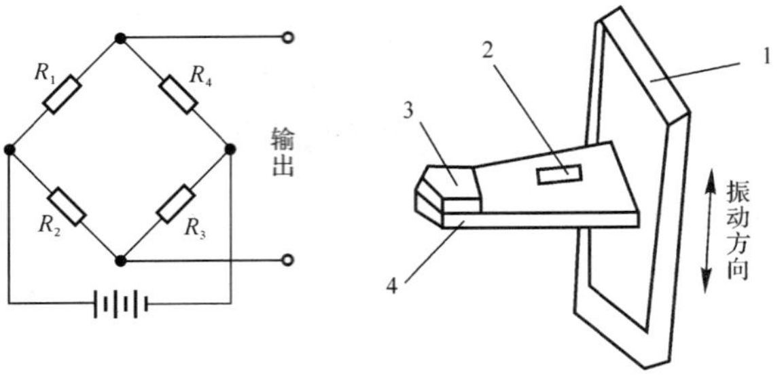

图 7.49 压阻式加速度计原理

1—机座; 2—压阻元件; 3—质量块; 4—弹性梁

此种加速度计的优点很多,如灵敏度高,比电阻应变片式加速度计高几十倍,甚至近百倍;低频特性好,具有零频响应;输出阻抗低,可直接和示波器、数字电压表或磁带记录仪相连。所以,压阻式加速度计特别适用于低频测量和需要有直流响应能力的冲击测量等领域。

它的缺点是易受温度影响,零漂较大,需要温度补偿,需要外接电源。

(4) 磁电式速度传感器。有两种磁电式速度传感器,一种是动圈式,另一种是动磁式。图 7.50 是动圈式速度传感器原理图,该传感器的活动系统由活动线圈 2 和电磁阻尼器 6 组成。线圈 2 放在由永久磁铁 5 和壳体 3 所形成的间隙中,线圈 2 和阻尼器 6 由心杆 4 相连,并通过弹簧片 1 和 7 支持在壳体上。传感器壳体固定在振动物体上,当物体振动时,壳体也随之振动,则线圈相对于磁铁运动,线圈切割磁力线运动便产生感应电动势如下:

$$e = BNlv$$

式中 B —— 磁感应强度;

N —— 线圈匝数;

l —— 每匝线圈的长度;

v —— 圈相对于磁铁的运动速度,即被测的振动速度。

当传感器结构确定后,上式中的参数 B,N,l 均为常数,感应电动势 e 和被测的振动速度 v 成正比。

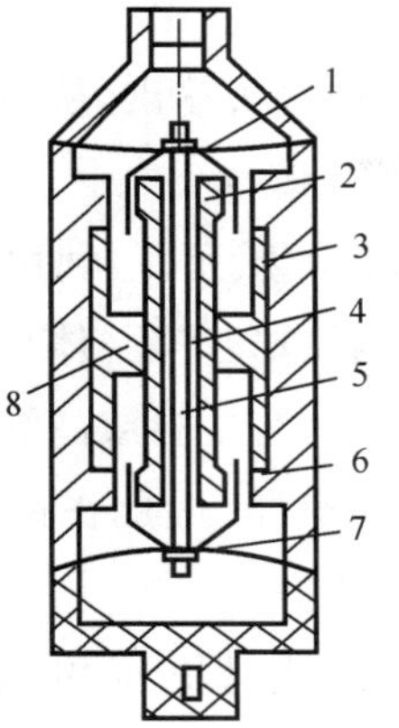

图 7.50　动圈式速度传感器

1—弹簧片；2—线圈；3—壳体；4—心杆；
5—磁铁；6—阻尼器；7—弹簧片；8—支架

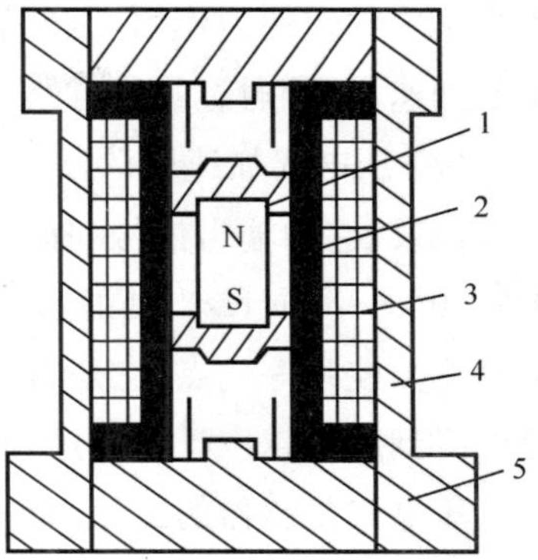

图 7.51　动磁式速度传感器

一线圈；2—磁钢；3—支承环；
4—弹簧；5—壳体

图 7.51 是动磁式速度传感器的结构原理图。它和动圈式速度传感器的区别主要是活动部分是磁钢，而不是线圈。磁钢由两个圆柱形弹簧支承，线圈绕在非导磁性金属骨架上，并与壳体相连。传感器固定在振动物体上，当物体振动时，磁钢在线圈中产生运动，从而产生感应电动势。磁钢的运动速度就是被测的振动速度。

磁电式速度传感器的优点是内阻小，不需要高输入阻抗的放大器，对测量仪器要求简单；由于使用空气阻尼或电阻尼，受温度影响较小，稳定性较高；输出信号和振动速度成正比，故低频测量时，输出较大，有利于提高系统的信噪比。不足的是振动频率响应范围窄，只适用于低、中频测量。

(5) 电容式传感器。该传感器的敏感元件是可变电容，它主要用来测量位移。一般要和外接电源或参量变换器配合才能使用。两个平行平板所组成的电容式传感器如图 7.52 所示。

电容量 C 与平板面积 S、介电系数 μ 和平板间距 d 有关，故可通过改变这三个量来改变电容量。其中改变板间距 d 的方法灵敏度最高，但电容量的变化和板间距 d 变化不是线性关系，而且当测量小振幅时，为得到足够大的电容量变化，传感器和振动物体间的静态距离必须很小，所以，使用起来很不方便。此外，电容式传感器只能用于介电性能较好的介质中(如空气)。但该传感器测量位移的准确度较高，可达 2%。

(6) 力-加速度传感器。力-加速度传感器又称机械阻抗头，是机械阻抗试验所不可少的传感器。它由测力传感器和测加速度传感器组成，如图 7.53 所示。测力传感器由 2 片压电晶片组成，它通过压块和激振器相连，力信号从接头输出。测加速度传感器则由 2 片压电晶片和质量块组成，加速度信号由接头输出。传感器通过壳体和被测结构相连。当激振器激振时，激振力通过力传感器和壳体传给被测结构，在激振力的作用下，测力晶片输出电信号。当结构振动时，由于质量块的惯性力作用，压电晶片中产生的加速度电信号向接头输出，从而测出力和由此而产生的加速度，再通过测量电路得到阻抗的大小。

(7) 压电式加速度计。压电试加速度计是用压电材料为敏感元件，利用压电材料压电效应设计而成。它的输出信号和振动加速度成正比，它具有结构简单、牢固、体积小、重量轻、频响范围宽(0.3 ~ 104Hz)、动加速度可测范围大(10^{-5} ~ $10^{5}g$)、可在常温或高温下使用及抗外磁场干扰能力较强等优点。它是自发电式，不需外加电源或辅助电路，因此在振动和冲击测量的领域中得到越来越广泛的应用，而且目前大多采用这种传感器。

压电式传感器的工作原理如下：在压电元件上装有一个质量块 m，由弹簧紧压着，当它受到振动时，质量块 m 所产生的惯性力 F 为

$$F = ma$$

惯性力 F 作用在压电元件上，便产生压电效应，其表面所产生的电荷为

$$Q = kF$$

式中　k—— 压电元件的压电常数。

当传感器的结构固定时，压电常数 k 和质量块质量 m 都是定值，电荷量便与加速度成正比，即

$$Q = (km)a$$

压电式加速度计按晶体的工作方式分为三种形式：压缩型、弯曲型和剪切型。

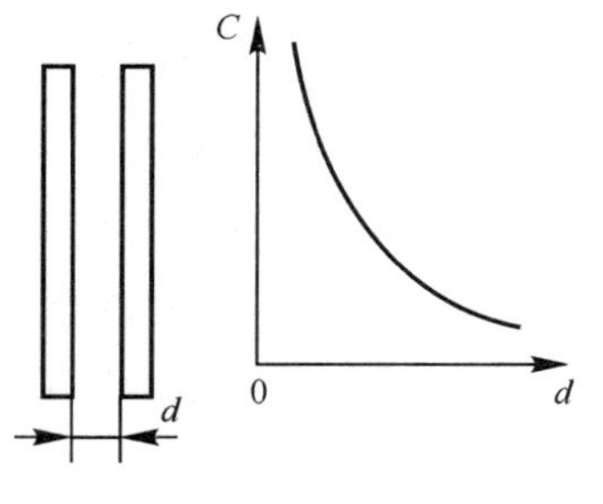

图 7.52　电容式传感器

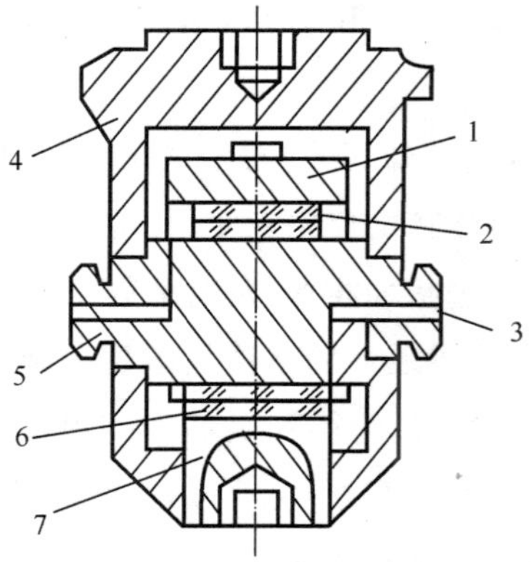

图 7.53　力-加速度传感器

1 — 质量块；　2 — 晶片；　3 — 接头；　4 — 壳体；
5 — 接头；　6 — 晶片；　7 — 压块

1) 压缩型加速度计。用 1 片或 2 片压电片极对极地重叠而成，在压电片上放置一个质量块，再用一个刚度较大的弹簧预压在质量块上。在给定的频率范围内它的灵敏度较高，对基座

应变和环境因素的敏感性较小，而且制造工艺简单。

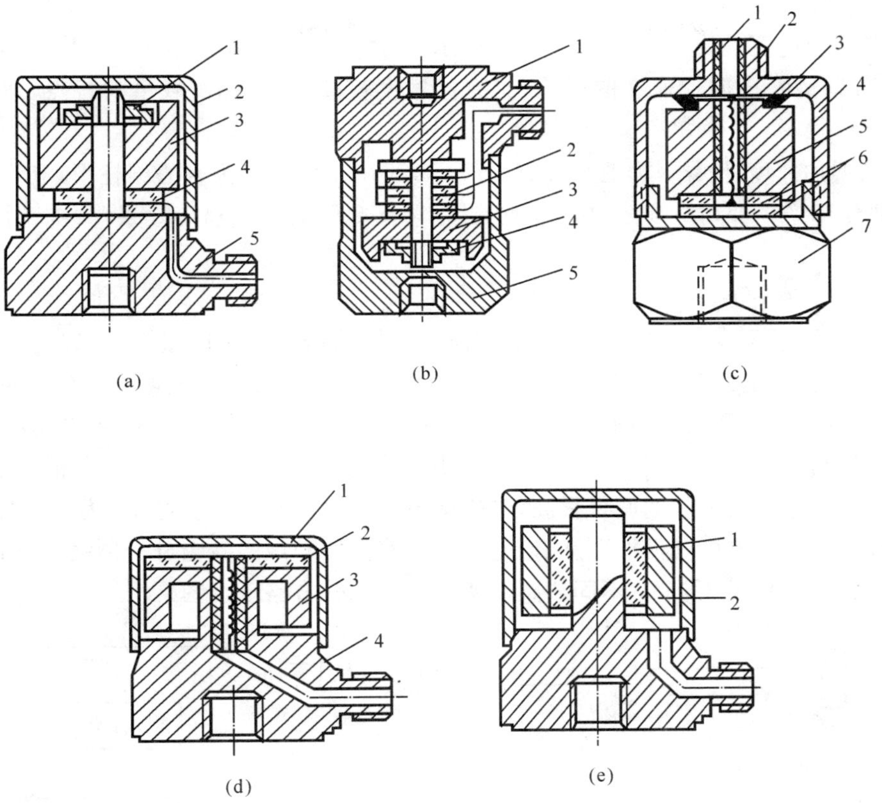

图 7.54　压电式振动传感器的结构型式

(a) 中心压缩式：1－压簧；2－罩；3－质量块；4－压电元件；5－基座；

(b) 倒转压缩式：1－罩；2－压电元件；3－惯性质量块；4－弹簧；5－基座；

(c) 隔离压缩式：1－引线；2－绝缘套；3－隔离弹簧；4－外壳；5－质量块；6－晶片；7－底座；

(d) 弯曲型：1－罩；2－压电元件；3－质量块；4－基座；

(e) 剪切型：1－圆环形晶体；2－惯性质量块

常用的压缩型加速度计有：① 中心压缩式。其结构如图 7.54(a) 所示，弹簧固定压在基座中心杆上，质量块受到顶紧力。它具有较高的固有频率和较宽的加速度范围，是目前使用较广泛的一种形式。② 倒转压缩式。其结构如图 7.54(b) 所示，敏感元件固定在外壳顶部，离基座较远，受基座变形影响较小，具有较小的基座应变灵敏度和声灵敏度。③ 隔离压缩式。其结构如图 8.64(c) 所示，敏感元件和加速度计基座机械隔离，其机械强度高，可以耐受大的加速度冲击，但质量块的惯性力有一部分被隔离弹簧所平衡，所以灵敏度降低。

此外，早期还曾采用过周边压缩式加速度计，将弹簧围成一圈和加速度计外壳相连，预压在质量块上，它虽有灵敏度高、固有频率高，频率范围宽、机械强度高等优点，但受声、基座应变和温度瞬变等影响较大，因而被逐渐淘汰。

2）弯曲型加速度计。结构如图7.54(d)所示，利用压电片在外力作用下产生弯曲变形而产生电荷。它可以消除横向加速度的影响，具有灵敏度较高、频响范围较窄的特点，适用于低频测量。

3）剪切型加速度计。结构如图7.54(e)所示，所用压电元件为空心圆柱形，利用压电元件只受质量块作用产生剪切应变压电效应而工作。它有良好的环境隔离效果，频响范围宽，但造价较高。

2. 测振仪电路原理

图7.55给出了测振仪的原理框图。通常压电式振动传感器的内阻大，所以将它与放大器联接之前，需要先经过阻抗变换器，使两边阻抗匹配。测振仪可直接读取振动的加速度值。对于不同型式的传感器，测振仪的前置电路是不同的，速度型传感器可通过一次积分电路获得位移；加速度型传感器从理论上看可以采用二次积分电路而得到位移，但实际上很少这样使用，因为它需要将传感器的灵敏度调得很高，这样就不能同时正常测出加速度。从理论上说用速度传感器经过微分电路也可获得加速度，但是微分电路会使噪声的高频分量加强，从而使信噪比降低，因此也不常用。图7.56是不同传感器所加不同积分电路示意图。

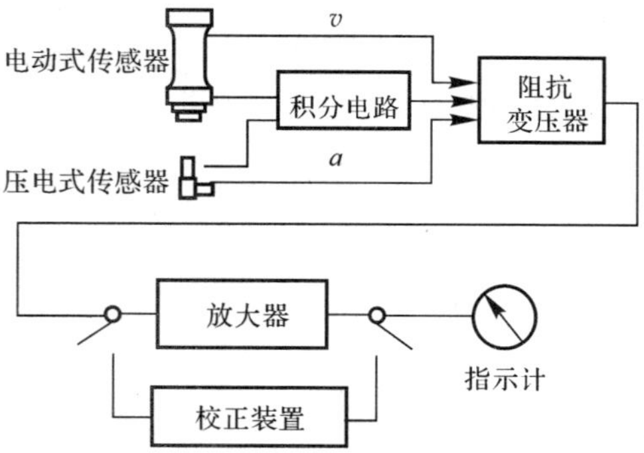

图7.55　测振仪原理图

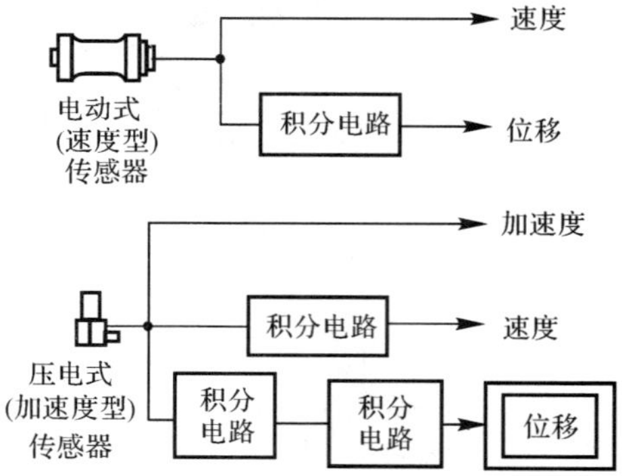

图7.56　传感器的积分电路

压电式振动传感器测得的电荷量由电荷放大器变换成相应的输出电压。电荷放大器由一个高增益运算放大器和一个电阻与电容并联的反馈网络构成，如图7.57所示。反馈电容上的电压决定了输出电压与输入电荷之间的关系，电荷放大器的输出电压仅由反馈网络决定

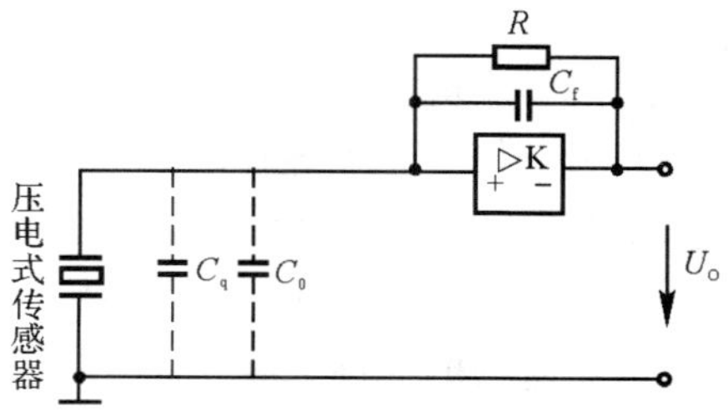

图7.57　电荷放大器

$$U_O = \frac{-Q}{c_f + \frac{1}{j\omega} g_f}$$

式中　c_f—— 反馈电容；

Q—— 压电传感器产生的电荷；

g_f—— 反馈电导。

若反馈很大，即 $g_f \ll 1$，上式可简化为

$$U_O = \frac{-Q}{c_f}$$

可见，电荷放大器的输出电压仅由输入电荷和反馈电容决定。而与压电式测振传感器和放大器之间的电缆长度无关。

3. 振动的波形和数值记录

波形记录是振动记录经常使用的一种方法，最普通的方法是记录信号的波形。对于简单的周期信号，可以从图形上读出它的幅值、频率等参数，对于复杂波形信号（如随机信号）就不能简单地从波形上读到它的特征参数。有效值记录是对周期信号经常使用的表示方法。常用的记录仪中大多采用全波整流，然后求出有效值的变换。

对数记录也是常用的方法。

目前有较多的分析仪器能进行快速傅里叶变换（FFT），它的最大特点是能将模拟数据在不连续的时间间隔内取样，并使其数字化。

图 7.58 表示了以上所述几种波形和数值记录的图形（示意图）。

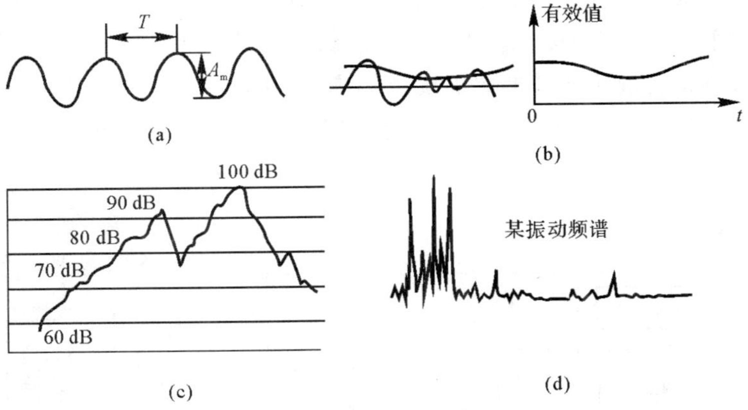

图 7.58　振动波形和数值记录类型

(a) 周期波形记录；(b) 有效值记录；(c) 对数记录；(d)FFT 频谱分析

三、振动试验设备

振动试验也是测试内容的一部分。振动试验包括的内容有振动模型的理论分析和设计计算、振动环境试验设计方面、振动试验设备等方法。限于篇幅，仅介绍振动试验设备。

振动设备主要是指试验室进行振动试验的激振机器。一般可分为机械式、电液式和电磁式。机械式工作频率范围较窄，在 5 ～ 80Hz 范围内。电液式的频率范围为 0.05 ～ 800Hz。电磁式振动台是最常用的，它的最高频率可达 3 ～ 4 kHz，甚至更高；最低频率一般在 5 ～ 10 Hz。

1. 机械式振动台

基于旋转体不平衡块的离心力引起振动。振动频率由直流电动机来控制，幅度由不平衡块的偏角大小及试件的重量决定。对称的两块不平衡块作相对旋转，水平分力相互抵消，垂直分力相互叠加合成上下振动的推力，如图 7.59 所示。

为了左右前后对称，常用 4 块不平衡块组成激振器，联接在振动台面连杆上。4 块不平衡块的调整可以是手动或电动机械式，也可以是液压传动式。这就形成调幅时需要停车调整和不需要停车调整的区别。

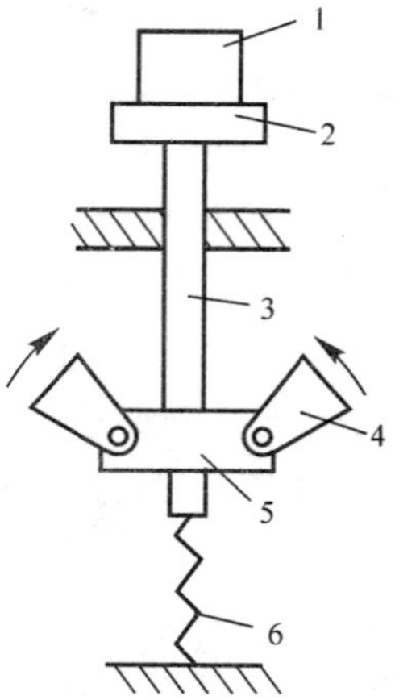

图 7.59　机械式振动台原理图

1 — 试件；　2 — 台面；　3 — 连杆；
4 — 不平衡块；　5 — 激振器；　6 — 弹簧

2. 电液式振动台

电液式振动台主要由激振器、电液伺服阀、电控装置、油源等部分组成。原理如图 7.60 所示。其中激振器是电液振动台的执行机构，主要由活塞轴、油缸体、支撑轴承、位移传感器和台面组成。它是将液压能转换成机械能的装置。在伺服阀的控制下，阀的流量和油的流动方向决定台体推力大小和运动方向。

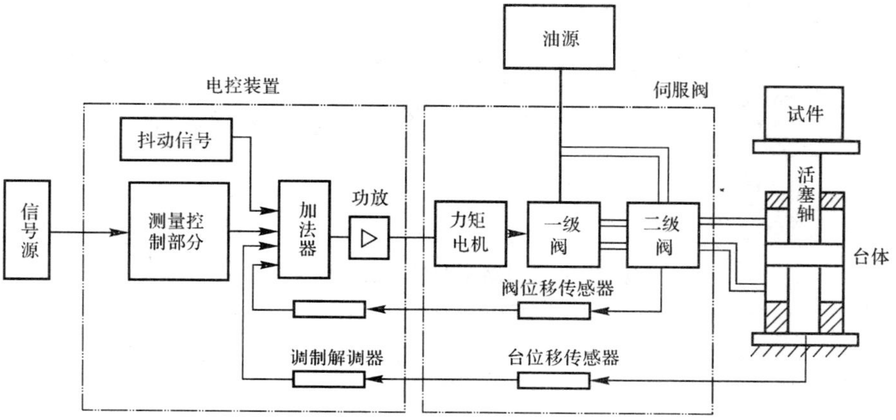

图 7.60　电液振动台原理图

电液伺服阀是电液振动台的关键元件之一，既是功率放大装置，又是电能机械能的转换器。它接收来自电控装置的控制信号，将该控制信号转换成驱动激振器的液压驱动力，伺服阀可以是力矩电机式二级滑阀式伺服阀。

电控装置包括扫频信号发生器，振动测量和控制部分，阀位移、台位移、压差检测器以及电荷放大器，功率放大器，扫频定振控制器。电控装置提供振动台在进行振动试验时所需的各种控制信号，并对激振器响应进行处理，对振动台实现闭环控制，使之达到一定的准确度和稳定度。

电液振动台的工作原理是：信号源产生的振动信号经测量控制部分与阀位移、台位移反馈信号相加产生误差信号，该误差信号经功率放大器放大后，送到伺服阀中的力矩电机控制线圈，控制线圈直接拖动伺服阀的一级阀阀心，使其产生与输入信号成正比的运动，并驱动二级阀作正弦运动，二级阀将油源的高压油按电控信号变化规律供给台体，使台体产生振动运动。由于阀位移和台位移反馈信号的存在，当全信号为零时保证了活塞轴在激振器的中心位置。

3. 电磁振动台

电磁振动台主要由功率放大器和振动台体组成。电磁振动台是根据载流导体在磁场中受到电磁力作用的原理像电动喇叭一样激振工作。

电磁振动台的台体结构由活动组件、磁路系统、弹性支撑、导向机构等组成，如图 7.61 所示。

磁路系统的结构分单磁路和双磁路两种。它们是由直流电流经静止线圈产生的恒定磁场所形成。单磁路结构简单，台面漏磁较大；双磁路系统可以减少漏磁，但结构复杂。对于小功率的振动台可采用永磁磁场。

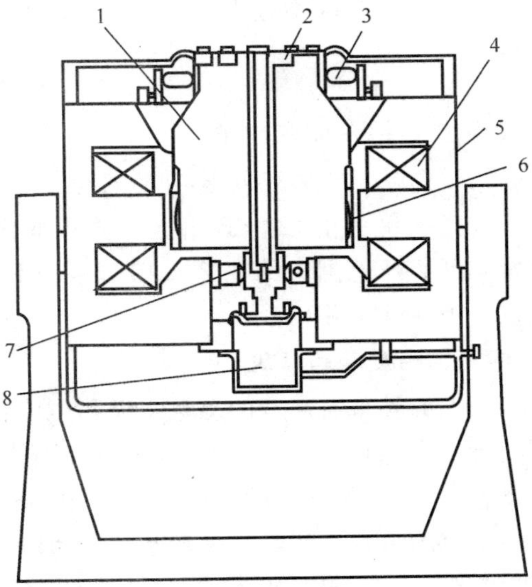

图 7.61　电磁振动台原理图

1—活动组件；2—工作台面；3—导向机构；4—静圈；5—台体；6—动圈；7—下导向机构；8—弹性支撑(空气弹簧)

活动组件是产生交变电磁力的部件。由功放装置提供交流电流经运动线圈，在恒定磁场下产生交变电磁力，使工作台面上下垂直振动。振动频率由动圈内的交流电流的频率决定，幅度由其电压电流决定。由于活动线圈和静止线圈内有较大电流流过，产生的热量需要冷却，冷却方式有水冷式和风冷式两种类型。活动组件依靠弹性支撑置于静止线圈的磁路工作间隙中，因此弹性支撑应具有足够的刚度来支撑活动组件和台面及试件的全部重量。弹性支撑和活动组件构成振动系统，其共振频率 f_n 决定了电磁振动台的低频特性。使用空气弹簧，其最低频率可到 5Hz 以下。

水平振动滑台是为了使试件能在正常状态下作水平方向振动而设置的，它常和振动外壳做成一个整体。将振动台振动轴旋转 90° 成水平方向，由垂直振动改变为水平方向的振动，试件的重量必须由水平振动滑台来承担，它使振动台免受弯矩。因此滑台台面一般采用液压平面轴承并且有单向的运动的引导轴装置。

7.7 噪声的测试

一、噪声的概念

噪声是许多不同频率和声强的声波无规律的杂乱无章的组合，是一种不协调的声音。它不但影响人们的工作和休息，使人烦躁不安，而且会损害人体健康。为了降低噪声水平，要对噪声进行监测、控制，噪声的测量是研究噪声的重要手段。噪声的测试原理和方法涉及的内容比较广，本节只讨论一些基本概念和方法。

1. *声压和声级*

当物体产生机械振动时，在介质中以波动的形式传播振动，这就是声波。在空气中传播的声波，会在大气压上叠加一个微小的交变压力，气压波动的大小称为声压，单位为 Pa。可以用声压来衡量声音的大小。

在工程实际中以声压对基准声压的相对值的对数来表示，称为声级 L_p，单位为 dB。

$$L_p = 20\lg \frac{p}{p_0}$$

式中　p—— 实际声压；

p_0—— 基准声压，在空气中 $p_0 = 2 \times 10^{-5}$ Pa。

声级每变化 120 dB，相当于声压变化百万倍，引用声级的概念有利于度量，例如，人的正常耳闻声压范围大约在 $2 \times 10^{-5} \sim 20$Pa 之间，相差 10^6 倍左右，用声级表示就比较简便，即 $L_p = 0 \sim 120$ dB。

2. *响度和响度级*

人的耳朵对声音的感觉不仅和声压有关，还和频率有关，如声级相同的声音，由于频率不同听起来感觉是不一样的，频率越高则感觉越响，人耳的这种对响度的感觉特性可以用响度级概念来描述，响度级的单位为“方”(phon)。它是这样确定的：以 1 000 Hz 的纯音作为基准，某一噪声的声音只要听起来和基准音的声响一样，该噪声的响度级就等于基准音的响度级，可见响度级是一个相对的数量。对于 1 000 Hz 的声音，响度级等于其声压级的数值。对于其他频率的声音，只要听起来和 1 000 Hz 的声音一样响，它就等于该 1 000 Hz 声音的声压级值。

弗莱彻和鲁宾逊等学者通过对许多人的测试，测出了声级和响度级关系的特性，称为等响度曲线。如图 7.62 所示，图中最下方的一条曲线是人耳能听到声音的最小临界值。120 phon 以上的声音人听起来会有疼痛。从整个曲线可看到人耳对高频声音较为敏感，而对低频声音较不敏感。

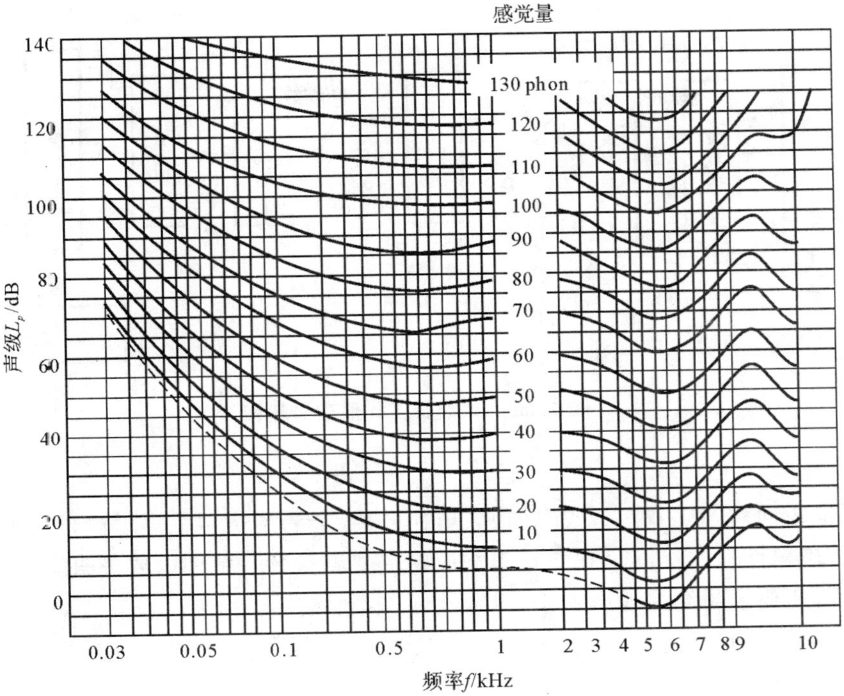

图 7.62　等响度曲线

二、噪声测试的原理

在噪声测量中，声级计是使用最广泛的基本声学测量仪器之一，它的声学指标必须符合国际电工委员会（IEC）规定的标准。声级计按其精度可分为精密声级计和普通声级计两种。普通声级计的测量误差约为 ±3 dB，精密声级计约为 ±1 dB。声级计按用途可分为两类：一类用于测量稳态噪声，如精密声级计和普通声级计；另一类则用于测量不稳态噪声和脉冲噪声，如积分式声级计（噪声测量计）、脉冲声级计。

声级计的设计原理及结构示意图如图 7.63 所示，它主要是由传声器、前置放大器、衰减器、（A，B，C，D）计权网络、测量放大器、衰减器、方均根检波器（有效值检波器）以及指示表头等组成。声级计的工作原理是：由传声器将声音转换成电信号，由前置放大器进行阻抗变换，使电容式传声器与后级电路匹配，放大器将输出信号加到计权网络，对信号进行频率计权（或外接倍频程、1/3 倍频程滤波器），然后再经衰减器及放大器将信号放大到一定的幅值，送到有效值检波器（或外接电平记录仪），在指示表头上给出噪声声级的数值。为了扩大量程和指示清晰，声级计中有输入和输出两套衰减器和放大器。

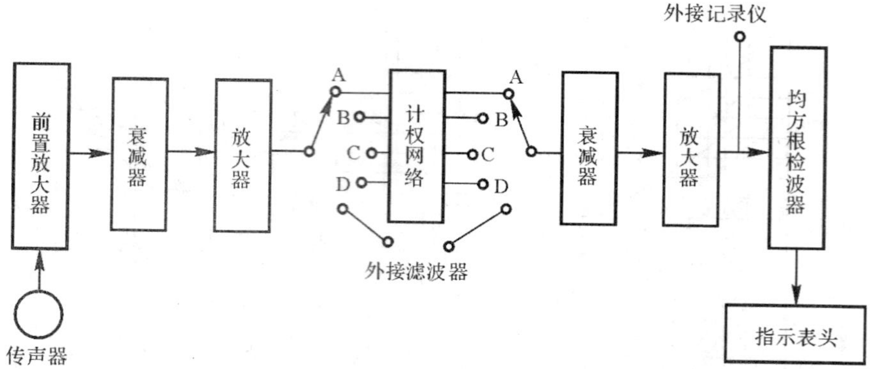

图 7.63 声级计工作原理方框图

1. 传声器

传声器也叫话筒，是一种将声压转换成电压的传感器。传声器是声学测量仪器中最重要的部件。确定传声器性能的标准是它的频率响应在主要测量频率范围内要平直，无指向性和动态范围大，另外，还要求受温湿度影响小，稳定性好，本底噪声低。

传声器内部结构主要包括两部分：一是接受声音压力的振动膜；二是能把振动膜的能量转换成电能的机电转换器。按照换能器的结构不同主要有三种传声器。

(1) 压电式传声器。它是利用压电晶体的压电效应做成的声电转换传感器，因此也称为晶体式传声器，这种传声器高频响应范围不够宽，它还容易受温度影响，但是它的优点是体积小，结实可靠。

(2) 动圈式传声器。它是将一线圈与隔膜连接，当声压使线圈在磁场中运动时产生电信号。它的输出阻抗比较低，可以与显示记录设备相连。这种传声器易受周围磁场干扰，测量误差比较大。

(3) 电容式传声器。如图 7.64 所示。它由振动膜片和背极板构成平板电容器，当膜片感受到声压波动而振动时，随之改变平衡位置，导致两平行极板间的距离发生微小变化，于是改变了电容量，在极化电压的作用下，负载 R 上将产生电压，这样就将声压变换成电信号。电容式传声器的输出阻抗很高，需要使用前置放大器进行阻抗变换，然后再进入测量放大器使信号放大。它的灵敏度高，动态范围较宽，频率特性平坦，是性能比较优良的传声器，成为当前使用的主要类型。

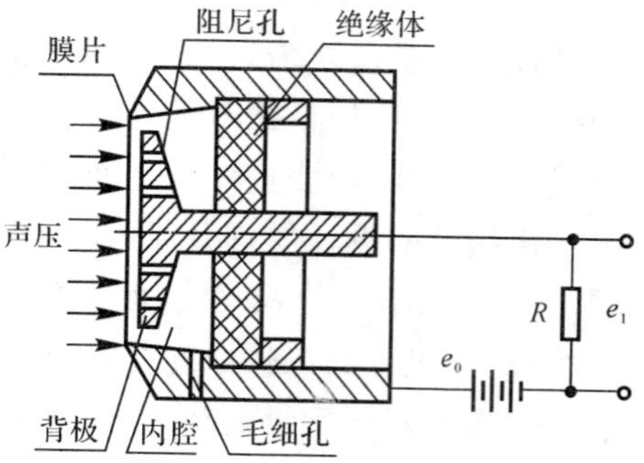

图 7.64 电容传声器结构示意图

2. 频率计权网络

频率计权网络是噪声测试中特有的电路。人耳具有对高、中频较敏感，而对低频的声音感觉较迟钝的特性。从噪声对人的影响的评价着眼，测量仪器测出的噪声大小与人耳的感觉基本一致。声级计只要加上计权网络 A,B,C 后就可以达到上述特性。这些计权网络是按照三种等响曲线特性设计的滤波网络，对不同声音的信号进行不同程度的衰减，使得仪器的测量结果能近似符合人耳对声音的感觉。图 7.65 为计权网络的频率特性。

A 计权网络频响曲线相当于 40 phon 的等响曲线的倒置曲线，它模仿了人耳对低频(500 Hz 以下)不敏感，而对 1 000～5 000 Hz 敏感的特点，从而使电信号的中、低频段有较大的衰减。目前应用最为广泛。B 网络相当于 70 phon 的等响曲线的倒置曲线，它使电信号的低频段有一定的衰减。C 网络相当于 100 Phon 的等响曲线的倒置曲线，在整个声频范围内有近乎平直的响应，它让所有频率的电信号几乎一样程度地通过。因此，C 网络代表了声频范围内的总声压级。

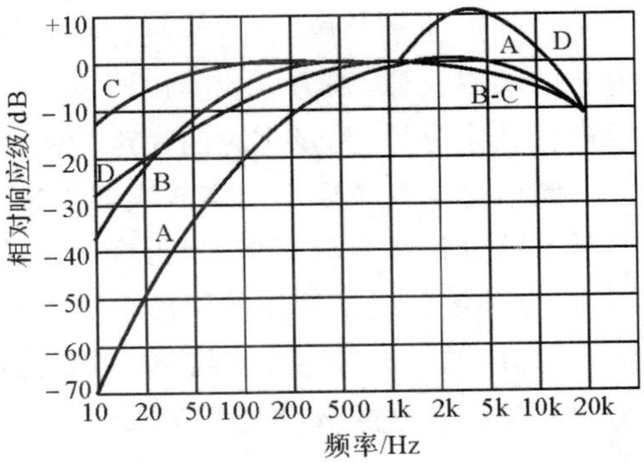

图 7.65　计权网络的频率响应特性

在噪声测量中，经常使用 A 声级来测量和评价宽频率范围噪声。目前应用最为广泛。因为经过多年来的实践和研究表明，用 A 计权网络测得的声级与由宽频率范围噪声引起的烦恼和听力危害程度的相关性较好。但一般的声级计中同时具有三种计权网络 A,B,C。通常 C 声级可近似用于总声压级的测量，在进行频率分析时多用这一特性。在没有携带滤波器时，可以用 A,B,C 声级近似地估计所测噪声源的频谱特性。此外，航空噪声的测量采用 D 计权网络，还有平直线性响应的 L 计权网络。为了得到与人耳相适应的声级，应当根据声级大小用响应的计权网络测量，如果作客观量度则用 L 计权网络，测得的分贝数为声压级。

3. 指示表头

目前，测量噪声用的声级计指示响应按灵敏度可分为四种：

(1)“慢”，表头指示响应时间常数为 1 000 ms，一般用于测量稳态噪声，测得的数值为有效值。

(2)“快”，表头指示响应时间常数为 125 ms，一般用于测量波动较大的不稳态噪声和交通噪声等。快挡接近人耳对声音的反应。

(3)“脉冲或脉冲保持”，表头指示响应时间为 35 ms，用于测量持续时间较长的脉冲噪声，如冲床、锻锤等，测得的数值为最大有效值。

(4)“峰值保持”，表头指示响应时间为 20 ms，用于测量持续时间很短的脉冲噪声，如枪、炮和爆炸声，测得的数值是峰值，即最大值。

声级计可以接滤波器和记录仪，对噪声作频谱分析。在进行频谱分析时，一般不能用计权网络，以免使某些频率的噪声衰减，从而影响对噪声源分析的准确性。

用声级计测量噪声时容易受环境温度、气压、风速、磁场、背景噪声等因素的影响而产生误差。为了尽量消除系统本身的误差，声级计的校准是重要的措施。

三、噪声测试的频谱分析

在噪声测量及控制中，声级计只能测出声级，同一声级的噪声，其频率成分可能不同，若知道它的频率成分，则为寻找噪声源及进行有针对性地噪声控制提供很大方便。为此需要对噪声源进行频率分析，测量声源的噪声频谱，常用的一种方法就是采用频谱分析仪。

频谱分析仪主要由传声放大器与带通滤波器组成。被测噪声的信号通过一组滤波器将不同频率的分量逐一分离出来，再经过放大器将结果由表头直接读出，或通过记录仪得到频谱图；进行频谱分析所使用的滤波器称为带通滤波器，它的特性是有选择地通过某一窄频范围内信号。允许通过的频带 Δf 越窄，则被测噪声的频率成分的分辨率就越高。带通滤波器通常分为倍频程带通滤波器（即 $f_2/f_1=2$）和 1/3 倍频程带通滤波器（即 $f_2/f_1=\sqrt[3]{2}$）。图 7.66 是带通滤波器的原理图，通过转换开关可以选择不同的中心频率。

带通滤波器的频带波形的顶部以水平直线最为理想，至少应该相当扁平。由顶部最大值向下降低 3dB 处的频带范围定义为频带宽度（见图 7.67）。

决定频谱分析仪性能的主要是滤波器。分析噪声时，通常使用具有倍频程滤波器或 1/3 倍频程滤波器的分析仪。此外，还可以使用外差式频率分析仪和实时频率分析仪。

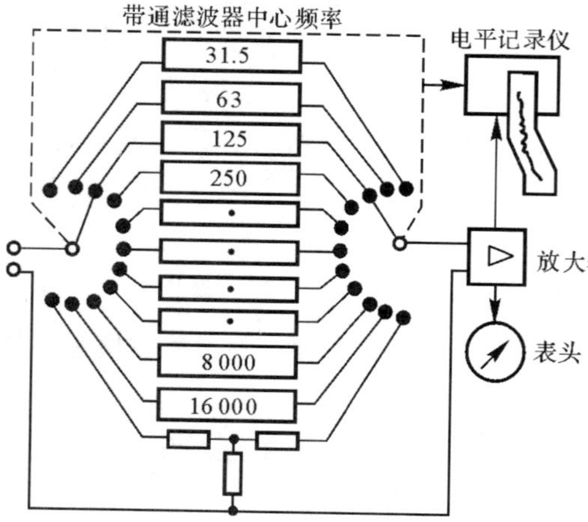

图 7.66　带通滤波器原理图

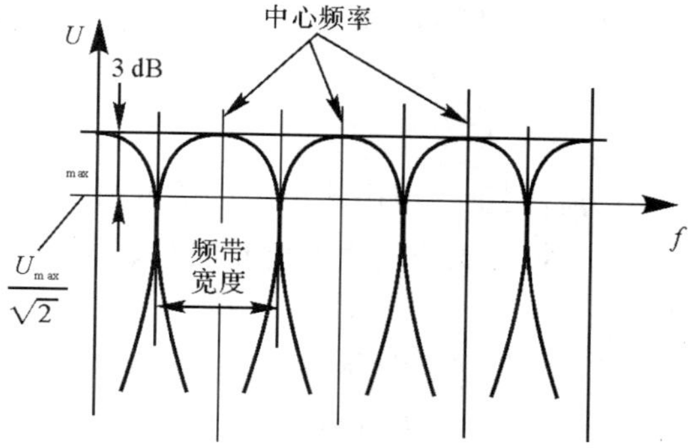

图 7.67　带通滤波器的频率特性

（1）具有倍频程和 1/3 倍频程滤波器的分析仪。倍频程滤波器具有分析速度快、工作点稳定等优点。对于不需要很高的频率分辨率或宽带噪声的情况，倍频程滤波器的分析仪是很适用的，但它在高频范围内工作时，频率分辨率较低，只能得出近似的频谱，因此不宜采用它来处理窄带噪声。

(2) 外差式频率分析仪。需要精确分析噪声的频率成分时，可使用外差式频率分析仪。它是具有恒定带宽滤波器的频率分析仪。其工作原理如图 7.68 所示。

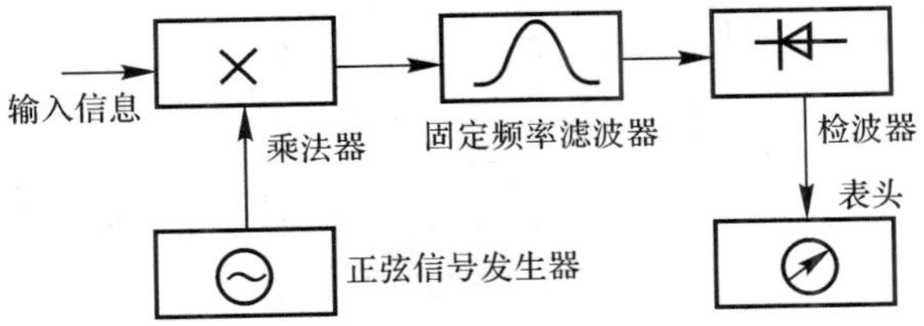

图 7.68　外差式频率分析仪原理图

机内正弦波发生器发出一个正弦信号，与被测输入信号进入乘法器相乘，在该正弦波信号的频率处形成一个调幅信号，这一信号通过一个固定频率的滤波器进行滤波，然后经过检波器检波输出，最后由指示表指示出某中心频率声音的频带的声压级。通过改变正弦波信号发生器所产生的信号频率，可改变其中心频率，而滤波器的频率则固定不变，这样既能方便有效地覆盖所需要的频率范围，又可以做成无节点而连续可调中心频率的形式。

(3) 实时频率分析仪。为了加速分析过程，对瞬态信号进行实时分析，可使用实时频率分析仪。实时频率分析仪有两种型式，即并联滤波型实时分析仪和时间压缩型实时分析仪。

并联滤波型实时分析仪的工作原理如图 7.69 所示。

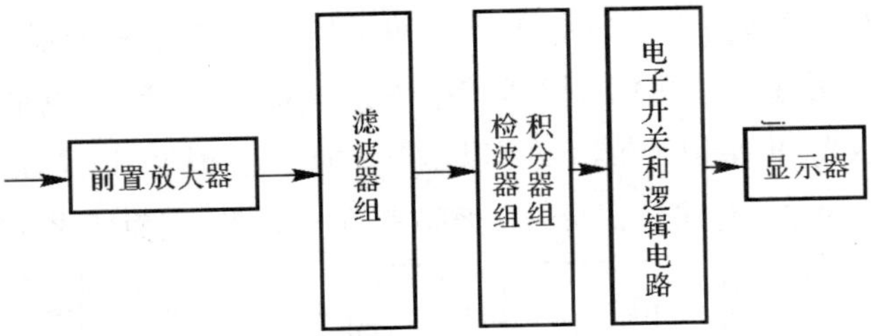

图 7.69　并联滤波型实时分析仪的工作原理图

输入信号送入前置放大器，前置放大器与一组并联的带通滤波器连接，每一个滤波器紧连接着一个均方根检波器、积分器与存储器。通过逻辑电路和电子开关依次将每个通道与显示器接通，在显示器上显示出每个通道的输出幅值。一般在 20 ms 内就能将所有的通道扫描一次，显示器也随即显示一次数据。

并联滤波型实时分析仪不适用于窄带分析，因为在分析仪中设置大量的滤波器是不易实现的。根据时间压缩原理制成的时间压缩型实时分析仪可以用于窄带实时分析。时间压缩型实时分析仪的工作原理如图 7.70 所示。

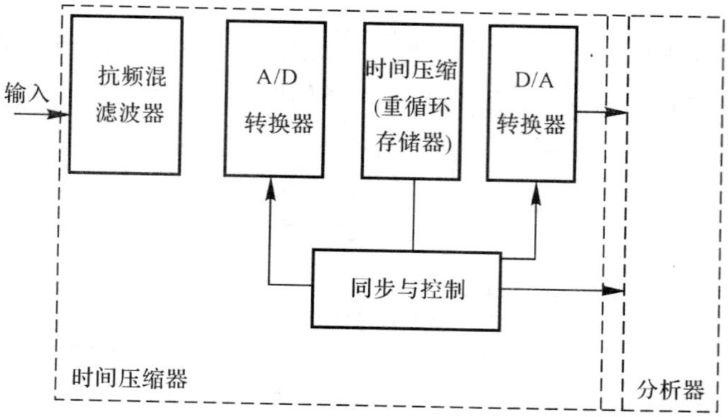

图 7.70　时间压缩型实时分析仪的工作原理图

输入信号送人抗频混滤波器，抗频混滤波器是低通滤波器，其作用是限制不需要的高频成分通过，以减小信号数字化时的采样频率，节省处理时间。然后送到模数转换器，在模数转换器中，一般以 3 倍于所选上限频率的采样频率采样，将滤波器输出信号数字化，并将其存入重循环存储器，接着以比存入时大得多的速度(大数百倍）取出数字化信号，并且再经过数模转换器将其转换为模拟信号，此时信号已经被“压缩”了。最后将信号送入外差式分析仪，就可以得到所需要的频谱。

(4) 电平记录仪。在分析机械设备噪声时，经常需要使用电平记录仪把信号的频谱记录下来；若要把现场的测量结果拿到实验室里进一步分析，还可以使用存储设备把现场的机械设备的噪声记录在存储介质上，然后在实验室里重放，进行频率分析和模拟实验。因此，电平记录仪和存储设备是噪声测量中最常用的仪器。电平记录仪不仅可以作声音的频谱分析的记录，而且可以记录随时间变化的噪声。图 7.71 所示为电平记录仪记录的交通噪声的声级随时间而变化的情况。

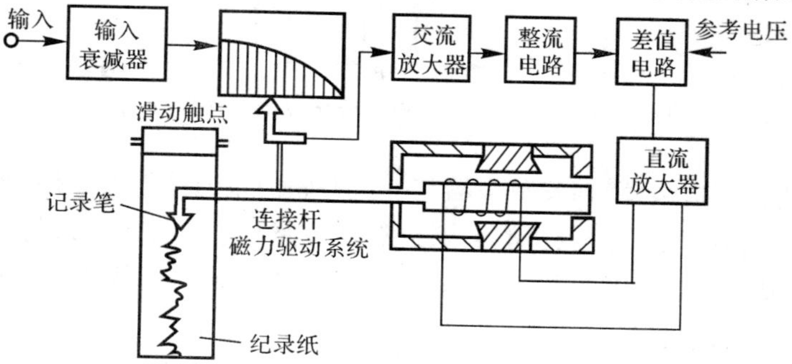

图 7.71　电平记录仪原理图

四、家用电器的噪声测量

电冰箱、洗衣机、电扇、吸尘器等家用电器的普及，给人民生活带来了许多方便，但是家用电器噪声也跟着带进了厂房和家庭。为厂商评价、比较和降低家用电器的噪声，首先应科学地测量家用电器噪声的特性。国家标准 GB4214 规定了适用于各类家用电器在稳定运行时测量其辐射噪声的通用方法。

主要测量项目为 A 声级，如有需要可以测量倍频带或 1/3 倍频带声级和噪声源的方向性指数。本方法要求背景噪声和频带声压级比实测频带声级或 A 声级低 10 dB 以上；否则必须对测量值进行修正。并规定在自由声场或半自由声场或混响声场条件下，背景噪声必须低于实测噪声 6 dB 以上才有效。测量要求使用符合国家标准的 Ⅰ 型或性能不低于 Ⅰ 型的声级计，需要频率分析时，可采用倍频程或 1/3 倍频程滤波器。

待测家用电器的安装应满足以下两种条件规定：

(1) 在自由场(包括半自由场) 条件下(自由场即声音可向任何方向无反射地自由传播的区域)。对于立式、柜式、台式等家用电器，一般安放在测试场所地面的几何中心处；对于手提式，悬吊式等家用电器，一般用弹性支架将设备悬吊起来或用紧固装置固定，被测设备的最低部分离地面的距离不得小于 1.3 m。

(2) 在混响场条件下(混响场即能对稳定声音形成多次反射叠加的声场)。一般将被测设备安放在地面上，待测设备的表面距离各墙面不得小于 1 m。

测量时，待测设备应在额定状态下稳定运行，如果在设备额定负荷下进行噪声测量有困难，则可以在空负荷下测量设备噪声。若设备运行状态较多，则应在辐射噪声最强的运行状态下进行测量。

在自由场条件下，需要确定基准体和测量面，测量面采用球体面；半自由场，测量面可选用矩形体表面或半球面。

一般体积较大，形状为矩形的各类家用电器如洗衣机、电冰箱等采用矩形体测量面，测点取 9 个，测量面的面积为$S=4(ab+ac+bc)$ (m^2)

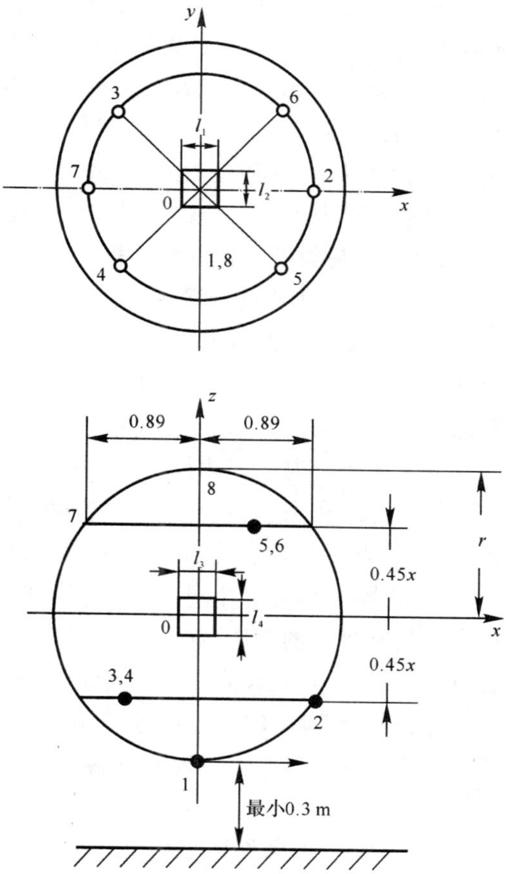

图 7.72　球体测量面上的测点分布

对于体积较小(基准体的长、宽、高分别小于 0.7 m),形状为圆形或扁形的放置在地板或台上的各类家用电器,如台扇,应采用半球测量面。半球测量面一般规定 10 个测点,测量面的面积为$S = 2\pi r^2$(m²)。

各类悬吊式、支架式、手提式的家用电器、如吊扇、落地扇、吹风扇、电剃刀等应在自由声场中采用球体测量面,测点一般为 8 个,其分布如图 7.72 所示。

图中 r 为球面半径,一般取 $r = 1$ m。测量面的面积为 $S = 4\pi r^2$(m²)。

五、飞机噪声测量

飞机噪声测量分为飞机向外辐射噪声测量与机舱内噪声测量,分别用来评价对地面环境的干扰与对乘客和空勤人员的影响程度。

1. 飞行中飞机向外辐射噪声的测量

飞机飞行,尤其在起飞和降落过程中产生的强烈啸叫噪声,对地面环境的骚扰十分严重。飞机向外辐射的噪声与其他环境噪声也不同,其频谱特性在人耳敏感的高频区特别突出,并含有明显纯音成分。所以评价飞机飞行噪声采用一种与人耳主观响应相适应的专用评价量——感觉噪声级 L_{pN}(dB) 和纯音修正感觉噪声级 L_{pTN}(dB)。另外由于飞行中的飞机转瞬即逝,L_{pN} 和 L_{pTN} 是随时间变化的,为此,又推荐了有效感觉噪声级 L_{pEN}(dB) 作为评价单一飞机飞行噪声的声学量,L_{pEN} 实质上是 L_{pTN} 或 L_{pN} 的时间计权声级。

测量飞行中飞机向外辐射噪声的方法有两种:一种是精密测量飞行噪声频谱时间过程的方法;另一种是测量飞行噪声计权声级时间过程的方法。

(1) 飞行中飞机噪声频谱时间特性的测量。测量飞机飞行噪声至少需要一台精密声级计和一台高性能测试磁带记录仪。如果测量现场有由精密声级计、1/3 倍频程实时分析仪和自动取样间隔小于或等于 0.5 s 的采样设备及专用数据处理设备组成的测量分析系统,则更为理想。

为避免声反射引起测量误差,声级计最好通过电缆与传声器相连,传声器置于测点上,传声器的膜片应在飞机标称飞行路线和测量点所形成的平面上,即飞机噪声应掠过而射到传声器上。测量点在飞行航道的投影下,距离地面高 1.2 m 处。

测量场地必须是开阔、平坦、坚硬的混凝土地面,地面上不得覆盖具有吸声的物质(如草皮、雪等)。以测量点在地面上的垂直投影为顶点,通过顶点的垂直于地面的直线为轴,向上形成一个立体角等于 160° 的圆锥,在这个圆锥形的空间内,除了测量仪器和待测飞机外,不能出现其他障碍物。测量点位置如图 7.73 所示。

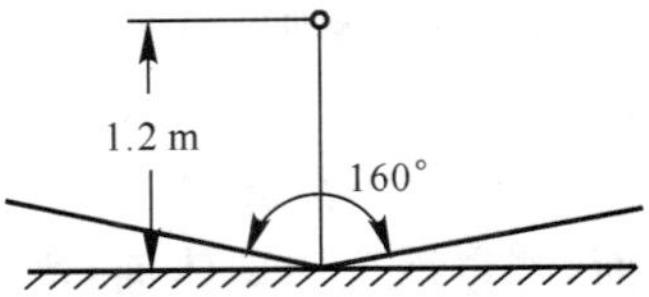

图 7.73　飞行噪声的地面测量点布置

测量时的气候条件是无雨,地面上 10 m 高处风速小于 5 m/s,相对湿度小于 20% 时大气温度不低于 5 ℃,对于中心频率为 8 000 Hz 的 1/3 倍频带噪声,在大气中的衰减不能大于 0.1 dB/m。

测量时的背景噪声(其他飞机噪声或工业噪声)至少要低于被测飞机噪声级 20 dB 以上。

测量并分析飞机飞越上空时,飞机噪声的 1/3 倍频带瞬时谱的时间过程,或连续抽取 1/3 倍频带噪声谱,取样间隔等于或小于 0.5 s。或通过声级计的线性输出,将飞机飞行噪声的全过程记录在数据存储设备上,然后再进行重放,并分析持续时间间隔($\Delta t \leqslant 0.5$ s)的 1/3 倍频带噪声谱。

上述测量数据按一定的程序进行分析计算,可以得到任意一个时间间隔内的 L_{pN} 和 L_{pTN} 以及飞机飞越过程的有效感觉噪声级 L_{pEN}。

(2) 飞行中飞机计权声级时间过程的测量。如果上面讨论的飞行噪声的测量为精密方法,则这里讨论的方法可以称之为一种飞行噪声的近似测量方法。

测量仪器为具有 0 计数网络的精密声级计,另外配合使用能记录时间过程的声级记录仪或数据 D 存储设备。

测量飞机飞越上空时,在地面观测点获得的 D 声级和 A 声级的时间过程,通过测量和计算可以得到一架飞机飞行的近似感觉噪声级。

测量点位置、测量条件与"飞行中飞机噪声频谱时间特性测量"中相应内容一样。

从记录到的 D 声级变化过程,可以求出最大 D 声级 L_{Dmax},如图 7.74 所示。

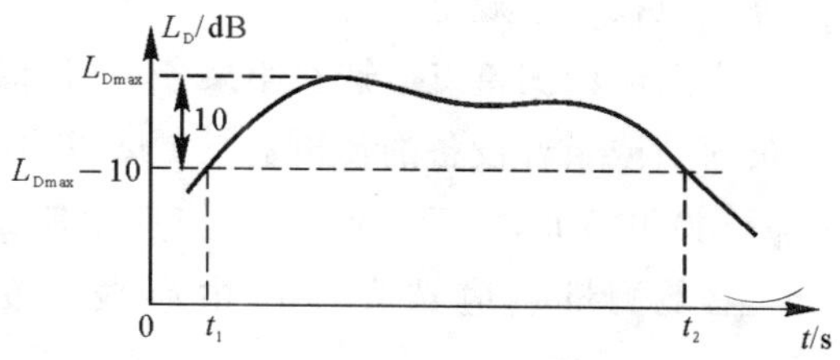

图 7.74　飞行噪声 D 声级的时间过程

近似最大感觉噪声级可按下式计算:

$$L_{pN\max} = L_{\mathrm{Dmax}} + 7$$

近似有效感觉噪声级可按下式计算:

$$L_{pEN} = L_{pN\max} + 10\lg\frac{\tau}{\tau_{\mathrm{r}}}$$

式中 $\tau = \dfrac{t_2 - t_1}{2}$,$\tau_{\mathrm{r}} = 10$ s,$t_2 - t_1$ 是由数据存储设备导出的刚好等于($L_{\mathrm{Dmax}} - 10$) dB的两个 D 声级先后出现的时间间隔,如图 7.74 所示。

在飞机飞行噪声测量前和测量过程中,应对所有测量条件和测量数据详细记录,其中包括大气条件(风速、风向)、局部地形状况,地面覆盖物和可能干扰测量的障碍物等;飞机轮廓、飞行方法和工作条件,以及在有关的时间间隔上飞机的位置。

2. 飞机舱内的噪声测量

飞机舱内的噪声测量是测量飞机在飞行中机舱内的噪声及其分布,用来评价来自机舱内外的噪声对乘客和空勤人员的影响程度。

测量分为典型测量和监视测量。对于典型测量,需要测量 A 声级和 1/3 倍频带声压级。对于监视测量，需要测量A声级和倍频带声压级。频带声压级的频率范围至少为45～11 200Hz。

测量使用精密声级计和倍频程或1/3倍频程滤波器，使用声级计的“慢”特性。

飞机舱内噪声测量，应在规定的高度和航行条件下，保持平直飞行状态，以及在稳定爬升和下降等飞行状态下分别进行。飞机飞过湍流和云雨层区域时不宜进行测量。

飞机舱内设备应保持齐全，座椅的靠背尽可能保持直立位置，机上增压和空调设备应正常稳定开动，舱内乘客用的单人吹风口全应关闭，此外还应停止机上公共播音。

在空勤舱，空勤人员应在各自的工作岗位上，在客舱只需要保留噪声测量工作人员，而且，在距传声器1 m范围内不得出现站立或坐着的人。

由于机舱内噪声随位置不同起伏较大，因此应当选择足够的测量点，以较全面地测量舱内噪声分布。测量要分布在整个客舱，并包括每一个乘务员的工作位置，任意一个测量点距离舱室壁面、装饰品和行李等物体不得小于0.15 m，机内噪声测量点的准确位置应绘图标出。测点具体选位按以下规定进行：

空勤舱内测量点应选在距乘务员（包括驾驶员）人耳0.1 m以内的空间；也应选在距离乘务员谈话或录音设备的传声器0.1 m以内的空间。对于座位，测量点应距无人坐下时座垫表面0.65 ±0.005 m；对于站位，测量点应距地面1.65 ± 0.1 m高。

客舱测量点应选在座位中心线离头部靠垫0.15 ± 0.2 m，距无人坐下时座垫表面0.65 ± 0.05m处。

运载动物的货舱，若测量噪声，测量点应在动物存放区选取。

测量时，传声器应垂直向上分别固定在一个测点上。对于每种测量条件下的每一个测量点，至少取5s观测时间，在观测时间内取3个读数，取其平均值并近似为整数作为测量结果。除了测量数据以外，还应记录：飞机高度，飞行速度或马赫数，飞机发动机工作情况，机外大气温度，舱内压力的变化和舱内温度，舱内设备的工作状态，起落架的位置，襟翼、扰流板和其他影响机内噪声的控制气流面板的位置，以及开关座舱罩、窗、门、制动闸等能影响空气动力性噪声产生装置的位置。

思考题与习题

7.1　为什么用测频率的方法测转速？

7.2　用测频法测转速时，z 的值最好是60或60的整数倍，为什么？

7.3　为什么M法测转速适于高速段测试，而T法则适于低速段？什么叫做M/T测速法？

7.4　采用测周法测电机瞬时转速时，应使测试密度（每转一周的测试点数）足够高，为什么？

7.5　激光转速仪有什么特点？

7.6　按基本原理区分转矩的测试方法有几类？

7.7　平衡类转矩测试装置，一般由哪三部分组成？

7.8　能否将数字式测频测速（或测周测速）法，直接用于异步电动机的 $T = f(n)$ 曲线的瞬态测试？

7.9　一般测温度的方法可归纳为哪三类？

7.10　同型热电偶正向串连、反向串连和并联各有什么特点？

7.11　辐射测温与部分辐射测温有什么不同？

7.12　红外测温法有什么特点？

7.13　绝对压力、表压力和当地大气压力三者有什么关系。在同一地点的地面和飞机上空测得的压力有什么差别？

7.14　根据测量压力的原理不同，把测量压力的方法分成哪几类？

7.15　霍尔元件在压力测量仪表中的作用是什么？

7.16　振动测量系统应包含那些基本组成部分？

7.17　频率计权网络在声级计中的作用是什么？

参考文献

[1]　李颂伦.电气测试技术.西安：西北工业大学出版社，1992.

[2]　谢怠利.工业温度测量有望改进.世界标准化与质量管理，2003(5).

[3]　张建波.浅谈温度测屋的发展现状.计量与测试技术，2001(2).

[4]　张迎新.非电量测量技术基础.北京：北京航空航天大学出版社，2001.

[5]　冯浩，刘玉军，等.光栅转矩测量系统的研究.浙江工业大学学报，2004，30(2).

[6]　赵思宏，范惠林.电机转矩转速测量方法的分析.光学、精密工程，2003，10(3).

[7]　方锦明，余擇唐.同步发电机无传感器转速测量方法及应用.中国计量学院学报，2003，14(3).

[8]　田大超，马军山.光纤式转速测量系统的研究.大连铁道学院学报，1994，15(4).

[9]　史敬灼，果宁.单相交流串励电机无传感器转速测量方法.微特电机，2002(6).

[10]　刘惠玲.环境噪声控制.哈尔滨：哈尔滨工业大学出版社，2002.

第八章　测量系统的特性分析

8.1　概　　述

本章中所称的测量系统，既指众多环节组成的对被测物理量进行检测、调理、变换、显示或记录的完整系统，如含有传感器、调理电路、数据采集、微处理器（微计算机）或测试仪器，又指组成完整测量系统中的某一环节或单元，如传感器、调理电路、数据采集卡（板）、测试仪表甚至可以是更简单的环节，如放大器、电阻分压器、*RC* 滤波器等。

测量系统的基本特性是测量系统与其输入、输出的关系。其主要应用于三个方面：

第一，已知测量系统的特性，输出可测，那么通过该特性和输出来推断导致该输出的输入量。这就是通常应用测量系统来测未知物理量的测量过程。

第二，已知测量系统特性和输入，推断和估计系统的输出量。通常应用于根据对被测量（即输入量）的测量要求组建多个环节的测量系统。

第三，由已知或观测系统的输入、输出，推断系统的特性。通常应用于系统的研究、设计制作，一般用数学表达式（数学模型）或数表来表示测量系统的基本特性。对于连续时间系统也即模拟测量系统，它的输入 $x(t)$ 与其输出 $y(t)$ 在时域中的关系由微分方程确立。对于具有采样/保持的计算机系统，它的输入 $x(nT)$ 与输出 $y(nT)$ 都是只在时刻 $nT(n=0,1,2,\cdots)$ 才存在的时间序列，当时间间隔很小时，$x(nT)$ 与 $y(nT)$ 的关系由差分方程描述。本章只讨论连续时间系统。在工程上，大多数常见的系统的输入 $x(t)$ 和输出 $y(t)$ 之间的关系可用下述常系数线性微分方程来描述：

$$a_n\frac{\mathrm{d}^n y(t)}{\mathrm{d}t^n}+a_{n-1}\frac{\mathrm{d}^{n-1} y(t)}{\mathrm{d}t^{n-1}}+\cdots+a_1\frac{\mathrm{d}y(t)}{\mathrm{d}t}+a_0 y(t)=b_m\frac{\mathrm{d}^m x(t)}{\mathrm{d}t^m}+b_{m-1}\frac{\mathrm{d}^{m-1} x(t)}{\mathrm{d}t^{m-1}}+\cdots+b_1\frac{\mathrm{d}x(t)}{\mathrm{d}t}+b_0 x(t) \tag{8.1}$$

根据输入信号 $x(t)$ 随时间变化还是不随时间而变，测量系统的基本特性分为静态特性和动态特性。它们是测量系统对外呈现出的外部特性，由其内部参数也即系统本身的固有属性决定。本节对模拟式测量设备的基本特性，按照通常所用的讨论方法分为静态特性与动态特性，分别介绍其意义与主要性能指标；简述数字化测量设备特有的主要技术特性。

8.2　测量系统的静态特性分析

一、测量系统的静态特性

测量系统的静态特性又称刻度特性、标准曲线或校准曲线。当被测对象处于静态时，也就是测量系统的输入为不随时间变化的恒定信号，在这种情况下测量系统输入、输出量间呈现的关系就是静态特性。这时式(8.1) 中各阶导数为零，于是微分方程就变为

$$y(t)=\frac{b_0}{a_0}x(t)=Sx(t)$$

或简写为

$$y=Sx \tag{8.2}$$

式(8.2) 就是理想的定常线性测量系统的静态特性的表达式，其中 $S=\frac{b_0}{a_0}$。

对于实际的测量系统，其输入与输出往往不是理想直线，故而静态特性由多项式来表示

$$y=S_0+S_1x+S_2x^2+\cdots+S_nx^n \tag{8.3}$$

式中　$S_0,S_1,S_2,\cdots,S_n$—— 常量；

y —— 输出量；

x —— 输入量。

二、静态特性的获得

对一个测量系统，必须在使用前进行标定或定期进行校验。即在规定的标准工作条件下(规定的温度范围、大气压力、湿度等)，由高精度输入量发生器给出一系列数值已知、准确、不随时间变化的输入量 $x_j(j=1,2,3,\cdots,m)$，用高精度测量仪器测定被校测量系统对应输出量 $y_j(j=1,2,3,\cdots,m)$，从而可以获得由 y_j，x_j 数值列出的数表、绘制曲线或求得数学表达式表征的被校测量系统的输出与输入的关系，称之为静态特性。如果实际测试时的现场工作条件偏离了标定时的标准工作条件，则将产生附加误差，必要时须对读数进行修正。各个标定点输出量的数值 y_j，又称为刻度值、校准值或标定值。

三、静态特性的性能指标

1. 量程和测量范围

量程是测量设备标称范围上、下限之差的模。

测量范围是测量设备所能测量最小输入量至最大输入量之间的范围。测量范围有单向与双向(对称或不对称) 之分。

2. 测量设备的准确度

准确度、精密度与正确度是测量设备的主要静态指标，在第二章已讨论。

3. 灵敏度

测量设备的灵敏度是指静态测量时，输出量的增量与输入量的增量之比，可表示为

$$s = \lim_{\Delta x \to 0}\left(\frac{\Delta y}{\Delta x}\right) = \frac{\mathrm{d}y}{\mathrm{d}x} \tag{8.4}$$

静态特性曲线为线性方程的测量设备，其灵敏度为常数；静态特性曲线为非线性的测量设备，灵敏度是变化的，由静态特性曲线上各点的斜率来决定。图 8.1 表明了这种关系。

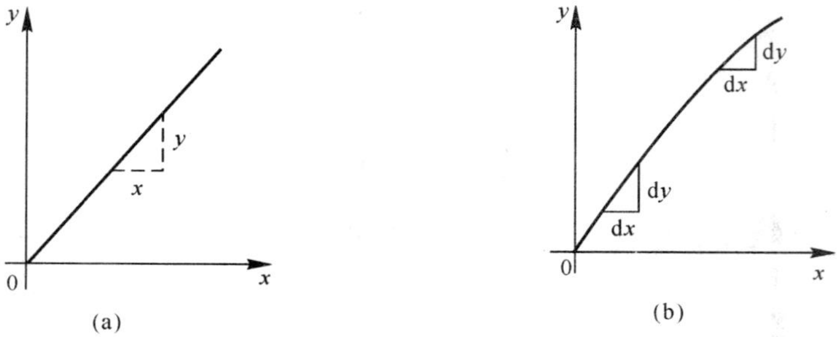

图 8.1 测量设备的灵敏性

(a) 静态特性为线性；(b) 静态特性为非线性

测量设备灵敏度的量纲是输出量的量纲与输入量的量纲之比。

若测试系统是由灵敏度分别为 S_1, S_2, S_3 等多个相互独立的环节组成时，则测量系统的总灵敏度 s 为

$$s = S_1 S_2 S_3 \tag{8.5}$$

4. 分辨力、分辨率和灵敏限

分辨力是指测量装置所能检测出被测信号最小变化量的能力。当被测量在规定的量程内连续缓慢变化时，输出量是一系列小的、可以测出的阶跃性变化，如图 8.2 所示。

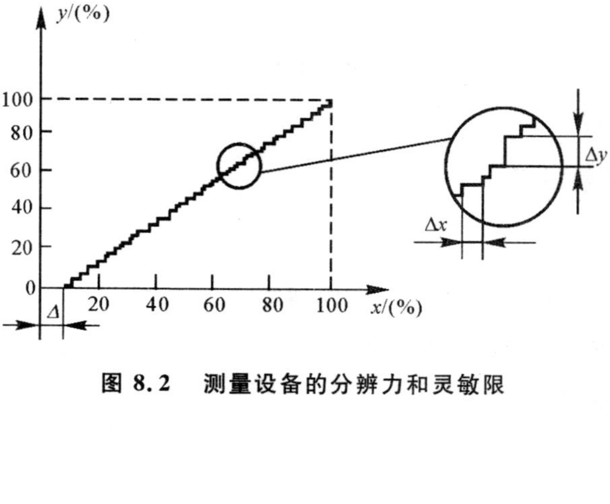

图 8.2 测量设备的分辨力和灵敏限

由于使输出量产生阶跃变化的各输入变化量不一定相等及各阶跃变化量也不一定相等，所以衡量分辨力的指标有两种规定方法：一种以输出量的最大阶跃变化（规定量程内的最大值 Δy_{max}）来确定；另一种以使输出量产生阶跃变化的各输入变化量的最大值（Δx_{max}）来确定。

分辨力指标与测量装置量程之比称为分辨率。

灵敏限（灵敏阈、失灵区、死区 ……）是测量设备在量程零点（或起始点），能使输出量发生变化的最小输入量，是衡量测量设备在量程零点不灵敏程度的指标，如图 8.2 中所示 Δ 值。

5. 滞后

滞后是测量设备输出量与先前输入量顺序有关的一种特性. 当输入量分别由增加方向、减小方向到达同一量时，两输出量之差称为滞后误差，如图 8.3 所示。

测量设备滞后误差指标，常用全量程中最大滞后差值与满量程输出值之比的百分数表示：

$$\delta_H = \frac{|\Delta H_{max}|}{y_{max}} \times 100\% \tag{8.6}$$

产生滞后误差的主要原因是：摩擦力、机械元件之间的游隙，弹性材料变形、磁性材料的磁滞效应等。

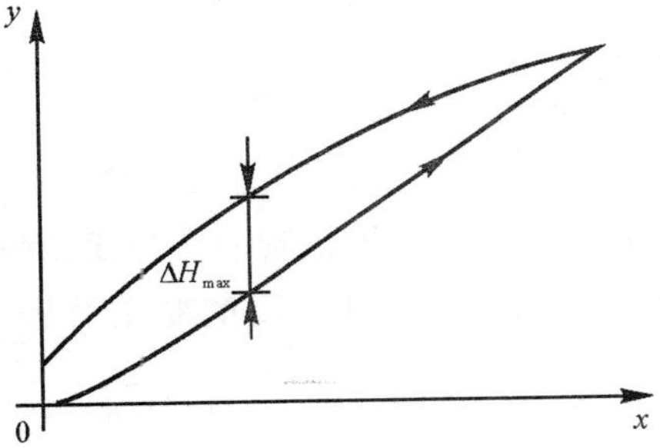

图 8.3　测量设备的滞后误差

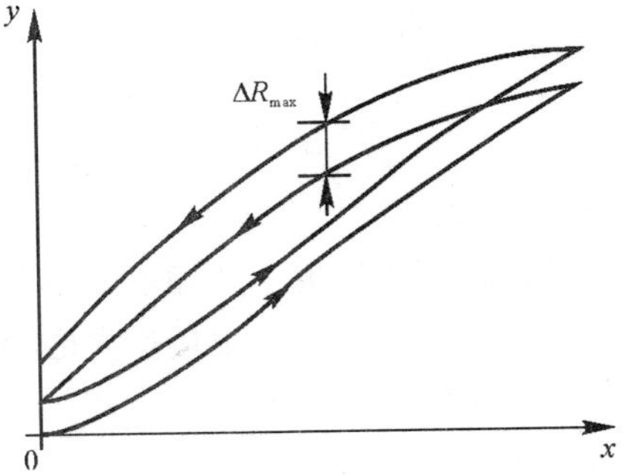

图 8.4　测量设备的重复性

6. 重复性

测量设备在相同工作条件下多次重复测量，对应于输入同是增大行程或同是减小行程及相同的输入量，输出量不同，此差值即为重复误差。重复误差的指标用量程中最大重复差值 ΔR_{max} 与量程输出值之比的百分数表示。图 8.4 及式(8.7) 表明了这种关系。

$$\delta_H = \frac{\Delta R_{max}}{y_{max}} \times 100\% \tag{8.7}$$

7. 线性度

线性度是测量设备实际特性曲线与参考直线偏离的程度，常用实际特性曲线偏离参考直线的最大偏差与量程输出值之比的百分数表示：

$$\delta_L = \pm \frac{\Delta L_{max}}{y_{max}} \times 100\% \tag{8.8}$$

参考直线的确定通常有三种方法，所以有相对应的三种线性度。

(1) 理论线性度(绝对线性度)。选通过零点与满量程输出点所作的直线为参考直线，或通过两个指定端点的直线作为参考直线时的线性度，如图 8.5(a) 所示。

(2) 端基线性度(端点线性度)。以测量设备多次实测之零输入所得平均值点与满量程输出平均值点所联成的直线为参考直线，如图 8.5(b) 所示。

(3) 独立线性度。以全部测试点数据所得出的回归直线为参考直线的线性度。

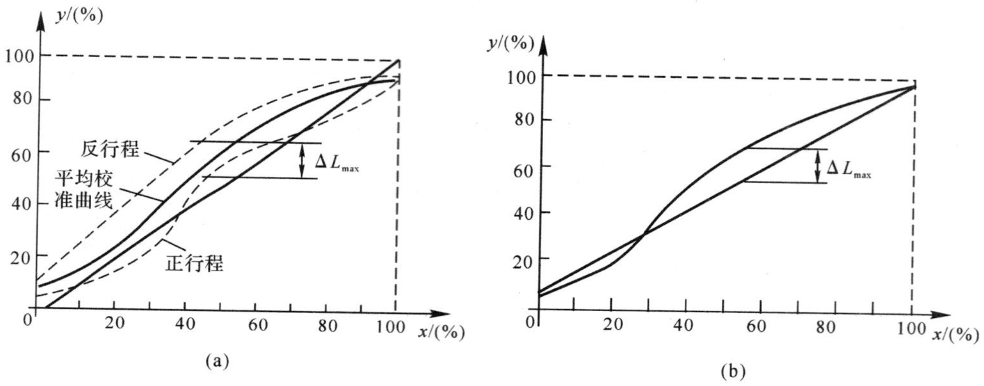

图 8.5 线性度

(a) 理论线性度； (b) 端基线性度

8. 漂移和温漂

当测量设备环境温度不变和输入量不变时，输出量随时间变化而出现的缓慢变化为漂移。

因环境温度变化引起输出量产生的变化称为温漂。设备本身工作温度的变化引起的输出变化温漂是漂移的一种表现。

9. 误差带

有些测量设备，以对应各输入量的输出量允许的误差所形成的区域称为误差带。误差带有常值误差带、比例误差带、分段常值误差带及两种误差带的组合，分别如图 8.6(a)，(b)，(c) 和(d) 所示。

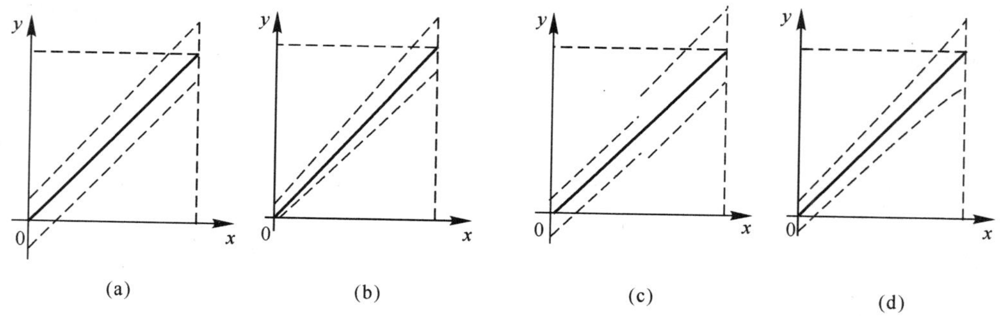

图 8.6 误差带的形式

(a) 常值误差带； (b) 比例误差带； (c) 分段常值误差带； (d) 组合式误差带

10. 可靠性

一台装置的可靠性是指装置可在规定的时期内及在保持其运行指标不超限的情况下，执行其功能的性能。这个性能对于参与生产过程进行监测的仪表是极为重要的，可靠性指标有：

(1) 平均无故障时间 t_{MTBF}(Mean Time Between Failure)。在标准工作条件下不间断地工作，直到发生故障而失去工作能力的时间称作无故障时间。如果取若干次(或若干台仪器)无故障时间求其平均值，则为平均无故障时间，它表示相邻两次故障间隔时间的平均值。

(2) 可信任概率 P。这一统计概率表征由于元件参数的渐变而使仪表误差在给定时间内仍然保持在技术条件规定限度以内的概率。显然，概率 P 值越大，测量仪器的可靠性越高，维持费用越节省，但这样势必会提高测量仪器的成本。大量研究工作表明，可信任概率 P 的最佳值为 0.8 ～ 0.9。

(3) 故障率或失效率。它是平均无故障时间 t_{MTBF} 的倒数。若某测量仪器的失效率为 0.03%(kh)，就是说若有 10 000 台这种仪器工作 1 000 h 后，在这段时间里只可能有 3 台会出现故障。

(4) 有效度或可用度。对于可修复的产品，用 t_{MTTR}(Mean Time to Repair) 代表平均修复时间，如果这段修复时间长则有效使用时间短，有效度 A

$$A = \frac{t_{MTBF}}{t_{MTBF} + t_{MTTR}} \tag{8.9}$$

可靠性是一门内容丰富的重要学科，在工业产品设计与生产中具有深远的指导意义，越来越引起人们的关注与重视。

11. 稳定性和影响系数

(1) 稳定性。测量系统或仪器的稳定性是指在规定工作条件范围之内，在规定时间内系统或仪器性能保持不变的能力，一般以重复性的数值和观测时间长短表示。时间间隔的选择根据使用要求的不同可以有很大的差别，如从几分钟到一年不等。有时也采用给出标定的有效期来表示其稳定性。如两种稳定性表示方法：2.1 mV/8h；一个月不超过 1% 满量程输出。

(2) 影响系数。环境温度、大气压、振动等外部状态变化给予测量系统或仪器示值的影响，以及电源电压、频率等工作条件变化给予指示值的影响，统称环境影响，用影响系数表示。一般仪器都有给定的标准工作条件，例如环境温度 20 ℃、相对湿度 65%、大气压力 101.33 kPa、电源电压 220 V 等。由于实际工作中难以完全达到这个要求，故又规定一个标准工作条件的允许变化范围：环境温度(20±5) ℃、相对湿度 65%±5%、电源电压(220±10)V 等。仪器实际工作条件偏离工作条件的标准值时，对仪器示值的影响用影响系数表示。影响系数为指示值变化与影响量变化量的比值，如电源电压变化 10% 引起示值变化 1%(相对误差)；温度变化 1 ℃ 引起示值变化 3.1×10^{-3}(引用误差)，又可称为灵敏度温度系数为 3.1×10^{-3}/℃；温度变化 1 ℃ 引起仪器零位值变化 1.9×10^{-3}(引用误差)，又称为零位温度系数为 1.9×10^{-3} ℃。

12. 输入电阻与输出电阻

输入电阻与输出电阻值对于组成测量系统的环节而言甚为重要。前一环节的输出电阻即 R_{o1} 相当于后面环节的信号源内阻，后一环节的输入电阻 R_{i2} 相当于前面环节的负载。如果希望前级输出信号无损失地向后级传送，根据全电路欧姆定律可知信号源的内阻应为零，即前级环节对后级环节而言相当为理想电压源，其内阻即输出电阻 R_{o1} 应为 0；后级输入电阻承接了全部电压信号，故而输入电阻理想值为 $R_{i2} \to \infty$。这样，前后环节则为相互独立的环节，式(8.5)才能成立。为此，组成系统的环节之间都设有阻抗变换器。

8.3 测量系统的动态特性分析

测量系统的动态特性是指在动态测量时，输出量与随时间变化的输入量之间的关系。

研究测量系统动态特性的方法，可以从测量设备的物理结构出发，建立输出和输入量的运动微分方程，然后给定初始条件求解，得到任意输入 $x(t)$ 时的输出 $y(t)$；或在得到运动微分方程后，按照自动控制理论运用拉普拉斯变换，求得测量系统的传递函数，也就全面反映了测量系统固有的动态特性。

对于较复杂的测量系统难以准确地列出其运动微分方程，广泛采用试验的方法研究分析其动态特性。试验时，选取一些典型信号作为输入量，测出测量系统的输出(响应)，然后对该测量系统的动态特性进行分析及评价。

通常研究、分析测量系统动态特性所选取的典型输入信号有：阶跃信号、脉冲信号、斜坡信号、随机噪声信号及正弦信号。这是因为一些复杂的信号可分解为阶跃信号序列、脉冲信号序列，或用傅里叶变换展开，分解为若干个正弦信号之和。

测量系统的动态特性可以由时域过渡过程曲线或频率特性曲线来描述。

一、主要动态性能指标

1. 时域动态性能指标

测量设备的时域动态性能指标一般用阶跃输入时测量设备的输出响应(过渡过程)曲线上的特性参数来表示。

一阶测量设备，阶跃输入时的输出响应是非周期型的，如图 8.7 曲线所示。动态性能指标如下所述。

(1) 时间常数 T。输出量上升到稳态值的 63.2% 所需时间，如图 8.7 所示。

(2) 响应时间 t_s。输出量达到稳态值的某一允许误差范围内，并保持在此范围内所需最小时间。

由于允许误差范围不相同时，响应时间不同，所以下标 s 表示不同的允许误差范围。例如，允许误差为 5%，则

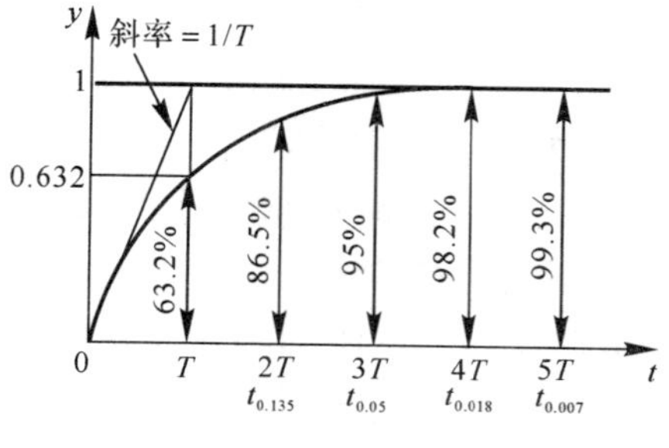

图 8.7 一阶测量设备阶跃输入时的响应(非周期型)

表示为 $t_{0.05}$。

一阶测量设备 t_s 与 T 的关系为：$t_{0.135}=2T$；$t_{0.05}=3T$；$t_{0.018}=4T$。可见时间常数 T 越小，响应越快。t_s 与 T 的对应关系表示于图 8.7 中。

(3) 上升时间 t_r。测量设备输出响应值从 5%(或 10%) 到达稳态值的 95%(或 90%)，或从 0 上升到稳态值所需时间。

(4) 延迟时间 t_d。测量设备输出响应值从 0 上升到稳态值的 50% 所需时间。

对二阶测量设备，当传递函数中阻尼比 ζ(实际阻尼系数与临界阻尼系数之比) 大于 1 时，在阶跃输入作用下，输出响应也是非周期型的，所以按上述一阶测量设备的性能指标讨论即可；当 $\zeta<1$ 时输出响应为衰减振荡曲线(见图 8.8 曲线)，则除应讨论前述响应时间 t_s、上升时间 t_r、延迟时间 t_d 等指标外，还须讨论峰值时间 t_p(输出响应曲线达到第一个峰值所需时间) 与超调量 (输出响应曲线的最大偏差与稳态值的百分比)。

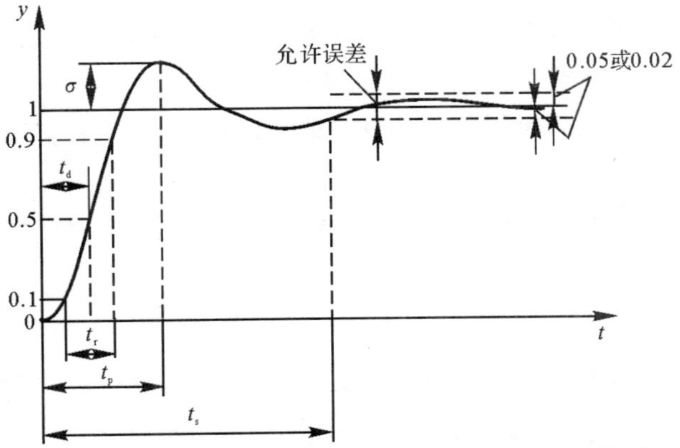

图 8.8　二阶测量设备阶跃输入时的响应(衰减振荡型)

此外，有的测量设备还用衰减率 d (或对数衰减率)，表示过渡过程曲线上时间相差一个周期 T 的两个峰值之比，如图 8.9 中 A_1 与 A_2 之比。

2. 频域动态性能指标

频域动态性能指标常以输入量为正弦信号时幅频特性(或对数幅频特性) 和相频特性的参数来规定。常用的指标有：

(1) 频带宽 ω_b。它是对数幅频特性曲线上幅值增益不超过 $\pm n$dB(例如 ± 3dB，$n=3$) 所对应的频率范围。

(2) 工作频带($0\sim\omega_g$)。它是与给定的测量设备幅值误差范围(例如 ±1%，±2%) 相对应的频率范围。称 ω_g 为截止频率。

(3) 跟随角 θ_b。当 $\omega=\omega_b$ 时，对应相频特性上的相角。

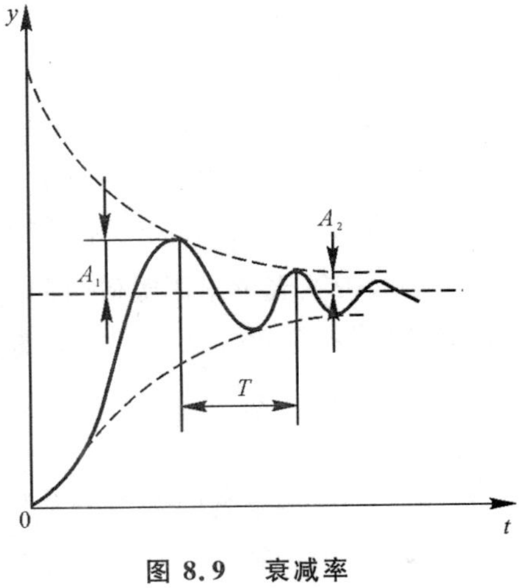

图 8.9　衰减率

8.4 数字化测量系统的主要技术特性

数字化测量系统具有与上述不同的一些特点,需要考虑以下一些技术特性。

1. 最高数字化速率(采样速率)

最高数字化速率是单位时间对模拟输入信号的采样数。常以每秒采样样本点数(Sample/second)及存储的数据位数来表示。

数字化速率的倒数以 s/word(秒 / 字)表示,称为记录速度。

2. 测量分辨率

测量分辨率是对模拟信号波形细节的评价,包括电压分辨率(垂直分辨率)和时间分辨率(水平分辨率)。

电压分辨率决定于每个采样点模拟量对应的二进制数字化的位数。例如,用 8 位模数转换器 ADC,可分 256 个电平级别,分辨率为 1/256,0.39%。

时间分辨率是对模拟信号时间坐标的分辨能力,是采样速率和记录长度的函数。

3. 记录长度(存储容量)

表示数字化存储器获取信号的能力,用经 ADC 转换后的存入数字化存储器的最大存储数据(字数)来表示。

4. 动态范围

动态范围是数字化最大信号与可分辨的最小信号之比,常用对数值表示。

$$动态范围 = 20\lg(\text{ADC 转换器分级数})$$

电压分辨率每增加 1 位,ADC 转换分级数便增加 1 倍,分级误差也因而减小 1 倍,动态范围相应扩展 6 dB。

5. 带宽

采用数字化方法以后,带宽是根据采样方式以有效带宽或等效带宽来表示。

有效带宽是采用实时采样方式时,表征可测量的正弦波信号的最高频率,在单次扫描中被捕获存储,并以实时方式显示。

等效带宽表示采用等效时间采样方式时,测量最快的重复信号指标。通常有等效时间采样功能的设备,等效带宽等于它的实际模拟带宽。

思考题与习题

7.1 测试系统的基本概念是什么?一个测量系统的输入输出特性主要应用方面是什么?

7.2 测量系统的静态特性的概念是什么,它所包含的指标有哪些?

7.3　测量系统的动态特性的概念及其指标是什么？

7.4　数字式测量设备的的主要技术特征及其指标定义是什么？

7.5　对于一个给定的二阶测量系统，其主要动态特性指标是什么？如何获得此测量系统的动态特性表达式？

参考文献

[1]　李颂伦.电气测试技术.西安：西北工业大学出版社，1992.

[2]　申忠如，郭福田，丁晖.电气测量技术.北京：科学出版社，2003.

[3]　刘君华.现代检测技术与测试系统设计.西安：西安交通大学出版社，1999.

第三篇

自动测试系统

第九章　自动测试系统

9.1　概　　述

自动测试系统是计算机技术与仪器仪表技术深层次结合的结果，人们可以借助计算机以及大规模集成电路技术来满足测试对象以及测试范围越来越复杂、测量参数繁多、测量精度不断提高的要求。最初通用仪器与微处理器相结合产生了智能仪器，但此时的智能仪器是一个独立的系统，多个智能仪器相互之间无法协调控制，后来发展了由计算机或其他控制器通过总线来协调控制各测量仪器工作的自动测试系统。通常把以计算机为核心，在程控指令或程序的控制下，能自动完成测试任务的测量仪器和其他设备的有机整体称为自动测试系统，简称ATS(Automatic Test System)。自动测试系统是现代检测技术、传感技术、控制技术、数字信号处理技术、计算机技术以及微电子技术等多学科融合发展的成果。

典型的自动测试系统中通常包括以下几部分：

(1) 控制器：完成系统的总体的协调控制和数据处理，是系统的控制核心，主要是计算机或其他形式的控制器。

(2) 程控仪器、设备：完成特定功能的测试和控制任务，主要包括信号采集设备、信号发生器、程控开关、数据存储设备以及配合完成测试任务的执行元件和伺服设备等。

(3) 总线接口：是控制器与程控仪器、设备或仪器、设备之间进行信息交换的通道，完成命令、数据的传输，主要包括电缆、接插件以及总线接口控制部件等。

(4) 测试软件：为了完成测试任务与应用相关的软件，包括测试应用程序、驱动程序、I/O软件等。

(5) 传感器与信号调理：传感器将代表某种物理特性的信号转换成电气参数输出。信号调理将传感器的输出信号或被测信号转换成合适的信号输送到后级的程控仪器、设备中进行采集分析或将程控仪器、设备的输出转化成特定的信号来完成对被测对象的控制。

(6) 被测对象:根据测试任务的需要,选取被测对象的被测信号以及完成对被测对象状态的控制,完成测试任务。

一、自动测试系统的发展历史

美国海军为了解决其对军用电子设备的维护问题,在 1956 年制定了 SETE 计划,开始研究自动测试系统,后来逐渐应用于民用市场,这时的自动测试属于第一代自动测试系统。在第一代自动测试系统中设计了专门的接口电路用于实现各仪器与控制器之间的信息交换,但此时的接口和仪器都属于非标准的,各系统或各厂商的产品缺乏通用性和互换性。

为了解决第一代自动测试系统接口专用性的缺点,研制了具有标准接口总线的第二代自动测试系统,其采用标准总线接口,测试系统各部件按照标准文件规定的形式连接起来,具代表性的是 CAMAC 总线接口和 GPIB 总线接口。

CAMAC 总线接口系统是一种典型的自动测试系统的总线标准。自 1969 年欧洲电子学标准化委员会正式发表以后,迅速得到欧洲和美国的强烈反响。到 1975 年,欧洲 CAMAC 协会,美国电气电子工程师协会(IEEE) 及国际电工委员会(IEC) 也相继宣布接受 CAMAC 标准,并广泛用于宇航、核工业、国防、工业自动化等领域。但由于 CAMAC 标准接口系统造价昂贵,总线中没有仪器系统专用的触发线等,电磁屏蔽也考虑得并不充分,受到当时计算机发展水平的限制,指令传输在微秒级,进一步扩充有困难,所以没有得到更广泛的应用。

GPIB 接口系统是 1972 年美国 HP 公司提出的一种标准总线接口,经改进后于 1975 年和 1977 年分别被美国电气电子工程师学会和国际电工委员会所接受,正式颁布了标准文件。凡是按照上述国际通用标准设计制造出来的可程控电子测量设备,不论出自何厂,均可用此标准总线连接起来,在控制器的作用下构成一个自动测试系统。

随着微型计算机的发展,在 1982 年出现了一种新型的基于通用 PC 机的模块式仪器。它以通用计算机为核心,配以一定的测试硬件电路和应用软件,共同完成测试仪器系统的功能,与此同时仍保留了个人计算机的全部功能,仪器模块与计算机接口之间采用通用计算机总线连接。这种插卡式的新型仪器,能充分利用个人计算机的软、硬件资源,更好地发挥计算机的作用,大幅度地降低仪器成本,提高经济效益,还具有研制周期短、改进更新方便的优点,在组成测试系统和网络方面也有很大潜力。因此,这种插卡式的仪器一出现就受到重视,并得到较快发展,由于这种系统没有考虑仪器特有的环境及电磁兼容性等的要求,在某些场合限制了其应用。

为了满足军方和工业用户对开放结构的模块式仪器的要求,1987 年由 Colorado Data Systems,Hewlett－Packard,Racal－Dana Instruments,Tektronix 和 Wavetek 等五家公司组成的联合体推出了 VXI 总线规范。VXI 总线规范经过多次的补充和修改,于 1992 年 4 月公布了较完善的规范版本 VXI 总线 Revl. 4，并成为开放的国际标准(IEEE－1155－1992)。VXI 总线(VXIbus) 是 VMEbus eXtensions for Instrumentation 的缩写，即 VME 总线在仪器领域的扩展，其中 VME 总线是在工业控制和生产管理中获得广泛应用的一种性能良好的 PC 总线。VXI 总线是一种完全开放的模块式仪器领域的规范，它是继 GPIB 总线之后，为适应测量仪器从分立的台式和机架式结构发展为更紧凑的模块式结构的需要而推出的新的总线标准。VXI 总线不仅性能全面优于 GPIB 总线系统，而且使自动测试系统的尺寸大大缩小，测试速度大大提高，满足目前自动测试系统向标准化、自动化、智能化、模块化、便携式方向发展的要求。

随着计算机技术的发展，PCI 总线在 PC 机上得到广泛应用，性能较 VME 总线有很大提高，也为其在测量领域的应用打下了基础。1997 年 10 月，美国 National Instruments 公司(简称 NI) 结合 CompctPCI 总线规范率先将 PCI 总线引入到仪器领域，推出了 PXI 总线技术规范。PXI 是 PCI 在仪器领域的扩展(PCI Extensions for Instrumentation)，它将 PCI 总线技术扩展应用于仪器领域，软件方面 PXI 将 Microsoft Windows 操作系统定义为其标准软件框架，并要求所有的仪器模块都必须带有按虚拟仪器软件结构 VISA 规范编写的设备驱动程序，使 PXI 成为一种系统级规范，保证系统的易于集成与使用，从而进一步降低最终用户的开发费用。由于 PXI 模块仪器系统具有较好的性价比，使其得到迅速发展，作为一个开放的工业标准，已形成广泛的 PXI 系统联盟。

从自动测试系统的发展历史可以看出，测试仪器由原来的专用仪器发展为以后的通用仪器，随着 VXI 总线和 PXI 总线的引入，由于其基于通用的 PC 技术，仪器的功能很大部分由计算机软件来完成，就不必一定要按照出厂前设定好的程序测试，在后期使用过程中可以根据测试任务的需要修改或添加测试应用程序。仪器硬件是一个通用的平台，软件定义仪器的功能，这就是虚拟仪器的概念。在虚拟仪器系统中，软件是核心，仪器的功能都能通过软件根据系统需要定义；硬件是虚拟仪器工作的基础，主要功能是完成对被测信号的采集、传输和结果的显示、输出等。虚拟仪器还具有计算机系统的所有的优点，如强大的数据处理能力，友好的用户界面以及与其他设备多种形式的互连功能等。

二、自动测试系统的发展

虚拟仪器系统的诞生和发展是与计算机技术、软件技术、仪器仪表、总线与接口技术等有紧密联系的。自动测试系统在以后的发展中，也必然依赖于这些技术的突破，并在更高的层次上实现多学科的交叉融合。自动测试系统的发展主要包括以下几方面。

1. 与计算机技术的融合

计算机技术在自动测试系统中处于重要地位，完成系统的控制、数据运算处理、数据存储、显示与结果输出等功能。计算机性能的不断提高为自动测试系统完成更加复杂的任务提供了保障。

2. 总线与接口技术

总线是连接控制器与仪器的纽带。随着测量任务的复杂性不断增加，各仪器之间的数据交换量不断增大，对总线和接口的数据传输速度要求不断提高，总线的能力直接影响系统的总体性能。从自动测试系统的发展看，自动测试水平的提高，在很大程度上是由于总线技术的不断升级换代的结果。从研究与开发自动测试系统的角度来说，掌握总线接口技术、熟悉总线各种标准规范，各模块组建的系统才能实现相容，并实现系统性能的最大化。

3. 软件技术

软件在虚拟仪器中非常重要，在很大程度上，虚拟仪器能否成功地运行，就取决于虚拟仪器的软件。虚拟仪器系统的软件不同于一般的计算机软件，其中不仅包含了计算机软件的设计方法，而且还融合了信号处理技术、自动控制技术等多学科的知识。另外测试软件标准化的问题，近年来也越来越受到重视。1987 年 IEEE488.2 标准的公布、1990 年可程控仪器的标准命令 SCPI 的问世、1993 年 VXI 即插即用规范 VPP 的发表以及 1998 年公布的虚拟仪器可互换规范 IVI 的实施，对自动测试系统的软件的标准化都会产生深远的影响。

4. 仪器仪表技术

在虚拟仪器系统中，数据处理和运算等功能都由计算机完成，但前级的信号转换和采集功能在系统的重要作用是计算机无法替代的，如传感器技术、信号的采样等，没有很好的传感器技术对原始信息进行精确、可靠的转换，后级的测量和控制都是无意义的。传感器的发展一方面要开发新型传感器以满足人们对空间技术、海洋开发、环境保护以及生命科学探索的需要；另一方面传感器要向智能化、多功能化发展，实现一个传感器能检测多种参数，能够完成自检测、自校准、自适应的功能。

作为信号采集系统，前级的数据采样器的特性如采样速度和分辨率直接影响后级的分析结果，目前基于复杂信号处理技术的新型 A/D 转换器在信号采样速度和分辨率方面更高、更灵活，满足多方面的需要。

随着虚拟仪器技术在各个领域的不断推广，它的优越性如功能强、精度高、测量速度快、自动化程度好和良好的人机界面等诸多优点，特别是它高度的灵活性，是传统的仪器及测试系统无可比拟的，必将极大的推动生产力的提高。

9.2　测试系统总线技术

一、通用计算机总线仪器

1. 通用计算机总线仪器的特点

对于独立的台式智能仪器，不仅包括数据采集，还包含专用的计算机系统完成信号的运算处理以及显示输出等，如示波器、万用表等，这种仪器由于其专用性，导致成本往往较高。随着计算机的发展，其运算处理能力能够满足通用测试仪器设备的要求，而且计算机系统具有友好的显示界面和灵活的输出方式，这就为把原来专用仪器的数据处理和显示输出部分由通用计算机完成提供了可能，数据采集部分由数据采集板卡完成，采样后的数据由计算机总线传送到计算机系统，由其完成对信号的分析和处理并输出结果或存储数据，这种方式组成的仪器通常把它称为通用计算机总线仪器或 DAQ 仪器。它的出现是与计算机的发展紧密联系的，其核心部分就是前级的数据采集板卡(通常称为 DAQ 板卡) 以及完成信号处理的软件。由于 DAQ 板卡是安装在通用计算机平台中，DAQ 板卡的设计都是基于某一种计算机总线，因此，总线的性能对所设计仪器系统的性能，包括可靠性、兼容性等方面起到关键作用。

由 DAQ 板卡组成的仪器设备与传统的专用仪器相比，具有以下特点：

(1) 缩短研制周期，提高产品的竞争力。DAQ 仪器不需要像传统仪器那样需要研制专门的数据处理计算机系统，在硬件设计上只要把精力集中在专用的 DAQ 板卡上，或者直接选用商用高性能数据采集板卡；在软件设计上，基于通用的计算机操作系统，利用专业的测试软件开发平台或软件包，如 LabVIEW，LabWindows/CVI 或 Matlab 等，可以节约仪器的研制时间，提高系统的可靠性，提高产品的竞争力。

(2) 可视化与适用性。由于通用计算机系统的图形图像处理能力很强，在用户界面里，可以采用可视化工具更形象的显示数据，从图表到图形、从二维到三维等，增强了可视化功能，方便用户使用。

(3) 用户自定义的数据处理能力。在 DAQ 仪器中，测试过程的控制可以最大限度地实现自动化，这在长时间连续测试和巡回检测的应用场合特别有用。DAQ 仪器可以方便地根据用户试验的需要实现频谱分析、相关分析、传递函数分析、时间序列分析、模式识别等数据处理与分析功能，根据需要实现数据的存储和压缩等。

(4) 模块化与多功能性。DAQ 仪器一般由 PC 机和一系列硬件板卡构成，同时还配备有若干应用软件来支持硬件工作。各种板卡实际上已按模块化的要求实现，同样，驱动各种仪器的软件也是按模块化的要求设计。应用软件可以根据用户的需要进行定制，当测试系统要增加新的测量功能时，只须增加软件模块来执行新的功能或增加通用软、硬件模块来扩展系统的测量功能。

(5) 集成化与扩展性。对 DAQ 仪器来说，一个较小的仪器系统一般只需要一块或几块插卡，这时利用 PC 的扩展槽即可实现，较传统台式仪器，具有很大的优越性。DAQ 仪器的功能扩展可以通过加入模块或更换模块来实现，而不需购买或组装一个全新的系统。

(6) 操作自动化与方便性。DAQ 仪器的测量过程如量程选择、开关选择、数据采集、传输、处理与显示输出等均可以由程序自动完成。测试过程可以采用人机交互式操作，只要操作者熟悉一般 PC 的操作方法，即可方便地操作 DAQ 仪器。通常，DAQ 仪器的操作可以通过键盘、鼠标、光笔和触摸屏来完成，应用多媒体技术，还可以采用语音命令来实现操作。

2. 常用的计算机总线

现在常用的计算机总线有 ISA、PCI、PC104、PC104 plus、USB、1394、PCMCIA 等，每种总线根据其自身的特点有其相应的应用场合，它们各自的性能直接影响了相应的DAQ仪器的性能。下面简要介绍几种常用的计算机总线的主要性能特点。

(1) ISA 总线。ISA(Industrial Standard Architecture) 总线是 IBM 公司 1984 年为推出的基于 PC/AT 机而建立的系统总线标准，也叫 AT 总线。它是对 XT 总线的扩展，以适应 8/16 位数据总线要求，因此 ISA 扩展插槽既支持 8 位的板卡，也支持 16 位的板卡。ISA 总线比较适合于低速的外设控制等模块。ISA 总线 DAQ 板卡开发比较简单、方便，成本也较低，但是一般的板卡不能够实现自动配置，若系统中有多块板卡时配置不方便。由于计算机技术的迅速发展，现在在普通的计算机中都没有 ISA 总线接口，主要存在于工业控制计算机中。

为了适应测控设备的便携性和嵌入式系统应用的需要，对 ISA 总线的机械和部分电气规范进行了修改，形成了 PC104 总线规范。

(2) PCI 总线。PCI 是 Intel 公司于 1991 年下半年首先提出的，并得到 IBM，HP 等多家大型计算机公司的大力支持，于 1993 年正式推出了 PCI 局部总线标准。

PCI 总线支持全面的自动配置，具有完整的即插即用(Plug&Play) 功能，最大允许 64 位并行数据传送，采用地址/数据总线复用方式，目前总线时钟可达 100 MHz，支持多总线结构和突发(Burst) 传输，最高峰值传输速度可达 800 MB/s。PCI 总线通过桥接技术保持与传统总线如 ISA，EISA，VESA，MCA 等标准的兼容性，使高性能 PCI 总线与已大量使用的传统总线技术特别是 ISA 总线并存。PCI 总线的推出极大地扩展了 PC 的数据传输能力，使 PC 对高速外外设的支持能力极大提高。PCI 总线是独立于 CPU 的局部总线，在进行 PCI 总线接口数据采集卡的开发与应用时，不必关心 CPU 的具体结构和时序，只须按 PCI 总线标准设计即可。

同样为了便携式设备和嵌入式应用的需要，对 PCI 总线的部分规范进行了修改形成了 PC104 Plus 总线，对于软件来说 PC104 Plus 总线和 PCI 总线是一样的。

(3) USB 总线。通用串行总线(Universal Serial Bus，USB) 是由 Intel，Microsoft，IBM 等厂商共同制定的计算机总线接口规范，自问世以来已被广泛接受，而且在测试领域的应用也获得了迅速的发展。USB 总线具有以下特点：

1) 支持多设备连接，减少接口数量。采用 USB 端口，最多可在一台计算机上同时连接 127 台设备，避免 PC 插槽数量对外设扩充的限制。

2) 能够采用总线供电，USB 总线提供最大可达 5 V/500 mA 供电能力，可以自动把电流分配给外设。这一特性在便携式数据采集系统中显得更为有用，因为小型的数据采集设备通常耗电量不大，因此可以设计成采用总线供电的方式。

3）真正实现了即插即用，使外设的安装变得十分简单。所有的 USB 外设都可以利用标准 USB 连接器方便地与计算机连接，安装过程高度自动化，既不必打开机箱插入插卡，又不必考虑资源分配，并且允许热插拔。

4）对一般外设具有足够的带宽和连接距离。USB1.1 协议允许两种数据传送速度，低速传送为 1.5 Mb/s，全速传送为 12 Mb/s，USB2.0 协议提供了速率为 400 Mb/s 的高速传输。全速传送时，结点间连接距离为 5 m，连接使用 4 芯电缆(2 根电源线，2 根信号线)。

由于 USB 总线具有以上的特点，特别适用于高速率的数据采集和便携式应用场合，在测试领域的应用会更广泛。

(4) 1394 总线。IEEE—1394 总线是 Apple公司提出的一种总线规范，也称为 FireWire(火线)，数据可以以 100 Mb/s，200 Mb/s，400 Mb/s 传输。目前来说，IEEE — 1394 技术使用最广的还是数字成像领域，支持的产品包括数字相机或摄像机等。在便携式 DAQ 仪器领域 IEEE—1394 有广阔的应用前景。IEEE — 1394 具有以下特点：廉价、占用空间小、速度快、开放式标准、支持热插拔、可扩展的数据传输速率等。

(5) PCMCIA 总线。PCMCIA 是 Personal Computer Memory Card International Association(个人计算机存储卡国际协会）的缩写，创立于 1989 年，是制定 PC 卡标准的国际组织和行业协会。PCMCIA 为 16 位总线，为了适应多媒体和高速网络的发展，又发展了 32 位的 CardBus，虽然 CardBus 和原来的 PCMCIA 接口和物理尺寸一致，但它采用了地址/数据复用的总线，因此其底层协议和 16 位的 PCMCIA 接口相差较大。从原理上讲，CardBus 有些类似 PCI 总线，而 16 位 PCMCIA 接口和 ISA 总线类似。它所制定的 PCMCIA 标准，对便携式计算机的发展起着重要的促进作用。

采用 PCMCIA 总线的板卡可以安装在笔记本计算机中，非常适合便携式应用场合。

二、GPIB 仪器

1. 概述

为了使计算机和可程控仪器组成的自动测试系统能够按照预先编制的程序正常运行，完成指定的测试任务，就必须首先解决仪器之间、仪器与计算机之间各种信息的传输通道和接口关系。1972 年，美国 HP 公司首先研究成功一种实用的仪器接口系统，为适应国际标准化的需要，HP 公司对原方案做了一些修改，并于 1974 年定名为 HP－IB。1977 年，根据此方案 IEC 公布了一个标准化文件 IEC－625，为可程控测量仪器的接口系统制定了一种可行的标准，对该接口系统应具备的功能、电气性能、机械性能等都做了统一规定。其后，IEC 又对此标准进行了修订，完整地确定了可程控测量仪器的接口系统标准——IEC－625 标准。1975 年 4 月美国电气与电子工程师协会将 HP－IB 作为其标准 IEEEstd.488－1975，也就是人们常说的 IEEE488

标准，通常也称为GPIB (General Purpose Interface Bus) 接口。1987年，IEEE又将原IEEE488标准作个别修订定名为 IEEE－488.1－1987，并同时颁布了 IEEE－488.2－1987 标准，对器件消息的编码格式做了进一步的标准化。

常用的仪器只须安装一块 GPIB 接口卡，通过 GPIB 电缆将各仪器连接到计算机或其他控制器上，即可组成一个自动测试系统，如图 9.1 所示。

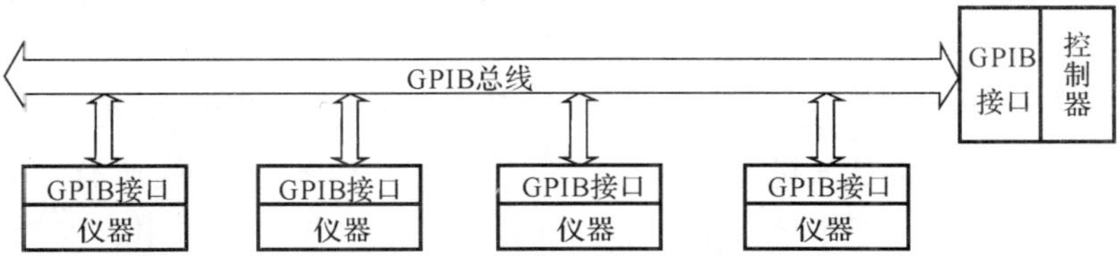

图 9.1　GPIB 仪器系统示意图

2. GPIB 总线的特点

GPIB 接口具有下述一些基本特性。

(1) 器件容量。器件容量也就是计算机和仪器的总数，规范中规定少于或等于 15 台(包括控制器件在内)。在一个自动测试系统中，一般仅需要一台计算机，所以最多还能容纳 14 台仪器。这对于大多数应用来说完全能满足需要，若采用一些特殊措施(比如提高仪器总线发送器的驱动能力) 也可以连接更多的仪器；还可以在计算机中增加 GPIB 接口卡来增加仪器的数量，每块接口卡又可以连接 14 台仪器。

(2) 电缆长度。一种规定方式是电缆总长度不大于 20 m，另一种规定方式是每根电缆长乘以器件数不大于 20。通常每根电缆长有 2 m 或 1.5 m。在满足系统要求条件下，选用短电缆对提高数据传输速度有利。

(3) 数据传输速度。在标准电缆上数据传输速度最高为1MB/s，一般为250～500 kB/s，采用 NI 公司的 HS488 接口芯片最高速度可以达到 8 MB/s。数据传输速度的高低直接影响测试时间的长短，一般来说数据传输速度越高越好，但由于受到种种因素的限制，不可能达到太高，实际系统中的数传速度还与器件特性密切相关。

(4) 地址容量。地址即器件(计算机或仪器) 的代号。一台器件若收到了自己的听地址表示此器件已受命为听者，应该而且必须参与从总线上接收数据；同样若收到了讲地址则表示该器件能够通过总线向其他器件传送数据。按 GPIB 标准的规定采用 5 个比特编码地址，因此共有 32 个代码，但其中 11111 码不作器件的地址代码，其余 31 个代码可作器件的听地址和讲地址。一个器件至少能占用一个地址，个别器件还可以占用两上以上的地址，所以地址容量(31) 大于器件容量(15) 是合理的。

(5) 总线上信号逻辑电平。标准规定总线上传递消息的逻辑电平为 TTL 电平，而且是负逻辑，即规定逻辑 1 是低电平($L<+0.8$V)，逻辑 0 是高电平($H>+2$V)，电源电压额定值为

+5 V,最大值小于+5.25 V。上述电平都以逻辑地电平为参考点。

(6) 控制方式。在一个自动测试系统里可以有一个或多个控者器件,但在运行的某个时刻内只允许一个控者起作用,称为现行控者,其余的控者应处于空闲状态。当现行控者工作完成后,在一定条件下可以将控制权转交给其他控者。在各控者中只允许有一个系统控者,该系统控者有权通过发出接口清除命令 IFC,终止现行控者的工作,自己接过控制权。在多数的自动测试系统中,往往只有一个控者,那么这时的控者即是现行控者又是系统控者,所以称它为单一控者。

(7) 数传方式。标准接口系统的数据传输方式可以概括为:字节串行,位并行,双向异步传输,三线握手。数据传输通常是通过 8 根信号线将 1 个字节发送出去,当所有接收器都已可靠接收后,再发出第 2 个字节,即字节与字节是按时间顺序一个接一个地串行发送与接收,而字节的各个位是同时出现在总线上的,在时间上一个字节的各个位是并行的。

在总线上看消息的传递方向是双向的,只不过双向不能同时进行。对于接收消息的各器件来说,可能有快有慢,是异步进行的。异步是指系统中不采用统一的时钟来控制数传速度,而是由发送数据与接收数据的仪器之间相互直接握手协商来控制数据传输速度。这种数据传输方式既兼顾速度,又能使同一系统中的高速器件和低速器件协调工作。

三、VXI 总线规范

1. 概述

VXI 是 VMEbus eXtensions for Instrumentation 的缩写,即 VME 总线在仪器领域的扩展。自从 1987 年 VXI 总线规范诞生以来,VXI 总线测试系统以其小型便携、高速数传、模块式结构、系统组建及使用灵活方便,易于充分发挥计算机效能和标准化程度高等诸多优点,显示了强大的生命力。VXI 总线规范是一种在世界范围内完全开放的模块式仪器的行业规范,国外的许多重要仪器制造厂商联合起来开发这种标准,其应用速度之快,范围之广远远超出以往的任何仪器接口总线标准。

VXI 总线在系统结构及硬、软件开发技术等各方面都采纳了新思想、新技术,有很多特点:

(1) 测试仪器模块化。在 VXI 总线上,具有触发总线、模拟总线等测试仪器特有的总线,而且电磁兼容性好,因而数字多用表、信号源、示波器等传统的独立仪器均有相应的 VXI 总线模块化产品,使得用 VXI 总线组建的系统结构紧凑、体积小、重量轻,简化了连接和控制关系,有利于提高系统的可靠性和可维修性。

(2)32 位数据总线,数据传输速率高。基本总线数传速度为 40 MB/s,本地总线可达 1 GB/s,远远高于其他测试系统总线的数传速度。在新修订的 VXI 规范 3.0 版本中可以采用 64 位地址总线,基本总线数据传输速度可达 160 MB/s。

(3) 系统可靠性高,可维修性好。VXI 总线 C 尺寸主机箱平均无故障时间(MTBF) 可高达 10^7 h,VXI 总线模块仪器 MTBF 一般可做到几万至十几万小时,基本系统的 MTBF 可达 6 000

h。模块化结构与系统强大的自检能力使得可维修性大大提高，一般系统的平均修复时间(MTTR)少于 15 min。

(4) 电磁兼容性好。VXI 总线是在美国军方广泛应用的 VME 总线的基础上发展起来的，在总线的设计和标准制定中，充分考虑了系统的供电、冷却电磁兼容性能以及底板上的信号传输延迟、同步等，对每项指标都有严格的标准，这就保证了 VXI 总线系统的高精度及运行的稳定性和可靠性；而且频带宽，有从直流到微波频率范围内的各种仪器模块。

(5) 通用性强，标准化程度高。不仅硬件标准化，而且软件也标准化，有一系列软件标准，如 IEEE488.2 标准、SCPI 标准(可程控仪器的标准命令)、VPP 规范(VXI Plug&Play，即 VXI 即插即用规范) 等。软件的可维护性与可扩充性好，这也是 VXI 总线优于其他总线，得到迅速发展的一个重要因素。

(6) 灵活性强，兼容性好。有 3 种规格机箱(B,C,D)，4 种规格模块(A,B,C,D) 供用户选择；支持 8 位、16 位、24 位、32 位和 64 位数据传输，方便灵活。

在发达国家，自动测试系统受到军方的高度重视。以美国为例，其陆海空三军都制定了相应的自动测试计划。陆军制定了中间级战场测试设备计划，空军制定了模块化自动测试设备(MATE)计划，其目的是采用通用的硬件模块组成各种测试系统，海军也制定了名为CASS的计划，此外美军积极研究将人工智能应用在战场的测试设备中，使其在未来的战场上发挥重要作用。美军的测试计划极大地推动了自动测试技术，特别是 VXI 总线自动测试系统的发展。VXI 总线技术除了已经在美国军方普遍应用外，也已经渗透到电力、汽车、通信、音像、计算机和半导体等工业领域。

2. VXI 总线的构成及功能

在 VXI 总线系统中，各种命令、数据、地址和其他消息都是通过总线传递的，了解总线的构成是进一步掌握 VXI 总线系统的一个重要基础。VXI 总线系统的各种总线都在主机箱内的底板上，通过 96 脚欧式连接器与各模块相连接。

因为VXI总线是VME总线在仪器领域的扩展，所以VXI总线在VME的基础上扩展了一些适应仪器系统所需的总线。从功能上分，VXI 总线由以下 8 种总线组成(见图 9.2(a))：

(1) VME 总线；

(2) 时钟和同步总线；

(3) 模块识别总线

(4) 触发总线；

(5) 相加总线；

(6) 本地总线；

(7) 星形总线；

(8) 电源线。

因此，可以将 VXI 总线分为 VME 总线和 VME 总线的扩展部分。VME总线主要包括了数据传输总线、数据传输仲裁总线、优先级中断总线和公用总线，具体功能定义可以参考相关资料。以下主要介绍 VXI 扩展总线的功能（见图 9.2(b)）。

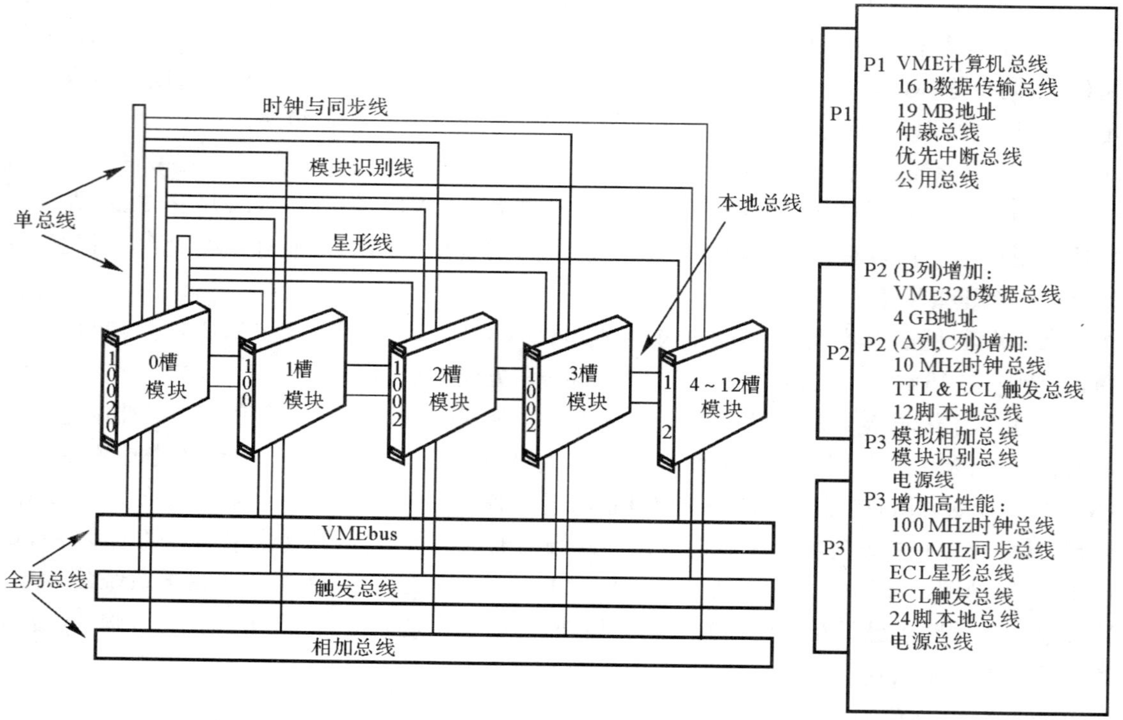

图 9.2　VXI 总线系统结构

(a)VIX 总线电气结构；(b)VXI 总线连接器功能

VME 总线定义了 P1 连接器的全部引脚和 P2 连接器中间一排引脚。在 VXI 总线中除保留这些定义外，还定义了 P2 连接器外面两排引脚和 P3 连接器的全部引脚。VXI 总线在 P2 和 P3 连接器的定义中扩展出几组更适于仪器领域的总线，在 P2 连接器增加：

(1) 10 MHz 时钟线 CLK10；

(2) 模块识别线 MODID；

(3) 8 条并行 TTL 触发线 TTLTRG0 ～ TTLTRG7；

(4) 2 条并行 ECL 触发线 ECLTRG0 ～ ECLTRG1；

(5) 50 Ω 终端模拟相加总线 SUMBUS；

(6) 12 条由生产厂家定义的、连接相邻模块的本地总线 LBUS；

(7) －5.2 V，－2 V，±24 V 和附加的＋5 V 电源。

在 P3 连接器上增加：

(1) 与 P2 连接器 10 MHz 时钟同步的 100 MHz 差分时钟输出线；

(2) 一个用于 100 MHz 时钟沿选择的同步信号线；

(3) 用于模块间互相准确定时的星形触发线；

(4) 4 根附加的 ECL 触发线；

(5) 24 根附加的本地总线；

(6) 保留线(RSV)；

(7) ＋5 V，－5.2 V，±2 V 和±12 V 电源线。

VIX 总线背板信号传输如图 9.3 所示，以下简单介绍各种总线的功能。

(1) CLK10 时钟线。CLK10 是一个 10 MHz 的系统时钟，它源于 0 号槽 10P2 连接器的 C1 和 C2 引脚，送至 1～12 号插槽的 P2 连接器的 C1 和 C2 引脚上。对每个插槽位置 CLK10 时钟在背板上各自被缓冲以便提供模块间良好的隔离，因此，放宽了对模块负载的限制。

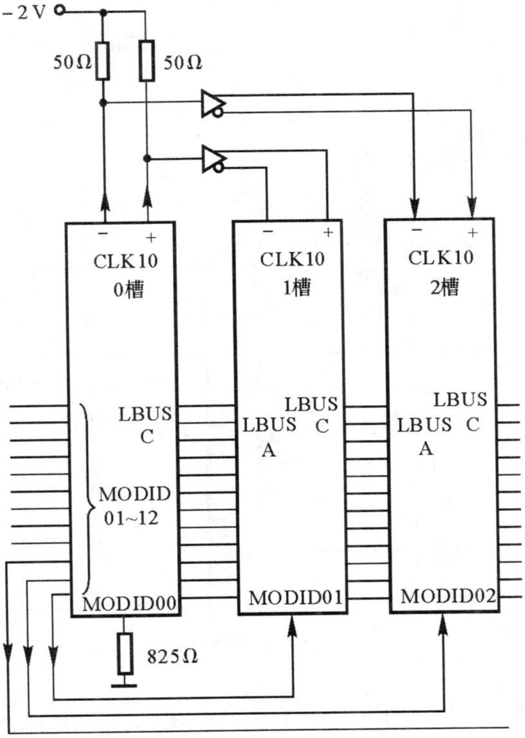

图 9.3　CLK10，MODID 和 LBUS 背板信号的传输

VXI 总线系统对 10MHz 时钟有如下要求：

1）来自0号槽的CLK10时钟频率必须是10 MHz，在规定的工作温度和时间范围内，它的精度必须优于±0.01%。如果系统对10 MHz时钟有更高的要求，则0号槽模块的CLK10时钟可由外部频率源来提供。外部频率源可使用精确频率参考源，这会有助于多个VXI总线主机箱同步精度的提高。

2）在转换电平的50%处测量，CLK10时钟频率的占空比必须为50%±5%。

3）如果CLK10时钟在不同的时钟源之间进行切换，那么在切换期间，最小脉冲宽度（不论高电平或低电平）不得小于30 ns，且不大于10 μs；相同极性的两次连接切换之间的最小时间不得小于80 ns。

4）各插槽的CLK10时钟必须由同一个背板缓冲器输出来驱动（见图9.4）。

5）CLK10时钟必须从0号槽差分馈送，以避免各种信号的干扰。

6）背板CLK10时钟馈送阻抗必须设计成50 Ω。如果模块使用CLK10时钟信号，那么它必须在CLK10＋和CLK10－上提供50 Ω终端匹配电阻，CLK10＋和CLK10－带有不超过2个等效的ECL负载，使10 MHz时钟信号在匹配下工作。

7）从0号槽到任何模块，CLK10时钟的绝对延迟时间不许超过8 ns。

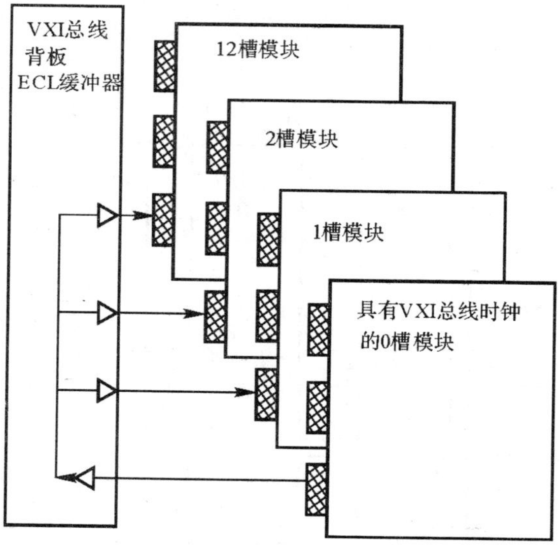

图9.4　时钟线的缓冲

（2）模块识别线MODID。MODID线用于检测模块的存在并指出它的物理位置。这些线源于VXI总线0号槽模块，接至1～12号槽，这些槽的30脚有1根MODID线分别接到0号槽的MODID01～MODID12上。此外0号槽有它自己的MODID线：MODID00。

MODID线的用途是：检测各插槽中模块是否存在，即使被检测的模块已有故障；识别一个特定器件的物理位置（插槽号）；用灯或其他方法指出模块的实际物理位置。

0 号槽通过被检测模块上 1 个 825 Ω 接地电阻将 MODID 线下拉到低电平来检测该模块的存在。这种方法可检测出包括损坏的和不能工作的模块在内的任何模块。

一个器件的插槽号由 0 号槽分派一条特定的 MODID 线来识别，并在每个模块的 A16 配置空间查询 MODID 位，以检测所选择的器件。

当特定的 MODID 线驱动为真时，安装在插槽旁边（或者安装在模块上）的指示灯就可直接显示出来。这可用来快速识别包括有故障模块在内的任何模块的位置（见图 9.5）。

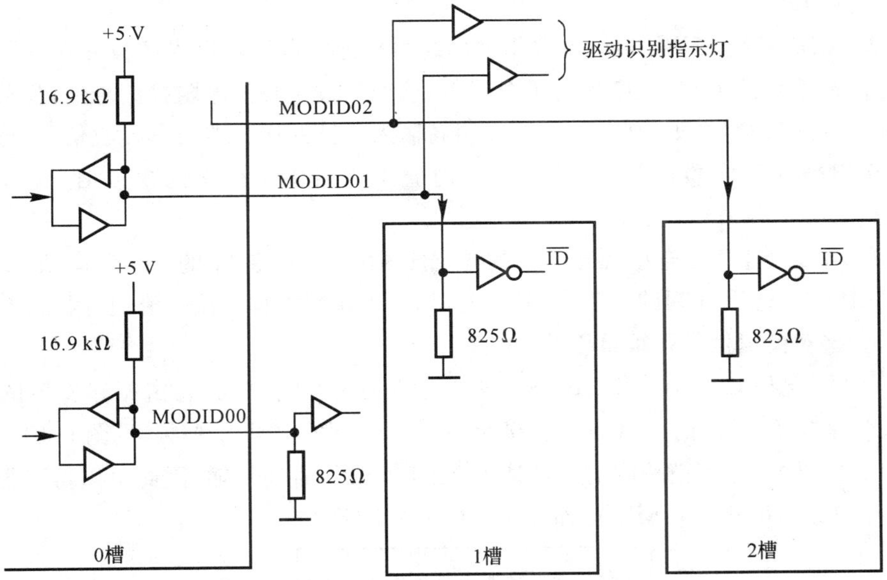

图 9.5　MODID 线的驱动

VXI 总线子系统 0 号槽模块可以驱动其 MODID 线为真，来点亮其本身的模块位置灯。当所有 0 号槽 MODID 驱动器被禁止时，可以通过读它的 MODID00 线的状态来检查 0 号槽位置中的 0 号槽模块的正确位置。低状态表示模块在 0 号槽位置，高状态表示模块在别的插槽位置。

(3) TTL 触发线 TTLTRG0 ～ TTLTRG7。为了适应仪器的触发、定时和消息传递要求，VXI 总线系统增加了 3 种触发线：TTL、ECL 和星形触发线，其中前两种的每条触发线上连着各槽的模块，而星形触发线从 0 槽直接连向其他各槽，构成星形连接。

VXI 总线系统共有 8 条 TTL 触发线 TTLTRG0 ～ TTLTRG7，全部集中在 P2 连接器上，它们都是集电极开路的 TTL 信号线，主要用于模块间的通信。包括 0 槽模块在内的任何模块都可以驱动这些线或从它们上面接收信号，它们是通用线，可用于触发、握手、时钟或逻辑状态的传送。

同时对触发源和触发接受者都规定了一定的定时要求，TTL 触发线的最高工作频率为

12.5 MHz。

(4) ECL 触发线 ECLTRG0 ～ ECLTRG5。VXI 总线系统共有 6 条 ECL 触发线 ECLTRG0 ～ ECLTRG5，其中 2 条在 P2 上，4 条在 P3 上，主要作为模块的定时资源。它们以 VXI 总线子系统底板的一段为通路，包括 0 号槽在内的任一模块都可以驱动它们或接收来自其上的消息。ECL 触发线是单端 ECL 的，阻抗为 50Ω。但 ECL 触发线与 TTL 触发线相比有一定优点：工作速度高，约 50MHz 或 62.5MHz；且在物理位置上都被交流地隔离，以便减小噪声干扰和由此产生的时间抖动。

(5) 模拟相加总线 SUMBUS。模拟相加总线用来把模拟信号送入底板并在一段通路中相加，完成对模拟信号的求和。在底板的每个端点，该线通过 50Ω 的电阻接信号地，任何模块都可以用模拟电流源驱动器来驱动此线，也可以用高输入阻抗的接收器由它接收信号，比如可以用高阻抗的模拟缓冲放大器接收。该线可以通过叠加来自多个模块的模拟信号，产生复杂的波形。

SUMBUS 线处于 P2 连接器上，它的位置选择是很有讲究的。每个模块都只有一个 SUMBUS 引脚，它处于 A 列的第 32 个引脚上，与它相邻的引脚都接交流地，因而 SUMBUS 不易受到干扰，这对模拟信号是很重要的。

(6) 本地总线 LOCAL BUS(LBUS)。本地总线是菊花链总线，它由相邻安装的模块确定界限，底板将来自 N 号槽的 LBUS C 脚接至 $N+1$ 号槽的 LBUS A 脚(见图 9.6)。

本地总线提供了相邻模块间的本地通信，由于它采用直通传输，因此可以得到很高的数据传输速率，在 P2 中可达 250 MB/s，而在 P3 中可达 1 GB/s。

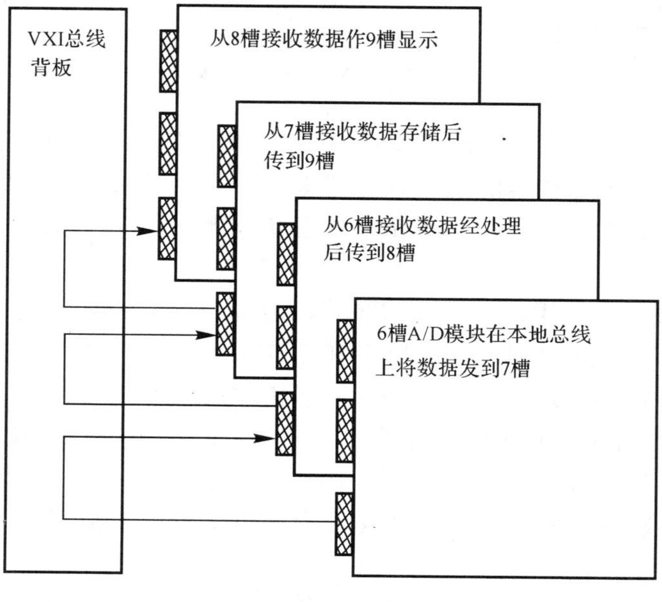

图 9.6　用本地总线来传输数据

以上介绍的是在P2连接器上增加的总线，为了满足更高性能仪器的需要，VXI总线在D尺寸模块上增加了P3连接器。0号槽在P3连接器提供了更多的系统资源，例如高速时钟和触发。VXI总线P3连接器增加的总线，将在下面介绍。

(7) 100 MHz同步时钟(CLK100)。CLK 100是一个100 MHz系统时钟，它源于0号槽，分别送到1～12号插槽的P3连接器上。0号槽CLK 100输出是差分ECL，它在背板上经过缓冲，作为一个单信号源、单向差分ECL信号且以和CLK10相同的方式分别送到各模块插槽。

CLK100必须与CLK10同步。

(8)100 MHz同步信号(SYNCl00)。该信号用来使多个器件相对于CLK100的上升沿同步，以便在多个器件间提供非常准确的时间配合。每槽也有单独的缓冲。

(9) 星形线STARX和STARY。星形线STARX和STARY提供模块间的异步通信。STAR线是在0槽和1～12槽之间按星形直接连接的。它们采用双向ECL驱动器，均为差分电路，所以为了从0槽P3上引出它们直接相连的端子，需要48个星形线引脚，因此0槽P3上没有本地总线。0槽可以提供一个交叉矩阵开关，用它可以通过程控的方法提供任意两条STARX或STARY线之间的信号路径，也可以把从一条STAR线上接收的信号广播到一组STAR线上去。为了增加灵活性，所有STAR线都是双向的。星形线特别适用于定时关系要求严格的场合。底板上的布线网络不应插入多于5 ns的延迟和多于2 ns的不对称性。

(10)LBUS12～LBUS35。LBU12－LBU35是位于P3连接器上的本地总线，它的功能和规定与P2连接器中的LBUS00－LBUS11线相同。

(11)RSV4～RSV7。RSV是留给用户定义的引脚，RSV2～RSV3位于P2连接器中，RSV4～RSV7位于P3连接器中。

(12) 电源线。VXI总线系统的电源线可为每一个仪器模块提供268W的功率，通过VXI背板总线可提供7种不同的电压。其中＋5 V，±12 V是VME总线上就存在的，±24 V是为模拟电路提供的，－5.2 V和－2 V是为高速ECL电路提供的。如果仪器上需要其他电源，则可以在模块上安装DC/DC变换器来获得。对于更大的功率要求或特殊的电源也可通过模块前面板直接由外部提供。

3. VXI仪器模块

VXI总线模块有如下四种标准尺寸：

(1)A尺寸模块：100 mm×160 mm(高×深)；

(2)B尺寸模块：233.5 mm×160 mm(高×深)；

(3)C尺寸模块：233.5 mm×340 mm(高×深)；

(4)D尺寸模块：366.7 mm×340 mm(高×深)。

A尺寸模块和B尺寸模块是VME总线所规定的模块，适用于相应的A尺寸主机箱和B尺寸主机箱，两插槽的间距为20.32 mm；而C尺寸模块和D尺寸模块是VXI总线所增加的，适用于相应的VXI总线C尺寸主机箱和D尺寸主机箱，两插槽的间距为30.48 mm。这为高档仪器提供了模块的屏蔽空间。相应的，主机箱也有4种尺寸：A，B，C，D，大尺寸的主机箱通常也允许插入小尺寸的模块。一般地，B，C尺寸的主机箱应提供J1，J2两种连接器，D尺寸的主机箱应提供3种连接器：J1，J2和J3，而A尺寸的只须提供J1连接器。对模块而言，只有相应于J1连接器的P1连接器是必须的，相应于J2，J3连接器的P2，P3连接器是可选的。目前在VXI总线测试系统中C尺寸模块是用得最多的。

4. VXI总线器件

器件是VXI总线系统中的基本逻辑单元。在一个VXI总线系统中最多可有256个器件，每个器件都有一个唯一的逻辑地址，逻辑地址的编号从0到255。在VXI总线系统中，各器件内部的可寻址单元是统一分配的，可用三种不同的地址线：16位、24位和32位统一寻址。在16位地址空间的高16K字节中，系统为每个器件分配了64个字节的空间，器件利用这一空间与系统沟通信息，这64个字节的空间就是器件基本的寄存器，其中包含了每个VXI总线器件都必须具备的配置寄存器，而器件的逻辑地址就是用来确定其各自的这64字节寻址空间的位置的。

器件根据其本身的性质、特点和它支持的通信规程可以分为消息基器件、寄存器基器件、存储器器件和扩展器件四种类型。

(1) 寄存器基器件。每个VXI总线器件都有一组配置寄存器，系统可以通过J1连接器访问这些寄存器，以便识别器件的种类、型号、生产厂、地址空间以及存储器需求等。只规定这种最基本能力的VXI总线器件叫做寄存器基器件。其特点是器件的通信是通过对它的寄存器进行读、写来实现的，这也是最简单的器件，如A/D变换器，多路开关等。这类器件本身一般不具有智能，不能控制其他器件，而只能受其他器件或系统的控制。但这种器件硬件电路简便，易于实现，而且速度快，节省了指令的译码时间，在速度要求高的情况下很有用。

(2) 消息基器件。消息基器件不但具有配置寄存器，同时还具有通信寄存器来支持复杂的通信协议。这种器件一般都是具有本地智能的较复杂器件，例如计算机、资源管理器、各类有本地智能的测试仪器、IEEE488 — VXI接口等。

消息基器件可以控制其他器件，也可以被其他器件控制，它能够接受和处理复杂命令，支持字串行协议，但是这种器件也有其不足之处，就是由于它须对指令进行译码等操作，所以其速度必然降低。

(3) 存储器器件。存储器器件与寄存器基器件有很多相似之处，即它没有通信寄存器，只能靠寄存器的读、写进行通信。但是由于存储器器件本身就是存储器，例如ROM，RAM等，因而具有存储器的某些属性，例如属于不同的存储器类型，具有一定的存取时间等等。

存储器器件除具有配置寄存器外，还具有特征寄存器，只有存储器器件才有特征寄存器，这是一个只读型寄存器。特征寄存器中存储了该存储器的主要特点，例如用两位编码给出寄存器类别，指出它属于ROM、RAM或是其他存储器，用3位编码指出8种不同的存储器存取时间范围(或者说访问速度)等。

这种器件的其他可寻址寄存器就是器件工作时使用的存储单元。这种器件一般由其他器件使用，而不能控制其他器件。

(4) 扩展器件。扩展器件是一些有特定目的的器件，它们允许为将来的应用定义新的器件类型，以支持更高水平的器件兼容性。扩展器件和其他器件一样也具有配置寄存器，因而能被系统识别。此外它还具有子类寄存器和由子类确定的寄存器，子类寄存器为 16 位读寄存器，用来指示器件的子类，它分为由 VXI 总线标准定义的子类和生产厂定义的子类两种类型。

上述四种器件在 VXI 系统中担当的角色及器件之间的通信是一种器件分层关系，即相互通信的两个器件一个称为命令者(Commander)，另一个称为从者(Servant)，命令者是消息基器件，能控制一个或几个其他器件，这些被控器件就是该命令者的从者。命令者和从者是相对的，在多层次结构中，某一些器件既可以是命令者，也可以是从者，因此，可以说在较复杂的系统中分层结构是一种倒树形结构，处于倒树结构最上层的只是命令者，称为顶层命令者，最下层的只是从者，而各中间层的器件既是下层器件的命令者，又是上层器件的从者，这种不单纯有一层命令者/从者关系的系统称为分层结构仪器系统，而系统中的这种命令者从者层次是在系统上电时，由资源管理器来分配的。

5. 资源管理器和 0 槽服务

在 VXI 总线系统中，资源管理器(Resouce Manager) 和 0 槽服务提供了公共系统资源，它们对系统的运行是至关重要的。资源管理器是系统配置的管理者，也是系统正常工作的基础。0 槽服务向系统提供公用资源，也是系统工作中的重要部分。虽然资源管理器和 0 槽服务功能往往在同一模块中，插入 0 号槽位中，但它们的任务有所区别，下面分别给予介绍。

(1) 资源管理器。资源管理器的主要任务是系统的配置管理，它的逻辑地址为 0，是一个命令者器件，而其他器件的逻辑地址不能设为 0。在系统上电时，资源管理器完成的系统配置的主要的内容如下：

1) 器件识别。资源管理器通过读 256 个配置寄存器每一地址处的状态寄存器来判断有无相应的器件。

2) 系统的自检管理。资源管理器在所有器件完成自检后，强制自检失败的器件进入复位状态，或用一些与器件相关的方法来进行诊断测试。

3) 配置系统地址图。资源管理器首先要读每个器件的地址空间要求，然后给所读器件分配一个基地址偏移量(这是在 24 位或 32 位地址空间中)。通过计算偏移量，可保证器件间地址空间不重叠。可根据不同的规则，如器件类别和存储器特性来确定偏移量。

4) 进行命令者/从者分层。资源管理器首先通过读基于消息器件的通信寄存器来找出所有的命令者并读出每一命令者拥有的从者区域大小，从而确定命令者/从者层次，并进行分配。

5) 分配中断请求线。在 VXI 总线中有 7 根中断请求线，即提供 7 级中断能力，每个器件使用哪一根或几根中断请求线可以用硬件或软件的方法来决定，资源管理器只对那些支持中断用软件的方法来确定(即对中断请求线的使用具有可编程能力) 的器件分配中断请求线。

6) 启动正常操作。完成以上过程后，资源管理器便发出开始正常操作命令给顶层命令者，至此，资源管理器的上电工作过程已完成。

除了上电、复位等情况下的资源管理，在系统运行的过程中，资源管理器也要提供服务，这称为运行时间(Runtime)资源管理。以上资源管理器在上电时应完成的功能只是它最基本的功能，随着资源管理器的用途不同，它的潜力、开发情况也有很大差别，例如除了基本功能外，还可提供 GPIB — VXI 总线翻译器，包括图形功能的人机交互等等。

(2) 0 槽服务。在 VXl 总线主机箱中，槽号是由 0 开始编排的，其 0 号槽(简称 0 槽)与其他槽有所区别。VXI 总线 0 槽器件主要用来给它所在的子系统中 1 ~ 12 号槽提供公共系统资源，包括通过 P2 连接器提供系统时钟 CLK10 和模块识别信号(MODID)，通过 P3 连接器提供系统时钟 CLK100，也可以提供同步信号 SYNC100 及星形线 STARX 和 STARY，其中 CLK10 和 MODID 是 0 槽器件必须提供的。

0 槽器件的识别标记在它的器件型号寄存器的型号编码部分，对于 0 槽器件，该码在 0 ~ 255 中取值，对非 0 槽器件则不允许在这个范围内取值。对于一个含有 0 槽功能的器件，可以使它的 0 槽功能失效而利用它的其他功能，0 槽功能失效后，器件可插在主机箱的其他任何槽位上，对 0 槽器件的地址通常没有要求，但若把 0 槽功能做在资源管理器模块中，由于后者的要求，该模块的逻辑地址应为 0。

6. VXI 总线系统的通信协议

VXI 总线系统定义了一组分层的通信协议来适应不同层次的通信需要。这种通信协议用于器件间的通信，不同的器件支持的通信协议也有区别。

VXI 总线系统的分层通信协议如图 9.7 所示。

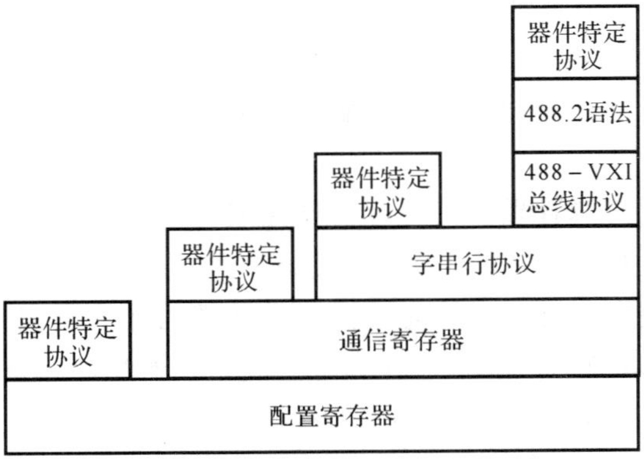

图 9.7　VXI 总线系统的分层通信协议

在图中的最上层均为器件特定协议，或者说是器件消息协议，这些协议多年来都是由器件设计者决定。1990 年 4 月，由惠普、泰克、美国国家仪器公司等专业公司组成的联合体，制定了可程控仪器的标准命令(SCPI)，对器件消息的语法、格式、命令标识符及数据交换格式作了很多规定，使器件消息的编程有了一个比较统一的环境，因此可以说器件特定协议由器件设计者及 SCPI 共同决定。

在通信协议的最下层是配置寄存器，这是任何 VXI 总线器件都必须具备的。其中基于寄存器的器件只有配置寄存器和由器件决定的操作寄存器，而没有通信寄存器，所以它只能在配置寄存器的支持下靠器件特定协议通信。这主要是寄存器的读写操作，也可以利用中断来报告它的状态识别信息。这种寄存器的详细操作在 VXI 总线规范中没有规定，仪器设计者通常可以自由地指派，但是对用户来说进行这种操作需要详细的说明文件而且编程也比较复杂。为此，有些厂家为基于寄存器的器件提供一种智能驱动器，使用这种驱动器允许向基于消息的器件发送 ASCII 命令，再由驱动器把 ASCII 命令转换成寄存器操作。

基于消息的器件除了配置寄存器外，还具有通信寄存器和由器件决定的寄存器。通信寄存器是基于消息器件通信的基础，基于通信寄存器的通信协议最主要的是字串行通信。字串行协议与仪器特定协议之间有两种方式联系，一种是直接联系，即直接以字串行方式向器件发送它要求的命令或数据；另一种要经过 IEEE488 - VXI 总线协议和 488.2 语法与器件特定协议联系，使用这种方式可以像控制 IEEE488 仪器一样控制 VXI 总线仪器。

除了字串行通信协议外，基于消息的器件通过通信寄存器还支持一种共享存储器协议，这种方式允许支持共享存储器协议的器件利用它们共享的存储器进行存、取，这不但明显地提高了工作速度，还有利于节约成本。

7. VXI 总线系统结构

VXI 总线系统是一种计算机控制的系统，一般是由主计算机、VXI 总线主机箱和 VXI 总线模块组成。VXI 总线系统结构允许不同厂家的各种仪器、接口和计算机，以模块形式共存于同一个 VXI 总线主机箱中。在 VXI 总线规范中没有规定某种特定的系统层次结构，也没规定系统中的微处理器的类型、操作系统以及与主计算机的接口，仅规定了保证不同厂家的产品之间相互兼容的基本原则。但是在规范中推荐了几种典型的用户测试系统结构形式。

在图 9.8 中，单 CPU 系统中的所有仪器模块都由一个 CPU 来控制，在多 CPU 系统中每个仪器的 CPU 仅接受主控计算机 CPU 的控制，独立系统中采用内嵌式计算机构成一个独立的 VXI 测试系统，分层式仪器系统也是一个多 CPU 系统，但是每个 CPU 在接受主控计算机 CPU 的控制的同时又控制若干个仪器模块。

VXI 总线系统的主计算机用来控制整个系统的运行，也可以称为主控计算机。主计算机不仅用来控制、协调各仪器的工作，而且还参与各仪器的工作，提供仪器软面板，可以利用计算机强大的图形能力和其他丰富的软件来进行操作和控制。主计算机可以在 VXI 主机箱外部，通过接口与主机箱相连，称为外主计算机控制方式；也可以在主机箱内部，称为内嵌式计算机控制方式。另外，系统可以由多个 VXI 机箱构成，其中每个机箱和其中的模块构成一个 VXI 总线子系统。

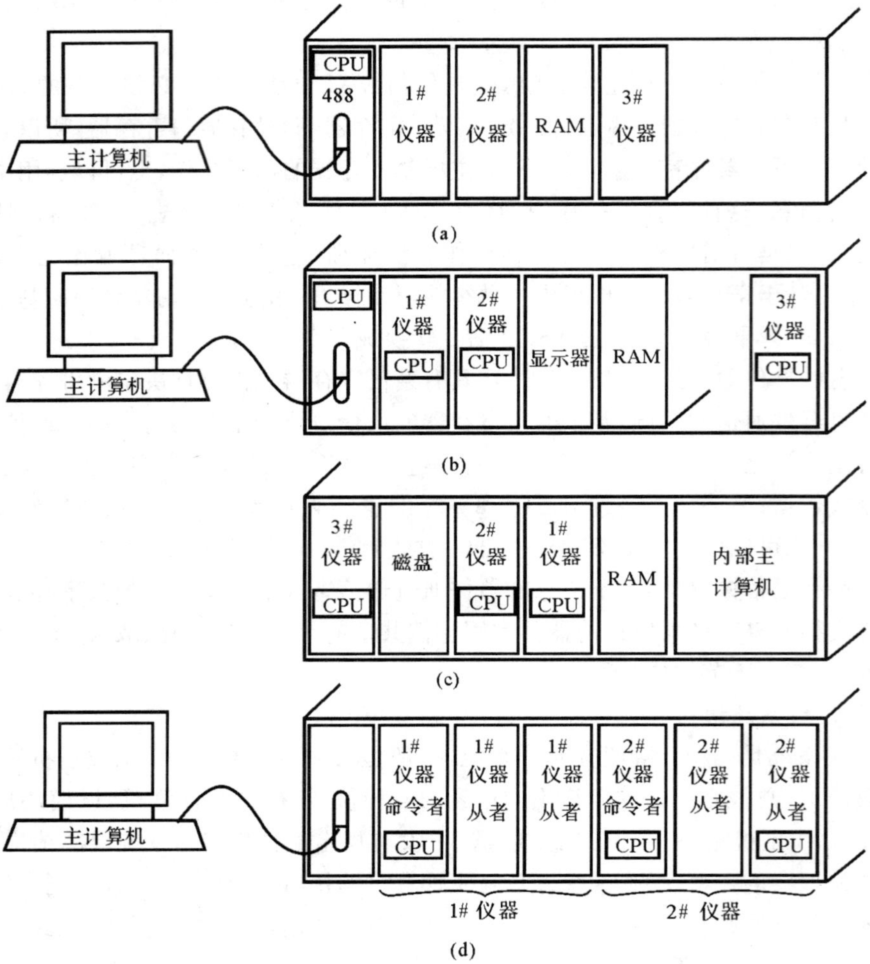

图 9.8　VXIbus 测试系统组成

(a) 单 CPU 系统；(b) 多 CPU 系统；(c) 独立系统；(d) 分层式仪器系统

(1) 外主计算机控制方式。在使用外主控计算机的情况下，一个 VXI 总线系统不但需要一个运行应用程序的系统控制者和一个至数个 VXI 总线子系统，而且还需要考虑系统控制器与 VXI 机箱之间的接口。在采用外主计算机的系统中，计算机接口首先把程序中的控制命令转变为接口链路的信号，通过接口链路进行传输，然后 VXI 总线接口再把接收到的信号转变成 VXI 总线命令。例如，用一台带有 IEEE488 接口的计算机作为外主计算机，它的 IEEE488 接口先把程序中的控制信号变为 IEEE488 信号，并经过 IEEE488 总线传输至 VXI 总线子系统，子系统上要装有 VXI 总线接口，即 IEEE488/VXI 翻译器，它把 IEEE488 信号转变成 VXI 总线系统可执行的 VXI 总线命令。

选择接口时，根据系统的需要应该主要考虑三个关键因素，即数据传输速度，允许的控制器与VXI子系统的距离和能否对多个VXI子系统进行系统控制。下面讨论几种最常见的接口连接方式。

1)GPIB接口。在外置的计算机中安装GPIB接口卡，VXI机箱中安装GPIB/VXI接口，外置计算机通过此接口与VXI总线系统通信，GPIB/VXI接口完成GPIB和VXI协议的转换，外置计算机把VXI总线系统当成一个具有GPIB接口的仪器进行控制。GPIB接口用位并行、字节串行的方式传输数据。数传速率很低，电缆长度不超过20m，通常最多只能对15个器件寻址。GPIB接口编程有大量成熟的应用程序可供参考。

2)MXI－2总线接口。MXI总线是Multi-System Extension Interface bus的缩写，即多系统扩展接口总线，是美国National Instruments(简称NI)公司设计并于1989年公布的一种开放的总线结构。MXI－2总线是一种高速、多点的并行总线，采用62芯标准电缆，其中49条信号线用于MXI总线器件间的数据传输、仲裁、中断和出错检测等功能。电缆最大长度20 m，有20 MB/s的数据传输速率。多个VXI主机箱同MXI—VXI接口可互相连接形成多主机箱VXI系统，最多可以将32个主机箱连在一起，像一个单独的VXI总线主机箱那样工作，从而克服了VXI的13个槽的限制。其最大优点是：实时性好，速度快，可连接多个VXI机箱。特别适合于对实时处理要求高，多VXI机箱的场合。

3)MXI－3总线接口。MXI－3总线接口也是NI公司开发的一种多系统扩展总线，是随着PCI总线的应用而发展起来的。在PCI系统中通常由PCI桥来实现PCI系统的扩展，在PCI桥芯片中有控制寄存器以及数据缓存来完成数据的传输，MXI－3实际上就是在PCI桥中间加了一层数据转换层，把原来的PCI桥的功能分开在两块板卡中实现，一块PCI板卡安装在主控计算机中，另外一块VXI板卡安装在VXI主机箱中，中间通过1.5GHz的串行总线传输数据，实现PCI总线的无缝连接，对于软件来说，这种转换是完全透明并独立于操作系统的。在零槽控制器中由专用的芯片完成PCI到VXI协议的转换。

MXI－3不仅可以用于外置计算机与VXI机箱的连接，也可以用于多个VXI机箱之间的连接，此时一块MXI－3模块安装在零槽里，用于实现计算机的控制，另一块MXI－3模块安装在机箱的任意槽中，用于实现机箱的级联，通过MXI－3接口最多可扩展到254个机箱。MXI－3接口仅仅扩展了PCI总线，并没有扩展VXI总线的时钟和触发信号，所以若需要机箱间的同步需要增加同步板卡来提供统一的同步时钟信号。MXI－3现在有两种连接方式，一种是铜缆，距离一般在10 m以内，另外一种就是光纤，距离可达200 m。

4)IEEE－1394接口。IEEE－1394串行接口现在的最高数传速率为400Mb/s。此接口的突出优点是支持热插拔可以，可以自动识别，实现即插即用。选用基于IEEE－1394的PC－VXI接口，性能好价格便宜，不仅可以用在单个VXI机箱的测试系统中，还可以连接多个VXI机箱，组成多个VXI机箱的测试系统。外主计算机通过IEEE－1394接口控制VXI机箱工作，是目前使用较多的一种控制方式。类似1394接口控制方式也可以采用USB接口来控制VXI系统。

(2) 内嵌式计算机控制方式。当采用内嵌式计算机时，所有的器件紧密耦合组成一个系统，并且通过共享地址空间进行通讯。由于所有的器件都可以不采用较复杂的通讯协议，省去了中间协议翻译的时间，而是直接寻址访问器件，因而，紧密耦合的结构可得到非常高的性能，充分发挥 VXI 总线的性能，减小系统体积，适合外场使用。但是由于系统需要专门设计嵌入式计算机系统，使得成本较高。

四、PXI 总线

1. 概述

VXI 总线技术推出以来，各厂商已开发出千余种模块，但其价格昂贵，应用受到一定程度的限制，主要应用在航空、航天等科研和生产领域。1997年10月，美国NI公司率先推出了PXI模块仪器系统的技术规范，PXI是PCI在仪器领域的扩展(PCI Extensions for Instrumentation)，它融合了VXI规范和在工业控制及电信中得到广泛应用的CompactPCI规范的优点，形成适合于试验、测量与数据采集场合应用的机械、电气和软件规范，从而形成了新的仪器体系结构。

PXI 总线在 PCI 总线基础上增加了成熟的技术形成的，包括增加用于多板同步的触发总线和参考时钟、用于进行精确定时的星形触发总线以及用于相邻模块间高速通信的局部总线等。PXI 规范在 CompactPCI 机械规范中增加了环境测试和主动冷却要求。PXI 将 Microsoft Windows 定义为其标准软件框架，并要求所有的仪器模块都必须带有按 VISA 规范编写的设备驱动程序，使 PXI 成为一种系统级规范，保证系统的易于集成与使用，从而进一步降低最终用户的开发费用。

PXI 的出现受到各方面的关注，作为一个开放的工业标准，已形成广泛的 PXI 系统联盟。目前，由于 PXI 模块仪器系统卓越的性能和较低的价格，使其得到迅速的发展。

2. PXI 机械规范及其特性

PXI 总线规范采用了 CompactPCI 规范的欧卡机械规范，使 PXI 系统更适于在工业环境下使用，而且也更易于进行系统集成。

(1) 与 CompactPCI 共享的 PXI 机械特性。PXI 提供了两条与 CompactPCI 标准兼容的途径：

1) 高性能 IEC 连接器。PXI 应用了与 CompactPCI 相同的、一直被用在高性能领域的高级针一孔连接器系统。这种由 IEC－1076 标准定义的高密度(2mm 间距)阻抗匹配连接器可以在恶劣条件下提供尽可能好的电气性能。

2)Eurocard 机械封装与模块尺寸。PXI 和 CompactPCI 的结构形状完全采用了在工业环境下具有很长应用历史的欧卡(Eurocard)规范。这些规范支持小尺寸(3U = 100 mm × 160 mm)和大尺寸(6U = 233.35 mm × 160 mm)两种结构尺寸。Eurocard 规范中所增加的电磁兼容性(EMC)、用户可定义的关键机械要素以及其他有关封装的条款均被移植到 PXI 规范中。这些电子封装标准所定义的坚固而紧凑的系统特性使 PXI 产品可以安装在标准机柜上，并保证在恶劣工业环境中应用的可靠性。

(2) 新增加的封装规范。除了将 CompactPCI 规范中的所有机械规范直接移植进 PXI 规范之外，为了简化系统集成，PXI 还增加了一些 CompactPCI 所没有的要求。如 PXI 机箱中的系统零槽必须位于最左端，而且主控机只能向左扩展以避免占用仪器模块插槽。PXI 还规定模块所要求的强制冷却气流流向必须由模块底部向顶部流动。PXI 规范建议的环境测试包括对所有模块进行温度、湿度、振动和冲击试验，并以书面形式提供试验结果。同时，PXI 规范还规定了所有模块的工作和存储温度范围。

(3) 与 CompactPCI 产品的互操作性。PXI 的重要特性之一是维护了与标准 CompactPCI 产品的互操作性。但许多 PXI 兼容系统所需要的组件也许并不需要完整的 PXI 总线特征。例如，用户或许要在 PXI 机箱中使用一个标准 CompactPCI 网络接口模块，或者要在标准 CompactPCI 机箱中使用 PXI 兼容模块。在这些情况下，用户所需要的是模块的基本功能而不是完整的 PXI 特性。

3. PXI 规范的电气性能

许多仪器应用场合需要系统定时能力，而 ISA 总线、PCI 总线或 CompactPCI 背板总线却不具备，PXI 总线参考 VXI 总线的特点，通过增加专门的系统参考时钟、触发总线、星形触发线和模块间的局部总线来满足高精度定时、同步和数据通信的要求。PXI 总线的电气性能规范示意图如图 9.9 所示。

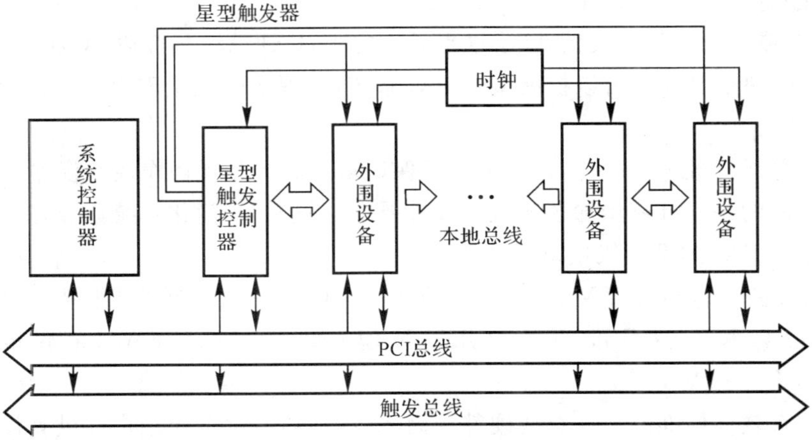

图 9.9　PXI 总线电气性能规范示意图

(1) 参考时钟。PXI 规范定义了将 10 MHz 参考时钟分布到系统中所有模块的方法。该参考时钟可被用作同一测量或控制系统中的多卡同步信号。由于 PXI 严格定义了背板总线上的参考时钟，而且参考时钟所具有的低时延性能使各个触发总线信号的时钟边缘更适于满足复杂的触发协议。

(2) 触发总线。PXI 不仅将 VXI 总线的 ECL 参考时钟改为 TTL 参考时钟，而且只定义了 8 根 TTL 触发线，不再定义 ECL 逻辑信号。这是因为保留 ECL 逻辑电平需要机箱提供额外的电源种类，从而显著增加 PXI 系统的整体成本。

使用触发总线的方式可以是多种多样的。例如，通过触发线可以同步几个不同 PXI 模块上的同一种操作，或者通过一个 PXI 模块可以控制同一系统中其他模块上一系列动作的时间顺序。为了准确地响应正在被监控的外部异步事件，可以将触发从一个模块传给另一个模块。一个特定应用所需要传递的触发数量是随事件的数量与复杂程度而变化的。

(3) 星型触发总线。在其他 6 个仪器槽之间各配置了一根唯一确定的星型触发线。在星形触发专用槽中插入一块星形触发控制模块，就可以给其他仪器模块提供非常精确的触发信号。如果系统不需要这种超高精度的触发，也可以在该槽中安装别的仪器模块。

PXI 系统的星形触发体系具有两个独特的优点：一是保证系统中的每个模块有一根唯一确定的触发线，这在较大的系统中，可以避免在一根触发线上组合多个模块功能，或者人为地限制触发时间。二是每个模块槽中的单个触发点所具有的低时延连接性能，保证了系统中每个模块间非常精确的触发关系。

(4) 局部总线。PXI 局部总线是每个仪器模块插槽与左右邻槽相连的链状总线。该局部总线具有 13 线的数据宽度，可用于在模块之间传递模拟信号，也可以进行高速通讯而不影响 PCI 总线的带宽。局部总线传输信号的范围包括从高速 TTL 信号到高达 42V 的模拟信号。

(5)PCI 性能。PXI 系统具有多达 8 个扩展槽(1 个系统槽和 7 个仪器槽)，而绝大多数普通 PC 机仅有 3 个或 4 个 PCI 扩展槽，除了这点差别之外，PXI 总线与普通 PC 机具有完全相同的 PCI 性能。而且，利用 PCI 桥可以扩展多台 PXI 系统，扩展槽的数量理论上最多能达到 256 个。

4. 软件规范

像其他的总线标准体系一样，PXI 定义了保证多厂商产品互操作性的仪器级接口标准。与其他规范所不同的是 PXI 还增加了相应的软件要求，以进一步简化系统集成，这些软件和硬件要求共同形成了 PXI 的系统级接口标准。

PXI 的软件要求包括支持 Microsoft Windows 这样的标准操作系统框架，要求所有仪器模块带有配置信息和支持标准的工业开发环境(如 NI LabVIEW，LabWindows/CVI 和 Microsoft VC/C ++、VB，等)。

对其他没有软件标准的工业总线硬件厂商来说，他们通常不向用户提供其设备驱动程序，用户通常只能得到描述如何编写硬件驱动程序的手册。用户自己编写这样的驱动程序，其工程代价(包括要承担的风险、人力、物力和时间)是很大的。PXI 规范要求厂商而非用户来开发标准的设备驱动程序，使 PXI 系统更容易集成和使用。

PXI 规范还规定了仪器模块和机箱制造商必须提供用于定义系统能力和配置情况的初始化文件等其他一些软件。初始化文件所提供的这些信息是操作软件用来正确配置系统必不可少的。例如，通过这种机制，可以确定相邻仪器模块是否具有兼容的局部总线能力。如果信息不对或者丢失，将无法操作或利用 PXI 的局部总线功能。

9.3　测试软件技术

测试软件在虚拟仪器技术中占据重要地位，测试软件的规范化为测试系统的开发和维护带来很大便利，也是未来测试技术重要的发展方向。

一、IEEE488.2 标准

20 世纪 70 年代中期，自动测试领域最重要的进展就是 IEEE488.1 标准（即 GPIB 或 IEC625）的制定。在十余年的使用中，它极大地推动了自动测试系统的发展，各种不同功能不同用途的仪器已普遍选配了 IEEE488.1 接口，各种小型和微型计算机可通过插入 GPIB 卡成为仪器控制器，这给用户带来了很大的方便，但在实际应用中也遇到一些问题，使用户对标准化提出了更高的要求。例如，由于 IEEE488.1 主要规定仪器的电气、机械和功能上的相容性要求，因此可以保证系统部件间正确的电气、机械连接，并提供传送字节的可靠方法，但它对代码、格式、通讯办议和公用命令方面未作规定。因此各仪器制造商可以在遵循 IEEE488.1 标准的条件下，自行规定数据格式及通讯协议，这样使系统设计者除了必须知道各种仪器本身的测量功能外，还必须了解系统中每一个器件的接口功能及各仪器制造商规定的数据格式和通讯协议，否则系统将不能正确运行，这给设计者带来很大不便。另外，由于各仪器制造商对同类仪器的状态字节中的各比特位也赋予不同的意义，这就使测试系统在更换仪器时必须重新进行应用软件的设计。为了加强不同厂家产品互连使用的兼容性，减少生成应用软件及组建系统的成本，允许仪器进行直接通信，1987 年颁布了新标准 IEEE488.2《IEEE 标准代码、格式、协议和公用命令》，解决了使用 IEEE488.1 的许多问题。

IEEE488.2 标准规定了一套代码和格式，供由 IEEE488.1 总线连接的系统器件使用。另外，它还定义了与具体的器件无关的必要的消息交换通信协议，并进一步定义了仪器使用的公用命令。标准主要涉及以下六个方面内容：

(1) 对 IEEE488.1 的最低要求。即器件为支持 IEEE488.2 必须配置的 IEEE488.1 的讲者、听者、源握手、受者握手、器件清除和服务请求等接口功能。

(2) 包括出错处理在内的详细消息处理协议。这些协议主要用来保障控者发出的程序消息和器件的响应消息都可靠地进行传送。

(3) 确切的程序和响应消息语法结构。IEEE488.2 在语法方面的基本特点就是器件在消息接收时比它发送时有更多的灵活性，即要求器件能宽容地听(forgiving listening)、严格地讲(precise talking)。

(4) 用途广泛的公用命令。IEEE488.2 定义了 39 条公用命令，其中 13 条是必备的，如复位、自检等，另 26 条是任选的或器件在选择了某种非必选的接口功能后才变为必备的。

(5)标准的状态报告结构。IEEE488.2使用了统一的状态报告模式，将状态报告的内容归纳、合并，最后综合反映到标准的状态字节中。同时还规定了若干用于服务请求和查询的公用命令以配合状态报告工作。

(6)系统地址分配和同步协议。IEEE488.2增加了地址自动分配能力，规定了两条用于地址自动分配的命令和有关工作过程的说明。同时还通过使用三条专门用于同步的公用命令，保证程序和器件的同步功能。

二、可程控仪器标准命令——SCPI(Standard Commands for Programmable Instrumentation)

IEEE488.2标准在很大程度上解决了使用IEEE488.1时所遇到的问题，使自动测试标准化程度得到很大提高。由于可程控仪器品种浩瀚，功能繁多，长期以来，对仪器消息未能做到标准化，其程控命令集通常由仪器制造商自行设定，这给仪器使用者和系统设计人员在编程上造成很大困难，即使是同一功能的程控，其命令也可能大有差别。例如：不同种类的数字万用表DMM的直流电压测量功能，使用的程控命令就可能有DC，DCV等等。因此编程人员在编写应用软件时，要逐个查询命令手册，而且由于兼容性差，更换仪器就必须修改程序，程控命令之间还可能出现混淆和矛盾。根据这种情况，1988年HP公司提出了它的系统语言HP－SL。作为一种通用语言，它的通用命令可以超越仪器而实现标准化，1989年HP－SL改称为测试和测量系统语言TMSL，但这时仍为独家的解决方案。1990年4月，由HP，Tek等九家知名的仪器制造商组成的联合体，同意采用可程控仪器标准命令SCPI，并公布了第一个标准文本SCPI Rev. 1990.0，主要侧重解决仪器程控和仪器响应中器件消息的标准化问题。

SCPI与过去的仪器语言的根本区别在于其描述的是人们正在试图测量的信号，而不是用来测量信号的仪器，这样就不用花费很多时间来研究测量的仪器，而把主要精力放在如何解决实际应用的问题上。

对于遵循SCPI的仪器或它所覆盖的功能，仪器的程控有最大的兼容性。例如：早期生产和最新生产的DMM，测量交流电压的SCPI命令均为“MEAS:VOLT:AC?”或“MEASure:VOLTage:AC?”，这种不同时期产生的同类仪器的兼容称为纵向兼容。又如：不论用示波器还是用计数器测量电压信号的周期，SCPI命令均为“MEAS:VOLT:PER?”或“MEASure:VOLTage:PERiod?”，这种不同仪器相同功能的兼容称为横向兼容。标准的SCPI仪器程控消息、响应消息、状态报告结构和数据格式的使用只与仪器测试功能、性能及精度相关，而与具体仪器型号和厂家无关。

为了使标准化的命令不依赖于具体仪器的硬件，SCPI给出了通用仪器模型。如图9.10所示。

图中每一个方框对应于SCPI中的一个子系统，其中上半部分反应仪器的测量功能，信号路径选择用来控制信号输入通道与内部功能之间的路径，测量功能是核心，格式化用来数据格式的转换。下半部分描述信号源的情况。一台仪器可能包含其中的部分或全部功能，既可以测量信号也可以产生信号。图中的测量功能和信号产生功能还可以进一步细分为若干功能框，每个功能框是SCPI命令分层结构中的主命令支干，在主干下延伸细分构成SCPI命令。编程时首先根据需要，找到系统功能块，然后沿着“树型网络”从树顶开始向下寻找各分支，检查有没有要完成的功能的指令，若有，则无需进行任何变动，就可直接写出完整的命令。如，进行电压周期测量，其命令为“MEASure:VOLTage:PERiod”。如果找不到适当的指令，就须加入一个分支点，以扩展其指令集。有了通用仪器模型，编程工作就会变得简单方便，编程人员不必了解一台仪器实际上是怎样完成具体的测量，只需根据需要选择有关系统的指令即可。

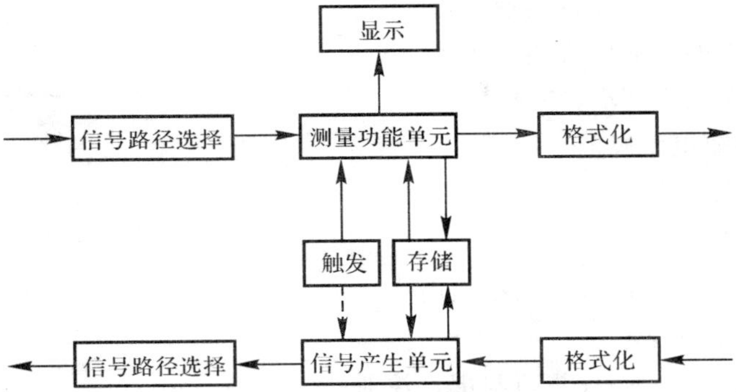

图 9.10　通用仪器模型

总之，SCPI的问世对自动测试系统的标准化，特别是软件的标准化起到了极大的推动作用。目前，SCPI已得到了广泛支持和应用，虽然它是建立在IEEE488.2的基础上，但它除了应用在IEEE488总线中外，还用于RS-232及VXI总线中，它使程控命令和响应消息标准化，提高了仪器的互换性，可以大大缩短编程时间，利于测试程序的维护，还能保护用户的软件投资。

三、VXI总线即插即用规范

1. 概述

VXI总线自1987年推出以来，已成为仪器测试领域优秀的总线标准，保证了不同厂家VXI总线仪器模块级的互换性。为了使VXI总线更易于使用，实现VXI总线系统的互换性，并在系统级上使VXI总线系统成为一个真正开放的系统结构，NI，Tek，Racal等五家著名仪器公司于1993年9月成立了VXI总线即插即用(VXIplug&play)联盟(简称VPP联盟)，随后发布了VXI总线即插即用规范(简称VPP规范)。

VPP规范是对VXI总线标准的补充和发展，主要解决了VXI总线系统级的软件标准问题。VPP规范制定了标准的系统软件结构框架，对操作系统、编程语言、I/O程序库、仪器驱动程序和高级应用软件工具等作了原则性的规定，从而真正实现了VXI总线系统的开放性、兼容性和互换性，进一步缩短VXI系统的集成时间，降低系统成本。

目前VPP联盟已制定了10个VPP技术规范文件：

VPP1 章程文件

VPP2 系统框架规范

VPP3.1 仪器驱动程序结构与设计规范

VPP3.2 仪器驱动程序函数体规范

VPP3.3 仪器驱动程序交互式开发者接口规范

VPP3.4 仪器驱动程序编程式开发者接口规范

VPP4.3 VISA 库

VPP4.3.2 VISA 的文本语言实现规范

VPP4.3.3 VISA 的图形语言实现规范

VPP4.3.4 VISA 的 COM 实旋规范

VPP5 VXI 部件知识库规范

VPP6 安装与包装规范

VPP7 软面板规范

VPP8 VXI 模块 / 主机箱与接收器互连

VPP9 仪器厂商缩写规范

VPP10 VXIplug&play 图标规范与部件注册

2. VXI 总线即插即用系统的特点

VPP 规范提出的目的是解决生产厂家的 VXI 系统的易操作性与互操作性问题，并提供给用户进行系统维护与再开发的能力，VPP 的最大受益者是用户。符合 VXI 即插即用规范的虚拟仪器系统，可简称为 VPP 系统，它具有以下几个特点：

(1) 系统性。VPP 规范着眼的不仅仅是 VXI 仪器硬件模块与软件模块的设计，更注重整个结构化、模块化的虚拟仪器系统设计。图 9.11 为 VXI 虚拟仪器系统结构框图。

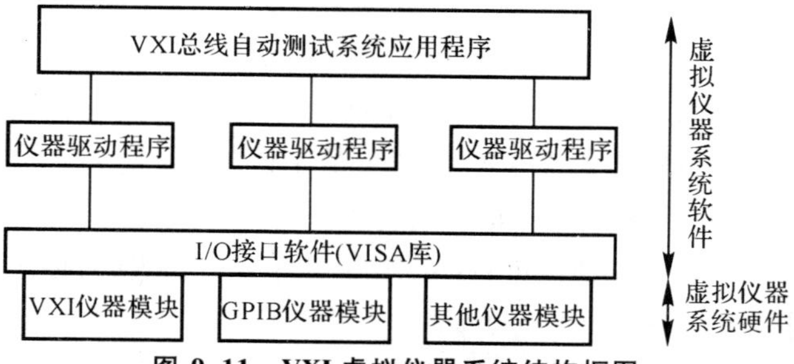

图 9.11　VXI 虚拟仪器系统结构框图

其中，VXI 仪器与其他各仪器一起，构成了虚拟仪器系统硬件结构。在这些仪器模块中，既可以是 VXI 仪器、GPIB 仪器、RS－232 串行通信仪器或 USB 仪器等，也可以是消息基器件、寄存器基器件、存储器基器件等。I/O 接口软件 VISA(Virtual Instrument Software Architecture) 驻留于计算机系统之中，是计算机与仪器之间的软件层连接，它对于仪器驱动程序开发者来说是可调用的操作函数集。每个仪器模块都有自己的仪器驱动程序，它是应用程序实现对仪器控制的桥梁。自动测试系统应用程序通过人机界面操作完成特定的测试任务。I/O 接口软件、仪器驱动程序与应用程序自下而上构成了虚拟仪器系统软件。

(2) 开放性。VPP 不仅对仪器生产厂家是开放的，而且对于用户来说也开放，它不仅是 VXI 虚拟器系统的设计指导规范，也是 VXI 虚拟仪器系统的应用指导规范。

(3) 兼容性。VPP 系统中的仪器可以是多种类型。为了达到新的测试目的，VPP 系统的组建不需要将以前的测试系统完全抛弃，确保用户的投资在现在甚至将来也不被浪费。

(4) 统一性。VPP 系统中最核心的部分是提供了一个统一的 I/O 接口软件(VISA) 规范，从而为不同的软件在同一平台中运行提供了统一基础。在 VISA 基础上编写的仪器驱动程序以及软面板等也都成为了统一格式的标准模块，实现了仪器间的互操作性与互换性。

VPP 的制定，为虚拟仪器系统的结构组建奠定了技术支持与指导，从而使组建一个统一的、开放的虚拟仪器系统成为了可能。VPP 的出现，一方面是各种仪器总线发展到标准化要求的产物，另一方面也为新的仪器总线类型的产生与系统组建提供了理论与技术支持。

3. VPP 规范的系统框架

为了实现虚拟仪器系统的互操作性与兼容性，真正实现虚拟仪器系统的开放性与统一性，在 VPP2 中提出了系统框架的概念。

根据硬件平台、操作系统及语言风格的不同，VPP 总共规定了 10 种系统框架，其中 5 种基本框架分别以其支持的操作系统命名，分别为 WIN，WIN95，WINNT，HP - UX，SUN 系统框架，并在此基础上又分别派生出只采用 NI 公司的图形化编程环境 LabVIEW 的系统框架，各在原基本框架名字前加上前缀 G，即为 GWIN，GWIN95，GWINNT，GHP - UX，GSUN 5 种派生框架。

这 10 种框架结构也分别代表了当今流行的 5 种操作系统与 2 种语言（文本语言与图形化语言）风格。当新的一种操作系统或语言风格成熟后，VPP 也必将会考虑与之相对应的新的系统框架的规范标准。

组建一个 VPP 系统，首先应根据实际需要与条件制约，选择一个合适的系统框架，然后再在这框架范围内选择必要的组成元素。在组建系统或设计模块时，必须完全符合一种以上系统框架的所有规范要求(有时模块设计可以同时满足多种框架规范)，否则该产品将不是合格的 VPP 产品。

4. 仪器驱动程序

在设计、组建自动测试系统中，仪器的编程是系统中最费时费力的部分。用户需要花费不少宝贵的时间学习系统中每台仪器的用户手册，并根据自己的需要一个个命令地编程调试。对于系统集成设计人员，不仅应是一个仪器专家，也应是一个编程专家，这大大地增加了系统集成人员的负担，使系统集成的效率和质量无法得到保证。仪器用户总是设法将仪器编程结构化、模块化以使控制特定仪器的程序能重复使用。因此，一方面对仪器编程语言提出了标准化的要求；另一方面需要定义一层具有模块化、独立性的仪器操作程序，即具有相对独立性的仪器驱动程序。人们将处理与特定仪器通讯的一层较抽象的软件定义为仪器驱动程序。仪器驱动程序是基于 I/O 接口软件之上，并与应用程序进行通讯的中间组带。

在 VPP 规范中明确了仪器驱动程序的概念：仪器驱动程序是一套可被用户调用的子程序，利用它就不必了解每个仪器的编程协议和具体编程步骤，只须调用相应的一些函数就可以完成对仪器各种功能的操作，并且对仪器驱动程序的结构、功能及接口开发等作了详细规定。这样使用仪器驱动程序就可以大大简化仪器控制及测试程序的开发。VPP 仪器驱动程序规范规定了仪器驱动程序开发者编写驱动程序的规范与要求，增强了系统级的开放性、兼容性和互换性。

VPP 规范提出了驱动程序的外部接口模型和内部设计模型两个基本结构模型，VPP 仪器驱动程序都是围绕这两个模型编写的。外部接口模型如图 9.12 所示，它表示了仪器驱动程序如何与外部软件的接口。内部设计模型定义了仪器驱动程序函数体的内部结构，如图 9.13 所示，内部设计模型对于仪器驱动程序的开发者和仪器用户来说都是非常重要的，因为所有 VPP 仪器驱动程序的源代码都是根据此设计模型而编写的，一旦用户理解了这一模型，并知道如何使用仪器驱动程序，就完全知道怎样使用所有的仪器驱动程序。

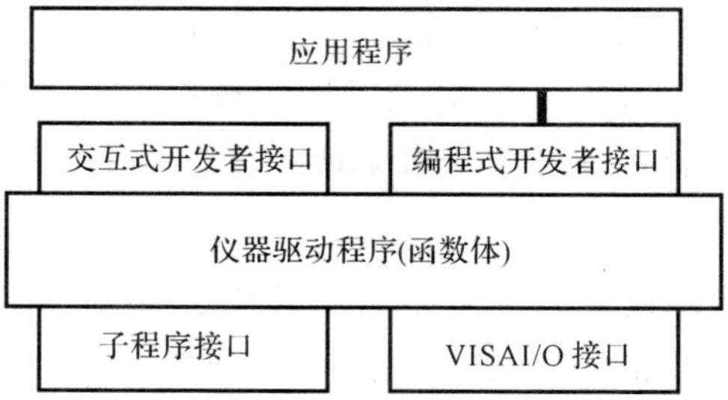

图 9.12　仪器驱动程序外部接口模型

VPP 仪器驱动程序的函数体主要由两个部分组成，一部分是部件函数，是一些控制仪器特定功能的软件模块；另一部分是应用函数，它们使用一些部件函数共同实现完整的测试和测量操作。

(1) 部件函数。仪器的部件函数将仪器的功能分成不同的类，包括初始化函数、配置函数、动作 / 状态函数、数据函数、实用函数和关闭函数。

1) 初始化函数。初始化函数是访问仪器驱动程序时调用的第一个函数，用于初始化软件连接，也可执行一些必要的操作，使仪器处于默认的上电状态或其他特定状态。

2）配置函数。配置函数对仪器进行配置，以便执行所希望的操作。

3）作用/状态函数。该函数使仪器执行一项操作或者报告正在执行或已挂起的操作的状态，这些操作包括激励输出信号或报告测量结果等。

4）数据函数。用来从仪器取回数据或向仪器发送数据。例如具有这些函数的仪器将测量结果传送到计算机，波形数据传送到任意波形合成器以及数据传送到数据信号发生器等。

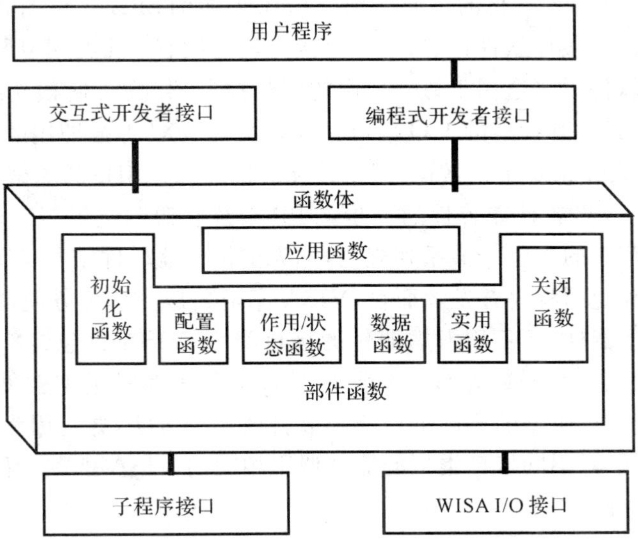

图 9.13　仪器驱动程序的内部结构

5）实用函数。该函数包括许多标准的仪器操作，如复位、自检、错误查询、错误处理、驱动程序及仪器硬件版本信息，实用函数也可包括开发者自己定义的仪器驱动程序函数，如校准、存储和重新设定值等。

6）关闭函数。该函数是最后调用的，只是简单地关闭仪器与软件的连接。

在部件函数中，初始化函数、关闭函数以及实用函数是所有 VPP 仪器驱动程序都必须包含的，属于仪器的通用函数部分，而配置函数、动作 / 状态函数以及数据函数是每个仪器驱动程序的不同部分，属于仪器的特定函数部分。

（2）应用函数。应用函数是一组以源代码提供的面向测试任务的高级函数，在大部分情况下，这些例行程序通过配置、触发和从仪器读取数据来完成整个测试操作。这些函数不仅提供了如何使用部件函数的实例，而且当用户仅需要仪器的单个函数接口而不是使用部件函数时，它们是非常有用的。应用函数本身是基于部件函数之上的。

5. I/O 接口软件 VISA

VISA（Virtual Instrumentation Software Architecture），即虚拟仪器软件结构，是 VPP 系统联盟制定的 I/O 接口软件标准及其相关规范的总称。

随着VXI总线技术的日益发展，当硬件实现标准化后，软件的标准化已成为VXI总线技术发展的热点问题。而I/O接口软件作为VXI总线系统软件结构中承上启下的一层，其标准化显得特别重要，如何解决I/O接口软件的统一性与兼容性，成为组建VXI总线系统的关键。

在VISA出现之前许多仪器厂家在推出控制器硬件的同时，也推出了不同结构的I/O接口软件，有的只针对某一类仪器，如NI公司用于控制GPIB仪器的NI－488及用于控制VXI仪器的NI－VXI，有的在向统一化的方向靠拢，如HP公司的SICL——标准仪器控制语言，这些都是行业内优秀的I/O接口软件，但这些I/O接口软件没有一个是可互换的，针对某一厂家的某种控制器编写的软件无法适用于另一厂商的同类控制器。为了使预先编写的仪器驱动程序适用于任何情况，就必须有标准的I/O接口软件以实现VXI即插即用的仪器驱动程序在使用各个厂商控制器的VXI系统中正常运行，这种标准也能确保用户的测试应用程序适用于各种控制器。作为迈向工业界软件兼容性的一步，VPP系统联盟制定了新一代的I/O接口软件规范，也就是VPP规范中的VPP4.x系列规范，称为虚拟仪器软件结构(VISA)规范。

对于驱动程序和应用程序开发者而言，VISA库函数是一套可方便调用的函数，其中核心函数可控制各种类型器件，而不用考虑器件的接口类型，VISA也包含部分特定接口函数。这样，VXI用户可以用同一套函数为GPIB器件、VXI器件等各种类型器件编写软件，而不必再学习不同厂家、不同接口类型的不同I/O接口软件的使用方法，并且因为VISA可工作在各厂商的多种平台上，可以对不同接口类型的器件调用相同的VISA函数，用户利用VISA开发的软件具有更好的适应性。

6. 软面板规范

一台独立的仪器，往往具有一个操作面板，用户可以通过操作面板上的旋钮、开关、按键等来控制仪器，或可以通过面板上的显示屏幕作为图形化输出(如示波器)。虚拟仪器的最大特点就是抛弃了传统的操作面板，仪器的操作与显示需借助计算机强大的计算与显示能力来实现，用户与仪器的交互界面变为由计算机软件实现，也即软面板。VXI总线即插即用系统联盟对软面板的设计提出了统一设计方法与规范，并将符合VXI总线即插即用规范的虚拟仪器软面板简称为VPP软面板。

软面板是一个特殊的测试应用程序，它为仪器模块提供一个替代前面板的控制接口，利用软面板可用人机交互方式控制仪器，如采用图形用户接口技术显示等效的旋钮、按键及控制器，用户通过鼠标或计算机键盘操纵这些控制接口，图形显示具有同传统前面板方式相似的测量结果和仪器状态。

在系统集成过程中，软面板可用于检验仪器的功能。当用户对仪器进行编程时，可以通过观察面板上的指示器和显示器来检验仪器是否被正确设置。当系统集成完之后，软面板可用于执行仪器功能，以便用户熟悉仪器的功能和特性。

因此，有了VPP软面板，用户不必编写测试程序就可以检验仪器的通信和操作，并能大大减少组建和检验一个VXI总线系统的时间。

7. VPP知识库文件

为了将VXI产品更有效地集成到虚拟仪器系统中去，VPP联盟定义了一种VXI产品的配置描述文件格式，这种文件格式类似于WINDOWS环境下的系统配置文件(.ini文件)，作用与专家系统中的知识库描述是一致的，故定义为VPP知识库文件。VPP知识库文件描述的是VXI产品相关信息，为系统设计、系统集成与系统检验都可提供有用的帮助。在系统设计时，设计人员通过研究VXI产品的知识库文件得到VXI产品设计的参考知识，以便确定该产品是否满足所设计的系统要求；在系统集成时，又可以根据知识库文件提供的配置信息来正确配置产品；在进行系统检验时，通过对照知识库文件信息与当前配置情况，来检验VXI仪器系统是否已经正确配置。同时，对于用户来说，通过阅读知识库文件也可以熟悉系统配置与VXI产品的相关知识，从而可以正确地使用VXI产品与维护VXI仪器系统。在知识库文件描述的VXI产品包括VXI仪器模块、VXI主机箱、VXI 0槽模块等硬件产品，也可以包括仪器驱动程序、软面板、应用程序、应用程序开发平台等软件产品。

总之，VPP规范是VXI仪器系统集成与接口技术的基本指导范本，一方面从系统的角度定义和描述了VXI仪器系统的集成技术，另一方面从仪器的角度定义与描述了VXI仪器设计技术，其中的关键是虚拟仪器软件结构与接口技术。无论是VXI系统集成人员、模块设计人员还是VXI系统或模块的用户，通过VPP规范都将得到十分有用的信息与帮助。从体系上说，VPP规范的结构是完整的，但随着虚拟仪器技术的不断发展，它也处于一个不断发展与完善的过程中，VPP规范本身也提供了自我发展的接口机制，它是一个超越了仪器类型、系统环境等限制的产物。VPP规范不仅对于现在虚拟仪器及系统的设计有着重要的指导意义，同时也可对于将来的虚拟仪器及系统的设计指出了合理的设想。VPP规范已被越来越多的仪器生产厂家所遵循，必将成为自动测试领域的一个重要规范标准。

四、IVI规范

随着开放式的虚拟仪器系统体系结构深入人心，为了进一步方便测试系统最终用户对系统的使用和维护，在1998年8月成立了IVI基金会(Interchangeable Virtual Instruments Foundation—— 可互换式虚拟仪器基金)，它是由测控系统的最终用户、系统集成商和仪器供应商共同发起的，宗旨是致力于建立和推行一套IVI基金会规范，以求达到为测控系统建立一种可互换式仪器驱动程序的框架结构。IVI规范是在VXI Plug & Play基础上发展而来的一项新技术，主要研究仪器驱动程序的互换性、测试性能、开发灵活性及测试品质保证。采用IVI驱动器的测试程序具有与仪器无关性，当测试仪器老化淘汰或损坏时，可采用同类测试仪器替代，测试程序仍然可以正常运行，这可以大大地降低测试系统的研制周期和开发成本，提高维护的灵活性，为从软件出发消除冗余、提高测试速度提供了重要的途径。

IVI规范的第一版本IVI 0.1公布于1998年2月，IVI 1.0版本公布于1998年8月。IVI技术吸取了VPP技术的优点，极大地提高了测试系统的更新适应能力，具有优异的性能和优越的应用前景，因而在美国获得各大公司和军方的支持，发展很迅速。目前 IVI 仪器驱动器库中包含了 NI、Agilent、FLUKE 等著名公司的多种通用仪器的 IVI 仪器驱动器程序。

采用 IVI 技术的测试软件结构如图 9.14 所示，它与 VPP 规定的测试软件结构类似，两者都采用了基于 VISA 的仪器驱动程序。虽然 VPP 规定了一系列封装和交付仪器驱动程序的标准，但其仪器驱动程序与特定仪器密切相关，更换不同厂家或同一厂家不同型号的仪器时，不仅要更换仪器驱动程序而且要修改测试程序以适应新的仪器及仪器驱动程序。

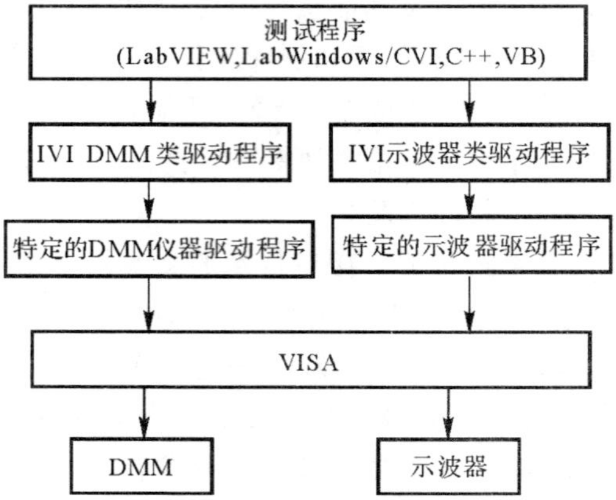

图 9.14　采用 IVI 技术的测试软件结构

应用 IVI 技术构建自动测试系统时，硬件系统应满足 VPP 规范的要求，支持 VISA 函数库，IVI 仪器类驱动程序通过特定的仪器驱动程序与特定的仪器通信，这样在更换仪器硬件时，用户只须简单地更换仪器及特定的仪器驱动程序，不用改动上层的仪器类驱动程序及测试程序。如果测试系统中选用的或自制的仪器没有特定的仪器驱动程序，只要可以通过 VISA 函数进行操作，就可以使用一些仪器驱动程序开发工具进行开发，然后将开发好的特定的仪器驱动程度加入 IVI 仪器驱动程序，在修改 IVI. INI 文件后，测试程序就可以通过类驱动程序操作特定的仪器了。

1. IVI 仪器类驱动程序库

在 IVI 基金会规范中，将 VPP 规范中定义的虚拟仪器软件结构（VISA）确定的标准 I/O 接口的概念扩展到仪器级的互操作性方面，提出了标准化的仪器驱动程序概念。在用户的应用程序中采用这项技术可为用户节省大量的投资，同时为在系统中更换测试仪器硬件保留了更大的自由度。为此，IVI 基金会在规范中将通用仪器分为 8 类：IviDmm（数字万用表），IviScope（数字示波器），IviFgen（函数 / 任意波形发生器），IviSwtch（开关矩阵 / 多路转换器），IviDCPwr（电源），IviPwrMeter（功率计），IviSpecAn（谱分析仪）和 IviRFSigGen（RF 信号发生器)，在此基础上分别定义了它们的标准应用程序接口(API)，通过这个API接口，测试系统用户可开发独立于任何仪器硬件厂商设备的应用程序代码，选用不同厂商的测试仪器进行操作而无须修改或重新编译自己的应用程序源代码。

由于在每个系列的仪器具有不同的功能，因此不可能规定一个API接口就能够适应所有仪器描述的需要。为此，IVI基金会规范在API接口中将其分为基本功能和扩展功能两种。基本功能描述了仪器的标准功能和属性，对应于该类仪器的通用操作，而扩展功能则描述了各厂商对于该类仪器所设计的特殊功能和属性。如在数字万用表类规范IviDmm中，定义了测量AC/DC电压、AC/DC电流、电阻，还可测量温度、频率、电量等功能。在基本功能中，包括仪器初始化、设置测量功能、量程、精度、触发源及返回测量值，在扩展功能中，可以设置一些高级的功能，诸如设置自动量程、自动校正零点、查询精度、频响、带宽等。

在测试软件中，每一种IVI类仪器驱动程序通过调用特定的IVI驱动程序去操作具体的仪器，因此测试系统开发者可以在某类仪器内，替换某一仪器及相应的驱动程序，但是却不影响测试程序程序代码。

如同VPP仪器驱动程序器一样，IVI仪器类驱动程序也有软面板，通过该软面板可以对各种仪器进行操作。

2. IVI的状态跟踪和仿真

(1) 状态跟踪(state-caching engine)。标准的VPP仪器驱动程序假定仪器的状态是未知的，因此即使仪器已经设置好了，每个测量函数都还要对仪器进行设置，这些不必要的设置会带来测试时间的开销。IVI状态跟踪结构可以保存仪器的硬件设置状态，智能地消除冗余操作(仅当仪器设置的确需要改变时才进行操作)，明显提高测试速度及性能。状态管理器对仪器用户而言是透明的，并无操作的复杂性。此外，IVI还可以检查有效数据范围及仪器工作状态是否正常，提高仪器工作的可靠性，它还支持多线程操作，提高了仪器的执行效率。

(2) 仪器仿真功能。在IVI驱动程序库中，还包括了用于各类仪器的仿真驱动程序，可供用户在应用程序设计阶段，在未得到或不使用该类仪器设备时，利用该类仿真驱动程序即可开发含有该类仪器功能的应用程序。这对于开发一个含有价值昂贵的仪器的系统或多个部门同时开发较大规模的测试系统应用软件来说是非常有意义的。依据仿真数据，开发人员还可编写精确的仪器功能测试代码。

IVI驱动器提供了三种不同水平的仿真：当仪器尚未连接时可以提供仪器句柄，使调用仪器驱动器函数的应用程序可以运行，不会因为找不到仪器句柄而出现错误；为尚未连接的仪器安装特定的仪器驱动程序，在其仿真模式下执行用户测试程序以明确新仪器是否满足系统需要，特定的仪器驱动程序将给出不兼容设置的出错标志；IVI仪器驱动器库中，每一类仪器都有一个仿真仪器驱动程序，当用户测试程序调用尚未连接的仪器的函数时，仿真仪器驱动程序会返回仿真数据,便于用户测试应用程序。

3. IVI的兼容性

由于IVI基金会意识到尽量采用现有的各种工业标准和开发环境的重要性,在IVI基金会规范中引用了VPP仪器驱动软件标准;GPIB、VXI、VME、MXI、PXI、Ethenet等仪器标准和仪器控制总线标准;仪器I/O控制软件VISA标准;IBM/PC兼容机和SUN工作站的工业计算机的标准;PCI、CompactPCI、PCMCIA、AT、USB、1394等工业标准计算机总线;Win32/Win95/NT及SunSolaris操作系统;IVI驱动程序库可在LabVIEW,LabWindows/CVI,HP VEE,Borland C++,Visual C++,Visual Basic及其他能够调用32位DLL的系统中使用。

IVI技术通过定义通用仪器类的标准仪器驱动程的编程接口,提高了测试软件的通用性,从而降低了测试软件的开发周期和成本。IVI技术规定了基本函数调用标准化,并标准化一些设置及允许数据,因而基于IVI技术的产品可以为测试系统开发节省成本。

IVI规范不但可用于VXI系统,同样可用GPIB、PXI、串行仪器、CompactPCI等各类仪器以及高速串行总线控制仪器,如USB和1394总线仪器,也可以是由这些标准仪器控制总线组成的混合系统,并且可实现不同标准的总线仪器间互相替换的功能。

虽然IVI技术有很多优点,但也有不足,如仪器类驱动程序的功能及属性是同类仪器的公共部分,某些特殊属性没有包含在仪器驱动程序中,这会给某些特殊应用带来不便,在IVI基金会中有一个专门的小组(the Measurement and Stimulus Subsystems (IVI－MSS) Working Group)正在通过在IVI结构中定义一层the Role Control Module (RCM)来描述这种特殊的功能。

综上所述,IVI基金会规范的出现,适应了当前世界上测试系统向开放系统方向发展的潮流,促进了竞争,减少了垄断,增加了用户在系统构成时对仪器硬件选择的自由度,降低了用户在系统集成和维护时的时间和费用,为推动自动测试系统技术的发展起到了非常好的促进作用。

9.4 自动测试系统设计

在进行自动测试系统设计时,要对被测对象的特性有很详细的理解,在满足测试需求的前提下,综合考虑各种因素,所设计系统的技术水平、性能及经济性达到最佳匹配。通常,组建自动测试系统的步骤如图9.15所示。

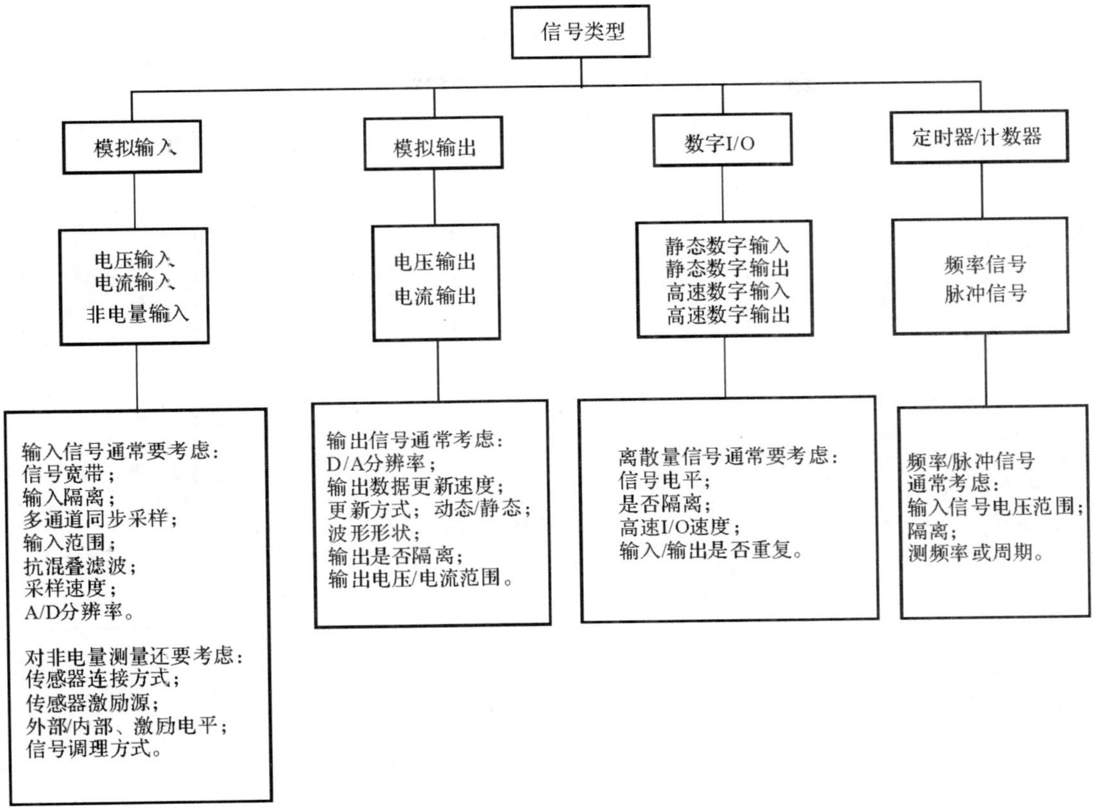

图 9.15　自动测试系统设计流程

一、系统需求分析

需求分析是组建测试系统的重要环节。在这一环节，必须与用户进行良好的沟通，了解用户的测试要求，包括分析被测系统的信号类型、测量范围，测试系统的功能要求、通道数量以及性能指标，显示打印和操作要求，体积以及使用环境要求等，并进行整理形成书面文件由双方签订形成技术协议书，此技术协议书是实施该测试系统的总体规范和要求。作为设计者，应该在开始概要设计时对一些用户暂时无法确定的需求留有足够的灵活性，以便系统能够达到用户所要求的功能。

在明确了系统的功能后，应统计确定输入、输出信号的形式，包括模拟输入、模拟输出、数字 I/O 以及定时器/ 计数器等，每种信号又包括多种类型，如图 9.16 所示。统计完信号类型应该再明确每种信号的通道数量、输入输出范围以及是否与系统隔离等因素。

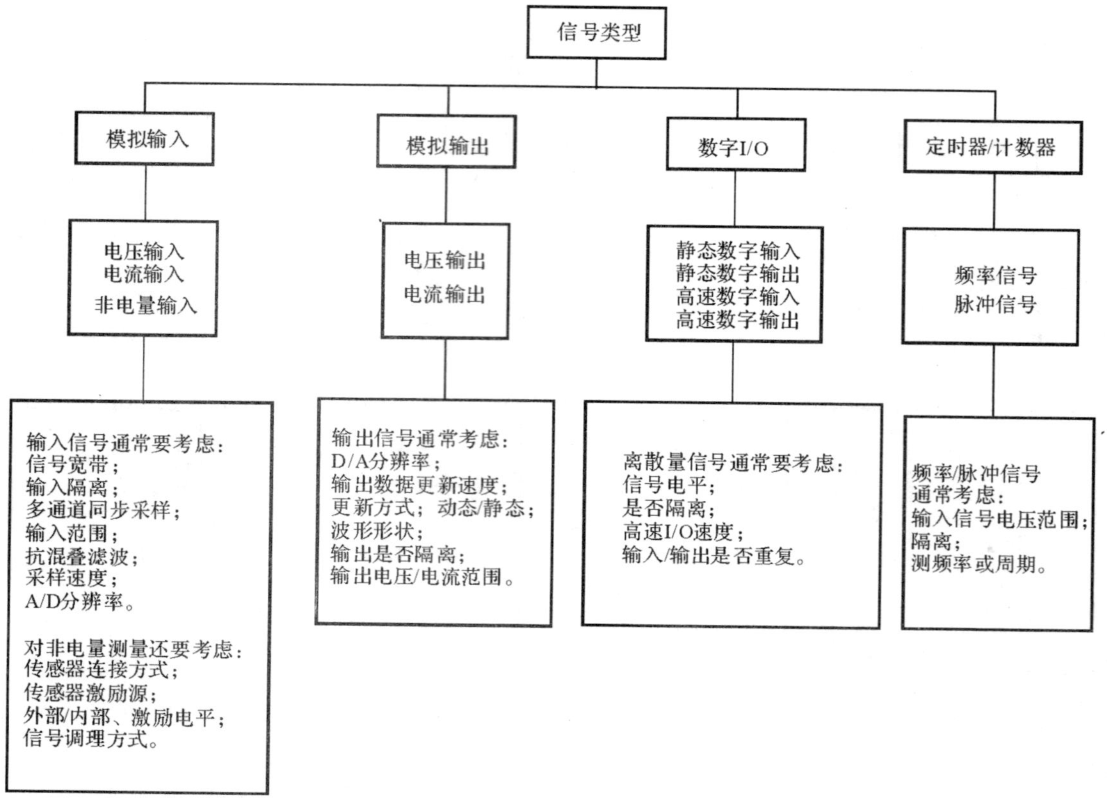

图 9.16 测试信号类型

二、平台与系统体系结构确定

测试系统的平台和系统的体系结构的确定要考虑多种因素，也直接关系到系统的性能。如测试系统的性能与其使用环境有很大关系，环境温度的变化可能会影响系统的性能指标，振动条件直接关系到系统的稳定性和可靠性等，所以应用环境的要求是确定系统平台和结构的一个重要因素。

测试系统平台主要包括 GPIB 总线系统、通用计算机总线测试系统（即 DAQ 仪器）、VXI 总线系统、PXI 总线系统以及分布式测试系统等。选用哪种平台与系统的使用环境、性能指标要求以及经费等因素都有关系。

三、测试模块选择

在系统的体系结构确定之后，下一步的任务就是根据需求分析，将各项测试内容进行综合，按测试要求选择相应的测试设备和仪器模块。为了完成这项工作，必须先进行调研，全面了解相应总线产品和其他程控仪器的功能和性能指标，并尽可能了解它们的应用场合和其他用户的使用情况；然后将能满足系统测试要求的产品选出，分类整理，确定最终选用的设备。

四、自制硬件的方案的设计

多数测试系统硬件都采用系统集成的方式完成，但是在某些特殊的应用中，无法选择到合适的货架产品，这时就需要自己研制相应的硬件，通常都是前端的信号调理电路，如特殊的滤波器设计、特殊的传感器信号调理，专用的仪器测量模块等。

另外一类就是与被测系统的接口通常需要专门研制。这部分的设计需要与使用方紧密配合以方便使用，提高系统的可靠性。

五、软件开发平台与辅助工具的选择

现在大多数测试应用软件都运行在 Microsoft Windows 环境下，应用程序开发环境（ADE）主要包括 NI 公司的 LabVIEW、LabWindows/CVI；Microsoft 公司的 Visual Basic（VB），Visual C/C++；等。这些 ADE 大致可分为文本方式的编程语言和图形化编程语言两大类。很多公司提供基于文本方式开发平台的各类专用工具包，如 Matlab，为测试程序的开发提供了方便。图形化编程语言 LabVIEW 现在在测试领域具有重要地位，它是高效图形化应用开发环境，结合了简单易用的图形化开发方式和灵活强大的编程语言的优势，便于数据的处理和显示。具体选择哪一种软件开发平台，应根据开发者需要来确定。

六、软、硬件的设计与调试

传统的设计方法通常在完成硬件设计后才设计软件，这种方法已经逐渐不能满足现代测试系统开发的需要，可以采用软硬件同时设计的方法，大大节约开发时间。由于现在软件的功能越来越强大，很多开发平台都能够完成仿真的功能，开发者可以在开发的前期采用仿真的方法检验各模块的功能，待硬件系统调试完成后只需调试与硬件的接口部分即可。

不管是软件还是硬件，在系统的设计中都必须考虑模块化的设计方法，这样便于系统的调试和维护。测试系统软件设计中模块的划分主要以测试系统功能为依据。在设计方案中应充分考虑系统软件中各模块的大小、相互联系、模块内部联系及模块的信息隐蔽程度。

（1）模块的大小。测试软件中各功能模块既不能过大，也不能过小。太大则结构复杂，难于维护；过小，则功能意义不完善，使模块间相互关系增加，妨碍了模块的独立性。因此，在设计过程中应以模块功能意义和复杂程度相对合理、程序便于理解、便于控制为标准，进行模块划分。

（2）模块之间的相互联系。整个系统是由相互联系的模块构成的，在满足系统功能要求的前提下，模块彼此之间的联系相对越弱，则系统越容易修改和维护，因此，在模块的设计过程中，应尽量减少模块间的信息传递，简化模块间的相互联系，从而更加充分的保证模块的独立性。

(3) 模块内的联系程度。模块内的联系程度是指一个模块内部的各个部分之间的联系程度。模块内的联系程度越强,模块独立性就越高,系统的结构也就越好。应尽可能以功能联系为纽带,使模块内联系增强,提高模块的独立性。

七、计量与校准

测量系统在出厂前或现场调试完成后应进行系统的计量和校准。

计量检定是计量人员利用计量标准、计量基准对新制造的、使用中的和修理后的计量器具进行一系列的实验操作,以判断其准确度、稳定度等是否符合规定,是否可以使用,是保证量值准确一致的重要措施。

计量检定可以分为周期检定、出厂检定、修后检定等多种检定方式。测试系统在交付之前必须进行了检定,并有相应的计量报告。在后期的使用中应该进行周期检定,一般来说检定周期为一年,在执行重大任务或其他比较重要的实验之前都应该进行检定,以保证设备测量结果的准确性。另外在设备修理后,也应该进行检定。

八、文件整理

圆满完成系统的各项调试后需准备好提交给用户的文档。文件不仅是设计工作的过程和结果,提交给用户的文档也是用户正确使用和维护系统的保障和依据。因此,一定要精心编写,描述要清楚严谨,数据及资料齐全。提交给用户的文档主要包括:系统性能检测报告、系统使用操作说明书、软件相关资料及系统维护及常见故障处理方法手册等。

9.5 航空电气参数测试系统设计举例

航空电气系统主要电气参数有电压、电流、频率、功率、功率因数、波峰系数、电压调制、频率调制、失真度等,对于三相输出,还包括三相相位差、相不平衡;另外还包括一些电压和频率的瞬态特性,如过压浪涌、欠压浪涌、频率瞬变等。

静止变流器是飞机上的一种二次电源设备,将飞机上的直流电转换成400Hz的单相或三相恒频交流电,通常其直流输入为28V。静止变流器的主要电气参数基本包括上述航空电气的主要电气参数,对静止变流器的测试就是对以上参数的检测,以判断这些参数是否满足相关国家军用标准和设计规范的要求。在国家军用标准中定义了这些电气参数的含义。我国航空电气领域现在大部分采用GJB181《飞机供电特性及对用电设备的要求》以及修订版的GJB181A《飞机供电特性》两个标准,每个版本的国军标有相应的参数测试方法要求,分别为HB6448《飞机供电系统性能参数的数字式测试》和GJB5189《飞机供电特性参数测试方法》,以下主要依据GJB181和HB6448对三相1 000 V·A的静止变流器的电气性能参数测试方法进行介绍。

1. 系统需求

静止变流器的主要技术指标也是测试系统需要检测的电气参数，因此，测试系统只需检测静止变流器的输入电压、电流和输出电压、电流，其他参数由软件对相应的采集信号分析获得。

根据 HB6448 的要求，在对三相电压、电流进行采样时，电压采样频率不低于 20 kHz（即 400 Hz 电压每周波采样点数不少于 50 点），电流采样频率不低于 6.67 kHz（即 400 Hz 电流每周波采样点数不少于 17 点），由此采样的信号可以用于计算电压、电流、相移、三相电压不平衡，直流电压、电流的采样频率可以参考此采样频率；为了采样信号瞬态变化的包络线，对瞬变信号的采样频率不低于 80 kHz，用于测量交流电压调制、交直流瞬态浪涌以及直流电压脉动等。

2. 系统配置

根据系统需求，系统选用 PCI 总线平台，采用工控计算机＋数据采集卡和自研的信号调理板构成系统的硬件。

（1）数据采集卡：由系统需求可知，系统至少需要 8 个模拟输入通道（3 个交流电压、3 个交流电流、1 个直流电压、1 个直流电流），并需要开关量信号来实现对静止变流器负载的加卸载自动控制。为了满足系统需要，系统选用 NI 公司的 M 系列数据采集卡 NI－6220，其具有以下特性：

模拟量输入：8 个差分或 16 个单端，A/D 的分辨率为 16 位，最大采样速率为 250kS/s，输入电压范围为 ±10 V，±5 V，±1 V，±0.2 V 软件可选，输入阻抗大于 10 GΩ || 100 pF，输入 FIFO 为 4 095 个采样点，并可以将 4 095 个通道扫描配置存入通道扫描内存中实现对通道扫描顺序以及增益等的配置；并具有 32 个数字 I/O 通道。

（2）信号调理：本系统的信号调理主要包括对输入电压信号的衰减、电流传感器输出信号转换、阻抗匹配等。通常为了简化硬件电路设计，减少信号调理对输入信号的影响，信号调理电路的设计在满足系统需求的条件下尽量简单。

电压信号的衰减主要通过电阻分压将输入的交、直流电压信号转换成后级数据采集板可以接收的形式。

电流信号的取样通常可以采用多种形式，包括分流器、互感器以及电流传感器等，由于电流传感器的频带宽、易于使用等优点得到广泛应用。系统的交流额定电流约为 3 A，直流额定电流约为 40 A。交流电流传感器选用 LA28－NP，主要特性如下：原边电流范围为 0 ～ 5 A，副边电流为 0 ～ 25 mA。直流电流传感器选用 LA58－P，其主要特性如下：原边电流范围为 0 ～ 50 A，副边电流为 0 ～ 50 mA。电流传感器的输出电流信号通过精密电阻转换成电压信号，经阻抗变换后送入数据采集卡。

3. 应用软件平台

本系统选用 LabVIEW 作为系统的软件开发平台。LabVIEW 最大优势表现在三方面：①是编程简单，易于理解，尤其对于熟悉仪器结构和硬件电路设计的工程技术人员，编程就像设计电路一样，效率很高；②LabVIEW 针对数据采集、仪器控制、信号分析和处理等提供了丰富、完善的函数，用户可以直接调用；③ 就是易于与 NI 的采集卡实现无缝连接。

4. 数据处理方法

由数据采集卡采样后的数据主要通过各种数据处理方法得到所需要的电气特性参数，数据处理方法主要基于 HB6448，以下对其中的主要数据处理方法进行介绍。

(1) 交流稳态电压。按照每通道不低于20 kHz的采样速度采集稳态时三相电压瞬时值。由于大多数数据采集卡都是采用扫描采样的方式采集信号，所以在采集三相电压时也采用 A，B，C 相信号交替扫描采样，这种采样方式在采样速度足够快时不会影响稳态电压的分析结果。然而这种采样方式对相位差分析会产生误差，此误差与采样速度和信号的频率有关，可以进行修正。

1) 三相电压有效值。按公式(9.1) 和(9.2) 计算各相电压的有效值：

$$U = \sqrt{\frac{1}{m}\sum_{j=1}^{m} U_j^2} \tag{9.1}$$

$$U_j = \sqrt{\frac{1}{n}\sum_{i=1}^{n} U_i^2} \tag{9.2}$$

式中 U —— 平均电压有效值；

j —— 采样周波数($j = 1 \sim m, m > 100$)；

U_j —— 每周波电压有效值；

i —— 每周波采样点数($1 \sim n, n > 50$)；

U_i —— 每点的电压瞬时值。

2) 三相电压平均值。按式(9.3) 计算三相平均电压值：

$$U_{ABC} = \frac{1}{3}(U_A + U_B + U_C) \tag{9.3}$$

式中 U_{ABC} —— 三相平均电压值；

U_A, U_B, U_C —— A, B, C 三相稳态电压值。

3) 电压不平衡。按公式(9.4) 计算三相电压不平衡：

$$\Delta U_{ABC} = \mathrm{MAX}[U_A, U_B, U_C] - \mathrm{MIN}[U_A, U_B, U_C] \tag{9.4}$$

式中 ΔU_{ABC} —— 三相电压不平衡；

$\mathrm{MAX}[U_A, U_B, U_C]$ —— U_A, U_B, U_C 中最大相电压；

$\mathrm{MIN}[U_A, U_B, U_C]$ —— U_A, U_B, U_C 中最小相电压。

(2) 相移。电压波形的正向过零点为电压由负值变为正值期间的零值点。用该点附近的采样点按线性拟合法求得过零点出现的时间。

测得两相电压波形相邻正向过零点之间的时间间隔，按式(9.5) 计算两相电压之间的相角：

$$\theta = \frac{t}{T} \times 360^\circ \tag{9.5}$$

式中 θ —— 两相电压之间的相角，(°)(电角度)；

t —— 两相电压相邻正向过零点之间的时间间隔，s；

T—— 基准相电压波形相邻正向过零点之间的时间间隔（周期），取 m 个周波求平均。

(3) 电压波形。按每通道采样速度不低于80 kHz采集稳态时任意相电波波形。按下述方法求取波形参数值。取数个周波平均值（偏离系数除外）或按有关规定。

1) 波峰系数。按式(9.2) 算出每周波电压有效值 U_{jp}，按式(9.6) 计算其波峰系数：

$$F = \frac{U_{jp}}{U_j} \tag{9.6}$$

式中　F —— 波峰系数，无量纲；

U_{jp} —— 每周波的峰值电压，V。

2) 谐波含量。借助离散傅里叶级数分解法求出每周波内各次谐波含量，按式(9.2) 计算每周波电压有效值 U_j。总谐波含量按照式(9.7) 计算，单次谐波含量按照式(9.8) 计算。

$$\text{总谐波含量的百分数} = \frac{\sqrt{(U_j)^2 - [U_j(1)]^2}}{U_j(1)} \times 100\% \tag{9.7}$$

式中　$U_j(1)$—— 波形中的基波含量。

3) 单次谐波含量。

$$\text{单次谐波含量的百分数} = \frac{U_j(K)}{U_j(1)} \times 100\% \tag{9.8}$$

式中　$U_j(K)$ —— 单次谐波含量，V；

K —— 谐波次数($K = 2 \sim 50$)。

(4) 频率。

1) 稳态平均频率。按采集稳态电压的采样方式采样电压信号，测每个周波的周期 T_j 和 f_j 频率，取数个周波的平均值，或者测取数个周波的时间除以周波数得到频率的平均值。采样的时间不少于 1 s。

2) 频率调制。按采集稳态电压的采样方式采样电压信号，连续采集 1 min，将采集的每个周波的周期取倒数，得每 1 min 内的频率采样曲线 $f(t)$。求出 1 min 内频率的平均值 f_{mv}，即

$$f_{mv} = \frac{1}{M}\sum_{i=1}^{M} f_i \tag{9.9}$$

式中　M ——1 min 内频率采样的点数；

f_j —— 频率采样值。

将采样频率曲线 $f(t)$ 减去平均频率便得到频率调制曲线 $f_m(t)$，如图 9.17 所示。

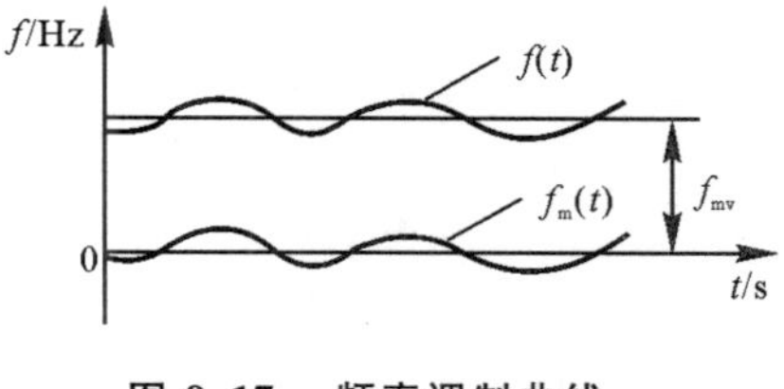

图 9.17　频率调制曲线

频率调制量就是频率调制曲线 $f_m(t)$ 上的最大值 f_{max}、最小值 f_{min}。

$$\text{频率调制量} = \mathrm{MAX}[f_{max}, f_{min}] \tag{9.10}$$

(5) 直流稳态电压。采集稳态时电压的瞬时值，采样时间不少于 0.1 s，取平均值。

$$U_{mv} = \frac{1}{K}\sum_{i=1}^{K} U_i \tag{9.11}$$

式中 U_{mv}—— 稳态平均电压；

U_i —— 采样瞬时电压；

K ——0.1 s 内采样次数。

5. 试验结果及报告

为了便于试验结果的分析，试验数据自动填充到国军标要求的限制曲线中，当被测参数的幅值超出限制曲线时，表示被测产品不合格。试验报告中还应包括试验日期、试验条件等基本信息。

思考题与习题

9.1 什么是触发总线?什么是同步总线?有何作用?

9.2 PXI 总线与 PCI 总线的区别是什么?

9.3 通用计算机总线作为测试总线有何优缺点?

9.4 PXI 机箱与主控计算机之间连接的方式有哪几种?

9.5 VISA 在测试系统软件中的作用是什么?其具体功能是什么?

9.6 采用 IVI 技术构建测试系统有何好处?

参考文献

[1] 张毅刚，彭喜元，姜守达，等. 自动测试系统. 哈尔滨：哈尔滨工业大学出版社，2001.

[2] 杨乐平，李海涛，肖凯，等. 虚拟仪器技术概论. 北京：电子工业出版社，2003.

[3] 刘君华. 现代检测技术与测试系统设计. 西安：西安交通大学出版社，1999.

[4] 中华人民共和国航空航天工业部. HB 6448—1990 飞机供电系统性能参数的数字式测试//中华人民共和国航空航天工业部航空工业标准. 中国国家标准化管理委员会，1990.

[5] 陈光禹. VXI 总线测试平台技术. 西安：西安电子科技大学出版社，1996.

附　　表

附表 I　正态分布在对称区间的积分表

P / K_t / $n-1$	0.5	0.6	0.7	0.8	0.9	0.95	0.98	0.99	0.995	0.999
1	1.000	1.376	1.963	3.078	6.313 8	12.706	31.821	63.657	127.32	636.619
2	0.816	1.061	1.336	1.886	2.920 0	4.302 7	6.965	9.924 8	14.089	31.598
3	0.765	0.978	1.250	1.638	3.353 4	3.182 5	4.541	5.840 9	7.453 3	12.924
4	0.741	0.941	1.190	1.533	2.131 8	2.776 4	3.747	4.604 1	5.597 6	8.610
5	0.727	0.920	1.150	1.476	2.015 0	2.570 6	3.365	4.032 1	4.773 3	6.869
6	0.718	0.906	1.134	1.440	1.943 2	2.446 9	3.143	3.707 4	4.316 8	5.959
7	0.711	0.896	1.119	1.415	1.894 6	2.364 6	2.998	3.499 5	4.029 3	5.455
8	0.706	0.889	1.108	1.397	1.859 5	2.306 0	2.896	3.355 4	3.832 5	5.041
9	0.703	0.883	1.100	1.383	1.833 1	2.262 2	2.821	3.249 8	3.689 7	4.781
10	0.700	0.879	1.093	1.372	1.812 5	2.228 1	2.764	3.169 3	3.581 4	4.587
11	0.697	0.876	1.088	1.363	1.795 9	2.201 0	2.718	3.105 8	3.496 6	4.437
12	0.695	0.873	1.083	1.356	1.782 3	2.178 8	2.681	3.054 5	3.428 4	4.318
13	0.694	0.870	1.079	1.350	1.770 9	2.160 4	2.650	3.012 3	3.372 5	4.221
14	0.692	0.868	1.076	1.345	1.761 3	2.144 8	2.624	2.976 8	3.325 7	4.140
15	0.691	0.866	1.074	1.341	1.753 0	2.131 5	2.602	2.946 7	3.286 0	4.073
16	0.690	0.865	1.071	1.337	1.745 9	2.119 9	2.583	2.920 8	3.252 0	4.015
17	0.689	0.863	1.069	1.333	1.739 6	2.109 8	2.567	2.898 2	3.222 5	3.965
18	0.688	0.862	1.067	1.330	1.734 1	2.100 9	2.552	2.878 4	3.196 6	3.922
19	0.688	0.861	1.066	1.328	1.729 1	2.093 0	2.539	2.860 9	3.173 7	3.883
20	0.687	0.860	1.064	1.325	1.724 7	2.086 0	2.528	2.845 3	3.153 4	3.850
25	0.684	0.856	1.058	1.316	1.708	2.060	2.485	2.787	3.078 2	3.725
40	0.681	0.851	1.050	1.303	1.684	2.021	2.423	2.704	2.971	3.551
60	0.679	0.848	1.046	1.296	1.671	2.003	2.390	2.660	2.915	3.461
120	0.677	0.845	1.041	1.289	1.658	1.980	2.358	2.617	2.86	3.37
∞	0.674	0.842	1.036	1.282	1.645	1.960	2.326	2.576	2.807	3.291

附表 Ⅱ t分布在对称区间上的积分表

K	0	1	2	3	4
0.0	0.000 000	007 979	015 957	023 933	031 907
0.1	079 656	087 591	095 517	103 434	111 340
0.2	158 919	166 332	174 129	181 908	189 670
0.3	235 823	243 439	251 032	258 600	266 143
0.4	310 843	318 194	325 515	332 804	340 063
0.5	382 925	389 949	396 936	403 888	410 803
0.6	451 494	458 138	464 742	471 305	477 827
0.7	516 073	522 296	528 475	534 610	540 700
0.8	576 289	582 060	587 784	493 461	599 092
0.9	631 880	637 177	642 427	647 629	652 782
1.0	682 689	687 505	692 272	696 990	706 160
1.1	728 668	733 001	737 286	741 524	745 714
1.2	769 861	773 721	777 535	781 303	785 025
1.3	806 399	809 804	813 165	816 482	819 755
1.4	838 487	841 460	844 392	847 283	850 133
1.5	866 386	868 957	871 489	873 983	876 440
1.6	890 401	982 602	894 768	896 899	898 995
1.7	910 869	912 734	914 568	916 370	918 141
1.8	928 139	929 704	931 241	932 750	934 232
1.9	942 569	943 867	945 142	946 393	947 620
2.0	954 500	955 569	956 617	957 643	958 650
2.1	964 271	965 142	965 994	966 828	967 645
2.2	972 193	972 895	973 581	974 253	974 909
2.3	978 552	979 112	979 659	980 194	980 716
2.4	983 605	694 047	984 479	984 901	985 313
2.5	987 581	987 927	988 265	988 594	988 915
2.6	990 678	990 946	991 207	991 462	991 709
2.7	993 066	993 272	993 472	993 667	993 856
2.8	994 890	995 046	995 198	995 354	995 489
2.9	996 268	996 386	996 500	996 610	996 718
3.0	(2)97 302	(2)980 648	(2)986 257	(2)990 332	(2)993 261
4.0	(4)936 658	(4)958 685	(4)973 309	(4)982 920	(4)989175
5.0	(6)942 670	(6)966 035	(6)980 071	(6)988 420	(6)993 336
6.0	(8)980 268	(8)989 393	(8)994 354	(8)997 024	(8)998 446
7.0	(10)997 440	(10)998 752	(10)999 398	(10)999 712	(10)999 864

续表

K	5	6	7	8	9
0.0	039 878	047 844	055 806	063 763	071 713
0.1	119 235	127 119	134 990	144 827	150 691
0.2	197 413	205 136	212 840	220 522	228 184
0.3	273 661	281 153	288 618	296 055	303 463
0.4	347 290	354 483	361 645	368 773	375 866
0.5	417 681	424 521	431 322	438 085	444 809
0.6	484 308	490 746	497 142	503 496	509 806
0.7	546 745	552 745	558 700	564 609	570 742
0.8	604 675	610 211	615 700	621 141	626 543
0.9	657 888	662 945	667 954	672 914	677 826
1.0	706 282	710 855	715 381	719 858	724 287
1.1	749 856	753 951	757 999	762 000	765 954
1.2	788 700	792 331	795 915	799 455	802 949
1.3	822 984	826 170	829 313	832 413	835 471
1.4	852 941	855 710	858 438	861 127	863 776
1.5	878 858	881 240	883 585	885 893	888 165
1.6	901 057	903 086	905 081	907 043	908 972
1.7	919 882	921 592	923 273	924 924	926 546
1.8	935 686	937 114	938 516	938 992	941 242
1.9	948 824	950 004	951 162	952 296	953 409
2.0	959 636	960 601	961 548	962 474	963 382
2.1	968 445	969 227	969 993	970 743	971 476
2.2	975 551	976 179	976 792	977 392	977 979
2.3	981 227	981 725	982 112	982 687	983 152
2.4	985 714	986 106	986 489	986 862	987 226
2.5	989 228	989 536	989 830	990 120	990 420
2.6	991 951	992 186	992 415	992 638	992 855
2.7	994 040	994 220	994 394	994 564	994 729
2.8	995 628	995 764	995 895	996 028	996 148
2.9	996 822	996 924	997 022	997 118	997 210
3.0	(2)995 437	(2)996 818	(2)997 844	(2)998 553	(2)999 038
4.0	(4)993 205	(4)995 775	(4)997 398	(4)998 413	(4)999 042
5.0	(6)996 202	(6)997 857	(6)998 802	(6)999 337	(6)999 637
6.0	(8)999 197	(8)999 589	(8)999 792	(8)999 895	(8)999 948
7.0	(10)999 936	(13)970	(13)986	(13)940	(13)970

注:(2)97 302 = 0.997 302，　(6)997 857 = 0.999 999 785 7,其余类推。

附表 Ⅲ 铂铑$_{10}$-铂热电偶(分度号为 S) 分度表

工作端温度/℃	0	10	20	30	40	50	60	70	80	90
	热电动势/mV									
0	0.000	0.055	0.113	0.173	0.235	0.299	0.365	0.432	0.502	0.573
100	0.645	0.719	0.795	0.872	0.950	1.029	1.109	1.190	1.273	1.356
200	1.440	1.525	1.611	1.698	1.785	1.873	1.962	2.051	2.141	2.232
300	2.323	2.414	2.056	2.599	2.692	2.786	2.880	2.974	3.069	3.164
400	3.260	3.356	3.452	3.549	3.645	3.743	3.840	3.938	4.036	4.135
500	4.234	4.333	4.432	4.532	4.632	4.732	4.832	4.933	5.034	5.136
600	5.237	5.339	5.442	5.544	5.648	5.751	5.855	5.960	6.064	6.169
700	6.274	6.380	6.486	6.592	6.699	6.805	6.913	7.020	7.128	7.236
800	7.345	7.454	7.563	7.672	7.782	7.892	8.003	8.114	8.225	8.336
900	8.448	8.560	8.673	8.786	8.899	9.012	9.126	9.240	9.355	9.470
1 000	9.585	9.700	9.816	9.932	10.048	10.165	10.282	10.400	10.517	10.635
1 100	10.754	10.872	10.991	11.110	11.229	11.348	11.467	11.587	11.707	11.827
1 200	11.947	12.067	12.188	12.308	12.429	12.550	12.671	12.792	12.913	13.034
1 300	13.155	13.276	13.397	13.519	13.640	13.761	13.883	14.004	14.125	14.247
1 400	14.368	14.489	14.610	14.731	14.852	14.973	15.094	15.215	15.336	15.456
1 500	15.576	15.697	15.817	15.937	16.057	16.176	16.296	16.415	16.534	16.653
1 600	16.771									

附表 Ⅳ 铂铑$_{30}$-铂铑$_6$ 热电偶(分度号为 B)分度表

工作端温度/℃	0	10	20	30	40	50	60	70	80	90
	热电动势/mV									
0	−0.000	−0.002	−0.003	−0.002	0.000	0.002	0.006	0.011	0.017	0.025
100	0.033	0.043	0.053	0.065	0.078	0.092	0.107	0.123	0.140	0.159
200	0.178	0.199	0.220	0.243	0.266	0.291	0.317	0.344	0.372	0.401
300	0.431	0.462	0.494	0.527	0.561	0.596	0.632	0.669	0.707	0.746
400	0.786	0.827	0.870	0.913	0.957	1.002	1.048	1.095	1.143	1.192
500	1.241	1.292	1.344	1.397	1.450	1.505	1.560	1.617	1.674	1.732
600	1.791	1.851	1.912	1.974	2.036	2.100	2.164	2.230	2.296	2.363
700	2.430	2.499	2.569	2.639	2.710	2.782	2.855	2.928	3.003	3.078
800	3.154	3.231	3.308	3.387	3.466	3.546	3.626	3.708	3.790	3.873
900	3.957	4.041	4.126	4.212	4.298	4.386	4.474	4.562	4.652	4.742
1 000	4.833	4.924	5.016	5.109	5.202	5.297	5.391	5.487	5.583	5.680
1 100	5.777	5.875	5.973	6.073	6.172	6.273	6.374	6.475	6.577	6.680
1 200	6.783	6.887	6.991	7.096	7.202	7.308	7.414	7.521	7.628	7.736
1 300	7.845	7.953	8.036	8.172	8.283	8.393	8.504	8.616	8.727	8.839
1 400	8.952	9.065	9.178	9.291	9.405	9.519	9.634	9.748	9.863	9.979
1 500	10.094	10.210	10.325	10.441	10.558	10.674	10.790	10.907	11.024	11.141
1 600	11.257	11.374	11.491	11.608	11.725	11.842	11.959	12.076	12.193	12.310
1 700	12.426	12.543	12.659	12.776	12.892	13.008	13.124	13.239	13.354	13.470
1 800	13.585									

附表 Ⅴ 镍铬-镍硅(镍铝)热电偶(分度号为 K)分度表

工作端温度 /℃	0	10	20	30	40	50	60	70	80	90
	热电动势 /mV									
−0	−0.000	−0.392	−0.077 7	−1.156	−1.572	−1.889	−2.243	−2.586	−2.920	−3.242
+0	0.000	0.397	0.789	1.203	1.611	2.022	2.436	2.850	3.266	3.681
100	4.095	4.508	4.919	5.327	5.733	6.137	6.539	6.939	7.338	7.737
200	8.137	8.537	8.938	9.341	9.745	10.151	10.560	10.969	11.381	11.793
300	12.207	12.623	13.039	13.456	13.874	14.292	14.712	15.132	15.552	15.974
400	16.395	16.818	17.241	17.664	18.088	18.513	18.938	19.363	19.788	20.214
500	20.640	21.066	21.493	21.919	22.346	22.772	23.198	23.624	24.050	24.476
600	24.902	25.327	25.751	26.176	26.599	27.022	27.445	27.867	28.288	28.709
700	29.128	29.547	29.965	30.383	30.799	31.214	31.629	32.042	32.455	32.866
800	33.277	33.686	34.095	34.502	34.909	35.314	35.718	36.121	36.524	36.925
900	37.325	37.724	38.122	38.519	38.915	39.310	39.703	40.096	40.488	40.897
1 000	41.269	41.657	42.045	42.432	42.817	43.202	43.585	43.968	44.349	44.729
1 100	45.108	45.486	45.863	46.238	46.612	46.985	47.356	47.726	48.095	48.462
1 200	48.828	49.192	49.555	49.916	50.276	50.633	50.990	51.344	51.697	52.049
1 300	52.398									

附表 Ⅵ 铜-康铜热电偶(分度号为 T)分度表

工作端温度 /℃	0	10	20	30	40	50	60	70	80	90
	热电动势 /mV									
−200	−5.603	−5.753	−5.889	−6.007	−6.105	−6.181	−6.232	−6.258		
−100	−3.378	−3.656	−3.923	−4.177	−4.419	−4.648	−4.865	−5.069	−5.261	−5.439
−0	−0.000	−0.383	−0.757	−1.121	−1.475	−1.819	−2.152	−2.475	−2.788	−3.089
0	0.000	0.391	0.789	1.196	1.611	2.035	2.467	2.908	3.357	3.813
100	4.277	4.749	5.227	5.712	6.204	6.702	7.207	7.718	8.235	8.757
200	9.286	9.320	10.360	10.905	11.456	12.011	12.572	13.137	13.707	14.281
300	14.860	15.443	16.030	16.621	17.217	17.816	18.420	19.027	19.638	20.252
400	20.869									